Terapia Cognitiva Contemporânea

L434t Leahy, Robert L.
　　　　Terapia cognitiva contemporânea : teoria, pesquisa e prática / Robert L.
　　　　Leahy ... [et al.] ; tradução Vinícius Duarte Figueira ; consultoria, supervisão e
　　　　revisão técnica Edwiges Ferreira de Mattos Silvares e Rodrigo Fernando Pereira. –
　　　　Porto Alegre : Artmed, 2010.
　　　　368 p. ; 25 cm.

　　　　ISBN 978-85-363-2181-3

　　　　1. Psicoterapia. 2. Terapia cognitiva. I. Título.

　　　　　　　　　　　　　　　　　　　　　　　　　　　　　　　　CDU 615.851

Catalogação na publicação: Renata de Souza Borges CRB-10/1922

Terapia Cognitiva Contemporânea

— teoria, pesquisa e prática —

Robert L. Leahy
E COLABORADORES

Tradução
Vinícius Duarte Figueira

Consultoria, supervisão e revisão técnica desta edição
Edwiges Ferreira de Mattos Silvares
Professora titular em Psicologia Clínica do Instituto de Psicologia da USP
Rodrigo Fernando Pereira
Mestre e doutorando em Psicologia Clínica pela USP

artmed®

2010

Obra originalmente publicada sob o título
Contemporary cognitive therapy: theory, research, and practice
ISBN 978-1-59385-343-3

© 2004 The Guilford Press - A Division of Guilford Publications, Inc.
© 2006 revision to Preface

Capa
Paola Manica

Preparação do original
Cristine Henderson Severo

Leitura final
Marcos Vinícius Martim da Silva

Editora sênior – Saúde mental
Mônica Ballejo Canto

Editora responsável por esta obra
Amanda Munari

Projeto e editoração
Armazém Digital® Editoração Eletrônica – Roberto Carlos Moreira Vieira

Reservados todos os direitos de publicação, em língua portuguesa, à
ARTMED® EDITORA S.A.
Av. Jerônimo de Ornelas, 670 - Santana
90040-340 Porto Alegre RS
Fone (51) 3027-7000 Fax (51) 3027-7070

É proibida a duplicação ou reprodução deste volume, no todo ou em parte, sob quaisquer formas ou por quaisquer meios (eletrônico, mecânico, gravação, fotocópia, distribuição na Web e outros), sem permissão expressa da Editora.

SÃO PAULO
Av. Angélica, 1091 - Higienópolis
01227-100 São Paulo SP
Fone (11) 3665-1100 Fax (11) 3667-1333

SAC 0800 703-3444

IMPRESSO NO BRASIL
PRINTED IN BRAZIL

Para Aaron T. Beck,
um homem de visão

AUTORES

Robert L. Leahy (org.) é presidente da *International Association for Cognitive Psychotherapy*, presidente eleito da *Academy of Cognitive Therapy*, fundador e diretor do *American Institute for Cognitive Therapy* (*www.CognitiveTherapyNYC.com*) e professor de Psicologia em Psiquiatria no Cornell University Medical College. É autor e organizador de muitas publicações, como *Roadblocks in Cognitive-Behavioral Therapy*, *Psychological Treatment of Bipolar Disorder* (em parceria com Sheri L. Johnson), *Overcoming Resistance in Cognitive Therapy*, *Técnicas de Terapia Cognitiva* (Artmed, 2006) e *Treatment Plans and Interventions for Depression and Anxiety Disorders* (em parceria com Stephen J. Holland). O livro *Como lidar com as preocupações* (Artmed, 2007) foi indicado pela revista *Self* como um dos oito livros mais importantes de autoajuda de todos os tempos.

É editor associado do *Journal of Cognitive Psychotherapy* (em que atuou como editor entre 1998 e 2003) e é membro fundador da *Academy of Cognitive Therapy*. Faz parte do comitê executivo da *International Association of Cognitive Psychotherapy*, da diretoria da *Academy of Cognitive Therapy* e do *Scientific Advisory Committee of the National Alliance for the Mentally Ill*, e também de vários comitês de conferências nacionais e internacionais sobre terapia cognitivo-comportamental.

COLABORADORES

Adrian Wells, PhD, School of Psychiatry and Behavioural Sciences, University of Manchester, Manchester, United Kingdom

Anke Ehlers, PhD, Department of Psychology, Institute of Psychiatry, London, United Kingdom

Arthur Freeman, EdD, Department of Clinical Psychology, Philadelphia College of Osteopathic Medicine, Philadelphia, Pennsylvania

Christine A. Padesky, PhD, Center for Cognitive Therapy, Huntington Beach, California, *www.padesky.com*

Christine D. Scher, PhD, Department of Psychology, California State University, San Bernardino, California

Cory F. Newman, PhD, Center for Cognitive Therapy, University of Pennsylvania School of Medicine, Philadelphia, Pennsylvania

David A. Clark, PhD, Department of Psychology, University of New Brunswick, Fredericton, New Brunswick, Canada

David M. Clark, PhD, Department of Psychology, Institute of Psychiatry, London, United Kingdom

Dianne L. Chambless, PhD, Department of Psychology, University of Pennsylvania, Philadelphia, Pennsylvania

Frank M. Dattilio, PhD, Department of Psychiatry, Harvard University Medical School, Boston, Massachusetts

James Pretzer, PhD, Cleveland Center for Cognitive Therapy, Beachwood, Ohio

Jan Scott, MD, Department of Psychological Medicine, Institute of Psychiatry, London, United Kingdom

Janet Klosko, PhD, private practice, Great Neck, New York

Jeffrey Young, PhD, Department of Psychiatry, Columbia University, New York, New York

Jesse H. Wright, MD, PhD, Department of Psychiatry and Behavioral Sciences, University of Louisville School of Medicine, Louisville, Kentucky

John H. Riskind, PhD, Department of Psychology, George Mason University, Fairfax, Virginia

Judith S. Beck, PhD, Beck Institute for Cognitive Therapy, Bala Cynwyd, Pennsylvania

Michael Petennan, PhD, Department of Psychology, University of North Carolina, Chapel Hill, North Carolina

Neil A. Rector, PhD, Centre for Addiction and Mental Health, University of Toronto, Toronto, Ontario, Canada

Norman B. Epstein, PhD, Department of Family Studies, University of Maryland, College Park, Maryland

Rick E. Ingram, PhD, Department of Psychology, Southern Methodist University, Dallas, Texas

Robert J. DeRubeis, PhD, Department of Psychology, University of Pennsylvania, Philadelphia, Pennsylvania

Steven D. Hollon, PhD, Department of Psychology, Vanderbilt University, Nashville, Tennessee

Zindel V. Segal, PhD, Centre for Addiction and Mental Health, University of Toronto, Toronto, Ontario, Canada

SUMÁRIO

Prefácio 11

PARTE I
Introdução

1 Aaron T. Beck: a mente, o homem e o mentor 19
   Christine A. Padesky

PARTE II
Questões teóricas e conceituais

2 A teoria da depressão de Beck: origem, *status* empírico e
   direcionamentos futuros para a vulnerabilidade cognitiva 39
   Christine D. Scher, Zindel V. Segal e Rick E. Ingram

3 A efetividade do tratamento da depressão 54
   Steven D. Hollon e Robert J. DeRubeis

4 A teoria cognitiva e a pesquisa sobre o transtorno de
   ansiedade generalizada 68
   John H. Riskind

5 Evidências da terapia cognitivo-comportamental para o transtorno de
   ansiedade generalizada e para o transtorno de pânico: a segunda década 88
   Dianne L. Chambless e Michael Peterman

6 Tomada de decisões e psicopatologia 114
   Robert L. Leahy

PARTE III
Ansiedade, humor e outros transtornos do eixo I

7 Transtorno do estresse pós-traumático: da teoria cognitiva
   à terapia cognitiva 135
   David M. Clark e Anke Ehlers

8 A teoria cognitivo-comportamental e o tratamento do transtorno
obsessivo-compulsivo: contribuições passadas e avanços atuais 152
David A. Clark

9 A terapia metacognitiva: elementos de controle mental na
compreensão e no tratamento do transtorno da ansiedade
generalizada e do transtorno do estresse pós-traumático 171
Adrian Wells

10 Abuso de substâncias 190
Cory F. Newman

11 A terapia cognitiva do transtorno bipolar 209
Jan Scott

12 A teoria cognitiva e a terapia da esquizofrenia 223
Neil A. Rector

PARTE IV
Transtornos da personalidade

13 A terapia cognitiva do transtorno da personalidade *borderline* 243
Janet Klosko e Jeffrey Young

14 A terapia cognitiva dos transtornos da personalidade:
vinte anos de progresso 269
James Pretzer e Judith S. Beck

15 O tratamento cognitivo-comportamental dos transtornos
de personalidade na infância e na adolescência 286
Arthur Freeman

PARTE V
Aplicações específicas

16 Integrando a terapia cognitivo-comportamental e a farmacoterapia 305
Jesse H. Wright

17 Terapia cognitivo-comportamental de casais: *status* teórico e empírico 326
Norman B. Epstein

18 Terapia cognitivo-comportamental de família: uma história que envelhece 345
Frank M. Dattilio

Índice 359

PREFÁCIO

A ideia de escrever este livro surgiu em uma reunião anterior a uma conferência realizada na *Association for Advancement of Behavior Therapy* em 2001. Vários terapeutas cognitivos que haviam trabalhado com Aaron T. Beck apresentaram seus trabalhos, que formariam o "Beck Festschrift". De maneira adequada, a conferência ocorreu na Filadélfia – a meca da terapia cognitiva – e o público enchia as salas. Os palestrantes eram Christine Padesky, Zindel Segal, John Riskind, David A. Clark, Cory Newman, Kelly Bemis Vitousek, James Pretzer, Norman Epstein, Robert DeRubeis, Steve Hollon, Jan Scott, Andy Butler, Greg Brown, Dianne Chambless, Judith Beck, Jeffrey Young, Neil Rector, Jesse Wright e Art Freeman. Os comentários finais foram feitos por Aaron Beck. Tive a honra de participar e fiquei mais honrado ainda quando Beck pediu-me para organizar um livro baseado em tais apresentações. Já que alguns colegas britânicos não puderam participar da conferência, convidamo-os a contribuir para o livro também.

Mas quem é Aaron T. Beck e por que ele merece um *Festschrift**?

Os participantes deste livro respondem a essa pergunta. No capítulo de abertura, Christine Padesky oferece-nos uma revisão histórica da vida e da obra de Beck. Qualquer que seja o parâmetro que adotemos, a vida de Beck é notável. Enquanto escrevo este prefácio, Beck, que tem agora 82 anos, continua a contribuir de maneira significativa para a área. Porém, teve de lutar como uma voz solitária na psiquiatria contra os dominantes, para não dizer doutrinários, psicanalistas. Beck tirou o paciente do divã e o colocou no mundo real para testar suas "cognições" com experimentos comportamentais. Foi um revolucionário da mente – literalmente virando a psicologia de cabeça para baixo.

Conforme Christine Padesky observa, Aaron T. Beck é conhecido como "Tim" por quem teve o privilégio de conhecê-lo pessoalmente. Demorei a acostumar-me com a ideia, pois o chamava sempre de Dr. Beck. Porém, ele sempre me corrigia, dizendo "pode me chamar de Tim", algo que já consigo fazer hoje.

A primeira vez que encontrei Tim foi em uma entrevista para uma bolsa de pós-doutorado no *Center for Cognitive Therapy*. Depois de falar com Art Freeman, cujo carisma e cuja energia ainda me impressionam, fui levado a um pequeno gabinete, sem janelas, onde encontrei um homem quieto, de fala mansa e cabelos brancos, Tim Beck. Tive a sorte de passar pela entrevista e, no semestre seguinte, comecei meu pós-doutorado. Beck era responsável por um "seminário semanal sobre a ansiedade" – uma discussão aberta sobre os processos cognitivos das diferentes disfunções da ansiedade. Até hoje, o que penso sobre as questões clínicas é influenciado

---

* N. de R.T. Publicação comemorativa que homenageia um acadêmico importante.

pelo profundo e às vezes incansável questionamento que ele fazia, expresso principalmente em "Por quê?" e "O que isso quer dizer?". Beck era um piagetiano, e sempre perguntava: "Como é que isso tem sentido para tal pessoa?" ou "Como é que o desespero tem o sentido que tem?".

Tim fazia uso de um estilo questionador e aberto de curiosidade sobre o que faz uma pessoa pensar de determinada maneira. Havia a sensação entre todos nós de que éramos parte de algo muito maior do que qualquer pessoa isoladamente; estávamos no centro de uma nova revolução na psicologia clínica. Os únicos livros que nos guiavam nesta nova terapia cognitiva eram os de Beck sobre depressão, terapia cognitiva e disfunções emocionais.

À época, pensávamos saber que a terapia cognitiva funcionava para a depressão, e começávamos a considerar seu valor para a ansiedade. Norm Epstein estava desenvolvendo ideias sobre uma terapia cognitiva para casais. Mas não havia nada ainda para abuso de substâncias, para famílias, para transtornos de personalidade – ou mesmo para transtornos relativos à ansiedade. Tim era cuidadoso no que dizia respeito a afirmações não fundamentadas acerca da terapia cognitiva como tratamento eficaz que fosse além de uma pequena gama de problemas.

Este livro é uma demonstração do poder das ideias. O modelo cognitivo ou, devo dizer, os modelos cognitivos foram ampliados a uma gama de problemas não previstos durante os primeiros anos da terapia cognitiva. No livro, reunimos muitas das principais figuras do mundo, cobrindo uma gama de assuntos, que incluem casais e famílias, crianças e adolescentes, o transtorno da ansiedade, o transtorno unipolar e o bipolar, a esquizofrenia, transtorno de personalidade *borderline* – e mesmo o uso de farmacoterapia.

Hoje, há centros de terapia cognitiva na maior parte das cidades grandes dos Estados Unidos e organizações cognitivo-comportamentais em quase todos os países do mundo. O Congresso Mundial de Psicoterapia Cognitiva de 2004 foi realizado em Kobe, Japão. Portanto, muito longe da Universidade da Pensilvânia.

É possível imaginar os pensamentos e os sentimentos que passavam pela mente e pelo coração de Tim no Festchrift de 2001. A busca da verdade e a coragem de abrir um caminho ainda não trilhado levou a uma das mais significativas contribuições para a história da psiquiatria e da psicologia. Eu sei que os autores deste livro sentem-se fortemente ligados a Tim – e gratos a ele – por ter-nos aberto esse caminho.

O presente livro reconhece a influência da obra de Beck em uma ampla gama de questões. Além disso, como prova da riqueza intelectual do modelo cognitivo, o leitor perceberá que os capítulos desenvolvem uma série de "modelos cognitivos" – modelos de psicopatologia e de tratamento que não haviam sido previstos no começo da terapia cognitiva. Este livro não foi escrito por indivíduos que estejam se voltando ao passado – é uma coletânea de grandes inovações presentes nas novas fronteiras da área.

Embora o modelo anterior enfatizasse a natureza da cognição depressiva uma vez ativado o episódio depressivo, é importante reconhecer que o modelo cognitivo também implicava esquemas subjacentes ou latentes que diferenciavam os indivíduos com variadas predisposições à depressão. Além disso, a terapia cognitiva abordava diretamente tanto as distorções cognitivas durante a depressão quanto a diátese cognitiva. No presente livro, Christine Scher, Zindel Segal e Rick Ingram (Capítulo 2) e Steven Hollon e Robert DeRubeis (Capítulo 3) revisam as evidências que sustentam uma variedade de vulnerabilidades cognitivas para a depressão e a eficácia da terapia cognitiva para a depressão. Não pode haver dúvida de que a terapia cognitiva seja tão eficaz quanto os medicamentos no tratamento da depressão – além de oferecer o benefício extra da proteção contra o risco de suicídio e outros episódios relacionados à depressão.

O modelo anterior do processamento esquemático, das hipóteses relacionadas à desadaptação e dos pensamentos automáticos – que caracterizavam as teorias de Beck sobre a depressão e a ansiedade – foi ampliado e adaptado, criando-se novos modelos de psicopatologia e tratamento. Neste livro, vários pesquisadores e teóricos oferecem esses novos e eficazes modelos para uma série de transtornos de ansiedade. O forte modelo de vulnerabilidade de John Riskind (Capítulo 4) sugere uma vulnerabilidade cognitiva aos transtornos de ansiedade que dá ênfase ao iminente perigo de abordar a ameaça. Dianne Chambless e Michael Peterman (Capítulo 5) revisam as evidências que sustentam a eficácia dos tratamentos cognitivo-comportamentais para a ansiedade generalizada e para os transtornos de pânico.

No Capítulo 6, que lida com a tomada de decisões e a psicopatologia, abordo a literatura da psicologia cognitiva atual no que diz respeito a como os indivíduos utilizam a heurística ou as estratégias de autoproteção ao tomar decisões. Considerando-se que os indivíduos deprimidos e ansiosos contemplam a mudança – e especialmente o risco de mudança –, sugiro que os modelos de ansiedade e a tomada de decisões pessimistas podem nos ajudar a compreender como essas estratégias têm sentido para os indivíduos – mesmo quando elas parecem ser autoderrotistas para o clínico.

Como ficará claro para o leitor desses capítulos, o modelo cognitivo de ansiedade ultrapassou o modelo esquemático da avaliação da ameaça e da capacidade que o indivíduo tem de lidar com ela. Com efeito, vários desses modelos compartilham uma ênfase metacognitiva – com um foco sobre como os indivíduos ansiosos avaliam seus pensamentos e emoções. As estratégias de controle mental, o sentido de responsabilidade pelos pensamentos intrusivos, o medo da perda de controle do pensamento e a tendência de patologizar o processamento mental são vulnerabilidades cognitivas para os transtornos da ansiedade. Essas estratégias mentais – e as avaliações da experiência do indivíduo feitas por ele próprio – são frequentemente adaptadas pelos indivíduos ansiosos para resolver o problema da ansiedade. Ironicamente, a solução tornou-se o problema.

David M. Clark e Anke Ehlers delineiam seu modelo cognitivo de transtorno de estresse pós-traumático (Capítulo 7), indicando como esses indivíduos avaliam suas intrusões e como um modelo cognitivo de intervenção pode ser empregado. David A. Clark (Capítulo 8) descreve um modelo cognitivo de transtorno obsessivo-compulsivo, mais uma vez enfatizando como os indivíduos avaliam suas intrusões ou criam estratégias para lidar com elas. No Capítulo 9, Adrian Wells descreve seu modelo metacognitivo de intrusão e de controle mental, indicando sua relevância para a compreensão e o tratamento do transtorno generalizado da ansiedade, dos traumas e da depressão.

Os modelos cognitivos são aplicados a determinado público, não se estabelecendo um limite aos grupos que possam ou não ser abordados. Cory Newman (Capítulo 10) descreve a utilidade dessa abordagem para a compreensão e o tratamento de indivíduos que abusem de substâncias – um grande problema que está em conjunção com todos os transtornos que tratamos. No Capítulo 11, Jan Scott analisa a nova e empolgante obra sobre o uso de modelos cognitivos de tratamento para o transtorno bipolar, grupo que há apenas 10 anos era relegado a uma diátese biológica e ao tratamento. Hoje, os tratamentos psicológicos – acompanhados do uso de medicamentos que estabilizam o humor – ajudam a reduzir a frequência, a severidade e a extensão de tais episódios, reduzindo também a necessidade de hospitalização. Da mesma forma, a análise feita por Neil Rector sobre a aplicação do modelo cognitivo à esquizofrenia (Capítulo 12) oferece nova esperança para abordagens em que haja a combinação de aspectos farmacológicos e psicossociais. Um elemento importante aqui, repetimos, é estimular o paciente a avaliar como os delírios ou alucinações são processados ou como se age sobre eles. Devemos observar que essa é uma das áreas atuais de pesquisa e interesse de Tim Beck, que viaja pelo mundo a fim de palestrar sobre suas últimas pesquisas e teorias da área.

Janet Klosko e Jeffrey Young (Capítulo 13), James Pretzer e Judith Beck (Capítulo 14) e Arthur Freeman (Capítulo 15) analisam os últimos avanços no tratamento dos transtornos de personalidade. Klosko e Young apresentam um modelo que integra várias abordagens que diferem do modelo cognitivo, como a teoria de relações entre objetos, a análise transacional e a teoria da Gestalt. Pretzer e Beck descrevem o desenvolvimento de abordagens relativas aos transtornos de personalidade, que agora incluem uma integração de fenômenos cognitivos e interpessoais no modelo que os autores elaboraram. De interesse especial são as várias cognições que podem ter um impacto sobre a utilização, por parte do paciente, de intervenções de terapia cognitiva e de mecanismos especiais de *feedback* que possam "verificar" crenças disfuncionais por meio de estratégias interpessoais guiadas pelos esquemas. Freeman desenvolve um modelo cognitivo para a avaliação e o tratamento da personalidade das crianças e dos adolescentes. Dada a extensão do modelo cognitivo para os grupos mais jovens – e dada a hipótese plausível de que os transtornos de personalidade não surgem tardiamente –, o território explorado por Freeman é bastante promissor.

No Capítulo 16, Jesse Wright aborda a importância da integração dos tratamentos farmacológicos nos tratamentos psicossociais, tais como a terapia cognitiva. Wright evita o pensamento dicotômico que sugere que a psicopatologia é *ou* biológica *ou* psicológica. Em vez disso, aponta que as abordagens farmacológicas podem aumentar a eficácia dos tratamentos biológicos e sua aceitação. Trata-se de uma abordagem equilibrada e capacitadora, que, segundo demonstra Wright, tem relevância para a ansiedade, a bulimia nervosa e a psicose – e será provavelmente apoiada pelos psicólogos clínicos.

Finalmente, Norman Epstein e Frank Dattilio, que contribuíram para seus respectivos campos por mais de 20 anos, analisam o uso do modelo cognitivo no tratamento de casais e de famílias. Epstein (Capítulo 17) traça a história da abordagem cognitiva para os casais e delineia métodos de avaliação, de intervenções cognitivo-comportamentais e o *status* empírico atual de tais tratamentos. Dattilio (Capítulo 18) inicia sua discussão por uma revisão da "resistência" anterior ao modelo cognitivo no campo da terapia familiar e, depois, desenvolve um modelo detalhado de intervenção clínica para a terapia cognitiva familiar que incorpora abordagens sistemáticas que são comumente utilizadas por terapeutas familiares. Já que todo membro de uma família considera a dinâmica familiar por meio de seu próprio processo esquemático, abordar esses diferentes modelos individuais pode facilitar a mudança.

Desde a primeira impressão deste livro, em 2004, a terapia cognitiva continuou a se desenvolver. Conforme indica o capítulo escrito por Neil Rector, a terapia cognitiva expandiu-se ao tratamento da esquizofrenia, com uma série de bons livros disponíveis. De interesse particular para mim, é o trabalho de Anthony Morrison e colaboradores sobre um modelo integrativo e metacognitivo beckiano para o pensamento esquizofrênico. Presumo que o modelo metacognitivo ampliará os modelos da "teoria da mente" para todos os transtornos. Há também significativos avanços no tratamento do transtorno bipolar, conforme a análise feita em livro organizado por mim e Sheri Johnson. São de especial importância nesta área os programas de pesquisa coordenados pelos colegas britânicos Dominic Lam, Jan Scott, Warren Mansell e Steve Jones. E, finalmente, antecipo, correndo o risco de entrar aqui em um limbo teórico, que a "terceira onda" de *mindfulness*, da aceitação e da terapia do comportamento dialético pode também ser integrada em um abrangente modelo cognitivo de emoção, mente e funcionamento interpessoal. Mas teremos de esperar para ver.

Esperamos que essas contribuições reflitam de maneira admirável o legado de Beck – ao qual ele próprio continua a fazer contribuições. Raramente acontece, no campo da psicologia, que alguém apresente uma perspectiva que mude tudo. Tim Beck o fez. Ele percorreu o caminho pelo qual poucos viajavam – e fez toda a diferença.

Robert L. Leahy

PARTE I
INTRODUÇÃO

1

AARON T. BECK
A mente, o homem e o mentor

Christine A. Padesky

Aaron T. Beck ganhou mais de 25 prêmios prestigiosos de reconhecimento pela qualidade de seu trabalho profissional de toda uma vida. Ainda assim, quem trabalha com ele e o chama simplesmente de "Tim" (apelido pelo qual é conhecido entre seus amigos) talvez não perceba o quanto boa parte de sua obra é revolucionária e o quanto sua influência continua na vanguarda de nossa área. Muitas dessas pessoas estão neste livro, como autores de capítulos. Todas as pesquisas e as teorias apresentadas neste volume relacionam-se às ideias seminais de Beck.

Este capítulo apresenta um quadro geral sobre o restante do livro, oferecendo ao leitor uma visão geral da carreira de Beck em três amplas áreas. A primeira parte deste capítulo, "Beck: a mente", apresenta uma breve sinopse de suas principais contribuições conceituais, empíricas e psicoterápicas. A segunda parte, "Beck: o homem", aponta para como suas características pessoais e o contexto do ambiente em que ele trabalha fomentaram sua ampla influência. Depois, na terceira parte, "Beck: o mentor", eu, a fim de entender sua influência sociológica sobre a área, extraio os valores modelados por ele e que marcam sua carreira, inspirando-nos a segui-lo.

Os comentários pessoais deste capítulo baseiam-se em observações feitas desde 1978. Neste período, desfrutei de uma relação profissional próxima e da amizade de Beck, e nossas interações sobre vários projetos e em encontros profissionais levaram a uma riqueza de histórias repletas de *insights*. Para quem considerar este capítulo interessante, recomenda-se a leitura da bem articulada biografia de Beck, escrita por Weishaar (1993).

O entusiasmo pela produção deste livro derivou da *Festschrift* em homenagem a Beck, em novembro de 2001. As *Festschrifts* em geral acontecem como forma de homenagear pessoas que tenham realizado grandes contribuições empíricas ou conceituais a uma determinada área. As contribuições de Beck estão entre as maiores da história da psicologia e da psiquiatria. Além disso, ele não só apresentou-nos uma nova forma de psicoterapia; foi também um pioneiro no desenvolvimento de um sistema empiricamente válido de psicoterapia (Padesky e Beck, 2003).

A influência de Beck sobre a conceituação, a pesquisa e a psicoterapia em tantas áreas de enfoque clínico (por exemplo, depressão, suicídio, ansiedade, esquizofrenia, abuso de substâncias, raiva em relacionamentos, dor aguda) excede em muito os critérios adotados para uma *Festschrift*. Assim, proponho um novo termo para celebrar uma obra de tamanha amplitude e profundidade: "*Beckschrift*", comemoração celebrada em nome de qualquer pessoa que, em muitas áreas da investigação clínica, fizer profundas contribuições em três áreas: conceituação, pesquisa empírica e psicoterapia. Ninguém na história da psicoterapia merece esse reconhecimento tanto quanto Beck.

Ao lado de sua extensa contribuição profissional em livros e revistas científicas, Beck desbravou o território necessário para a afirmação de uma rede internacional de pesquisadores, de clínicos e de educadores. Ele ajudou a formar uma ampla e ativa comunidade de pessoas dedicadas ao desenvolvimento e à avaliação da terapia cognitiva. Sua efetividade pessoal na formatação de um trabalho colaborativo internacional é notável e se sustenta firmemente com suas publicações, que provavelmente influenciarão o desenvolvimento da teoria, da prática e da pesquisa na área da psicoterapia por muitas décadas.

BECK: A MENTE

Uma maneira instigante de se examinar a obra de Beck é contar suas principais contribuições em cada década. Desde que nasceu, em 1921, as décadas do calendário aproximam-se, *grosso modo*, de suas mudanças pessoais, também aferíveis em décadas. Além de indicar a idade do autor quando ele atingiu determinado ponto em sua carreira, um exame que tome como base sua idade será estimulante para os colegas e para os estudantes mais jovens, pois Beck tinha pouco menos de 40 publicações por volta dos 50 anos. Essa meta está ao alcance de muitas pessoas. Para quem chega ao meio da carreira profissional do autor, o rastreamento etário é mais intimidador: entre os 50 e os 80 anos, Beck publicou 370 artigos e livros. No momento em que este livro estiver sendo impresso, ele já terá publicado mais 60 artigos e 2 livros, já em sua nona década de vida. Beck é em si mesmo um estudo de caso para quem defende a tese de que não há razão para que a produtividade precise diminuir com a idade.

Uma perspectiva longitudinal também demonstra como as ideias de Beck evoluíram ao longo do tempo, captando de modo mais preciso o lento surgimento de ideias inovadoras e substanciais que precederam a rápida expansão de sua visão e influência. A rápida expansão da terapia cognitiva a partir dos anos de 1990 foi notável – ainda assim, à época, a terapia cognitiva já havia experimentado quase três décadas de desenvolvimento, e muitos desses anos sem ser captada pelo radar da psicologia.

A década de 1940

Quando tinha entre 20 e 29 anos, Beck finalizou o curso de graduação na Brown University, recebeu diploma de médico em Yale e completou sua residência em patologia e psiquiatria (Weisshaar, 1993). Demonstrando ser uma jovem promessa como pesquisador e estudioso, Beck foi premiado com bolsa de estudos e reconhecido por sua capacidade como orador na Brown University, assim como por suas pesquisas durante a residência.

A década de 1950

Durante os anos 1950, Beck continuou seus estudos de psiquiatria – primeiramente no Austen Riggs Center, em Stockbridge, Massachusetts, e depois na Philadelphia Psychoanalytic Society, onde completou sua pós-graduação como psicanalista em 1956 (aos 35 anos). Neste período, Beck também começou uma longa e frutífera carreira como professor da Universidade da Pensilvânia, inicialmente como professor iniciante da área de psiquiatria. Ao final dessa década, tornou-se professor assistente da mesma área. Em 40 anos, a Universidade da Pensilvânia nomeou-o professor emérito do Departamento de Psiquiatria.

Seus primeiros artigos da área de psiquiatria surgiram na década de 1950. Dois deles são fundamentais para a terapia cognitiva. Em 1952 (aos 31 anos), publicou seu primeiro artigo, um estudo de caso sobre o tratamento do delírio esquizofrênico (Beck, 1952). Cinquenta anos mais tarde, seu estudo de caso foi republicado e discutido no âmbito do "novo" modelo da terapia cognitiva para a esquizofrenia (Beck, 1952/2002a, 2002b). Esta foi a primeira das muitas publicações de Beck que foram reconhecidas posteriormente como precursoras do desenvolvimento inovador da terapia cognitiva.

A segunda metade da década de 1950 compreende três dos seis "anos de ausência" de Beck da psiquiatria. Desde 1952, só houve seis anos em que ele não publicou pelo menos um artigo. São eles: 1955, 1957, 1958, 1960, 1965 e 1966. Não é coincidência que os filhos de Beck tenham nascido em 1952, 1954, 1956 e 1959. Em princípio, um filho apenas não alteraria o ritmo das publicações, mas vários filhos tornam a tarefa mais difícil. O papel ativo de Beck como pai é, portanto, responsável pelo reduzido número de publicações quando ele tinha entre 30 e 39 anos. A falta de publicações em 1965 e 1966 reflete os anos que o autor dedicou à preparação de seu primeiro livro.

Um estudo realizado no fim da década de 1950 (Beck e Hurvich, 1959) prenunciou o fim de sua carreira psicanalítica e o começo da terapia cognitiva, muito embora ninguém, nem mesmo Beck, houvesse previsto a importância que a terapia adquiriria no futuro. Beck dedicou-se a demonstrar empiricamente a teoria psicanalítica segundo a qual a depressão é raiva que se volta para dentro. Ele prognosticou que os sonhos de pacientes deprimidos dariam sustentação a essa teoria. Na verdade, sua hipótese não foi sustentada. O conteúdo dos sonhos dos pacientes deprimidos era similar ao conteúdo dos pensamentos que tinham quando acordados (autocrítica, pessimismo e negatividade). Beck, contudo, e para crédito seu, não descartou esses dados inesperados. Em vez disso, ao longo da década seguinte, sua crença na teoria psicanalítica da depressão diminuiu aos poucos e ele então passou a desenvolver uma nova e derivada teoria empírica da depressão.

A década de 1960

À medida que se aproximava dos 40 anos, Beck começou a considerar a depressão por outro ângulo e desenvolveu um novo instrumento para medi-la – o Inventário de Depressão de Beck (Beck, Ward, Mendelson, Mock e Erbaugh, 1961). Ao longo do tempo, essa simples escala tornou-se uma das mensurações mais utilizadas da depressão, sendo atualizada em 1996 como Inventário de Depressão de Beck II (Beck e Steer, 1996). O Inventário de Depressão de Beck não só capta mudanças no humor, mas também as mudanças na motivação e no funcionamento físico, bem como as características cognitivas da depressão.

Ele começou a notar "distorções cognitivas" características que ocorrem na depressão (Beck, 1963). As observações empíricas levaram Beck a ver esse transtorno de "humor" como primeiramente um transtorno de pensamento. As observações clínicas de Beck e as constatações empíricas foram publicadas em 1967 em um livro fundamental – *Depression: Clinical, Experimental, and Theoretical Aspects* (Beck, 1967), reeditado alguns anos depois como *Depression: Causes and Treat-*

ment (Beck, 1967/1972). Nesse texto, ele examinou as teorias contemporâneas biológicas e psicológicas da depressão (inclusive a "psicose maníaco-depressiva", hoje conhecida como "transtorno bipolar") e as evidências empíricas em favor de cada uma delas. Depois, delineou uma nova teoria cognitiva da depressão, baseada nas descobertas de sua própria pesquisa e nas pesquisas relacionadas de outros autores.

Muitos dos novos e duradouros conceitos da depressão foram apresentados em tal livro. Beck cunhou o termo "pensamentos automáticos" para descrever os pensamentos que ocorrem espontaneamente ao longo do dia. Ele demonstrou como, na depressão, esses pensamentos são caracteristicamente negativos e incluem muitas distorções cognitivas. Demonstrou também como a "tríade cognitiva negativa" (as crenças negativas que as pessoas deprimidas têm sobre si mesmas, sobre o mundo e sobre o futuro) poderia levar aos sintomas emocionais e motivacionais da depressão. O livro também propôs uma nova teoria "esquemática" para descrever as interações sintomáticas entre a cognição e a emoção. A última frase da apresentação teórica de seu modelo cognitivo derrubou, discretamente, a teoria psicanalítica que ele havia elaborado uma década antes: "A relativa ausência de raiva na depressão é atribuída ao deslocamento dos esquemas relevantes para culpar os outros por parte dos esquemas de autoculpabilidade" (Beck, 1967, p. 290).

A década de 1970

As contribuições de Beck aumentaram espontaneamente depois que ele fez 50 anos, em 1971. Nas últimas 12 páginas de seu livro de 1967, o autor delineou algumas ideias gerais sobre como a terapia cognitiva para a depressão funcionaria, incluindo a importância de identificar e de testar as crenças que mantêm a depressão. Durante os anos de 1970, Beck trabalhou com muitos colegas, alunos e residentes na Universidade da Pensilvânia para detalhar e refinar essas ideias, publicadas ao final da década em *Cognitive Therapy for Depression* (Beck, Rush, Shaw e Emery, 1979).

Da mesma forma que o livro de Beck sobre teoria cognitiva da depressão apresentava novos conceitos que transformavam os diálogos profissionais sobre a depressão, o novo manual de tratamento incluía novas ideias, revolucionárias na prática da psicoterapia. Os terapeutas comportamentais haviam apresentado uma coletânea de dados empíricos na psicoterapia, mas, na maioria dos casos da terapia contemporânea daquela época, o terapeuta era um empirista em treinamento; o cliente era uma fonte de dados ou um coletor de dados. Beck apresentou o conceito de "empirismo colaborativo" para demonstrar que o terapeuta e o cliente poderiam formar uma parceria de trabalho equilibrada. Tanto o terapeuta quanto o cliente elaboravam experimentos e propunham ideias sobre como testar crenças conhecidas e avaliar a efetividade de determinadas estratégias comportamentais. Os terapeutas deveriam estimular a curiosidade dos clientes e também seu envolvimento ativo nos procedimentos da terapia.

Os novos procedimentos terapêuticos incluíam exercícios de imaginação para captar os pensamentos automáticos relacionados à depressão; registro dos pensamentos para identificar e para testar esses pensamentos automáticos; e experimentos comportamentais para avaliar crenças relacionadas à motivação e às estratégias de enfrentamento. Esses procedimentos inter-relacionavam-se com um novo estilo de entrevista, que Beck chamou de "questionamento socrático". O questionamento socrático requer que o terapeuta faça perguntas ao cliente para obter informações relevantes relativas aos pensamentos automáticos da depressão e que não sejam conscientes no estado de depressão, mas facilmente acessíveis pela indução. Por exemplo, pede-se a um cliente deprimido cujo pensamento seja "Nunca faço nada corretamente" que se lembre de coisas que tenha realizado no passado e atualmente. As novas informações, depois de consideradas, ajudam a equilibrar as conclusões depressivas acerca de si, do mundo e do futuro (a tríade cognitiva negativa) e ajuda temporariamente a melhorar o humor. Além disso, a teoria cognitiva agiu com coragem ao afirmar que os clientes podem aprender a fazer esse processo por si mesmos, a fim de reduzir a necessidade de um terapeuta por um prazo longo e de evitar recaídas. A natureza de autoajuda da terapia cognitiva contradizia o *Zeitgeist* de então, segundo o qual apenas os terapeutas altamente treinados poderiam entender e tratar os problemas psicológicos.

O livro *Cognitive Therapy for Depression* foi uma das primeiras tentativas de detalhar passo a passo os procedimentos terapêuticos. Além disso, antes de sua publicação, Beck e seus colaboradores conduziram um estudo de resultados de tratamento para avaliar e demonstrar sua efetividade (Rush, Beck, Kovacs e Hollon, 1977). Outras equipes de pesquisa clínica também avaliaram empiricamente o protocolo de tratamento e constataram tratar-se de uma terapia eficaz para a depressão (cf. Blackburn, Bishop, Glen, Whalley e Christie, 1981) – o primeiro tratamento psicoterápico a obter resultados tão bons quanto os tratamentos farmacológicos da depressão, ou melhores do que eles.

A combinação de um manual detalhado de tratamento com resultado de pesquisa era uma inovação na prática psicoterápica que só havia sido tentada antes por terapeutas comportamentais ao tratarem problemas comportamentais discretos (isolados). Ao realizar o mesmo feito com um conjunto mais complexo de intervenções clínicas que incluíam componentes cognitivos, emocionais e comportamentais, Beck foi um pioneiro de um modelo que os psicólogos muitos anos mais tarde definiram como "tratamento psicológico validado empiricamente" (*Task Force on Promotion and Dissemination of Psychological Procedures*, 1995; *Task Force on Psychological Intervention Guidelines*, 1995).

Beck também obteve renome internacional na teoria e no prognóstico do suicídio. Identificou o desespero como um indicativo cognitivo fundamental do suicídio (Beck, Brown e Steer, 1989; Beck, Kovacs e Weissman, 1975; Minkoff, Bergman, Beck e Beck, 1973), mesmo quando estudado no contexto do uso de drogas (Weissman, Beck e Kovacs, 1979) ou de outros fatores previamente reconhecidos como correlatos primeiros do suicídio. Ele elaborou e validou uma série de escalas para ajudar a medir o risco de suicídio, inclusive a Escala de Desesperança de Beck (Beck, Weissman, Lester e Trexler, 1974), a Escala de Intenção de Suicídio de Beck (Beck, Schuyler e Herman, 1974) e a Escala de Ideação Suicida (Beck, Kovacs e Weissman, 1979). Os trabalhos iniciados nessa década continuaram a moldar a compreensão profissional do suicídio e das intervenções clínicas elaboradas para impedi-lo (cf. Brown, Beck, Steer e Grisham, 2000; Weishaar, 1996, 2004; Weishaar e Beck, 1992).

Simultaneamente a esses estudos em profundidade sobre a depressão e o suicídio, Beck propunha aplicações mais amplas de sua teoria e métodos cognitivos. Em seu primeiro livro escrito para leigos, *Cognitive Therapy and the Emotional Disorders* (Beck, 1976), o autor descreveu de maneira eloquente sua terapia e teoria cognitivas das emoções. Propunha que a depressão clínica e a ansiedade estão em um *continuum* com as experiências emocionais, e que todas as experiências emocionais estão ligadas a cognições. Beck delineou sua teoria da especificidade cognitiva, na qual cada emoção está associada a temas cognitivos particulares. A depressão correlaciona-se aos temas do pessimismo, da autocrítica e da falta de esperança. A ansiedade está acompanhada pelos temas cognitivos da ameaça, do perigo e da vulnerabilidade. A raiva é marcada pelos temas da violência e da dor, juntamente com percepções dos outros como sendo malevolentes.

A década de 1980

Da mesma forma que transformou drasticamente as perspectivas psicológicas sobre a depressão nos anos de 1970, Beck, nos anos de 1980, juntamente com seus colaboradores, criou novas molduras para a compreensão da ansiedade, do abuso de substâncias e dos conflitos nos relacionamentos. Além disso, dedicou um tempo e uma energia significativos em tal década para a criação de uma comunidade de estudiosos que fosse internacional, interativa e visível. O autor deu início a um encontro internacional de terapeutas cognitivos e pesquisadores na Filadélfia (1983) e incentivou encontros posteriores em Umeå, na Suécia (1986), e em Oxford (1989), em um Congresso Mundial de Terapia Cognitiva, cada vez mais frequentado. Beck deixou claro a seus colegas que estava comprometido com o empirismo colaborativo entre pesquisadores e terapeutas, tanto quanto entre terapeutas e clientes.

Seu modelo cognitivo da ansiedade (Beck e Emery, com Greenberg, 1985) é sua contribuição mais conhecida da década em questão. Usando um modelo evolucionário para demonstrar a natureza adaptativa da ansiedade, Beck propôs que toda ansiedade resulta da superestimação dos perigos e/ou da subestimação da capacidade de enfrentamento e dos recursos próprios. Com base nas constatações empíricas (Beck, Laude e Bohnert, 1974), ele também notou que a ansiedade está em geral acompanhada de imagens. Portanto, foram elaborados, de maneira mais detalhada, métodos para identificação e testes de imagens neste texto sobre a ansiedade, mais do que em textos anteriores sobre terapia cognitiva.

Da mesma forma que havia feito com a depressão, Beck desenvolveu e validou uma escala para a mensuração da ansiedade, a Escala de Ansiedade de Beck (Beck, Epstein, Brown e Steer, 1988; Beck e Steer, 1990). Apesar da força da teoria cognitiva geral da ansiedade de Beck, ele não desenvolveu um protocolo só para o tratamento da ansiedade. Devido à natureza idiossincrática de determinadas cognições em vários transtornos de ansiedade, protocolos específicos de tratamento foram desenvolvidos para cada diagnose do transtorno da ansiedade. Muitos pesquisadores e teóricos contribuíram para o desenvolvimento e para a avaliação empírica desses modelos de tratamento, conforme se descreve nos Capítulos 4, 5, 7, 8 e 9 deste livro.

Além da ansiedade, Beck trabalhou com seus colaboradores para desenvolver os modelos cognitivos do estresse (Pretzer, Beck e Newman, 1989) e da raiva (Beck, 1988). Seu modelo cognitivo da raiva foi aplicado ao conflito de casais em um livro seu bastante conhecido, *Love is Never Enough* (Beck, 1988). Nesse livro, ele demonstra como os mesmos princípios de distorção cognitiva delineados para a depressão e para a ansiedade podem operar no âmbito das relações íntimas e transformar o amor em ódio. Acrescente-se a isso o fato de o autor demonstrar como os princípios da terapia cognitiva podem ajudar a acalmar o tumulto das relações e a restaurar e manter seus aspectos positivos.

Beck também atuou como pesquisador principal ou copesquisador em vários grupos de pesquisa nacionais que examinavam a utilidade da terapia cognitiva na abordagem do abuso de substâncias, principalmente da heroína, da cocaína e do álcool. Embora seu envolvimento com o abuso de substâncias tenha começado como algo integrado a seus estudos sobre o suicídio (Beck, Steer e Shaw, 1984; Beck, Weissman e Kovacs, 1976; Weissman et al., 1979), a obra de Beck nessa área gradualmente voltou-se ao desenvolvimento de um modelo cognitivo para a compreensão da adicção e do delineamento de métodos de tratamento bem-sucedidos (Beck, Wright, Newman e Liese, 1993).

A década de 1990

Nos anos de 1990, a terapia cognitiva já não era mais uma nova espécie de terapia; havia se tornado uma das principais opções para terapia breve da depressão e da ansiedade nos Estados Unidos e na Grã-Bretanha. Quando Beck completou seus 70 anos, a terapia cognitiva para a depressão já havia sido tão amplamente estudada que um novo livro que resumia as constatações empíricas relevantes para a teoria e a terapia cognitivas foi elaborado: *Scientific Foundations of Cognitive Theory and Therapy of Depression* (Clark e Beck, com Alford, 1999). A publicação de *Cognitive Therapy with Inpatients: Developing a Cognitive Milieu* (Wright, Thase, Beck e Ludgate, 1993) reconhecia que a terapia cognitiva estava se tornando um modelo amplamente disseminado para os programas de internação. Além disso, a terapia cognitiva espalhava-se rapidamente pelo mundo, à medida que os textos de terapia cognitiva eram traduzidos para muitas línguas diferentes.

Embora desse continuidade a suas pesquisas e aperfeiçoasse os tratamentos da depressão, do suicídio e dos transtornos da ansiedade, Beck cada vez mais voltava-se às aplicações da terapia cognitiva a problemas mais complexos. Para fazê-lo, ele articulou novos aspectos da teoria cognitiva e esclareceu como os conceitos cognitivos tradicionais poderiam explicar experiências humanas tão diversas quanto o transtorno de pânico e a esquizofrenia (Alford e Beck, 1997).

O livro *Cognitive Therapy of Personality Disorders* (Beck, Freeman et al., 1990) [*Terapia cognitiva dos transtornos da personalidade*, Artmed, 2005] ofereceu a primeira perspectiva de longo prazo da terapia cognitiva conforme aplicada aos transtornos da personalidade – diagnoses em geral consideradas como resistentes ao tratamento. Nesse livro, Beck empregou sua teoria de esquemas para apresentar uma detalhada teoria cognitiva da personalidade. Alguns anos depois, ele ampliou sua teoria de esquemas, incluindo os conceitos de "modos", definidos como "redes de componentes cognitivos, afetivos, motivacionais e comportamentais" e "cargas", que "explicam as flutuações nos gradientes de intensidade das estruturas cognitivas" (Beck, 1996, p. 2). As primeiras constatações relativas à terapia cognitiva para transtornos da personalidade são animadoras (Pretzer e Beck, 1996; Beck, Freeman et al., 2004). A demonstração de que as crenças por si sós poderiam discriminar diferentemente as diagnoses dos transtornos de personalidade conferiu sustentação empírica à teoria cognitiva da personalidade elaborada por Beck (Beck et al., 2001). O Capítulo 14 deste livro examina o *status* atual dessa aplicação, ainda em desenvolvimento, da terapia cognitiva.

Na segunda metade da década de 1990, Beck escreveu *Prisoners of Hate: The Cognitive Basis of Anger, Hostility, and Violence* (Beck, 1999) para demonstrar como o modelo cognitivo da raiva pode tanto explicar conflitos mais amplos quanto descrever conflitos interpessoais interfamiliares. Beck apresenta então ideias concretas, derivadas da teoria e da terapia cognitivas para a cura de divisões globais, nacionais, religiosas e étnicas.

Beck cada vez mais dedicou sua atenção a novos modelos cognitivos e a terapias para a esquizofrenia ao final do século XX (Alford e Beck, 1994; Beck, 1994; Beck e Rector, 1998). Seu primeiro artigo da área psiquiátrica, ainda como jovem psiquiatra, abordara a terapia para delírios esquizofrênicos (Beck, 1952). Pesquisas preliminares demonstram que a terapia cognitiva moderna pode provar-se uma poderosa intervenção para todos os sintomas da esquizofrenia (Beck, 2000).

Os primeiros anos do século XXI

Ao ouvir Beck falar sobre a terapia cognitiva para a esquizofrenia, não pensaríamos estar diante de alguém que pensa, escreve e pratica a psiquiatria há mais de 50 anos, pois ele demonstra ter o entusiasmo de quem acaba de descobrir a terapia cognitiva quando descreve as crescentes evidências empíricas de que a terapia cognitiva pode efetivamente ajudar as pessoas que tenham esquizofrenia (Beck e Rector, 2002; Morrison, 2002; Rector e Beck, 2001, 2002; Warman e Beck, 2003).

Em 2001, Beck celebrou seu 80º aniversário, algo que em geral vem acompanhado das boas lembranças de uma vida bem vivida. Beck marcou o começo de sua nona década de vida com a publicação de seu 15º livro, *Bipolar Disorder: A Cognitive Therapy Approach* (Newman, Leahy, Beck, Reilly-Harrington e Gyulai, 2002). Essa foi uma das quase 40 publicações dele nos anos de 2001 e 2002, compreendendo os temas da depressão, do suicídio, do transtorno de pânico, do transtorno da personalidade, da esquizofrenia, do transtorno obsessivo-compulsivo, dos pacientes geriátricos externos (ambulatoriais) e da Escala Clark-Beck do transtorno obsessivo-compulsivo (Clark e Beck, 2002).

Os *Beck Youth Inventories of Emotional and Social Impairment* (J. S. Beck e Beck, com Jolly, 2001) avaliam os sintomas de depressão, de ansiedade, de raiva, de comportamento diruptivo e de autoconceito nas crianças. Essas mensurações sugerem uma ênfase extra, de parte de Beck e seus colaboradores, ao uso da teoria e da terapia cognitivas com crianças, visando à prevenção, à identificação precoce e ao tratamento de problemas.

Conforme ficou evidenciado pelas publicações que acabamos de descrever, e também por seu primeiro livro sobre terapia cognitiva para a dor crônica (Winterowd, Beck e Bruener, 2003), Beck continua a expandir, ampliar, elaborar, aperfeiçoar e conduzir pesquisas empíricas sobre as muitas implicações e aplicações de sua teoria e terapia cognitivas. A segunda edição de *Cognitive Therapy of Personality Disorders* (Beck et al., 2004) [Terapia cognitiva dos transtornos da personalidade, Artmed, 2005] articulou sua teoria da personalidade e elaborou o tratamento da terapia cognitiva dos transtornos da personalidade. Entre 1952 e o momento em que este livro está sendo impresso, Beck publicou 17 livros e mais de 450 artigos e capítulos de livro. Com certeza, Beck é um dos pensadores e escritores mais prolíficos da história da psiquiatria.

É claro que a qualidade do que se publica é mais importante do que a quantidade. A carreira de Beck modela a efetividade exponencial de se trabalhar arduamente e de maneira equânime nas áreas de conceituação, de pesquisa empírica e de aplicações terapêuticas. Suas descobertas e inovações em cada uma dessas três áreas ampliam-se pelo conhecimento adquirido nas duas outras.

Por exemplo, começando com seu artigo sobre o conteúdo dos sonhos de pacientes deprimidos (Beck e Hurvich, 1959), seu trabalho *empírico* na área da depressão precedeu o desenvolvimento de sua teoria *cognitiva* da depressão, publicada pela primeira vez em 1967. Sua *terapia*, tão conhecida de nós hoje, desenvolveu-se nos 15 anos seguintes; princípios do protocolo dessa terapia foram publicados pela primeira vez entre 1974 e 1979. Ainda assim, mesmo enquanto a psicoterapia estava em desenvolvimento, o trabalho empírico continuou com cuidadosos estudos de resultados. Beck continua até hoje a aperfeiçoar seu modelo cognitivo para a depressão, informado pelas novas práticas de pesquisa e de psicoterapia (Clark et al., 1999).

O Quadro 1.1 resume as ligações entre as contribuições de Beck nas áreas de conceituação, de empirismo e de psicoterapia. As datas presentes no quadro são geralmente aquelas da primeira obra publicada na qual o conceito ou a constatação foram descritos por Beck. Em alguns casos, em vez de um determinado ano, há um intervalo, porque as ideias do autor desenvolveram-se e foram publicadas ao longo de vários anos. O Quadro 1.1 demonstra como os estudos empíricos ocorrem antes e depois das descobertas conceituais. Os avanços da psicoterapia tanto acompanham quanto puxam a pesquisa e os novos modelos conceituais. Além disso, Beck continua a atuar em todas essas áreas hoje. Por exemplo, em 2003, publicou obras relacionadas à ansiedade, à depressão, à esquizofrenia, à psicose, aos transtornos da personalidade, ao suicídio e à dor crônica.

BECK: O HOMEM

Não foi apenas o brilhantismo de sua *mente* que levou Beck a ter um papel central na evolução da psicoterapia nos últimos 50 anos. No início de sua carreira, ele vislumbrou uma ciência da mente, das emoções, do comportamento e do contexto social como algo que deveria estar firmemente posicionado ao lado da bioquímica e da neurociência, que também informam a psiquiatria. Beck ajudou a formar essa nova ciência biopsicossocial de base cognitiva; ele também trouxe à luz um movimento e uma comunidade de pesquisadores, de educadores e de terapeutas leais a ele e a suas perspectivas.

Como é que ele conseguiu formar uma comunidade tão vibrante e atuante de cientistas/profissionais? Como Beck conseguiu gerar tanto entusiasmo com suas ideias, geralmente simples, como a da ligação entre pensamentos e emoção? Outros propuseram ideias similares ao longo do tempo, mas não se mantêm em nossas mentes como Beck o faz. Neste subcapítulo, as qualidades pessoais de Beck e os contextos nos quais ele viveu são ligados a sua capacidade de construir uma comunidade de terapeutas e de pesquisadores cognitivos.

Curiosidade

Já examinamos os frutos produzidos pela mente de Beck. Quais qualidades mentais contribuem para tais esforços? Não é preciso dizer que Beck é altamente inteligente. Uma das características mais importantes de sua inteligência é a curiosidade. Quem bem o conhece espera que todo encontro apresente questionamentos e investigação de novas ideias. Já tive o prazer de observar Beck fazendo questões a garçons, a alunos de pós-graduação e a jogadores de tênis para obter informações relevantes para suas teorias. Pelo fato de suas teorias buscarem dar conta de todas as experiências humanas, sua insaciável curiosidade lhe cai muito bem.

QUADRO 1.1 Contribuições originais de Beck a temas selecionados

ENFOQUE	INOVAÇÕES CONCEITUAIS	CONTRIBUIÇÕES EMPÍRICAS	PSICOTERAPIA
Depressão	Distorções cognitivas (1963) Modelo cognitivo (1967) Pensamentos automáticos (1967) Tríade cognitiva (1970)	Conteúdo não masoquista dos sonhos (1959) Inventário de Depressão de Beck (1961-1996) Estudos de resultados (1977-1982)	Terapia Cognitiva (TC) para a depressão (1974-1979) "Empirismo colaborativo" Registro de pensamentos Experimentos comportamentais Questionamento socrático
Transtornos de ansiedade	Modelo cognitivo da ansiedade (1972-1979): Superestimações de perigo Subestimações de enfrentamentos/recursos Especificidade cognitiva (1976-1994)	Escala de ansiedade de Beck (1988) Estudos de resultados (1988-1997) Escala obsessivo-compulsiva de Clark-Beck (2002)	Princípios de tratamento da TC (1976-1985) Natureza idiossincrática dos pensamentos automáticos Importância das imagens
Esquizofrenia	Modelo cognitivo da esquizofrenia (1979-presente)	Estudo de caso (1952) Estudos de resultados (1994-presente)	TC da esquizofrenia (1994-presente)
Suicídio	Desesperança como fundamento (1973)	Preditor de suicídio (1971-2001) Escala de desespero de Beck (1974) Escala de intenção de suicídio (1974) Escala de ideação suicida (1979)	TC para o comportamento suicida (1990)
Personalidade	Teoria dos esquemas (1967) Modelo cognitivo (1990) Teoria de modos (1996)	Escala da atitude disfuncional (1991) Escalas de sociotropia e autonomia (1991) Questionário da crença da personalidade (1995)	TC para os transtornos da personalidade (1990-presente)
Adicção	Ligações com a depressão (1977-presente) Ligações com o suicídio (1975-presente)	Ligações com a depressão (1977-presente) Ligações com o suicídio (1975-presente) Estudos de resultado (1997-1999)	TC para abuso de substâncias (1983-2001)

Flexibilidade

Igualmente importante é o fato de seu pensamento ser flexível. É raro um líder de qualquer área ser tão aberto à mudança de sua própria teoria e de seus modelos com base em evidências empíricas. E Beck tem feito isso repetidamente, firmemente convencido de que suas melhores ideias são formatadas por dados. Ele é um pensador positivo – não do gênero de Norman Vincent Peale, mas no sentido da escola que considera todo obstáculo como um problema à espera de ser resolvido.

Visão

Beck vislumbrou revoluções na teoria psiquiátrica e na psicoterapia. Vislumbrou a ampla aceitação de uma teoria da emoção que enfocasse as crenças. Vislumbrou uma psicoterapia de base empírica de curto prazo, eficaz e que poderia engajar o cliente na resolução de problemas. Essas visões foram alcançadas com uma aceitação muito maior do que a esperada de parte dos profissionais e do público. Mas sua visão parece não parar de expandir-se. No momento em que a terapia cognitiva chega a uma visão que ele tivera há 10 anos, Beck já terá aumentado seus esforços visionários, incorporando novos desafios e complicações. Por essa razão, as ideias visionárias de Beck têm o respeito de seus colegas, mesmo que algumas pareçam um pouco improváveis. As ideias improváveis de uma década podem passar a ser as ideias de que todos se orgulhem na década posterior.

Consciência pessoal

Beck participa ativamente do mundo. Usa as lições e as oportunidades de sua vida para construir melhores teorias, pesquisas e terapias. Tem consciência de suas próprias mudanças de estado de espírito e quer aprender com elas. Muitos princípios fundamentais da terapia cognitiva provêm de observações cuidadosas de suas próprias mudanças de humor e das pessoas que o cercam. Da mesma forma que se faz na terapia cognitiva, Beck tenta entender suas próprias reações emocionais e usá-las de maneira construtiva. Ele observa seus próprios processos de pensamento e registra quais experiências são convergentes e quais são divergentes de sua teoria. Essas observações pessoais são, então, comparadas com os relatórios pessoais de outras pessoas, antes da construção de estudos empíricos.

Persistência

Beck é conhecido por sua perseverança, mantida por meio de exercícios regulares, de meditação e de dieta moderada. Mais importante do que a resistência física é o fato de ele ter uma grande persistência emocional e cognitiva. Durante os primeiros 20 anos em que ensinou tais princípios, suas palestras e *workshops* sobre terapia cognitiva eram frequentados por um grupo pequeno de pessoas – colegas que com frequência tinham reservas quanto a suas ideias e que verbalizavam suas críticas. Ainda assim, Beck continuou falando sobre a teoria cognitiva com qualquer pessoa que o recebesse.

O público cresceu com o sucesso da terapia cognitiva, mas, mesmo assim, na metade dos anos de 1980, havia no público pessoas que colocavam em dúvida o que ele dizia e que verbalizam seu antagonismo. Suas ideias simples eram revolucionárias por desafiarem as teorias e os tratamentos correntes, e ele provocava aquela ira que as vozes revolucionárias em geral provocam. Ainda assim, Beck persistiu, estimulado pelos dados quando o apoio pessoal não se apresentava.

Contextos ambientais

Apesar do antagonismo de alguns colegas, Beck beneficiou-se dos ambientes sociais e intelectuais mais amplos em que trabalhava. O espírito de colaboração da terapia cognitiva foi influenciado por um público receptivo, em parte por causa do fortalecimento dos movimentos humanos dos anos de 1960 e 1970 – direitos civis, direitos das mulheres e liberação *gay*. Durante a evolução da terapia cognitiva, o empirismo estava crescendo na psicologia, devido, pelo menos em parte, a um respeito que então surgia pelo behaviorismo. A teoria e a terapia cognitivas surgiram na aurora de uma revolução cognitiva na psicologia e do aparecimento de um *Zeitgeist* de processamento de informações no discurso público. A terapia cognitiva é um dos poucos serviços relacionados à saúde que se beneficiam das restrições financeiras relativas ao setor no começo do século XXI. Havendo menos dólares à disposição, os fornecedores de serviços de saúde começaram a prestar mais atenção a terapias breves com efetividade empiricamente provada. Em grande parte das vezes, isso fez com que a terapia cognitiva se tornasse a terapia preferida.

Liderança comunitária

Independentemente de o ambiente ser vantajoso, o entusiasmo com a terapia cognitiva aumentou muito graças ao próprio comportamento de Beck. Sua carreira é marcada por colaborações produtivas com pessoas de muitos países do mundo. Suas interações com os colegas são marcadas pela generosidade, pela lealdade e pela gentileza. Assim, ele ajudou a criar uma comunidade de terapeutas cognitivos que age de acordo com esses princípios, para o benefício de todos.

A generosidade profissional de Beck é muito conhecida. Muitos dos terapeutas e dos pesquisadores mais conhecidos de hoje podem apontar avanços em suas carreiras por causa de Beck. Ele sempre convidou jovens pesquisadores e estudiosos para participarem de projetos de pesquisa prestigiados, ofereceu a clínicos talentosos a oportunidade de ensinar em parceria com ele em seus *workshops* e escreveu numerosas cartas de recomendação para profissionais de toda parte do mundo.

O primeiro convite que recebi para ensinar com Beck veio em 1984, quando eu havia recém concluído meu doutorado e tinha 31 anos – a mesma idade que Beck tinha quando escreveu seu primeiro artigo sobre psiquiatria. Ele me convidou a ensinar com ele em Washington, D. C., em um grande *workshop* do encontro anual da *Association for Advancement of Behavior Therapy*. Este e outros convites subsequentes para ensinar literalmente fizeram deslanchar minha carreira na área dos *workshops* de terapia cognitiva.

Beck é leal e estimula a lealdade na comunidade da terapia cognitiva. Já viajou muito para dar apoio a aberturas de clínicas de terapia cognitiva e de institutos de pesquisa. Raramente faz comentários negativos sobre os colegas e, em particular, conversa sobre o assunto com colegas que o façam. Quando critica alguma posição ou comportamento dos terapeutas cognitivos, tais comentários são sustentados por evidências empíricas e considerados como um esforço para compreender a posição do outro terapeuta.

Sua gentileza para com os colegas só é superada por sua gentileza para com seus clientes e outras pessoas da comunidade que possam beneficiar-se da terapia cognitiva. Nas centenas de horas que passei com Beck, ensinando em *workshops*, participando de conferências, discutindo teorias e conversando informalmente, ele jamais fez algum comentário negativo sobre um cliente. Seu cuidado com os outros é o motor que move sua paixão pelo aperfeiçoamento da terapia cognitiva.

Uma história pessoal ilustra a sinceridade do cuidado de Tim. Ele e eu tínhamos de apresentar um trabalho para centenas de psiquiatras. Em tal evento, entrevistamos uma paciente voluntária e interna de um programa psiquiátrico local de terapia cognitiva, conversando com ela sobre o que havia aprendido sobre sua depressão enquanto estava no hospital. A paciente falou sobre a tentativa de suicídio que a havia levado a hospitalizar-se e sobre a esperança que a terapia cognitiva representava para ela.

Na manhã seguinte, encontrei Tim em seu hotel e ele me pediu para dirigir o carro até o hospital, antes de começarmos nossas atividades. No hospital, ele e eu nos encontramos em uma sala de consultas com a paciente com quem havíamos conversado na noite anterior. Tim conversou com ela com muito interesse sobre os motivos que a haviam levado para o hospital. Conversou com ela sobre os planos que fazia para depois que saísse do hospital. No final dessa entrevista, ele apanhou um pedaço de papel e começou a escrever, algo que em geral fazia durante as entrevistas. Por isso, pensei que uma nova ideia havia lhe ocorrido e que, para não esquecer, a havia anotado. Ao final do encontro, ele passou o papel à mulher e disse, com um sorriso: "Este é o telefone de minha casa. Quero que você me ligue depois de algumas semanas em casa, para me dizer como está se sentindo." Enquanto saíamos do hospital, já no carro, a única coisa que me disse foi: "Ela foi muito generosa ao falar de sua vida, para que os outros pudessem aprender. Isso que eu fiz foi só uma coisinha para retribuir sua generosidade."

Visão de comunidade

A atitude pessoal de Beck em relação a seus pacientes espelha-se na visão que ele tem da comunidade da terapia cognitiva. Ele busca criar uma comunidade que seja global, inclusiva, colaborativa, capacitadora e benevolente.

Global

A visão que Beck tem da terapia cognitiva sempre foi global. Ele nunca quis criar, por exemplo, uma Associação *americana* para a terapia cognitiva. O que fez foi criar o Congresso Mundial de Terapia Cognitiva, na Filadélfia. Com isso, inspirou a criação da Associação Internacional de Terapia Cognitiva. Sua participação foi importante no estabelecimento de uma Academia de Terapia Cognitiva global, para o credenciamento de terapeutas cognitivos qualificados. E antes de que qualquer dessas associações existisse, ele pessoalmente colocava pesquisadores, terapeutas e educadores do mundo todo em contato. Beck sempre nos forçou a escrever, a viajar e a realizar encontros, estimulando amizades e colaborações de trabalho.

Inclusiva

A visão de comunidade de Beck para a terapia cognitiva é inclusiva, bem recebendo pessoas de diversas origens educacionais e profissionais (por exemplo, psiquiatras, psicólogos, trabalhadores sociais, enfermeiras, terapeutas ocupacionais, conselheiros pastorais, conselheiros nos casos de abuso de drogas), de todas as idades, raças, identidades étnicas, orientações sexuais e religiões. Seus valores inclusivos levaram a um diálogo e a uma colaboração entre colegas de comunidades culturais e profissionais bastante diferentes.

Em um encontro de terapia cognitiva, terapeutas cognitivos de Israel ofereceram-se para colaborar com terapeutas cognitivos de países árabes vizinhos, muito embora as nações desses terapeutas fossem politicamente hostis. Tais intercâmbios agradam enormemente a Beck, pois ele deseja que os terapeutas cognitivos formem uma só comunidade, com integrantes diversos. Beck sonha que a teoria cognitiva, conforme descrita em *Prisoners of Hate* (Beck, 1999), possa contribuir para curar as divisões existentes no mundo.

Colaborativa

Beck incentiva a colaboração. Além disso, realiza um trabalho de aproximação entre as pessoas, reunindo colegas em projetos que ele considera ter a ganhar com o trabalho colaborativo. Modela a força inerente ao compartilhamento de ideias, compartilhando suas próprias ideias livremente. Quando Beck fala sobre terapia cognitiva, ele reconhece as contribuições dos colegas tanto dentro quanto fora do âmbito da terapia cognitiva:

> Ao formular minha primeira teoria da depressão, fiz uso dos primeiros psicólogos cognitivos, como Allport, Piaget e, especialmente, George Kelly. Também fui influenciado pela obra de Karen Horney e de Alfred Adler, até aquele momento eu não conhecia a obra de Ellis, que havia sido primeiramente publicada em artigos de revistas científicas de psicologia (que eu não assinava) e em livros. Depois que publiquei meus artigos de 1963 e 1964, fui apresentado à obra de Ellis por uma carta do próprio autor, que percebeu que nosso trabalho era similar. (Beck, Comunicação pessoal, 15 de outubro de 2002)

Em apresentações formais, ele descreve o trabalho de outros terapeutas cognitivos com tanto entusiasmo que um ouvinte ingênuo poderia não perceber que a própria obra de Beck deu surgimento a muitos avanços da área.

Capacitadora

Beck capacita os terapeutas cognitivos do mundo todo, dando seu apoio a fundos que se voltem à pesquisa da terapia cognitiva; reconhecendo publicamente as contribuições dos outros; citando as contribuições estrangeiras a seus próprios trabalhos; e oferecendo conselhos sobre outras formas de ajuda via *e-mail*, telefone e conversas pessoais. Esse reconhecimento, vindo de alguém da estatura de Beck, pode incentivar a carreira de um pesquisador em um departamento universitário ou chamar a atenção do público para a habilidade de determinado clínico. Beck também capacita as pessoas, estimulando-as a realizar pesquisas, a desenvolver inovações psicoterápicas e a iniciar projetos de escrita. Uma vez, almoçando, ele fez com que uma aluna de pós-graduação escrevesse seu próprio questionário, em vez de continuar a buscar em vão, na literatura existente, um questionário que se relacionasse ao assunto que pesquisava. Beck escreveu as ideias da aluna em um guardanapo e endossou-as como válidas e dignas de pesquisa, tanto quanto as ideias dos questionários já existentes.

Benevolente

Finalmente, a visão de Beck acerca da comunidade da terapia cognitiva é benevolente. Ele modela um comportamento que é benevolente em relação a seus colegas; respeita ideias diferentes e ajuda os outros a avançarem em seus trabalhos. Sua terapia foi projetada para ser benevolente e capacitadora para os clientes. Beck incentiva os terapeutas cognitivos que estejam em conflito a trabalharem amigavelmente os pontos em que discordam.

BECK: O MENTOR

O que podemos aprender com o Beck mentor? Quando penso nos 25 anos de minha relação com Tim, fico impressionada com sua intensidade e foco. Há uma certa ferocidade em sua busca de ideias e de pesquisas. Ainda assim, essa ferocidade é contrabalançada pelo respeito às ideias divergentes, e sua intensidade é contrabalançada pela doçura da celebração quando as metas são atingidas. Embora ele exija muito de seus colegas e alunos, também oferece grandes incentivos e entusiasmo quando as tarefas são muito pesadas.

A lição que aprendi ao observar Tim é a de que nenhuma qualidade pessoal é tão potente quanto a qualidade que se combina com outra que a contrabalance. Em minha opinião, o grande sucesso de Tim amplia-se pela combinação de qualidades que são notáveis quando coexistem. O Quadro 1.2 demonstra pares de qualidades que acredito exemplificam Beck em seu trabalho. Essas qualidades podem oferecer orientação a quem queira considerá-lo um modelo para suas próprias vidas profissionais.

Beck é um visionário, e também é humilde. Quem quiser imitá-lo deverá ter uma perspectiva geral do potencial humano, a fim de reinventar e ir além das teorias correntes. Ainda assim, é igualmente importante ser humilde em relação ao que os dados, nossos clientes, nossos colegas e nossa experiência pessoal nos ensinam.

QUADRO 1.2 Pares de qualidades de Beck

Visionário	humilde
Tenaz	flexível
Independente	colaborativo
Orientado pelos dados	franco
Teórico	voltado a aplicações práticas
Individualista	voltado à comunidade
Orgulhoso de seu trabalho	apreciador do trabalho alheio

Beck tem uma tenacidade incrível, e também é flexível. Seguir seus passos é entrar em uma maratona. Para acompanhar suas contribuições, devemos ser tenazes nos projetos de pesquisa, no desenvolvimento da teoria e da terapia e na disseminação das informações aos outros. Ao mesmo tempo em que se tem um ótimo desempenho naquilo que se realiza, é igualmente importante ser flexível e integrar novas ideias se estas forem sustentadas por dados empíricos.

Beck tem sido um pensador independente, e também colabora com muitos outros. A independência de pensamento pode ser algo difícil. Durante muitos anos, Beck tinha apenas alguns colegas que levavam suas ideias a sério. Ainda assim, é importante estar disposto a trabalhar arduamente – sozinho, se necessário – se quisermos mapear novos territórios. Também é fundamental para a evolução das ideias que colaboremos com os outros, de modo que nossas ideias fiquem mais fortes e possam ser aplicadas mais amplamente.

Beck age de acordo com os dados e também de acordo com seu coração. Dessa forma, é um cientista humanista. Quem o imitar estará firmemente unido aos fundamentos empíricos das teorias e da prática. Não há conflito entre um compromisso científico e o interesse cuidadoso pelas implicações humanas do trabalho. Cuidar profundamente das pessoas com quem trabalhamos e das pessoas que nosso trabalho toca enobrece o que fazemos. Enfocar as necessidades humanas também propicia uma orientação inteligente para quem está comprometido em fazer contribuições profissionais importantes.

Este capítulo ilustra como Beck exemplifica o equilíbrio de teoria e prática mais amplamente que a maioria. Poucas pessoas serão capazes de contribuir de maneira tão equilibrada e inovadora para a teoria, para a prática clínica e para a pesquisa empírica. Ainda assim, todo profissional da área da saúde mental pode comprometer-se a aprender mais sobre a teoria, a prática e a pesquisa, refletindo-as em seu trabalho.

Finalmente, Tim Beck sempre orgulhou-se de suas contribuições e, ao mesmo tempo, apreciava publicamente o trabalho dos outros e sua influência sobre sua própria obra. Todas as pessoas que contribuíram para este livro estão, justificadamente, orgulhosas de tudo o que foi realizado durante suas carreiras. E também apreciamos o trabalho de Beck e a ele devemos, pois se trata de alguém que, como poucos, contribuiu tanto e a tantas áreas.

Finalizo este capítulo com um desafio a meus leitores, especialmente aos alunos e àqueles que estejam começando suas carreiras. Se o que você ler o levar a uma maior apreciação das contribuições de Beck, demonstre seu respeito por ele de um modo significativo. Tente imitar aspectos da variada e valiosa carreira de Beck até o momento:

1 seja sempre curioso;
2 aprenda com suas próprias mudanças de humor;
3 trabalhe com grande persistência;
4 aprenda a aproveitar o ambiente em que você vive e trabalha;
5 seja mais colaborativo, generoso e gentil;
6 capacite os outros;
7 pratique todos esses passos com uma visão global.

Essas são maneiras pelas quais podemos começar a agradecer a Aaron T. Beck por suas inestimáveis e duradouras contribuições a nossa área.

REFERÊNCIAS

Alford, B. A., & Beck, A. T. (1994). Cognitive therapy of delusional beliefs. *Behaviour Research and Therapy, 32(3),* 369-380.

Alford, B., fit Beck, A. T. (1997). *The integrative power of cognitive therapy.* New York: Guilford Press.

Beck, A. T. (1952). Successful outpatient psychotherapy of a chronic schizophrenic with a delusion based on borrowed guilt. *Psychiatry, 15,* 305-312.

Beck, A. T. (1963). Thinking and depression: Idiosyncratic content and cognitive distortions. *Archives of General Psychiatry, 9,* 324-333.

Beck, A. T. (1967). *Depression: Clinical, experimental, and theoretical aspects.* New York: Harper & Row.

Beck, A. T. (1972). *Depression: Causes and treatment.* Philadelphia: University of Pennsylvania Press. (Original work published 1967)

Beck, A. T. (1976). *Cognitive therapy and the emotional disorders.* New York: International Universities Press.

Beck, A. T. (1988). *Love is never enough.* New York: Harper & Row.

Beck, A. T. (1994). Foreword. In D. Kingdon & D. Turkington (Eds.), Cognitive-behavioral therapy of schizophrenia (pp. v-vii). New York: Guilford Press.

Beck, A. T. (1996). Beyond belief: a theory of modes, personality, and psychopathology. In P. Salkovskis (Ed.), *Frontiers of cognitive therapy* (pp. 1-25). New York: Guilford Press.

Beck, A. T. (1999). *Prisoners of hate: The cognitive basis of anger, hostility and violence.* New York: HarperCollins.

Beck, A. T. (2000). Member's corner: Cognitive approaches to schizophrenia: A paradigm shift? Based on the 1999 Joseph Zubin Award Address. *Psychopathology Research, 10(2),* 3-10.

Beck, A. T. (2002a). Successful outpatient psychotherapy of a chronic schizophrenic with a delusion based on borrowed guilt: A 1952 case study (reprinted). In A. Morrison (Ed.), *A casebook of cognitive therapy for psychosis* (pp. 3-14). Hove, UK: Brunner-Routledge. (Original work published 1952)

Beck, A. T. (2002b). Successful outpatient psychotherapy of chronic schizophrenic with a delusion based on borrowed guilt: A 50-year retrospective (discussion). In A. Morrison (Ed.), *A casebook of cognitive therapy for psychosis* (pp. 15-19). Hove, UK: Brunner-Routledge.

Beck, A. T., Brown, G., & Steer, R. A. (1989). Prediction of eventual suicide in psychiatric inpatients by clinical rating of hopelessness. *Journal of Consulting and Clinical Psychology, 57(2),* 309-310.

Beck, A. T., Butler, A. C., Brown, G. K., Dahlsgaard, K. K., Beck, N., & Beck, J. S. (2001). Dysfunctional beliefs discriminate personality disorders. *Behaviour Research and Therapy, 39*(10), 1213-1225.

Beck, A. T., & Emery, G., with Greenberg, R. L. (1985). *Anxiety disorders and phobias: A cognitive perspective.* New York: Basic Books.

Beck, A. T., Epstein, N., Brown, G., & Steer, R. A. (1988). An inventory for measuring clinical anxiety: Psychometric properties. *Journal of Consulting and Clinical Psychology, 56*(6), 893-897.

Beck, A. T., Freeman, A., Davis, D. D., Pretzer, J., Fleming, B., Arntz, A., Butler, A., Fusco, G., Simon, K., Beck, J. S., Morrison, A., Padesky, C., & Renton, J. (2004). *Cognitive therapy of personality disorders* (2nd ed.). New York: Guilford Press.

Beck, A. T., Freeman, A., Pretzer, J., Davis, D., Fleming, B., Ottaviani, R., Beck, J., Simon, K., Padesky, C. A., Meyer, J., & Trexler, L. (1990). *Cognitive therapy of personality disorders.* New York: Guilford Press.

Beck, A. T., & Hurvich, M. S. (1959). Psychological correlates of depression: 1. Frequency of "masochistic" dream content in a private practice sample. *Psychosomatic Medicine, 21*(1), 50-55.

Beck, A. T., Kovacs, M., & Weissman, A. (1975). Hopelessness and suicidal behavior: An overview. *Journal of the American Medical Association, 234,* 1146-1149.

_____. (1979). Assessment of suicidal intention: The Scale for Suicidal Ideation. *Journal of Consulting and Clinical Psychology, 47*(2), 343-352.

Beck, A. T., Laude, R., & Bohnert, M. (1974). Ideational components of anxiety neurosis. *Archives of General Psychiatry, 31,* 319-325.

Beck, A. T., & Rector, N. A. (1998). Cognitive therapy for schizophrenic patients. *Harvard Mental Health Letter, 15*(6), 4-6.

Beck, A. T., & Rector, N. A. (2002). Delusions: A cognitive perspective. *Journal of Cognitive Psychotherapy: An International Quarterly, 16*(4), 455-468.

Beck, A. T., Rush, A. J., Shaw, B. E., & Emery, G. (1979). *Cognitive therapy of depression.* New York: Guilford Press.

Beck, A. T., Schuyler, D., & Herman, I. (1974). Development of suicidal intent scales. In A. T. Beck, H. L. P. Resnik, & D. J. Lettieri (Eds.), *The prediction of suicide* (pp. 45-56). Bowie, MD: Charles Press.

Beck, A. T., & Steer, R. A. (1990). *Beck Anxiety Inventory manual.* San Antonio, TX: Psychological Corporation.

Beck, A. T., & Steer, R. A. (1996). Beck Depression Inventory-II. *Behavioral Measurements Letter, 3*(2), 3-5.

Beck, A. T., Steer, R. A., & Shaw, B. F. (1984). Hopelessness in alcohol- and heroin-dependent women. *Journal of Clinical Psychology, 40*(2), 602-606.

Beck, A. T., Ward, C. H., Mendelson, M., Mock, J., & Erbaugh, J. (1961). An inventory for measuring depression. *Archives of General Psychiatry, 4,* 561-571.

Beck, A. T., Weissman, A., & Kovacs, M. (1976). Alcoholism, hopelessness and suicidal behavior, *journal of Studies on Alcohol, 37*(1), 66-77.

Beck, A. T., Weissman, A., Lester, D., & Trexler, L. (1974). The measurement of pessimism: The Hopelessness Scale. *Journal of Consulting and Clinical Psychology, 42*(6), 861-865.

Beck, A. T., Wright, F. D., Newman, C. E, & Liese, B. S. (1993). *Cognitive therapy of substance abuse.* New York: Guilford Press.

Beck, J. S., & Beck, A. T., with Jolly, J. (2001). *Beck Youth Inventories of Emotional and Social Impairment manual.* San Antonio, TX: Psychological Corporation.

Blackburn, I. M., Bishop, S., Glen, A. I. M., Whalley, L. J., & Christie, J. E. (1981). The efficacy of cognitive therapy in depression: A treatment trial using cognitive therapy and pharmacotherapy, each alone and in combination. *British Journal of Psychiatry, 139,* 181-189.

Brown, G. K., Beck, A. T., Steer, R. A., & Grisham, J. R. (2000). Risk factors for suicide in psychiatric outpatients: A 20-year prospective study. *Journal of Consulting and Clinical Psychology, 68*(3), 371-377.

Clark, D. A., & Beck, A. T. (2002). *Clark-Beck Obsessive-Compulsive Inventory manual.* San Antonio, TX: Psychological Corporation.

Clark, D. A., & Beck, A. T., with Alford, B. A. (1999). *Scientific foundations of cognitive theory and therapy of depression.* New York: Wiley.

Minkoff, K., Bergman, E., Beck, A. T. & Beck, R. (1973). Hopelessness, depression and attempted suicide. *American Journal of Psychiatry, 130*(4), 455-459.

Morrison, A. (Ed.). (2002). *A casebook of cognitive therapy for psychosis.* Hove, UK: Brunner-Routledge.

Newman, C. F., Leahy, R., Beck, A. T., Reilly-Harrington, N., & Gyulai, L. (2002). *Bipolar disorder: A cognitive therapy approach.* Washington, DC: American Psychological Association.

Padesky, C. A., & Beck, A. T. (2003). Science and philosophy: Comparison of cognitive therapy (CT) and rational emotive behavior therapy (REBT). *Journal of Cognitive Psychotherapy: An International Quarterly, 17,* 211-224.

Pretzer, J. L., & Beck, A. T. (1996). A cognitive theory of personality disorders. In J. Clarkin & M. F. Lenzenweger (Ed.), Major theories of personality disorder (pp. 36-105). New York: Guilford Press.

Pretzer, J. L., Beck, A. T., & Newman, C. (1989). Stress and stress management: A cognitive view. *Journal of Cognitive Psychotherapy: An International Quarterly, 3,* 163-179.

Rector, N. A., & Beck, A. T. (2001). Cognitive behavioral therapy for schizophrenia: An empirical review. *Journal of Nervous and Mental Disease, 189(5),* 278-287.

Rector, N. A., & Beck, A. T. (2002). Cognitive therapy for schizophrenia: From conceptualization to intervention. *Canadian Journal of Psychiatry, 47(1),* 39-48.

Rush, A. J., Beck, A. T., Kovacs, M., & Hollon, S. D. (1977). Comparative efficacy of cognitive therapy and pharmacotherapy in the treatment of depressed outpatients. Cognitive Therapy and Research, 1(1), 7-37.

Task Force on Promotion and Dissemination of Psychological Procedures. (1995). Training in and dissemination of empirically-validated psychological treatments: Report and recommendations. *The Clinical Psychologist, 48,* 3-23.

Task Force on Psychological Intervention Guidelines. (1995). *Template for developing guidelines: Interventions for mental disorders and psychosocial aspects of physical disorders.* Washington, DC: American Psychological Association.

Warman, D., & Beck, A. T. (2003). Cognitive behavioral therapy of schizophrenia: An overview of treatment. *Cognitive and Behavioral Practice, 10,* 248-254.

Weishaar, M. E. (1993). *Aaron T. Beck.* Thousand Oaks, CA: Sage.

Weishaar, M. E. (1996). Cognitive risk factors in suicide. In P. Saikovskis (Ed.), *Frontiers of cognitive therapy* (pp. 226-249). New York: Guilford Press.

Weishaar, M. E. (2004). A cognitive-behavioral approach to suicide risk reduction in crisis intervention. In A. R. Roberts & K. Yeager (Eds.), *Evidence-based practice manual* (pp. 749-757). New York: Oxford University Press.

Weishaar, M. E., & Beck, A. T. (1992). Hopelessness and suicide. *International Review of Psychiatry, 4,* 185-192.

Weissman, A., Beck, A. T., & Kovacs, M. (1979). Drug abuse, hopelessness and suicidal behavior. *International Journal of the Addictions, 24(4),* 451-464.

Winterowd, C. L., Beck, A. T., & Gruener, D. (2003). *Cognitive therapy with chronic pain patients.* New York: Springer.

Wright, J., Thase, M., Beck, A. T., & Ludgate, J. W. (1993). (Eds.). *Cognitive therapy with inpatients: Developing a cognitive milieu.* New York: Guilford Press.

PARTE II
QUESTÕES TEÓRICAS
E CONCEITUAIS

2

A TEORIA DA DEPRESSÃO DE BECK
Origem, *status* empírico e direcionamentos futuros para a vulnerabilidade cognitiva

Christine D. Scher
Zindel V. Segal
Rick E. Ingram

De acordo com a Organização Mundial da Saúde, quando se considera o "fardo dos problemas de saúde" que temos de carregar e que é imposto pelas diferentes doenças existentes no mundo, não se pode deixar de considerar também que a depressão unipolar maior ocupa a quarta posição na composição de tal fardo (Murray e Lopez, 1996). Os mesmos investigadores projetaram que por volta do ano de 2020 essa carga aumentará, tanto em termos absolutos quanto relativos, de maneira que, ao mesmo tempo, a depressão será responsável pela segunda maior carga de má saúde, muito próxima da primeira causa, a doença isquêmica do coração. A maior razão para o tamanho da carga causada pelo transtorno depressivo maior (TDM) é que, além de ter um alto índice de incidência, é uma condição caracterizada pela reincidência, recorrência e cronicidade. As estimativas recentes projetam que as pessoas experimentarão em média quatro grandes episódios de depressão durante a vida, de cerca de 20 semanas de duração cada (Judd, 1997). No âmbito dessas projeções, contudo, parece que nem todas as pessoas correm os mesmos riscos. O prognóstico varia de maneira significativa entre os pacientes que não têm uma história passada de depressão e os que passaram por múltiplas recorrências. Aqueles que tiverem passado por pelo menos três episódios reincidem em um índice de 70 a 80% no prazo de três anos, enquanto aqueles que não tiverem tal histórico anterior de depressão reincidem em taxas que vão de 20 a 30%, no mesmo intervalo. Assim, pacientes que estejam se recuperando dos primeiros episódios de depressão estão em um ponto crítico do desenvolvimento desse transtorno. De um lado, pensa-se que o risco de uma recorrência futura aumenta na razão de 16% a cada novo episódio de TDM; de outro, o risco de recorrência diminuirá à medida que o paciente for capaz de permanecer bem por um período maior (Solomon et al., 2000).

Entre o final da década de 1960 e o início dos anos de 1970, Aaron Beck descreveu um modelo de depressão a partir do ponto de vista da cognição e da fenomenologia. Esse modelo cognitivo foi responsável por muitas das características típicas da depressão, delineando algumas maneiras pelas quais os indivíduos entram em situação de risco de estabelecimento da depressão e, uma vez deprimidos, em uma situação de risco de que a depressão retorne. Embora não tenhamos chegado ainda a um conhecimento mais amplo da natureza da depressão, a perspectiva de Beck teve grande alcance. Ele entendeu que a vulnerabilidade à depressão é de importância fundamental e que o amplo tratamento do TDM episódico envolve tanto a recuperação quanto a profilaxia. Os *insights* clínicos de Beck foram rapidamente traduzidos nos procedimentos e nos processos da terapia cognitiva para a depressão, enquanto as premissas subjacentes à vulnerabilidade dos indivíduos à depressão tiveram um ritmo mais lento de investigação empírica e de aperfeiçoamento Atualmente, há um consenso de que a cognição é um fator importante da depressão e que os tratamentos atuais são muito eficazes em episódios agudos, mas muito menos em casos crônicos. Assim, a contribuição de Beck continua nos informando da natureza da depressão, de seu estabelecimento, de sua reincidência/recorrência e de sua prevenção. Este capítulo examina a teoria e a pesquisa, delineando o *status* atual da vulnerabilidade cognitiva no contexto da depressão.

DEFINIÇÃO DE VULNERABILIDADE

Ingram, Miranda e Segal (1998) observam que há poucas definições explícitas de "vulnerabilidade" disponíveis na literatura. Contudo, argumentam que a teoria e a pesquisa sobre a vulnerabilidade sugerem uma série de características que são essenciais ao constructo e que podem, portanto, ser usadas para que cheguemos a uma definição aceitável de vulnerabilidade. A mais fundamental dessas características é que a vulnerabilidade é conceituada como um *traço característico* mais do que como o tipo de estado que caracteriza o aparecimento da depressão. Isto é: mesmo que os episódios de depressão surjam e desapareçam, a vulnerabilidade permanece constante. É importante perceber que, muito embora a vulnerabilidade seja considerada como um traço característico, isso não quer dizer que seja necessariamente permanente ou inalterável. Embora a vulnerabilidade psicológica seja resistente à mudança, as experiências corretivas (por exemplo, a terapia) podem atenuá-la. A vulnerabilidade é também considerada *endógena* (em contraste ao risco, que é uma função de fatores externos),[1] e é também tipicamente considerada *latente*, até ser ativada de alguma forma. Relacionado a essa noção de latência, o *estresse* pode também ser considerado um aspecto central da vulnerabilidade, no sentido de que a diátese cognitiva não pode por si só precipitar a depressão sem a ocorrência de acontecimentos estressantes. Uma série de teorias da depressão incorpora noções de vulnerabilidade – por exemplo, a teoria do desespero de Abramson e colaboradores (Abramson, Metalsky e Alloy, 1989), o modelo de processamento de informações de Teasdale (Teasdale e Barnard, 1993). Não obstante, no espírito deste livro, este capítulo enfocará a teoria da depressão de Beck como um modelo dos princípios da vulnerabilidade.

BREVE RESUMO DA TEORIA DA DEPRESSÃO DE BECK

Embora englobe uma série de diferentes aspectos, a teoria da depressão de Beck (Beck, 1963, 1967/1972, 1987; Kovacs e Beck, 1978) enfatiza as estruturas cognitivas como elementos críticos do desenvolvimento, da manutenção e da

---

[1] Conceituam-se os fatores externos (por exemplo, a pobreza) em termos de risco mais do que em termos de vulnerabilidade, pois eles não especificam o mecanismo de instauração ou de persistência do problema; o termo "vulnerabilidade" é que faz referência a esses mecanismos.

recorrência da depressão. Essas estruturas cognitivas ou "esquemas" podem ser conceituados como um corpo de conhecimento acumulado que interage com novas informações, influenciando a atenção seletiva e a memória (Segal, 1988; Williams, Watts, MacLeod e Matthews, 1997). Supõe-se que tais estruturas desenvolvam-se a partir de interações com o ambiente, principalmente as interações que ocorrem durante a infância (Beck, 1967/1972, 1987; Kovacs e Beck, 1978). Assim, por exemplo, se as primeiras experiências forem caracterizadas pela negatividade, podem-se desenvolver esquemas que conduzam a atenção aos eventos negativos, e não aos positivos, incentivando à lembrança cada vez maior das experiências negativas. Esse processamento preferencial de informação reforça o conhecimento contido nos esquemas e contribui, em última análise, para visões bastante estáveis do mundo (Markus, 1977). Embora todas as pessoas possuam esquemas que se desenvolvem a partir das experiências de vida e orientam o processamento de informações, os esquemas dos indivíduos que tendem à depressão são considerados disfuncionais, no sentido de que contêm um conhecimento sobre si, sobre o mundo e sobre o futuro que é, ao mesmo tempo, rígido e desproporcionalmente negativo (Beck, 1967/1972, 1987; Kovacs e Beck, 1978).

A mera presença de um esquema negativo sobre si mesmo não basta para a ocorrência da depressão; outro princípio fundamental da teoria de Beck é que os esquemas ficam latentes até que sejam ativados por estímulos relevantes (Beck, 1967/1972, 1987; Kovacs e Beck, 1978; ver Segal e Ingram, 1994). No caso dos indivíduos que tendem à depressão, os esquemas, uma vez ativados, dão acesso a um complexo sistema de temas negativos e fazendo surgir a um padrão correspondente de processamento negativo de informações que precipita a depressão (Kovacs e Beck, 1978; Segal e Sahw, 1986). Segal e Ingram (1994) também elaboraram duas maneiras pelas quais tais atividades podem ocorrer. Primeiramente, a ativação ocorre quando algum estímulo corresponde a um esquema parcialmente ativado. Nesse caso, o estímulo pode propiciar ativações adicionais que excedem o limite exigido para que o esquema se torne completamente ativo e execute suas funções. Segundo, um esquema pode ativar-se por meio de suas relações com outros esquemas já completamente ativados. Em essência, os esquemas se ligam entre si em vários graus, com base na semelhança de conteúdo. Se a ligação entre os esquemas ativados e um determinado esquema associado for forte, este poderá ser completamente ativado também. Se a ligação for fraca, o esquema associado pode ser parcialmente ativado, mas não exceder o limite exigido para a ativação plena (ver Bower, 1981; Ingram, 1984). Por exemplo, um homem pode ser vulnerável à depressão porque acredita que não é possível que alguém o ame. Quando tiver um encontro negativo com uma vizinha atraente, seu "esquema de impossibilidade de ser amado" talvez seja parcialmente ativado por meio da relação entre tal esquema e outro esquema relativo a pessoas atraentes. Contudo, pode ser preciso que haja rejeição de um parceiro romântico atual para que o esquema seja completamente ativado e resulte em pensamentos depressivos que levem, em espiral, à depressão.

Esse exemplo ilustra que, teoricamente, muitos tipos de experiências podem ativar os esquemas. Porém, os tipos de experiências que supostamente ativam os esquemas ficam sob a rubrica geral do estresse. Beck (1967/1972) sugere que tanto ocorrências catastróficas (por exemplo, a morte do cônjuge) e fatos banais do dia a dia (por exemplo, perder o horário da consulta com o médico) podem ativar os esquemas. Beck também teorizou que determinados fatores estressantes podem ativar diferentemente esquemas que tenham conteúdos determinados (Beck, 1987). Discutiremos esse aspecto da teoria de Beck mais detalhadamente em um subcapítulo posterior, mas, por enquanto, observaremos que ele propôs que as pessoas dependentes, cujos esquemas de autovalor baseiam-se no apoio e na admiração dos outros, podem ser mais vulneráveis à depressão quando há rejeição interpessoal do que as pessoas autônomas, cujos esquemas de autovalor baseiam-se na independência e na realização pessoal. Assim, os fatores de estresse que experimentamos interagem com vulnerabilidades cognitivas específicas, estimulando a ocorrência da depressão.

Em resumo, Beck (1967/1972, 1987; Kovacs e Beck, 1978) sugere que os indivíduos propensos à depressão possuem esquemas disfuncionais latentes caracterizados por conteúdos negativos. Quando ativados, esses esquemas dão surgimento a cognições negativas e a padrões correspondentes de processamento de informações que servem para precipitar a depressão. Embora experiências de qualquer tipo possam ativar os esquemas, Beck (1987) enfatizou a importância do estresse como uma causa fundamental de ativação. Não é preciso dizer que a teoria de Beck tenha influenciado de maneira substancial a pesquisa científica sobre a depressão – tanto por ter inspirado novas teorias sobre a natureza da depressão (ver, por exemplo, Kuiper, Olinger e MacDonald, 1988; Ingram et al., 1998; Segal, 1988) quanto por ter contribuído para seu tratamento (ver Blackburn e Moorhead, 2000, para uma discussão sobre os estudos dos resultados de tratamento e sobre as metanálises que avaliam a terapia cognitiva para a depressão). Os princípios mais importantes dessa teoria no que diz respeito aos esquemas de vulnerabilidade também inspiraram boa parte dos procedimentos empíricos, às vezes com constatações conflitantes. Assim, o restante deste capítulo será em grande parte dedicado a examinar o *status* empírico da teoria de Beck, com ênfase em dois princípios fundamentais que têm importância particular para a noção de vulnerabilidade:

1 esquemas disfuncionais darão surgimento a cognições negativas e a um correspondente processamento de informações somente quando suficientemente ativados;
2 os fatores de estresse ativarão diferentemente esquemas disfuncionais com conteúdos semelhantes.

PERSPECTIVAS RELATIVAS À DIÁTESE E AO ESTRESSE NA TEORIA DE BECK: OS ESQUEMAS FICAM LATENTES ATÉ O MOMENTO DE ATIVAÇÃO

Os primeiros testes das teorias de Beck sobre os mecanismos cognitivos de depressão basearam-se em grupos de controle contrastantes (deprimidos x não deprimidos) e em alguma variável cognitiva. A implicação de encontrar diferenças era a de que essas variáveis cognitivas refletiam aspectos causais ou de vulnerabilidade à depressão. Embora seja informativa sob muitos aspectos, essa abordagem foi amplamente descartada no que diz respeito à vulnerabilidade (Ingram et al., 1988; Ingram e Siegle, 2002). As razões para isso estão refletidas em uma segunda geração de estudos, que examinou indivíduos cujas depressões tinham sido mitigadas. Às vezes, esses estudos comparam indivíduos cujas depressões tenham diminuído com grupos atualmente deprimidos ou não deprimidos, mas mais frequentemente examinam as variáveis cognitivas dos indivíduos em um episódio e depois, novamente, na remissão (por exemplo, Gotlib e Cane, 1987). Em geral, tais estudos constatam que se torna difícil detectar tais variáveis cognitivas, o que leva a sugerir que esses fatores cognitivos são meros correlatos ou consequências do estado de depressão (ver Atchley, Ilardi e Enloe, 2003, para uma exceção intrigante).

Conforme observam Ingram e Siegle (2002), as metodologias de remissão podem também oferecer informações sobre os fatores de vulnerabilidade. Contudo, os modelos de remissão por si sós constituem opções fracas quando se testa um modelo no qual haja razão teórica para acreditar que os fatores de vulnerabilidade podem ser estáveis, mas não facilmente acessíveis. Tais hipóteses são inerentes aos modelos de diátese-estresse, nos quais a diátese só é acessada sob a condição de estresse. Portanto, para testar essa teoria adequadamente, os estudos devem modelar a complexidade dos modelos de diátese-estresse; os investigadores devem, assim, ou encontrar uma maneira de avaliar essas características desencadeadoras de modo natural, ou simular, em laboratório, a ativação da vulnerabilidade pelo estresse (Hollon, 1992). A teoria de Beck é sem dúvida uma teoria da diátese-estresse, pois sugere que os esquemas disfuncionais dão surgimento a cognições negativas e ao processamento congruente de informações apenas quando ativados:

> O indivíduo que tiver incorporado (...) uma constelação [negativa] de atitudes (...) tem a predisposição necessária ao desenvolvimento da depressão clínica na adolescência ou na idade adulta. O fato de ele tornar-se ou não deprimido dependerá de as condições necessárias estarem presentes em um determinado momento, ativando a constelação depressiva. (Beck, 1967/1972, p. 278)

Modelos de ativação

Uma implicação clara dessa hipótese é a de que na ausência da ativação de esquemas, pessoas com e sem esquemas depressivos devem aparecer como similares nas mensurações de cognições desadaptativas e no processamento de informações. Contudo, sob condições de ativação, as pessoas vulneráveis devem evidenciar cognições desadaptativas e processamento de informações também desadaptativo, o que não aconteceria a pessoas não vulneráveis. A maneira mais amplamente usada para avaliar essa hipótese é por meio do uso dos modelos de ativação com pessoas cuja depressão tenha diminuído; tais pessoas são consideradas cognitivamente vulneráveis porque possuem esquemas depressivos latentes. Em tais estudos, uma ativação, tal como uma indução a uma disposição negativa ou, às vezes, a indução de um estado de autoenfoque, é usada para ativar esquemas negativos. Em geral, os processos cognitivos de indivíduos presumidamente vulneráveis que se seguem a uma determinada ativação são comparados àqueles do grupo de controle.

Entre esses estudos com procedimentos adequados de ativação, as constatações estão em geral de acordo com a hipótese de ativação de esquemas de Beck. Teasdale e Dent (1987) estavam entre os primeiros a conduzir um estudo de ativação de indivíduos anteriormente deprimidos que incluía uma indução adequada de humor. Esses autores constataram que, depois de uma indução a um humor negativo, as pessoas que haviam se recuperado da depressão ficavam mais propensas a lembrar de adjetivos negativos tidos como autodescritivos, em comparação a pessoas que nunca se deprimem. Resultados similares foram encontrados por Hedlund e Rude (1995), que examinaram lembranças incidentais e intrusões de palavras negativas e positivas depois de uma manipulação de autoenfoque. Os autores constataram que as pessoas que já haviam se deprimido recordavam-se mais de palavras negativas e tinham menos intrusões positivas do que as pessoas que nunca se deprimiam.

Dois estudos examinaram a predisposição interpretativa entre pessoas que já haviam se deprimido e as que nunca se deprimiam. Usando uma tarefa em que havia frases embaralhadas, Hedlund e Rude (1995) constataram que as primeiras construíam mais frases negativas do que as últimas depois de uma manipulação de autoenfoque. Gemar, Segal, Sagrati e Kennedy (2001) examinaram a predisposição autoavaliativa usando uma indução negativa de humor e constataram que os indivíduos deprimidos evidenciavam uma tendência à autoavaliação negativa depois da indução, mas que os indivíduos que nunca se deprimiam não evidenciavam tal mudança. A predisposição negativa pós-indução demonstrada pelo grupo deprimido recuperado foi comparável à evidenciada por um grupo deprimido.

Além dos estudos que examinam a recordação e a predisposição interpretativa, vários outros usaram um procedimento de ativação para examinar a atenção de pessoas que nunca se deprimem e em pessoas anteriormente deprimidas. Ingram, Bernet e McLaughlin (1994) usaram um paradigma dicotômico modificado para avaliar a atenção a estímulos irrelevantes positivos e negativos. Não foram encontradas diferenças entre indivíduos em uma condição de controle normal de humor, mas quando induzidos à tristeza, os indivíduos que haviam se deprimido anteriormente realizaram mais erros de rastreamento nos estímulos negativos do que os que nunca haviam se deprimido. O número de erros rastreados para o grupo que nunca se deprimia, contudo, foi bastante similar tanto nas condições normais quanto nas tristes de ânimo ou humor. Esses resultados repetiram-se em um estudo subsequente de Ingram e Ritter (2000). McCabe, Gotlib e Martin (2000) também examinaram os vieses de atenção dos indivíduos que já haviam se deprimido e dos que nunca haviam se deprimido depois de induções de condições neutras e tristes no que diz respeito ao humor. Depois de ambas as induções, as pessoas que jamais haviam se deprimido demonstraram uma atenção enviesada para palavras de traços positivos e/ou neutros em contraposição às palavras negativas. As pessoas que já haviam se deprimido demonstraram uma predisposição similar em relação às palavras positivas e neutras depois de uma indução neutra de humor, mas o mesmo aconteceu quando houve indução de um humor triste.

Uma série de estudos examinou relatórios de atitudes e crenças disfuncionais entre pessoas que já haviam se deprimido e pessoas que nunca haviam se deprimido. Esses estudos ou usaram ativações experimentais, tais como induções de humor, ou examinaram as relações entre os relatórios de atitudes disfuncionais e de humor triste que ocorriam naturalmente. Nesses últimos estudos, espera-se que a tristeza tenha uma relação positiva com os relatórios de atitudes disfuncionais entre os participantes que já haviam se deprimido, mas não entre os participantes que nunca haviam se deprimido. Em acordo com a hipótese de Beck, Miranda e colaboradores (Miranda e Persons, 1988; Miranda, Persons e Byers, 1990) constataram que o humor predizia a ocorrência de atitudes disfuncionais apenas nas pessoas com um histórico de depressão; conforme aumentava o humor negativo, as pessoas com um histórico de depressão ficavam mais propensas a sustentar atitudes disfuncionais. Nas pessoas que não tinham esse histórico, poucas evidências da relação entre humor e atitude disfuncional foram encontradas. Os estudos de Roberts e Kassel (1996) e Salomon, Haaga, Brody, Kirk e Friedman (1998) sustentam tais constatações. Contudo, relações esperadas entre humor e atitudes disfuncionais nem sempre são encontradas entre os participantes que já haviam se deprimido (Brosse, Craighead e Craighead, 1999; Dykman, 1997). Brosse e colaboradores (1999), por exemplo, constataram que o aumento na manutenção das atitudes disfuncionais depois de uma indução de humor negativo não se relacionava ao histórico de depressão. Dykman (1997) também constatou que as mudanças em atitudes disfuncionais posteriores a uma indução de humor não se relacionavam ao histórico de depressão. Da mesma forma, Solomon e colaboradores (1998) não conseguiram encontrar diferenças entre pessoas que nunca haviam se deprimido e pessoas que se recuperaram da depressão depois de uma ativação derivada de cenários sociotrópicos negativos e de eventos autônomos.

Finalmente, Segal, Gemar e Williams (1999) conduziram uma avaliação retrospectiva de um grupo de pacientes que já haviam se deprimido ($n = 30$) e que haviam sido tratados, chegando à remissão ou com a terapia cognitivo-comportamental (TCC) ou com antidepressivos. Esses pacientes participaram de uma indução em que as mudanças das atitudes disfuncionais foram examinadas tanto em humores eutímicos quanto induzidos, transientes e disfóricos. Os pacientes foram recontatados 30 meses depois e avaliados para verificar a recaída. A regressão logística indicou que a magnitude da reatividade cognitiva relacionada ao humor exibida depois, mas não antes, da indução de humor prognosticava de maneira significativa a recaída nesse intervalo. *Esta foi a primeira demonstração de uma relação direta entre as mudanças relacionadas ao humor em processamento cognitivo de pacientes que já haviam se deprimido e a recaída subsequente.* Além disso, alguns dos dados sugeriam que esse tipo de reatividade cognitiva era afetado diferentemente pelo tipo de tratamento recebido pelos pacientes. Os pacientes que se recuperaram por meio da TCC, que tem como alvo a cognição, demonstraram menor reatividade do que os pacientes que se recuperaram por meio de medicação antidepressiva igualmente eficaz, que não envolve esses processos cognitivos.

Embora nem todos os estudos encontrem apoio, a maior parte dos estudos de ativação que comparava pessoas anteriormente deprimidas e pessoas que nunca se deprimiram sustentam a hipótese de Beck segundo a qual os esquemas disfuncionais ficam latentes até o momento de serem suficientemente ativados. Sem dúvida, o princípio da ativação de esquemas pode ser agora considerado algo bem estabelecido, muito embora alguns dos aspectos mais específicos da ativação de esquemas pareçam variar muito, dependendo do processo que se esteja investigando. Por exemplo, os estudos que avaliam as propensões no processamento de informações são notavelmente congruentes na sustentação de tal princípio, ao passo que os estudos que investigam as atitudes e crenças disfuncionais tendem a oferecer uma sustentação mais variada.

Modelos comportamentais de alto risco

Embora os modelos de ativação com pessoas cuja depressão tenha se reduzido forneçam uma grande quantidade de informações empíricas relativas às hipóteses de vulnerabilidade cognitiva de Beck, outros modelos são possíveis. Um deles é a abordagem "comportamental de alto risco". Essa abordagem tem várias vantagens se comparada à abordagem de ativação, incluindo a capacidade de demonstrar a antecedência temporal dos fatores hipotéticos de vulnerabilidade cognitiva e a capacidade de examinar os efeitos estressores que ocorrem naturalmente. A abordagem comportamental de alto risco para a vulnerabilidade à depressão é exemplificada pelo projeto *Temple-Wisconsin Cognitive Vulnerability to Depression* (Alloy e Abramson, 1999). Esse estudo longitudinal, realizado em duas instituições, examina as proposições tanto da teoria do desamparo da depressão quanto a teoria dos esquemas da depressão de Beck. O projeto avaliou um grupo de indivíduos que, depois de ingressarem na faculdade, foram identificados como indivíduos que possuíam estilos inferenciais negativos ou atitudes disfuncionais; o projeto, então, comparou seus resultados ao longo do tempo com os dos indivíduos que não demonstravam essas características cognitivas. Vários relatórios baseados nesse projeto foram publicados (por exemplo, Abramson et al., 1999; Alloy, Abramson, Murray, Whitehouse e Hogan, 1997). Eles tendem a sustentar a validade das proposições de Beck acerca da vulnerabilidade cognitiva (e a teoria do desamparo).

OS ESTRESSORES ATIVAM DIFERENTEMENTE OS ESQUEMAS

Conforme discutido anteriormente, um segundo princípio fundamental da teoria de Beck é que os esquemas podem ser ativados diferentemente por estressores cujos conteúdos sejam coincidentes: "(...) os fatores de estresse, crônicos ou agudos, primários ou secundários, terão seu maior efeito depressor quando atuam sobre (...) vulnerabilidades específicas" (Beck, 1987, p. 23). Ao discutir essa hipótese de congruência entre esquema e estresse, Beck enfocou duas categorias de conteúdo problemático dos esquemas (ver também Robins, 1990; Robins e Block, 1988; Robins e Luten, 1991). A primeira é interpessoal em sua natureza ("sociotropia/dependência"): os indivíduos com esses esquemas valorizam o intercâmbio positivo com os outros e enfocam a aceitação, o apoio e a orientação que vêm dos outros. O segundo tipo de conteúdo cognitivo volta-se à realização ("autonomia/autocrítica"): esses indivíduos confiam na independência, na mobilidade e nas realizações, e tendem a ser autocríticos. De acordo com essa formulação, a experiência de estressores congruentes com esses temas deve ativar essas estruturas cognitivas disfuncionais e precipitar a depressão. Por exemplo, as rupturas das relações interpessoais devem ser especialmente problemáticas para a pessoa com um esquema sociotrópico, ao passo que os problemas em situações de realização (por exemplo, no trabalho) devem ativar experiências depressivas para a pessoa que tenha um esquema autônomo.

Embora a maior parte das pesquisas que avaliam a hipótese da congruência estresse-esquema seja seccional-cruzada, começaram a acumular-se evidências que sustentem essa hipótese (por exemplo, Robins, 1990; Segal, Shaw, Vella e Katz, 1992). Em uma revisão dessa literatura, Nietzel e Harris (1990) concluíram que a coincidência entre o estilo cognitivo e a vida estressante está mais intimamente relacionada com a depressão do que os eventos não coincidentes e de severidade similar. Eles também constataram que alguns tipos de coincidências eram especialmente problemáticas – por exemplo, as de que a combinação de uma elevada interação da sociotropia/dependência com eventos sociais negativos levava a maior depressão do que a combinação autonomia/autocrítica ou as outras duas não coincidências restantes. Em uma avaliação mais recente dessa literatura, Coyne e Whiffen (1995) reconheceram que a coincidência ou concordância de personalidade e estresse têm um poder de prognóstico maior do que o desencaixe entre personalidade e estresse. Contudo, pelo fato de os autores não acreditarem que esse modelo seja complexo o suficiente para abrigar flutuações no curso da vida das pessoas, são mais céticos em relação à relevância desse modelo para o estudo da vulnerabilidade à depressão. Apesar desse ceticismo, as constatações empíricas sustentam claramente a hipótese de congruência estresse-esquema, que coloca a vulnerabilidade na ativação das estruturas de sentido e de necessidade dos indivíduos, e nas formas que essas estruturas respondem aos eventos da vida.

De maneira interessante, esses tipos de constatações estão agora se ampliando e prognosticam um estado de depressão depois do tratamento. Um exemplo recente foi relatado por Mazure, Bruce, Maciejewsky e Jacobs (2000). Eles examinaram se a sociotropia e a autonomia em interação com eventos adversos na vida prognosticavam o resultado de tratamento entre pessoas que recebem seis semanas de farmacoterapia para a depressão. As constatações sugeriam que os esquemas de sociotropia e de autonomia interagiam com os eventos coincidentes, prognosticando o resultado do tratamento; as pessoas em que o início da depressão foi seguido de um esquema de estresse confirmam as evidências de melhores resultados depois da farmacoterapia. Tais constatações são abertas a uma série de interpretações, incluindo a possibilidade de que o esquema de estresse contribua para o surgimento da depressão, mas não para sua permanência. Independentemente disso, os estudos futuros dessa natureza têm um grande potencial de ampliar a obra de Beck e de informar os resultados dos tratamentos. Outros direcionamentos de pesquisa centrados no papel da experiência interpessoal serão abordados a seguir.

DIRECIONAMENTOS FUTUROS: O PAPEL DA EXPERIÊNCIA INTERPESSOAL E DA VULNERABILIDADE

Como as evidências comprovam as ideias de Beck acerca da vulnerabilidade, uma série de pesquisadores voltou sua atenção à identificação das origens do desenvolvimento de esquemas desadaptativos e ao processamento de informações a eles associados que podem criar riscos. À primeira vista, tal atenção pode parecer deslocada, pois a maior parte das discussões e das avaliações empíricas dedicadas ao modelo de Beck foi voltada ao desenvolvimento e ao progresso da depressão nos adultos (ver Engel e DeRubeis, 1993; Haaga, Dyck e Ernst, 1991; Ingram e Holle, 1992; Ingram, Scott e Siegle, 1999; Sacco e Beck, 1995). Não obstante, no núcleo do modelo de Beck está a ideia de que a vulnerabilidade à depressão se desenvolve por meio da aquisição de esquemas cognitivos relativos a eventos estressantes ou traumáticos na infância e na adolescência. Beck (1967/1972) sugere que, quando tais eventos ocorrem relativamente cedo no desenvolvimento de um indivíduo, este se torna sensível a esse tipo de evento. A geração correspondente de esquemas negativos para processar as informações sobre tais eventos leva à subsequente ativação desses esquemas e à correspondente depressão, se e quando eventos similares ocorrerem no futuro.

> Na infância e na adolescência, o indivíduo que tende à depressão torna-se sensível a certos tipos de situações de vida. As situações traumáticas inicialmente responsáveis por incrustar ou reforçar as atitudes negativas que compreendem a constelação depressiva são os protótipos do estresse específico que pode mais

tarde ativar essas constelações. Quando uma pessoa está sujeita a situações que remetem às experiências traumáticas originais, pode, então, deprimir-se. O processo pode ser semelhante ao condicionamento em que uma dada resposta é ligada a um determinado estímulo; uma vez formada a cadeia, estímulos similares ao estímulo original podem evocar a resposta condicionada. (Beck, 1967/1972, p. 278)

Assim, embora o modelo de Beck seja mais comumente considerado como uma teoria da depressão adulta, incorpora específica e centralmente a ideia de que a vulnerabilidade à depressão se desenvolve cedo, durante a infância e a adolescência. Embora as interações causadoras de estresse com qualquer número de pessoas e que ocorram cedo possam ser ligadas ao desenvolvimento da vulnerabilidade cognitiva à depressão, os dados sugerem que as interações negativas com situações de apego podem ter um efeito especialmente pernicioso sobre o desenvolvimento de esquemas. Dessa forma, agora voltamo-nos a uma discussão sobre as relações de apego e suas implicações para o desenvolvimento de esquemas desadaptativos.

Apego infantil

Muitas das ideias de Beck encontram paralelo na teoria do apego de Bowlby (1969/1982). Bowlby sugere que uma relação de apego – que consiste em comportamentos de manutenção da proximidade pela criança e em comportamento de atenção e cuidado por seu primeiro/primeira cuidador/cuidadora – forma-se tipicamente durante o primeiro ano da vida da criança, com os objetivos de segurança e de proteção desta. Essas relações de apego diferem de muitos outros tipos de relações sociais de um modo significativo. Em primeiro lugar, as relações de apego são resistentes: as formadas durante a infância em geral persistem ao longo da vida. Em segundo lugar, embora uma criança possa formar mais de uma relação de apego, as figuras de apego não são intercambiáveis. Por exemplo, uma relação de apego com um pai/mãe já falecido não pode ser substituída pela relação que se tem com o pai/mãe que ainda esteja vivo. Em terceiro lugar, a criança deseja proximidade física e emocional com as suas figuras de apego, e pode sofrer com a separação sobre a qual não tenha controle; este último componente distingue as relações de apego de todas as outras relações sociais (Ainsworth, 1989; Bowlby, 1969/1982). Em resumo, as relações de apego são singulares e, de acordo com os teóricos, partes duradouras da vida da maioria das pessoas.

A longevidade e a singularidade das relações de apego sugerem que elas são um campo fértil para o desenvolvimento de esquemas, incluindo os desadaptativos propostos por Beck e que levam à vulnerabilidade cognitiva. Por sua própria natureza, as relações de apego consistem de relações repetidas, em geral durante uma vida toda. Durante a existência de uma relação de apego saudável (ou segura) e que tenha começado cedo, a criança experimenta, de maneira consistente, o cuidado acessível e respondente oferecido pela figura de apego (Bowlby, 1973, 1977). Por meio de tais experiências, uma criança pode supor que é amada e valorizada. Durante a existência de uma relação de apego não saudável (ou inseguro), contudo, a criança se depara com cuidadores que não estão disponíveis e que não respondem a ela; tal espécie de cuidado pode incluir a hostilidade e a rejeição em relação à criança, bem como ameaças usadas como meio de controle (Bowlby, 1973, 1977, 1980). No contexto de tais relações, uma criança pode supor que ela não é amada ou bem-quista. Além disso, as mensagens que surgem no contexto dessas relações podem ser especialmente significativas, no sentido de que elas vêm de alguém que é valorizado de maneira singular pela criança e que funciona como uma das poucas fontes de segurança e de conforto. Assim, essas mensagens, positivas ou negativas, provavelmente estarão presentes no desenvolvimento dos esquemas da criança.

Embora a investigação sobre a relação potencial entre o apego precoce e a vulnerabilidade à depressão do tipo proposto por Beck seja relativamente nova, há vários estudos que sustentam essa possibilidade. Por exemplo, Whisman e colaboradores (Whisman e Kwon, 1992; Whisman e McGarvey, 1995) e Randolph e Dickman (1998) examinaram se as experiências de apego estão relacionadas às atitudes disfuncionais na idade adulta. Esses estudos sugerem que vários comportamentos de paternidade negativa contribuem para o desenvolvimento de atitudes disfuncionais, incluindo crítica, rejeição e pouco cuidado. Randolph e Dickman também conduziram uma análise de caminho e constataram que as experiências de apego contribuem para o desenvolvimento de atitudes disfuncionais, que, por sua vez, contribuem para a tendência à depressão conforme medida pela Escala de Tendência à Depressão (Zemore, Fischer, Garrat e Miller, 1990). Outro estudo que se volta às experiências de apego no desenvolvimento de vulnerabilidade à depressão é o de Ingram e Ritter (2000). Além de examinar o processamento de informações como uma função da história da depressão, esses autores examinaram tal processamento como uma função das experiências da criança com os pais. Eles constataram que, entre os indivíduos antes deprimidos que estivessem tristes, os níveis baixos de cuidado maternal percebidos relacionavam-se à atenção maior a informações negativas. Os indivíduos que nunca se deprimem não evidenciaram relações similares entre as experiências precoces e a atenção. Ingram, Overby e Fortier (2001) também constataram que os níveis baixos de cuidado maternal ligavam-se em especial a níveis disfuncionais de pensamento automático (supostamente um produto dos esquemas de vulnerabilidade) em indivíduos que podem ser vulneráveis à depressão. Embora as constatações de tais estudos sejam amplamente seccionais-cruzadas, implicam sem dúvida a existência das experiências de infância no desenvolvimento da presumida vulnerabilidade cognitiva à depressão.

Apego adulto

Beck sugere que as cognições de vulnerabilidade desenvolvem-se na infância e, como observado acima, Bowlby (1969/1982, 1973, 1980) também dedicou muito de sua atenção aos correlatos e às consequências das relações de apego infantil. Tanto Beck quanto Bowlby sugerem que os efeitos dessas relações precoces estarão presentes ao longo da vida. Embora os objetivos imediatos do comportamento de apego possam variar entre adultos e crianças (por exemplo, o objetivo imediato de comportamento de apego para uma criança que esteja aprendendo a caminhar pode ser a proximidade física, ao passo que o objetivo de um adulto pode ser a informação de que a proximidade física pode ser obtida quando necessária), o objetivo maior de tal comportamento – uma sensação de segurança e de proteção – permanece o mesmo (Bowlby, 1969/1982, 1973; ver também Kobak, 1999, para um exame da teoria de Bowlby). O enfoque dessas relações adultas de apego pode também mudar ou aumentar em número, incluindo, por exemplo, parceiros românticos. Tal teorização pode ter implicações para a teoria de esquemas de Beck. De maneira mais saliente, as experiências que ocorrem no âmbito das relações de apego adultas podem afetar os esquemas das pessoas queridas ou do próprio adulto em relação aos outros. Tais esquemas podem então servir como fatores de vulnerabilidade (ou, possivelmente, de proteção) no desenvolvimento da depressão.

Congruentes com esse pensamento, alguns pesquisadores começaram a investigar as relações entre apego adulto e depressão. Um dos estudos mais bem executados foi o de Hammen e colaboradores (1995). Eles examinaram se as cognições de apego poderiam prognosticar a psicopatologia acessada por entrevista autorrelatada entre pacientes do sexo feminino que cursavam o último ano do ensino médio. As cognições de apego ligadas às relações românticas de adultos prognosticaram mudanças na depressão extraída das entrevistas, tanto no que diz respeito aos efeitos principais quanto à interação com eventos interpessoais acessados pelo entrevistador. Contudo, essas constatações não eram exclusivas da depressão; as cognições de apego por si sós e em interação com eventos interpessoais também prognosticaram mudanças na psicopatologia geral. Em uma extensão desse trabalho, Hammen e colaboradores (Burge et al., 1997) examinaram se as cognições de apego que dizem respeito às relações com os pais e com os colegas, bem como com os parceiros românticos, indicariam psicopatologia um ano depois. As cognições de apego ligadas a relações românticas prognosticavam sintomas depressivos, isolados e em interação com sintomas anteriores; e, novamente, essas relações não pareciam exclusivas da depressão. As cognições de apego relacionadas a relações correntes com os pais e com os colegas não prognosticavam sintomas depressivos, embora prognosticassem a ocorrência de outros tipos de sintomas (por exemplo, distúrbios alimentares). Assim, as cognições de apego relativas às relações românticas parecem especialmente importantes para o desenvolvimento de sintomas depressivos, pelo menos entre as mulheres que estão saindo do último ano do ensino médio. As constatações provocativas de Hammen e seus colaboradores, juntamente com aquelas que examinam o apego infantil, sugerem que o exame contínuo dos fatores cognitivos e interpessoais na avaliação da teoria da depressão de Beck podem contribuir grandemente para nossa compreensão da vulnerabilidade à depressão.

COMENTÁRIOS FINAIS

Neste capítulo, discutimos as propostas de Beck sobre a vulnerabilidade à depressão. Ao fazê-lo, examinamos as definições de vulnerabilidade que foram inspiradas pela obra de Beck e também as perspectivas de diátese-estresse que os pesquisadores somente há pouco redescobriram nas propostas iniciais do autor. Também discutimos as pesquisas relativas às ideias de Beck acerca da vulnerabilidade, com o enfoque específico da ativação no contexto de laboratório, e ideias mais gerais que giram em torno da noção de que os estressores que são especialmente potentes para causar depressão são aqueles que estão de acordo com o conteúdo dos esquemas depressogênicos. Embora os modelos de ativação sejam o foco da maior parte de nossas discussões, também observamos que os modelos relativos à pesquisa de alto risco comportamental são informativos no que diz respeito à precisão das ideias de Beck. Finalmente, examinamos os direcionamentos futuros da teoria e da pesquisa que pertencem à vulnerabilidade cognitiva e que estejam de acordo com as primeiras propostas de Beck.

As mais de três décadas decorridas desde a proposta inicial de Beck (1963, 1967/1972) testemunharam uma profusão de pesquisas que testaram suas ideias. Com efeito, centenas de estudos com milhares de participantes examinaram suas propostas e, em geral, as têm sustentado. No que diz respeito à vulnerabilidade, o caso é que alguns estudos não conseguiram encontrar evidências da vulnerabilidade cognitiva. Uma série desses estudos, contudo, não levou em conta a natureza diátese-estresse das propostas de Beck. Para os que o fizeram, uma clara maioria constatou que os indivíduos vulneráveis parecem possuir esquemas cognitivos disfuncionais e reativos do tipo proposto por Beck (Ingram et al., 1998; Segal e Ingram, 1994). Além disso, dados recentes também demonstraram que essa reatividade prognostica a depressão futura (Segal et al., 1999). A teoria de Beck é amplamente reconhecida como um avanço quando aplicada ao desenvolvimento da terapia cognitiva, mas também quando aplicada à vulnerabilidade. As teorias de Beck podem assim ser consideradas um sucesso quando as questões dos processos cognitivos básicos subjacentes à vulnerabilidade são testadas. Poucos teóricos na história da psicologia ou da psiquiatria tiveram suas propostas tão claramente validadas.

Beck compreendeu antes de qualquer pessoa que a vulnerabilidade à depressão era fundamental para entender os processos mais importantes de tal distúrbio, e suas perspectivas foram sustentadas pelos dados. Vale a pena, portanto, reiterar o que observamos no início deste capítulo: é difícil não confirmar a contribuição de Beck para a compreensão da depressão. A influência do autor vai além dos testes de suas ideias; ele inspirou praticamente todos os modelos cognitivos da depressão existentes, e também serviu como inspiração para muitos trabalhos que surgiram dos conceitos nucleares de suas teorias (por exemplo, Ingram et al., 1998). Beck, portanto, ajudou a dar forma à perspectiva de várias gerações de pesquisadores da depressão, e não vemos razão pela qual essas perspectivas não venham a dar forma às próximas gerações.

REFERÊNCIAS

Abramson, L. Y., Alloy, L. B., Hogan, M. E., Whitehouse, W. G., Donovan, P., Rose, D., et al. (1999). Cognitive vulnerability to depression: Theory and evidence. *Journal of Cognitive Psychotherapy, 13,* 5-20.

Abramson, L. Y., Metalsky, G. I., & Alloy, L. B. (1989). Hopelessness depression: A theory-based subtype of depression. *Psychological Review, 96,* 358-372.

Ainsworth, M. D. S. (1989). Attachments beyond infancy. *American Psychologist, 44,* 709-716.

Alloy, L. B., & Abramson, L. Y. (1999). The Temple-Wisconsin Vulnerability to Depression Project: Conceptual background, design, and methods. *Journal of Cognitive Psychotherapy: An International Quarterly, 13,* 227-262.

Alloy, L. B., Abramson, L. Y., Murray, L. A., Whitehouse, W. G., St Hogan, M E. (1997). Self-referent information processing in individuals at high and low risk for depression. *Cognition and Emotion, 11,* 539-568.

Atchley, R., Ilardi, S. S., & Enloe, A. (2003). Hemispheric asymmetry in the processing of emotional content in word meanings: The effects of current and past depression. *Brain and Language, 84,* 105-119.

Beck, A. T. (1963). Thinking and depression: I. Idiosyncratic content and cognitive distortions. *Archives of General Psychiatry, 9,* 324-333.

Beck, A. T. (1972). *Depression: Causes and treatment.* Philadelphia: University of Pennsylvania Press. (Original work published 1967)

Beck, A. T. (1987). Cognitive models of depression. *Journal of Cognitive Psychotherapy, 1,* 5-37.

Blackburn, I., & Moorhead, S. (2000). Update in cognitive therapy for depression. *Journal of Cognitive Psychotherapy, 14,* 305-336.

Bower, G. H. (1981). Mood and memory. *American Psychologist, 36,* 129-148.

Bowlby, J. (1973). *Attachment and loss: Vol. 2. Separation.* New York: Basic Books.

Bowlby, J. (1977). The making and breaking of affectional bonds. *British Journal of Psychiatry, 130,* 201-210.

Bowlby, J. (1980). *Attachment and loss: Vol. 3. Loss.* New York: Basic Books.

Bowlby, J. (1982). *Attachment and loss: Vol. 1. Attachment.* New York: Basic Books. (Original work published 1969)

Brosse, A. L., Craighead, L. W., & Craighead, W. E. (1999). Testing the mood-state hypothesis among previously depressed and never-depressed individuals. *Behavior Therapy, 30,* 97-115.

Burge, D., Hammen, C., Davila, J., Daley, S. E., Paley, B., & Lindberg, N. (1997). The relationship between attachment cognitions and psychological adjustment in late adolescent women. *Development and Psychopathology, 9,* 151-167.

Coyne, J. C., & Whiffen, V. E. (1995). Issues in personality as diathesis for depression: The case of sociotropy-dependency and autonomy-self-criticism. *Psychological Bulletin, 118,* 358-378.

Dykman, B. M. (1997). A test of whether negative emotional priming facilitates access to latent dysfunctional attitudes. *Cognition and Emotion, 11,* 197-222.

Engel, R. A., & DeRubeis, R. J. (1993). The role of cognition in depression. In K. S. Dobson & P. C. Kendall (Eds.), *Psychopathology and cognition* (pp. 83-119). San Diego, CA: Academic Press.

Gemar, M. C., Segal, Z. V., Sagrati, S., & Kennedy, S. J. (2001). Mood-induced changes on the implicit association test in recovered depressed patients. *Journal of Abnormal Psychology, 110,* 282-289.

Gotlib, I. H., & Cane, C. B. (1987). Construct accessibility and clinical depression: A longitudinal investigation, *Journal of Abnormal Psychology, 96,* 199-204.

Haaga, D. A. F., Dyck, M. J., & Ernst, D. (1991). Empirical status of cognitive theory of depression. *Psychological Bulletin, 110,* 215-236.

Hammen, C. L., Burge, D., Daley, S. E., Davila, J., Paley, B., & Rudolph, K. D. (1995). Interpersonal attachment cognitions and prediction of symptomatic responses to interpersonal stress. *Journal of Abnormal Psychology, 104,* 436-443.

Hedlund, S., & Rude, S. S. (1995). Evidence of latent depressive schemas in formerly depressed individuals. *Journal of Abnormal Psychology, 104,* 517-525.

Hollon, S. D. (1992). Cognitive models of depression from a psychobiological perspective. *Psychological Inquiry, 3,* 250-253.

Ingram, R. E. (1984). Toward an information processing analysis of depression. *Cognitive Therapy and Research, 8,* 443-477.

Ingram, R. E., Bernet, C. Z., & McLaughlin, S. C. (1994). Attentional allocation processes in individuals at risk for depression. *Cognitive Therapy and Research, 18,* 317-332.

Ingram, R. E., & Holle, C. (1992). The cognitive science of depression. In D. J. Stein & J. E. Young (Eds.), *Cognitive science and clinical disorders* (pp. 187-209). Orlando, FL: Academic Press.

Ingram, R. E., Miranda, J., & Segat, Z. V. (1998). *Cognitive vulnerability to depression.* New York: Guilford Press.

Ingram, R. E., Overby, T., & Fortier, M. (2001). Individual differences in dysfunctional automatic thinking and parental bonding: Specificity of maternal care. *Personality and Individual Differences, 30,* 401-412.

Ingram, R. E., & Ritter, J. (2000). Vulnerability to depression: Cognitive reactivity and parental bonding in high-risk individuals. *Journal of Abnormal Psychology, 109,* 588-596.

Ingram, R. E., Scott, W., & Siegle, G. (1999). Depression: Social and cognitive aspects. In T. Millon, P. Blaney, & R. Davis (Eds.), *Oxford textbook of psychopathology* (pp. 203-226). Oxford: Oxford University Press.

Ingram, R. E., & Siegle, G. J. (2002). Methodological issues in depression research: Not your father's Oldsmobile. In I. Gotlib & C. Hammen (Eds.), *Handbook of depression* (3rd ed., pp. 86-114). New York: Guilford Press.

Judd, L. L. (1997). The clinical course of unipolar major depressive disorders. *Archives of General Psychiatry, 54,* 989-991.

Kobak, R. (1999). The emotional dynamics of disruptions in attachment relationships: Implications for theory, research, and clinical intervention. In J. Cassidy & P. R. Shaver (Eds.), *Handbook of attachment: Theory, research, and clinical applications* (pp. 21-43). New York: Guilford Press.

Kovacs, M., & Beck, A. T. (1978). Maladaptive cognitive structures in depression. American Journal of Psychiatry, 135, 525-533.

Kuiper, N. A., Olinger, L. J., & MacDonald, M. (1988). Vulnerability and episodic cognitions in a self-worth contingency model of depression. In L. B. Alloy (Ed.), *Cognitive processes in depression* (pp. 289-309). New York: Guilford Press.

Markus, H. (1977). Self-schemata and processing information about the self. *Journal of Personality and Social Psychology, 35,* 63-78.

Mazure, C. M., Bruce, M. E., Maciejewski, P. K., & Jacobs, S. C. (2000). Adverse life events and cognitive-personality characteristics in the prediction of major depression and antidepressant response. *American Journal of Psychiatry, 157,* 896-903.

McCabe, S. B., Gotlib, I. H., & Martin, R. A. (2000). Cognitive vulnerability for depression: Deployment of attention as a function of history of depression and current mood state. *Cognitive Therapy and Research, 24,* 427-444.

Miranda, J., & Persons, J. B. (1988). Dysfunctional attitudes are mood-state dependent. *Journal of Abnormal Psychology, 97,* 76-79.

Miranda, J., Persons, J. B., & Byers, C. (1990). Endorsement of dysfunctional beliefs depends on current mood state. *Journal of Abnormal Psychology, 99,* 237-241.

Murray, C. L., & Lopez, A. D. (1996). *The global burden of disease: A comprehensive assessment of mortality and disability from diseases, injuries and risk factors in 1990 and projected to 2020.* Cambridge, MA: Harvard University Press.

Nietzel, M. T., & Harris, M. J. (1990). Relationship of dependency and achievement/autonomy to depression. *Clinical Psychology Review, 10,* 279-297.

Randolph, J. J., & Dykman, B. M. (1998). Perceptions of parenting and depression-proneness in the offspring: Dysfunctional attitudes as a mediating mechanism. *Cognitive Therapy and Research, 22,* 377-400.

Roberts, J. E., & Kassel, J. D. (1996). Mood state dependence in cognitive vulnerability to depression: The roles of positive and negative affect. *Cognitive Therapy and Research, 20,* 1-12.

Robins, C. J. (1990). Congruence of personality and life events in depression. *Journal of Abnormal Psychology, 99,* 393-397.

Robins, C. J., & Block, P. (1988). Personal vulnerability, life events, and depressive symptoms: A test of a specific interactional model. *Journal of Personality and Social Psychology, 54,* 847-852.

Robins, C. J., & Luten, A. G. (1991). Sociotropy and autonomy: Differential patterns of clinical presentation in unipolar depression. *Journal of Abnormal Psychology, 100,* 74-77.

Sacco, W. P., & Beck, A. T. (1995). Cognitive theory and therapy. In E. E. Beckham & W. R. Leber (Eds.), *Handbook of depression* (2nd ed., pp. 329-351). New York: Guilford Press.

Segal, Z. V. (1988). Appraisal of the self-schema construct in cognitive models of depression. *Psychological Bulletin, 203,* 147-162.

Segal, Z. V., Gemar, M. C., & Williams, S. (1999). Differential cognitive response to a mood challenge following successful cognitive therapy or pharmacotherapy for unipolar depression. *Journal of Abnormal Psychology, 108,* 3-10.

Segal, Z. V., & Ingram, R. E. (1994). Mood priming and construct activation in tests of cognitive vulnerability to unipolar depression. Clinical Psychology Review, 14, 663-695.

Segal, Z. V., & Shaw, B. F. (1986). Cognition in depression: A reappraisal of Coyne and Gotlib's critique. Cognitive Therapy and Research, 10, 671-694.

Segal, Z. V., Shaw, B. F., Vella, D. D., & Katz, R. (1992). Cognitive and life stress predictors of relapse in remitted unipolar depressed patients: Test of the congruency hypothesis. *Journal of Abnormal Psychology, 101,* 26-36.

Solomon, A., Haaga, D. A. F., Brody, C., Kirk, L., & Friedman, D. G. (1998). Priming irrational beliefs in recovered-depressed people. *Journal of Abnormal Psychology, 107,* 440-49.

Solomon, D., Keller, M., Mueller, T., Lavori, P., Shea, T., Coryell, W., et al. (2000). Multiple recurrences of major depressive disorder. *American Journal of Psychiatry, 157,* 229-233.

Teasdale, J. D., & Barnard, P. J. (1993). Affect, cognition, and change. Hillsdale, NJ: Erlbaum.

Teasdale, J. D., & Dent, J. (1987). Cognitive vulnerability to depression: An investigation of two hypotheses. *British Journal of Clinical Psychology, 26,* 113-126.

Whisman, M. A., & Kwon, P. (1992). Parental representations, cognitive distortions, and mild depression. *Cognitive Therapy and Research, 16,* 557-568.

Whisman, M. A., & McGarvey, A. L. (1995). Attachment, depressotypic cognitions, and dysphoria. *Cognitive Therapy and Research, 19,* 633-650.

Williams, J. M. G., Watts, F. N., MacLeod, C., & Mathews, A. (1997). *Cognitive psychology and emotional disorders.* Chichester, UK: Wiley.

Zemore, R., Fischer, D. G., Garratt, L. S., & Miller, C. (1990). The Depression Proneness Rating Scale: Reliability, validity, and factor structure. *Current Psychology: Research and Reviews, 9,* 255-263.

3

A EFETIVIDADE DO TRATAMENTO DA DEPRESSÃO

Steven D. Hollon
Robert J. DeRubeis

O modelo cognitivo de psicopatologia baseia-se na ideia de que as crenças erradas e o processamento desadaptativo de informações podem levar a sofrimento emocional e a problemas comportamentais de adaptação (Beck, 1976). Na depressão, os erros de pensamento assumem normalmente a forma de pessimismo irrealista e de uma injustificada baixa confiança em si (Beck, 1991). Os erros de pensamento frequentemente envolvem pensamentos automáticos negativos isolados em situações específicas (por exemplo, "eu não consigo fazer isso" ou "de qualquer forma, não vou gostar de fazer isso") que derivam de crenças e de pressupostos subjacentes mais gerais e abstratos (tais como: "eu sou incompetente/as pessoas não gostam de mim" ou "se eu não quiser nada, não vou ficar decepcionado"). Essas crenças fazem parte de um esquema cognitivo maior que inclui também a operação de erros lógicos (heurística do processamento de informações), tais como "pensamento 'tudo ou nada'" ou "abstração seletiva", que servem para impedir que o indivíduo deprimido reconheça a imprecisão de suas crenças (Kovacs e Beck, 1978).

A terapia cognitiva para a depressão, então, visa a corrigir essas crenças erradas e as estratégias de processamento de informação desadaptativas, com o objetivo de reduzir as angústias e de facilitar o enfrentamento adaptativo (Beck, 1970). Nesta abordagem, o terapeuta estimula os clientes a usarem seus próprios comportamentos para testar suas crenças. Uma técnica prototípica é a utilização de experimentos, cujo objetivo é reunir informações para testar a precisão das crenças negativas dos clientes (Beck, Rush, Shaw e Emery, 1979). Em sua primeira versão, a ênfase estava em fazer com que os clientes progredissem já nas primeiras sessões em testar a precisão de determinadas crenças em determinadas situações. Nos últimos anos, a terapia cognitiva desenvolveu-se, incorporando uma ênfase em crenças nucleares e em hipóteses subjacentes em um ponto mais anterior do tratamento e dando maior atenção aos antecedentes da infância e à relação terapêutica, acompanhando, depois, a ênfase tradicional sobre os problemas da vida corrente (a combinação de ênfases é chamada de "banco de três pernas"). Essa expansão da abordagem original, chamada de "terapia centrada nos esquemas", evoluiu como uma maneira de tratar pacientes mais complicados que tinham transtornos duradouros de personalidade, com base no fato de as observações clínicas de tais pacientes não disporem de esquemas saudáveis ou de não depressão para ativar (Beck, Freeman e colaboradores, 1990)

EFICÁCIA E EFETIVIDADE DA TERAPIA COGNITIVA PARA A DEPRESSÃO

O primeiro contexto e as evidências científicas iniciais

No momento em que a terapia cognitiva surgiu, no início dos anos de 1970, os medicamentos antidepressivos haviam passado a ser considerados o tratamento-padrão para a depressão. Como um todo, os antidepressivos haviam se mostrado superiores aos placebos em cerca de dois terços de mais de 300 tratamentos intensos de controle aleatório (Morris e Beck, 1974). Além disso, os pacientes que foram mantidos sob medicação tendiam menos à recaída após um tratamento bem-sucedido do que os pacientes que haviam usado placebo (Prien e Kupfer, 1986). Em contrapartida, a psicoterapia foi geralmente menos eficaz do que os medicamentos (e pouco fez para melhorar a eficácia deles), não sendo também mais eficaz do que o placebo em vários testes de controle realizados em um universo de pacientes clínicos (Covi, Lipman, Derogatis, Smith e Pattison, 1974; Daneman, 1961; Friedman, 1975; Klerman, DiMascio, Weissman, Prusoff e Paykel, 1974).

Neste contexto, a publicação de um estudo que sugeria que a terapia cognitiva era mais eficaz e duradoura que os medicamentos chamou muito a atenção. Em tal teste, 41 pacientes deprimidos não internados foram aleatoriamente conduzidos a um tratamento de 12 semanas com terapia cognitiva ou com farmacoterapia de imipramina (Rush, Beck, Kovacs e Hollon, 1977). No final do tratamento intensivo, os pacientes tratados com terapia cognitiva mostraram maior redução de sintomas e eram menos suscetíveis a abandonar o tratamento do que os pacientes tratados com medicação. Além disso, os pacientes que responderam à terapia cognitiva eram menos propensos a recaídas ou a retorno ao tratamento, durante um período posterior e de seguimento natural de 12 meses, do que os pacientes que responderam à medicação (Kovacs, Rush, Beck e Hollon, 1981).

A publicação desse artigo agitou a área, sendo logo seguido por um segundo estudo, realizado em Edimburgo, que parecia confirmar a eficácia da terapia cognitiva. Nesse experimento, os pacientes psiquiátricos deprimidos e não internados tratados com uma combinação de drogas e terapia cognitiva tiveram um melhor desempenho do que os pacientes tratados com apenas um dos itens, e a terapia cognitiva (com ou sem medicação) teve melhor desempenho do que o uso exclusivo de medicação no tratamento de pacientes deprimidos em um ambiente de clínica geral (Blackburn, Bishop, Glen, Whalley e Christie, 1981). Além disso, os pacientes deste segundo estudo que responderam à terapia cognitiva foram novamente menos propensos a recaída após o fim do tratamento do que os pacientes que responderam à medicação (Blackburn, Eunson e Bishop, 1986).

Estudos com implementação mais adequada de medicação

Os estudos levaram alguns pesquisadores a concluir que a terapia cognitiva era superior aos medicamentos no tratamento da depressão (Dobson, 1989). Contudo, houve problemas que tornaram tal conclusão questionável (Meterissian e Bradwejn, 1989). No estudo de Rush e colaboradores, a dosagem das drogas utilizadas era baixa, e a medicação foi retirada duas semanas antes do final do tratamento. No estudo realizado por Blackburn e colaboradores, a vantagem do uso exclusivo da terapia cognitiva em relação ao uso exclusivo de medicamentos na amostragem clínica geral ocorreu no contexto de um índice de tão baixa resposta à droga que se pôs em questão a adequação do modo como se ministrava o tratamento com medicação.

Nesse contexto, vários estudos procuraram comparar a terapia cognitiva às medicações em testes clínicos em que o tratamento com drogas foi implementado adequadamente. Nosso próprio trabalho, na Universidade de Minnesota, é um exemplo disso. Em um teste clínico controlado, 107 pacientes que preenchiam os critérios para depressão persistente foram encaminhados aleatoriamente a 12 semanas de terapia cognitiva, a farmacoterapia de imipramina ou a tratamento combinado (Hollon et al., 1992). Ao final do tratamento intensivo, os pacientes que responderam ou à terapia cognitiva ou ao tratamento combinado pararam de receber qualquer tratamento e foram acompanhados durante os dois anos seguintes. Os pacientes que responderam ao uso exclusivo de medicação, por sua vez, foram conduzidos aleatoriamente a continuar usando medicamentos no primeiro ano ou a interromperem o tratamento e serem acompanhados ao longo de dois anos. Os pacientes eram pessoas que buscavam auxílio em locais que ofereciam tratamento a pacientes não internados, e os terapeutas que participaram faziam parte da equipe desses locais.

Um esforço considerável foi feito para garantir que o tratamento medicamentoso fosse implementado adequadamente. A prescrição clínica era realizada por psiquiatras com experiência considerável em outros testes clínicos medicamentosos controlados. Os níveis da dosagem diária média foram mais do que adequados (mais do que 300 mg/dia, a partir da sexta semana), e os pacientes continuaram a receber a dosagem máxima por eles tolerada até o final do tratamento intensivo. Os níveis plasmáticos foram utilizados para monitorar a flexibilidade e a absorção, e vários pacientes tiveram suas doses aumentadas para além dos 300 mg/dia, quando indicado (até 450 mg/dia). Finalmente, os pacientes que continuaram a receber medicação foram mantidos em tratamento de dosagem integral ao longo do primeiro dos dois anos de acompanhamento. Essas estratégias fizeram com que um tratamento medicamentoso consideravelmente mais forte fosse oferecido durante os primeiros testes já descritos.

No geral, todos os três tratamentos (terapia cognitiva, medicamentos e a combinação de ambos) levaram a mudanças consideráveis ao longo do tempo, com o paciente médio demonstrando uma queda, passando de depressão moderada a severa no início do tratamento ao ponto mais alto do nível normal ao final do tratamento. A maior parte das mudanças ocorreu nas primeiras seis semanas de tratamento. Os pacientes que estavam em tratamento combinado tiveram um resultado um pouco melhor do que os pacientes que faziam tratamento simples, embora as diferenças tenham ficado apenas um pouco aquém do nível considerado significativo (os níveis de resposta ultrapassavam os 50% entre os pacientes sob tratamento simples e 70% entre os pacientes sob tratamento combinado). No geral, esses resultados sugeriam que a terapia cognitiva era tão eficaz quanto o tratamento medicamentoso (mesmo quando implementado adequadamente) – constatação que foi repetida em um teste conduzido em outro ambiente, conhecido pelo rigor de seu tratamento medicamentoso (Murphy, Simons, Wetzel e Lustman, 1984).

Como ocorreu nos primeiros testes, houve também indicações de que a terapia cognitiva tinha um efeito duradouro, que ia além do final do tratamento. Como demonstra a Figura 3.1, os pacientes que respondiam à terapia cognitiva representavam a metade daqueles propensos a recair depois de responder ao tratamento com medicação, e não mais propensos a recair do que aqueles que continuavam a receber medicação (Evans et al., 1992). O fato de que os pacientes que responderam ao tratamento combinado não eram mais propensos a recair do que aqueles que responderam ao tratamento exclusivo da terapia cognitiva sugere que essa diferença não era simplesmente um resultado da retirada da medicação, já que os pacientes em tratamento combinado também deixaram de usar a medicação na mesma data que os que recebiam medicação na condição de não continuação. Isso também está de acordo com o fato de que não houve incremento acentuado das recaídas entre os pacientes sob tratamento medicamentoso na condição de continuação quando pararam de receber suas dosagens ao final do primeiro ano da continuação. Novamente, as constatações do estudo realizado por Murphy e colaboradores estavam em grande parte de acordo com as que acabamos de referir (Simons, Murphy, Levine e Wetzel, 1986). No todo, esses dois estudos sugerem que a terapia cognitiva é no mínimo tão eficaz quanto as medicações no tratamento agudo de pacientes não internados deprimidos e, provavelmente, mais duradoura.

A terapia cognitiva e os pacientes mais severamente deprimidos

Nesta época (uma década depois de sua primeira introdução), a terapia cognitiva começou a ser amplamente aceita como tratamento para a depressão e estava se disseminando rapidamente. Contudo, uma publicação do *National Institute of Mental Health's Treatment of Depression Collaborative Research Program* (TDCRP) apresentou novas questões acerca da eficácia da terapia cognitiva, pelo menos no que diz respeito a pacientes não interna-

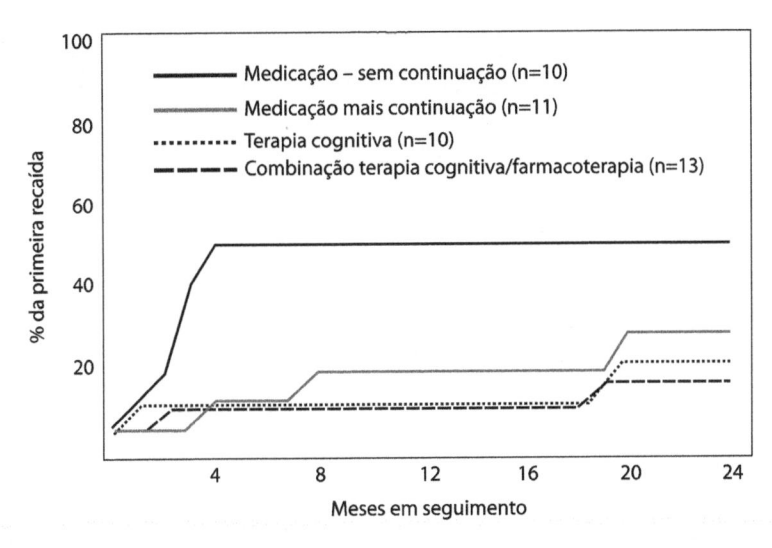

FIGURA 3.1
Recaída depois de tratamento bem-sucedido. *Fonte*: Evans et al. (1982). Direitos autorais: American Medical Association. Reprodução autorizada.

dos severamente deprimidos (Elkin et al., 1989). Nesse teste, 250 pacientes não internados deprimidos foram conduzidos aleatoriamente ao tratamento com terapia cognitiva, com psicoterapia interpessoal, com tratamento medicamentoso com imipramina ou controle com placebo. Ao final de 16 semanas, não havia diferenças entre os tratamentos para os pacientes menos severamente deprimidos, mas houve indicações de vantagem do tratamento com medicação ou da psicoterapia interpessoal sobre a terapia cognitiva (que não diferia do placebo) entre pacientes mais severamente deprimidos (Elkin et al., 1995). Além disso, houve apenas indicações mínimas de qualquer efeito duradouro da terapia cognitiva depois do fim do tratamento, embora tais diferenças, como ficou claro, de fato favorecessem a terapia cognitiva (Shea et al., 1992).

Por causa de seu tamanho e do fato de ter sido a primeira comparação a incluir o controle com placebo, o TDCRP teve um impacto considerável sobre a área. Os adeptos da psiquiatria biológica não se inclinavam a acreditar que a psicoterapia por si só pudesse ser tão eficaz quanto os medicamentos no tratamento de pacientes mais severamente deprimidos, e o TDCRP pareceu confirmar essa crença (Klein, 1996). A noção de que a medicação era necessária para os pacientes mais severamente deprimidos tornou-se uma pedra angular das orientações de tratamento, especialmente daqueles difundidos pela psiquiatria (American Psychiatric Association, 2000). Mas o TDCRP enfrentou problemas: havia diferenças entre os locais que acompanharam as experiências anteriores com terapia cognitiva, o que levou à alegação de que a terapia cognitiva não foi adequadamente implementada em dois dos três locais escolhidos (Jacobson e Hollon, 1996). DeRubeis e colaboradores conduziram uma metanálise que enfocou os pacientes mais severamente deprimidos dos estudos recém-descritos. Como demonstra a Figura 3.2, a terapia cognitiva não foi menos eficaz do que as medicações quando os dados foram cruzados com os testes disponíveis, e apenas o TDCRP parecia mostrar alguma vantagem em prol das medicações (DeRubeis, Gelfand, Tang e Simons, 1999).

Essas constatações sugerem que a terapia cognitiva é tão eficaz quanto a medicação quando ambos os procedimentos são adequadamente implementados. No entanto, nenhum experimento da literatura havia ainda implementado ambas as condições adequadamente na presença de um tratamento de controle mínimo. Contra esse pano de fundo, realizamos um estudo comparativo realizado em dois locais, triplo-cego e controlado com placebo, entre medicação e terapia cognitiva no tratamento de pacientes não internados mais severamente deprimidos. Nosso estudo, projetado para explorar as questões suscitadas nos testes anteriores, contou com 240 pacientes não internados deprimidos, os quais preenchiam os mesmos critérios utilizados pelo TDCRP para definir a depressão severa. Os pacientes foram conduzidos aleatoriamente a 16 semanas de tratamento intensivo ou com terapia cognitiva, tratamento medicamentoso ou controle de placebo. Por motivos éticos, os pacientes foram mantidos com placebo por apenas oito semanas, momento em que o fato de que eles estavam sob tratamento com placebo foi-lhes revelado, recebendo tratamento humanitário. Ao final do tratamento intensivo, os pacientes que respondiam à terapia cognitiva foram excluídos do tratamento e acompanhados durante os dois anos posteriores. Aqueles que respondiam à medicação foram aleatoriamente conduzidos à continuação de medicação (por um ano) ou ao uso de placebo (novamente triplo-cego) e foram acompanhados pelo mesmo intervalo de tempo.

Dadas as preocupações levantadas sobre os estudos anteriores, trabalhamos muito para assegurar que cada modalidade fosse adequadamente implementada. Psiquiatras altamente treinados em pesquisas de cada local estudado e que se encontraram para examinar o progresso dos pacientes semanalmente foram responsáveis pela medicação utilizada no tratamento. A paroxetina foi utilizada como a medicação escolhida, e a dosagem utilizada foi bastante agressiva, geralmente atingindo o máximo tolerado (até 50 mg/dia) nas primeiras oito semanas. Os pacientes que haviam dado uma resposta menor do que a integral à paroxetina até o meio do tratamento receberam aumento da dosagem, com lítio ou desipramina (e, em um exemplo, venlafaxina) durante todo o restante do período ativo de tratamento. Aqueles pacientes que continuaram utilizando medicação após o término do tratamento intensivo continuaram a usar a dosagem integral, aumentada conforme as necessidades para repelir uma recaída iminente.

Esforços semelhantes foram feitos em relação à terapia cognitiva. Um de nossos dois locais (a Universidade da Pensilvânia), foi o berço da terapia cognitiva e o ambiente no qual o experimento inicial de Rush e colaboradores foi realizado. Tanto o Center for Cognitive Therapy quanto o Beck Institute localizam-se na Filadélfia, são a casa de uma série de terapeutas altamente treinados e experientes que dividem seu tempo entre a investigação clínica e o treinamento. Se a terapia cognitiva puder obter bons resultados no combate à depressão, a Filadélfia certamente será um bom lugar para isso. Os terapeutas de nosso outro local (Vanderbilt University) eram um pouco menos experientes com a terapia cognitiva, representando mais aquilo que acontece quando essa modalidade é exportada para outros locais. Terapeutas em potencial foram selecionados a partir de profissionais da comunidade que tinham alguma experiência com a abordagem,

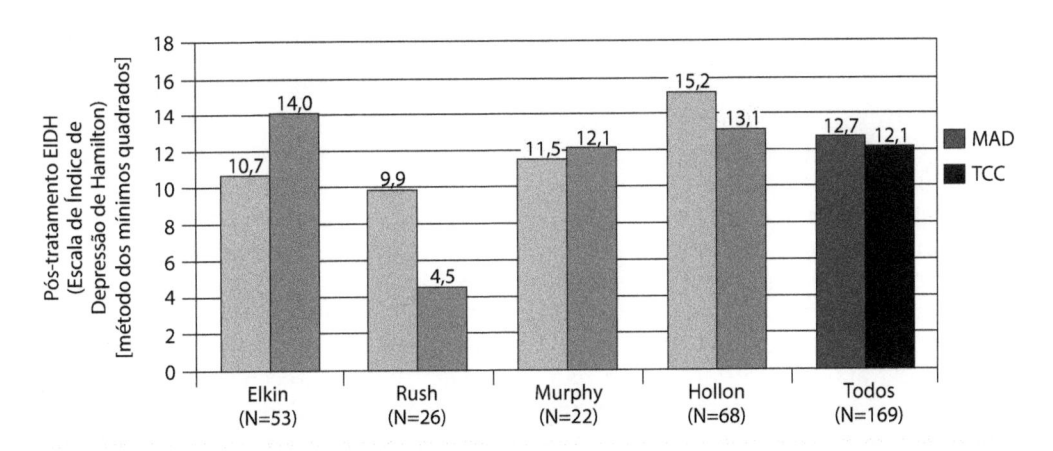

FIGURA 3.2
Resposta média comparativa, conforme a Escala de Índice de Depressão de Hamilton (EIDH), no pós-tratamento, entre a terapia cognitivo-comportamental (TCC) e os medicamentos antidepressivos (MAD) na depressão severa. Estes pacientes severamente deprimidos tinham escores ≥ 20 no começo do estudo. *Fonte*: DeRubeis, Gelfand, Tang e Simons (1999, p. 1010). Direitos autorais da American Psychiatric Association. Reprodução autorizada.

recebendo formação adicional, mas ficou evidente a partir de classificações de gravações enviadas para o Beck Institute que eles ingressaram no estudo com um nível menor de competência que os terapeutas da Universidade da Pensilvânia. Como consequência, todos os três terapeutas de Vanderbilt receberam formação complementar por meio do programa de extensão oferecido pelo Beck Institute, e os escores de competência foram melhorados ao longo do estudo (assim como o resultado dos pacientes). Nossa impressão é a de que grande parte da variabilidade nos resultados dos pacientes na literatura reflete a variabilidade da competência do terapeuta. Não é que a terapia cognitiva não funcione bem, mas é mais difícil que ela funcione bem (pelo menos com pacientes mais complicados) do que a literatura mais antiga levava a acreditar.

Tanto a terapia cognitiva quanto o tratamento medicamentoso superaram o placebo em termos de resposta intensiva no meio do tratamento, com taxas de resposta de 43 e 50%, respectivamente, contra 25% na situação de controle. Até o final do tratamento agudo (16 semanas), as taxas de resposta foram praticamente idênticas entre as modalidades ativas (58,3 contra 57,5%, respectivamente). O atrito foi baixo em ambas as condições (15 e 16%, respectivamente) sendo em grande parte atribuído ao excesso de trabalho envolvido, no caso da terapia cognitiva, ou aos efeitos colaterais, no caso da medicação. No geral, esse padrão de constatações sugere que a terapia cognitiva é tão eficaz quanto as medicações mesmo no tratamento de pacientes não internados severamente deprimidos e que ambos os tratamentos são bem recebidos. A diferença entre a medicação e o placebo também indica que a amostra como um todo respondeu ao medicamento e que o tratamento medicamentoso foi implementado adequadamente.

Houve diferenças entre os locais no que diz respeito ao parâmetro de resposta. Em essência, os pacientes da Universidade da Pensilvânia tiveram um melhor resultado em terapia cognitiva do que tiveram no tratamento com medicação, ao passo que os pacientes da Vanderbilt University tiveram melhores resultados com o tratamento com medicação. Essas diferenças entre os locais podem ser atribuídas em parte às diferenças de experiência dos terapeutas cognitivos, e houve indicações de que essas diferenças diminuíam com o tempo, à medida que os terapeutas de Vanderbilt recebiam mais treinamento. Elas também refletiam uma diferença na estratégia de aumento da medicação. Na Universidade da Pensilvânia, quando os pacientes não respondentes receberam aumento de dosagem no meio do tratamento, os psiquiatras que prescreviam em geral reduziam a dosagem do principal antidepressivo, ao passo que os psiquiatras de Vanderbilt não o faziam. Diminuir a dosagem quando se aumenta o antidepressivo é uma prática bastante difundida, mas talvez não a coisa mais eficaz a ser feita. A esse respeito, é bom salientar que os índices de resposta continuaram a aumentar entre os pacientes tratados com medicação do meio até o pós-tratamento em Vanderbilt, mas não na Pensilvânia (os índices de resposta também aumentaram em terapia cognitiva em ambos os locais).

Os pacientes que responderam à terapia cognitiva tiveram seu tratamento interrompido ao final das 16 semanas e foram acompanhados durante um período subsequente de dois anos. Esses pacientes puderam receber até três sessões de incremento ao longo do primeiro ano, mas não mais do que uma por mês. Em todos os casos, os pacientes consideraram o período de acompanhamento como se o tratamento tivesse acabado e ficaram à vontade para usar ou não aquilo que haviam aprendido durante o tratamento. Os pacientes que responderam à medicação foram encaminhados aleatoriamente a continuar com a medicação (no primeiro dos dois anos de acompanhamento) ou a interromper o tratamento com placebo. Como acontecera com os pacientes que recebiam placebo durante o tratamento intensivo, a interrupção feita por meio do uso de placebo ocorreu por procedimento triplo-cego, isto é, nem os pacientes, nem os terapeutas, nem os avaliadores independentes sabiam se as pílulas continham ou não medicamento ativo.

Os pacientes previamente tratados com terapia cognitiva eram menos propensos à recaída depois do término do tratamento em relação aos pacientes cuja medicação foi interrompida (31 contra 76%), e não mais propensos do que os pacientes que continuaram a receber medicação (47%). Isso está inteiramente de acordo com os primeiros estudos já descritos, que sugerem que a terapia cognitiva tem um efeito duradouro que protege os pacientes contra a reincidência subsequente e que esse efeito é pelo menos tão expressivo quanto o produzido pela manutenção dos pacientes sob medicação. A diferença entre a continuidade da medicação e sua interrupção estava de acordo com o que se encontra tipicamente na literatura e é plenamente significativa quando a não adesão ao tratamento é levada em consideração. Além disso, os pacientes que demonstraram apenas resposta parcial, que eram mais jovens no começo do tratamento ou que haviam passado por episódios mais precoces, estavam em situação de maior risco de recaída se não protegidos por exposição anterior à terapia cognitiva ou à medicação contínua. Isso sugere que nem todos os pacientes podem necessitar da proteção oferecida pela terapia cognitiva ou pela medicação contínua, mas aqueles que assim o fizerem terão provavelmente seu risco reduzido ao dos pacientes de baixo risco.

A terapia cognitiva tem um custo maior no início do que o tratamento com medicação, mas tal custo é compensado a longo prazo. A terapia cognitiva custa cerca de U$ 2.000,00 por paciente do estudo atual (20 sessões de U$100,00), ao passo que o tratamento com medicação custa cerca de U$ 1.000,00 (12 sessões de U$ 75,00, e U$ 125 por mês pelas medicações). Contudo, por volta do oitavo mês do seguimento, o custo de se manter os pacientes sob medicação ultrapassa o custo da terapia cognitiva. Já que a prática atual está passando a manter os pacientes com um histórico de recaída sempre medicados, a terapia cognitiva pode ser consideravelmente mais barata do que o tratamento com medicação (pelo menos quando tem efeito duradouro).

Ao final dos 12 primeiros meses de continuação, interrompeu-se a medicação dos pacientes, que foram acompanhados (juntamente com pacientes anteriormente tratados com terapia cognitiva) ao longo de mais 12 meses em condições naturais. Esses pacientes puderam ser considerados como pacientes recuperados dos episódios iniciais pelo fato de terem passado mais de seis meses sem recaída depois da remissão inicial (Frank et al., 1991). Metade dos pacientes cuja medicação foi interrompida experimentaram uma recorrência (começo de um novo episódio) no ano seguinte, em comparação a apenas 25% dos pacientes que haviam antes passado por terapia cognitiva.

A terapia cognitiva e a prevenção da recaída

Esses dados, embora sugestivos, não provam que o efeito duradouro da terapia cognitiva se amplie à prevenção da recaída. O tamanho da amostra era muito pequeno para inspirar verdadeira confiança, e uma proporção muito grande dos pacientes inicialmente inscritos desistiu por atrito, por não resposta ou por recaída anterior, excluindo a retenção diferencial como alternativa que rivaliza com a noção de efeito duradouro. Se uma proporção demasiadamente alta de pacientes não continua com o tratamento, é possível que o tratamento inicial atue como "uma peneira diferencial", fazendo uma triagem dos pacientes de alto-risco em uma modalidade e retendo-os em outra (Klein, 1996). Para impedir ou limitar a operação de uma "peneira diferencial", o que se precisa é de um estudo que amplie ao máximo o número de pacientes que atendam aos critérios de recuperação plena e que o faça por meio da redução ao mínimo das diferenças entre as condições anteriores de tratamento.

Esta é precisamente nossa meta no estudo que estamos atualmente realizando. Em nosso teste atual, os pacientes que atendiam os critérios para depressão maior são aleatoriamente conduzidos à medicação ou a tratamento combinado com drogas e terapia cognitiva. Os pacientes são primeiramente tratados até o ponto de remissão (um mês com sintomas mínimos) e depois de recuperação (seis meses sem recaída). Nesse ponto, todos os pacientes recuperados na situação de tratamento combinado são excluídos da terapia cognitiva e os pacientes recuperados em ambas as condições são aleatoriamente conduzidos ou à manutenção da medicação ou à retirada da medicação, acompanhados por três anos no que diz respeito à recorrência. O projeto é um estudo realizado em três lugares, pois, além da Universidade da Pensilvânia e da Vanderbilt University, foi acrescentada a colaboração contínua com o Rush Medical Center, de Chicago.

Pelo fato de nossa meta ser fazer com que o máximo de pacientes se recupere plenamente, o tratamento médico é projetado para ser tanto flexível quanto agressivo. Os pacientes começam normalmente com um inibidor de recaptação de serotonina-norepinefrina (por exemplo, venlafaxina) e recebem um aumento (no caso de resposta parcial) ou são passados à outra medicação (se incapazes de tolerar a medicação inicial ou mesmo no caso de não resposta subsequente). Os pacientes têm até um ano para atender aos critérios de remissão, o que confere tempo suficiente para testar cada um deles em pelo menos três classes de medicação diferente, inclusive os mais antigos antidepressivos tricíclicos e os inibidores de monoaminoxidase. Os níveis são aumentados agressivamente até a dosagem máxima tolerada, e medicamentos auxiliares e de ampliação são permitidos se forem capazes de ampliar a resposta ou de ajudar a lidar com os efeitos colaterais.

Da mesma forma, nossa opção pelo tratamento combinado, e não pela terapia cognitiva sozinha, foi conduzida por um desejo de minimizar as diferenças entre condições diferentes do que as do verdadeiro contraste de interesses. Pelo fato de estarmos interessados em comprovar se os efeitos duradouros da terapia cognitiva se ampliavam à prevenção de recaída, e de os estudos anteriores sugerirem que esse efeito é robusto independentemente de a terapia cognitiva ser acompanhada por medicamentos, escolher o tratamento combinado deve servir para minimizar as diferenças entre as condições relacionadas à exclusiva ingestão de medicamentos. Além disso, excluindo os pacientes de toda espécie de tratamento medicamentoso (em vez de fazer com que após a interrupção continuassem a receber placebos), aumentamos a validade externa das constatações, já que isso é o que aconteceria na prática clínica verdadeira.

O estudo ainda está em andamento, e seria prematuro apresentar constatações; contudo, o atrito é baixo (15%) e a vasta maioria dos pacientes parece atender aos critérios de remissão (alguns deles na segunda ou terceira medicação). Se os índices atuais forem mantidos, deveremos chegar a 75-80% dos pacientes iniciais atingindo a recuperação completa e qualificados para a segunda randomização (e subsequente retirada da medicação). Tal índice seria consideravelmente mais alto do que os índices dos estudos anteriores, que tipicamente conseguiam fazer com que apenas cerca da metade dos pacientes iniciais passassem à fase de manutenção (por exemplo, Frank et al., 1990).

Como foi mencionado anteriormente, o efeito duradouro da terapia cognitiva parece ser robusto, seja a terapia cognitiva ministrada sozinha ou em combinação com as medicações (Evans et al., 1992). Além disso, também parece que a terapia é robusta independentemente de ser ministrada durante o tratamento intensivo ou depois de os pacientes serem trazidos à remissão pela primeira vez com medicação (Paykel et al., 1999). Da mesma forma, a terapia do bem-estar, uma extensão da terapia cognitiva que incorpora a atenção às atividades positivas e às autopercepções, tem demonstrado reduzir o risco de recorrência quando adicionada ao tratamento de medicação contínua (Fava, Rafanelli, Grandi, Conti e Belluardo, 1998). No mesmo filão, a terapia cognitiva baseada na atenção plena (que incorpora o treinamento em meditação) tem demonstrado reduzir o risco de recaída/recorrência quando oferecida a pacientes tratados pela primeira vez até a remissão com medicação (Teasdale et al., 2000). Finalmente, há indicações de que as intervenções cognitivo-comportamentais podem ser usadas para reduzir o risco de depressão em crianças e adolescentes e em jovens adultos que estejam em situação de risco – mas não passando por um episódio (Clarke et al., 2001; Jaycox, Reivich, Gillham e Seligman, 1994; Seligman, Schulman, DeRubeis e Hollon, 1999).

Em resumo, há linhas convergentes de evidências científicas segundo as quais a terapia cognitiva é tão eficaz quanto a medicação no tratamento da depressão (independentemente da severidade) e tem um efeito duradouro que parece reduzir riscos. Além disso, esse efeito duradouro parece ser robusto, independentemente de a terapia cognitiva ser oferecida com medicação (em qualquer momento) e de ela incorporar técnicas adicionais ou focos que não sejam parte da abordagem-padrão. No próximo tópico, passaremos a considerar o quanto a terapia cognitiva exerce seus efeitos.

INGREDIENTES ATIVOS E MECANISMOS DE AÇÃO

A primeira questão de interesse diz respeito ao fato de a terapia cognitiva funcionar (quando funciona) por meio das estratégias particulares especificadas pela teoria. Todos os terapeutas cognitivos são treinados para fazer certas coisas com os pacientes deprimidos e parece razoável perguntar se tais estratégias e técnicas realmente contribuem para o processo de mudança, isto é, se elas são ingredientes atuantes que dirigem a mudança terapêutica. A noção de que ingredientes determinados teoricamente desempenham um papel de causa nas mudanças ocorridas não tem aceitação universal; tem-se argumentado que os fatores não específicos de relacionamento encontrados em todas as interações humanas são de fato os verdadeiros agentes de mudança.

Na verdade, a qualidade da aliança de trabalho foi considerada como um indicador de resposta em vários estudos realizados ao longo de uma série de tratamentos diferentes, inclusive a terapia cognitiva (Gaston, Marmar, Gallagher e Thompson, 1991; Krupnick et al., 1994). O problema com grande parte dessa pesquisa é que ela falhou em controlar a antecedência temporal, isto é, a simples correlação de medidas de processo com medidas de mudança não nos diz se uma boa aliança precede a mudança subsequente ou se a mudança positiva conduz à percepção de uma boa aliança.

DeRubeis e colaboradores abordaram essa questão em dois estudos (DeRubeis e Feeley, 1990; Feeley, DeRubeis e Gelfand, 1999). Em cada um deles, medidas de processo terapêutico foram tomadas ao longo do tratamento e relacionadas a mudanças tanto anteriores quanto posteriores na depressão. Constatou-se que a primeira implementação de estratégias cognitivo-comportamentais prognosticavam mudanças subsequentes na depressão, ao passo que a mudança precoce na depressão prognosticava uma qualidade na aliança subsequente. Em poucas palavras, os terapeutas que adotavam as estratégias especificadas pela teoria fizeram com que seus pacientes melhorassem, ao mesmo tempo que os pacientes que melhoravam passavam a gostar mais de seus terapeutas.

Embora os resultados do tratamento apresentados na maioria dos estudos demonstrem médias de grupo que diminuem de maneira suave e em desaceleração negativa, as mudanças dos pacientes individuais está longe de ser gradual. Ao examinar o curso da mudança individual do TDCRP e dos estudos feitos em Minnesota citados anteriormente, Tang e DeRubeis (1999) constataram que quase metade dos pacientes em terapia cognitiva demonstraram "ganhos repentinos" de, pelo menos, um desvio padrão nos índices de depressão de uma sessão para a outra. Exames posteriores revelaram que esses "ganhos repentinos" não eram apenas um ruído passageiro; na maior parte dos casos, eles se mantiveram e foram responsáveis por quase metade da mudança geral ao longo da terapia. Além disso, os pacientes que experimentaram ganhos repentinos eram mais propensos a demonstrar respostas completas ao tratamento e a mantê-la por mais tempo do que os pacientes que demonstraram um padrão mais gradual de mudança. Finalmente, um exame das sessões precedentes demonstrou uma incidência muito mais alta de mudança cognitiva nas sessões imediatamente anteriores aos ganhos repentinos do que em outras sessões.

Isso leva logicamente à questão sobre a terapia cognitiva funcionar por causa das mudanças de crença e do processamento de informações. Na maior parte dos estudos, o tratamento medicamentoso produzirá tantas mudanças na maior parte das medidas de cognição quanto o faz a terapia cognitiva (Imber et al., 1990; Simons, Garfield e Murphy, 1984). Contudo, a questão relevante não é relativa a se a mudança na cognição é específica da terapia cognitiva, e sim se o padrão de mudança ao longo do tempo é congruente com o agente causador. No estudo de Minnesota já descrito, a mudança na cognição prognosticou mudanças posteriores na depressão na terapia cognitiva, mas não no tratamento medicamentoso (DeRubeis et al., 1990). Esse é exatamente o padrão que seria esperado se a mudança cognitiva fosse um mecanismo de mudança na depressão na terapia cognitiva, mas uma consequência em outros tipos de tratamento.

Uma classe de cognição tende a demonstrar mudança não específica. Ao passo que as crenças do tipo "fluxo de consciência" tendem a demonstrar uma mudança não específica ao longo do tempo (as pessoas se tornam menos negativas quando menos deprimidas), padrões mais estáveis de processamento subjacente de informações demonstram um padrão diferente de mudança. No experimento de Minnesota, o estilo explanatório tendeu a mudar mais lentamente do que as medidas de cognição de superfície (depois da mudança na depressão, e não conduzindo tal mudança) e demonstrou mudanças maiores na terapia cognitiva do que o fez no tratamento medicamentoso (apesar de ter havido mudanças comparáveis na depressão). Além disso, a diferença no estilo explanatório ao final do tratamento foi um dos melhores indicadores de risco subsequente de recaída após o final do tratamento (Hollon, Evans e DeRubeis, 1990). Isso sugere que a maneira pela qual um indivíduo processa a informação relativa a eventos negativos da vida desempenha um papel sobre o modo como ele responde a tais eventos. Sugere também que a terapia cognitiva pode exercer seu efeito preventivo (em parte) por meio da mudança no modo que as pessoas processam as informações sobre esses eventos negativos da vida.

A esse respeito, é bom salientar que Teasdale e colaboradores (2001) constataram que a terapia cognitiva tende a tornar as pessoas menos extremadas em seus julgamentos e que essa redução prognostica reduções subsequentes no risco. Em nosso estudo mais recente, feito em dois locais, o estilo explanatório novamente mostrou maior mudança na terapia cognitiva do que o fez o tratamento medicamentoso, e novamente prognosticou risco de recaída nesta última condição. Contudo, diferentemente do teste de Minnesota, um pequeno número de pacientes da terapia cognitiva tornou-se indevidamente positivo em seu estilo explanatório, isto é, passaram de indevidamente negativo a indevidamente positivo. Como Teasdale e colaboradores (2001) constataram, esses pacientes tinham tanta propensão à recaída quanto os pacientes com um estilo explanatório mais negativo. Isso sugere que a precisão do pensamento é fundamental, e não só tornar-se mais positivo ou otimista.

CONCLUSÕES

Parece que a terapia cognitiva é tão eficaz quanto as medicações (mesmo quando se trata de pacientes não internados mais severamente deprimidos), e que ela tem um efeito duradouro que reduz o risco subsequente. A qualidade de implementação é bastante importante (especialmente para pacientes mais desafiadores), da mesma forma que ocorre com o tratamento medicamentoso, e há indicadores de que ingredientes teoricamente específicos conduzem a mudança na depressão por causa da indução à mudança em crenças específicas e nas estratégias de processamento de informações. Nenhuma dessas informações foram provadas, mas as evidências científicas acumuladas são altamente sugestivas e, em alguns casos, persuasivas. Quase 40 anos depois de que foi proposta pela primeira vez (e 25 anos depois de ter sido testada pela primeira vez), parece que a terapia cognitiva é uma alternativa viável (ou complemento) para as medicações antidepressivas no tratamento da maior parte das depressões – um tratamento que pode conferir vantagens em termos de custos de longo prazo e de redução de riscos subsequentes.

AGRADECIMENTOS

A preparação deste capítulo foi financiada pelas Bolsas No. MH55875 (R10) e No. MH01697 (K02) (Steven D. Hollon) e No. MH50129 (Robert J. DeRubeis) do National Institute of Mental Health.

REFERÊNCIAS

American Psychiatric Association (2000). Practice guideline for the treatment of patients with major depressive disorder (revision). *American Journal of Psychiatry, 157* (Suppl. 4).

Beck, A. T. (1970). Cognitive therapy: Nature and relation to behavior therapy. *Behavior Therapy, 1,* 184-200.

Beck, A. T. (1976). *Cognitive therapy and the emotional disorders.* New York: International Universities Press.

Beck, A. T. (1991). Cognitive therapy: A 30-year retrospective. *American Psychologist, 46,* 368-375.

Beck, A.T., Freeman, A., & Associates. (1990). *Cognitive therapy of personality disorders.* New York: Guilford Press.

Beck, A. T., Rush, A. J., Shaw, B. F., & Emery, G. (1979). *Cognitive therapy of depression.* New York: Guilford Press.

Blackburn, I. M., Bishop, S., Glen, A. I. M., Whalley, L. J., & Christie, J. E. (1981). The efficacy of cognitive therapy in depression: A treatment trial using cognitive therapy and pharmacotherapy, each alone and in combination. *British Journal of Psychiatry, 139,* 181-189.

Blackburn, I. M., Eunson, K. M., & Bishop, S. (1986). A two-year naturalistic follow-up of depressed patients treated with cognitive therapy, pharmacotherapy and a combination of both. *Journal of Affective Disorders, 10,* 67-75.

Clarke, G. N., Hornbrook, M. C, Lynch, F., Polen, M., Gale, J., Beardslee, W. R., et al. (2001). Offspring of depressed parents in a HMO: A randomized trial of a group cognitive intervention for preventing adolescent depressive disorder. *Archives of General Psychiatry, 58,* 1127-1134.

Covi, L., Lipman, R., Derogatis, L., Smith, J., & Pattison, I. (1974). Drugs and group psychotherapy in neurotic depression. *American Journal of Psychiatry, 131,* 191-198.

Daneman, E. A. (1961). Imipramine in office management of depressive reactions (a double-blind study). *Diseases of the Nervous System, 22,* 213-217.

DeRubeis, R. J., Evans, M. D., Hollon, S. D., Garvey, M. J., Grove, W. M., & Tuason, V. B. (1990). How does cognitive therapy work?: Cognitive change and symptom change in cognitive therapy and pharmacotherapy for depression. *Journal of Consulting and Clinical Psychology, 58,* 862-869.

DeRubeis, R. J., & Feeley, M. (1990). Determinants of change in cognitive therapy for depression. *Cognitive Therapy and Research, 14,* 469-482.

DeRubeis, R. J., Gelfand, L. A., Tang, T. Z., & Simons, A. D. (1999). Medications versus cognitive behavioral therapy for severely depressed outpatients: Mega-analysis of four randomized comparisons. *American Journal of Psychiatry, 156,* 1007-1013.

Dobson, K. (1989). A meta-analysis of the efficacy of cognitive therapy for depression. *Journal of Consulting and Clinical Psychology, 57,* 414-419.

Elkin, I., Gibbons, R. D., Shea, M. T., Sotsky, S. M., Watkins, J. T., Pilkonis, P. A., et al. (1995). Initial severity and differential treatment outcome in the National Institute of Mental Health Treatment of Depression Collaborative Research Program. *Journal of Consulting and Clinical Psychology, 63,* 841-847.

Elkin, I., Shea, M. T., Watkins, J. T., Imber, S. D., Sotsky, S. M., Collins, J. F., et al. (1989). NIMH Treatment of Depression Collaborative Research Program: I. General effectiveness of treatments. *Archives of General Psychiatry, 46,* 971-982.

Evans, M. D., Hollon, S. D., DeRubeis, R. J., Piasecki, J. M., Garvey, M. J., Grove, W. M., et al. (1992). Differential relapse following cognitive therapy, pharmacotherapy, and combined cognitive-pharmacotherapy for depression. *Archives of General Psychiatry, 49,* 802-808.

Fava, G. A., Rafaneili, C., Grandi, S., Conti, S., & Belluardo, P. (1998). Prevention of recurrent depression with cognitive behavioral therapy: Preliminary findings. *Archives of General Psychiatry, 55,* 816-820.

Feeley, M., DeRubeis, R. J., & Gelfand, L. A. (1999). The temporal relation of adherence and alliance to symptom change in cognitive therapy for depression. *Journal of Consulting and Clinical Psychology, 67,* 578-582.

Frank, E., Kupfer, D. J., Perel, J. M., Cornes, C., Jarrett, D. B., Mallinger, A. G., et al. (1990). Three-year outcomes for maintenance therapies in recurrent depression. *Archives of General Psychiatry, 47,* 1093-1099.

Frank, E., Prien, R. F., Jarrett, R. B., Keller, M. B., Kupfer, D. J., Lavori, P. W., et al.(1991). Conceptualization and rationale for consensus definitions of terms in major depressive disorder: Remission, recovery, relapse, and recurrence. *Archives of General Psychiatry, 48,* 851-855.

Friedman, A. S. (1975). Interaction of drug therapy with marital therapy in depressive patients. *Archives of General Psychiatry, 32,* 619-637.

Gaston, L., Marmar, C., Gallagher, D., & Thompson, L. (1991). Alliance prediction of outcome beyond in-treatment symptomatic change as psychotherapy processes. *Psychotherapy Research, 1,* 104112.

Hollon, S. D., DeRubeis, R. J., Evans, M. D., Wiemer, M. J., Garvey, M. J., Grove, W. M., et al. (1992). Cognitive therapy, pharmacotherapy and combined cognitive-pharmacotherapy in the treatment of depression. *Archives of General Psychiatry, 49,*774-781.

Hollon, S. D., Evans, M. D., & DeRubeis, R. J. (1990). Cognitive mediation of relapse prevention following treatment for depression: Implications of differential risk. In R. E. Ingram (Ed.), *Psychological aspects of depression* (pp. 114-136). New York: Plenum Press.

Imber, S. D., Pilkonis, P. A., Sotsky, S. M., Elkin, I., Watkins, J. T., Collins, J. F., et al. (1990). Mode-specific effects among three treatments for depression. *Journal of Consulting and Clinical Psychology, 58,* 352-359.

Jacobson, N. S., & Hollon, S. D. (1996). Prospects for future comparisons between drugs and psychotherapy: Lessons from the CBT-versus-pharmacotherapy exchange. *Journal of Consulting and Clinical Psychology, 64,* 104-108.

Jaycox, L. H., Reivich, K. J., Gillham, J., & Seligman, M. E. P. (1994). Prevention of depressive symptoms in school children. *Behaviour Research and Therapy, 32,* 801-816.

Klein, D. F. (1996). Preventing hung juries about therapy studies. *Journal of Consulting and Clinical Psychology, 64,* 74-80.

Klerman, G. L., DiMascio, A., Weissman, M., Prusoff, B., & Paykel, E. S. (1974). Treatment of depression by drugs and psychotherapy. *American Journal of Psychiatry, 133,*186-191.

Kovacs, M., & Beck, A. T. (1978). Maladaptive cognitive structures in depression. *American Journal of Psychiatry, 135,* 525-533.

Kovacs, M., Rush, A. T., Beck, A. T., & Hollon, S. D. (1981). Depressed outpatients treated with cognitive therapy or pharmacotherapy: A one-year follow-up. *Archives of General Psychiatry, 38,* 33-39.

Krupnick, J., Collins, J., Pilkonis, P. A., Elkin, I., Simmens, S., Sotsky, S. M., et al. (1994). Therapeutic alliance and clinical outcome in the NIMH Treatment of Depression Collaborative Research Program: Preliminary findings. *Psychotherapy, 31,* 28-35.

Meterissian, G. B., & Bradwejn, J. (1989). Comparative studies on the efficacy of psychotherapy, pharmacotherapy, and their combination in depression: Was adequate pharmacotherapy provided? *Journal of Clinical Psychopharmacology, 9,* 334-339.

Morris, J. B., & Beck, A. T. (1974). The efficacy of the anti-depressant drugs: A review of research (1958-1972). *Archives of General Psychiatry, 30,* 667-674.

Murphy, G. E., Simons, A. D., Wetzel, R. D., & Lustman, P. J. (1984). Cognitive therapy and pharmacotherapy, singly and together, in the treatment of depression. *Archives of General Psychiatry, 41,* 33-41.

Paykel, E. S., Scott, J., Teasdale, J. D., Johnson, A. L., Garland, A., Moore, R., et al. (1999), Prevention of relapse in residual depression by cognitive therapy. *Archives of General Psychiatry, 56,* 829-835.

Prien, R. F. & Kupfer D.J. (1986). Continuation drug therapy for major depressive episodes: How long should it be maintained? *American Journal of Psychiatry, 143,* 18-23.

Rush, A. J., Beck, A. T., Kovacs, M., & Hollon, S. D. (1977). Comparative efficacy of cognitive therapy and pharmacotherapy in the treatment of depressed outpatients. *Cognitive Therapy and Research, 1,* 17-38.

Seligman, M. E. P., Schulman, P., DeRubeis, R. J., & Hollon, S. D. (1999, December 21). The prevention of depression and anxiety. *Prevention and Treatment, 2,* Article 8. Retrieved from http://journals.apa.org/prevention/volume2/ pre0020008a.html

Shea, M. T., Elkin, I., Imber, S. D., Sotsky, S. M., Watkins, J. T., Collins, J. F., et al. (1992). Course of depressive symptoms over follow-up: Findings from the National Institute of Mental Health Treatment of Depression Collaborative Research Program. *Archives of General Psychiatry, 49,* 782-787.

Simons, A. D., Garfield, S. L., & Murphy, G. E. (1984). The process of change in cognitive therapy and pharmacotherapy in depression: Changes in mood and cognition. *Archives of General Psychiatry, 41,* 45-51.

Simons, A. D., Murphy, G. E., Levine, J. L., & Wetzel, R. D. (1986). Cognitive therapy and pharmacotherapy for depression: Sustained improvement over one year. *Archives of General Psychiatry, 43,* 43-48.

Tang, T. Z., & DeRubeis, R. J. (1999). Sudden gains and critical sessions in cognitive-behavioral therapy for depression. *Journal of Consulting and Clinical Psychology, 67,* 894-904.

Teasdale, J. D., Scott, J., Moore, R. G., Hayhurst, H., Pope, M., & Paykel, E. S. (2001). How does cognitive therapy prevent relapse in residual depression: Evidence from a controlled trial. *Journal of Consulting and Clinical Psychology, 69,* 347-357.

Teasdale, J. D., Segal, Z. V., Williams, J. M. G., Ridgeway, V. A., Soulsby, J. M., & Lau, M. A. (2000). Prevention of relapse/recurrence in major depression by mindfulness-based cognitive therapy. *Journal of Consulting and Clinical Psychology, 68,* 615-623.

4

A TERAPIA COGNITIVA E A PESQUISA SOBRE O TRANSTORNO DE ANSIEDADE GENERALIZADA

John H. Riskind

O Transtorno de ansiedade generalizada (TAG) associa-se à preocupação excessiva e incontrolável, assim como também a significativas reclamações somáticas, perda de produtividade no trabalho, problemas nas relações sociais, no funcionamento do papel social e no aumento do custo dos serviços médicos (por exemplo, Greenberg et al., 1999). Além disso, o curso do TAG parece ser crônico e relativamente sem remissão (Noyes et al., 1992), com a maioria dos pacientes relatando o surgimento do transtorno em idade precoce (por exemplo, Hoehn-Saric, Hazlett e McLeod, 1993). Os estudos epidemiológicos que utilizam os critérios do *Diagnostic and Statistical Manual of Mental Disorders*, (Manual Diagnóstico e Estatístico de Transtornos Mentais), terceira edição, revista (DSM-III-R), estimaram que as taxas de prevalência atuais e ao longo da vida do TAG nos Estados Unidos era de 1,6 e 5,1%, respectivamente (Wittchen, Zhao, Kessler e Eaton, 1994). A prevalência do TAG parece ser ainda maior no atendimento realizado em ambientes de cuidado primário e entre quem utiliza muito os cuidados médicos (Greenberg et al., 1999).

A teoria cognitiva da ansiedade de Beck continua a ter um impacto profundo sobre nossa compreensão do TAG. Neste capítulo, descreverei brevemente o papel fundamental de Beck no estudo do TAG e, em seguida, discutirei algumas ramificações e pesquisas recentes. Começo por discutir os princípios básicos da formulação da ansiedade de Beck; então, considero algumas questões centrais que têm sido estudadas em pesquisas sobre os aspectos cognitivos do TAG, e discuto até que ponto a investigação sustenta as formulações do autor. Em seguida, discuto alguns caminhos de investigação que os pesquisadores têm perseguido mais recentemente, incluindo:

1 uma ênfase na preocupação e seu papel no TAG;
2 a fenomenologia particular das cognições e imagens perigosas da ansiedade que estimulam respostas compensatórias superprotetoras, tais como a preocupação no TAG, conforme proposto pelo modelo de "vulnerabilidade gradual" na ansiedade.

O capítulo é concluído com um breve resumo.

QUADRO GERAL: O MODELO COGNITIVO DE ANSIEDADE DE BECK

O impacto da formulação cognitiva da ansiedade de Beck é melhor compreendido no contexto dos modelos teóricos alternativos existentes de TAG (ou seu equivalente na nomenclatura) da época. O sistema de classificação diagnóstica de então (DSM-II) ainda não tinha distinguido o TAG e o transtorno de pânico como transtornos distintos, rotulando ambos como "ansiedade neurótica". Implícita a esta rotulação estava a abordagem psicanalítica que conceituava esses fenômenos como "ansiedade livre-flutuante". Acreditava-se que a ansiedade derivava de causas inconscientes, não relacionadas ao conteúdo ideacional conscientemente acessível. As teorias comportamentais tinham pouca simpatia pela perspectiva psicanalítica, mas também não enfatizavam o papel da ideação conscientemente acessível. A ansiedade foi concebida pelos behavioristas em termos de simples estímulo-resposta (E-R) como uma resposta condicionada a estímulos externos.

Um estudo pioneiro e seminal que foi conduzido por Beck, Laude e Bohnert (1974) marcou uma virada, porque mostrou o caminho para uma nova forma de conceituar as causas do TAG. Beck e colaboradores entrevistaram uma série consecutiva de pacientes que foram admitidos ao tratamento para "ansiedade neurótica" (que muitas vezes correspondia ao TAG, de acordo com os padrões da DSM-IV). As provas dessas entrevistas foram notáveis. Em conformidade com uma teoria cognitiva, mas nem tanto com a psicoterapia e modelos simples de E-R, Beck e colaboradores demonstraram que os pacientes com ansiedade neurótica identificaram pensamentos automáticos relacionados à ameaça e/ou imagens pictóricas em momentos nos quais a ansiedade se intensificava. Esses resultados tornaram possível explicar os sintomas de ansiedade de pacientes clínicos por meio de seus pensamentos verbalizados conscientemente e de imagens pictóricas.

Na década de 1980, o livro inovador de Beck e colaboradores (Beck; Emery e Greenberg, 1985) elaboraram a teoria cognitiva da ansiedade e apontaram o caminho para o desenvolvimento de tratamentos eficazes. A importância desse livro é que ele ajudou a ampliar as formulações cognitivas e os tratamentos que já tinham sido aplicados de maneira proveitosa à depressão (Beck, 1967; Beck, Rush, Shaw e Emery, 1979).

Virando a ansiedade de cabeça para baixo: o modelo cognitivo de Beck para os transtornos da ansiedade

O importante tema do livro de Beck e colaboradores (1985) é que os transtornos da ansiedade podem ser mais bem entendidos se "virarmos a ansiedade de cabeça para baixo", isto é, um relato adequado do que hoje chamamos de TAG deve abordar seu conteúdo cognitivo e seu perfil característicos.

A "hipótese de especificidade de conteúdo cognitivo" de Beck argumentava que toda forma distinta de perturbação afetiva se relaciona a seu próprio "perfil cognitivo específico de um transtorno". Por exemplo, os temas nucleares cognitivos do desamparo e da perda irreversível caracterizam a depressão. Ao contrário, os temas específicos do transtorno da ansiedade centram-se na vulnerabilidade a possíveis danos futuros. O conteúdo, voltado ao futuro, da ansiedade está relacionado a superestimações de percepções de ameaça e a subestimações dos recursos próprios para lidar com a ameaça. Ao incluírem as ideias teóricas do psicólogo social Richard Lazarus (por exemplo, Lazarus, 1966), Beck e colaboradores (1985) sugeriram que as avaliações cognitivas automáticas involuntárias e "primárias" de magnitude e severidade equivalentes a ameaça potencial estão no âmago da ansiedade.

Beck e colaboradores (1985) sugeriram que o conceito de "medo" se refere a um processo cognitivo que está centrado na "avaliação primária" da ameaça. Tal avaliação da ameaça, ou medo, será fundamental para qualquer resposta à ansiedade ou a qualquer transtorno, sendo, portanto, fundamental também no TAG. Além do conceito de avaliação primária da ameaça, retirado de Lazarus (1966), os autores também fizeram uso do conceito de Lazarus sobre "as avaliações secundárias" de recursos para lidar com a ameaça. Por exemplo, um paciente que seja diagnosticado com TAG provavelmente tanto superestimará a magnitude da ameaça futura quanto subestimará sua própria capacidade de lidar com ela.

Níveis múltiplos de fenômenos cognitivos no TAG

No modelo de Beck, os fenômenos cognitivos associados à ansiedade ocorrem em níveis múltiplos. A ideação da ameaça, sob a forma de pensamentos ou imagens no fluxo de consciência, é causada pela interação entre os processos cognitivos básicos (por exemplo, memória, atenção, interpretação) e as estruturas de crenças subjacentes ou esquemas/estruturas cognitivas voltadas à vulnerabilidade pessoal à ameaça. A interação dos processos básicos e das estruturas ou dos esquemas produz tendenciosidade cognitiva na atenção seletiva (ou evitação), na memória e na interpretação exagerada dos estímulos da ameaça. A mesma interação leva os indivíduos ansiosos a interpretar os eventos ambíguos como ameaça, muito embora eles possam ser interpretados sob mais de uma forma (algumas das quais são até mesmo neutras ou positivas). Por exemplo, a percepção de que outra pessoa que esteja presente tenha uma aparência de pessoa fria ou reservada tenderá a ser interpretada como um sinal de rejeição, mais do que como um sinal de preocupação da outra pessoa.

Os indivíduos que sejam altamente propensos à ansiedade desenvolveram variantes desadaptativas de estruturas cognitivas chamadas de "esquemas de perigo" que guiam o processamento de informações (por exemplo, atenção, interpretação e memória para os estímulos de ameaça). Os esquemas de perigo no TAG, ao contrário daqueles que são hoje chamados de fobia específica, tendem a englobar esferas amplas múltiplas – tais como medos de avaliação social negativa, incapacidade e morte. Os pacientes com TAG adquiriram esquemas de perigo que os guiam a:

1 superestimar o grau de ameaça que está representado por uma ampla gama de estímulos dados;
2 subestimar o controle pessoal;
3 experimentar níveis ampliados de pensamentos de fluxo de consciência relacionados à ameaça, bem como de imagens pictóricas (por exemplo, voltadas à presença de ameaças de danos, constrangimento social ou outros efeitos aversivos).

A pesquisa sobre os aspectos cognitivos do TAG

As evidências de vários estudos tendem a sustentar a perspectiva de Beck de que pensamentos ou imagens tipicamente relacionados à ameaça são relatados por pacientes com TAG (ver Beck e Clark, 1997, para um exame desse ponto). Muitos estudos chegaram à conclusão de tendenciosidade sistemática no modo como os pacientes com TAG processam as informações relacionadas à ameaça (Beck e Clark, 1997), especialmente nas fases iniciais de atenção seletiva ao material ameaçador (Mogg e Bradley, no prelo) e nas tarefas de memória implícita (Coles e Heimberg, 2002). Contrariamente ao que se esperaria da primeira formulação de Beck, a tendenciosidade cognitiva no TAG não é tão claramente encontrada em tarefas de memória explícita, isto é, em tarefas que fazem referência explícita ao material a ser lembrado (Coles e Heimberg, 2002). Esta pesquisa sugere que há processos defensivos no TAG que operam em um nível mais controlado ou deliberado que dominam a tendenciosidade automática colocada pela formulação cognitiva de Beck.

Beck e Clark (1997) aperfeiçoaram o modelo cognitivo para que desse conta do papel compensatório e de autoproteção dos processos (por exemplo, evitação cognitiva, evitação de afeto negativo). Se generalizarmos, parece que mesmo os comportamentos compulsivos de verificar tudo duplamente associam-se ao TAG (Schut, Castonguay e Borkovec, 2001). Entre esses processos compensatórios e de proteção, um dos mais investigados nos últimos anos é o fenômeno da "preocupação patológica" no TAG (Borkovec, Ray e Stoeber, 1998).

Pesquisas sobre a preocupação no TAG

O DSM-IV estipula que a preocupação excessiva e incontrolável é uma pedra fundamental da síndrome de TAG. A preocupação no TAG tem requisitos tanto de ordem temporal quanto de conteúdo. Um diagnóstico de TAG exige que haja preocupação em relação a quatro ou mais circunstâncias de vida que ocorram pelo menos durante seis meses. A preocupação é particularmente prolongada e difícil de terminar voluntariamente, e os indivíduos com TAG duplicam o problema "preocupando-se com sua própria preocupação" – um tipo de preocupação que Adrian Wells chama de "metapreocupação" (ver Wells, Capítulo 9 deste livro).

O DSM-IV considera a preocupação excessiva como um sintoma característico do TAG, mas não explica teoricamente as funções da preocupação excessiva. Borkovec também formulou uma teoria da evitação da natureza e das funções da preocupação. A preocupação patológica do TAG é vista como uma tática desadaptativa para evitar cognitivamente as imagens aversivas, geradas internamente, de perigo e de sentimentos intensos de medo. Parece que a preocupação pode contribuir para a regulação de emoções inadequadas de maneira mais ampla (Mennin, Heimberg, Turk e Fresco, 2002) e para a evitação de experiências (por exemplo, Roemer e Orsillo, 2002), que inclui a evitação de outras emoções desagradáveis também (Freeston, Rheaume, Letarte, Dugas e Ladouceur, 1994). De acordo com Borkovec, a preocupação em geral envolverá uma forma ativa de pensamento predominantemente verbal/linguístico (uma atividade do hemisfério esquerdo do cérebro). Essa predominância de processamento verbal/linguístico afasta a atenção da pessoa das imagens mentais ameaçadoras vívidas e concretas (atividade do hemisfério direito), que, de outra forma, provocaria medo intenso (Borkovec e Inz, 1990) e reatividade autônoma (Borkovec et al., 1998). Borkovec e colaboradores (1998) sugeriram que a preocupação patológica no TAG é mantida por meio das contingências de reforço negativo (isto é, a evitação de ansiedade somática, de sofrimento emocional e imaginário aversivo).

Beck e colaboradores sugerem que a preocupação é uma tentativa de lidar com o medo (Beck e Clark, 1997; Beck et al., 1985). Essa concepção está de acordo com a teoria de evitação da preocupação de Borkovec, e também com as evidências mais recentes que sugerem que os ciclos de preocupação podem ser acionados pelos pensamentos ou por imagens ameaçadoras, e mantidos como uma resposta defensiva para evitar cognitivamente o medo e outras emoções desagradáveis que eles produzem. Outras evidências recentes, da mesma forma, indicam que os indivíduos com TAG tentam controlar ou evitar a experiência emocional negativa em termos mais gerais (por exemplo, Roemer e Orsillo, 2002).

Resumo da teoria e da pesquisa sobre o modelo cognitivo de Beck

O modelo cognitivo de Beck fez uma contribuição importante ao fornecer um fundamento teórico para a compreensão cognitivo-comportamental do TAG. Já há um número considerável de pesquisas que testa diretamente e que, com frequência, sustenta muitos componentes desse modelo, mas vários caminhos de investigação e várias conclusões sugerem que há a necessidade de aperfeiçoar e de elaborar o modelo fundamental em alguns sentidos. Exemplos disso são o trabalho sobre a preocupação (Borkovec et al., 1998; Wells, Capítulo 9 deste livro) e a evitação de experiências (por exemplo, Roemer e Orsillo, 2002). Outro caminho de tal investigação, ao qual nos voltamos agora, é o modelo de "vulnerabilidade gradual" (por exemplo, Riskind, 1997; Riskind e Williams, no prelo-a). O propósito desse modelo é pinçar cognições de ameaça e estilos cognitivos que provocam o medo e que sejam importantes para a indução da ansiedade e da preocupação.

POR QUE É NECESSÁRIO IDENTIFICAR MELHOR AS COGNIÇÕES DE AMEAÇA ESPECÍFICA NA ANSIEDADE?

Tem-se dado bastante atenção às respostas desadaptativas compensatórias e neutralizadoras (por exemplo, preocupação, evitação de afeto) no TAG, mas pouca atenção a determinados pontos cognitivos específicos de sustentação das avaliações conducentes à ameaça e presentes no transtorno. Contudo, uma compreensão adequada dos pontos cognitivos específicos de sustentação da percepção da ameaça é necessária para o desenvolvimento de um tratamento mais eficaz e de intervenções preventivas.

A pontuação para as intervenções cognitivo-comportamentais, as avaliações e as conceituações de ansiedade é alta, mas longe do nível ótimo que se pode esperar ou ter esperanças de alcançar. Embora as intervenções cognitivo-comportamentais sejam altamente bem-sucedidas para alguns transtornos (tais como o transtorno da ansiedade social e o transtorno de pânico), para outros transtornos (tais como o TAG), elas são apenas modestamente bem-sucedidas. Muitos pesquisadores e clínicos reconhecem que há um espaço substancial para melhorias no tratamento cognitivo-comportamental desses últimos transtornos. Além disso, mesmo quando o TAG é tratado com sucesso, há pacientes "resistentes ao tratamento" que não parecem responder aos protocolos cognitivo-comportamentais usuais.

Uma explicação possível para o índice desigual de sucesso das intervenções cognitivo-comportamentais em relação ao TAG é que os detalhes específicos dos fenômenos cognitivos nos transtornos precisam ser melhor trabalhados. Um sinal dessa possível falta de precisão na compreensão desses detalhes é a dificuldade de distinguir empiricamente os fenômenos cognitivos putativos que são específicos da ansiedade daqueles que são discerníveis na depressão (Riskind, 1997). R. Beck e Perkins (2001) conduziram uma metanálise recente indicando que os fenômenos cognitivos relacionados à ansiedade são em geral identificados de maneira tão forte nos indivíduos com depressão quanto naqueles que tenham ansiedade. Tanto os pensamentos automáticos relacionados a ameaças quanto o fenômeno da preocupação não eram exclusivos da ansiedade e não diferenciavam esta da depressão. As constatações de R. Beck e de Perkins estão de acordo com outras constatações similares que foram obtidas há décadas (por exemplo, Butler e Mathews, 1983). A extensão de tal sobreposição nas cognições e nos sintomas sugere a alguns pesquisadores que a ansiedade e a depressão são essencialmente o mesmo constructo e síndrome, e que não são utilmente distinguíveis. Algumas conclusões desafiam os modelos cognitivos a atingir maior precisão na identificação de cognições que são importantes para o transtorno em outras formas de ansiedade.

A RELAÇÃO TEMPO-DISTÂNCIA NA AMEAÇA: O MODELO DA VULNERABILIDADE GRADUAL

A formulação do modelo de vulnerabilidade gradual surgiu originariamente de uma tentativa de determinar o que pode cognitivamente distinguir a ansiedade da depressão (Riskind, 1997; Riskind, Williams, Gessner, Chrosniak e Cortina, 2000; Riskind e Williams, no prelo-a). O modelo foi retirado de uma análise das possíveis funções evolutivas das respostas ao perigo no medo e na ansiedade, conforme comparada às respostas ao desamparo e à desesperança na tristeza e na depressão. O modelo unificou essa análise com observações etológicas de animais que respondiam à ameaça de estímulos; com as observações de desenvolvimento das crianças pequenas; e com os conceitos cognitivos e sociocognitivos sobre a natureza das representações mentais de estímulos significativos e emocionalmente relevantes e dos eventos do ambiente.

Como visão prévia dessa análise, a percepção do perigo tem um papel funcional no comportamento adaptativo dos seres humanos e dos animais. Quando os indivíduos podem antecipar o que ainda não ocorreu ou o que ainda não foi encontrado, podem preparar o acontecimento e a facilitação de bons eventos, evitar ou afastar os eventos negativos. As representações cognitivas de perigo refletem essa limitação da realidade. Nesse contexto, o fato de que o perigo varia com o tempo é inerente à lógica do perigo posto por qualquer situação assustadora. Uma ameaça ambiental externa (por exemplo, um predador solto, uma rejeição interpessoal) ou uma ameaça interna (por exemplo, uma doença séria, a prospecção de perda do controle mental ou físico) é uma fonte mais extrema de perigo quando está sucessivamente aumentando ou elevando-se em termos de perigo do que quando está caindo ou diminuindo.

De acordo com outras pesquisas que dão ênfase ao papel do imaginário mental da ansiedade, o modelo de vulnerabilidade gradual enfatiza que as percepções de perigo que instigam a preocupação e outros processos de respostas compensatórias neutralizadoras desadaptativas estão relacionados a um processo de avaliação e a uma imaginação desadaptativa específica. Esse processo de imaginação não está apenas focado na capacidade estática de causar danos que tem uma situação de ameaça, mas delineia propriedades dinâmicas e variáveis, tais como sobre o quão rapidamente ela muda. Um estímulo (por exemplo, uma ameaça de dano potencial, de rejeição ou de dano emocional) fará com que surja um medo mais intenso e necessidade compensatória de respostas neutralizadoras quando há uma impressão predominante de imagens ou avaliações de vulnerabilidade gradual para uma ameaça cujo risco esteja se intensificando e crescendo, seja no tempo, seja no espaço.

A necessidade de distinguir os conceitos de medo, de ansiedade, de preocupação e de pânico

Qualquer tentativa de explorar os pontos de sustentação das percepções de ameaça devem começar com o reconhecimento de que o conceito de "ansiedade" se refere a uma classe de fenômenos inter-relacionados, mas conceitualmente distintos. Apesar das características comuns do medo, da ansiedade, da preocupação e do pânico como respostas a percepções de ameaça, esses termos não se referem a fenômenos intercambiáveis. O termo "medo" é usado para fazer referência a uma emoção fundamental, observada nos humanos e em muitas outras espécies de animais que é um aspecto integrante de uma resposta do tipo "enfrente ou fuja". Um estímulo ameaçador que é percebido ou imaginado de maneira vivaz como algo que possua uma imediatidade em suas implicações para o bem-estar fará com que surja o medo. Uma reação de medo mais intensa ocorrerá quando a situação de ameaça ou evento é percebida, ou retratada em imagens mentais, como algo que tenha um risco crescente.

O termo "ansiedade" é um complexo de elementos em muitas camadas que compreende o medo, a preocupação e vários outros processos psicológicos. O que aciona a ansiedade é em geral uma percepção de ameaça que gera instantes recorrentes de medo (ver acima), que depois se alternam com uma atividade de pensamento mais abstrata e verbal/conceitual que chamamos de "preocupação". Pelo fato de a preocupação ser uma atividade predominantemente léxica, ela alterna os recursos da atenção entre um imaginário vívido de uma ameaça concreta com representações e ideias verbais mais abstratas; resulta, portanto, em medo menos intenso.

O modelo de vulnerabilidade gradual sustenta que a ansiedade se inicia e se mantém por meio de imagens mentais que provocam o medo e de apreciações que retratam as ameaças como algo que se intensifica rapidamente. Tais imagens são os catalisadores das estratégias neutralizadoras desadaptativas, tais como a preocupação ou a evitação de experiências. Quanto mais ampla a extensão com que as imagens e as percepções retratam a ameaça como algo que rapidamente se intensifica em termos de risco, maior o medo e maior a resposta consequente de autoproteção à preocupação. Os indivíduos com TAG frequentemente alternam-se entre as reações de medo e as respostas neutralizadoras, tais como a preocupação e a evitação de experiências. Ambos os tipos de reações dependem de percepções ou de imagens mentais cuja ameaça se intensifica rapidamente. As pessoas com TAG às vezes também experimentam reações de "pânico", que são reações de medo máximo que não podem ser neutralizadas porque a ameaça já está muito próxima.

O "estilo cognitivo gradual"

Embora grandes avanços tenham sido feitos na década passada para entender a natureza e a função das respostas neutralizadoras disfuncionais (por exemplo, preocupação, evitação de afeto), poucas pesquisas ou teorias têm abordado seu potencial para antecedentes cognitivos. Acredita-se que o "estilo cognitivo gradual" (ECG) seja um antecedente psicológico. Trata-se de um estilo cognitivo que funciona como um esquema de perigo e que envolve principalmente representações mentais imaginárias da intensificação de ameaças.

A pesquisa básica experimental e perceptual nos informa que todas as percepções e também as visualizações são truques ou "peças" pregadas pela mente, e que refletem o fato de as percepções/imagens serem em grande medida autoconstruídas. A percepção é o resultado de uma interação da pessoa com o ambiente. Qualquer compreensão completa da ansiedade e do medo deve levar em consideração tanto as características das pessoas quanto os estímulos do ambientes que provocam essas reações à ameaça. Embora uma impressão de que as ameaças intensifiquem-se rapidamente seja às vezes precisa e adaptativa, um problema de ansiedade patológica é que o sentido de vulnerabilidade gradual não é flexivelmente dependente do estímulo "de baixo para cima" proveniente dos indícios ambientais, mas rigidamente imposto "de cima para baixo" pelas representações mentais desadaptativas. A capacidade de estimular mentalmente o progresso potencial da ameaça ao longo do tempo e do espaço pode generalizar-se em uma tendência ampla e penetrante de representar mentalmente as ameaças potenciais como algo que se intensifica rapidamente em risco e perigo.

De acordo com o modelo da vulnerabilidade gradual, alguns indivíduos desenvolvem um esquema de perigo distinto, o ECG, que produz riscos singulares para os estados de depressão e para as desordens, induzindo os indivíduos a formular representações mentais ou expectativas que retratam as ameaças como algo que se intensifica e aumenta seu risco rapidamente (Riskind et al., 2000). O ECG funciona como um esquema de perigo que leva a um retrato automático estereotipado das ameaças caracterizadas por riscos rapidamente crescentes. Conforme observado, a hipótese é de que o ECG consista em representações mentais principalmente imaginárias da progressão ou das progressões do desenvolvimento de ameaça potencial ao longo do tempo (isto é, imagens relacionadas ao medo dinâmicas ou cinéticas, mais do que estáticas e sem vida) (Riskind e Williams, no prelo-a, no prelo-b; Williams, McDonald, Owens e Luns, 2003). Consequentemente, os indivíduos que desenvolvem o ECG provavelmente tenham dificuldades em habituar-se a ameaças potenciais, demonstrando vigilância e ansiedade maiores, percebendo um sentido de urgência temporal e necessidade imperativa de ação e utilizando excessivamente estratégias de evitação comportamental e cognitiva (Riskind, 1997; Riskind e Williams, no prelo-a). Por funcionar como um esquema de perigo, considera-se que o ECG esteja implicado em vários fenômenos – que variam do condicionamento e da sensibilização aos estímulos de ameaça e à impedância de habituação, à saliência e ao processamento tendencioso de informações de ameaça, à fenomenologia cognitiva das experiências de ansiedade e medo e à vulnerabilidade cognitiva à ameaça (Riskind, 1997).

Uma meta central do trabalho sobre o ECG é abordar a escassez de atenção que tem sido dada ao desenvolvimento de medidas questionadas sobre a peculiaridade dos esquemas de perigo e das vulnerabilidades cognitivas no TAG e outros transtornos de ansiedade. O modelo gradual também tenta especificar com grande precisão o componente crítico dos esquemas de perigo e das ameaças percebidas que separam a ansiedade da depressão. Conforme se notou, os estudos do passado não faziam uma distinção confiável entre ansiedade e depressão por meio de medidas de avaliação de ameaças (por exemplo, probabilidade) ou pensamentos automáticos relacionados à ameaça (R. Beck e Perkins, 2001). O modelo de vulnerabilidade gradual retrata o conceito como sendo singular e próprio da ansiedade apenas.

O modelo de vulnerabilidade gradual e o TAG

O modelo de vulnerabilidade gradual postula que o TAG e a tendência de preocupar-se e de evitar emoções desagradáveis (Freeston et al., 1994; Roemer e Orsillo, 2002) em geral se baseiam no ECG. De acordo com o modelo, os indivíduos que tenham o estilo cognitivo desadaptativo serão mais propensos a gerar imagens mentais que retratam o perigo como algo que rapidamente se intensifica e oferece um ímpeto para respostas compensadoras de autoproteção, tais como a preocupação e a evitação de experiências (por exemplo, Riskind e Williams, no prelo-a, no prelo-b). A Figura 4.1 retrata essas relações.

Há vários caminhos pelos quais há a hipótese de o ECG funcionar tanto como um antecedente cognitivo e como um fator de manutenção no TAG. Primeiramente, o ECG pode levar os indivíduos a gerar uma corrente contínua de ameaça, representações mentais imaginárias catastróficas de ameaça potencial relativamente corriqueira, que motivam a necessidade de utilizar estratégias de evitação cognitiva de base lexical, tais como a preocupação.

Em segundo lugar, já que o ECG envolve a geração de cenários mentais que induzem medo, imagens e expectativas de ser dominado por riscos e perigos que sobem rapidamente, pode levar a níveis mais altos de intensidade de experiência emocional e de dificuldades subsequentes que regulam a emoção negativa. Dessa forma, leva à evitação e às estratégias de regulação de emoção defeituosas. Em terceiro lugar, o ECG estimula uma tendenciosidade de processamento esquemática para o material ameaçador. Em quarto lugar, quando o ECG é ativado, pode absorver os recursos de controle de atenção que os indivíduos cognitivamente vulneráveis precisam para lidar de maneira ótima com a emoção negativa. Como consequência, o ECG prejudica os mecanismos de controle mental que são necessários para lidar efetivamente com imagens e afetos ameaçadores.

Os tópicos seguintes resumem brevemente as evidências para o modelo de vulnerabilidade gradual. Em primeiro lugar, resumem as evidências para o modelo mais amplo e, depois, cobrem evidências

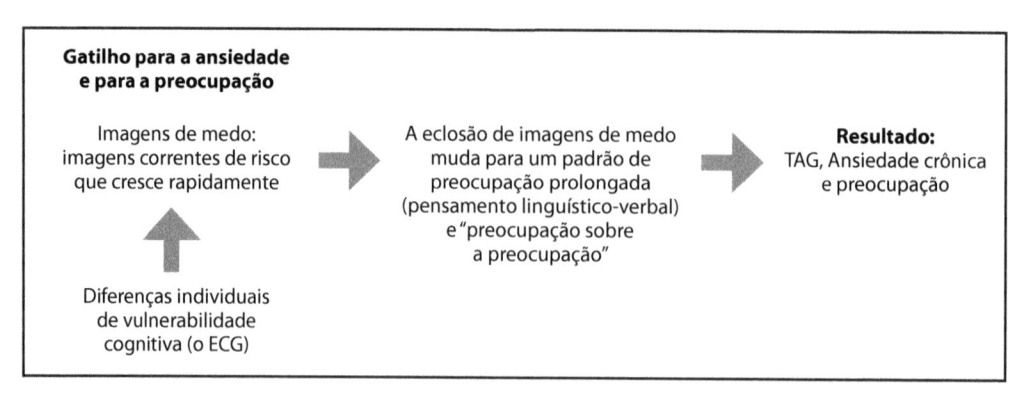

FIGURA 4.1
Relações propostas entre diferenças individuais, imagens de medo e TAG.

específicas que se ligam à relação entre ECG e TAG.

Visão geral dos estudos sobre o modelo geral da vulnerabilidade gradual

O modelo gradual estipula que o sentido de vulnerabilidade gradual pode ocorrer tanto como o surgimento de um estado quanto como uma característica da organização cognitiva (isto é, o ECG). Em qualquer momento, podemos ter um sentido subjetivo da vulnerabilidade gradual (por exemplo, quando parados na rua em frente a um automóvel em velocidade). Como vimos, contudo, as pessoas que têm o ECG evocam cenários que distorcem e exageram o grau até o qual as ameaças rapidamente se acumulam e aumentam em termos de risco; tais pessoas são propensas à ansiedade.

Vários estudos já examinaram a validade do modelo de vulnerabilidade gradual com formas focais de ansiedade e medo (por exemplo, Riskind, 1997; Riskind et al., 2000; Riskind e Maddux, 1993; Riskind, Moore e Bowley, 1995; Riskind e Wahl, 1992; Riskind e Williams, 1999a, 1999b). Essa pesquisa foi usada com uma variedade de metodologias, incluindo avaliações de autorrelato, movimento de objetos simulado por computador (por exemplo, aranhas que se movem x coelhos que se movem), apresentação de cenários gravados em vídeo (por exemplo, uma cena de roubo, cenários possíveis de contaminação, etc.) e apresentação de imagens visuais em movimento e estáticas. Esses estudos também investigaram uma variedade de processos clínicos cognitivos (por exemplo, supressão de pensamentos, preocupação, estilos de enfrentamento, falta de controle, criação de clima de catástrofe, estilos de apego, tendenciosidade de memória, etc.) em uma ampla gama de estímulos (por exemplo, indivíduos com doença mental, com HIV, rejeição a aranhas, à contaminação e ao ganho de peso, rejeição social e romântica, erros de desempenho, etc.) e uma diversidade de populações (por exemplo, alunos de faculdade e indivíduos com TAG, com transtorno de pânico, com transtorno obsessivo-compulsivo ou com fobias animais específicas).

Como um todo, esse conjunto de estudos oferece-nos evidências notavelmente consistentes para o modelo de vulnerabilidade gradual (ver, por exemplo, Riskind, 1997; Riskind, Williams e Joiner, no prelo; Riskind e Williams, no prelo-a). Muitos estudos examinaram formas focais ou específicas de vulnerabilidade gradual em relação a medo estimulado de aranha (por exemplo, Riskind, Kelly, Harman, Moore e Gaines, 1992; Riskind e Maddux, 1994), contaminantes tóxicos (Riskind, Wheeler e Picerno, 1997; Riskind, Abreu, Strauss e Holt, 1997) e a rejeição social (por exemplo, Riskind e Mizhari, 1994). Por exemplo, sintomas de TOC são associados com representações mentais que retratam a ameaça de espalhar a contaminação como algo que se intensifica rapidamente (Riskind et al., 1995; Tolin, Worhunsky e Maltby, no prelo). Os sintomas de TOC também são associados com as representações mentais que retratam o risco de perder controle sobre impulsos agressivos (por exemplo, o de apunhalar alguém) e como algo que cresce rapidamente (Riskind e Picerno, 1997; Riskind, Abreu et al., 1997), medos de infecção por HIV (Riskind e Maddux, 1994) e também para o transtorno do desempenho social (Riskind e Mizrahi, 2004), mesmo quando os estudos controlaram outras facetas, percebidas (ou estimadas) de medo de ameaça especificamente estimulada (por exemplo, estimativas predominantemente verbais e estáticas da probabilidade ou da imprevisibilidade do dano).

A validade da medida do ECG

Um questionário de autorrelato foi desenvolvido para avaliar o ECG, definido como o grau até o qual os indivíduos geram imagens que retratam o risco como algo que cresce rapidamente (Riskind et al., 1992, 2000). Os participantes receberam seis breves vinhetas que descreviam diferentes tipos de situações estressantes (por exemplo, ameaça de doença, risco de dano físico, rejeição romântica) e a eles se pediu que completassem uma lista de questões de três itens para cada vinheta. Uma longa série de nossos estudos oferece evidências tanto para a consistência interna (alfa = 0,91) quanto para a estabilidade temporal da mensuração de ECG durante quatro meses (Riskind et al., 2000).

Um número considerável de estudos tem sustentado a validade convergente e discriminante da medida de ECG, indicando que escores altos nesse "Questionário para o estilo desadaptativo gradual" são relacionados a níveis mais altos de ansiedade, conforme avaliou uma variedade de medidas, encontrando-se evidências não comumente consistentes de que o ECG esteja associado de maneira significativa com vários correlatos de ansiedade, inclusive a preocupação, a supressão de pensamento e a evitação comportamental (por exemplo, Riskind et al., 2000; ver também Riskind e Williams, no prelo-a). Contudo, como se esperava do modelo, o ECG não está relacionado de forma consistente à depressão. Como será mencionado a seguir, há também evidências de que o ECG seja cada vez mais indicativo de ansiedade futura quando a ansiedade inicial é controlada (Riskind et al., 2000) e que ele prevê a ansiedade quando variáveis tais como a neurose, a sensibilidade à ansiedade, a afetividade negativa e as atitudes disfuncionais são controladas (Riskind, Williams, Joiner, Black e Cortina, 2003).

Dados adicionais convergentes e confirmadores surgiram em um estudo que usou uma tarefa homófona. O ECG estava significativa e unicamente relacionado à tendência de processar e de codificar informações verbais ambíguas – gravações de homófonos, tais como "dye" [tingir] e "die" [morrer] – de uma maneira ameaçadora. Os indivíduos que tinham o ECG eram significativamente mais tendenciosos do que os outros indivíduos a escolher a ortografia mais ameaçadora dos homófonos (Riskind et al., 2000, Estudo 3). Esse efeito, em uma medida de memória implícita para a ameaça, era exclusivo do ECG e não se relacionava à própria ansiedade ou a uma abordagem alternativa à vulnerabilidade cognitiva avaliada pela probabilidade estática das estimativas de ameaça.

Outros estudos de tendenciosidade de memória também sustentam a validade do ECG e a hipótese de que ele esteja associado à tendenciosidade de processamento esquemático. Nós (Riskind et al., 2000, Estudo 4) testamos os efeitos do ECG sobre a memória para estímulos pictóricos relacionados à ameaça, usando uma tarefa de laboratório em que as imagens pictóricas eram apresentadas (por exemplo, imagens pictóricas ameaçadoras de um incêndio doméstico ou de um choque de automóveis, ou imagens neutras e positivas, tais como um mesa ou uma flor). O modelo de equação estrutural revelou que o ECG era significativa e exclusivamente relacionado a uma medida de memória implícita para a ameaça (uma tarefa em que se completavam palavras). Os indivíduos que tinham o ECG eram significativamente mais tendenciosos do que outros indivíduos a completar tais palavras de forma que elas constituíssem palavras ameaçadoras. Esse efeito, na tarefa de completar palavras que verificava a memória implícita para ameaça, foi de novo singular para o ECG e não se relacionava à própria ansiedade. O ECG era também significativa e unicamente relacionado a duas medidas de memória explícita para a ameaça (uma tarefa de memória livre e uma tarefa de estimativa de frequência).

A especificidade do ECG em relação à ansiedade em contraposição à depressão

Como foi observado, anteriormente a pesquisa também demonstrou com notável congruência que o ECG é específico da ansiedade e não da depressão. Os estudos realizados até hoje produziram um conjunto de evidências para a validade discriminante do ECG, sugerindo que os índices de ECG podem diferenciar a ansiedade da depressão – apesar da alta sobreposição e correção comumente encontrada entre essas síndromes. Tipicamente, constatamos que correlações significativas entre o ECG e a ansiedade permanecem significativas mesmo depois que os efeitos de variação nos índices de depressão são removidos estatisticamente. Mas qualquer correlação entre o ECG e a depressão está reduzida a algo não significativo depois que os efeitos de variação nos índices de ansiedade são controlados. Todas essas constatações estão de acordo com o modelo de vulnerabilidade gradual, que sustentam a hipótese de que o ECG é específico da ansiedade, e não da depressão.

O ECG cada vez mais prediz a ansiedade para além de outras variáveis poderosas?

Pode-se também perguntar se o ECG *prediz cada vez mais* índices de ansiedade de que estejam além de outras variáveis potencialmente poderosas, tais como a afetividade negativa, a sensibilidade à ansiedade, a neurotização ou as atitudes disfuncionais. A resposta é sim. Há agora evidências de que o ECG prevê variações significativas e singulares na ansiedade corrente e futura, mesmo depois de variáveis relevantes à ansiedade que podem constituir-se em elementos potenciais de confusão são controlados.

Primeiramente (Riskind et al., 2000), demonstramos com o modelo de equação estrutural que, embora o ECD e a ansiedade sejam correlacionados, suas propriedades de mensuração os distinguem claramente. A seguir, os estudos demonstraram que o ECD, embora correlativo a medidas de neurotização, de afetividade negativa, de sensibilidade à ansiedade ou a eventos negativos da vida, é diferente dessas variáveis e pode ser claramente identificado, prognosticando uma variação distinta nos índices de ansiedade acima daqueles prognosticados por essas medições (Riskind et al., 2000; Riskind, Williams et al., 2003). Por exemplo, a forte relação entre o ECG e tanto a ansiedade-traço quanto a ansiedade-estado permanecem significativas, mesmo depois do controle para os índices de neurotização e também para afetividade negativa (uma medida de neurotização). Essas constatações sustentam o valor incremental do ECG no prognóstico de variações adicionais significativas e distintas em índices de ansiedade, acima dos efeitos de neurotização ou de afetividade negativa.

Vários estudos que usam o modelo de equação estrutural e de análise fatorial confirmatória oferecem um forte apoio para a validade discriminante e o valor incremental do ECG. Um desses estudos usou o modelo de equação estrutural com 142 alunos de faculdade e demonstrou que o ECG é psicometricamente distinto da sensibilidade à ansiedade e da afetividade negativa, e que ele oferece um prognóstico adicional significativo de variação em índices para a ansiedade-traço acima de tais variáveis. Além disso, os testes que comparam as correlações demonstraram que a sensibilidade à ansiedade e à afetividade negativa foram mais fortemente relacionadas entre si do que eram com o ECG. Os resultados para a validade incremental do ECG além do efeito da afetividade negativa foram confirmados por outro estudo, que examinou essas variáveis em relação tanto à ansiedade quanto à depressão. Os resultados demonstraram que o ECG era específico da ansiedade, ao passo que a afetividade negativa não era especificamente relacionada aos índices tanto da ansiedade quanto da depressão.

Em outro estudo recente feito com 206 alunos do ensino superior, as análises de fator confirmatórias demonstraram que o ECG era diferente das atitudes disfuncionais da Escala de Atitudes Disfuncionais e do estilo explanatório pessimista (por exemplo, Abramson, Metalsky e Alloy, 1989). O ECG estava significativa e singularmente relacionado à ansiedade, e o estilo explanatório pessimista foi significativa e singularmente relacionado à depressão. Os resultados também demonstraram que o ECG e o estilo explanatório pessimista, mas não as atitudes disfuncionais, prognosticavam melhor os sintomas de ansiedade e de depressão do que a medida da ansiedade característica (Riskind, Williams et al., 2003).

O valor incremental do ECG é também sustentado pelo fato de que ele prediz a variância significativa das medidas de ansiedade além dos efeitos atribuídos pelas predições predominantemente estáticas e verbais de imprevisibilidade, de falta de controle, de semelhança ou de iminência de ameaça (por exemplo, Riskind et al., 2000; Riskind e Williams, no prelo). Em geral, então, esses resultados confirmaram de maneira importante que o ECG não é simplesmente outra medida ou substituição para outras variáveis, incluindo as avaliações-padrão de ameaça, a ansiedade-traço, a sensibilidade à ansiedade, a neurotização ou o negativismo, ou as atitudes disfuncionais.

A vulnerabilidade cognitiva ao desenvolvimento do TAG

Abramson e Alloy (Abramson et al., 1989; Alloy, Abramson, Raniere e Dyller, 1999; Riskind e Alloy, no prelo) definiram "fator de vulnerabilidade cognitiva" como uma causa antecedente potencial (causa *distal*) que opera em direção do começo da sequência temporal, distante no tempo da primeira ocorrência (ou recorrência). Pensa-se que um fator de vulnerabilidade cognitiva putativa aumente a probabilidade de um transtorno, tal como o TAG, surgir depois da oposição a acontecimentos estressantes. Nesse contexto, a hipótese é que o ECG esteja em condições de criar uma espécie de suscetibilidade ao TAG muito tempo antes dos primeiros sinais ou sintomas de TAG terem aparecido. O ECG cria uma suscetibilidade a um transtorno de ansiedade como o TAG depois que os indivíduos passam por eventos estressantes, e mantém os problemas depois do surgimento. É claro que apenas abordando o ECG com tentativas prospectivas de alto risco é que seu *status* como fator de vulnerabilidade putativa pode ser testado.

O ECG como um preditor da ocorrência de ansiedade e de preocupação futuras

Embora nenhum estudo tenha examinado o desenvolvimento do TAG ao longo do tempo, há outra evidência de que o ECG seja um fator de vulnerabilidade cognitiva. Há apoio ao estado putativo do ECG como um fator desse tipo, dado pela evidência de que ele prognostica de maneira incrementada os índices de ansiedade futura, para além dos efeitos dos índices iniciais de ansiedade. Vários estudos longitudinais com acompanhamento posterior que duraram de uma semana até quatro meses demonstraram que o ECG prognosticava de maneira significativa os ganhos residuais nos índices de ansiedade quando a ansiedade no Momento 1 está controlada (por exemplo, Riskind et al., 2000, Estudo 2; Williams e Riskind, 2004b). O ECG também prevê os ganhos residuais sobre preocupação conforme avaliou o *Worry Questionnaire* da Universidade de Pensilvânia (Meyer et al., 1990) ao longo de um intervalo de uma semana (Riskind, Williams et al., 2003).

Combinando-se com os estudos anteriores, há também evidências de que o ECG aumenta a vulnerabilidade cognitiva para eventos estressantes. Um estudo longitudinal conduzido com 160 sujeitos testados em um intervalo de seis semanas (Williams e Riskind, 2004b) demonstrou isso. Como seria de se esperar do modelo de vulnerabilidade gradual, uma interação altamente significativa foi encontrada entre o ECG e os eventos negativos da vida na previsão dos aumentos dos sintomas de ansiedade nas sessão de acompanhamento. Os eventos estressantes apenas indicavam o estabelecimento futuro ou o aumento dos sintomas de ansiedade quando os sujeitos tinham escores de ECG elevados.

Evidências do ECG no TAG

A hipótese de que haja um nível elevado de ECG no TAG foi sustentada em três estudos, usando-se amostras de sujeitos clínicos e não clínicos (Riskind e Williams, no prelo-b; Riskind, Gessner e Wolzon, 2003). Em um estudo (Riskind e Williams, no prelo-b), uma amostra análoga de alunos com e sem uma diagnose provável de TAG foi utilizada para examinar se o grupo com provável TAG demonstrou níveis elevados do ECG, e qual foi a contribuição relativa do ECG na discriminação entre os grupos com e sem TAG provável. Quando os critérios restritos de pontuação para o Questionário de TAG-IV (GADQ-IV; Newman et al., 2002) foram usados, 19 indivíduos foram identificados como tendo um provável TAG (20,4% da amostra) e 70 indivíduos foram identificados como não tendo TAG (79,6% da amostra). Escolhemos critérios mais rigorosos do que Newman e colaboradores para minimizar a taxa de diagnoses falso-negativas de TAG, muito embora esses critérios mais rigorosos possam ter resultado em sensibilidade reduzida do GADQ-IV para detectar casos prováveis de TAG. O grupo com TAG provável era composto por 14 mulheres e 5 homens, ao passo que o grupo sem GAD tinha 42 mulheres e 32 homens. Os resultados do estudo oferecem evidências consistentes para elevados escores de ECG no grupo com TAG, e para a contribuição do ECG para discriminar os dois grupos.

Dois estudos de acompanhamento natural com amostras clínicas da comunidade repetiram essas constatações e confirmaram que o ECG é elevado nas populações psiquiátricas (Riskind e Williams, no prelo-b; Riskind, Gessner e Wolzon, 2003). No estudo de Riskind, Gessner e Wolzon, o GADQ-IV foi utilizado em uma amostragem de pessoas com abuso de substâncias que estavam em um programa de desintoxicação. Trinta e três indivíduos foram identificados como tendo um provável TAG (34% da amostra) e 72 indivíduos foram identificados como não tendo nenhum TAG (66% da amostra). Os resultados dessa amostra em uma unidade de desintoxicação confirmaram que aqueles que tinham TAG tinham também escores de ECG que eram significativamente elevados em comparação com os escores daqueles que não tinham TAG.

Em outro estudo (Riskind e Williams, no prelo-b, Estudo 2), a Entrevista Estruturada Clínica para DSM-IV (SCID) foi utilizada em uma amostra clínica para identificar 19 indivíduos que foram diagnosticados com TAG e 9 indivíduos que foram diagnosticados com depressão unipolar (transtorno depressivo maior e/ou distimia). Esses dois grupos clínicos foram comparados entre si e com 28 indivíduos em um grupo de controle não psiquiátrico que não tinha o transtorno. Os resultados desse estudo repetiram e ampliaram aqueles dos dois estudos anteriores: confirmaram que as pessoas com diagnóstico SCID de TAG tinham escores de ECG que eram significativamente elevados em comparação com aqueles dos outros dois grupos. De maneira importante, o grupo com TAG tinha índices de ECG que eram significativamente elevados em comparação com aqueles do grupo com depressão unipolar, que, por sua vez, não diferia dos escores do grupo de controle não psiquiátrico.

É também notável que os estudos recentes tenham demonstrado que o ECG indica fortemente a presença de estratégias disfuncionais de regulação da emoção (Riskind, Mann e Ployhart, 2004), de preocupação (Riskind et al., 2000; Riskind, Williams et al., 2004) e de supressão de pensamento (Riskind et al., 2000; Riskind e Williams, no prelo). Todos esses fatores são centrais para as teorias cognitivo-comportamentais do TAG.

A pesquisa discutida até este ponto tem demonstrado que o ECG é elevado no TAG. Contudo, as pesquisas que usaram *designs* prospectivos de alto risco ainda não se voltaram ao fato de o ECG ser um antecedente putativo ou um fator de vulnerabilidade cognitiva.

Estudos das origens do desenvolvimento do ECG

De acordo com o modelo da vulnerabilidade gradual, o ECG pode estar enraizado em um modelo e em uma prática parental negativos, em medos da infância não resolvidos ou em experiências inseguras de apego. Até hoje, três estudos investigaram o apego e a paternidade e encontraram evidências de que eles podem ajudar a moldar o ECG (Riskind, Williams et. al., 2004; Williams e Riskind, 2004a). O estudo de Williams e Riskind (2004) constatou que os escores de ECG estavam positivamente associados com o aumento da ansiedade e com altos níveis de insegurança de apego, e que o ECG parcialmente mediava a relação entre o apego adulto e os sintomas de ansiedade. Isto é, o ECG é um mediador significativo dos efeitos de relações de apego sobre a ansiedade, indicando que a ligação entre o estilo intermediário cognitivo e os padrões anteriores de apego seja um caminho para os efeitos dos padrões de apego. Outro estudo (Riskind, Williams et al., 2004, Estudo 2) ofereceu evidências de uma ligação independente entre o ECG e os relatos retrospectivos dos estilos de apego dos pais, e essa relação continuou a ser significativa mesmo quando a ansiedade corrente e a depressão foram estatisticamente controladas.

A superproteção paterna, bem como os estilos de apego problemático podem contribuir para o desenvolvimento do ECG. Nós (Riskind, Williams et al., 2004, Estudo 1) constatamos que a superproteção paterna prognosticava pontuação em ECG nas mulheres universitárias, mesmo depois das pontuações de ansiedade e de depressão estarem controladas. As mulheres cujos pais (homens) haviam sido superprotetores tinham maior vulnerabilidade cognitiva à ansiedade, conforme avaliação do ECG.

Estudos que sugerem que o ECG é um fator de vulnerabilidade comum e mais amplo nos transtornos da depressão

Embora o foco deste capítulo seja o TAG, a hipótese é de que o ECG seja um fator comum de vulnerabilidade nos transtornos da depressão. Supõe-se que o verdadeiro transtorno da ansiedade que surge dependa da interação do ECG com outros fatores (por exemplo, fatores ambientais, alguns tipos especiais de fatores que causam estresse ou as respostas autoprotetoras específicas compensatórias que são aprendidas). As evidências de que o ECG seja um fator comum de muitas síndromes de ansiedade foi encontrada em dois estudos que usam o modelo de equação estrutural (Riskind, Shahar, et al., 2003; Williams, Shahar, Riskind e Joiner, no prelo).

O estudo de Williams, Shahar e colaboradores (2003) examinou a suposição de que essa fenomenologia cognitiva de um risco crescente e rápido sublinha as características comuns de vários sintomas de ansiedade. Encontramos evidências para a hipótese de que, quando os sintomas depressivos fossem controlados, o ECG prognosticaria um fator latente que incluiria os indicadores de cinco sintomas de transtorno de ansiedade: TOC, transtorno de estresse pós-traumático, TAG, fobia social (ou medo de avaliação social negativa) e medos fóbicos específicos. As análises de modelo de equação estrutural sobre as medidas desses sintomas que foram ministrados a 123 alunos de graduação ofereceram o apoio para a hipótese de que o ECG é uma dimensão muito ampla da vulnerabilidade à ansiedade. Nossa construção de um fator latente dos sintomas do transtorno da ansiedade permitiu que dividíssemos a variação das diversas escalas de sintomas de ansiedade e que examinássemos os efeitos dos escores de ECG sobre a variação associada com o fator latente em contraposição ao fator associado com os indicadores específicos de ansiedade. Os resultados indicaram que os escores de ECG estavam fortemente relacionados a um fator latente dos sintomas do transtorno da ansiedade, ao passo que uma medição da percepção de ameaça baseada em estimativas prováveis não estavam.

Uma limitação do estudo de Williams, Shahar e colaboradores (no prelo) diz respeito à confiança em um modelo seccional cruzado estrito, que limita a capacidade de examinar as relações causais entre as variáveis. As evidências de que o ECG prognostica aumento dos níveis futuros para um fator latente baseado em síndromes múltiplas de ansiedade, para além dos níveis iniciais, foi oferecido por outro estudo recente com mais de 200 participantes universitários de pesquisa (Riskind, Shahar, et al., 2003).

IMPLICAÇÕES DO ECG PARA A CONCEITUAÇÃO E A INTERVENÇÃO NOS CASOS CLÍNICOS

O modelo de vulnerabilidade gradual estipula uma série de pontos possíveis para a intervenção terapêutica ou preventiva (Riskind e Williams, 1999a; Riskind e Williams, no prelo-a). O alívio imediato e temporário pode ser oferecido por intervenções cognitivas que tenham como alvo os aspectos *proximais* do sentido subjetivo de vulnerabilidade gradual. Contudo, uma melhora mais duradoura pode ser oferecida por meio da mudança do fator de vulnerabilidade subjacente (o ECG) (Riskind e Williams, 1999a). O modelo implica que, apenas ao abordar esse fator de vulnerabilidade cognitiva, as melhorias cognitivas poderão ser mantidas e o risco de recorrências ou recaídas ser reduzido. Exemplos de técnicas baseadas em teorias são o uso do imaginário mental ou outras técnicas cognitivo-comportamentais para a modificação das percepções relativas à velocidade com a qual se intensifica a ameaça, à distância da ameaça (física ou temporal) ou ao movimento para a frente da percepção da intensificação rápida do perigo (ver Riskind e Williams, 1999a, para detalhes desse "gerenciamento da vulnerabilidade gradual").

A ilustração de um estudo de caso

Uma ilustração útil de tais intervenções é um estudo de caso recente de uma jovem que sofreu de uma ansiedade severa, no que diz respeito ao desempenho social, em uma situação de dança, mais especificamente de sapateado, em uma apresentação de sala de aula (Riskind, Long, Duckworth e Gessner, no prelo). Pediu-se a essa jovem que se imaginasse dançando em público em velocidade extremamente lenta (uma intervenção do tipo "mundo lento"), seguida de um aumento gradual da *performance* imaginária até que fosse alcançada a velocidade em "tempo real". O propósito dessa primeira fase de intervenção era construir a confiança e uma crença maior no domínio técnico – por meio de um incentivo à confiança de que ela poderia acompanhar o ritmo de seus colegas e da criação de um "tempo e de um espaço mental" suficiente, a partir do qual se pudessem planejar os passos subsequentes da *performance*. Depois de a jovem relatar que era capaz de executar a dança em "tempo real" e com ansiedade mínima, ela foi então instruída a imaginar-se dançando em velocidades exageradas. Com sua confiança já trabalhada, o propósito era protegê-la, por meio da exposição a imagens mentais ainda mais exageradas e que causavam um sentido subjetivo de vulnerabilidade gradual ainda maior em sua apresentação de dança. Usando esses recursos, a cliente relatou sentir-se mais segura tecnicamente, o que fez com que se sentisse capaz de apresentar-se com o grupo e reduziu muito sua ansiedade.

CONCLUSÕES

A teoria seminal de Beck sobre o TAG produziu um conjunto considerável de pesquisas empíricas sobre seus fundamentos cognitivos. Também serviu como ímpeto para vários caminhos de investigação recentes que ampliaram a teoria, enfocando o processamento defeituoso de informações (por exemplo, Mogg e Bradley, no prelo) e os processos neutralizadores e defensivos do TAG, tais como a preocupação (Borkovec et al., 1998; Wells, Capítulo 9 deste livro) ou a evitação de experiências (Roemer e Orsillo, 2002).

Um objetivo maior de pesquisa sobre o modelo de vulnerabilidade gradual é o de abordar o pouco de atenção que tem sido dada ao desenvolvimento de uma medida de questionário sobre os esquemas de perigo peculiares e sobre a vulnerabilidade cognitiva ao TAG e a outros transtornos de ansiedade (por exemplo, Riskind, 1997; Riskind et al., 2000; Riskind e Williams, no prelo-a, no prelo-b). O modelo também tenta especificar com maior precisão a natureza exata dos componentes de esquemas de perigo e de ameaças percebidas que separam ansiedade de depressão. Os estudos do passado não distinguiam de maneira confiável a ansiedade da depressão por meio das medidas padronizadas de avaliação da ameaça (por exemplo, a probabilidade) ou de pensamentos automáticos relacionados à ameaça (ver a metanálise de R. Beck e Perkins, 2001).

O modelo de vulnerabilidade gradual enfatiza que os esquemas de perigo estão relacionados a um imaginário específico e a um processo de avaliação desadaptativos (o ECG). A hipótese é a de que o ECG seja um sistema fundamentalmente baseado em imagens que retratam ameaças como algo que se intensifica rapidamente com o tempo. As evidências demonstraram que o ECG é específico da ansiedade e não da depressão; que ele prognostica o aumento da ansiedade e da tendenciosidade esquemática na memória, acima do efeito de outras variáveis; e que funciona como um fator de vulnerabilidade cognitiva para a ansiedade futura depois do estresse. As pesquisas também demonstram que o ECG é elevado em pessoas com TAG. Acredita-se que a preocupação e a evitação gradual no TAG seja acionada por instantes de medo causados por um imaginário dinâmico ou cinético (mais do que estático ou sem vida) relacionado ao medo. Evidências amplas de ordem empírica agora sugerem a validade construída, discriminante, preditiva e incremental do ECG. Os escores de ECG são elevados em pessoas com TAG se comparados com as pessoas que não tenham o TAG e também com aquelas que tenham depressão unipolar. Como observação final, a pesquisa resumida neste capítulo parece justificar a conclusão de que pode ser tão necessário dedicar atenção cuidadosa ao imaginário específico e ao processo de avaliação de ameaça no TAG quanto é necessário fazê-lo nos processos defensivos, tais como a preocupação e a evitação de experiências.

REFERÊNCIAS

Abramson, L. Y., Metalsky, G. I., & Alloy, L. B. (1989). Hopelessness depression: A theory-based subtype of depression. *Psychological Review, 96,* 358-372.

Alloy, L. B., Abramson, L. Y., Raniere, D., & Dyller, I. (1999). Research methods in adult psychopathology. In P. C. Kendall, J. N. Butcher, & G. N. Holmbeck (Eds.), *Handbook of research methods in clinical psychology* (2nd ed.). New York: Wiley.

Beck, A. T. (1967). *Depression: Clinical, experimental, and theoretical aspects.* New York: Harper & Row.

Beck, A, T., & Emery, G., with Greenberg, R. L. (1985). *Anxiety disorders and phobias: A cognitive perspective.* New York: Basic.

Beck, A. T., & Clark, D. A. (1997). An information processing model of anxiety: Automatic and strategic processes. *Behaviour Research and Therapy, 35,* 49-58.

Beck, A. T., Laude, R., & Bohnert, M. (1974). Ideational components of anxiety neurosis. *Archives of General Psychiatry, 31,* 319-325.

Beck, A. T., Rush, A. J., Shaw, B. R, & Emery, G. (1979). *Cognitive therapy of depression.* New York: Guilford Press.

Beck, R., & Perkins, T. S. (2001). Cognitive content-specificity for anxiety and depression: A meta-analysis. *Cognitive Therapy and Research, 25,* 651-663.

Borkovec, T. D., & Inz, J. (1990). The nature of worry in generalized anxiety disorder: A predominance of thought activity. *Behaviour Research and Therapy, 28,* 153-158.

Borkovec, T. D., Ray, W. J., & Stoeber, J. (1998). Worry: A cognitive phenomenon intimately linked to affective, physiological, and interpersonal behavioral processes. *Cognitive Therapy and Research, 22,* 561-576.

Butler, G., & Mathews, A. (1983). Cognitive processes in anxiety. *Advances in Behaviourial Research and Therapy, 5,* 51-62.

Coles, M. E., & Heimberg, R. G. (2002). Memory biases in the anxiety disorders. *Clinical Psychology Review, 22,* 587-627.

Freeston, M. H., Rheaume, J., Letarte, H., Dugas, M. J., & Ladouceur, R. (1994). Why do people worry? *Personality and Individual Differences, 17,* 191-802.

Greenberg, P. E., Sisitsky, T., Kessler, R. C., Finkelstein, S. N., Berndt, E. R., Davidson, J. R. T., et al. (1999). The economic burden of anxiety disorders in the 1990s. *Journal of Clinical Psychiatry, 60,* 427-435.

Hoehn-Saric, R., Hazlett, R. L., & McLeod, D. R. (1993). Generalized anxiety disorder with early and late onset of anxiety symptoms. *Comprehensive Psychiatry, 34,* 291-298.

Lazarus, R. S. (1966). *Psychological stress and the coping process.* New York: McGraw-Hill.

Mennin, D. S., Heimberg, R., G. Turk, C. L., & Fresco, D. M. (2002). Applying an emotion regulation framework to integrative approaches to generalized anxiety disorder. Clinical Psychology: Science and Practice, 9, 85-90.

Meyer, T. J., Miller, M. L., Metzger, R. L., & Borkovec, T. D. (1990). Development and validation of the Penn State Worry Questionnaire. Behaviour Research and Therapy, 28, 487-496.

Mogg, K., & Bradley, B. P. (in press). Attentional bias in generalized anxiety disorder versus depressive disorder. Cognitive Therapy and Research.

Newman, M. G., Zuellig, A. R., Kachin, K. E., Costantino, M. J., Przeworski, A., Erickson, T., et al. (2002). Preliminary reliability and validity of the Generalized Anxiety Disorder Questionnaire-IV: A revised self-report diagnostic measure of generalized anxiety disorder. Behavior Therapy, 33, 215-233.

Noyes, R., Woodman, C., Garvey, M. J., Cook, B. L., Suelzer, M., Clancy, J., et al. (1992). Generalized anxiety disorder versus panic disorder: Distinguishing characteristics and patterns of comorbidity. Journal of Nervous and Mental Disease, 180, 396-370.

Riskind, J. H. (1997). Looming vulnerability to threat: A cognitive paradigm for anxiety. Behaviour Research and Theory, 35, 685-702.

Riskind, J. H., Abreu, K., Strauss, M., & Holt, R. (1997). Gradual vulnerability to spreading contamination in subclinical OCD. Behaviour Research and /Therapy, 35, 405-414.

Riskind, J. H., & Alloy, L. B. (in press). Cognitive vulnerability to emotional disorders: Theory, design, and methods. In L. B. Alloy & J. H. Riskind (Eds.), Cognitive vulnerability to emotional disorders. Mahwah, NJ: Erlbaum.

Riskind, J. H., Gessner, T. D., & Wolzon, R. (2003). Negative cognitive style for anxiety, generalized anxiety disorder, and restraint, in an alcohol detoxification program. Unpublished manuscript.

Riskind, J. H., Kelly, K., Harman, W., Moore, R., & Gaines, H. (1992). The loomingness of danger: Does it discriminate focal fear and general anxiety from depression? Cognitive Therapy and Research, 16, 603-622.

Riskind, J. H., Long, D., Duckworth, R., & Gessner, T. (in press). A case study of social performance anxiety: Cognitive interventions originating from the model of gradual vulnerability. Journal of Cognitive Psychotherapy: An International Quarterly.

Riskind, J. H., & Maddux, J. E. (1993). Loomingness, helplessness, and fearfulness: An integration of harm-gradual and self-efficacy models of fear and anxiety. Journal of Social and Clinical Psychology, 12, 73-89,

Riskind, J. H., & Maddux, J. E. (1994). The loomingness of danger and the fear of AIDS: Perceptions of motion and menace. Journal of Applied Social Psychology, 24, 432-442.

Riskind, J. H., Mann, B., & Ployhart, R. (2004). Looming cognitive style and emotion regulation. Manuscript in preparation.

Riskind, J. H., & Mizrahi, J. (2004). Fearful distortion in musical performance anxiety: Mental scenarios of looming vulnerability and rapidly rising risk. Manuscript submitted for publication.

Riskind, J. H., Moore, R., & Bowley, L. (1995). The looming of spiders: The fearful perceptual distortion of movement and menace. Behaviour Research and Therapy, 33, 171-178.

Riskind, J. H., Shahar, G., Mann, B., Black, D., Williams, N. L., & Joiner, T. E., Jr. (2003, November). The looming cognitive style predicts shared variance in anxiety disorder symptoms: A longitudinal study. Poster presented at the annual meeting of the Association for Advancement of Behavior Therapy, Boston.

Riskind, J. H., & Wahl, O. (1992). Moving makes it worse: The role of rapid movement in fear of psychiatric patients. Journal of Social and Clinical Psychology, 11, 349-365.

Riskind, J. H., Wheeler, D. J., & Picerno, M. R. (1997). Using mental imagery with subclinical OCD to "freeze" contamination in its place: Evidence for looming vulnerability theory. Behaviour Research and Therapy, 35, 757-768.

Riskind, J. H., & Williams, N. L. (1999a). Cognitive case conceptualization and the treatment of anxiety disorders: Implications of the looming vulnerability model. Journal of Cognitive Psychotherapy: An International Quarterly, 13(4), 295-316.

Riskind, J. H., & Williams, N. L. (1999b). Specific cognitive content of anxiety and catastrophizing: Looming vulnerability and the looming maladaptive style. Journal of Cognitive Psychotherapy: An International Quarterly, 13(1), 41-54.

Riskind, J. H., & Williams, N. L. (2004). Looming cognitive style and focal looming of aggressive urges and contamination: Effects on OCD symptoms and thought suppression. Manuscript under review.

Riskind, J. H., & Williams, N. L. (in press-a). A unique vulnerability common to all anxiety disorders: The looming maladaptive style. In L. B. Alloy

& J. H. Riskind (Eds.), *Cognitive vulnerability to emotional disorders*. Mahwah, NJ: Erlbaum.

Riskind, J. H., & Williams, N. L. (in press-b). The gradual cognitive style in generalized anxiety disorder: Distinct danger schema and phenomenology. *Cognitive Therapy and Research*.

Riskind, J. H., Williams, N. L, Altman, M. D., Black, D. O., Balaban, M. S., & Gessner, T. (2004). Parental bonding, attachment, and development of the looming maladaptive style. *Journal of Cognitive Psychotherapy: An International Quarterly, 18,*43-52.

Riskind, J. H., Williams, N. L., Gessner, T., Chrosniak, L. D., & Cortina, J, (2000). The looming maladaptive style: Anxiety, danger, and schematic processing. *Journal of Personality and Social Psychology, 79,* 837-852.

Riskind, J. H., Williams, N. L., & Joiner, T. (in press). A unique overarching vulnerability for the anxiety disorders: The looming maladaptive style. *Journal of Social and Clinical Psychology*.

Riskind, J. H., Williams, N. L., Joiner, T., Black, D., & Cortina, J. (2003). *Incremental value of the gradual cognitive style as a cognitive vulnerability construct*. Manuscript in preparation.

Roemer, L., Orsillo, S. M. (2002). Expanding our conceptualization of and treatment for generalized anxiety disorder: Integrating mindfullness/acceptance-based approaches with existing cognitive behavioral models. *Clinical Psychology: Science and Practice, 8,* 54-68.

Schut, A. J., Castonguay, L. G., & Borkovec, T. D. (2001). Compulsive checking behaviors in generalized anxiety disorder. Journal of Clinical Psychology, 57, 705-715.

Tolin, D. F., Wothunsky, P., & Mahby, N. (in press). Sympathetic magic in contamination-related OCD. *Journal of Behavior Therapy and Experimental Psychiatry*.

Williams, N. L., McDonald, T., Owens, T., & Lunt, M. (2003, November). *The anxious anticipatory style: A predominance of mental imagery*. Poster presented at the annual meeting of the Association for Advancement of Behavior Therapy, Boston.

Williams, N. L., & Riskind, J. H. (2002). *Vulnerability-stress interaction in the prediction of future anxiety: A test of the looming maladaptive style*. Manuscript in preparation.

Williams, N. L., & Riskind, J. H. (2004a). Adult romantic attachment and cognitive vulnerabilities to anxiety and depression: Examining the interpersonal basis of vulnerability models. *Journal of Cognitive Psychotherapy: An International Quarterly, 18,* 7-24.

Williams, N. L., Shahar, G., Riskind, J. H., Joiner, T. (in press). The looming style has a general effect on an anxiety disorders factor: Further support for a cognitive model of vulnerability to anxiety. *Journal of Anxiety Disorders*.

Wittchen, H.-U., Zhao, S., Kessler, R. C., & Eaton, W. W. (1994). DSM-III-R generalized anxiety disorder in the National Comorbidity Survey. *Archives of General Psychiatry, 51,* 355-364.

5

EVIDÊNCIAS DA TERAPIA COGNITIVO--COMPORTAMENTAL PARA O TRANSTORNO DE ANSIEDADE GENERALIZADA E PARA O TRANSTORNO DE PÂNICO
A segunda década

Dianne L. Chambless
Michael Peterman

Em 1993, nós (Chambless e Gillis, 1993) relatamos os resultados da metanálise da terapia cognitivo-comportamental (TCC) para vários transtornos de ansiedade, incluindo o transtorno de pânico e o transtorno de ansiedade generalizada (TAG). Cobrindo aproximadamente a primeira década da pesquisa controlada sobre a TCC para essas condições, concluímos que a eficácia da TCC era claramente superior a condições comparáveis que envolviam grupos de controle em lista de espera, terapia não diretiva ou placebos. Os dados controlados do seguimento eram esparsos, mas constatamos que os tamanhos dos efeitos não controlados do pré-teste ao seguimento, comparados aos tamanhos dos efeitos não controlados do pré-teste ao pós-teste, eram geralmente estáveis; isso indicava que, em média, os pacientes retinham seus ganhos. Além disso, a TCC tinha efeitos salutares sobre os sintomas de depressão, que são comuns entre os pacientes com transtorno de ansiedade. Passada agora uma década, o propósito deste capítulo é examinar novamente a eficácia da TCC nessas condições. Os efeitos de um novo tratamento com frequência diminuem em tamanho ao longo dos anos, à medida que o tratamento é aplicado por investigadores não envolvidos em seu começo e em relação a amostragens mais difíceis de tratamento. Qual foi o resultado que a TCC para o TAG e para o transtorno de pânico obteve em sua segunda década?

Tornou-se um costume dividir a pesquisa sobre a psicoterapia em estudos de "eficácia" e estudos de "efetividade" (Moras, 1998). Na verdade, essas categorias não são muito claras; em geral os estudos são misturas dessas duas abordagens. Não obstante, vale a pena notar a distinção, e organizaremos nossa apresentação em torno dela, apontando para tais misturas quando ocorrerem. Em poucas palavras, os estudos de eficácia representam uma ênfase sobre a validade interna. Quase sempre, os pacientes são conduzidos aleatoriamente a condições de tratamento, e os estudos são realizados em centros de pesquisa com terapeutas selecionados, que são treinados de acordo com os critérios do protocolo antes de começarem o estudo com seus pacientes. Os terapeutas em geral seguem manuais cujo objetivo é padronizar os tratamentos, sendo supervisionados regularmente para a manutenção da qualidade e para a observação integral do protocolo. Dependendo do estudo que se realiza, podem ser feitas restrições sobre os tipos de condições comórbidas que os pacientes possam ter e, em geral, se pede aos pacientes que usam medicação que parem de usá-la ou que mantenham sempre a mesma dosagem durante o tratamento. Em geral, os estudos que examinamos estão de acordo com os padrões de alta validade interna.

Os estudos de efetividade, por outro lado, enfatizam a validade externa sob um ou mais aspectos. Por exemplo, podem ser conduzidos em ambientes comunitários com os terapeutas que em geral trabalham no local; podem usar uma amostra que tenha recusado a aleatoriedade ou que não tenha sido requisitada para um estudo controlado; ou podem, ainda, enfocar os efeitos do tratamento para os tipos de paciente que em geral não participam de testes de pesquisa, tais como minorias étnicas, pacientes com altos índices de comorbidade ou pacientes que estejam em cuidado inicial. A pesquisa de efetividade está no começo, mas cobriremos o que se conhece até hoje sobre a generalização da TCC em relação aos transtornos de ansiedade que estejam além da pesquisa clínica. Claramente, tal pesquisa é de grande importância para os terapeutas cognitivo-comportamentais na prática.

A ESTRATÉGIA DA METANÁLISE

Para formar o grupo de estudos para a metanálise, conduzimos buscas com o PsycINFO, utilizando expressões de busca como "terapia cognitiva e transtorno de pânico", "terapia cognitiva e transtorno de ansiedade generalizada", "terapia cognitivo-comportamental e transtorno de pânico" e "terapia cognitivo-comportamental e "transtorno de ansiedade generalizado". Além disso, escaneamos manualmente as pesquisas das maiores publicações científicas sobre TCC entre 1992 e 2001, incluindo as seguintes publicações: *Behavior Therapy*, *Behavior Research and Therapy*, *Cognitive Therapy and Research*, *Journal of Anxiety Disorders* e *Journal of Consulting and Clinical Psychology*. Trocamos correspondências com pesquisadores da TCC sobre suas obras mais recentes. Por último, buscamos as seções de referência de artigos que descreviam citações adicionais.

Em geral, os autores dos estudos incluídos na metanálise usaram as medidas de resultado que lidavam com várias áreas problemáticas diferentes, se é que relacionadas, para o TAG e para o transtorno de pânico – por exemplo, medidas de ansiedade, pânico, depressão e cognições desadaptativas. Tamanhos de efeitos separados são relatados em tabelas para as diferentes áreas problemáticas. Quando os autores usaram medidas múltiplas de uma determinada área problemática, tais medidas foram padronizadas e tiveram sua média calculada antes de serem incluídas na metanálise, de modo que cada estudo de uma dada análise está representado por apenas um ponto dos dados. Os tamanhos dos efeitos dos estudos controlados foram calculados como o d de Cohen ([TCC $M - M$ de comparação]/ DP conjunto)* e apresentados de forma que um efeito positivo representa uma melhor resposta à TCC do que a condição comparada. Se os autores não apresentaram médias e desvios padrão, mas relataram inferências de estatísticas tais como t, as fórmulas elaboradas por Rosenthal (1991) foram utilizadas para traduzir

---

* N. de R.T. Subtrai-se a média do grupo de comparação da média do grupo experimental e divide-se o resultado pelo desvio padrão de um dos grupos (quando a variância entre eles é semelhante).

tais estatísticas para *d*. Pelo fato de os tamanhos dos efeitos como os *d* não serem interpretáveis de maneira intuitiva, traduzimos o *d* para seu equivalente em diferenças de índices de sucesso de acordo com a apresentação do tamanho de efeito binomial do trabalho de Rosenthal e Rubin (Rosenthal, 1991).

EFICÁCIA

Transtorno de ansiedade generalizada

A TCC para o TAG possui uma variedade de formas. A reestruturação cognitiva está, por definição, sempre incluída. Contudo, os investigadores divergem no que diz respeito à aplicação do treinamento para relaxamento como parte do tratamento. O trabalho cognitivo sempre inclui um enfoque sobre a preocupação, mas alguns investigadores incluem o treinamento para a resolução de problemas e a exposição a pensamentos perturbadores como parte do tratamento. Os primeiros estudos de TCC, em geral, incluem o treinamento para relaxamento como parte do tratamento, ao passo que alguns pesquisadores atualmente dispensam tal treinamento a fim de oferecer um enfoque mais claro sobre os aspectos cognitivos do tratamento. Quando relevante, apontaremos para essa heterogeneidade ao revisar o resultado dos estudos de tratamento.

Comparações com a lista de espera, contato mínimo ou tratamento comum

Localizamos cinco testes randomizados controlados, desde que conduzimos nossa última metanálise, em que a TCC foi comparada a uma condição de controle de lista de espera (Dugas et al., 2003; Ladouceur et al., 2000; Wetherell, Gatz e Craske, 2003) ou uma condição de contato limitado (Linden, Zubrägel, Bär, Wendt e Schlattmann, no prelo; Stanley, Beck et al., 2003). Em um segundo estudo de pequena escala, Stanley, Hopko e colaboradores (2003) compararam a TCC com o tratamento comum. Na verdade, essa condição era uma condição de controle de contato mínimo, porque os clientes desse grupo receberam muito pouco tratamento. Os tamanhos de efeito para esses seis estudos são apresentados na Tabela 5.1, com a última linha da tabela fornecendo o tamanho de efeito médio ponderado dos tamanhos das amostras, de forma que os estudos com amostras maiores recebem um peso relativamente maior.

Três desses estudos usaram a terapia individual, ao passo que outros três usaram a terapia de grupo. O número de horas de tratamento parece grande para os clientes tratados em grupo, mas é claro que não se trata de horas por cliente. Ladouceur e colaboradores (2000) usaram tratamentos cuja extensão ficava dentro do padrão usual para a terapia individual em um teste de pesquisa, e Stanley, Hopko e colaboradores (2003) usaram um tratamento breve, projetado para aumentar a eficácia, ao passo que os clientes de Linden e colaboradores (no prelo) puderam passar por até 25 horas de tratamento. Linden e colaboradores não relataram a quantidade exata de tratamento recebida pelos clientes. Esse estudo foi conduzido na Alemanha na prática privada dos terapeutas, em que havia a possibilidade de até 25 sessões. Outra fonte de heterogeneidade entre os estudos é a idade dos clientes. Todos os últimos três estudos da Tabela 5.1 envolveram o tratamento de TAG em indivíduos mais velhos.

Na média, os tamanhos de efeito médios ponderados na Tabela 5.1 demonstram o que Cohen (1988) chamaria de efeito grande (0,80) para a TCC comparada a condições de controle sobre as medidas de preocupação e de pensamento ansioso, de ansiedade e de depressão. A média d de 0,885 para as primeiras medidas de resultado de ansiedade e de preocupação/pensamento ansioso é equivalente a uma diferença na taxa de melhoria de 30% para os grupos de controle e de 70% para os grupos de TCC (Rosentahl, 1991). Esses resultados foram obtidos em média 22 horas de terapia depois da avaliação do pré-teste.

A Tabela 5.1 também apresenta os números para a porcentagem de clientes de cada estudo que chegaram a um "alto funcionamento de estágio final" (AFF) ou "mudança clinicamente significativa" (MCS; Jacobson e Truax, 1991). Os autores usaram definições variáveis para essa designação, mas isso tipicamente tem como meta demonstrar que os clientes em grande parte voltaram à faixa normal de funcionamento sobre a(s) medida(s) escolhida(s) para determinar esse *status*. Observe que os clientes podem não mais atender os critérios de diagnóstico para o TAG, mas podem ainda não atingir o *status* de MCS/AFF. A inclusão desses dados pretende ajudar o leitor a determinar quantos clientes individuais tiveram um desempenho muito bom – assunto diferente daquele relativo a qual foi a média de mudança para o grupo de clientes do estudo. Na média, muito poucos clientes atingiram a MCS/AFF nas condições de controle (<6%). Nos estudos de TCC com jovens adultos, 45 a 65% dos clientes chegaram ao MCS/AFF. Clientes mais velhos aparentemente não tiveram um resultado tão bom. Se isso se deve à duração muito longa de seus transtornos (>30 anos, em média), à necessidade de adaptar a TCC para que melhor atenda às necessidades dos clientes ou a algum outro fator ou fatores é algo que ainda precisa ser determinado. Wetherall e colaboradores (2003) sugeriram que o grupo de terapia utilizado com os clientes mais velhos em seu estudo e por Stanley, Beck e colaboradores (2003) pode ter sido menos eficaz do que a terapia individual. Contudo, Dugas e colaboradores (2003) também usaram a terapia de grupo e relataram os percentuais mais altos de MCS/AFF de todos os estudos. As baixas taxas de mudança clinicamente significativa para os participantes mais velhos são especialmente sérias quando levamos em consideração sua relativa saúde física. Não obstante, dada a prevalência do TAG em indivíduos idosos, é encorajador que a TCC leve a um benefício substancial, mesmo que os clientes mais velhos permaneçam de alguma forma ansiosos.

No geral, a TCC foi bem tolerada pelos jovens adultos, com as taxas de abandono variando entre 0 e 14%. As taxas de abandono foram mais altas entre os clientes mais velhos; problemas relatados que interferiam no tratamento incluíam os de saúde física, dificuldades de transporte e similares. À luz das dificuldades que os clientes mais velhos têm de comparecer a todas as consultas, a terapia de grupo pode não ser o melhor veículo para a TCC. Uma maior flexibilidade no horário das consultas está de acordo com as consultas individuais.

Os maiores tamanhos de efeito e as taxas mais altas de MCS/AFF foram obtidos por Ladouceur e colaboradores (2000) e Dugas e colaboradores (2003). É prematuro chegar a conclusões, mas vale a pena notar que ambos os estudos basearam-se em um modelo inovador de TCC para o TAG, incorporando as pesquisas atuais sobre aspectos cognitivos do transtorno, desenvolvidas por esses pesquisadores canadenses. O treinamento de relaxamento é omitido, e o tratamento enfoca principalmente o aumento de tolerância dos pacientes à incerteza, e também a reavaliação das crenças dos pacientes de que há benefícios em preocupar-se, o treinamento que se volta à orientação relativa à resolução de problemas e, final-

TABELA 5.1 TAG: TCC x lista de espera, contato mínimo ou tratamento comum

Estudo	Condição de comparação	n TCC	n Controle	Número de horas das sessões	TE não ponderado da ansiedade	TE não ponderado da depressão	TE não ponderado cognitivo e de preocupação	% MCS/AFF TCC	% MCS/AFF Controle	% abandono TCC	% abandono Controle
Dugas et al. (2003)[a]	LE	25	27	28	1,06	0,93	0,86	65	–	8	7
Ladouceur et al. (2000)	LE	14	12	16	1,24	1,51	2,07	62	–	0	0
Linden et al. (2002)	CM	36	36	25[b]	0,50	–	–	45	17	14	11
Stanley, Hopko et al. (2003)	TC	5	5	8	0,86	1,76	1,2	40	25	17	17
Stanley, Beck et al. (2003)[a]	CM	29	35	18,9	0,92	0,78	0,51	3	0	26	10
Wetherall et al. (2003)[a]	LE	18	21	18	0,94	0,74	0,72	22	0	31	9
Ponderado		21,17	22,67	21,54	0,87	0,96	0,90	37,87	5,42	16,54	8,89

Nota: TE, tamanho de efeito (d de Cohen); MCS, mudança clinicamente significativa; AFF, alto funcionamento de estágio final; LE, lista de espera; CM, controle de contato mínimo; TC, tratamento comum. Um TE positivo significa que os clientes que recebem TCC tiveram melhor resultado do que os que receberam o tratamento de comparação.
[a] terapia de grupo.
[b] até 25 sessões permitidas. A quantidade exata de sessões não foi informada.

mente, a exposição, por meio da repetição de uma fita, a um cenário que envolva o pior medo que os pacientes tenham.

Uma crítica frequente da pesquisa de eficácia é que se diz que os autores excluem a maior parte das formas de comorbidade (Westen e Morrison, 2001), tornando difícil generalizar os resultados para a prática clínica. No geral, não foi isso que aconteceu com esses estudos. Apenas Linden e colaboradores (no prelo) eliminaram todos os participantes com condições de comorbidade. Os outros pesquisadores obedeceram a procedimentos clinicamente razoáveis e responsáveis ao excluir quem tivesse síndrome cerebral orgânica, abuso de substâncias, psicose e complicações médicas que pudessem interferir no tratamento ou causar sintomas como TAG, depressão severa e possibilidade aguda de suicídio. Os transtornos relatados mais comuns de comorbidade foram outros transtornos de ansiedade e de depressão, com mais da metade dos participantes tendo um ou mais diagnósticos comórbidos em estudos para os quais os autores relataram esses dados. Stanley, Hopko e colaboradores (2003) realizaram seu estudo em uma clínica de cuidados primários, aceitando pacientes com comorbidade médica e psiquiátrica. Assim, considerando-se que o TAG seja o problema principal pelo qual os clientes busquem tratamento, os clientes com uma ampla gama de transtornos de comorbidade foram incluídos na maioria dos estudos aqui analisados.

A TCC para o TAG parece ser benéfica a clientes com condições de comorbidade. Por exemplo, constatamos um grande tamanho de efeito (ver Tabela 5.1) para a depressão no caso de TCC *versus* condições de controle, e Ladouceur e colaboradores (2000) relataram um declínio significativo no número de diagnoses de comorbidade pós-TCC. Da mesma forma, Borkovec, Abel e Newman (1995) constataram que o tratamento bem-sucedido do TAG levou à redução no número de clientes que tinham diagnoses de comorbidade (uma queda de 45 para 14%), com reduções maiores no acompanhamento do ano seguinte, mesmo entre quem não recebia tratamento adicional nesse mesmo espaço de tempo. Certamente não é razoável perguntar se a TCC é benéfica para os clientes que tenham o TAG como segundo transtorno ou TAG e problemas cognitivos. Até hoje, os dados disponíveis não falam dessas questões.

TCC x Tratamento não comportamental

Em três estudos, a TCC foi comparada a uma forma de psicoterapia – ou terapia de grupo de apoio (Stanley, Beck e Glassco, 1996; Wetherell et al., 2003) ou psicoterapia psicodinâmica (Durham et al., 1994). Os últimos dois estudos da Tabela 5.2 envolveram o tratamento em grupo de indivíduos idosos, ao passo que o primeiro se voltou ao tratamento individual de jovens adultos. Não é de surpreender que os tamanhos de efeito sejam menores aqui do que na Tabela 5.1, em que as comparações são feitas com condições que não envolvem quantidades comparáveis de tratamento. As condições de comparação nesta tabela controlaram o apoio e a expectativa e também a passagem do tempo e os efeitos dos procedimentos de avaliação. Na média, a TCC foi superior aos outros tratamentos, com algo perto de um tamanho de efeito médio (definido como $\geq 0{,}50$ e $< 0{,}80$) para ansiedade e para medidas cognitivas e de preocupação, e para um tamanho de efeito médio para depressão. A média de tamanho de efeito de 0,45 para as primeiras medidas de ansiedade e preocupação/pensamento ansioso é equivalente a uma diferença nas taxas de melhora de 39% nos grupos de tratamento não comportamental contra 61% nos grupos de TCC.

É possível que o tamanho de efeito obtido seja exagerado pelas diferenças de expectativa entre a TCC e a terapia psicodinâmica no estudo de Durham e colaboradores (1994). Esses autores relataram que os clientes na condição de TCC tiveram uma expectativa mais alta para melhoria do que aqueles da psicoterapia, e que a expectativa está frequentemente ligada a melhores resultados para a TCC (Borkovec, Newman, Pincus e Lytle, 2002; Wetherell et al., 2003). Em contraste, Wetherall e colaboradores (2003) e Stanley e colaboradores (1996) relataram expectativa/credibilidade para seus grupos de comparação. Além disso, os controles de validade internos eram em geral mais frouxos no estudo de Durham e colaboradores do que nos outros dois (por exemplo, nenhuma medida de adesão aos manuais de tratamento). Assim, os pequenos tamanhos de efeito positivos para os dois estudos com clientes idosos podem ser mais confiáveis do que a média da estatística do tamanho de efeito.

As taxas de abandono foram comparáveis àquelas utilizadas na Tabela 5.1 e novamente mais altas nos indivíduos idosos do que nos jovens adultos. A superioridade aparente da TCC na média ponderada do percentual de clientes que atingiram a MCS/AFF é enganadora, no sentido de que se deve inteiramente ao estudo de Durham e colaboradores (1994), que comparava a TCC à terapia psicodinâmica com jovens adultos. Entre os clientes idosos, a terapia de grupo de apoio e a TCC tiveram índices comparáveis. Isso pode ser interpretado como algo que significa que a terapia de grupo de apoio é especialmente eficaz para os clientes idosos; contudo, tal interpretação não parece confirmar-se, pois a TCC e a terapia de apoio são similares nessa variável porque nenhuma delas obteve sucesso em ajudar os clientes a alcançar um nível normativo de funcionamento. Não obstante, parece de fato haver uma pequena vantagem para a TCC com pessoas idosas ansiosas, mas a pequena amostragem de estudos limita nossa confiança nessa conclusão.

TCC x outros tratamentos comportamentais

Em três estudos (Borkovec et al., 2002; Durham et al., 1994; Öst e Breitholtz, 2000), a TCC foi comparada a outros tratamentos da família da terapia comportamental, todos comparando o relaxamento com respostas ansiosas e pensamentos de preocupação, embora com abordagens ligeiramente diferentes. Nenhum desses estudos envolveu o tratamento de clientes idosos. Observe que embora os dados de Durham e colaboradores sejam apresentados na Tabela 5.2, as constatações apresentadas na Tabela 5.3 diferem por serem baseadas em uma versão breve da TCC que inclui somente nove horas de tratamento. Borkovec e colaboradores realizaram duas condições de TCC – uma delas sendo uma terapia cognitiva pura e, a outra, a terapia cognitiva combinada com dessensibilização de autocontrole. Os tamanhos de efeito para a primeira são relatados na Tabela 5.3. Em todos os três estudos, a expectativa dos clientes em relação à melhora foi equivalente em todas as condições de tratamento; Berkovec e colaboradores também demonstraram que a relação terapêutica foi igualmente positiva para a TCC e para a terapia comportamental.

Os tamanhos de efeito das comparações entre os dois tipos de tratamento são todos pequenos, sejam eles para ansiedade, depressão ou medidas de preocupação e de aspectos cognitivos do TAG. A média do tamanho de efeito para o primeiro resultado das medidas de ansiedade e de preocupação/pensamento ansioso (-0,15)

Terapia cognitiva contemporânea **95**

TABELA 5.2 TAG: TCC x tratamentos não comportamentais

Estudo	Condição de comparação	n		Número de horas das sessões	TE não ponderado da ansiedade	TE não ponderado da depressão	TE não ponderado cognitivo e de preocupação	% MCS/AFF		% abandono	
		TCC	Controle					TCC	Controle	TCC	Controle
Durham et al. (1994)	PP	35	29	13,5	0,73	1,00	0,58	37	10	10	24
Stanley et al. (1996)[a]	GS	18	13	21	0,10	-0,08	0,32	11	15	31	35
Wetherall et al. (2003)[a]	GS	18	18	18	0,29	0,31	0,29	22	22	31	31
Ponderado		23,67	20,00	16,54	0,46	0,55	0,44	26,61	14,68	20,65	28,48

Nota: TE, tamanho de efeito (d de Cohen); MCS, mudança clinicamente significativa; AFF, alto funcionamento de estágio final; PP, psicoterapia psicodinâmica; GS, grupo de terapia de suporte. Um TE positivo significa que os clientes que recebem TCC tiveram melhor resultado do que os que receberam o tratamento de comparação.
[a] terapia de grupo.

TABELA 5.3 TAG: TCC x terapias comportamentais

Estudo	Condição de comparação	n		Número de horas das sessões	TE não ponderado da ansiedade	TE não ponderado da depressão	TE não ponderado cognitivo e de preocupação	% MCS/AFF		% abandono	
		TCC	TC					TCC	TC	TCC	TC
Durham et al. (1994)	PP	35	29	13,5	0,73	1,00	0,58	37	10	10	24
Borkovec et al. (2002)	DAC	23	23	16	0,15	0,08	-0,21	43	57	8	15
Durham et al. (1994)	TGA	20	16	9	0,37	0,72	-0,84	37	31	10	27
Öst & Breitholtz (2000)	RA	18	15	12	-0,10	-0,23	0,18	–	–	5	12
Ponderado		20,33	18,00	12,52	0,15	0,19	-0,30	40,21	46,33	7,77	17,72

Nota: TC, terapias comportamentais; TE, tamanho de efeito (d de Cohen); MCS, mudança clinicamente significativa; AFF, alto funcionamento de estágio final; DAC, dessensibilização de autocontrole; TGA, treinamento de gerenciamento da ansiedade; RA, relaxamento aplicado. Um TE positivo significa que os clientes que recebem TCC tiveram melhor resultado do que os que recebem o tratamento de comparação.

é equivalente à diferença nas taxas de melhora de 46,5% para a TCC x 53,5% para as terapias comportamentais. As constatações de MCS/AFF estão no nível mais baixo da variação para sujeitos não idosos relatados na Tabela 5.1 e são, aproximadamente, equivalentes para a TCC e para outras terapias comportamentais. Embora a amostragem dos estudos seja pequena demais para firmar conclusões, fica claro que não há evidência de superioridade da TCC sobre outros tratamentos comportamentais. Pode-se criar a hipótese de que a TCC teria sido mais benéfica do que a terapia comportamental para a depressão, dada sua eficácia para o tratamento de transtornos do humor (Dobson, 1989). Não foi esse o caso, talvez porque a depressão de pacientes ansiosos seja frequentemente secundária a sua ansiedade.

Seguimento

Não incluímos uma tabela dos tamanhos de efeito do acompanhamento pelas seguintes razões:

1 os tamanhos de efeito controlados para os dados da Tabela 5.1 não estão disponíveis, porque, devido a questões éticas, ofereceu-se tratamento para os clientes que não faziam parte da TCC depois do pós-teste;
2 os tamanhos de efeito para os estudos das Tabelas 5.2 e 5.3 são difíceis de interpretar com precisão, porque os clientes frequentemente receberam mais tratamento (farmacológico ou psicológico) no período de seguimento.

Por exemplo, muito embora os clientes de Linden e colaboradores (no prelo) pudessem ter recebido até 25 sessões (um número generoso pelos padrões atuais norte-americanos), quase metade obteve mais tratamentos no período de oito meses subsequente ao tratamento. Talvez isso não seja surpreendente, considerado o fato de que muitos clientes não atingem o *status* de MCS/AFF ao final do tratamento. Contudo, uma série de autores não relatou a quantidade de tratamento recebido durante o seguimento; a maior parte dos autores não comparou os grupos de tratamento com a quantidade de tratamento recebida durante o seguimento; e nenhum controlou os efeitos de tal tratamento na análise dos dados do seguimento. Assim, apresentamos apenas um breve resumo narrativo dos dados do seguimento.

Em todos os estudos que relatam os dados do seguimento, os clientes com grupo mantiveram ou melhoraram seus ganhos pré-teste-pós-teste durante os seguimentos que duravam até dois anos (Borkovec et al., 2002; Dugas et al., 2003; Durham et al., 1999; Ladouceur et al., 2000; Linden et al., no prelo; Öst e Breitholtz, 2000; Stanley et al., 1996; Stanley, Beck et al., 2003; Wetherall et al., 2003). Não podemos determinar se esse será o caso quando nenhum cliente tiver recebido tratamento adicional, embora um número relativamente baixo de clientes (17%) do estudo de Borkovec e colaboradores tenha obtido tratamento durante o seguimento. Comparada à terapia de apoio, a TCC pode levar a uma necessidade menor de tratamento durante o período de seguimento (Borkovec e Costello, 1993; Stanley et al., 1996). Da mesma forma, Durham e colaboradores (1999) relataram um número menor de clientes que receberam terapia psicodinâmica (38% x 82%). Se confirmado por estudos adicionais, isso demonstrará uma vantagem importante para o tratamento com TCC, comparado a tratamentos não comportamentais.

Resumo

Os resultados dos estudos de eficácia sobre a TCC para o TAG na década passada estão de acordo com as conclusões que tiramos de nossa primeira metanálise (Chambless e Gillis, 1993): a TCC parece ser superior às condições da lista de espera, de contato mínimo e de terapias não comportamentais, e equivalente a outras terapias comportamentais. Os índices de abandono são menores do que 15% para os jovens adultos e os adultos de meia-idade, indicando que o tratamento é bem tolerado. A desistência/abandono é um problema maior com clientes idosos (de 17 a 31%), mas esse problema não foi exclusivo da TCC.

Ao interpretar esses resultados, tenhamos em mente que, na maioria desses estudos, os clientes puderam continuar usando medicação enquanto faziam a TCC (Borkovec et al., 2002; Dugas et al., 2003; Durham et al., 1999; Ladouceur et al., 2000; Linden et al., no prelo; Öst e Breitholtz, 2000; Stanley, Hopko et al., 2003; Wetherall et al., 2003), tipicamente com a instrução de manter a dosagem constante ao longo do tratamento. Essa estratégia foi elaborada para ampliar a validade externa por meio da retenção da amostra dos clientes que poderiam ter dificuldade em parar de usar a medicação antes de receberem a oportunidade de um tratamento alternativo. Os resultados relatados aqui foram inflados por causa do uso de medicação pelos clientes? Em nosso ponto de vista, isso é algo de grande interesse quando se trata de interpretar os índices de MCS/AFF, pelo fato de os clientes terem de atingir um limite absoluto aqui, e de seus escores poderem ter sido ampliados pelo uso da medicação. Em sua metanálise da TCC comparada à farmacoterapia, Gould, Otto, Pollack e Yap (1997) não encontraram nenhuma evidência de que os tamanhos de efeito fossem maiores nos estudos em que os clientes podiam permanecer usando medicação, em contraposição a clientes que tinham sua medicação cortada. Infelizmente, nossa amostragem de estudos no qual a medicação não foi permitida é pequena demais para reproduzir tal análise aqui.

Finalmente, o pequeno número de estudos que incluía medidas de qualidade de vida não justificou a inclusão dessa medida nas Tabelas 5.1 a 5.3. Alguns autores questionaram se o tratamento com a TCC leva a uma melhor qualidade de vida ou apenas muda os chamados "sintomas" (por exemplo, Kovacs, 1996). Os autores dos três estudos incluídos em nossa metanálise incorporaram medidas de qualidade de vida em suas baterias de avaliação. Stanley e colaboradores (Stanley, Beck et al., 2003; Stanley, Hopko et al., 2003) constataram que a TCC levou a mais aumentos significativos na qualidade de vida dos pacientes idosos do que o fez o tratamento comum ou o controle de contato mínimo. Durham e colaboradores (1994) constataram melhorias na qualidade de vida que foram comparáveis àquelas encontrada na terapia psicodinâmica e no treinamento do gerenciamento da ansiedade. A inclusão rotineira de medidas de qualidade de vida na pesquisa sobre o TAG seria algo desejável, mas até agora os dados disponíveis indicam que a TCC leva a mudanças positivas, tanto no enfoque direto de tratamento (ansiedade e preocupação) quanto na qualidade de vida.

Transtorno de pânico

Por definição, a TCC para o transtorno de pânico sempre inclui o enfoque sobre as cognições catastróficas típicas desse transtorno. Tanto se ensina às pessoas o que são as crenças quanto se questiona o que elas de fato são. Além desse elemento comum, os tratamentos variam em sua inclusão de treinamento de relaxamento e de exposição a estímulos que provoquem medo. A exposição pode ser interoceptiva (exposição a situações de fato fóbicas) para quem tem evitação agorafóbica. Na prática, quem tem experiência em tratar o transtorno de pânico quase sempre incluirá a exposição, mesmo que em nível mínimo, para facilitar o desafio a crenças sobre as consequências perigosas do pânico, se não o fizer de maneira extensiva. Contudo, em algumas dessas pesquisas que relatamos abaixo, o tratamento se limitou à reestruturação cognitiva sem exposição a propósitos de pesquisa.

TCC x lista de espera, placebo ou tratamento de controle de atenção

A Tabela 5.4 relata os resultados de 13 estudos nos quais a TCC foi comparada a um grupo de controle de lista de espera ($n = 8$), ao placebo ($n = 4$) ou a um tratamento de controle de atenção ($n = 1$). Os tamanhos de efeito foram grandes para o pânico, para a fobia, para medidas cognitivas e para a ansiedade, e perto da categoria "grande" no que diz respeito à depressão. O tamanho de efeito médio para o pânico e a fobia (0,93) é equivalente a uma diferença na taxa de melhoria de 29% para as condições de controle contra 71% para a TCC. Os índices dos clientes que relataram ataques de pânico no período de monitoramento pós-tratamento (29% para o controle x 71% para a TCC) foram comparáveis ao percentual de clientes que atingiram a MCS/AFF (22% para o controle x 72% para a TCC). Esses resultados foram atingidos em uma média de um pouco mais de 10 horas de terapia depois da avaliação de pré-teste. Os índices de abandono foram também similares para a TCC x condições de controle. Os tamanhos de efeito foram comparáveis a terapia individual x terapia de grupo. O único estudo que apresentou tamanhos de efeito discrepantes para pânico e cognição foi o de Beck, Stanley, Baldwin, Deagle e Averill (1994). Para fins de pesquisa, esses investigadores elaboraram instruções antiexposição na primeira metade do tratamento e não apresentaram instruções sistemáticas para exposição interoceptiva ou *in vivo* na segunda metade. Possivelmente, se os clientes não testarem suas novas estratégias durante a exposição, o tratamento será menos eficaz.

Também incluída na Tabela 5.4 está uma coluna que descreve o percentual de clientes de cada estudo que sofria de complicações agorafóbicas para o transtorno de pânico. Pelo fato de os clientes com evitação agorafóbica significativa melhorarem menos do que aqueles que não evitam tanto (Williams e Falbo, 1996), os tamanhos de efeito podem variar substancialmente, dependendo do número de clientes que evitam em cada amostragem. Infelizmente, constatamos que essas informações foram de difícil confirmação. Alguns investigadores relataram clientes excludentes com um nível maior do que a evitação agorafóbica leve (representada como 0% agorafóbico nas tabelas); outras tabelas relataram aceitação daqueles que tinham ou não tinham evitação agorafóbica, mas negaram-se a apresentar dados sobre o percentual de cada um (não estão na tabela). Outros investigadores, por sua vez, relataram o percentual de clientes que tinham qualquer grau de evitação agorafóbica em determinado item, incluindo aqueles com evitação leve. De acordo com isso, os números das tabelas para a evitação agorafóbica são um guia bastante grosseiro para essa importante característica das amostragens. É desejá-

TABELA 5.4 Transtorno de pânico: TCC x lista de espera, placebo ou tratamento de controle de atenção

Estudo	Condição de comparação	n TCC	n Controle	Número de horas das sessões	%Ag	TE não ponderado do pânico	TE não ponderado da fobia	TE não ponderado cognitivo	TE não ponderado da depressão	TE não ponderado da ansiedade	% sem pânico TCC	% sem pânico Controle	% MCS/AFF TCC	% MCS/AFF Controle	% abandono TCC	% abandono Controle
Arntz & van den Hout (1996)[a]	LE	18	18	12	0	–	–	–	–	–	78	28	–	–	0	0
Barlow et al. (2000)[b]	PL	101[c]	14	10	0	–	–	–	–	–	–	–	73	39	28	42
Beck et al. (1994)[a]	LE	17	22	13,2	–	0,32	0,66	0,32	0,58	0,14	–	–	65	36	23	0
Black et al. (1993)	PL	25	25	8	72	–	–	–	0,15	0,03	53	29	–	–	36	28
Carter et al. (2003)[d]	LE	14	11	16,5	–	1,80	–	1,97	1,32	1,70	57	9	64	9	17	27
Clarck et al. (1999)[e]	LE	29	14	8,5	85	1,66	1,65	1,77	1,45	1,8	75	8	75	0	3	0
Gould et al. (1993)	LE	9	11	8	0	0,74	0,52	–0,58	0,41	–	56	35	–	–	0	8
Lidren et al. (1994)[d]	LE	12	12	12	83	0,76	0,45	1,49	0,26	–	83	25	42	8	0	0
Sharp et al. (1996)	PL	62[c]	20	7	–	–	–	–	–	–	73	61	83	48	20	24
Shear et al. (2001)[a]	PL	22	14	12	0	0,74	–	–	–	–	–	–	–	–	39	39
Telch et al. (1993)[d]	LE	34	33	18	–	0,73	1,15	1,84	0,76	1,39	85	30	64	9	–	–
van den Hout et al. (1994)	CA	9	9	4	10	0,84	–	–	–	–	–	–	–	–	–	–
Williams e Falbo (1996)	LE	27	9	8	92	0,79	0,58	1,15	1,10	–	63	11	–	–	0	0
Ponderado		19,64	16,308	10,31	37,99	0,91	0,95	1,29	0,75	0,98	70,952	28,912	71,915	22,119	19,51	15,88

Nota: % Ag, porcentagem de amostragem com evitação agorafóbica; TE, tamanho de efeito (d de Cohen); MCS, mudança clinicamente significativa; AFF, alto funcionamento de estágio final; LE, lista de espera; CA, tratamento de controle de atenção; PL, placebo. Um TE positivo significa que os clientes que recebem TCC tiveram melhor resultado do que os que receberam o tratamento de comparação.

[a] Denota um quase-experimento.
[b] Dados relatados são baseados na amostragem com intenção ao tratamento (todos aqueles que começaram o tratamento).
[c] Dados são combinados para participantes que receberam apenas TCC e para aqueles que receberam TCC mais placebo.
[d] Denota tratamento de grupo.
[e] Resultados foram combinados para uma intervenção cognitiva breve (6,5 horas) e terapia cognitiva completa (12 horas).
[f] Resultados foram combinados para um grupo de terapia cognitiva pura e um grupo de terapia cognitiva que incluía instruções de exposição como tarefa de casa.

vel que nos estudos futuros os autores relatem o percentual de clientes com evitação agorafóbica leve, moderada e severa.

Os clientes desses estudos estavam sofrendo de transtorno de pânico sem nenhuma comorbidade? Raramente. Sharp e colaboradores (1996) tinham amplos critérios de exclusão para seus sujeitos de pesquisa, e Liden e colaboradores (1994) excluíam quem tinha transtorno de depressão maior. A maior parte dos outros investigadores (Arntz e van den Hout, 1996; Barlow, Gorman, Shear e Woods, 2000; Beck et al., 1994; Black, Wesner, Bowers e Gabel, 1993; Carter, Sbrocco, Gore, Amrin e Lewis, 2003; Clark et al., 1999; Shear, Houck, Greeno e Masters, 2001; Telch et al., 1993; Williams e Falbo, 1996) usou um critério de exclusão semelhante para aqueles que seriam usados na prática clínica, omitindo clientes com psicose, com organicidade, com dependência de substâncias e com doenças médicas significativas que interfeririam no tratamento. Na medida em que o transtorno de pânico era o primeiro diagnóstico, esses investigadores incluíram aqueles com outros transtornos comórbidos (tipicamente, depressão, outros transtornos de ansiedade e, menos frequentemente, hipocondria). Uma das equipes relatou que aproximadamente metade dos clientes possuía transtornos comórbidos (Arntz e van den Hout, 1996); outros autores infelizmente não disponibilizaram esses dados. As outras duas equipes de investigadores não relataram os critérios de exclusão adotados (Gould, Clum e Shapiro, 1993; van den Hout, Arntz e Hoekstra, 1994).

TCC x psicoterapia experimental de apoio

Em três investigações, os autores compararam a TCC com a educação e mais uma forma de psicoterapia, de apoio, não diretiva e experimental, desenvolvida por Shear e colaboradores e projetada para ajudar os clientes e para identificar e resolver problemas subjacentes da vida e sentimentos que provavelmente contribuam para os ataques de pânico (Craske, Maidenberg e Bystritsky, 1995; Shear et al., 2001; Shear, Pilkonis, Cloitre e Leon, 1994). Assim, os clientes de ambas as condições receberam a educação sobre o transtorno de pânico que é mais típico da TCC do que da psicoterapia não diretiva. Shear e colaboradores relataram que as duas condições de tratamento eram equivalentes em expectativa/credibilidade nos estudos que realizaram; Craske e colaboradores não apresentaram esses dados. A Tabela 5.5 apresenta os resultados para esses três estudos.

Infelizmente, os dados sobre todas as variáveis de interesse não estavam disponíveis para os três estudos. O tamanho de efeito para o pânico, para o qual temos dados de todos os três estudos, é equivalente à diferença nas taxas de melhoria de 38% para tratamento não comportamental contra 62% para TCC. Por razões que não estão claras, os dados de Shear e colaboradores (1994) são discrepantes em relação àqueles outros dois estudos, para os quais grandes tamanhos de efeito em favor da TCC foram obtidos, apesar da brevidade do tratamento de Craske e colaboradores (1995). Dada a heterogeneidade dos tamanhos de efeito nesse pequeno conjunto de estudos, a conclusão de que a TCC é moderadamente mais eficaz do que a psicoterapia não comportamental deve ser considerada como uma hipótese. Algo que esses estudos não podem determinar é se as diferenças entre os dois tipos de tratamento teriam sido mais agudas caso a educação não fizesse parte da terapia experimental de apoio (que é atípica para tal abordagem).

TABELA 5.5 Transtorno de pânico: TCC x psicoterapias experimentais de apoio

Estudo	n		Número de horas das sessões	%Ag	TE não ponderado do pânico	TE não ponderado da fobia	TE não ponderado cognitivo	TE não ponderado da depressão	TE não ponderado da ansiedade	% sem pânico		% MCS/AFF		% abandono	
	TCC	SEP								TCC	PEA	TCC	PEA	TCC	PEA
Craske et al. (1995)	16	13	3,5	67	1,19	0,51	0,78	0,12	0,18	53	23	–	–	0	7
Shear et al. (1994)	24	21	15	94	-0,3	-0,22	0,06	-0,05	-0,01	66	78	–	–	35	28
Shear et al. (2001)[a]	22	23	12	0,81	–	–	–	–	–	–	–	–	–	35	28
Ponderado	20,67	19	10,97	83,41	0,48	0,07	0,34	0,02	0,06	61	57	–	–	27	21

Nota: % Ag, porcentagem de amostragem com evitação agorafóbica; TE, tamanho de efeito (d de Cohen); MCS, mudança clinicamente significativa; AFF, alto funcionamento de estágio final; PEA, psicoterapia experimental de apoio. Um TE positivo significa que os clientes que recebem TCC tiveram melhor resultado do que os que receberam o tratamento de comparação.
[a] Um quase-experimento.
[b] Não mais do que evitação média; % com evitação não relatada.

TCC X outras terapias comportamentais

Em comparação com a insuficiência de estudos que comparem a TCC com tratamentos não comportamentais, localizamos sete estudos no qual a TCC foi contrastada a outra abordagem comportamental. Em cinco deles (Arntz, 2002; Bouchard et al., 1996; Burke, Drummond e Johnston, 1997; Hecker, Fink, Vogeltanz, Thorpe e Sigmon, 1998; Williams e Falbo, 1996), essa abordagem foi a exposição interoceptiva (exposição a sensações corporais associadas ao pânico), a exposição *in vivo* a situações fóbicas ou a ambas. Em outros dois estudos (Arntz e van den Hout, 1996; Beck et al., 1994), o tratamento de comparação foi o treinamento para o relaxamento, embora Arntz e van den Hout também tenham incluído sessões de exposição *in vivo* para facilitar a prática de relaxamento aplicado. Tipicamente, a exposição interoceptiva é parte da TCC para o transtorno de pânico, com a exposição *in vivo* adicionada para quem tenha evitação agorafóbica. Para os objetivos de pesquisa, nesses estudos os elementos de exposição foram omitidos da TCC, com exclusão de algum experimento comportamental ocasional. A exceção a essa regra foi o estudo de Burke e colaboradores, que incluiu quantidades equivalentes e extensivas de exposição assistida por terapeuta em ambas as condições. Todos os autores, exceto Arntz (2002) e Arntz e van den Hout (1996), avaliaram a expectativa para a mudança com o tratamento ou a credibilidade para o tratamento. Na maioria dos casos, a TCC e outras condições de terapia comportamental foram equivalentes no que diz respeito à expectativa/credibilidade. A exceção foi o estudo de Hecker e colaboradores (1998), no qual os clientes tiveram uma expectativa mais alta para mudança na condição de TCC.

Como se pode ver na Tabela 5.6, os tamanhos de efeito foram, na melhor das hipóteses, pequenos ($\geq 0,20$ e $<0,50$) e não indicaram nenhuma vantagem consistente para a TCC sobre a terapia comportamental sem o componente cognitivo explícito, fosse a medida pânico, fobia, depressão ou medidas cognitivas. Não é de surpreender que o percentual de clientes que chegou ao *status* de ausência de pânico e MCS/AFF fosse também similar nas duas condições. Os índices de abandono foram baixos e comparáveis nos dois tipos de tratamento.

Seguimento

Dos 19 estudos de transtorno de pânico revisados aqui, todos menos seis deles (Black et al., 1993; Carter et al., 2003; Craske et al., 1995; Gould et al., 1993; Hecker et al., 1998; van den Hout et al., 1994) oferecem dados de seguimento que são úteis para nossos propósitos (em alguns estudos, os dados de seguimento foram coletados, mas apenas depois de os clientes terem recebido outro tratamento em uma segunda parte do protocolo). Os intervalos de seguimento variavam entre seis meses e dois anos. Quase todos os autores relataram que, na média, os clientes mantinham os ganhos de seu tratamento ou melhoravam durante o seguimento. Embora esses resultados sejam muito positivos, as dificuldades de interpretar os dados do seguimento já foram discutidas na seção "seguimento" do TAG. Poucos pesquisadores relataram se a melhora dos clientes manteve-se estável durante o seguimento. Houve duas exceções: Shear e colaboradores (2001) indicaram que não houve clientes no grupo de TCC que recaíram. E Telch e colaboradores (1993) relataram que apenas 7% dos clientes que receberam TCC recaíram durante o seguimento.

TABELA 5.6 Transtorno de pânico: TCC x terapias comportamentais

Estudo	n TCC	n TC	Número de horas das sessões	%Ag	TE não ponderado do pânico	TE não ponderado da fobia	TE não ponderado cognitivo	TE não ponderado da depressão	TE não ponderado da ansiedade	% sem pânico TCC	% sem pânico TC	% MCS/AFF TCC	% MCS/AFF TC	% abandono TCC	% abandono TC
Arntz (2002)	29	29	12	0,00	0,16	–	–	–	–0,11	78	75	–	–	12	19
Arntz e van den Hout (1996)	18	18	12	0,00	0,82	–	–	–	–	78	50	–	–	0	5
Beck et al. (1994)[a]	17	19	13,2	–	0,22	0,56	0,16	–0,24	–0,64	–	–	65	47	23	5
Bouchard et al. (1996)[b]	14	14	22,5	10	0,03	–1,15	–0,28	–0,43	–0,46	64	79	64	86	0	0
Burke et al. (1997)	12	14	30	59,00	–	0,28	–0,02	0,45	–0,17	–	–	73	39	37	30
Hecker et al. (1998)	8	8	4	56,00	–	–0,39	–0,13	–0,78	–0,76	–	–	44	33	11	11
Williams e Falbo (1996)	27	12	8	92,00	–0,09	–0,15	–0,51	0,05	–	63	58	–	–	11	0
Ponderado	17,8571	16,2857	13,69	43,44	0,22	–0,12	–0,17	–0,13	–0,36	71	67	63	53	10	11

Nota: TC, terapia comportamental; % Ag, porcentagem de amostragem com evitação agorafóbica; TE, tamanho de efeito (*d* de Cohen); MSC, mudança clinicamente significativa; AFF, alto funcionamento de estágio final. O tratamento de comparação de TC foi sempre exposição nos estudos de Arntz e van den Hout (1996) e de Beck e colaboradores (1994), que utilizaram treinamento de relaxamento. Um TE positivo significa que os clientes que recebem TCC tiveram melhor resultado do que os que receberam o tratamento de comparação.
[a] Terapia de grupo.

Sharp e colaboradores (1996) apresentam dados singulares, nos quais reportam o percentual de clientes que atendem os critérios de MCS/AFF no seguimento e que não haviam recebido tratamento algum nos seis meses de intervenção (60% da amostra de participantes do seguimento). Esses autores indicaram que os clientes tratados com TCC haviam mantido melhor os ganhos do que os que somente haviam recebido medicação ou placebo, mas cuja taxa de MCS/AFF havia sido mais baixa no seguimento do que no pós-teste. Por exemplo, no pós-teste, 90% do grupo de TCC atendeu os critérios de MSC para ansiedade, ao passo que, no seguimento, esse número caiu para 52% entre os que não haviam recebido tratamento algum posteriormente. Brown e Barlow (1995) levantaram outro problema: as análises dos dados do seguimento em sua amostra de pacientes tratados com TCC indicou um melhor resultado no seguimento de 24 meses do que no de três meses. Contudo, quando questionaram os pacientes sobre suas experiências durante o intervalo de seguimento, alguma instabilidade no estado clínico dos pacientes ficou clara, tendo alguns deles experimentando ataques de pânico entre as avaliações realizadas no seguimento. Não obstante, com base em um modelo cognitivo, ataques de pânico ocasional não devem causar alarme entre os pesquisadores ou entre os clientes. Em vez disso, a questão crítica são os pacientes que temem os ataques de pânico e que dão continuidade a uma vida de ansiedade e de evitação.

Resumo

Os resultados dos estudos de eficácia na TCC do transtorno de pânico na última década são consistentes com as conclusões que tiramos de nossa primeira metanálise (Chambless e Gillis, 1993): a TCC é consistentemente superior às condições da lista de espera, dos placebos e dos tratamentos de controle de atenção, parecendo equivalente a outras terapias comportamentais. Os resultados de vários estudos também indicam que a TCC é modestamente superior à psicoterapia experimental de apoio que inclui um componente educacional; estudos adicionais são necessários para uma conclusão mais confiante.

As taxas de abandono foram altamente variáveis. A amostragem de estudos da Tabela 5.4 é grande o suficiente para permitir o exame de um correlato do abandono. Na média, 30,75% dos clientes abandonaram o tratamento quando a TCC foi conduzida no momento de um teste que envolve uma comparação com a medicação (Barlow et al., 2000; Black et al., 1993; Sharp et al., 1996; Shear et al., 2001) contra 6,14% quando isso não ocorria (teste de Mann-Whitney, $z = 2,52$, $p < 0,02$). Não se pode determinar a partir de dados disponíveis se isso se deve às diferenças nos tipos de clientes que consentirão à indicação aleatória à medicação, placebo ou TCC ou a outras variáveis desconhecidas. De acordo com um estudo (Hoffmann et al., 1998), uma proporção substancial de clientes (30 a 47%) que se candidata ao tratamento do transtorno de pânico não deseja passar por testes com medicação.

No conjunto de estudos que examinamos, os autores não determinaram se a TCC para o transtorno de pânico reduzia os transtornos comórbidos, embora esteja claro que os sintomas de depressão e de ansiedade geral tenham se reduzido (ver Tabelas 5.4 a 5.6). Além disso, Carter e colaboradores (2003) relataram que as taxas do entrevistador sobre a severidade das condições comórbidas decaiu mais no grupo TCC do que no grupo da lista de espera. Em duas outras investigações, os pesquisadores abordaram os efeitos da TCC sobre as diagnoses comórbidas. Brown, Antony e Barlow (1995) e Tsao, Mystkowski, Zucker e Craske (2002) constataram que as taxas de comorbidade caíram entre o pré-tratamento e o pós-teste e do pré-tratamento ao seguimento de três ou seis meses, respectivamente. Contudo, o relatório de Brown e colaboradores sobre um pequeno grupo de pacientes que participaram de um seguimento de 24 meses tem um caráter de prevenção. Nesse ponto de seguimento de longo prazo, a taxa de comorbidade não era significativamente mais baixa do que no pré-teste. Além disso, embora o número de pacientes que tinham transtornos comórbidos na amostragem de Tsao e colaboradores fosse estável do pós-teste ao seguimento, em um nível individual as diagnoses foram mais fluidas – alguns pacientes desenvolveram transtornos adicionais não presentes no pós-teste, e outros pacientes perderam, no seguimento, diagnoses que foram observadas no pós-teste. Parece provável que, na medida em que outro transtorno, tal como a depressão, é causado pelas restrições ou pela desmoralização associada ao transtorno de pânico, o tratamento do transtorno de pânico será suficiente. De outra forma, a longo prazo, muitos pacientes com transtornos comórbidos exigirão tratamento que aborde tais problemas.

Um obstáculo levantado em nossa interpretação dos dados de TAG também tem lugar aqui. Em nove dos 19 estudos que examinamos sobre o transtorno de pânico, os pacientes puderam tomar medicações que já estavam recebendo no momento inicial, desde que continuassem usando uma dose estável durante o tratamento (Arntz, 2002; Bouchard et al., 1996; Burke et al., 1997; Clark et al., 1999; Gould et al., 1993; Hecker et al., 1998; Lidren et al., 1994; Telch et al., 1993; Williams e Falbo, 1996). Van den Hout e colaboradores (1994) não relataram sua abordagem aos clientes que usavam medicação, mas os autores dos outros nove estudos exigiam que os clientes que estivessem usando medicação parassem de usá-la antes de participar dos testes. Infelizmente, poucos dos que permitiam as medicações relataram o percentual de clientes que usavam remédios (27,5 %, Arntz, 2002; 42 a 50%, Burke et al., 1997) ou analisaram a relação entre o uso da medicação e resultado do tratamento. Arntz (2002) e Telch e colaboradores (1993), os únicos autores a testar os efeitos da medicação, relataram que o resultado foi o mesmo para os clientes que usavam medicação em contraposição aos que não usavam. A interpretação dos tamanhos de efeito controlados não é posta em risco pelo uso da medicação (porque os clientes devem aleatoriamente usar ou não medicação, tanto na TCC quanto nas condições de controle), mas é possível que o percentual de clientes que atingem o estado livre de pânico ou de MSC/HFF possa estar inflado pelos estudos em que os clientes possivelmente se beneficiaram dos efeitos da medicação e também dos efeitos da TCC. O número de estudos da Tabela 5.1 é grande o suficiente para que conduzamos um teste aproximado de suas hipóteses. Usando um teste de Mann-Whitney, comparamos os efeitos da TCC sobre o MSC/HEF nos nove estudos que não utilizavam medicação em relação aos nove em que a medicação era permitida, e não encontramos tendência ou aumento para os estudos que incluíam clientes medicados ($z = 0,89, p = 0,40$). Contudo, os resultados da análise comparativa para o estado livre de pânico foram equivocados, com uma tendência não significativa para os estudos que permitiam que a medicação tivesse melhor resultado ($z = 1,55, p = 0,167$).

Finalmente, os pesquisadores apenas recentemente começaram a incluir medidas de qualidade de vida e também medidas de sintomas e de deficiência. Telch, Schmidt, Jaimez, Jacquin e Harrington (1995) constataram que os clientes tratados com TCC no estudo de Telch e colaboradores (1993) demonstraram uma melhora significativa em relação aos clientes da lista de espera no que diz respeito às medidas de ajuste global. Tais medidas dizem respeito ao ajustamento no trabalho, nas atividades sociais e de lazer e na vida familiar. No seguimento de seis meses, esses resultados se mantiveram. Em contraste a isso, Black e colaboradores (1993) constataram que a TCC não era melhor do que o placebo – talvez de maneira que não cause surpresa, dado fraco desempenho da TCC naquela investigação. Quedas na deficiência foram comparáveis na TCC e em outros tratamentos ativos (psicoterapia experimental de apoio ou exposição) em três outras investigações (Bouchard et al., 1996; Craske et al., 1995; Shear et al., 1994). Assim, parece que, no geral, a TCC leva a melhoria da qualidade de vida, embora não mais do que os outros tratamentos.

EFETIVIDADE

Com base nas pesquisas disponíveis, parece claro que, no âmbito dos ambientes controlados de pesquisa, a TCC reduz significativamente os sintomas tanto do TAG quanto do transtorno de pânico. Dessa forma, o próximo passo crítico é determinar se esses resultados generalizam-se na TCC para esses transtornos nos ambientes de prática. Alguns autores argumentam que várias características dos testes de pesquisa, tais como uma indicação aleatória de tratamento, o uso de terapeutas altamente treinados e a homogeneidade da amostragem dos clientes vão contra a transferência de constatações para o ambiente clínico (Seligman, 1995; Westen e Morrison, 2001). Os estudos de efetividade, que examinam as intervenções nos ambientes de fato clínicos, permitem que os investigadores avaliem diretamente a possibilidade de generalização de um dado tratamento por meio da remoção de muitas das restrições metodológicas encontradas em ambientes de pesquisa altamente controlados.

O transtorno de ansiedade generalizada

Estudos de efetividade da TCC para TAG são uma lacuna a ser preenchida com urgência. Localizamos apenas três estudos desse tipo em nosso exame. White, Keenan e Brooks (1992) empregaram um modelo quase-experimental para avaliar a TCC para o TAG em um ambiente de cuidado inicial. Um total de 109 pacientes foi estudado, em ordem de indicação, a 1 das 5 condições de tratamento: terapia comportamental, terapia cognitiva, TCC, tratamento com placebo (ouvir mensagens ersatz subliminares antiansiedade) ou condição de controle de lista de espera. O tratamento consistiu de seis sessões de duas horas e, ao contrário dos testes de eficácia, foi ministrado a grandes grupos de mais de 20 pacientes cada. As terapias ativas, que não diferiam uma da outra, levaram a maiores diminuições da ansiedade do que a condição de controle da lista de espera, mas não foram significativamente mais eficazes do que o tratamento com placebo. Contudo, o poder dessas comparações foi baixo. Além disso, o impacto das terapias ativas pode ter sido diminuído pelo formato de grande grupo, pois os clientes provavelmente receberam uma atenção individual limitada. Com efeito, um grupo de mais de 20 pacientes tende mais à psicoeducação do que à terapia de grupo.

A efetividade da TCC individual para o TAG também tem sido explorada. Incluímos o estudo de Linden e colaboradores (no prelo) na Tabela 5.1 porque os autores aleatoriamente escolheram pacientes para a TCC ou para um grupo de controle de contato mínimo. Contudo, em outro sentido, esse teste foi um teste de efetividade no qual a TCC foi ministrada em ambientes práticos por psicólogos que trabalhavam em tempo integral como profissionais da área privada. Os terapeutas foram treinados e supervisionados pelos autores. A TCC produziu reduções significativas clinicamente na sintomatologia e em uma média mais global de funcionamento clínico. Depois do período de espera, os pacientes do grupo de controle também receberam a TCC para a ansiedade generalizada. Como grupo, esses pacientes atingiram ganhos similares em magnitude em relação àqueles do grupo de tratamento inicial. Por causa dos critérios de exclusão utilizados (por exemplo, ausência de comorbidade), a amostragem desse estudo foi provavelmente mais homogênea do que normalmente ocorre nos ambientes clínicos, e não está claro se as constatações positivas do estudo seriam generalizadas para um grupo mais diverso de pacientes.

Finalmente, Stanley, Hopko e colaboradores (2003) conduziram uma pequena investigação da efetividade da TCC para o TGA conforme administrada a pacientes idosos em práticas de cuidados primários. Novamente, tivemos uma administração de tratamento híbrida do tipo eficácia-efetividade, no qual conduziu-se os pacientes aleatoriamente ao tratamento (TCC x tratamento comum), e utilizou-se terapeutas treinados em pesquisa. Contudo, os ambientes e a natureza dessa investigação estão incluídos na Tabela 5.1. Relativamente ao grupo de tratamento comum, o grupo da TCC melhorou mais nas medidas de severidade, de preocupação e de depressão do TAG.

Sem dúvida, a pesquisa de efetividade adicional sobre a TCC para o TAG é extremamente necessária. Até hoje, os estudos sugeriram que o TCC para esses clientes pode ser efetivamente ministrado em ambientes da prática, pelo menos quando os terapeutas são bem treinados.

O transtorno de pânico

O progresso na pesquisa de efetividade sobre o transtorno de pânico tem em muito superado a pesquisa sobre o TAG. No primeiro grande estudo feito nos Estados Unidos, Wade, Treat e Stuart (1998) avaliaram a efetividade do TCC para o transtorno de pânico em um centro de saúde mental comunitário (CSMC). Usando-se uma estratégia de ponto de referência, os autores compararam os resultados finais do CSMC com os resultados obtidos em dois estudos de resultado controlados (Barlow, Craske, Cerny e Klosko, 1989; Telch et al., 1993). A amostra do CSMC incluía 110 clientes que satisfaziam o diagnóstico do *Diagnostic and Statistical Manual of Mental Health Disorders*, terceira edição, revisado (DSM-III-R), de transtorno de pânico com agorafobia ou de transtorno de pânico sem agorafobia. Os critérios de exclusão foram mantidos no mínimo para melhor avaliar a generalizibilidade da terapia. Os terapeutas foram treinados e supervisionados durante o teste. Os clientes que completavam a terapia melhoraram significativamente em quase todas as medidas de resultado e atingiram ganhos comparáveis em magnitude com aqueles obtidos pelos participantes nos estudos de comparação controlados. Além disso, os clientes reduziram seu uso tanto de antidepressivos e de medicações ansiolíticas. Melhorias em todas as variáveis foram mantidas ou ampliadas durante um ano de seguimento (Stuart, Treat e Wade, 2000).

Dois estudos da Grã-Bretanha também falam sobre a efetividade da TCC para o transtorno de pânico em práticas de cuidados básicos. Embora esse estudo tivesse elementos de um teste de eficácia (por exemplo, indicação aleatória ao tratamento, controle sobre a medicação), ele representou um estudo de efetividade em seu ambiente e com seus participantes. O padrão da TCC (seis horas de contato com o terapeuta) provou ser mais eficaz do que uma condição de TCC de contato mínimo (duas horas de contato terapeuta mais um manual) e do que a biblioterapia (uso apenas do manual). Os clientes em todos os três grupos de tratamento melhoraram do pré-teste ao pós-teste. Da mesma forma, Burke e colaboradores (1997) misturaram elementos de estudos de eficácia e de efetividade em sua comparação de TCC a exposição à agorafobia (ver Tabela 5.6). A indicação aleatória de tratamento foi usada, mas os clientes foram vistos em ambientes clínicos comuns por terapeutas do National Health Service. Os terapeutas foram, contudo, treinados antes do teste e receberam supervisão durante o processo. Embora os estudos de Arntz na Holanda (Arntz, 2002; Arntz e van den Hout, 1996) fossem, em grande parte, testes de eficácia (ver Tabela 5.6), o autor enfatiza a característica de efetividade das amostras, que foram retiradas de um CSMC. Em um outro estudo holandês de Bakker, Spinhoven, van Bolkom, Vleugel e van Dyke (2000), foi testada diretamente uma das asserções dos críticos dos testes de eficácia (por exemplo, Seligman, 1995) – nomeadamente, a de que os clientes que se recusam a alocação aleatória de tratamento em uma pesquisa terão um resultado diferente daqueles que a aceitam. Esses autores compararam os efeitos da TCC para os clientes de um tratamento com TCC em contraposição à medicação dos clientes que se recusaram a participar da seleção aleatória porque eles não desejavam ser medicados. Ambos os grupos melhoraram, e não houve diferença entre as condições.

Outra dimensão de efetividade é o benefício da TCC para clientes de etnias diferentes. Sanderson, Raue e Wetzler (1998), trabalhando em um grande centro médico urbano, usaram uma intervenção cognitivo-comportamental baseada no manual para tratar uma população etnicamente diversa que sofria de transtorno de pânico. Trinta pacientes, 53% dos quais eram hispânicos, participaram de 12 sessões de TCC. Do pré ao pós-tratamento, melhoras significativas e clinicamente importantes foram observadas em uma variedade de medidas de resultado cuja intenção era avaliar o pânico, a agorafobia, a ansiedade generalizada e a depressão. Os autores compararam seus resultados com o estudo de eficácia de Barlow e colaboradores (1989). Os efeitos do tratamento foram comparáveis em magnitude àqueles do teste de eficácia, e os clientes americanos de origem europeia e os hispânicos responderam ao tratamento de maneira similar. Os estudos de efetividade e a eficácia diferiram de fato no que diz respeito ao percentual de clientes sem pânico ao final do tratamento, com apenas 50% da amostra de eficácia satisfazendo esse critério em comparação aos 85% do teste de eficácia. Contudo, essa diferença pode ser enganosa, dado que os participantes de Sanderson e colaboradores relataram mais ataques de pânico antes do tratamento do que os clientes de Barlow e colaboradores. Finalmente, embora o estudo de Carter e colaboradores (2003) fosse um teste de eficácia com encaminhamento aleatório ao tratamento e aos terapeutas da pesquisa, suas descobertas pertencem à questão de efetividade em um aspecto importante: sua amostra compreendia exclusivamente afro-americanos com transtorno de pânico. Os efeitos positivos desse tratamento são perceptíveis nos grandes tamanhos de efeito relatados na Tabela 5.4.

Além da terapia de rotina oferecida nas clínicas de serviço, a TCC para o transtorno de pânico foi administrada por meio da provisão de livros de autoajuda. Uma série de estudos de Gould, Clum e colaboradores (Gould e Clum, 1995; Gould et al., 1993; Lidren et al., 1994) indicam que, para os clientes com transtorno de pânico, a biblioterapia representa um modo legítimo e útil de tratamento. De fato, esses autores constataram que os clientes que recebiam a biblioterapia tinham um resultado tão bom quanto os do que recebiam a TCC presencialmente. Lembremo-nos, contudo, de que Sharp e colaboradores (2003) obtiveram resultados discrepantes: em seu estudo, a TCC presencial foi mais eficaz do que a biblioterapia, embora ambas levassem à mudança. Uma versão feita na Internet da TCC também a apontou como promissora como tratamento para o transtorno de pânico (Carlbring, Westling, Ljungstrand, Ekselius e Andersson, 2001). Porém, sucessos como esses devem ser interpretados com cuidado. Na maior parte dos estudos que têm explorado a efetividade da biblioterapia para o transtorno de pânico, os clientes interagiram com os pesquisadores em alguma medida, frequentemente com verificações acerca do fato de estarem de fato lendo os manuais fornecidos. Portanto, as constatações positivas desses estudos podem ser parcialmente atribuíveis à demanda característica das intervenções (por exemplo, relatar mudanças porque os investigadores esperavam) ou não a propriedades motivacionais do contato com a equipe de pesquisa, e não podem ser generalizadas a clientes que somente usam os livros de autoajuda por conta própria.

Sem dúvida, pesquisas adicionais são necessárias para melhor esclarecer a extensão completa do uso da TCC para o transtorno de pânico, de maneira eficaz em clínicas de serviço. Na maior parte, os estudos disponíveis sustentam a generalizabilidade da intervenção. Nos estudos descritos acima, os ambientes de tratamento, os clientes que formam a população a ser tratada e quem fornece o tratamento eram mais heterogêneos do que os dos experimentos de eficácia controlada. Apesar dessas diferenças, a TCC levou a uma melhora significativa e clinicamente importante em uma série de medidas de resultado dos tratamentos. Contudo, os terapeutas eram em geral bem treinados em procedimentos de tratamento. Se a TCC terá um resultado do mesmo tipo com terapeutas não treinados de maneira tão cuidadosa (por exemplo, aqueles que somente leram um manual de tratamento e que não são supervisionados), é algo que precisamos determinar.

CONCLUSÕES

Nosso exame da segunda década de pesquisas sobre a TCC para o TAG e o transtorno de pânico revela um alto nível de atividade nesse campo, especialmente no transtorno de pânico, para o qual encontramos 19 estudos de eficácia publicados depois de nossa primeira revisão bibliográfica (Chambless e Gillis, 1993). É estimulante ver novos pesquisadores entrarem na arena do TAG, embora ainda seja necessária atenção adicional. Encontramos 10 novos estudos de eficácia para o TAG. O sucesso da TCC faz com que ela se mantenha um tratamento eficaz – superior à lista de espera, ao controle de atenção e ao placebo; modestamente superior à psicoterapia de apoio e equivalente a outros tratamentos comportamentais (relaxamento aplicado em grande escala/exposição) em termos de resultado. As evidências iniciais da pesquisa de efetividade indicam que, pelo menos quando os terapeutas recebem treinamento e são supervisionados, a TCC transfere-se bem para os ambientes de prática e é benéfica aos membros de grupos de minoria étnica. Todos os estudos até hoje foram conduzidos nos Estados Unidos, no Canadá ou na Europa ocidental. Não se sabe ainda se a TCC será generalizada com sucesso nos países em desenvolvimento.

Os dados relatados nas Tabelas 5.1 a 5.6 indicam que a TCC tem efeitos benéficos não só para os sintomas nucleares da ansiedade, do pânico e do pensamento ansioso, mas também para a depressão. Um pequeno conjunto de estudos oferece evidências de efeitos positivos na qualidade de vida também, embora essa seja uma área que requeira documentação adicional. As taxas de abandono relatadas nessas tabelas, que variam entre 8 e 27% para a TCC, comparam-se muito favoravelmente a uma taxa média (excluindo aqueles com abuso de álcool e substâncias e problemas de dependência) de 47% (*DP* = 24%) relatada em uma metanálise de 78 estudos de psicoterapia para clientes adultos (Wierzbicki e Pekarik, 1993).

O enfoque de nossa metanálise foi a pesquisa sobre o tratamento de adultos, inclusive de idosos. Uma importante e relativamente nova fronteira para a TCC e o TAG e o transtorno de pânico é o tratamento de crianças e adolescentes. Estudos feitos com essa população não são ainda suficientemente abundantes para garantir a metanálise. Contudo, investigações iniciais indicam que, com modificações adequadas à idade, a TCC é eficaz para as crianças maiores e para adolescentes com TAG e com transtorno de pânico (por exemplo, Barrett, Dadds e Rape, 1996; Kendall, 1994; Ollendick, 1995).

Esses resultados positivos não podem ser considerados como se a TCC fosse uma panaceia. Exames do percentual de clientes que chegam a ganhos significativos (isto é, que não apenas melhoram, mas que atingem, depois do tratamento, a faixa inicial de medidas para esse transtorno) são sérias, principalmente para o TAG. Os resultados para o transtorno de pânico são mais estimulantes no que diz respeito a isso, mas um melhor seguimento de longo prazo e o rastreamento de flutuações para clientes individuais é necessário antes de que possamos ter maior confiança (cf. Brown e Barlow, 1995). A ênfase atual nos fundos para pesquisa nos Estados Unidos sobre testes de efetividade – levar tratamentos como a TCC para a comunidade, fazendo-os mais curtos, ensinando-os a terapeutas menos experientes e usando-os com clientes que tenham uma série de problemas médicos e psicológicos. Tal pesquisa é claramente valiosa, mas também é necessária a pesquisa adicional sobre atingir-se uma mudança clinicamente significativa para uma maior proporção de clientes. Investigações adicionais que abordem os transtornos comórbidos dos clientes (tipicamente a depressão e outros transtornos de ansiedade) podem produzir bons resultados. Nesse meio tempo, o terapeuta cognitivo-comportamental que siga um dos protocolos usados nos estudos pode estar certo de que oferecerá aos clientes uma forma de psicoterapia para o TAG ou transtorno de pânico que seja boa ou melhor do que outra forma com que ela tenha sido contrastada.

AGRADECIMENTOS

Agradecemos às seguintes pessoas por sua generosidade em compartilhar dados ainda não publicados e manuscritos, além de prestar esclarecimentos sobre o que escreveram: Arnaud Arntz, Michele Carter, Michel Dugas, Jeffrey Hecker, Michael Linden e Melinda Stanley.

REFERÊNCIAS

Arntz, A. (2002). Cognitive therapy versus interoceptive exposure as treatment of panic disorder without agoraphobia. *Behaviour Research and Therapy, 40,* 325-341.

Arntz, A., & van den Hout, M. (1996). Psychological treatments of panic disorder without agoraphobia: Cognitive therapy versus applied relaxation. *Behaviour Research and Therapy, 34,* 113-121.

Bakker, A., Spinhoven, P., van Balkom, A. J. L. M., Vleugel, L., & van Dyke, R. (2000). Cognitive therapy by allocation versus cognitive therapy by preference in the treatment of panic disorder. *Psychotherapy and Psychosomatics, 69,* 240-243.

Barlow, D. H., Craske, M. G., Cerny, J. A., & Klosko, J. (1989). Behavioral treatment of panic disorder. *Behavior Therapy, 20,* 261-282.

Barlow, D. H., German, J. M., Shear, M. K., & Woods, S. W. (2000). Cognitive-behavioral therapy, imipramine, or their combination for panic disorder: A randomized controlled trial. *Journal of the American Medical Association, 283,* 2529-2536.

Barrett, P. M., Dadds, M. R., & Rapee, R. M. (1996). Family treatment of childhood anxiety: A controlled trial. *Journal of Consulting and Clinical Psychology, 64,* 333-342.

Beck, J. G., Stanley, M. A., Baldwin, L. E., Deagle, E. A., III, & Averill, P. M. (1994). Comparison of cognitive therapy and relaxation training for panic disorder. *Journal of Consulting and Clinical Psychology, 62,* 818-826.

Black, D. W., Wesner, R., Bowers, W., & Gabel, J. (1993). A comparison of fluvoxamine, cognitive therapy, and placebo in the treatment of panic disorder. *Archives of General Psychiatry, 50,* 44-50.

Borkovec, T. D., Abel, J. L., & Newman, H. (1995). Effects of psychotherapy on comorbid conditions in generalized anxiety disorder. *Journal of Consulting and Clinical Psychology, 63,* 479-483.

Borkovec, T. D., & Costello, E. (1993). Efficacy of applied relaxation and cognitive-behavioral therapy in the treatment of generalized anxiety disorder. *Journal of Consulting and Clinical Psychology, 61,* 611-619.

Borkovec, T. D., Newman, M. G., Pincus, A. L., & Lytle, R. (2002). A component analysis of cognitive behavioral therapy for generalized anxiety disorder and the role of interpersonal problems. *Journal of Consulting and Clinical Psychology, 70,* 288-298.

Bouchard, S., Gauthier, J., Laberge, B., French, D., Pelletier, M.-H., & Godhout, C. (1996). Exposure versus cognitive restructuring in the treatment of panic disorder with agoraphobia. *Behaviour Research and Therapy, 34,* 213-224.

Brown, T. A., Antony, M. M., & Barlow, D. H. (1995). Diagnostic comorbidity in panic disorder: Effect on treatment outcome and course of comorbid diagnoses following treatment. *Journal of Consulting and Clinical Psychology, 63,* 408-418.

Brown, T. A., & Barlow, D. H. (1995). Long-term outcome in cognitive-behavioral treatment of panic disorder: Clinical predictors and alternative strategies for assessment. *Journal of Consulting and Clinical Psychology, 63,* 754-765.

Burke, M., Drummond, L. M., & Johnston, D. W. (1997). Treatment choice for agoraphobic women: Exposure or cognitive-behaviour therapy? *British Journal of Clinical Psychology, 36,* 409-20.

Carlbring, P., Westling, B. E., Ljungstrand, P., Ekselius, L., & Andersson, G. (2001). Treatment of panic disorder via the Internet: A randomized trial of a self-help program. *Behavior Therapy, 32,* 751-764.

Carter, M. M., Sbrocco, T., Gore, K. L., Marin, N. W., & Lewis, E. L. (2003). Cognitive-behavioral therapy versus a wait-list control in the treatment of African American women with panic disorder. *Cognitive Therapy and Research, 27,* 505-518.

Chambless, D. L., & Gillis, M. M. (1993), Cognitive therapy of anxiety disorders. *Journal of Consulting and Clinical Psychology, 61,* 248-260.

Clark, D. M., Salkovskis, P. M., Hackmann, A., Wells, A., Ludgate, J., & Gelder, M. (1999). Brief cognitive therapy for panic disorder: A randomized controlled trial. *Journal of Consulting and Clinical Psychology, 67,* 583-589.

Cohen, J. (1988). *Statistical power analysis for the behavioral sciences* (2nd ed.). Hillsdale, NJ: Erlbaum.

Craske, M. G., Maidenberg, E., & Bystritsky, A. (1995). Brief cognitive-behavioral versus nondirective therapy for panic disorder. *Journal of Behavior Therapy and Experimental Psychiatry, 26,* 113-120.

Dobson, K. S. (1989). A meta-analysis of the efficacy of cognitive therapy for depression. *Journal of Consulting and Clinical Psychology, 57,* 414-419.

Dugas, M. J., Ladouceur, R., Leger, E., Freeston, M. H., Langlois, F., Provencher, M., et al. (2003). Group cognitive-behavior therapy for generalized anxiety disorders: Treatment outcome and long-term follow-up. *Journal of Consulting and Clinical Psychology, 71,* 821-825.

Durham, R. C., Murphy, T., Allan, T., Richard, K., Treliving, L. R., & Fenton, G. W. (1994). Cognitive therapy, analytic psychotherapy, and anxiety management training for generalized anxiety disorder. *British Journal of Psychiatry, 165,* 315-323.

Gould, R. A., & Clum, G. A. (1995). Self-help plus minimal therapist contact in the treatment of panic disorder: A replication and extension. *Behavior Therapy, 26,* 533-545.

Gould, R. A., Clum, G. A., & Shapiro, D. (1993). The use of bibliotherapy in the treatment of panic: A preliminary investigation. *Behavior Therapy, 24,* 241-252.

Gould, R. A., Otto, M. W., Pollack, M. H., & Yap, L. (1997). Cognitive behavioral and pharmacological treatment of generalized anxiety disorder: A preliminary meta-analysis. *Behavior Therapy, 28,* 285-305.

Hecker, J. E., Fink, C. M., Vogeltanz, N. E., Thorpe, G. L., & Sigmon, S. T. (1998). Cognitive restructuring and interoceptive exposure in the treatment of panic disorder: A crossover study. *Behavioural and Cognitive Psychotherapy, 26,* 115-131.

Hofmann, S. G., Barlow, D. H., Papp, L. A., Detweiler, M. F, Ray, S. F., Shear, K., et al. (1998). Pretreatment attrition in a comparative treatment outcome study on panic disorder. *American Journal of Psychiatry,* 155(1), 43-47.

Jacobson, N. S., & Truax, P. (1991). Clinical significance: A statistical approach to defining meaningful change in psychotherapy research. *Journal of Consulting and Clinical Psychology, 59,* 12-19.

Kendall, P. C. (1994). Treating anxiety disorders in children: Results of a randomized clinical trial. *Journal of Consulting and Clinical Psychology, 62,* 100-110.

Kovacs, A. L. (1996). "We have met the enemy and he is us!" *AAP Advance,* pp. 6,19, 20, 22.

Ladouceur, R., Dugas, M. J., Freeston, M. H., Leger, E., Gagnon, F., & Thibodeau, N. (2000). Efficacy of a cognitive-behavioral treatment for generalized anxiety disorder: Evaluation in a controlled clinical trial. *Journal of Consulting and Clinical Psychology, 68,* 957-964.

Lidren, D. M., Watkins, P. L., Gould, R. A., Clum, G. A., Asterino, M., & Tulloch, H. L. (1994). A comparison of bibliotherapy and group therapy in the treatment of panic disorder. *Journal of Consulting and Clinical Psychology, 62,* 865-869.

Linden, M., Zubrägel, D., Bär, T., Wendt, U., & Schlattmann, P. (in press). Efficacy of cognitive behaviour therapy in generalized anxiety disorders: Results of a controlled clinical trial. *Psychotherapy and Psychomatics.*

Moras, K. (1998). Internal and external validity of intervention studies. In A. S. Bellack & M. Hersen (Eds.), *Comprehensive clinical psychology* (Vol. 3, pp. 201-224). Oxford: Elsevier.

Ollendick, T. H. (1995). Cognitive-behavioral treatment of panic disorder with agoraphobia in adolescents: A multiple baseline design analysis. *Behavior Therapy,* 26,517-531.

Öst, L. -G., & Breitholtz, E. (2000). Applied relaxation vs. cognitive therapy in the treatment of generalized anxiety disorder. *Behaviour Research and Therapy, 38,* 777-790.

Rosenthal, R. (1991). *Meta-analytic procedures for social research* (rev. ed.). Newbury Park, CA: Sage.

Sanderson, W. C., Raue, P. J., & Wetzler, S. (1998). The generalizability of cognitive behavior therapy for panic disorder. *Journal of Cognitive Psychotherapy: An International Quarterly, 12,* 323-330.

Seligman, M. E. P. (1995). The effectiveness of psychotherapy: The *Consumer Reports* study. *American Psychologist, 50,* 965-974.

Sharp, D. M., Power, K. G., Simpson, R. J., Swanson, V., Moodie, E., Anstee, J. A., et al. (1996). Fluvoxamine, placebo, and cognitive behaviour therapy used alone and in combination in the treatment of panic disorder and agoraphobia. *Journal of Anxiety Disorders, 10,* 219-242.

Sharp, D. M., Power, K. G., & Swanson, V. (2003). Reducing therapist contact in cognitive behaviour therapy for panic disorder and agoraphobia in primary care: Global measures of outcome in a randomized controlled trial. *British Journal of General Practice, 50,* 963-968.

Shear, M. K., Houck, P., Greeno, C., & Masters, S. (2001). Emotion-focused psychotherapy for patients with panic disorder. *American Journal of Psychiatry, 158,* 1993-1998.

Shear, M. K., Pilkonis, P. A., Cloitre, M., & Leon, A. C. (1994). Cognitive behavioral treatment compared with nonprescriptive treatment of panic disorder. *Archives of General Psychiatry, 51,* 395-01.

Stanley, M. A., Beck, J. G., & Glassco, J. D. (1996). Treatment of generalized anxiety in older adults: A preliminary comparison of cognitive-behavioral and supportive approaches. *Behavior Therapy, 27,* 565-581.

Stanley, M. A., Beck, J. G., Novy, D. M., Averill, P. M., Swann, A. C., Diefenbach, et al. (2003). Cognitive behavior treatment of late-life generalized anxiety disorder. *Journal of Consulting and Clinical Psychology,* 309-319.

Stanley, M. A., Hopko, D. R., Diefenbach, G. J., Bourland, S. L., Rodriguez, H., Wagener, P. (2003). Cognitive-behavior therapy for late-life generalized anxiety disorder in primary care. *American Journal of Geriatric Psychiatry, 11* (1), 1-5.

Stuart, G. L., Treat, T. A., & Wade, W. A. (2000). Effectiveness of an empirically based treatment for panic disorder delivered in a service clinic setting: One-year follow-up. *Journal of Consulting and Clinical Psychology, 68,* 506-512.

Telch, M. J., Lucas, J. A., Schmidt, N. B., Hanna, H. H., Jaimez, T. L., & Lucas, R. A. (1993). Group cognitive behavioral treatment of panic disorder. *Behaviour Research and Therapy, 31,* 279-287.

Telch, M. J., Schmidt, N. B., Jaimez, L., Jacquin, K. M., & Harrington, P. J. (1995) Impact of cognitive-behavioral treatment on quality of life in panic disorder patients. *Journal of Consulting and Clinical Psychology, 63,* 823-830.

Tsao, J. C., Mystkowski, J. L., Zucker, B. G., & Craske, M. G. (2002], Effects of cognitive-behavioral therapy for panic disorder on comorbid conditions: Replication and extension, *Behavior Therapy, 33,* 493-509.

van den Hout, M., Arntz, A., & Hoekstra, R. (1994). Exposure reduced agoraphobia but not panic, and cognitive therapy reduced panic but not agoraphobia. *Behaviour Research and Therapy, 32,* 447-451.

Wade, W. A., Treat, T. A., & Stuart, G. L. (1998). Transporting an empirically supported treatment for panic disorder to a service clinic setting: A benchmarking strategy. *Journal of Consulting and Clinical Psychology, 66,* 231-239.

Westen, D., & Morrison, K. (2001). A multidimensional meta-analysis of treatment for depression, panic, and generalized anxiety disorder: An empirical examination of the status of empirically supported therapies. *Journal of Consulting and Clinical Psychology, 69,* 875-899.

Wetherell, J. L., Gatz, M., & Craske, M. G. (2003). Treatment of generalized anxiety disorder in older adults. *Journal of Consulting and Clinical Psychology, 71,* 31-40.

White, J., Keenan, M., & Brooks, N. (1992). Stress control: A controlled comparative investigation of large group therapy for generalized anxiety disorder. Behavioural Psychotherapy, 20, 97-114.

Wierzbicki, M., & Pekarik, G. (1993). A meta-analysis of psychotherapy dropout. *Professional Psychology: Research and Practice, 24,* 190-195.

Williams, S. L., & Falbo, J. (1996). Cognitive and performance-based treatments for panic attacks in people with varying degrees of agoraphobic disability. *Behaviour Research and Therapy, 34,* 253-264.

6

TOMADA DE DECISÕES E PSICOPATOLOGIA

Robert L. Leahy

As teorias cognitivas da psicopatologia têm enfatizado a metáfora do processamento de informações como um modelo. Especificamente, elas propõem que os indivíduos diferem no que diz respeito a sua percepção tendenciosa de perda e de fracasso (depressão); de ameaça à segurança ou ao *self* (ansiedade); de vulnerabilidade à humilhação ou à derrota (raiva); ou do conteúdo específico de imperfeições, abandono, estado especial ou autonomia (transtornos de personalidade) (Beck e Emery com Greenberg, 1985; Beck, Freeman, Davis and Associates, 2004; Beck, Rush, Sahw e Emery, 1979; Young, Klosko e Weishaar, 2003). Um segundo modelo da tradição cognitiva faz uso do estilo explanatório, distinguindo os indivíduos no que diz respeito a sua tendência de empregar um estilo atributivo "otimista" ou "pessimista" para o comportamento em que eles fracassaram ou tiveram sucesso (Abramson, Metalsky e Alloy, 1989; Abramson, Seligman e Teasdale, 1978). Derivado dos modelos de atribuição desenvolvidos por Weiner, Kelley e colaboradores (Davis, 1965; Felley, 1967, 1973; Weiner, Nierenberg e Goldstein, 1976), esse modelo sugere que os indivíduos serão diferentes no que diz respeito à vulnerabilidade à depressão que possa estar em seu estilo de atribuição preexistente.

Há uma considerável sustentação empírica para o modelo esquemático como fator de vulnerabilidade para a depressão (Clark e Beck com Alford, 1999; Ingram, Miranda e Segal, 1998), para a ansiedade (Purdon e Clark, 1993; Stopa e Clark, 1993; Winton, Clark e Edelmann, 1995) e para transtornos específicos de personalidade (Beck et al., 2001, 2004; Butler, Brown, Beck e Grisham, 2002). Há também uma considerável sustentação empírica para um modelo de diátese de vulnerabilidade à depressão, baseado no estilo explanatório (Abramson et al., 1989; Alloy, Abramson, Metalsky e Hartledge, 1988; Alloy, Reilly-Harrington, Fresco, Whitehouse e Zechmeister, 1999).

Contudo, independentemente da força que tenham tais modelos (e da sustentação empírica a que chegaram), tem-se dado pouca atenção aos processos de tomada de decisão na abordagem cognitiva da psicopatologia. Um exame superficial dos problemas clínicos apresentados pelos pacientes ilustra que muitos indivíduos se caracterizam por uma história de procrastinação, decisões impulsivas, arrependimento e/ou incapacidade de decidirem-se por uma alternativa entre muitas. Com efeito, a importância clínica da tomada de decisões se reflete no fato de que o terapeuta está tentando ajudar o paciente a mudar o pensamento e o comportamento, isto é, a tomar decisões sobre a natureza da realidade e sobre como agir de maneira diferente.

Neste capítulo, examino brevemente os modelos clássicos de tomada de decisões – aos quais nos referimos como modelos "normativos", refletindo sua natureza "ideal" ou "racional". Depois, volto-me à discussão sobre a consistência nos erros dos tomadores de decisão – consistências que resultam da heurística (ou regras práticas) que levam a predileções tendenciosas. Depois, examino três áreas de tomada de decisão tendenciosa que são de relevância específica para a psicopatologia. A primeira área é a moderna "teoria do portfólio" de tomada de decisões que elaborei, a qual sugere que os indivíduos diferem no que diz respeito a suas hipóteses subjacentes sobre recursos, estratégias para lidar com a incerteza e com a tolerância ao risco. Dois estilos distintos são relacionados a essas diferenças individuais em estratégias de investimento na tomada de decisão: os estilos do tomador de decisões depressivo e do tomador de decisões maníaco. Uma segunda área que examino é a da tomada de decisão "míope", na qual o foco consistente em ganhos de curto prazo, em vez de em resultados de longo prazo, resulta em "armadilhas de contingência". A terceira área que discuto é a questão dos "custos perdidos", ou as consequências de compromissos anteriores com causas perdidas. Proponho razões teóricas pelas quais todos tendemos a honrar os custos perdidos e indico como eles estão relacionados a áreas particulares da psicopatologia. Relacionados aos custos perdidos, examino as evidências de que os tomadores de decisão não utilizam um modelo "racional" na tomada de decisões baseada na utilidade futura; em vez disso, baseiam suas decisões atuais nos resultados de suas tomadas de decisão do passado.

MODELOS NORMATIVOS DE TOMADA DE DECISÕES

Um modelo "normativo" é aquele que descreve como os tomadores de decisão devem pensar de maneira racional e utilizar todas as informações que lhes são apresentadas. A racionalidade é determinada pelo que esperamos funcionar em uma tomada de decisões caso os indivíduos tenham obtido informações perfeitas com interações infinitas de suas decisões (ver von Neumann e Morgenstern, 1944). Assim, se eu tiver uma informação perfeita de que um dado é "honesto" (com possibilidade igual de apresentar qualquer número entre 1 e 6) e jogá-lo, devo apostar racionalmente com base nas probabilidades de cada um dos resultados possíveis. Não devo envolver-me com as falácias dos jogadores – tais como acreditar que estou tendo sorte; que minha sorte está acabando; que gosto muito do número 4 e que sempre devo apostar nesse número; ou que, por ter visto alguém ganhar apostando no 6, devo agora mudar para esse número. A decisão racional baseia-se no cálculo objetivo das probabilidades de um resultado, e também em sua utilidade futura.

Exceções à decisão normativa são comuns – refletindo as "anomalias" que caracterizam a tomada de decisões comuns e que fazem os jogadores profissionais empolgarem-se ou entristecerem-se, como pessoas deprimidas ou ansiosas. Assim, os indivíduos maníacos podem acreditar que estão passando por uma maré de sorte (com base em informações limitadas);

as pessoas deprimidas acreditam que sua sorte as abandonou e que nunca mais voltará; os indivíduos obsessivo-compulsivos favorecerão de maneira supersticiosa determinados comportamentos porque eles oferecem uma "sensação" de satisfação; e muitos de nós temos inveja de outras pessoas e copiamos seu comportamento, mesmo se este for autodestrutivo para nós. A meta deste capítulo é descrever algumas dessas anomalias e as implicações clínicas que delas decorrem.

Análises de custo-benefício

Um componente essencial dos modelos normativos de tomada de decisões é que os indivíduos enfocarão totalmente a utilidade futura e ignorarão os custos ou resultados anteriores. Esse modelo do tomador de decisões "a-histórico" baseia-se na metáfora do ser humano como sendo um computador, mais do que sendo alguém que tenta fazer coisas pelas quais possa ser respeitado e que retira sentido do passado. Um componente central desse modelo normativo é o cálculo de custos e benefícios de uma decisão.

Como terapeutas cognitivos, colocamos nossos pacientes em discussões sobre análises "custo-benefício", como se estivéssemos pedindo a eles para fazer uma "ponderação" objetiva dos resultados – em muito como alguém que compara quatro laranjas com seis laranjas. As análises de custo-benefício, contudo, são extremamente complexas; os filósofos, os economistas e os juristas têm ponderado sobre as dificuldades dessa espécie de análise (ver Becker, 1976, 1991; Becker, Grossman e Murphy, 1991; Becker e Murphy, 1988; Breyer, 1993; Sunstein, 2000).

Considere-se um paciente que esteja pensando se deve ou não se divorciar de sua esposa e buscar uma nova vida, independente dela. Como ele faz uma análise de custo-benefício? Trata-se de um esforço inteiramente lógico ou racional? É bem provável que não. Primeiramente, está claro que o que o paciente faz não é utilizar uma métrica estável. Como pesar um custo – que unidades de "custo" estão implicadas? Como o paciente pesa os custos de não ver sua filha sobre os custos de perder parte de sua segurança financeira? Como pesar o benefício de reduzir as discussões ou de atingir oportunidades para novas relações? Essas não são unidades de informação medidas em centímetros ou metros. Não fica claro como elas são medidas. Em segundo lugar, como traduzir ou comparar custos em uma área com os benefícios de outra? Como pode esse paciente dizer que os custos de perda de um relacionamento são comparáveis aos benefícios de se ter liberdade para atingir novas relações? Em terceiro lugar, os custos que são calculados na primeira fase da consideração podem ganhar um efeito de "primazia", isto é, o indivíduo pode dar mais peso aos custos simplesmente porque ele pensa neles primeiro. Por exemplo, ele pode primeiro pensar sobre os custos de ver sua filha menos e depois ignorar quaisquer outros pensamentos possíveis de quaisquer outros benefícios. Ou ele pode utilizar um princípio de "satisfação" – ele está "satisfeito" que haja custos demais a suportar.

Em quarto lugar, os cálculos de custo-benefício ignoram se os indivíduos diferem no que diz respeito a seu desejo de minimizar todos os custos ou de maximizar todos os ganhos. É comum que o paciente reconheça que os benefícios de uma mudança suplantam os custos, mas o paciente pode também acreditar que *quaisquer* custos sejam intoleráveis. Para esse indivíduo, as razões ou quocientes são menos importantes do que a existência de um custo. Por exemplo, na política social, Breyer constatou uma tendência no litígio de eliminar um custo possível (ou risco) de contaminação tóxica, independentemente de custos insuportáveis. Pelo fato de os recursos para combater os riscos de saúde não serem ilimitados, os gastos extras para eliminar os "últimos 10%" com frequência suplantam as vantagens de utilizar esse dinheiro para diminuir outros riscos. Por exemplo, muito mais vidas são salvas pelo dinheiro que se gasta na defesa da autossegurança do que com o dinheiro gasto em tentar eliminar os últimos 10% dos riscos (muito baixos) dos depósitos de lixo tóxico (ver Breyer, 1993). Isso se relaciona à relutância dos indivíduos em obter "a garantia probabilística", isto é, a garantia que cobriria apenas parte da perda com uma redução proporcional no prêmio que apenas cobre alguns riscos. Uma ênfase similar da tentativa de eliminar qualquer custo possível (ou risco) se encontra entre os pacientes com o transtorno obsessivo compulsivo e com o transtorno da ansiedade generalizada (TAG). Por exemplo, indivíduos com TAG buscam soluções perfeitas que eliminarão qualquer risco de incerteza, levando, portanto, suas preocupações rumo à rejeição da solução plausível (Dugas, Buhr e Ladouceur, 2004). Esses indivíduos ignoram a taxa básica (Wells, 1995) e buscam a certeza, às vezes até preferindo um resultado negativo *certo* a um resultado positivo *incerto* (Dugas et al., 2004).

Em quinto lugar, os quocientes custo-benefício ignoram a probabilidade de um resultado – um componente central do cálculo das estimativas subjetivas de risco. Simplesmente dizer que os custos "suplantam" os benefícios em uma razão de 3:2 pode ignorar a probabilidade de que os custos tenham uma alta probabilidade. O risco não é necessariamente reduzido à magnitude de um resultado; inclui a probabilidade do resultado. Em sexto lugar, os indivíduos podem ser míopes em relação aos custos, já que podem temer o fato de ter de encarar os custos primeiro.

Ou, se forem impulsivos, podem ser míopes sobre os benefícios, descontado os custos como fator futuro a ser ignorado. No primeiro caso, vemos indivíduos que evitam e procrastinam, pelo fato de desejarem evitar o desconforto dos custos. No último caso, o indivíduo dá maior ênfase aos benefícios imediatos que escondem os custos de longo prazo – um padrão familiar nas "armadilhas de contingência" dos pacientes com adicção ou outros transtornos (a ser discutido mais adiante).

Uma alternativa a uma estimativa "subjetiva" de um quociente custo-benefício é uma estimativa prática baseada no que um paciente esteja querendo fazer quando a ação é exigida. Por exemplo, o paciente que alega que os custos de seu casamento superam os benefícios, mas que depois decide manter-se casado, pode mais tarde concluir que sua decisão de manter o casamento baseou-se em sua relutância de mudar sua relação com a filha. Assim, a "verdadeira" razão ou quociente custo-benefício é determinada pelo que ele observa em suas ações, não pelo que o que ele diz sobre o que poderia fazer "se eu fosse racional". Da mesma forma, examinar os resultados ou ações pode ajudar-nos a avaliar se um paciente usa uma regra de decisão de "satisfação" ou de "primazia/caráter recente". A regra de "satisfação" sugere que o paciente estará satisfeito se o critério (ou alguns dos critérios) for (forem) atendido(s). No exemplo acima, o homem determinou que está satisfeito em ficar casado, pois não quer mudar sua relação com a filha; o critério "filha" o satisfaz e, portanto, suplanta os demais. Com efeito, ele pode nem sequer considerar outros critérios, uma vez examinado o critério "filha". Outro fator que surge em sua ação é que ele pode atribuir mais peso às informações de primazia (as informações em que ele pensa em primeiro ligar – por exemplo: "Verei menos minha filha?"), ou pode valorizar mais as informações de recenticidade (por exemplo, "Minha relação com minha esposa está melhor hoje").

HEURÍSTICA

"Heurística" são "regras práticas" que permitem aos indivíduos tomar uma decisão rapidamente, sem ter de calcular suas bases, avaliar desempenhos passados ou conduzir comparações em pares sobre as possibilidades e as utilidades futuras. Por exemplo, vou a um restaurante almoçar, mas estou pressionado pelo tempo porque tenho de voltar rapidamente para o escritório para uma reunião. O menu chega e me dá a oportunidade de examinar as comparações que faço entre 100 pratos principais, entradas e saladas. Que estratégia de decisão devo utilizar? Uma regra prática talvez seja "Escolher algo que eu conheça e que seja bom de comer". Juntamente com essa regra de "satisfação" pode estar a "primeira" regra, isto é, "o primeiro prato que atende a esse critério será bom o suficiente". Uma regra prática alternativa (que não é um atalho) seria perguntar ao garçom sobre os prós e os contras de todos os pratos e pedir que faça comparação entre eles. Mas como o que está em jogo é o tempo, utilizo a primeira regra que o satisfaça (Simon, 1979). Escolher a salada de atum, contudo, pode me deixar aberto a arrependimentos, por causa do perfeccionismo, se algum colega tiver dito que o estrogonofe era "de outro mundo". Contudo, se eu utilizar as regras de "satisfação" e "primeira", posso ter certeza de que meu almoço será eficiente, e não precisarei me arrepender de que o almoço foi insatisfatório.

Outra heurística que orienta os tomadores de decisão é a "aversão à perda": as pessoas tendem a sofrer com suas perdas mais do que aproveitam o que ganham. Assim, uma perda de 1 mil é considerada mais importante que um ganho de 1 mil. Kahneman e Tversky (1979) prospectaram teorias segundo as quais o modo como são emolduradas ou consideradas as alternativas – por exemplo, como perdas ou ganhos – pode levar a violações da teoria de utilidade esperada. Por exemplo, quando considerarmos as seguintes alternativas – 50% de chance de perder 1 mil em contraposição a uma perda certa de 500 – os indivíduos escolhem a alternativa mais arriscada de 0% de perda, muito embora a utilidade esperada de ambas as alternativas seja equivalente. A questão da aversão à perda delineada por Kahneman e Tversky é um elemento central de minha adaptação da teoria do portfólio para explicar a tomada de decisões depressiva (Leahy, 1997). Minha perspectiva (conforme delineada abaixo) é a de que indivíduos deprimidos são especialmente contrários a perdas futuras e, portanto, evitarão mudar seu comportamento, porque os resultados são desproporcionalmente vistos como perdas mais do que como ganhos potenciais.

Relacionado a essa aversão à perda é o "efeito de dotação", que reflete a tendência de atrelar um valor mais alto pelo que já se pagou e de que se tem a posse. Assim, os investidores que têm ações exigirão um pagamento mais alto por elas do que se fossem eles próprios comprá-las caso não as possuíssem (Thaler, 1992). O efeito de dotação está conceitualmente relacionado ao conceito de "custos perdidos" que descreverei ainda neste capítulo. Pelo fato de as pessoas supervalorizarem as posses (ou decisões) com que estão comprometidas, elas são mais propensas a "triunfar sobre o outro" – seja em um investimento em ações, em um relacionamento ou em uma opinião.

Outra heurística descrita por Kahneman e Tversky inclui os efeitos do que é recente e da saliência. Assim, informações que sejam recentes e conceitualmente salientes são muito mais propensas a determinar decisões do que as informações que sejam abstratas, tais como uma informação de base (Kahneman, 1995; Kahneman e Tversky, 1979; Tversky e Kahneman, 1974). Isso tem implicações para os indivíduos com TAG que se preocupam excessivamente quando ouvem falar de um acidente recente e amplamente divulgado ("Não acho que seja seguro voar, pois houve um acidente ontem"). As estimativas de "risco" ou "perigo" em geral se baseiam na acessibilidade de informações mais do que em uma pesquisa das taxas básicas ao longo do tempo. Quando um indivíduo com hipocondria busca na internet e examina todos os sintomas de "câncer", essas informações e a doença são mais acessíveis do que a abstrata e pouco convincente taxa básica, que essa pessoa raramente examina.

Por fim, o excesso emocional afeta a percepção do risco, de tal forma que o aumento da ansiedade (por indução do humor) pode ampliar as estimativas de risco em outras áreas da vida (Finucane, Alhakami, Slovic e Johnson, 2000; Slovic, 2000). Uma vez ativada a ansiedade, ela serve como um catalisador de ativação para as percepções de perigo possível. Os terapeutas cognitivos (que considerarão esse exemplo de "raciocínio emocional") estão corretos em observar que uma pessoa pode usar suas próprias emoções para estimar a ameaça externa. Essa heurística emocional – e a consequente percepção de risco ou de escassez de recursos – é um componente maior da tomada de decisões e da percepção de alternativas na depressão e nos vários transtornos de ansiedade.

A TEORIA DO PORTFÓLIO

A teoria moderna do portfólio

A tomada de decisões vem sendo do interesse tanto dos psicólogos cognitivos quanto dos teóricos da economia. Kahneman e Tversky (Kahneman, 1995; Kahneman e Tversky, 1979; Tversky e Kahneman, 1974), bem como outros psicólogos cognitivos (Finucane et al., 2000), enfocaram a heurística que orienta a tomada de decisões, refletindo a "racionalidade limitada" – ou os limites à racionalidade – das decisões cotidianas (ver Simon, 1979, 1983). Da mesma forma, a teoria das finanças comportamentais é guiada pela visão de que os processos cognitivos que subjazem à tomada de decisão irracional não são raros, mas refletem um viés consistente no pensamento (Thaler, 1992). Muitos anos antes da integração da psicologia cognitiva e da teoria das finanças comportamentais, Harry Markowitz (1952) apresentou um modelo de "seleção de portfólios" da teoria da finanças, que sugeria que os indivíduos diferem no que diz respeito a suas hipóteses, metas e condições de contemplar os investimentos no mercado.

O risco é medido na moderna teoria do portfólio pelo desvio padrão de um investimento. Assim, os investimentos que refletem uma variabilidade maior conferem maior risco, mas podem também conferir maior potencial de retorno. Markowitz propôs que os indivíduos diferem de acordo com sua tolerância ao risco: alguns preferem estratégias mais agressivas ou arriscadas a fim de maximizar ganhos, ao passo que outros buscam evitar o risco enquanto valorizam a minimização da perda em troca da maximização do ganho. Os investidores podem reduzir seu risco – ou os efeitos de desvio-padrão notados aqui – pela diversificação de seus investimentos (de um modo em que esses investimentos separados sejam ou correlacionados negativamente ou ortogonais entre si) e pelo aumento do horizonte de tempo de um investimento. Por exemplo, a superexposição às desvantagens potenciais de um investimento pode ser diminuída ou cercada quando se toma uma posição em outro investimento que suba quando o primeiro cair (um investimento negativamente correlacionado) ou que não se relacione ao investimento inicial. O investimento repetido durante um longo período de tempo reduz o desvio padrão de qualquer posição específica, como Markowitz e colaboradores demonstraram.

Relevante para nossa discussão sobre o fato de os tomadores de decisão se depararem com decisões cotidianas é o modelo da teoria do portfólio sugerir que os indivíduos diferem em sua tolerância psicológica de risco e em sua duração e repetição de investimento. Especificamente, alguns indivíduos acreditarão que eles dispõem de recursos significativos e que podem enfrentar um horizonte de tempo mais longo (isto é, ficar mais tempo no mercado), ao passo que outros dispõem de menos recursos em um horizonte temporal menor. Outros indivíduos se protegerão do risco por meio da diversificação de seus investimentos, já que uma perda em uma área não pode afetar a outra área de investimento. Esses fatores, de acordo com Markowitz, afetarão o grau de tolerância dos indivíduos ao risco.

Ampliei esses temas, primeiramente identificados por Markowitz no desenvolvimento de um modelo de como os indivíduos tomam decisões cotidianas – e não simplesmente decisões que enfocam os investimentos de ordem financeira (Leahy, 1997, 1999, 2001a, 2003). De acordo com esse modelo, os indivíduos consideram uma série de fatores ao pensar em tomar uma decisão e ao correr riscos.

Esses riscos incluem o seguinte: percepção dos recursos atuais; antecipação de ganhos ou lucros futuros (independente da decisão atual); capacidade de prever e de controlar resultados; generalizabilidade dos resultados negativos e positivos; critérios para definir um ganho ou uma perda; aceleração da replicação de perda ou de ganho de um "investimento" ou comportamento dirigido a determinada meta; horizonte de tempo; necessidade de informação e aversão ou tolerância ao risco. Desenvolverei esses temas no item a seguir, em que discutirei modelos pessimistas e otimistas de tomada de decisões.

Tomadores de decisão pessimistas e otimistas

A premissa subjacente que guia a moderna teoria do portfólio é que os tomadores de decisão diferem no que diz respeito a hipóteses e realidades percebidas. Assim, os indivíduos têm diferentes teorias de portfólio ou modelos de tomada de decisão e de investimento. Propus que as realidades dessas diferentes teorias de portfólio são mais bem capturadas por meio da comparação entre o modo como indivíduos deprimidos, não deprimidos e maníacos abordam uma decisão. Esse contraste está refletido no Quadro 6.1.

Quando examinamos o Quadro 6.1, percebemos que as hipóteses de tomada de decisão que orientam os investidores deprimidos ou pessimistas são o outro lado daquelas que orientam os investidores maníacos. Especificamente, conforme os indivíduos deprimidos pensam em uma mudança, eles se veem como tendo poucos recursos ou ativos e seu potencial de ganho futuro é baixo. Assim, eles podem acreditar que qualquer perda futura os levará ao esquecimento. Ao contrário, os indivíduos maníacos percebem-se como tendo recursos substanciais atuais e futuros, e assim acreditam que uma perda não afetará seus "títulos". Os indivíduos pessimistas veem o mercado como algo bastante imprevisível ou variável, fazendo com que qualquer mudança seja arriscada da perspectiva das necessidades de controle de informação. Os indivíduos otimistas talvez acreditem que o mercado é previsível e que podem continuar a fazer uso de suas intuições. A meta mais alta dos indivíduos deprimidos é evitar a perda (refletindo sua estratégia de minimização), ao passo que os indivíduos maníacos podem ser indiferentes à perda e enfocar exclusivamente os ganhos potenciais. Os indivíduos deprimidos acreditam que têm poucas replicações e um horizonte temporal curto e, assim, não podem continuar tentando atingir suas metas; os indivíduos maníacos podem acreditar que é possível persistir em seus investimentos ou em seu comportamento indefinidamente, fazendo com que seja possível (acreditam eles) ter sucesso no futuro. Os indivíduos deprimidos repelem o prazer e não gostam das coisas de jeito algum (isso torna os "ganhos" algo que não lhes é especialmente "benéfico"), ao passo que os indivíduos maníacos podem superestimar o quanto gostam de determinado resultado. Todas essas hipóteses e percepções orientam os indivíduos deprimidos e maníacos a considerar as decisões de maneiras distintas, porém previsíveis.

No Quadro 6.2, apresento aspectos de perda de orientação para indivíduos deprimidos. Como o exame do quadro revela, os indivíduos deprimidos veem qualquer pequena mudança na perda como uma grande mudança. Considerando-se que a meta é minimizar perdas futuras, a detecção precoce da perda, juntamente com o pessimismo acerca do "mercado" (ou "recursos disponíveis"), sugeriria que a detecção precoce da perda seria útil – especialmente se houver a percepção de que as perdas acontecerão "em cascata". A decisão de "desistir cedo" depois de experimentar uma perda tem como base a visão que esses indivíduos têm de que dispõem de poucos recursos para utilizar e de que os resultados são desanimadores. Isso se parece com as constatações de Dweck e colaboradores de que os indivíduos marcados pelo "desamparo adquirido" desistirão cedo, confirmando com isso sua baixa autoestima e sua crença de que não têm a capacidade de desempenhar seu papel (Dweck, 1975, 1986; Dweck, Davidson, Nelson e Enna, 1978). Além disso, os indivíduos deprimidos operam com hipóteses de escassez ("Ganha-se pouco com isso") e com a diminuição do comportamento ("Quanto mais me esfor-

QUADRO 6.1 Teorias do portfólio para indivíduos deprimidos, não deprimidos e maníacos

INTERESSE DO PORTFÓLIO	DEPRIMIDO	NÃO DEPRIMIDO	MANÍACO
Ativos disponíveis	Poucos	Alguns/muitos	Ilimitados
Possibilidades de ganhos futuros	Baixas	Moderadas	Ilimitadas
Variação do mercado	Volátil	Baixa/previsível	Previsibilidade certa
Meta de investimento	Perda mínima	Perda mínima com ganho máximo	Ganho máximo, indiferença à perda
Orientação quanto ao risco	Aversão ao risco	Neutro ao risco	Apreciador do risco
Utilidade funcional do ganho	Nenhuma/pouca	Muita	Ilimitada
Replicações do investimento	De curto prazo	De longo prazo	De curto prazo
Diversificação do portfólio	Baixa	Moderada	Muito alta

ço, mais exausto e derrotado me sinto"). Assim, eles acreditam que a persistência de um determinado comportamento não será compensadora em um mercado de recompensas que afunda, e que ficarão exaustos pelo esforço feito. Isso deve ser contrastado com as expectativas otimistas e resilientes dos indivíduos caracterizados pela "inesgotabilidade de recursos adquirida", isto é, pela crença de que o esforço é uma questão de orgulho e um aspecto necessário da autoeficácia (Eisenberger, 1992).

Finalmente, a teoria do portfólio de tomada de decisão propõe que os indivíduos deprimidos utilizarão estratégias de autoproteção para evitar perdas futuras. Tais perdas estão refletidas no Quadro 6.3. Os indivíduos que estão deprimidos têm aversão ao risco (Leahy, 2001a, 2001b). Pelo fato de acreditarem que não são diversificados (isto é, que não possuem uma variedade de fontes de recompensa), eles podem ser excepcionalmente sensíveis à perda. Contudo, há estratégias que os indivíduos deprimidos podem utilizar para compensar sua "exposição". Essas estratégias incluem esperar pela "hora certa", coletar mais informações para reduzir incertezas, rebaixar suas expectativas (e as expectativas de que os outros têm sobre eles), rejeitar a esperança (já que a esperança pode levar a um comportamento arriscado), ficar indeciso entre duas alternativas, minimizar os riscos, ocultar-se e obscurecer a autoavaliação.

QUADRO 6.2 Aspectos de perda de orientação para indivíduos deprimidos

ASPECTOS DE PERDA DE ORIENTAÇÃO	DEFINIÇÃO
Limiar baixo	A mais leve diminuição é vista como uma perda de proporções significativas.
Critérios altos para a interrupção da perda	Uma perda pequena leva ao encerramento de um comportamento. Consequentemente, os indivíduos deprimidos param de agir cedo.
Hipóteses de escassez	O mundo é considerado como algo que apresenta poucas oportunidades para o sucesso. Isso é generalizado a um modelo de recompensa que tem o zero como resultado, para si e para o outro.
Hipóteses de diminuição	As perdas não são vistas como simples inconveniências ou como reveses temporários. São consideradas como algo que esgota recursos.
Custos em cascata	As perdas são vistas como algo ligado a uma tendência linear e acelerada de perdas futuras.
Enfoque temporal de curto prazo	Os indivíduos deprimidos têm um enfoque de curto prazo, considerando seus investimentos somente em termos de como eles serão compensadores ou não a curto prazo.
Reversibilidade e revogabilidade	As perdas são consideradas como irreversíveis e não compensadas pelos ganhos. Os investimentos negativos são irrevogáveis, indivíduos deprimidos não se consideram capazes de resolver as situações com facilidade.
Orientação para o arrependimento	As perdas dos indivíduos deprimidos são seguidas de arrependimento, segundo o qual eles deveriam ter sabido de antemão o que fazer e não incorrer em erro. A tendenciosidade de sua perspectiva atrasada tem como foco a hipótese de que eles devem tomar decisões perfeitas a partir de informações limitadas.

QUADRO 6.3 Preocupações dos indivíduos deprimidos relativas ao gerenciamento de risco

PREOCUPAÇÕES RELATIVAS AO GERENCIAMENTO DE RISCO	DEFINIÇÃO
Baixa diversificação	Os indivíduos deprimidos acreditam que possuem apenas um investimento – o que estiver à mão – e, portanto, estão altamente expostos à perda.
Duração curta	Pelo fato de os indivíduos deprimidos acreditarem que estão no jogo por um espaço de tempo curto, estão altamente expostos à volatilidade.
Replicação baixa ou ausente	Acreditam que não terão outras chances de ter sucesso nesta situação. Portanto, devem ter certeza de que a primeira tentativa funcionará.
Necessidade de esperar	Acreditam que precisam esperar por um momento mais oportuno para agir, e recusam os custos de uma oportunidade porque nenhuma alternativa parece atraente.
Informação alta	Exigem algo próximo da certeza absoluta antes de tomarem a decisão.
Alta aversão ao desapontamento	Preocupam-se menos com a falta contínua de reforço do que com a possibilidade de uma mudança *negativa*. Evitam o *delta negativo* a qualquer preço.
Manipulação de expectativas	Tentam ou diminuir as expectativas de que terão sucesso ou as aumentam excessivamente para evitar desapontamento com sua "verdadeira" capacidade.
Rejeição de esperança	Consideram a esperança de modo ambivalente, acreditando que estimular suas próprias esperanças é algo que os deixa abertos à exposição e ao desapontamento.
Ficar em cima do muro	Fazem um esforço mínimo como forma de sondar se o comportamento adotado pode ter algum efeito. Preservando-se, retiram-se ao primeiro sinal de uma negativa.
Minimização de risco	Apostam contra si mesmos, mantendo abertas outra opções que, ironicamente, podem minar suas escolhas.
Ocultamento	Tentam manter-se em posição obscura, a fim de evitar a exposição à avaliação.
Obscurecimento da autoavaliação	Criam condições que impedem uma avaliação direta de sua competência sob condições ótimas. Isso lhes dá a opção de atribuir seu fracasso à falta de esforço, à doença, à ausência e/ou à falta de preparação, e não a uma característica já cristalizada.

Ironicamente, a longo prazo, essas estratégias de gerenciamento de risco podem de fato perpetuar ainda mais a depressão e a eliminação de oportunidades de mudança. O ponto essencial aqui é o de que os indivíduos deprimidos buscam evitar *perdas futuras*.

Há sustentação empírica para o modelo da teoria do portfólio. Em um estudo de 153 pacientes psiquiátricos adultos (Leahy, 2001a), os participantes completaram um Questionário de Decisão que avaliava 25 dimensões da tomada de decisões, e essas respostas foram correlacionadas aos escores do Inventário de Depressão de Beck. Os resultados sustentaram substancialmente as hipóteses de uma teoria portfólio de risco. A aversão ao risco e à depressão foi relacionada à maioria das dimensões, e a depressão foi relacionada à aversão de risco. Menos depressão foi algo que se relacionou à maximização de positivos como uma meta, mas não se relacionava à minimização dos negativos. Quatro fatores foram importantes para a maior parte da variação: a eficácia geral, o desencorajamento, a imprevisibilidade e a aversão ao risco. Assim, os indivíduos que estavam mais deprimidos tendiam mais a verem-se como tendo menos eficácia geral, mais desencorajados, menos capazes de prever e maior aversão ao risco. Além disso, a previsão de aversão o risco relacionou-se aos fatores da eficácia geral, desencorajamento e previsibilidade.

Em um segundo estudo, 101 pacientes psiquiátricos adultos preencheram a Escala multiaxial clínica de Millon e o Questionário de Decisão. Os escores dimensionais (mais do que as comparações categóricas) foram utilizados para vários transtornos da personalidade. O estilo de portfólio pessimista foi utilizado por indivíduos que tinham escore maior nos transtornos de evitação, de dependência e de personalidade *borderline*. Os resultados para esses grupos de diagnóstico refletiam as percepções de acesso baixo, presente e futuro, a recompensas, a demandas de alta informação, a regras rápidas de desistência ou a interrupção e a uma grande probabilidade de sofrer negativas e de aproveitar menos os ganhos.

Os dados do transtorno de personalidade obsessivo-compulsiva foram reveladores, no sentido de que sustentaram a visão de que os indivíduos com esse transtorno têm como sendo inibidos e cautelosos, mas não carentes de autoestima. Especialmente interessantes foram os dados referentes ao transtorno de personalidade paranoide, que sugeriram uma visão subjacente negativa de si, baixa autoeficácia, maior desencorajamento e precaução contra a mudança. As pessoas com o transtorno de personalidade histriônica relataram uma *preferência* pelo risco, baixa tolerância à frustração e uma tendência a desistir mais cedo. Finalmente, as constatações relevantes referentes a quem sofre do transtorno de personalidade narcisística não sustentaram a visão comum de que tais indivíduos mascarem uma baixa autoestima, mas sim que têm medo de cometer erros.

OLHANDO A MIOPIA MAIS DE PERTO

Os modelos normativos de tomada de decisão assumem que os indivíduos levarão em conta a utilidade a longo prazo nos cálculos hedonistas: "quais são os custos e os benefícios de longo prazo?". Como vimos, o cálculo das razões de utilidade se confunde com o significado idiossincrático do valor psicológico dos resultados. Há consideráveis evidências clínicas e empíricas de que os indivíduos valorizam muito os ganhos de curto prazo sobre os ganhos de longo prazo, especialmente quando os tomadores de decisão experimentam privações de recompensas ou estão sob estresse considerável. As manifestações clínicas desse processo de tomada de decisão "míope" incluem a incapacidade de atrasar a gratificação (Metcalfe e Mischel, 1999; Mischel, Shoda e Rodriguez, 1989), o transtorno de comer e beber, o abuso de substâncias e os gastos financeiros excessivos (Leahy, 2003; Orford, 2001). De fato, pode-se ver a sobrevalorização de ganhos de curto prazo como algo que marca uma "armadilha de contingência", de tal forma que esses indivíduos escolhem consistentemente uma recompensa intensa de curto prazo que tenha custos altos de longo prazo, mesmo quando sabem que os custos de longo prazo podem ser devastadores. Nesses casos, os indivíduos são "pegos em uma armadilha" por uma contingência como a seguinte: "Sinto-me mal → posso sentir-me melhor imediatamente se usar esta substância → uso a substância → começo a adicção → preciso de mais".

Em minha análise das armadilhas contingentes inerentes a essas escolhas míopes que levam à autoderrota, sugeri que vários fatores mantêm esse círculo vicioso (Leahy, 2003). Considere o modelo de armadilha contingente apresentado na Figura 6.1. Os precursores biológicos primeiros são as estratégias evolucionárias adaptadas de buscar gratificação imediata em um ambiente primitivo: os humanos primitivos necessariamente buscavam recompensas imediatas em um ambiente de escassez, de imprevisibilidade e de perigo. Uma estratégia de buscar recompensas envolve hipóteses cognitivas, tais como "Aproveitar o momento certo para ganhar" ou "Melhor aproveitar uma recompensa agora do que esperar um dia melhor amanhã". Uma diátese emocional rumo à miopia é que um indivíduo se sente destituído e desesperado e, portanto, busca uma redução imediata de sofrimento ou uma gratificação imediata por meio de uma recompensa. Quanto mais divertida a recompensa – tal como o uso de comida, de álcool, de drogas –, maior a tendência para a escolha míope. Dar atenção a opções míopes é algo que é aumentado pelo nível de empolgação do indivíduo, bem como a relevância da recompensa para a gratificação imediata (enquanto outras recompensas, especialmente as que não estão imediatamente presentes ou que requeiram espera, são obscurecidas). Os padrões que são utilizados – para gratificação ou para recompensa – podem minar a "satisfação" a longo prazo da recompensa; a recompensa não está à altura. Porém, a recompensa oferece consequências positivas imediatas (redução de ansiedade, distração da dor psíquica, prazer), o efeito "duradouro" dessa recompensa é efêmero – não persiste. Consequentemente, tentativas futuras devem ser feitas para buscar mais gratificação imediata. Esse círculo vicioso é uma "armadilha contingente".

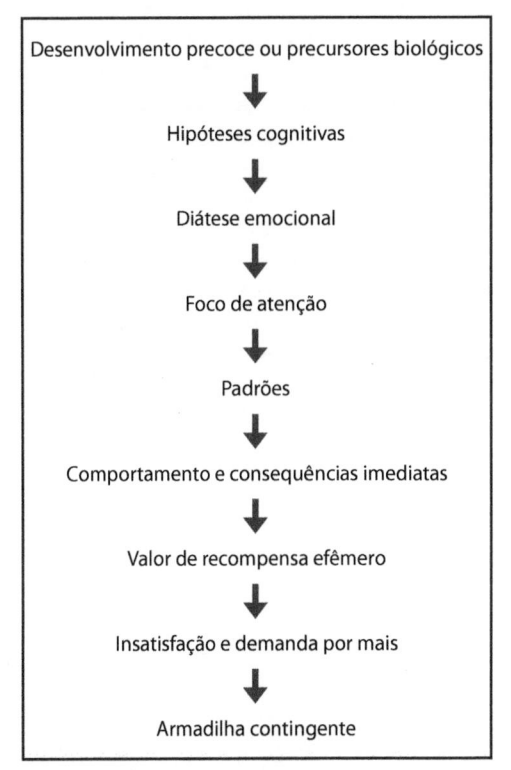

Uma armadilha contingente pode ser ilustrada pela decisão de usar álcool para reduzir a ansiedade ou para buscar prazer. Uma pessoa com problemas de alcoolismo pode ser geneticamente predisposta a isso e pode responder melhor aos efeitos do álcool no cérebro. As hipóteses sobre beber e sobre os estados emocionais talvez incluam "Preciso livrar-me desse sentimento ruim imediatamente", "Seria bom 'ficar alto'" e "O fato de eu beber não incomoda ninguém" (ver Beck, Wright, Newman e Liese, 1993). Essas hipóteses facilitadoras e descontáveis, juntamente com a diátese emocional, da ansiedade e da depressão, levam então ao foco de atenção no álcool como única fonte de recompensa, obscurecendo o exame de consequências de longo prazo e de recompensas alternativas. O padrão é sentir-se melhor imediatamente, levando a recompensas positivas imediatas do ato de beber; contudo, beber

```
Desenvolvimento precoce ou precursores biológicos
                    ↓
            Hipóteses cognitivas
                    ↓
             Diátese emocional
                    ↓
              Foco de atenção
                    ↓
                  Padrões
                    ↓
    Comportamento e consequências imediatas
                    ↓
          Valor de recompensa efêmero
                    ↓
        Insatisfação e demanda por mais
                    ↓
            Armadilha contingente
```

FIGURA 6.1
Um modelo de armadilha contingente

só tem efeitos de curto prazo, o que leva à demanda por mais álcool – e isso resulta em uma armadilha de contingência.

DECISÕES QUE OLHAM PARA TRÁS

Os efeitos do custo perdido

Os modelos normativos de tomada de decisão propõem que os indivíduos somente considerarão a utilidade futura e os custos de uma determinada decisão, comparados àqueles das alternativas disponíveis. De acordo com esse modelo, os indivíduos devem ignorar seus investimentos passados em um comportamento ou alternativa e devem enfocar apenas os resultados futuros. Contudo, um bom número de pesquisas ilustra que as pessoas raramente são neutras no que diz respeito a seus investimentos passados e que elas utilizarão esse custo passado (ou falta de utilidade) na determinação de seu curso futuro de ações (Arkes e Ayton, 1999; Garland, 1990; Staw, 1976; Staw, Barsade e Koput, 1997; Staw e Fox, 1977; Staw e Ross, 1978, 1987; Staw, Sandelands e Dutton, 1981; Thaler, 1980, 1992). O efeito do "custo perdido" é às vezes chamado de "efeito Concorde", em homenagem ao supersônico que jamais conseguiria recuperar seus custos, foi operado como proposição deficitária e recentemente realizou seu último vôo comercial. Para "honrar" um custo perdido, o tomador de decisões leva em consideração os custos anteriores como uma *razão adicional* para continuar um empreendimento que já provou ser um fracasso. As decisões da vida real frequentemente "olham para trás", e não para a frente.

Considere o seguinte exemplo. Você comprou um casaco, pagando "um bom dinheiro" por ele, mas você jamais o tira do guarda-roupa, pois não acha que ele lhe caia bem. Seu cônjuge percebe que essa peça de roupa está guardada há anos, mas você resiste em livrar-se do casaco, argumentando o seguinte: "paguei um bom dinheiro por este casaco e um dia vou usá-lo". Esse casaco é um custo perdido – uma decisão que provou ser um fracasso, mas que você não consegue dar por encerrada. Você espera que chegue o dia em que vai usar o casaco, mas os anos passam e isso não acontece.

Outro exemplo de um custo perdido está refletido na mulher que se envolveu com um homem casado, chamado Roger, por cinco anos. Ela reconhece que está triste em seu relacionamento, e diz a seu terapeuta que sabe que é irracional manter a relação. Contudo, não consegue romper com ele, alegando que isso provaria que os cinco anos teriam sido tempo perdido e que teria agido de maneira tola durante todo esse tempo. Diferentemente de um bom tomador de decisões, que enxergará no primeiro sinal de erro uma oportunidade para escapar de uma armadilha, ela vê seu erro como uma decisão que deve ser compensada. Conseqüentemente, ela usa a experiência de cinco anos de uma relação que não gera lucro como parâmetro para mantê-la por tempo maior ainda.

Os custos perdidos freqüentemente envolvem uma escala de compromisso com um padrão fracassado de decisão. Em vez de pensar "Não quero gastar mais dinheiro ainda por causa de uma decisão errada", o indivíduo pode pensar "Já investi muito nisso para desistir agora". Idealmente, ao tomar uma decisão, as pessoas consideram os benefícios futuros que podem ser atingidos por um determinado curso de ação, isto é, consideram a utilidade esperada. Por exemplo, uma mulher que já tenha se comprometido profundamente em uma relação que não esteja prosperando pode considerar esses custos como "experiência de aprendizagem" e proteger-se de problemas futuros. As teorias clássicas de aprendizagem, orientadas por um modelo de reforço ou de extinção, implicariam o abandono da relação, mesmo que não houvesse outra relação compensadora disponível. Da perspectiva da teoria do reforço, este seria visto como algo a diminuir à medida que os custos aumentassem. A história de aprendizagem da mulher em tal relação indicaria um ímpeto ainda maior para abandonar a relação. Contudo, ela resiste a abandonar essa relação de alto custo e que existe há bastante tempo. Os indivíduos nem sempre são guiados pela história do reforço e nem sempre são convencidos facilmente pela análise de custo-benefício. A decisão da mulher – continuar ou desistir – é determinada pelo seu investimento anterior na relação.

Os efeitos de custo perdido podem ser explicados pela teoria do compromisso (Kiesler, Nisbett e Zanna, 1969), pela teoria da dissonância cognitiva (Festinger, 1957, 1961), pela teoria da prospecção e dos quadros de perda (Kahneman e Tversky, 1979), pela teoria do medo de desperdiçar (Arkes, 1996; Arkes e Blumer, 1985), pelos processos de atribuição (por exemplo, Davis, 1965; Kelley, 1967, 1973) e pela inércia da inação (Gilovich e Medvec, 1994; Gilovich, Medvec e Chen, 1995). A teoria do compromisso, por exemplo, sugere que os indivíduos persistirão em um comprometimento com as ações passadas, às vezes ignorando as razões futuras de utilidade. Uma vez feito um compromisso, a razão para ir em frente é o próprio compromisso, e não sua utilidade futura. A teoria da dissonância cognitiva de Festinger (1957, 1961) sugere que as perdas anteriores precipitam um conflito cognitivo, que pode ser resolvido ou pela sobrevalorização de um comportamento anterior ou pelo aumento da esperança de que o custo perdido seja recuperado, e que, portanto, justifique o comportamento anterior. Assim, a mulher que participou da relação sem futuro talvez considere seus compromisso e custos como algo dissonante de sua perspectiva, segundo a qual ela é alguém que toma boas decisões. Ela pode reduzir essa dissonância por meio da justificativa de que seu amado Roger possui qualidades que só ela conhece e aprecia – ou pode, então, desvalorizar outras alternativas (por exemplo, todos os outros homens disponíveis).

A teoria da prospecção de Kahnemann e Tversky (1979) sugere que os indivíduos sofrem mais com as perdas do que aproveitam seus ganhos e que abandonar um custo perdido pode ser considerado uma perda. Se a mulher do exemplo anterior considerar a mudança – isto é, romper o relacionamento com Roger – uma perda (de Roger) mais do que um ganho (de liberdade para buscar outras relações), ela desistirá de outras alternativas a fim de manter seu compromisso com Roger.

A teoria do medo de desperdiçar sugere um motivo mais forte, talvez inato para evitar desperdiçar recursos ou comportamento (Arkes, 1996; Arkes e Blumer, 1985). Assim, em nosso exemplo, o comprometimento com um custo perdido (Roger) evita o reconhecimento de que isso foi uma perda de tempo, já que a mulher pode ter a "opção" de esperar que, em algum momento, a relação compense e consiga separar Roger de sua família. Os processos de atribuição (ou processos de autopercepção) podem refletir-se no modo como essa mulher percebe seu próprio comportamento. Vendo-se como alguém que está pagando um alto preço pela relação, ela poderá concluir que um alto investimento deve ocorrer em função de uma causa justa. Finalmente, a inércia da inação tem como base o fato de que há um arrependimento assimétrico pela inação e pela ação; assim, em curto prazo, os indivíduos arrependem-se de adotar novas ações mais do que o fazem se continuarem no curso de inação (Gilovich e Medvec, 1994). Ao continuar no custo perdido, a mulher evita um aumento de arrependimento a curto prazo.

Os indivíduos são mais propensos a continuar adotando determinado comportamento se o custo anterior tiver sido maior (Arkes e Blumer, 1985; Garland, 1990). Assim, se a mulher envolvida com Roger tiver sofrido muito, ela pode utilizar esse sofrimento como uma justificativa de que é melhor do que os outros acreditam ser, a fim de reduzir a dissonância maior que ela experimenta. Fazer uma mudança é algo que se baseia parcialmente nos custos a serem considerados relativos aos "ativos" ou às compensações disponíveis. Se ela considerar uma mudança como tendo um custo elevado em relação a seus "ativos" atuais, ela continuará por mais tempo a ter tal comportamento (Garland e Newport, 1991; Kahneman e Tversky, 1979). Assim, como ela permanece por mais tempo na má relação e sua autoestima e seu acesso a relações alternativas diminuem, ela terá a expectativa de que o custo de sair da relação será alto – e será relativamente mais alto em relação à diminuição de seus recursos. Como resultado disso, a sensação de sentir-se diminuído reduz seus "ativos" atuais ou recursos, significando que os custos de abandonar são medidos em comparação a uma posição de perda. Portanto, ela tenderá a ficar, já que dispõe de poucas coisas para compensar suas perdas se sair da relação – padrão comum em relações abusivas (Dutton, 1999).

Ironicamente (mas como se espera de modelos precedentes), a pesquisa indica que o aumento do senso individual de responsabilidade pessoal para a ação original também amplia o efeito de custo perdido (Staw, 1976; Whyte, 1993), mas que o fato de responsabilizar o indivíduo em relação aos outros por uma decisão que tomar diminui o efeito de custo-perdido (Simonsen e Nye, 1992).

Assim como a mulher de nosso exemplo se vê pessoalmente responsável por ficar no compromisso de custo perdido, ela experimenta um medo maior de desperdiçar e de ter maior dissonância; isso tudo a motiva a tentar ainda mais compensar o compromisso assumido, mais do que reconhecer o fracasso. Delegar a responsabilidade a outra pessoa – por meio da modificação da responsabilidade final e da desatribuição – pode reverter o efeito de custo-perdido.

Modificando os efeitos de custo-perdido

Um clínico pode efetivamente reverter o efeito de custo-perdido, fazendo o seguinte (ver Leahy, 2000, 2001b, 2003):

1. Explicar o efeito de custo-perdido ao paciente (o exemplo do casaco que foi comprado e que fica no guarda roupa durante anos sem ser usado é compreensível para todos).
2. Ajudar o paciente a examinar os custos e os benefícios – para o futuro imediato e distante, separadamente – de continuar o custo perdido.
3. Ajudar o paciente a examinar os custos de oportunidade que o fato de continuar no custo perdido acarretam (que oportunidades são excluídas?).
4. Separar a decisão atual de mudar de um compromisso passado para um custo perdido: "Se você não tivesse feito a decisão anterior de comprometer-se com esse comportamento – e essa não fosse uma nova opção agora – você se comprometeria com ela? Por que ou por que não?"
5. Perguntar: "Que conselho você daria a alguém que estivesse nessa situação?"
6. Perguntar: "Você está preocupado com o fato de que o abandono dos custos perdidos signifique que se tratou de

um desperdício total?" Talvez os benefícios tenham superado os custos antes, muito embora os custos agora superem os benefícios.

Os indivíduos que pensam em fazer uma mudança de um compromisso de custo perdido também frequentemente se preocupam com o modo como as outras pessoas veem essa mudança: "Meus amigos pensarão que eu fui uma idiota por ter mantido tal relacionamento, e agora é como se eu dissesse que eles estão certos e que eu estou errada". O paciente pode coletar informações sobre como seus amigos veriam a nova decisão perguntando a eles qual seriam suas respostas. Além disso, mesmo que os amigos digam "Eu te falei que isso acabaria assim", haverá um benefício em receber bons conselhos – mesmo se eles forem aproveitados tardiamente. Afinal, o que há de tão mal em os amigos dizerem "Eu te falei que isso acabaria assim"? Se o paciente estiver tomando agora a decisão certa, ele poderá sentir-se confortável que o futuro será melhor do que o passado.

De interesse particular no efeito de custo-perdido é o fato de que o compromisso assumido pode ser relacionado aos esquemas pessoais do paciente. Por exemplo, pode ser útil perguntar aos pacientes se há certos custos perdidos que são mais fáceis de abandonar. Em um caso, um executivo foi adepto de abandonar um custo perdido em seus investimentos, mas teve grande dificuldade de abandonar um custo perdido em sua relação com a esposa. Examinando o caso mais de perto, ficou claro que reconhecer que a relação não iria funcionar ativou seu esquema pessoal de que ninguém poderia amá-lo, e de que seria impossível encontrar uma parceira adequada. Pela utilização da abordagem dos custos perdidos, ele também foi capaz de ver que continuar uma relação sem amor significava "confirmar" sua crença de que ninguém poderia amá-lo, o que o colocava em um beco sem saída: "Se eu abandonar a relação, isso significará que ninguém gostará de mim; se eu ficar, que não conseguirei ter o amor que quero".

CONCLUSÕES

Os modelos cognitivos de psicopatologia podem ser elaborados por meio do uso da vasta literatura sobre tomada de decisões, escolhas ou estratégias de investimento, a fim de melhor entender como a tomada de decisões do cotidiano pode ser afetada pela heurística, pela tendenciosidade, pelo interesse emocional e por hipóteses subjacentes de escassez. Os modelos lógicos ou racionais de tomada de decisões normativas – colocadas primeiramente por von Neuman e Morgenstern (1944) – presumem que os tomadores de decisão testam todos os dados ao longo de um período de tempo extenso e são indiferentes a suas experiências passadas e resultados. Contudo, os modelos que eu examinei aqui vão contra a ideia de que poucas pessoas tomam decisões de maneira racional e desapaixonada e que entender a "regularidade" das "anomalias" na tomada de decisões – isto é, o padrão consistente de erros – pode ajudar-nos a compreender como os indivíduos deprimidos, ansiosos, maníacos ou que sofrem de uma ou de outra forma tomam suas decisões.

Se nós, terapeutas, conseguirmos discernir esses padrões de anomalia para tais indivíduos, poderemos então intervir por meio da identificação – com nossos pacientes – da heurística ou dos limites à racionalidade que os guia. Por exemplo, ajudar os pacientes a entender seu compromisso com custos perdidos pode ajudá-los a escapar dos limites que, no passado, representaram uma armadilha. Ou assistir indivíduos bipolares a entender suas teorias de escolha exageradamente otimistas e maníacas pode ajudá-los a evitar riscos desnecessários. Essa integração de modelos cognitivos de escolha e de modelos esquemáticos de psicopatologia podem nos ajudar, como terapeutas, a aconselhar os pacientes cujas escolhas frequentemente parecem "irracionais" – mas que são guiadas por uma lógica interna e consistente de uma racionalidade limitada.

REFERÊNCIAS

Abramson, L. Y., Metalsky, G. I., & Alloy, L. B. (1989). Hopelessness depression: A theory-based subtype of depression. *Psychological Review, 96,* 358-372.

Abramson, L. Y., Seligman, M. E, P., & Teasdale, J. (1978). Learned helplessness in humans: Critique and reformulation. *Journal of Abnormal Psychology, 87,* 49-74.

Alloy, L. B., Abramson, L. Y., Metalsky, G. I., & Hartledge, S. (1988). The hopelessness theory of depression. *British Journal of Clinical Psychology, 27,* 5-12.

Alloy, L. B., Reilly-Harrington, N., Fresco, D. M., Whitehouse, W. G., & Zechmeiste, J. S. (1999). Cognitive styles and life events in subsyndromal unipolar and bipolar disorders: Stability and prospective prediction of depressive and hypomanic mood swings. *Journal of Cognitive Psychotherapy, 13,* 21-40.

Arkes, H. R. (1996). The psychology of waste. *Journal of Behavioral Decision Making, 9(3),* 213-224.

Arkes, H. R., & Ayton, P. (1999). The sunk cost and Concorde effects: Are humans less rational than lower animals? *Psychological Bulletin, 125(5),* 591-600.

Arkes, H. R., & Blumer, C. (1985). The psychology of sunk cost. *Organizational Behavior and Human Decision Processes, 35,* 124-140.

Beck, A. T., Butler, A. C., Brown, G. K., Dahlsgaard, K. K., Newman, C. F., & Beck, J. S. (2001). Dysfunctional beliefs discriminate personality disorders. *Behavior Research and Therapy, 39,* 1213-1225.

Beck, A. T., & Emery, G., with Greenberg, R. L. (1985). *Anxiety disorders and phobias: A cognitive perspective.* New York: Basic Books.

Beck, A. T., Freeman, A., Davis, D. D., & Associates. (2004). *Cognitive therapy or personality disorders* (2nd ed.). New York: Guilford Press.

Beck, A. T., Rush, A. J., Shaw, B. F., & Emery, G. (1979). *Cognitive therapy of depression.* New York: Guilford Press.

Beck, A. T., Wright, F. D., Newman, C. F., & Liese, B. S. (1993). *Cognitive therapy of substance abuse.* New York: Guilford Press.

Becker, G. S. (1976). *The economic approach to human behavior.* Chicago: University of Chicago Press.

Becker, G. S. (1991). *A treatise on the family.* Cambridge, MA: Harvard University Press.

Becker, G. S., Grossman, M., & Murphy, K. M. (1991). Rational addiction and the effect of price on consumption. *American Economic Review, 81,* 237-241.

Becker, G. S., & Murphy, K. M. (1988). A theory of rational addiction. *Journal of Political Economy, 96,* 675-700.

Breyer, S. (1993). *Breaking the vicious cycle: Toward effective risk calculations.* Cambridge, MA: Harvard University Press.

Butler, A. C., Brown, G. K., Beck, A. T., & Grisham, J. R. (2002). Assessment of dysfunctional beliefs in borderline personality disorder. *Behavioural Research and Therapy, 40(10),* 1231-1240.

Clark, D. A., & Beck, A. T., with Alford, B. A. (1999). *Scientific foundations of cognitive theory and therapy of depression.* New York: Wiley.

Davis, K. E. (1965). From acts to dispositions: The attribution process in person perception. In L. Berkowitz (Ed.), *Advances in experimental social psychology* (Vol. 2, pp. 219-266). New York: Academic Press.

Dugas, M. J., Buhr, K., & Ladouceur, R. (2004). The role of intolerance of uncertainty in the etiology and maintenance of generalized anxiety disorder. In R. G. Heimberg, C. L. Turk, & D. S. Mennin (Eds.), *Generalized anxiety disorder: Advances in research and practice* (pp. 143-163). New York: Guilford Press.

Dutton, D. G. (1999). Limitations of social learning models in explaining intimate aggression. In X. B. Arriaga & S. Oskamp (Eds.), *Violence in intimate relationships* (pp. 73-87). Thousand Oaks, CA: Sage.

Dweck, C. S. (1975). The role of expectations and attributions in the alleviation of learned helplessness. *Journal of Personality and Social Psychology, 31,* 674-685.

Dweck, C. S. (1986). Motivational processes affecting learning. *American Psychologist, 41,* 1040-1048.

Dweck, C. S., Davidson, W., Nelson, S., & Enna, B. (1978). Sex differences in learned helplessness: II. The contingencies of evaluative feedback in the classroom. III. An experimental analysis. Developmental Psychology, 14, 268-276.

Eisenberger, R. (1992). Learned industriousness. *Psychological Review,* 99(2), 248-267.

Festinger, L. (1957). A *theory of cognitive dissonance.* Stanford, CA: Stanford University Press.

Festinger, L. (1961). The psychological effects of insufficient rewards. *American Psychologist, 16,* 1-11.

Finucane, M., Alhakami, A., Slovic, P., & Johnson, S. (2000). The affect heuristic in judgments of risks and benefits. *Journal of Behavioral Decision Making, 13,* 1-13.

Garland, H. (1990). Throwing good money after bad: The effect of sunk costs on the decision to esculate commitment to an ongoing project. *Journal of Applied Psychology, 75*(6), 728-731.

Garland, H., & Newport, S. (1991). Effects of absolute and relative sunk costs on the decision to persist with a course of action. *Organizational Behavior and Human Decision Processes,* 48(1), 55-69.

Gilovich, T., & Medvec, V. H. (1994). The temporal pattern to the experience of regret. *Journal of Personality and Social Psychology,* 67(3), 357-365.

Gilovich, T., Medvec, V. H., & Chen, S. (1995). Commission, omission, and dissonance reduction: Coping with regret in the "Monty Hall" problem. *Personality and Social Psychology Bulletin,* 21(2), 182-190.

Ingram, R. E., Miranda, J., & Segal, Z. V. (1998). *Cognitive vulnerability to depression.* New York: Guilford Press.

Kahneman, D. (1995). Varieties of counterfactual thinking. In N. J. Roese & J. J. Olson (Eds.), *What might have been: The social psychology of counterfactual thinking* (pp. 375-396). Mahwah, NJ: Erlbaum.

Kahneman, D., & Tversky, A. (1979). Prospect theory: An analysis of decision under risk. *Econometrica, 47,* 263-291.

Kelley, H. H. (1967). Attribution theory in social psychology. *Nebraska Symposium on Motivation, 15,* 192-238.

Kelley, H. H. (1973). The processes of causal attribution. *American Psychologist, 28(2),* 107-128

Kiesler, C. A., Nisbett, R. E., & Zanna, M. P. (1969). On inferring one's beliefs from one's behavior. *Journal of Personality and Social Psychology,* 11(4), 321-327.

Leahy, R. L. (1997). An investment model of depressive resistance. *Journal of Cognitive Psychotherapy: An International Quarterly, 11,* 3-19.

Leahy, R. L. (1999). Decision making and mania. *Journal of Cognitive Psychotherapy: An International Quarterly, 13,* 83-105,

Leahy, R. L. (2000). Sunk costs and resistance to change. *Journal of Cognitive Psychotherapy: An International Quarterly, 14*(4), 355-371.

Leahy, R. L. (2001a). Depressive decision making: Validation of the portfolio theory model. *Journal of Cognitive Psychotherapy: An International Quarterly, 15,* 341-362.

Leahy, R. L. (2001b). *Overcoming resistance in cognitive therapy.* New York: Guilford Press.

Leahy, R. L. (2003). *Psychology and the economic mind: Cognitive processes and conceptualization.* New York: Springer.

Markowitz, H. (1952). Portfolio selection. *Journal of Finance, 7,* 77-91.

Metcalfe, J., & Mischel, W. (1999). A hot/cool-system analysis of delay of gratification dynamics of willpower. *Psychological Review,* 106(1), 3-19.

Mischel, W., Shoda, Y., & Rodriguez, M. L. (1989). Delay of gratification in children. *Science, 244,* 933-988.

Orford, J. (2001). *Excessive appetites: A psychological view of addictions.* Chichester, UK: Wiley.

Purdon, C., & Clark, D. A. (1993). Obsessive intrusive thoughts in nonclinical subjects: I. Content and relation with depressive, anxious and obsessional symptoms. *Behaviour Research and Therapy, 31*(8), 713-720.

Simon, H. A. (1979). Rational decision making in business organizations. *American Economic Review, 69,* 493-513.

Simon, H. A. (1983). *Reason in human affairs.* Stanford, CA: Stanford University Press.

Simonson, I., & Nye, P. (1992). The effect of accountability on susceptibility to decision errors. *Organizational Behavior and Human Decision Processes, 51*(3), 416-446.

Slovic, P. (Ed.). (2000). *The perception of risk.* Sterling, VA: Earthscan.

Staw, B. M. (1976). Knee-deep in the Big Muddy: A study of escalating commitment to a chosen course of action. *Organizational Behavior and Human Decision Processes, 16*(1), 27-44.

Staw, B. M., Barsade, S. G., & Koput, K. W. (1997). Escalation at the credit window: A longitudinal study of bank executives' recognition and write-off of problem loans. *Journal of Applied Psychology, 82*(1), 130-142.

Staw, B. M., & Fox, F. V. (1977). Escalation: The determinants of commitment to a chosen course of action. *Human Relations, 30*(5), 431-450.

Staw, B. M., & Ross, J. (1978). Commitment to a policy decision: A multi-theoretical perspective. *Administrative Science Quarterly, 23*(1), 40-64.

Staw, B. M., & Ross, J. (1987). Behavior in escalation situations: Antecedents, prototypes, and solutions. *Research in Organizational Behavior, 9*, 39-78.

Staw, B. M., Sandelands, L. E., & Dutton, J. E. (1981). Threat-rigidity effects in organizational behavior: A multilevel analysis. *Administrative Science Quarterly, 26*(4), 501-524.

Stopa, L., & Clark, D. M. (1993). Cognitive processes in social phobia. *Behaviour Research and Therapy, 31(3)*, 255-267.

Sunstein, C. R. (Ed.). *(2000). Behavioural law and economics.* Cambridge, UK: Cambridge University Press.

Thaler, R. (1980). Toward a positive theory of consumer choice. *Journal of Economic Behavior and Organization, 1*, 39-60.

Thaler, R. (1992). *The winner's curse: Paradoxes and anomalies of economic life.* Princeton, NJ: Princeton University Press.

Tversky, A., & Kahneman, D. (1974). Judgment under uncertainty: Heuristics and biases. *Science,* 185(4157), 1124-1131.

von Neumann, J., & Morgenstern, O. (1944). *Theory of games and economic behavior.* Princeton, NJ: Princeton University Press.

Weiner, B., Nierenberg, R., & Goldstein, M. (1976). Social learning (locus of control) versus attributional (causal stability) interpretations of expectancy of success. *Journal of Personality, 44(1),* 52-68.

Wells, A. (1995). Meta-cognition and worry: A cognitive model of generalized anxiety disorder. *Behavioural and Cognitive Psychotherapy, 23,* 301-320.

Whyte, G. (1993). Escalating commitment in individual and group decision making: A prospect theory approach. *Organizational Behavior and Human Decision Processes,* 54(3), 430-455.

Winton, E. C., Clark, D. M., & Edelmann, R. J. (1995). Social anxiety, fear of negative evaluation and the detection of negative emotion in others. *Behaviour Research and Therapy, 33,* 193-196.

Young, J. E., Klosko, J. S., & Weishaar, M. E. (2003). *Schema therapy: A practitioner's guide.* New York: Guilford Press.

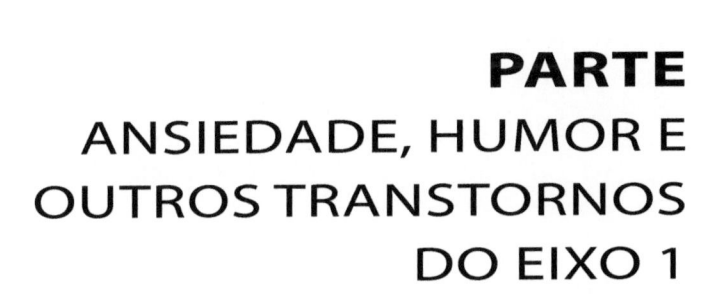

PARTE III
ANSIEDADE, HUMOR E OUTROS TRANSTORNOS DO EIXO 1

7

TRANSTORNO DO ESTRESSE PÓS-TRAUMÁTICO
Da teoria cognitiva à terapia cognitiva

David M. Clark
Anke Ehlers

O transtorno do estresse pós-traumático (TEPT) é uma reação bastante conhecida em eventos traumáticos, tais como agressões, desastres e acidentes severos. Os sintomas incluem a reexperiência involuntária de aspectos do evento, hiperexcitação, entorpecimento emocional e evitação de estímulos que podem servir como lembrança do evento. Uma grande proporção dos pacientes se recupera nos meses ou anos seguintes, mas, em um subgrupo significativo, os sintomas persistem, em geral por muitos anos (Ehlers, Mayou e Bryant, 1998; Rothbaum, Foa, Riggs, Murdock e Walsh, 1992; Kessler, Sonnega, Bromet, Hughes e Nelson, 1995). Isso faz com que surja a questão sobre o porquê de o TEPT persistir em alguns indivíduos e sobre como a condição pode ser tratada. Este capítulo dá uma visão geral de nossa abordagem sobre essa questão.

AARON T. BECK

É adequado que esta visão geral apareça em um livro em homenagem às enormes conquistas de Aaron T. Beck, o fundador da terapia cognitiva e um expoente das abordagens cognitivas da psicopatologia. Em seu primeiro texto sobre a depressão, Beck desenvolveu uma abordagem particular para a compreensão psicológica e para o tratamento de transtornos emocionais. Com base em perspicazes observações clínicas, ele propôs uma teoria da manutenção da depressão na qual o processo cognitivo desempenha um papel central, em interação com as respostas comportamentais que são dirigidas pelas anormalidades cognitivas. Um elegante conjunto de estudos substanciou e aperfeiçoou a teoria. Um programa de terapia cognitiva que enfocou especificamente os alvos terapêuticos especificados na teoria foi desenvolvido e rigorosamente avaliado em testes controlados randomizados. Como o leitor perceberá, adotamos a mesma abordagem geral cujo pioneiro foi Beck. Contudo, nossa dívida é muito maior. Aaron T. Beck tem sido um amigo próximo e nosso orientador há muitos anos. Beneficiamo-nos muito com seu pensamento inovador, sua crítica incisiva, seu entusiasmo infinito e sua generosidade de espírito.

UM MODELO COGNITIVO DE TEPT PERSISTENTE

Em outro texto, nós (Ehlers e Clark, 2000) sugerimos que o TEPT persistente ocorre somente se os indivíduos processam a experiência traumática de um modo que produz uma sensação de uma ameaça corrente séria. Uma vez ativada, a percepção de ameaça corrente é acompanhada de intrusões e de outros sintomas de reexperiência, sintomas de excitação e fortes emoções, como ansiedade, raiva, vergonha ou tristeza. O modelo, que está ilustrado na Figura 7.1, propõe que dois processos levam a essa sensação de ameaça corrente.

Primeiramente, sugere-se que as diferenças individuais no significado pessoal (avaliação/apreciação) do trauma *e/ou* suas sequelas determinam o desenvolvimento do TEPT. Algumas pessoas conseguem ver o trauma como uma experiência temporalmente limitada e que não tem implicações ameaçadoras para o futuro. Essas pessoas provavelmente se recuperam. Os indivíduos com um TEPT persistente são caracterizados por apreciações excessivamente negativas do evento e de suas sequelas (ver o Quadro 7.1 para exemplos de tais apreciações).

Em segundo lugar, sugere-se que a memória traumática das pessoas com TEPT difere de outras memórias autobiográficas de maneira um tanto problemática. As memórias autobiográficas são normalmente organizadas e elaboradas de uma forma que facilita a busca ou a recuperação intencional de informações e inibe a reexperiência sugestionada[1] de um evento. A lembrança intencional de um evento autobiográfico contém tanto informações específicas sobre o próprio evento quanto informações do contexto, e é caracterizada por uma "consciência autonoética" (a sensação ou experiência do *self* no passado) (Conway, 1997; Tulving, 2002). Nós (Ehlers e Clark, 2000) propusemos que as memórias traumáticas

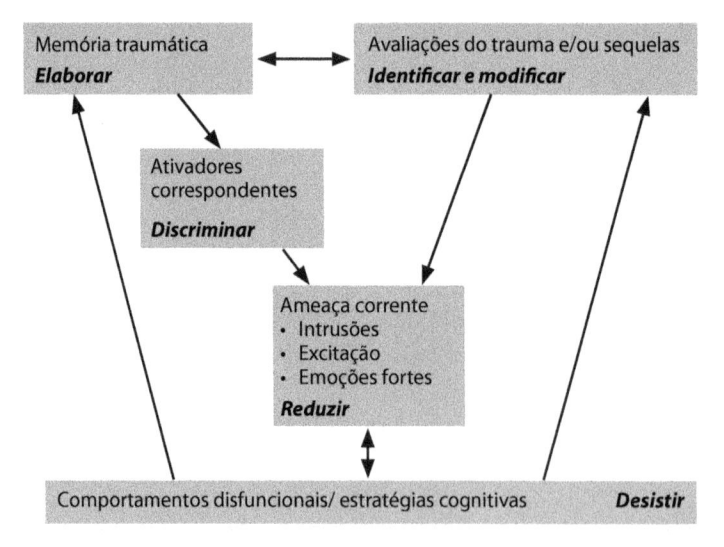

FIGURA 7.1
Um modelo cognitivo de TEPT e as metas de tratamento (em itálico) que decorrem do modelo. Adaptado de Ehlers e Clark (2000, p. 321). Copyright: 2000, Elsevier. Adaptado com autorização do autor.

---

[1] A reexperiência sugestionada é a ativação de um aspecto de uma memória traumática por meio de um estímulo que corresponde a outro estímulo que estava presente à época do trauma. Os estímulos que ativam tais experiências incluem aspectos físicos de baixo nível, tais como cor, som, movimento, forma e informações proprioceptivas.

QUADRO 7.1 Exemplos de avaliações negativas idiossincráticas que levam à sensação de ameaça corrente no TEPT persistente

O QUE É AVALIADO?	AVALIAÇÕES NEGATIVAS
Fato de que o trauma aconteceu	"Não há lugar seguro."
	"O próximo desastre acontecerá logo."
O trauma aconteceu a mim	"Eu atraio desastres."
	"Os outros podem ver que eu sou uma vítima."
Comportamento/emoções durante o trauma	"Eu mereço que coisas ruins aconteçam a mim."
	"Não consigo lidar com o estresse."
Sintomas iniciais do TEPT	
Irritabilidade, acessos de raiva	"Minha personalidade mudou para pior."
	"Meu casamento vai terminar."
Entorpecimento emocional	"Estou morto por dentro."
	"Jamais vou conseguir me dar bem com as pessoas de novo."
Flashbacks, lembranças intrusivas e pesadelos	"Estou ficando louco."
	"Nunca vou conseguir superar isso."
Dificuldade de concentração	"Meu cérebro foi afetado."
	"Vou perder meu emprego."
Reações das outras pessoas depois do trauma	
Respostas positivas	"Eles acham que sou fraco demais para sair dessa sozinho."
	"Não consigo me sentir próximo de ninguém."
Respostas negativas	"Ninguém está disponível para mim."
	"Não posso depender dos outros."
Outras consequências do trauma	
Consequências físicas	"Meu corpo está arruinado."
	"Nunca vou conseguir levar uma vida normal de novo."
Perda do emprego, dinheiro, etc.	"Vou perder meus filhos."
	"Vou ficar sem casa."

Nota: Adaptado de Ehlers e Clark (2000, p. 322). Copyright: 2000, Elsevier. Adaptado com a permissão dos autores.

não têm esse nível de organização e de elaboração (ver também Ehlers, Hackmann e Michael, no prelo, para maiores detalhes). A série de experiências durante um evento traumático é integrada de maneira inadequada em seu contexto (tanto no evento quanto no contexto das experiências/informações prévias e subsequentes). Isso tem o efeito de que a lembrança intencional resultante é desarticulada; por exemplo, alguns elementos do evento podem ser lembrados fora da sequência e, quando alguns elementos aflitivos são lembrados, pode ser difícil para o indivíduo acessar informações posteriores que corrigiam as impressões que teve ou os prognósticos que fez à época. Por exemplo, um homem que tenha pensado, durante um assalto, que jamais veria seus filhos novamente não era capaz de acessar (enquanto se lembrava desse momento aflitivo em particular) o fato de que ainda vivia com eles.

Além disso, a organização e a elaboração deficientes levam a uma inibição também deficiente do acesso sugestionado a elementos da memória traumática. A ativação perceptiva (um limite reduzido para a percepção) para os estímulos que ocorreram à época do evento traumático, e fortes elos associativos entre esses estímulos, aumentam ainda mais a probabilidade de acesso sugestionado. Pelo condicionamento clássico, os estímulos são também associados a fortes respostas afetivas. Assim, quando a pessoa traumatizada encontra sugestões que se assemelham às que ocorrem um pouco antes ou durante os momentos especialmente aflitivos do evento traumático, o acesso sugestionado a dados da memória leva a uma reexperiência traumática dos elementos do evento. A reexperiência carece de consciência autonoética, e a ameaça experimentada pela pessoa durante esses momentos é reexperimentada como se estivesse acontecendo novamente, e não como se fosse uma memória do passado. Isso inclui um fenômeno que chamamos de "afeto sem lembrança" (Ehlers e Clark, 2000). Por exemplo, um paciente com TEPT que tinha passado por um grave acidente de carro relatou que se tornou extremamente ansioso e que sentiu que algo terrível aconteceria durante uma viagem de trem. À época, ele não conseguiu entender o que acionou a ansiedade. Somente um tempo depois ele percebeu que havia ouvido um bebê chorar um pouco antes de ficar ansioso. A altura do choro do bebê foi o mesmo do som do impacto que ocorreu durante seu acidente. No momento em que estava no trem, ele não percebeu a relação.

Por que as avaliações negativas e a natureza problemática da memória traumática persistem? Propõe-se que as avaliações e as emoções negativas propiciam uma série de respostas cognitivas e comportamentais disfuncionais que têm a meta de curto prazo de reduzir o sofrimento, mas têm a consequência de longo prazo de impedir a mudança cognitiva e, portanto, de manter o transtorno. Nós (Ehlers e Clark, 2000) propomos que esses comportamentos e essas estratégias cognitivas mantêm o TEPT de três maneiras diferentes. Primeiramente, alguns comportamentos levam diretamente a aumentos dos sintomas; por exemplo, a supressão do pensamento leva a aumentos paradoxais na frequência de intrusão. Em segundo lugar, outros comportamentos impedem mudanças nas avaliações problemáticas; por exemplo, olhar constantemente no espelho retrovisor do carro (comportamento de segurança) depois de um acidente de carro impede a mudança na avaliação de que outro acidente de carro acontecerá se não olharmos no espelho. Em terceiro lugar, outros comportamentos impedem a elaboração da memória do trauma e sua ligação com outras experiências. Por exemplo, evitar pensar sobre o evento impede que as pessoas incorporem o fato de que elas não morreram na memória traumática, e que, assim, continuam a reexperimentar o medo de morrer que originalmente experimentaram durante o evento.

STATUS EMPÍRICO DO MODELO DE EHLERS E CLARK

Os estudos que são relevantes para a avaliação dos componentes de nosso modelo cognitivo de TEPT (Ehlers e Clark, 2000) estão resumidos abaixo.

Avaliações negativas do evento traumático e/ou de suas sequelas

Efeito do trauma sobre as crenças acerca de si e do mundo

Um evento traumático põe em risco a visão que as pessoas têm de si mesmas e de seu mundo. Vários teóricos propuseram que a mudança nas crenças básicas que as pessoas têm de si mesmas e do mundo são o núcleo do TEPT ou das respostas ao trauma em geral (por exemplo, Ehlers e Clark, 2000; Foa e Riggs, 1993; Janoff-Bulman, 1992; Horowitz, 1976; Resick e Schnicke, 1993). Janoff-Bulman (1992) propôs que os eventos traumáticos "estilhaçam" as crenças anteriores (por exemplo, "O mundo é um lugar seguro"), e que o ajuste à situação de pós-trauma requer a reconstrução de crenças básicas sobre si mesmo e o mundo. Foa e Riggs (1993) e Resick e Schnike (1993) apontaram que o TEPT é frequentemente associado à *confirmação* de crenças negativas anteriores mais do que a um estilhaçamento de crenças positivas (por exemplo, "Coisas ruins sempre acontecem comigo"), e que a recuperação exige a modificação dessas crenças. Vários estudos constataram que há evidências empíricas para uma relação entre o TEPT e as crenças negativas relativas ao *self* e ao mundo (Ali, Dunmore, Clark e Ehlers, 2002; Dunmore, Clark e Ehlers, 1997, 1999; Foa, Ehlers, Clark, Tolin e Orsillo, 1999; Resick, Schnicke e Markway, 1991; Wenninger e Ehlers, 1998). Além disso, em um estudo prospectivo sobre sobreviventes a agressões, crenças negativas sobre o *self* e o mundo da pessoa envolvida prediziam a subsequente persistência do TEPT (Dunmore, Clark e Ehlers, 2001).

Apreciações das sequelas do trauma

As avaliações das sequelas do trauma foram objeto de interesse especial da pesquisa de nosso grupo. Presumimos que o poder dos processos de avaliação na previsão de um TEPT persistente pode ser melhorado se as sequências do trauma estiverem incluídas.

Avaliação dos sintomas de TEPT

Ehlers e Steil (1995) já observaram que as pessoas diferem amplamente no significado que atribuem à ocorrência e ao conteúdo de lembranças intrusivas dos eventos traumáticos. Enquanto muitos indivíduos as veem como uma parte normal de recuperação de um evento incômodo, outros as interpretam como indicativo de que estão ficando loucos. Ehlers e Steil (1995) propuseram que tais interpretações negativas são importantes na explicação da manutenção das lembranças intrusivas e do TEPT em geral, porque determinam (1) o quanto as intrusões são perturbadoras; e (2) o quanto um paciente se envolve com estratégias para controlar as intrusões que, por sua vez, impedem a mudança no significado do trauma e das intrusões pós-traumáticas. Elas nos dão evidências para essas hipóteses nos estudos correlacionais dos sobreviventes de acidentes de trânsito (Steil e Ehlers, 2000) e dos trabalhadores de ambulância (Clohessy e Ehlers, 1999) e em estudos longitudinais de larga escala de 967 sobreviventes de acidentes de trânsito (Ehlers, Mayou e Bryant, 1998). Este último estudo constatou que as interpretações negativas de memórias intrusivas três meses depois do acidente indicaram severidade de TEPT em um ano, mesmo depois de a severidade aos três meses ter sido controlada. No geral, a interpretação negativa precoce dos sintomas foi um dos mais importantes indicadores do TEPT em um ano. Constatações similares foram obtidas em um estudo prospectivo das crianças envolvidas em acidentes de trânsito (Ehlers, Mayou e Bryant, 2003).

As pessoas com TEPT persistente interpretam não só as memórias intrusivas de maneira negativa, mas também outros sintomas de TEPT, tais como irritabilidade ("Perderei o controle e prejudicarei alguém"), má concentração ("Devo ter um problema cerebral") ou entorpecimento emocional ("Sentir esse torpor indica que eu nunca vou ter emoções normais novamente"). Em um estudo de correlação concorrente que realizamos em colaboração com o grupo de Foa, na Filadélfia, as interpretações negativas dos sintomas de TEPT foram distintas para os sobreviventes de trauma (muitos dos quais experimentaram acidentes) com e sem TEPT

(Foa et al., 1999). Em uma série de estudos prospectivos, os sintomas indicam a severidade subsequente do TEPT em adultos depois de agressões físicas e sexuais (Dunmore et al., 2001; Halligan, Michael, Clark e Ehlers, 2003).

Apreciação das respostas de outras pessoas

Muitas pessoas com TEPT persistente consideram que outras pessoas responderam de maneira negativa a elas depois do evento traumático ou que foram menos solidárias do que imaginavam. Por exemplo, uma sobrevivente de assalto ficou bastante perturbada porque sentiu que a equipe do hospital não havia se dedicado o suficiente, deixando-a sozinha por longos períodos de tempo enquanto ela estava internada. Ela interpretou sua experiência no hospital como "Ninguém se importa comigo". Às vezes, comportamentos positivos ou bem-intencionados podem também ser interpretados pelo indivíduo traumatizado de maneira negativa. Por exemplo, outra sobrevivente de um trauma interpretou a oferta de uma amiga para ajudá-la depois do acidente como se a amiga tivesse pensado que ela não conseguiria lidar com a situação sozinha. Vários estudos têm demonstrado que as avaliações negativas de outras respostas são relacionadas ao TEPT e predizem sua persistência (Andrews, Brewin e Rose, 2003; Dunmore et al., 1997, 1999, 2001).

As respostas negativas percebidas de outras pessoas ou uma incapacidade percebida de se relacionar com os outros depois do trauma podem dar surgimento a um sentimento geral de alienação em relação aos outros. Constatamos que um sentimento geral de alienação impede a recuperação de sobreviventes de estupro e de tortura (Ehlers, Clark, Dunmore et al., 1998; Ehlers, Maercker e Boos, 2000). Além disso, a alienação se relaciona ao TEPT em sobreviventes de diferentes traumas (Foa et al., 1999).

Percepção de mudança permanente

Os eventos traumáticos podem ter consequências negativas de longo prazo. Por exemplo, muitos sobreviventes de trauma sofrem de problemas físicos de longo prazo, tais como dor e dificuldades financeiras. Problemas de saúde persistentes estavam entre os mais importantes indicadores de TEPT persistente depois de acidentes de trânsito (Blanchard et al., 1996; Ehlers, Mayou e Bryant, 1998; Mayou, Briant e Duthie, 1993; Mayou, Tindel e Bryant, 1997) e foram mais importantes no indicativo de TEPT do que os danos físicos severos. Alguns indivíduos traumatizados interpretam esses duradouros problemas físicos de longo prazo como algo que indica que suas vidas mudaram de maneira permanente e para pior. Outros interpretam suas reações iniciais ao trauma, incluindo os sintomas iniciais de TEPT como indicadores de uma mudança negativa permanente em sua personalidade. Vários estudos têm demonstrado que a percepção de mudança permanente indica TEPT severo em sobreviventes de acidentes de trânsito, de agressões, de estupro e de tortura (Dunmore et al., 1997, 1999, 2001; Fia et al., 1999; Ehlers et al., 2000).

A natureza da memória do trauma

Organização e elaboração deficientes

De acordo com o déficit proposto na organização e na elaboração das memórias traumáticas no TEPT (Ehlers e Clark, 2000), os estudos preliminares constataram que a lembrança *intencional* dos eventos traumáticos do TEPT é relativamente deficiente em termos de organização e que carece de coerência (por exemplo, Amir, Stafford, Freshman e Foa, 1998; Halligan et al., 2003; Harvey e Bryant, 1999; Koss, Figueredo, Bell, Tharan e Tromp, 1996). Com o tratamento, as narrativas traumáticas se tornam mais organizadas (Foa, Molnar e Cashman, 1995; van der Minnen, 2002). Em dois estudos prospectivos naturalistas, a desorganização inicial das narrativas traumáticas previu um TEPT subsequente em sobreviventes de acidentes de trânsito (Murray, Ehlers e Mayou, 2002) e de agressões (Halligan et al., 2003). Observações sistemáticas posteriores sugerem que os pacientes com TEPT podem ter dificuldades em avaliar detalhes que sejam importantes para a interpretação do evento (embora o número geral de detalhes lembrados possa não ser diferente de outras memórias autobiográficas) e que os pacientes com frequência têm dificuldade em lembrar-se da ordem temporal exata dos eventos durante o trauma (Ehlers, Hackmann e Michael, no prelo).

Falta de contexto e de perspectiva temporal

De acordo com as características das memórias traumáticas não intencionais destacadas no modelo de Ehlers e Clark (2000), um estudo prospectivo de sobreviventes de assalto constatou que a falta de perspectiva temporal (operacionalizada pelo grau de experimentação da intrusão como algo que acontecia no "agora") e a falta de contexto de memórias intrusivas (operacionalizada pelo grau de experimentação da memória intrusiva como algo isolado e desconectado do que aconteceu antes e depois) previam mais variação na severidade do TEPT do que a frequência inicial da intrusão (Michael, 2000).

Ativação perceptiva

Em um teste preliminar do papel proposto da ativação perceptiva na provocação de memórias não desejadas de trauma (Ehlers e Clark, 2000), Ehlers, Michael e Chen (2004) apresentaram aos voluntários uma sequência de três quadrinhos que perfaziam uma história. Os dois primeiros quadrinhos eram neutros, e o último mostrava ou um resultado traumático ou neutro da história. Em uma sequência traumática, a primeira figura mostrava uma mulher sentada à mesa, onde havia um copo e um abajur. Na segunda figura, havia as mãos de um homem segurando o cinto de seu roupão de banho, e a terceira figura mostrava a mulher sendo estrangulada. Em outra sequência paralela e neutra, a primeira figura era bastante similar, mas a figura final mostrava uma mulher pensativa, depois de fazer uma chamada telefônica. Depois da apresentação dessas "histórias em quadrinhos", a memória para os objetos mostrados nas figuras iniciais foi avaliada de duas maneiras diferentes. Primeiramente, a fim de avaliar a ativação perceptiva, foram apresentados aos participantes objetos malcontornados, borrados, pedindo-lhes que dissessem o que viam. Alguns dos objetos haviam sido apresentados nas histórias anteriores, outros, não. A ativação perceptiva seria evidenciada pela melhor identificação dos objetos que haviam sido apresentados. Em segundo lugar, a memória explícita foi avaliada pedindo-se aos participantes que reconhecessem os objetos (desta feita, os objetos apresentados não estavam maldelineados) das histórias anteriores em meio a outros objetos. Não houve diferenças na memória de reconhecimento entre os objetos das histórias traumáticas e das histórias não traumáticas. Contudo, conforme previsto, a ativação perceptiva foi melhor para os objetos mostrados na história traumática. Para avaliar se a ativação perceptiva poderia ser relacionada a intrusões subsequentes semelhantes ao TEPT, os participantes do experimento foram acompanhados por quatro meses e perguntou-se-lhes se haviam tido alguma memória intrusiva indesejada do material apresentado no experimento. Conforme previsto, houve uma associação positiva significativa entre a ativação perceptiva para objetos das histórias traumáticas e da presença de intrusões subsequentes.

Os resultados preliminares promissores obtidos nesse estudo análogo experimental foram recentemente ampliados em um estudo clínico (Michael, Ehlers e Halligan, 2003). A ativação para materiais relacionados ao trauma era diferente entre os sobreviventes a agressões com e sem TEPT, e indicavam sintomas subsequentes de TEPT.

Codificação durante o trauma

Uma série de estudos abordou a questão de quais aspectos do processamento cognitivo durante o trauma contribuem para nova experiência dos sintomas. Vários autores sugeriram que a dissociação durante o trauma afeta a maneira pela qual o trauma é depositado na memória e, portanto, prevê sintomas subsequentes de reexperiência (Brewin, Dalgleish e Joseph, 1996; Ehlers e Clark, 2000; Foa e Hearst-Ikeda, 1996; van der Kolk e Fisler, 1995). Vários estudos prospectivos longitudinais de sobreviventes de acidentes de trânsito e de agressões constataram que a dissociação durante e um pouco depois de um evento traumático prevê TEPT subsequente (Ehlers, Mayou e Bryant, 1998; Halligan et al., 2003; Rosário, Ehlers, Williams e Glucksman, 2004; Murray et al., 2002; Shalev, Peri, Canetti e Schreiber, 1996). A dissociação é definida como uma "ruptura das funções usualmente integradas de consciência, memória, identidade ou percepção do ambiente" (American Psychiatric Association, 1994, p. 477). Como a definição sugere, a dissociação é um processo complexo que tem vários componentes – por exemplo, sentimentos de desrealização e de despersonalização, torpor emocional e percepção distorcida do tempo. Nós (Ehlers e Clark, 2000) ligamos o conceito de dissociação às constatações da psicologia experimental e sugerimos que a dissociação sobrepõe-se parcialmente a dois aspectos do processamento cognitivo que, segundo se demonstrou, influenciam a memória: falta de processamento autorreferencial e processamento guiado por dados (em oposição ao processamento conceitual). Os estudos de Halligan e colaboradores (2003) e Rosário e colaboradores (2004) sustentam essa hipótese.

Os comportamentos e as respostas cognitivas que sustentam o TEPT

É fato bem conhecido da pesquisa sobre as fobias que o *comportamento de esquiva* mantém os transtornos de ansiedade. Vários estudos têm demonstrado que a esquiva também desempenha um papel crucial na manutenção do TEPT (por exemplo, Bryant e Harvey, 1995; Dunmore et al., 1998, 2001). A esquiva inclui tanto a esquiva situacional (de lugares, pessoas, conversas e outros estímulos que lembram os indivíduos do trauma) e esquiva cognitiva (isto é, esforços para não pensar sobre o trauma). A esquiva situacional não se restringe à esquiva de lembranças do evento traumático. As pessoas que têm respostas negativas percebidas dos outros no momento posterior ao evento, ou aquelas que sentem que outras pessoas não entenderão sua resposta ao trauma, frequentemente se retiram de uma ampla variedade de situações sociais. Isso tem vários efeitos negativos: elas ficam menos propensas a receber apoio social, a corrigir crenças negativas sobre si mesmas e sobre os outros e a se beneficiar dos efeitos terapêuticos de falar sobre suas emoções com os outros (por exemplo, Pennebaker, 1989) e, assim, contribuem para a manutenção do TEPT.

Mesmo que não haja esquiva situacional óbvia, as pessoas com TEPT demonstram comumente comportamentos sutis de evitação ("comportamentos de segurança") que impedem a mudança de avaliações problemáticas e que mantêm a ansiedade. Por exemplo, uma sobrevivente de um acidente de trânsito, que havia ficado presa em seu carro porque não conseguia abrir o cinto de segurança, continuava a verificar se os cintos de segurança ainda funcionavam. Isso a impedia de testar a seguinte avaliação "Se eu não verificar meu cinto de segurança, ficarei presa de novo". Outros comportamentos comuns de segurança para os sobreviventes de acidentes de trânsito incluem dirigir muito lentamente, pisar nos freios com frequência, olhar pelos retrovisores constantemente ou segurar-se no banco do carro. Para os sobreviventes de assalto, exemplos típicos são verificar se todas as portas e janelas estão fechadas, dormir com as luzes ligadas ou carregar uma arma. De acordo com a hipótese de manutenção do TEPT, os comportamentos de proteção indicavam um TEPT permanente em um estudo longitudinal de sobreviventes a assaltos com agressão (Dunmore et al., 2001).

Vários autores apontaram que a manutenção do TEPT não pode ser explicada somente com base na esquiva e sugeriram que as respostas cognitivas desempenham um papel crucial (por exemplo, Ehlers e Steil, 1995; Foa e Riggs, 1993; Horowitz, 1976).

A pesquisa sobre os efeitos da *supressão do pensamento* (por exemplo, Wegner, 1989 sugere que os esforços para suprimir as memórias de um evento traumático podem aumentar sua frequência (Ehlers e Steil, 1995). Dois estudos retrospectivos de sobreviventes de acidentes de trânsito e um estudo retrospectivo de trabalhadores de ambulância (Steil e Ehlers, 2000; Clohessy e Ehlers, 1999) constataram que a supressão das memórias do evento traumático se relacionava ao TEPT. Essa constatação foi confirmada subsequentemente em estudos longitudinais prospectivos com sobreviventes de acidentes de trânsito. A supressão precoce de memórias prognosticou uma severidade tardia do TEPT nos adultos (Ehlers, Mayou e Bryant, 1998) e nas crianças (Ehlers, Mayou e Bryant, 2003). Além disso, estudos experimentais recentes demonstraram que a supressão do pensamento aumenta a frequência de intrusões relacionadas ao trauma em sobreviventes de acidentes de trânsito e de estupro (Harvey e Bryant, 1998; Shepherd e Beck, 1999) e em voluntários que haviam visto um filme traumático (Davies e Clark, 1998).

As pessoas com TEPT comumente *ruminam* sobre os aspectos do evento traumático e suas sequelas (por exemplo, "Se o acidente não tivesse acontecido ou se eu tivesse feito alguma coisa de modo diferente" ou "Por que isso aconteceu comigo?"). A ruminação parece desempenhar um papel na manutenção do TEPT. Steil e Ehlers (2000) e Clohessy e Ehlers (1999) demonstraram que a ruminação sobre memórias intrusivas estava correlacionada com a severidade do TEPT em sobreviventes de acidentes de trânsito e entre trabalhadores de ambulância. Warda e Bryant (1998) demonstraram que a ruminação era diferente entre sobreviventes de acidentes de trânsito com e sem o transtorno agudo de estresse, um precursor do TEPT. Em vários estudos prospectivos com sobreviventes de acidentes de trânsito, a ruminação foi um dos mais importantes indicadores de TEPT e da ativação atrasada de TEPT (Ehlers, Mayou e Bryant, 1998, 2003; Murray et al., 2002). Nesse estágio, o mecanismo pelo qual a ruminação mantém o TEPT não está claro. A ruminação provavelmente fortalece as avaliações problemáticas do trauma (por exemplo, "O trauma arruinou minha vida"); é também provavelmente similar à evitação cognitiva na interferência com a formação de uma memória traumática, porque enfatiza o "E se...", mais do que a experiência do próprio trauma. Finalmente, a ruminação provavelmente aumenta de maneira direta os sentimentos de tensão nervosa, de disforia ou de desamparo e indica a retenção de memórias intrusivas do evento traumático.

A *organização da atenção* provavelmente contribuirá para a manutenção do TEPT. Os pacientes com TEPT têm um viés de atenção aos estímulos que recorda o evento traumático (ver McNally, 1999, para um exame do assunto). A atenção seletiva às lembranças provavelmente amplia a frequência da reexperiência dos sintomas.

A *dissociação* é outro processo cognitivo que, mesmo deficientemente entendido, interfere na recuperação do TEPT. A maior parte dos estudos de dissociação tem enfocado a dissociação durante e imediatamente depois do trauma. Contudo, a dissociação persistente pode de fato ser mais indicativa do que a TEPT crônica. Continuar a dissociação em resposta a memórias intrusivas foi um indicativo de persistência de TEPT nos estudos prospectivos de sobreviventes de acidentes de trânsito e de assalto (Halligan et al., 2003; Murray et al., 2002).

UMA TERAPIA COGNITIVA DERIVADA DA TEORIA

Os estudos abordados na seção precedente ofereceram uma sustentação inicial forte para o modelo de Ehlers e Clark (2000). Neste tópico, enfocamos as implicações terapêuticas do modelo e descrevemos o programa de terapia cognitiva que nosso grupo tem desenvolvido com base no modelo. O modelo de Ehlers e Clark (2000) especifica três metas de terapia, que são identificadas em itálico na Figura 7.1.

Meta 1: Reduzir a reexperiência por meio da elaboração da memória do trauma e da discriminação de ativadores

A meta é elaborar a memória do trauma para ajudar os pacientes a desenvolverem um relato narrativo coerente – um relato que começa antes de o trauma iniciar; termina depois de o paciente sentir-se seguro novamente e coloca a série de efeitos durante o trauma no contexto, em sequência e no passado. Três técnicas principais são utilizadas: escrever um relato detalhado do evento, reviver o imaginário do evento e revisitar a cena. Todas têm suas vantagens. Escrever é particularmente útil quando os aspectos do que houver acontecido e sobre como houver acontecido não forem claros. Reconstruir o evento com diagramas e modelos pode ser bastante útil em tais casos. O reviver imaginário, no qual o paciente imagina vividamente o evento enquanto descreve o que está acontecendo e o que sente e pensa, é especialmente bom para trazer à tona todos os aspectos da memória (incluindo emoções e componentes sensoriais) e pode, portanto, ser bastante útil na conexão de elementos e na colocação de seus elementos no contexto. Revisitar a cena é uma maneira especialmente útil de colocar um código temporal na memória (e, portanto, de reduzir a sensação de "agoridade" que caracteriza as intrusões), porque, com a orientação do terapeuta, o paciente pode claramente ver que o evento não está mais acontecendo; que está no passado e que a cena mudou ou se deslocou. Revisitar a cena pode também fornecer novas informações que ajudam a explicar por que ou como um evento ocorreu.

A discriminação de ativadores ou gatilhos envolve em geral dois estágios. Primeiro, uma análise cuidadosa de onde e quando as intrusões ocorrem é usada para identificar os gatilhos. Segundo, a ligação entre gatilhos e memória traumática é quebrada intencionalmente. Por exemplo, um homem que havia se envolvido em um acidente de trânsito à noite experimentava frequentes intrusões; estas, às vezes, consistiam apenas na reexperiência do terror sentido quando viu que sua caminhonete estava prestes a abalroar a traseira de outro veículo, e às vezes também incluía imagens da batida. O homem estava sob a impressão de que as intrusões surgiam sem razão aparente. Um aspecto importante da memória do trauma foram as luzes da caminhonete, e ficou claro que as intrusões eram em geral acionadas por luzes brilhantes (como um facho de luz do sol em um gramado ou como a luz de um projetor de *slides*). Quando isso ficou claro, o paciente fez a discriminação entre o "então" e o "agora" quando a intrusão ocorreu, dizendo a si mesmo que ele estava reagindo a uma memória passada com relação à luz. O ponto era fortalecer-se por meio da provocação intencional da memória com luzes brilhantes e depois comportar-se de um modo diferente daquele da ocasião do acidente (por exemplo, levantar-se e mexer-se).

Meta 2: Modificar avaliações excessivamente negativas

As avaliações excessivamente negativas de um evento traumático são identificadas por um questionamento cuidadoso, especialmente sobre o significado dos "pontos-chave" (momentos de grande sofrimento na memória). Os pontos-chave são frequentemente identificados por meio do exame do conteúdo das intrusões e por uma sondagem pela qual se revive a situação. As técnicas de terapia cognitiva verbal tradicional são então usadas para modificar as avaliações negativas. Uma vez identificada uma avaliação alternativa que o paciente considere impositiva, a nova avaliação é incorporada na memória traumática, seja acrescentando-a ao relato escrito ou inserindo-a em um reviver imaginário subsequente. Por exemplo, uma mulher que havia sido estuprada identificou o momento em que o estuprador disse "Não consigo fazer isso se tiver de olhar para sua cara feia", como sendo o pior ponto-chave. Esse momento, para ela, constituía-se na pior intrusão. Além disso, desde o estupro ela não se sentia atraente e havia se envolvido sexualmente apenas de maneira casual com o objetivo de provar a si mesma que era atraente. O questionamento socrático foi usado para identificar uma avaliação alternativa, que foi a de que o estuprador a havia escolhido por ser atraente, e havia feito o comentário porque ele era incapaz de se excitar sem que abusasse e humilhasse as mulheres. Durante um momento em que reviveu a situação, a mulher apresentou sua nova avaliação do ponto-chave, dizendo ao estuprador que ele abusara verbalmente dela.

As técnicas de transformação de imagens podem ser uma maneira útil de fazer com que novas informações, menos ameaçadoras, sejam fixadas. Por exemplo, uma mulher cujo carro havia colidido contra um pilar de tijolos ficou assustada com intrusões nas quais o pilar passava a poucos centímetros de seu rosto. As conversas sobre o assunto e a medição da distância entre o banco do motorista do carro e a parte do veículo que de fato atingira o pilar demonstraram que o pilar estava a mais de 1,5 metro dela. Essas informações por si sós não impediram a intrusão. Contudo, o que funcionou foi mostrar a ela imagens que projetavam o logotipo da Microsoft na tela do computador (como se o logotipo viesse em direção ao usuário). Esse procedimento demonstrou que a intrusão era enganadora/não real.

Avaliações excessivamente negativas de sequelas de trauma, tais como os sintomas iniciais de TEPT e das respostas de outras pessoas depois do evento, são modificadas pelo questionamento socrático e por experimentos comportamentais. Por exemplo, um profissional da área de segurança, quando passou por uma experiência de explosão de uma bomba, interpretou o fato de os amigos não perguntarem a ele sobre o caso como sendo um sinal de que viam sua tentativa de salvar as vítimas da bomba como sendo inadequada e patética. Depois do questionamento socrático ter identificado a explicação alternativa de que os amigos talvez apenas não quisessem fazer com que ele revivesse a situação de sofrimento, o paciente passou a discutir o fato e constatou que, ao contrário de sua crença, os amigos admiravam muito o que ele havia feito. Da mesma forma, uma mulher que sempre havia lidado bem com todos os problemas de sua família sofreu profundamente com as mudanças repentinas de humor, os períodos de choro e as memórias intrusivas que experimentou depois de um grave acidente de trânsito. Todos esses sintomas significaram que ela estava ficando como sua irmã, que em geral era tida como "neurótica" na família. Ela tentou arduamente suprimir as intrusões e as emoções advindas do acidente, pois acreditava que, se não conseguisse, tornar-se-ia uma "pilha de nervos". Discutiu-se com ela então o fato de que os sintomas eram as sequelas normais de um trauma severo e que talvez se mantivessem por causa de suas tentativas de suprimi-los. Para testar a crença de que ficaria como sua irmã caso se permitisse incomodar-se com o trauma, ela intencionalmente participou de uma situação que provocaria fortes *flashbacks* (ficar dentro de um carro, com o terapeuta, em uma lavagem expressa de veículos). A paciente ficou encantada ao descobrir que, embora tivesse ficado por alguns instantes ansiosa e perdida, continuava a ser ela mesma depois do processo.

Meta 3: abandonar estratégias comportamentais e cognitivas disfuncionais

As estratégias que têm a meta imediata de reduzir a sensação de ameaça atual, mas que tem o efeito de longo prazo de manter o transtorno, são comuns no TEPT. As estratégias mantêm o transtorno por meio do impedimento da elaboração da memória do trauma (evitar falar sobre o evento) ou da reavaliação (por exemplo, uso excessivo de retrovisor depois de uma batida na traseira do carro, manutenção da superestimação da probabilidade de um acidente futuro, porque a ausência de acidentes é atribuída à vigilância). O tratamento em geral começa pela discussão das consequências problemáticas da estratégia. A estratégia é então abandonada/revertida no contexto de uma experiência comportamental. Por exemplo, um jovem que acreditava que ficaria maluco se não se esforçasse por suprimir a memória traumática e as intrusões foi estimulado a testar suas ideias permitindo que, intencionalmente, as intrusões entrassem e saíssem de sua cabeça sem tentar controlá-las. Para sua surpresa, isso levou a um declínio subsequente da frequência das intrusões.

EFETIVIDADE DA TERAPIA COGNITIVA

Até hoje, quatro estudos investigaram a efetividade do programa de terapia cognitiva descrito aqui. No primeiro (Ehlers, Clark, Hackmann, McManus e Fennell, no prelo, Estudo 1), uma série consecutiva de pacientes com TEPT de uma variedade de traumas recebeu entre 4 e 20 sessões (média = 8,3) de terapia cognitiva. O tratamento demonstrou ser bem aceito. Apenas um paciente (5%) desistiu, e isso ocorreu por razões que não se relacionavam à terapia. Melhoras significativas nos sintomas de TEPT, de impotência e de depressão foram observadas e mantidas em um período de seis meses. O tamanho de efeito geral do pré ao pós-tratamento para os sintomas de TEPT foi muito grande (TE = 2,7 para a amostra de intenção ao tratamento). Noventa por cento dos pacientes não mais atenderam os critérios de diagnóstico para o TEPT ao final do tratamento, e 80% atingiram um funcionamento alto no estado final.

Os resultados altamente promissores obtidos em nossa série de casos iniciais foram replicados em uma tentativa de controle subsequente (Ehlers, Clark et al., no prelo, Estudo 2), na qual os pacientes com TEPT crônico (que duram mais do que seis meses) foram aleatoriamente conduzidos a terapia cognitiva imediata (até 12 sessões semanais) ou a um período de 13 semanas de espera, seguido de terapia cognitiva. O grupo de tratamento imediato foi significativamente melhor do que o grupo de espera em 13 semanas. A terapia cognitiva imediata foi associada à melhora significativa de todas as medidas. Não houve mudanças significativas durante o período de espera, mas os pacientes do grupo de espera melhoraram tanto quanto o grupo de tratamento imediato quando receberam subsequentemente a terapia cognitiva. O tamanho de efeito do pré ao pós-tratamento no TEPT foi novamente bastante grande (TE = 2,82 para a amostra de intenção ao tratamento).

Os estudos descritos acima indicam que a terapia cognitiva é um tratamento eficaz para o TEPT crônico. Claramente, seria preferível que o tratamento pudesse ter sido oferecido com sucesso previamente. Nosso terceiro estudo (Ehlers, Clark, Hackmann et al., no prelo, Estudo 3) investigou essa possibilidade em pacientes que desenvolveram o TEPT logo depois de um acidente de trânsito. A pesquisa sobre a intervenção precoce (ver Ehlers e Clark, 2003) havia apresentado então uma constatação surpreendente. O relato psicológico havia sido sempre defendido como uma intervenção precoce eficaz, contudo, uma série de testes controlados que investigavam o relato individual constatou sua ineficácia (Rose, Bisson e Wessely, 2002) e que, em alguns casos, poderia até retardar a recuperação natural (Bisson, Jenkins, Alexander e Bannister, 1997; Mayou, Ehlers e Hobbs, 2000). Para determinar se a terapia cognitiva pode ser eficaz quando realizada relativamente cedo, os pacientes que tinham TEPT três meses depois de um acidente de trânsito foram conduzidos aleatoriamente à terapia cognitiva (até 12 sessões), a uma entrevista de avaliação e a um livreto de autoajuda ou à ausência de tratamento. Ao final do tratamento e nove meses depois, a terapia cognitiva foi associada a melhorias significativamente maiores no TEPT do que as condições de autoajuda e de ausência de tratamento, que não diferiam entre si. O tamanho de efeito do pré ao pós-tratamento para a terapia cognitiva foi novamente (TE = 2,5 no pós-tratamento e 2,7 no seguimento).

A maior parte dos testes controlados tem um número de critérios de exclusão dos pacientes. Isso levanta importantes questões sobre a extensão do quanto os resultados positivos obtidos em tais testes podem ser generalizados à prática clínica rotineira. Para abordar essa questão, nosso quarto estudo (Gillespie, Duffy, Hackmann e Clark, 2002) foi uma auditoria de uma série consecutiva de 91 pacientes que desenvolveram o TEPT depois de uma bomba ter explodido em um carro em Omagh, na Irlanda do Norte, em agosto de 1998. Não houve critério maior de exclusão de pacientes, e 53% dos participantes tinham um ou mais transtornos do Eixo I (comorbidade). O tratamento foi conduzido pela equipe do Serviço Nacional de Saúde, que havia recebido um treinamento modesto para o tratamento de traumas. Um breve treinamento de especialização em terapia cognitiva para TEPT foi então oferecido. Os terapeutas tiveram a flexibilidade de determinar o número de sessões que ofereceriam a cada paciente. As melhoras significativas e substanciais no TEPT foram observados através do tamanho de efeito pré-pós-tratamento (TE = 2,5), que foi comparável àqueles obtidos em nossos dois testes controlados (Ehlers, Clark et al., 2003, no prelo). A comorbidade não foi associada com resultados mais fracos, talvez porque os pacientes comórbidos receberam menos sessões de tratamento (uma média de 10 x 5 sessões). Embora todos os pacientes demonstrassem algum grau de melhora, os que estavam machucados fisicamente melhoraram menos do que os que não estavam. Esse fato aponta para um desenvolvimento posterior de módulos de tratamento para os pacientes que continuem apresentando um quadro de ferimentos ou de lesões físicas.

No geral, os resultados das avaliações que foram até agora conduzidas sugerem que a terapia cognitiva é um tratamento aceitável e eficaz para o TEPT. As melhoras substanciais que ocorrem durante o tratamento, e que são em si mesmas animadoras, mantêm-se bem no pós-tratamento, e parece que o tratamento pode ser transportado com sucesso de centros de pesquisa especializados para serviços clínicos de frente, não seletivos.

RESUMO E CONCLUSÃO

Nos últimos anos, temos aplicado a abordagem geral de psicopatologia que Beck utiliza em muitos transtornos para a compreensão e o tratamento do TEPT. Um modelo cognitivo de TEPT que seja coerente com as principais características clínicas do transtorno tem sido desenvolvido. Investigações longitudinais experimentais e prospectivas têm sustentado os aspectos fundamentais do modelo, inclusive do papel de avaliações excessivamente negativas do trauma e/ou de suas sequelas, da perturbação na memória autobiográfica e do papel das estratégias cognitivas e comportamentais disfuncionais. Uma forma especializada de terapia cognitiva que tenha como alvo os processos fundamentais do modelo foi desenvolvida. Os testes controlados indicam que a terapia cognitiva teve alta aceitação entre os pacientes, é eficaz e pode ser levada com sucesso aos tratamentos clínicos rotineiros.

AGRADECIMENTOS

Esta pesquisa de David M. Clark e Anke Ehlers tem o apoio do Welcome Trust.

REFERÊNCIAS

Ali, T., Dunmore, E., Clark, D. M., & Ehlers, A. (2002). The role of negative beliefs in posttraumatic stress disorder: A comparison of assault victims and non-victims. *Behavioural and Cognitive Psychotherapy, 30,* 249-257.

American Psychiatric Association. (1994). *Diagnostic and statistical manual of mental disorders* (4th ed.). Washington, DC: Author.

Amir, N., Stafford, J., Freshman, M. S., & Foa, E. B. (1998). Relationship between trauma narratives and trauma pathology. *Journal of Traumatic Stress, 11,* 385-392.

Andrews, B., Brewin, C. R., & Rose, S. (2003). Gender, social support, and PTSD in victims of violent crime. *Journal of Traumatic Stress, 16,* 421-427.

Bisson, J. L., Jenkins, P. L., Alexander, J., & Bannister, C. (1997). Randomized controlled trial of psychological debriefing for victims of acute burn trauma. *British Journal of Psychiatry, 171,* 78-81.

Blanchard, E. B., Hickling, E. J., Barton, K. A., Taylor, A. E., Loos, W. R., & Jones-Alexander, J. (1996). One-year prospective follow-up of motor vehicle accident victims. *Behaviour Research and Therapy, 34,* 775-786.

Brewin, C. R., Dalgleish, T., & Joseph, S. (1996). A dual representation theory of posttraumatic stress disorder. *Psychological Review, 103,* 670-686.

Bryant, R. B., & Harvey, A. G. (1995). Avoidant coping style and post-traumatic stress disorder following motor vehicle accidents. *Behaviour Research and Therapy, 33,* 631-635.

Clohessy, S., & Ehlers, A. (1999). PTSD symptoms, response to intrusive memories, and coping in ambulance service workers. *British Journal of Clinical Psychology, 38,* 251-265.

Conway, M. A. (1997). Introduction: What are memories? In M. A. Conway (Ed.), *Recovered memories and false memories* (pp. 1-22). Oxford: Oxford University Press.

Davies, M. I., & Clark, D. M. (1998). Thought suppression produces a rebound effect with Analogue post-traumatic intrusions. *Behaviour Research and Therapy, 36,* 571-582.

Dunmore, E., Clark, D. M., & Ehlers, A. f 1997). Cognitive factors in persistent versus recovered post-traumatic stress disorder after physical or sexual assault: A pilot study. *Behavioural and Cognitive Psychotherapy, 25,* 147-159.

Dunmore, E., Clark, D. M., & Ehlers, A. (1999). Cognitive factors involved in the onset and maintenance of posttraumatic stress disorder (PTSD) after physical or sexual assault. *Behaviour Research and Therapy, 37,* 809-830.

Dunmore, E., Clark, D. M., & Ehlers, A. (2001). A prospective investigation of the role of cognitive factors in persistent posttraumatic stress disorder (PTSD) after physical or sexual assault. *Behaviour Research and Therapy, 39,* 1063-1084.

Ehlers, A., & Clark, D. M. (2000). A cognitive model of persistent posttraumatic stress disorder. *Behaviour Research and Therapy, 38,* 319-345.

Ehlers, A., & Clark, D. M. (2003). Early psychological interventions for adult survivors of trauma. *Biological Psychiatry, S3,* 817-826.

Ehlers, A., Clark, D. M., Dunmore, E. B., Jaycox, L., Meadows, E., & Foa, E. B. (1998). Predicting response to exposure in PTSD: The role of mental defeat and alienation. *Journal of Traumatic Stress, 11,* 457-471.

Ehlers, A., Clark, D. M., Hackmann, A., McManus, F., & Fennell, M. J. V. (in press). Cognitive therapy for posttraumatic stress disorder: Development and evaluation. *Behaviour Research and Therapy.*

Ehlers, A., Clark, D. M., Hackmann, A., McManus, F., Fennell, M. J. V., Herbert, C., et al. (2003). A randomized controlled trial of cognitive therapy, a seif-help booklet, and repeated assessment as early interventions for PTSD. *Archives of General Psychiatry, 60,* 1024-1032.

Ehlers, A., Hackmann, A., & Michael, T. (in press). Intrusive reexperiencing in posttraumatic stress disorder: Phenomenology, theory, and therapy. *Memory.*

Ehlers, A., Maercker, A., & Boos, A. (2000). PTSD following political imprisonment: The role of mental defeat, alienation, and perceived permanent change. *Journal of Abnormal Psychology, 109,* 45-55.

Ehlers, A., Mayou, R. A., & Bryant, B. (1998). Psychological predictors of chronic posttraumatic stress disorder after motor vehicle accidents. *Journal of Abnormal Psychology, 107,* 508-519.

Ehlers, A., Mayou, R. A., & Bryant, B. (2003). Cognitive predictors of posttraumatic stress disorder in children: Results of a prospective longitudinal study. Behaviour Research and Therapy, 41, 1-10.

Ehlers, A., Michael, T., & Chen, Y. P. (2004). *Perceptual priming for stimuli that occur in a traumatic context.* Manuscript in preparation.

Ehlers, A., & Steil, R. (1995). Maintenance of intrusive memories in posttraumatic stress disorder: A cognitive approach. *Behavioural and Cognitive Psychotherapy, 23,* 217-249.

Foa, E. B. Ehiers, A., Clark, D. M., Tolin, D. F., & Orsillo, S. M. (1999). The Post-traumatic Cognitions Inventory (PCTI): Development, reliability and validity. Psychological Assessment, 11, 303-314.

Foa, E. B., & Hearst-Ikeda, D. (1996). Emotional dissociation in response to trauma: An information-processing approach. In L. K. Michelson & W. J. Ray (Eds.), Handbook of dissociation: Theoretical, empirical, and clinical perspectives. New York: Plenum Press.

Foa, E. B., Molnar, C., & Cashman, L. (1995). Change in rape narratives during exposure therapy for posttraumatic stress disorder. *Journal of Traumatic Stress, 8,* 675-690.

Foa, E. B., & Riggs, D. S. (1993). Post-traumatic stress disorder in rape victims. In J. Oldham, M. B. Riba & A. Tasman (Eds.), *Annual review of psychiatry* (Vol. 12, pp. 273-303). Washington, DC: American Psychiatric Association.

Gillespie, K., Duffy, M., Hackmann, A., & Clark, D. M. (2002). Community based cognitive therapy in the treatment of posttraumatic stress disorder following the Omagh bomb. *Behaviour Research and Therapy, 40,* 345-357.

Halligan, S. L., Michael, T., Clark, D. M., & Ehlers, A. (2003). Posttraumatic stress disorder following assault: The role of cognitive processing, trauma memory and appraisals. *Journal of Consulting and Clinical Psychology, 71,* 419-431.

Harvey, A. G., & Bryant, R. A. (1998). The effect of attempted thought suppression in acute stress disorder. Behaviour Research and Therapy, 36, 583-590.

Harvey, A. G., & Bryant, R. A. (1999). A qualitative investigation of the organization of traumatic memories. *British Journal of Clinical Psychology, 38,* 401-405.

Horowitz, M. J. (1976). *Stress response syndromes.* New York: Aronson.

Janoff-Bulman, R. (1992). *Shattered assumptions: Towards a new psychology of trauma.* New York: Free Press.

Kessler, R. C., Sonnega, A., Bromet, E., Hughes, M., & Nelson, C. B. (1995). Posttraumatic stress disorder in the National Comorbidity Survey. *Archives of General Psychiatry, 52,* 1048-1060.

Koss, M. P., Figueredo, A. J., Bell, I., Tharan, M., & Tromp, S. (1996). Traumatic memory characteristics: A cross-validated mediational mode of response to rape among employed women. *Journal of Abnormal Psychology, 105,* 421-432.

Mayou, R. A., Bryant, B., & Duthie, R. (1993). Psychiatric consequences of road traffic accidents. *British Medical Journal, 307,* 647-651.

Mayou, R. A., Ehlers, A., & Hobbs, M. (2000). Psychological debriefing for road traffic accident victims: 3 year follow-up of a randomized controlled trial. *British Journal of Psychiatry, 176,* 589-593.

Mayou, R. A., Tyndel, S., & Bryant, B. (1997). Long term outcome of motor vehicle accident injury. *Psychosomatic Medicine, 59,* 578-584.

McNally, R. J. (1999). Posttraumatic stress disorder. In T. Millon, P. H. Blaney, & R. D. Davis (Eds.), *Oxford textbook of psychopathology* (pp. 144-165). Oxford: Oxford University Press.

Michael, T. (2000). *The nature of trauma memory and intrusive cognitions in posttraumatic stress disorder.* Unpublished doctoral dissertation, University of Oxford, UK.

Michael, T., Ehlers, A., & Halligan, S. L. (2003). *Perceptual bias for trauma-related material predicts posttraumatic stress disorder.* Manuscript submitted for publication.

Murray, J., Ehlers, A., & Mayou, R. M. (2002). Dissociation and posttraumatic stress disorder: Two prospective studies of road traffic accident victims. *British Journal of Psychiatry, 180,* 363-368.

Pennebaker, J. (1989). Confession, inhibition, and disease. In L. Berkowitz (Ed.), *Advances in experimental social psychology* (Vol. 22, pp. 211-244). New York: Academic Press.

Resick, P. A., & Schnicke, M. K. (1993). *Cognitive processing therapy for rape victims: A treatment manual.* Newbury Park, CA: Sage.

Resick, P. A., Schnicke, M. K., & Markway, B. G. (1991, November). *The relationship between cognitive content and posttraumatic stress disorder.* Paper presented at the annual meeting of the Association for Advancement of Behavior Therapy, New York.

Rosario, M., Ehlers, A., Williams, R., & Glucksman, E. (2004). *Peri-traumatic predictors of posttraumatic stress disorder following road traffic accidents.* Manuscript in preparation.

Rose, S., Bisson, J., & Wessely, S. (2002). Psychological debriefing for preventing posttraumatic stress disorder (PTSD). In The Cochrane Library, Issue 2. Oxford, UK: Update Software.

Rothbaum, B. O., Foa, E. B., Riggs, D. S., Murdock, T. B., & Walsh, W. (1992). A prospective examination of posttraumatic stress disorder in rape victims. *Journal of Traumatic Stress, 5,* 455-475.

Shalev, A., Peri, T., Canetti, L., & Schreiber, S. (1996). Predictors of PTSD and injured trauma survivors: A prospective study. *American Journal of Psychiatry, 153,* 219-225.

Shepherd, J. C, & Beck, J. G. (1999). The effects of suppressing trauma-related thoughts on women with rape-related post-traumatic stress disorder. *Behaviour Research and Therapy, 37,* 99-112.

Steil, R., & Ehlers, A. (2000). Cognitive correlates of intrusive memories after road traffic accidents. *Behaviour Research and Therapy, 38,* 537-558.

Tulving, E. (2002). Episodic memory. *Annual Review of Psychology, 53,* 1-25.

van der Kolk, B. A., & Fisler, R. (1995). Dissociation and the fragmentary nature of traumatic memories: Overview and exploratory study. *Journal of Traumatic Stress, 8,* 505-525.

Van der Minnen, A. (2002). Changes in trauma narratives with exposure treatment. *Journal of Traumatic Stress, 15,* 255-258.

Warda, G., & Bryant, R. A. (1998). Thought control strategies in acute stress disorder. *Behaviour Research and Therapy, 36,* 1171-1175.

Wegner, D. M. (1989). *White bears and other unwanted thoughts: Suppression, obsession, and the psychology of mental control.* New York: Viking.

Wenninger, K., & Ehlers, A. (1998). Dysfunctional cognitions and adult psychological functioning in child sexual abuse survivors. Journal of Traumatic Stress, 11, 281-300.

8

A TEORIA COGNITIVO-COMPORTAMENTAL E O TRATAMENTO DO TRANSTORNO OBSESSIVO-COMPULSIVO
Contribuições passadas e avanços atuais
David A. Clark

De acordo com a quarta edição do *Diagnostic and Statistical Manual of Mental Disorders* (DSM-IV, American Psychiatric Association, 1994), o transtorno obsessivo-compulsivo (TOC) se caracteriza pela presença de obsessões e/ou compulsões que são identificadas em algum momento do transtorno como excessivas e pouco razoáveis e que causam um sofrimento acentuado, que consomem tempo ou interferem significativamente no funcionamento diário. As "obsessões" são pensamentos, imagens ou impulsos intrusivos, recorrentes e persistentes, que são inaceitáveis e indesejáveis em termos pessoais e que, na maioria das vezes, têm a resistência de quem sofre (Rachman e Hodgson, 1980). O conteúdo obsessivo, na maioria das vezes, lida com ameaças imaginárias e altamente improváveis, que envolvem sujeira ou contaminação, que causam danos ou ferimentos ao paciente e aos outros, que criam dúvidas patológicas sobre as ações, além de envolver também sensações de impropriedade religiosa ou sexual e transgressões relativas a organização, exatidão ou simetria (Foa e Kozac, 1995; Rasmussen e Eisen, 1992).

As "compulsões" são respostas comportamentais ou mentais repetitivas, estereotípicas e intencionais que são subjetivamente experimentadas como uma urgência ou pressão de agir (American Psychiatric Association, 1994; Rachman e Hodgson, 1980). A compulsão é usualmente disparada por uma obsessão e, muito embora haja uma sensação de uma redução do controle volitivo sobre o ritual, ele muito frequentemente persiste por causa de suas propriedades ansiolíticas ou porque se pensa que impede um resultado temido associado à obsessão (Rachman e Shafran, 1998). Os principais tipos de compulsão são lavar-se, verificar as coisas, ordenar, buscar segurança e guardar objetos (Rachman e Shafran, 1998).

O TOC tem uma prevalência de vida de 1 a 2% (ver Antony, Downie e Swinson, 1998), embora as estimativas variem. Na maioria dos casos tem um curso crônico e flutuante, com poucas evidências de remissão espontânea dos sintomas (Rassmussen e Eisen, 1992). O início da doença é gradual e, na maioria das vezes, ocorre entre o começo da adolescência e o começo da idade adulta (Rasmussen e Tsuang, 1986). O TOC pode ocorrer em crianças, embora seja algo incomum (ver March e Mulle, 1998). A distribuição de gênero é aproximadamente igual, com aumento ou diminuição crônica dos sintomas, frequentemente em resposta a fatores estressantes ou outros incidentes críticos na vida de uma pessoa. O TOC tem uma alta taxa de comorbidade para a depressão maior, para o transtorno de pânico, para a fobia social e para o transtorno da ansiedade generalizada (ver Antony et al., 1998; Crino e Andrews, 1996). Dada a cronicidade e a severidade do transtorno, ele pode ter um impacto negativo substancial na qualidade de vida do indivíduo, de suas famílias e nas relações de casal, bem como no desempenho profissional e, até mesmo, na saúde em geral (Antony et al., 1998). Apesar da seriedade dos estados obsessivos, o primeiro tratamento geralmente só é buscado muitos anos depois do surgimento dos sintomas iniciais.

Este capítulo explorará a contribuição da perspectiva cognitiva da teoria, da pesquisa e do tratamento dos estados obsessivos, traçando seu desenvolvimento desde a primeira perspectiva comportamental. Dá-se ênfase especial à influência da terapia e da teoria cognitiva da depressão de Aaron T. Beck sobre os modelos e os tratamentos cognitivo-comportamentais de hoje. O capítulo é concluído com um resumo do estado atual e do direcionamento futuro do tratamento cognitivo-comportamental (TCC) para as obsessões e as compulsões.

ANTECEDENTES COGNITIVOS E COMPORTAMENTAIS DO TCC

Teoria comportamental e tratamento do TOC

De acordo com o modelo comportamental, as obsessões são estímulos nocivos *condicionados* que causam dor e sofrimento para os pacientes, e persistem por causa de uma resposta aumentada (isto é, sensibilização) aos estímulos obsessivos. Essa resposta leva a uma falha na habituação, apesar de repetidas ocorrências da obsessão (Rachman, 1971, 1976, 1978). As compulsões, por outro lado, desenvolvem-se por meio de um paradigma de aprendizagem evitativo. Pelo fato de o desempenho de um ritual compulsivo reduzir a ansiedade ou o sofrimento causado pela obsessão, ele se torna fortalecido pelo condicionamento operante (isto é, reforço) e, então, se torna uma resposta persistente à obsessão (Emmelkamp, 1982). Ao mesmo tempo, o desempenho do ritual compulsivo aumentará a saliência da obsessão, garantindo, por meio disso, que o indivíduo se torne ainda mais sensível a esse tipo de intrusão mental. Discussões mais amplas sobre a teoria comportamental do TOC podem ser encontradas em Emmelkamp (1982), Foa e Steketee (1979) e Rachman e Hodgson (1980).

O relato comportamental das obsessões e das compulsões pareceu primeiramente intuitivamente interessante. As obsessões evidenciam determinadas qualidades semelhantes às da fobia, e a hipótese de redução da ansiedade para a compulsão tem uma sustentação empírica bastante forte (para exames do assunto, ver Clark, 2004; Foa e Steketee, 1979; Rachman e Hodgson, 1980). Mais importante do que isso, um novo tratamento comportamental – "exposição e prevenção da resposta" (EPR), que se baseou na teoria da aprendizagem – provou ser um tratamento altamente eficaz para a maior parte dos tipos de TOC, mas especialmente para o ato de lavar-se compulsivamente e de verificar as coisas repetidamente. A EPR, primeiramente apresentada por Victor Meyer (1966), envolve a exposição controlada e repetida a um estímulo que provoca ansiedade (isto é, obsessão) e a prevenção de qualquer neutralização ou outra resposta de evitação (isto é, o ritual compulsivo). O raciocínio é que se deveria permitir que a ansiedade se dissipasse naturalmente, sem o desempenho da compulsão redutora da ansiedade. Dessa forma, o paciente aprende a habituar-se à obsessão que provoca o medo, enquanto a urgência de desempenhar o ritual compulsivo é reduzida por meio de uma ausência de reforço (Rachman, Hodgson e Marzillier, 1970). Recomenda-se a leitura de Steketee (1993), Kozak e Foa (1997) e Rachman e Hodgson (1980) para uma descrição detalhada do protocolo de tratamento da EPR.

A EPR é considerada como o tratamento psicológico mais escolhido para o TOC. A Força Tarefa da Associação Americana de Psicologia para a promoção e a disseminação dos procedimentos psicológicos categorizou a EPR como um tratamento bem-estabelecido e empiricamente válido para o TOC (Chambless et al., 1998; ver também as recomendações do documento chamado Expert Consensus Survey ["Relatório Consensual dos especialistas"] de March, Frances, Carpenter e Kahn, 1997). Uma série de resultados controlados de estudo demonstrou que (1) de 70 a 80% de quem completou os tratamentos exibiu uma melhoria significativa de pós-tratamento, (2) a maior parte dos pacientes mantém sua melhora a longo prazo e (3) a EPR é frequentemente mais eficaz do que a farmacoterapia no pós-tratamento (ver Abramowitz, 1998; Foa e Kozac, 1996; Stanley e Turner, 1995; Steketee e Shapiro, 1995; van Balkom, van Oppen, Vermeulen, Nauta e Vorst, 1994). Atualmente, a EPR é considerada como componente necessário em qualquer tratamento psicológico do TOC.

Insatisfação com a abordagem comportamental ao TOC

A efetividade da EPR para o tratamento das obsessões e das compulsões pode levar a presumir que a teoria e a terapia cognitiva clínica têm pouco a oferecer a esse transtorno. Dado o fato de que os indivíduos com TOC já reconhecem a irrazoabilidade de suas obsessões e compulsões, qualquer tentativa de utilizar as técnicas de disputa verbal dos medos obsessivos será fútil ou talvez até mesmo contraproducente (Salkovskis, 1985, 1999; Steketee, Frost, Rhéaume e Wilhelm, 1998). Por essa razão, Reed (1998) concluiu que as intervenções cognitivas-padrão usadas para tratar a depressão e outros transtornos de ansiedade terão aplicação limitada às reclamações obsessivas. Até mesmo Hollon e Beck (1986, p. 467), em exame da terapia cognitiva, concluíram que a EPR *in vivo* era o tratamento preferido para o TOC e que "também permanece possível que as intervenções cognitivas tenham pouco a oferecer nesse transtorno". E, ainda assim, nem tudo estava bem para uma abordagem "puramente" comportamental ao TOC.

Por volta do meio dos anos de 1980, vários problemas tornaram-se claros com a teoria do condicionamento de obsessão e de compulsão. Apesar da eficácia da EPR, as limitações estavam se tornando cada vez mais evidentes em vários tratamentos. Discussões detalhadas sobre a fraqueza da teoria da aprendizagem das obsessões e das compulsões podem ser encontradas em vários locais (Carr, 1974; Emmelkamp, 1982; Foa e Steketee, 1979; Rachman e Hodgson, 1980; Steketee, 1993). A mais significativa deficiência do relato comportamental foi sua dificuldade em explicar o surgimento das obsessões. Há poucas evidências empíricas de que a aprendizagem traumática esteja envolvida na gênese das obsessões. Na verdade, sem a introdução de variáveis cognitivas, de desenvolvimento e mesmo de personalidade, o relato comportamental não consegue fixar uma explicação crível da etiologia ou da especificidade dos medos obsessivos (por exemplo, Rachman, 1978). Para lidar com as complexidades dos fenômenos obsessivos, pesquisadores comportamentais como Rachman (1978) apresentaram conceitos cognitivos como "avaliações de inaceitabilidade", "controle mental inadequado" e "incontrolabilidade percebida" (ver também Rachman e Hodgson, 1980).

A crítica de uma perspectiva estritamente comportamental do TOC tem focado mais intensamente as limitações de tratamento. Salkovskis (1989b), por exemplo, observou que um número significativo de pacientes não respondem ao tratamento de exposição. Índices de recusa, de final prematuro e de insubmissão a tarefas de exposição reduzem a efetividade geral da EPR (ver Stanley e Turner, 1995). O tratamento de obsessões comportamental direto, seja ele baseado em interrupção de pensamentos, em treinamento de habituação ou em saciação de pensamentos, não chega a ser adequado (Beech e Vaughan, 1978; Freeston e Ladouceur, 1997; Rachman, 1983). Rachman (1985) concluiu que a EPR não se encaixa bem no tratamento de obsessões "puras" sem compulsões abertas. Outros subtipos de TOC, tais como guardar objetos compulsivamente (Frost e Steketee, 1998) ou lentidão obsessional primária (Rachman, 1985), podem responder menos ao EPR. Também se sabe que o paciente médio ainda exibe níveis mais altos de sintomas obsessivos-compulsivos no pós-tratamento do que os controles não clínicos (Abramowitz, 1998). Juntos, esses fatores apontam para uma perspectiva teórica mais ampla e para um protocolo de intervenção para o tratamento do TOC.

As contribuições da terapia cognitiva de Beck

Dado o índice prodigioso de textos acadêmicos e científicos sobre a base cognitiva e o tratamento da depressão e da ansiedade, é interessante que Beck tenha se mantido relativamente em silêncio sobre a aplicação da terapia cognitiva no tratamento do TOC. Em seu relato detalhado do modelo cognitivo dos transtornos de ansiedade, Beck e Emery, juntamente com Greenberg (1985) não ampliaram esse modelo ao tratamento de obsessões e de compulsões. Como se observou previamente, Hollon e Beck (1986) concluíram que as intervenções cognitivas podem não ser eficazes no tratamento de reclamações obsessivas.

Uma série de contribuições anteriores sugeriu que os constructos cognitivos podem ser importantes no TOC. Carr (1974), por exemplo, argumentou que os estados obsessivos são caracterizados por estimativas altamente subjetivas da probabilidade de que resultados desfavoráveis ocorram (por exemplo, "Posso ficar contaminado se tocar nessa torneira"). McFall e Wollersheim (1979) propuseram um modelo cognitivo mais detalhado de TOC – um modelo que envolve uma avaliação primária falha na qual a probabilidade de ameaça e de suas consequências negativas são superestimadas e uma avaliação secundária errônea, na qual os pacientes subestimam sua capacidade de lidar com a ameaça percebida. Tanto as avaliações primárias quanto as secundárias são baseadas em certas crenças desadaptativas pré-conscientes sobre perfeccionismo, responsabilidade, controle de pensamentos e incerteza. Rachman e Hodgson (1980) também propuseram que características cognitivas mais específicas estão envolvidas na gênese e na manutenção de obsessões.

O catalisador de uma abordagem mais cognitiva para o TOC surgiu em um artigo seminal publicado por Paul Salkovskis (1985) na *Behaviour Research and Therapy*. Salkovskis propôs que um relato CC (cognitivo-comportamental) abrangente de obsessões poderia ser desenvolvido por meio da integração da formulação de Rachman (1978) das obsessões com a perspectiva de Beck sobre o papel de pensamentos negativos automáticos nos transtornos emocionais. Salkovskis argumentou que uma distinção pode ser feita entre obsessões e pensamentos automáticos. Ele sugeriu que as obsessões podem funcionar como estímulos que acionam avaliações adversas ou pensamentos automáticos. Assim, a ocorrência de uma obsessão pode ativar certos esquemas preexistentes que, por sua vez, levam a avaliações deficientes sobre a inaceitabilidade, a significação pessoal e a natureza possivelmente ameaçadora do pensamento intrusivo indesejado. Salkovskis argumentou que a avaliação defeituosa da importância da obsessão é uma forma de "pensamento automático negativo". As avaliações que indicam que os indivíduos são pessoalmente responsáveis pela prevenção de danos a si próprios e aos outros foram consideradas uma espécie potente de pensamento automático negativo envolvido na patogenia das obsessões. Com base no relato comportamental do TOC, Salkovskis acrescentou que as tentativas de neutralização, por rituais compulsivos ou por outras estratégias de controle, são tentativas de colocar as coisas em seu lugar e de impedir a possibilidade de ser culpado por prejudicar a si mesmo ou aos outros.

Os modelos cognitivo-comportamentais (CC) do TOC devem muito à teoria cognitiva de Beck da depressão, e, ainda assim, essa ligação ao modelo cognitivo não tem sido reconhecida. Em grande parte, essa visão geral se deve ao uso de diferentes rótulos para fazer referência aos pensamentos automáticos negativos no TOC. Mais tarde, Salkovics (1989a) abandonou o rótulo de "pensamentos automáticos" em favor do termo "avaliação" quando se referiu ao modo como os indivíduos que tendem à obsessão ou respondem cognitivamnte a pensamentos intrusivos particulares indesejados. Assim, pesquisadores contemporâneos rotineiramente enfatizam as avaliações falhas como sendo o processo cognitivo nuclear que leva à persistência de obsessões, sem perceber que essas abordagens aproximam-se muito da noção de Beck sobre os pensamentos negativos. Na depressão, esses pensamentos se referem a avaliações negativas sobre o *self*, o mundo ou o futuro de um indivíduo (Beck, 1967/1972), ao passo que, no TOC, os pensamentos automáticos ou as avaliações enfocam as avaliações negativas sobre a importância pessoal e a natureza ameaçadora das obsessões. Assim, a teoria cognitiva da depressão contribuiu para um conceito bastante crítico de nossa compreensão da base cognitiva das obsessões.

Há outras características das teorias contemporâneas cognitivo-comportamentais e do tratamento do TOC que devem consideravelmente à teoria cognitiva da depressão de Beck. A ideia de que certos esquemas ou crenças duradouras agem como uma vulnerabilidade cognitiva subjacente ao TOC (ver Clark, 2004; Freeston, Rhéaume e Ladouceur, 1996; Obssessive Compulsive Cognitions Working Group [OCCWG], 1997) remete ao modelo de depressão cognitivo de diátese-estresse de Beck (Beck, 1987; Clark e Beck com Alford, 1999). Da mesma forma, a ativação desses esquemas subjacentes é considerada responsável pela produção de avaliações falhas da obsessão, de um modo similar à ativação de esquemas hipervalentes e do pensamento negativo autorreferente na depressão. Finalmente, conforme discutido abaixo, muitas características da terapia cognitiva da depressão foram adaptadas ao tratamento de obsessões. Essas incluem:

1 a ênfase dada ao questionamento socrático e à descoberta orientada;

2 a importância de identificar avaliações falhas e de diferenciar avaliações (pensamentos automáticos negativos) das obsessões;
3 o uso da reestruturação cognitiva para desafiar as avaliações e as crenças disfuncionais de responsabilidade, de importância e de controle;
4 o desenvolvimento de experimentos comportamentais que testam a validade de crenças disfuncionais específicas centrais para a obsessão.

AS TEORIAS DE AVALIAÇÃO DO TOC

A Figura 8.1 ilustra o modelo teórico genérico adotado nas teorias cognitivo-comportamentais mais recentes do TOC. Embora as formulações propostas por Salkovsis, Rachman, pelo grupo OCCWG, por mim mesmo e por outros autores enfatizem crenças e avaliações diferentes, todos, não obstante, aceitam a importância das avaliações deficientes e da neutralização na persistência das obsessões. Como se pode ver na Figura 8.1, as teorias CC buscam a fonte das obsessões até a ocorrência natural de pensamentos intrusivos, de imagens ou de impulsos indesejados. Questionários e estudos de entrevistas indicam que 80 a 90% das amostras não clínicas apresentam pensamentos ocasionais indesejados e inaceitáveis que são similares em conteúdo às obsessões vistas no TOC (por exemplo, Parkinson e Rachman, 1981; Purdon e Clark, 1993; Rachman e de Silva, 1978). Se o pensamento intrusivo for avaliado como benigno ou irrelevante, ele rapidamente desaparecerá da consciência. Contudo, se pessoas vulneráveis interpretarem suas intrusões mentais como pessoalmente significativas porque são consideradas como indicadoras de responsabilidade para alguma consequência negativa da ameaça, o pensamento se tornará um evento cognitivo saliente. As avaliações de importância levarão a alguma ação cuja intenção seja aliviar o sofrimento causado pelo pensamento intrusivo, repelir a consequência negativa antevista ou simplesmente "colocar as coisas no devido lugar". A resposta à intrusão pode ser um ritual compulsivo, alguma outra forma de neutralização, de evitação ou de controle mental intencional (isto é, distração). A produção de avaliações de significância defeituosas e a execução de uma compulsão ou outra resposta neutralizadora são os dois principais processos responsáveis pelo

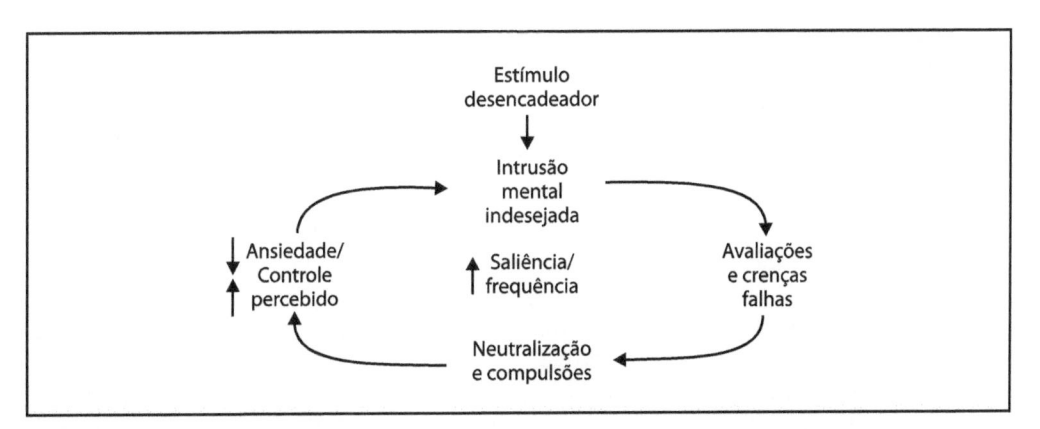

FIGURA 8.1
O modelo geral das teorias CC de avaliação do TOC. Retirado de Clark (2004, p. 90). Copyright 2004, The Guilford Press. Uso autorizado.

crescimento ou pela passagem dos pensamentos intrusivos indesejados normais até que se tornem obsessões. Juntos, esses processos levam a uma redução temporária da ansiedade e a um aumento do controle percebido sobre a obsessão. Infelizmente, esses efeitos são temporários, porque um subproduto sério das avaliações falhas e da neutralização é um aumento na saliência de pensamentos intrusivos indesejados e semelhantes aos obsessivos (para um exame mais detalhado do modelo CC de obsessões, ver Clark, 2004; Rachman, 2003; Salkovskis, 1989a, 1999).

O modelo de Salkovskis

Salkovskis (1985, 1989a, 1999) argumenta que as *avaliações e as crenças que envolvem a responsabilidade inflada* para a ocorrência e a prevenção de ameaça a si mesmo ou aos outros são os processos cognitivos centrais envolvidos na patogenia das obsessões. Salkovskis e colaboradores (1998, p. 40) definem a responsabilidade como "a crença de que se tem um poder que é central para trazer à tona ou para impedir subjetivamente os resultados negativos cruciais. Esses resultados podem ser verdadeiros, isto é, ter consequências no mundo real, e/ou em nível moral" De acordo com Salkovskis, uma vez mal-interpretado um pensamento intrusivo, imagem ou impulso como algo que significa uma responsabilidade pessoal pela ocorrência ou pela prevenção do dano, isso levará então a um aumento nas qualidades de sofrimento da intrusão; a intrusão terá grande acessibilidade ou saliência; haverá uma atenção maior ao pensamento intrusivo; e as respostas de neutralização serão iniciadas a fim de escapar ou de evitar a responsabilidade (Salkovskis e Wahl, 2004).

Qual é a evidência empírica que afirmou que as avaliações de responsabilidade sejam um elemento causal na patogênese das obsessões? Uma série de estudos constatou que as avaliações de responsabilidade e as crenças são elevadas no TOC e correlacionadas com as medidas dos sintomas de OC [obsessão compulsiva] (por exemplo, OCCCWG, 2001, 2003.; Salkovskis et al., 2000; Steketee, Frost e Cohen, 1998). Além disso, há alguma evidência experimental de que as manipulações que levam ao aumento de estimativas subjetivas de responsabilidade pessoal resultam em mais desconforto e em uma grande urgência de neutralização (Bouchard, Rhéaume e Ladouceur, 1999; Ladouceur et al., 1995; Lopatka e Rachman, 1995; Shafran, 1997). Embora essas constatações deem sustentação ao modelo de Salkovskis, outros estudos foram menos animadores. Por exemplo, as afirmadas avaliações e as crenças de responsabilidade pessoal pela ameaça:

1 podem não ser específicas ou exclusivas do TOC (Foa, Amir, Bogert, Molnar e Przeworski, 2001);
2 podem responder por uma menor variação nos sintomas de TOC do que se esperava originalmente (Emmelkamp e Aardema, 1999; Wilson e Chambless, 1999);
3 podem ser mais passageiras e influenciadas situacionalmente do que se previa no modelo de Salkovskis (Rachman, Thordarson, Shafran e Woody, 1995);
4 podem ser menos relevantes para certos subtipos de TOC, tais como lavar-se compulsivamente (Menzies, Harris, Cumming e Einstein, 2000).

Além disso, não está claro se a responsabilidade inflada é uma causa ou uma consequência de obsessões perturbadoras frequentes.

O modelo de Rachman

Rachman (1997, 1998, 2003) propôs que as obsessões são causadas pela *interpretação equivocada e catastrófica da significância* de intrusões mentais indesejadas. As obsessões persistirão tanto quanto essas interpretações equivocadas continuarem, mas diminuirão quando elas se enfraquecerem (Rachman, 1997). O processo fundamental no aumento de pensamentos intrusivos indesejáveis nas obsessões anormais é a interpretação equivocada de que uma intrusão indica algo altamente importante, pessoalmente significativa e ameaçadora ou até mesmo catastrófica (Rachman, 2003). Rachman (2003, p. 14) argumenta que sua proposta se baseia em três constatações: "que as cognições podem causar ansiedade, que as ansiedades que provocam interpretações de cognições podem levar a obsessões e que determinados vieses cognitivos estão associados à vulnerabilidade das obsessões".

Há, é claro, evidências consideráveis de que as cognições negativas podem causar ansiedade, e Rachman (2003) cita a pesquisa de D. M. Clark sobre a interpretação equivocada e catastrófica das sensações corporais do transtorno de pânico como um exemplo primário das relações funcionais entre cognição e ansiedade subjetiva. Há também evidências empíricas substanciais de que a produção de pensamentos intrusivos indesejáveis ou de obsessões levam a um aumento no sofrimento subjetivo e possivelmente também na excitação psicofisiológica (ver Clark, 2004; Rachman e Hodgson, 1980). Contudo, o modelo de fato tem mais dificuldade em explicar a persistência de obsessões que não dão surgimento à ansiedade subjetiva, tais como a repetição de imagens desconexas ou de frases sem sentido, ou de pensamento obsessivo associado à compulsões de ordem, de exatidão e de simetria (Rachman, 1997).

A segunda previsão do modelo de Rachman – a interpretação equivocada de uma intrusão como indicadora de ameaça significativa – tem novamente algum apoio empírico na literatura de pesquisa. Os indivíduos com TOC são significativamente mais propensos a avaliar seus pensamentos intrusivos ou obsessões como algo importante, inaceitável, ameaçador e pessoalmente significativo (por exemplo, OCCWG, 2001, 2003; Rachman e de Silva, 1978). Além disso, a frequência de pensamentos intrusivos indesejáveis está positivamente associada ao aumento nas taxas de significância, de importância e de ameaça ou inaceitabilidade (Freeston, Ladouceur, Thibodeau e Gagnon, 1991; Freeston e Ladouceur, 1993; Parkinsons e Rachman, 1981; Purdon, 2001).

Finalmente, há evidências de que certos vieses cognitivos, tais como a responsabilidade inflada (ver acima) e a "fusão entre pensamento e ação" (FPA), são características cognitivas salientes e podem levar a interpretação equivocada da significância de pensamentos intrusivos indesejáveis. Rachman (1993; Rachman e Shafran, 1999) descreveu a propensão à FPA como a crença de que ter um pensamento inaceitável aumenta a probabilidade de que um resultado negativo ocorra (por exemplo, "Se eu pensar que minha filha passará por um acidente, é mais provável que o acidente aconteça") e a moral da FPA com a crença de que ter um "mau pensamento" é moralmente equivalente a cometer o ato (por exemplo, "Pensar em abusar sexualmente uma criança é tão ruim quanto fazê-lo de fato"). Há evidências empíricas emergentes segundo as quais a FPA pode ser um viés cognitivo específico de estados obsessivos e que isso pode até desempenhar um papel causal na patogênese das obsessões (ver Clark, 2004; Rachman, 2003; Thordarson e Shafran, 2002). Contudo, as questões ainda estão em aberto no que diz respeito a qual aspecto da FPA é mais relevante para o TOC, e se a FPA e outros vieses cognitivos são fatores que de fato predispõem vulnerabilidade à obsessão. Além disso, as relações funcionais entre interpretações equivocadas de relações de significância, vieses cognitivos como a FPA e a neutralização não são bem entendidos.

Teoria do controle cognitivo

Recentemente, uma série de pesquisadores propôs que as crenças e as avaliações sobre o controle de pensamentos intrusivos indesejados podem desempenhar um papel importante na patogênese das obsessões (Clark e Purdon, 1993; OCCWG, 1997; Purdon e Clark, 2002; Salkovskis, Richards e Forrester, 1995). A importância das avaliações e das crenças sobre o controle das obsessões é discutida extensivamente em outro texto (Clark, 2004). Sabe-se bem que os indivíduos com TOC tentam arduamente controlar seu pensamento obsessivo (Salkovskis et al., 1995). Também se sabe que mesmo sob a melhor das circunstâncias, a capacidade das pessoas de suprimir pensamentos indesejáveis não é perfeita (Wegner, 1994; Wenzlaff e Wegner, 2000). Assim, tentativas de suprimir obsessões podem explicar, em parte, sua maior frequência, embora as evidências empíricas sejam inconsistentes quanto ao fato de a supressão do pensamento desempenhar um papel significativo na persistência das obsessões (ver Abramowitz, Tolin e Street, 2001; Clark, 2004; Purdon, 1999).

Propõe-se que as crenças e as avaliações referentes à importância do controle de pensamento e as consequências exageradas e interpretadas de maneira equivocada relativas ao fracasso no controle das cognições indesejadas possam ter um impacto mais adverso sobre a saliência e a frequência da obsessão do que a presença da supressão ativa do pensamento. Por exemplo, se indivíduos vulneráveis concluírem que eles podem e devem controlar um pensamento indesejado, pelo fato de o fracasso em fazê-lo poder levar a consequências terríveis, então essa crença aumentará a quantidade de atenção dedicada à intrusão mental persistente. Essas avaliações primárias levarão a tentativas que impedirão ou suprimirão a obsessão. Tais efeitos são destinados a ser menos do que perfeitos, deixando esses indivíduos com repetidas ocorrências de fracasso no controle do pensamento. Se os indivíduos agora interpretam seus esforços fracassados de controle de pensamento de uma maneira catastrófica (isto é, avaliações secundárias de controle), isso levará a ainda mais sofrimento e aumento nos esforços de controlar a obsessão. Em resumo, as avaliações primárias da importância das obsessões, juntamente com avaliações secundárias defeituosas da significação do controle de pensamento fracassado, levam a um aumento em espiral na frequência e na intensidade das obsessões.

As investigações sobre o papel das avaliações e das crenças de controle do TOC começaram há pouco. Há cada vez mais evidências de que avaliações e crenças de controle disfuncional são elevadas no TOC (OCCWG, 2001, 2003) e que essas crenças estão relacionadas aos sintomas OC (Clark, Purdon e Wang, 2003). Mais recentemente, Tolin, Abramowitz, Hamlin e Synodi (2002) constataram que os pacientes com TOC relataram atribuições internas mais fortes para a falha do controle do pensamento em um experimento de supressão de pensamento do que o fizeram outros pacientes ansiosos ou controles não clínicos. Embora essas constatações sugiram que as avaliações e as crenças desadaptativas de controle de pensamento, bem como as interpretações equivocadas sobre as consequências do controle de pensamento que falham, possam ser significativas para a compreensão da manutenção das obsessões, é ainda muito cedo para julgar a relevância de uma perspectiva de controle cognitivo sobre os estados obsessivos.

TRATAMENTO COGNITIVO-COMPORTAMENTAL DO TOC: ELEMENTOS E *STATUS* EMPÍRICO

Elementos básicos do TCC

Os protocolos contemporâneos para as obsessões e as compulsões são exemplos claros da abordagem orientada pela teoria para o desenvolvimento de intervenção psicoterápica de um determinado transtorno. Se a persistência das obsessões depende de avaliações deficientes da significação e das respostas neutralizadoras que as acompanham, uma redução na frequência e na intensidade das obsessões ocorrerá se as avaliações forem modificadas e se as compulsões contraproducentes e outros esforços de neutralização forem evitados (Rachman, 2003). As oito características do TCC para as obsessões e as compulsões listadas no Quadro 8.1 são brevemente discutidas abaixo. O leitor pode encontrar relatos mais extensivos dessa abordagem de tratamento em Clark (2004), Freeston e Ladouceur (1997), Rachman (2003), Salkovskis (1999), Salkovskis e Wahl (2004) e Whittal e McLean (1999, 2002).

Os terapeutas CC dão ênfase considerável à educação do paciente de acordo com o modelo CC do TOC. Os indivíduos com TOC ingressam na terapia acreditando que seu problema está centrado em um autocontrole pessoal fraco sobre obsessões e urgências compulsivas poderosas. Eles interpretam esses sintomas como um sinal de sua anormalidade pessoal e fraqueza, e, assim, acreditam que o tratamento deve enfocar a eliminação de suas obsessões. O terapeuta CC, contudo, deve primeiro educar os pacientes, informando-lhes de que a avaliação deficiente que fazem da significância da obsessão é a causa primária das ocorrências repetidas dos pensamentos indesejados. O componente educacional enfoca a normalização da experiência dos pensamentos intrusivos indesejados por meio da demonstração aos pacientes de que a maior parte dos indivíduos experimenta pensamentos indesejados de conteúdo similar a suas obsessões. O fato de o pensamento intrusivo indesejado manter-se numa ocorrência de baixa frequência ou de desenvolver-se até chegar a uma cognição frequente e que causa sofrimento depende de a pessoa considerar ou não o pensamento pessoalmente significativo. A fim de obter um nível adequado de comprometimento com o tratamento, a fase educacional deve apresentar uma lógica convincente. A essência da lógica do tratamento é a de que o enfoque sobre a modificação de avaliações deficientes e a prevenção de respostas neutralizadoras é necessária para chegarmos à melhoria dos sintomas de OC. Além disso, os pacientes devem também aprender a distinguir entre suas avaliações equivocadas de suas obsessões e as próprias obsessões. Isso incluirá ajudar os pacientes a aprender a diferença entre avaliações ("a importância que dão a seus pensamentos") e os pensamentos obsessivos, e também o modo como eles usam diferentes tipos de avaliações deficientes, de neutralizações, de estratégias de controle mental, de rituais compulsivos e de evitação de lidar com seu estado obsessivo. Essa fase do tratamento envolverá uma exploração considerável da OC do paciente e das respostas comportamentais que ocorrem nas sessões, e também a definição de tarefas de automonitoramento realizadas em casa.

Uma vez que os pacientes entendam sua reação às obsessões, as estratégias de reestruturação cognitiva são apresentadas para desafiar as "interpretações de importância" associadas com as obsessões. A reestruturação cognitiva é usada para ajudar os pacientes a perceber que suas avaliações deficientes de importância são apenas uma das várias maneiras possíveis de interpretar pensamentos intrusivos; que suas interpretações são baseadas "no que poderia acontecer" e não "no que vai acontecer" (O'Connor e Robillard, 1999); e que as avaliações são uma abordagem altamente seletiva levada a um certo tipo de pensamento indesejado. Uma variedade de estratégias de intervenção cognitiva – tais como a técnica da seta descendente, a coleta de evidências de dupla coluna e a tarefa de reestruturação do *continuum* e as reestimativas de probabilidade – são empregadas para desafiar as avaliações falhas de ameaça superestimada, o viés da FPA, a responsabilidade inflada, a superimportância dos pensamentos, a necessidade de controle, a neutralização, a intolerância de incerteza, o perfeccionismo e a intolerância da ansiedade/sofrimento (para maiores detalhes, ver Clark, 2004; OCCWG, 1997; Rachman, 2003; Whittal e McLean, 2002).

É importante já no início do processo de tratamento apresentar aos pacientes uma explicação alternativa sobre o porquê de eles sofrerem com obsessões e compulsões perturbadoras e recorrentes. Os exercícios de reestruturação cognitiva e comportamental devem levar os pacientes a ver suas obsessões de uma maneira menos ameaçadora. O terapeuta usa a descoberta orientada para ajudar os pacientes a perceber que suas avaliações de importância e os esforços para controlar suas obsessões são o que levam a um aumento paradoxal na frequência e na intensidade das obsessões. A explicação alternativa que o terapeuta CC deseja reforçar é a de que os pensamentos intrusivos indesejados, mesmo as obsessões, são inofensivos, produtos irrelevantes de uma mente criativa; como tal, eles não requerem uma resposta determinada (isto é, não fazer nada; Salkovics, 1999). Na verdade, apenas deixar as obsessões irem e virem naturalmente e de maneira consciente, sem nenhuma tentativa de controlar sua ocorrência ou de responder a seu conteúdo, trará melhorias significativas para os sintomas de obsessão.

Embora as intervenções cognitivas sejam importantes no TCC das obsessões, o ingrediente terapêutico mais potente é ainda a EPR. Avaliações deficientes e crenças sobre a ameaça, a importância, a responsabilidade, o controle e simila-

---

QUADRO 8.1 Elementos terapêuticos do TCC para o TOC

- Educação sobre o modelo de avaliação
- Identificação e diferenciação de avaliações e de intrusões
- Estratégias de reestruturação cognitiva
- Avaliações alternativas da obsessão
- Exposição e prevenção da resposta (EPR)
- Experimentação comportamental
- Modificação das crenças autorreferentes e metacognitivas
- Prevenção da recaída

Nota: adaptado de Clark (2004). Copyright 2004, The Guilford Press. Uso autorizado.

res são mais efetivamente modificados quando os pacientes experimentam uma exposição repetida e sustentada a seus medos obsessivos e param de tentar "colocar as coisas no devido lugar" por meio de rituais compulsivos ou de outras estratégias de neutralização. No TCC, a EPR é usada para desafiar diretamente e modificar avaliações e crenças deficientes. Assim, é importante que o terapeuta CC estruture a EPR como um experimento de teste de hipóteses. Por exemplo, em vez de considerar a exposição repetida a "objetos contaminados" como um processo de habituação, o terapeuta CC trata essas tarefas de exposição como um meio de testar as crenças sobre a natureza ameaçadora presente no fato de tocar determinados objetos, a intolerância da ansiedade/sofrimento, a responsabilidade por evitar "contaminar-se" ou a melhor maneira de controlar pensamentos incômodos sobre doenças e germes. Dependendo do subtipo de TOC, uma grande proporção do TCC é voltada à EPR.

Outro tipo de intervenção bastante eficaz para desafiar as avaliações e as crenças é a experimentação comportamental direta. Beck, Rush, Shaw e Emery (1979) indicaram que as técnicas comportamentais podem tomar a forma de "miniexperimentos" que testam a validade dos pensamentos disfuncionais e as crenças, a fim de trazer à tona mudanças cognitivas. Uma série de experimentos comportamentais foi descrita para desafiar a avaliação e as crenças da OC (para exemplos de intervenções específicas, ver Clark, 2004; Freeston et al., 1996; Rachman, 2003; Whittal e McLean, 2002).

Os dois elementos finais do TCC para as obsessões são a modificação dos esquemas autorreferentes nucleares ou metacognitivos e a ênfase na prevenção à recaída nas sessões finais da terapia. Certos temas cognitivos recorrentes surgirão no tratamento das avaliações e das crenças defeituosas dos pacientes obsessivos. Esses temas representam ideias e hipóteses mais generalizadas e duradouras sobre o *self* e a significação de pensamentos intrusivos indesejados. Alguns desses esquemas nucleares subjacentes são autorreferentes e lidam com crenças básicas sobre o *self*, o mundo e o futuro (Beck et al., 1979). Outros esquemas refletem crenças metacognitivas ou crenças sobre os processos de pensamento, tais como a importância e a significância dos pensamentos e de seu controle. Como acontece na terapia cognitiva para outros transtornos, é importante que essas crenças nucleares sejam focalizadas para que haja mudanças no curso da terapia, a fim de melhorar a manutenção do tratamento. Outros passos que podem ser tomados para construir a prevenção da recaída são:

1 apresentar instruções escritas sobre estratégias positivas de autoajuda para a recorrência de obsessões;
2 ensinar uma abordagem de resolução de problemas para episódios de pensamentos ou de obsessões indesejadas;
3 garantir que os pacientes pratiquem a EPR quando os sintomas de OC ressurgirem;
4 ensinar habilidades de enfrentamento para o estresse e para outras dificuldades da vida;
5 gradualmente encerrar as sessões de terapia, seguidas de sessões ocasionais auxiliares.

Status empírico da TCC

O novo TCC para obsessões e para compulsões, derivado da teoria, é algo tão recente que apenas alguns poucos estudos de resultado foram publicados e outros ainda estão em progresso. Uma série de estudos de resultado controlados indica que o enfoque na modificação cognitiva pode ser eficaz para reduzir a frequência e a severidade dos sintomas obsessivos (Emmelkamp e Beens, 1991; Emmelkamp, Visser e Hoekstra, 1988; Jones e Menzies, 1998). Van Oppen e colaboradores (1995) relataram o primeiro resultado controlado da terapia cognitiva para o TOC, com base na abordagem de tratamento de Beck e colaboradores (1985) e Salkovskis (1985). A terapia cognitiva resultou na melhoria significativa de todas as medidas de resultado, demonstrando até mesmo uma leve superioridade sobre a condição de EPR exclusiva. Freeston e colaboradores (1997) constataram que o TCC foi significativamente mais eficaz do que o controle da lista de espera no tratamento de ruminações obsessivas sem compulsões abertas. O'Connor, Todorov, Robillard, Borgeat e Brault (1999) relataram que 20 sessões de TCC exclusiva durante um período de cinco meses produziram efeitos de tratamento equivalentes àqueles da medicação exclusiva ou de TCC mais medicação. Finalmente, McLean e colaboradores (2001) constataram que 12 semanas de TCC em grupo foram mais eficazes do que um controle de lista de espera, mas marginalmente menos eficaz do que a EPR exclusiva na obtenção de melhora sintomática. Por causa da natureza complexa e idiossincrática das abordagens cognitivas para a OC, os autores sugeriram que o TCC pode produzir tamanhos de efeito mais fortes quando oferecido individualmente do que quando oferecido em formato de grupo. No geral, essas constatações indicam que o TCC pode ser eficaz no tratamento de sintomas obsessivos e compulsivos.

Considerando-se que a EPR é um tratamento que tem sustentação empírica para o TOC, uma questão mais crítica é saber se a mudança para uma perspectiva mais cognitiva melhora a efetividade do tratamento em relação ao uso exclusivo da EPR. Em estudos que testaram as contribuições individuais do TCC em relação à EPR, as intervenções cognitivas provaram ser tão eficazes quanto a EPR (Emmelkamp e Beens, 1991; Emmelkamp et al., 1988; de Haan et al., 1997; van Oppen et al., 1995), embora McLean e colaboradores (2001) constatarem que o TCC é menos eficaz. Contudo, desta vez há pouca evidência de que acrescentar um componente cognitivo à EPR produza uma maior melhora sintomática significativa do que a EPR sozinha, pelo menos em uma amostra heterogênea de pacientes com TOC. Embora haja alguma indicação preliminar de que o TCC possa ser mais eficaz para certos subtipos de TOC (por exemplo, ruminação obsessiva), os estudos comparativos necessários não foram realizados. Além disso, pode-se esperar que as intervenções cognitivas melhorem a tolerância ao tratamento e os índices mais baixos de recusa ou de abandono, mas as evidências são insuficientes para sustentar tal afirmação. Claramente, estamos apenas começando a explorar a utilidade dessa nova abordagem para o tratamento de obsessões e de compulsões.

CONCLUSÃO E DIREÇÕES FUTURAS

O TOC é um dos transtornos da ansiedade que causam mais perplexidade e desafios no que diz respeito ao entendimento e ao tratamento. Os relatos comportamentais baseados em um modelo de aprendizagem de dois estágios forneceram uma explicação promissora para a persistência das obsessões e das compulsões. Mais importante ainda é o fato de a perspectiva comportamental ter levado ao desenvolvimento de um tratamento para o TOC baseado em uma exposição repetida e prolongada a obsessões que suscitam o medo, acompanhadas pela prevenção de rituais compulsivos ou de outras formas de neutralização. A EPR tem provado ser um tratamento altamente eficaz para o TOC, com taxas médias de pós-tratamento de mais de 80% (Foa e Kozac, 1996; Kozac, Liebowitz e Foa, 2000).

Apesar do sucesso da EPR, uma série de problemas surgiu com a abordagem estritamente comportamental ao TOC. O relato comportamental não pôde oferecer uma explicação adequada para os processos psicológicos críticos envolvidos na etiologia e na persistência do TOC. Surgiram também limitações no uso da EPR, tais como taxas consideravelmente altas de rejeição e de abandono do tratamento, menor efetividade em relação a certos subtipos de TOC (por exemplo, manutenção de ruminação obsessiva sem compulsões abertas) e a presença de sintomas residuais de OC depois de um tratamento bem-sucedido de EPR.

Em resposta às deficiências do relato comportamental, uma perspectiva mais cognitiva sobre o TOC tem sido defendida para explicar o surgimento e a manutenção dos estados obsessivos. Propõe-se que a ocorrência normal de pensamentos intrusivos indesejados chegue a obsessões clínicas quando os indivíduos interpretam mal essas intrusões como ameaças pessoais altamente significativas, com que então se lida por meio da geração de um ritual compulsivo ou de outra resposta neutralizadora. Esses dois processos – avaliações falhas a crenças sobre pensamentos intrusivos e as tentativas ativas de neutralizar medos obsessivos por meio de rituais compulsivos, de evitação, de busca de segurança ou de algo semelhante são consideradas responsáveis pela persistência de um estado obsessivo. Conforme se discute neste capítulo, várias crenças e avaliações deficientes foram consideradas críticas na patogênese das obsessões. Entre elas estão as avaliações de responsabilidade inflada, a significância pessoal, a importância e o controle de pensamentos, a ameaça superestimada, os vieses na FPA, a intolerância à incerteza, o perfeccionismo e a intolerância à ansiedade/sofrimento (ver Clark, 2004; OCCWG, 1997, 2001). Embora a pesquisa sobre esses novos conceitos cognitivos de avaliação ainda esteja em sua infância, já há evidências de que alguns deles (por exemplo, a responsabilidade inflada, a ameaça superestimada, a FPA e o controle de pensamentos) estejam implicados no TOC.

Os modelos atuais de CC dos estados obsessivos propostos por Salkovskis, Rachman, pelo OCCWG e por outros representam alguns dos melhores exemplos de tratamento orientado pela teoria na psicoterapia contemporânea. Nos últimos anos, uma série de protocolos de TCC foi proposta, especialmente para o tratamento de obsessões (por exemplo, Clark, 2004; Freeston e Ladouceur, 1997; Rachman, 2003; Salkovskis, 1999). Conforme está resumido no Quadro 8.1, os elementos terapêuticos do TCC para o TOC representam uma fusão de terapia comportamental (isto é, EPR) com a terapia cognitiva-padrão da depressão proposta por Beck e colaboradores (1979). Os testes iniciais indicam que a abordagem do TCC é eficaz para o tratamento dos sintomas de obsessão e de compulsão.

Nenhuma conclusão pode ser tirada sobre a contribuição da teoria de CC ou do TCC para a compreensão dos fenômenos obsessivos, porque uma série de questões críticas ainda não foi resolvida. Por exemplo, não está claro se conceitos cognitivos como responsabilidade inflada, FPA ou intolerância à incerteza são específicos do TOC ou se essas disfunções psicológicas são também evidentes em outros transtornos. Também não se sabe se as avaliações e as crenças deficientes são causas ou consequências de pensamentos ou de obsessões intrusivas. A pesquisa empírica sobre a vulnerabilidade a estados obsessivos em grande parte não existe. Em termos de tratamento, não está certo que o acréscimo de estratégias de intervenção cognitiva tenha valores que aumentem significativamente em relação à EPR. Mais pesquisas são também necessárias para determinar a efetividade de curto e longo prazo da TCC relativa a outros tratamentos para o TOC, tal como a farmacoterapia. Muito embora a terapia cognitiva tenha sido introduzida para melhorar a complacência ao tratamento e um índice menor de resistência, praticamente não há pesquisas sobre a questão. Finalmente, pouco se sabe sobre os mecanismos de mudança na TCC para as obsessões. As intervenções cognitivas no TOC seriam eficazes por causa da modificação de avaliações e de crenças deficientes ou a mudança cognitiva seria uma consequência de mudanças no comportamento compulsivo (Emmelkamp, van Oppen e van Balkom, 2002)?

A teoria, a pesquisa e o tratamento do que é cognitivamente concomitante ao TOC têm progredido de maneira notável, inovadora e criativa nos últimos anos. Embora muitas questões fundamentais estejam abertas para as teorias de CC e para a TCC do TOC, esse domínio de investigação psicológica representa um dos exemplos mais refinados de pesquisa e de tratamento de base teórica. Os avanços atuais vistos no TCC para estados obsessivos têm uma grande dívida para com o trabalho pioneiro de Beck sobre a base cognitiva da ansiedade e da depressão. Construtos como pensamentos automáticos negativos, vieses cognitivos e esquemas de vulnerabilidade foram adaptados e elaborados para explicar a base cognitiva do TOC. As inovações da terapia cognitiva, tais como a descoberta orientada, a reestruturação cognitiva e a experimentação comportamental (isto é, teste de hipóteses empíricas) tornaram-se ingredientes terapêuticos fundamentais nos protocolos de obsessão e de compulsão. Sem dúvida, no futuro, continuaremos a ver novas adaptações para a terapia cognitiva de Beck para o tratamento de fenômenos obsessivos. Como se percebeu pela magnitude de sua contribuição para o estudo dos estados obsessivos, a teoria e a terapia cognitiva de Aaron T. Beck estão claramente entre as formulações teóricas e psicoterapêuticas mais robustas atualmente disponíveis para os pesquisadores e profissionais da saúde mental.

REFERÊNCIAS

Abramowitz, J. S. (1998). Does cognitive-behavioral therapy cure obsessive-compulsive disorder?: A meta-analytic evaluation of clinical significance. *Behavior Therapy, 29,* 339-355.

Abramowitz, J. S., Tolin, D. E, & Street, G. P. (2001). Paradoxical effects of thought suppression: A meta-analysis of controlled studies. *Clinical Psychology Review, 21,* 683-703.

American Psychiatric Association. (1994). *Diagnostic and statistical manual of mental disorders* (4th ed.). Washington, DC: Author.

Antony, M. M., Downie, F., & Swinson, R. P. (1998). Diagnostic issues and epidemiology in obsessive-compulsive disorder. In R. P. Swinson, M. M. Antony, S. Rachman, & M. A. Richter (Eds.), *Obsessive-compulsive disorder: Theory, research, and treatment* (pp. 3-32). New York: Guilford Press.

Beech, H. R., & Vaughan, M. (1978). Behavioural treatment of obsessional states. Chichester, UK: Wiley.

Beck, A. T. (1972). *Depression: Causes and treatment.* Philadelphia: University of Pennsylvania Press. (Original work published 1967)

Beck, A. T. (1987). Cognitive models of depression. *Journal of Cognitive Psychotherapy: An International Quarterly, 1,* 5-37.

Beck, A. T., & Emery, G., with Greenberg, R. L. (1985). *Anxiety disorders and phobias: A cognitive perspective.* New York: Basic Books.

Beck, A. T., Rush, A. J., Shaw, B. F., & Emery, G. (1979). Cognitive therapy of depression. New York: Guilford Press.

Bouchard, C., Rhéaume, J., & Ladouceur, R. (1999). Responsibility and perfectionism in OCD: An experimental study. *Behaviour Research and Therapy, 37,* 239-248.

Carr, A. T. (1974). Compulsive neurosis: A review of the literature. *Psychological Bulletin, 53,* 311-318.

Chambless, D. L., Baker, M. J., Baucom, D. H., Beutler, L. E., Calhoun, K. S., Crits-Christoph, P., et al. (1998). Update on empirically validated therapies: II. *The Clinical Psychologist, 51,* 3-16.

Clark, D. A. (2004). *Cognitive-behavioral therapy for OCD.* New York: Guilford Press.

Clark, D. A., & Beck, A. T., with Alford, B. (1999). *Scientific foundations of cognitive theory and therapy of depression.* New York: Wiley.

Clark, D. A., & Purdon, C. L. (1993). New perspectives for a cognitive theory of obsessions. *Australian Psychologist, 28,* 161-167.

Clark, D. A., Purdon, C., & Wang, A. (2004). The Meta-Cognitive Beliefs Questionnaire: Development of a measure of obsessional beliefs. *Behaviour Research and Therapy, 41,* 655-669.

Crino, R. D., & Andrews, G. (1996). Obsessive-compulsive disorder and Axis I comorbidity. *Journal of Anxiety Disorders, 10,* 37-46.

de Haan, E., van Oppen, P., van Balkom, A. J. L. M., Spinhoven, P., Hoogduin, K. A. L., & van Dyck, R. (1997). Prediction of outcome and early vs. late improvement in OCD patients treated with cognitive behaviour therapy and pharmacotherapy. *Acta Psychiatrica Scandinavica, 96,* 354-361.

Emmelkamp, P. M. G. (1982). *Phobic and obsessive-compulsive disorders: Theory, research and practice.* New York: Plenum Press.

Emmelkamp, P. M. G., & Aardema, A. (1999). Metacognition, specific obsessive-compulsive beliefs and obsessive-compulsive behaviour. *Clinical Psychology and Psychotherapy, 6,* 139-145.

Emmelkamp, P. M. G., & Beens, H. (1991). Cognitive therapy with obsessive-compulsive disorder: A comparative evaluation. *Behaviour Research and Therapy, 29,* 293-300.

Emmelkamp, P. M. G., van Oppen, P., & van Balkom, A. J. L. M. (2002). Cognitive changes in patients with obsessive-compulsive rituals treated with exposure *in vivo* and response prevention. In R. O. Frost & G. Steketee (Eds.), *Cognitive approaches to obsessions and compulsions: Theory, assessment, and treatment* (pp. 392-401). Amsterdam: Elsevier.

Emmelkamp, P. M. G., Visser, S., & Hoekstra, R. J. (1988). Cognitive therapy vs. exposure *in vivo* in the treatment of obsessive-compulsives. *Cognitive Therapy and Research, 12,*103-114.

Foa, E. B., Amir, N., Bogert, K. V. A., Molnar, C., & Przeworski, A. (2001). Inflated perception of responsibility for harm in obsessive-compulsive disorder. *Journal of Anxiety Disorders, 15,* 259-275.

Foa, E. B., & Kozak, M. J. (1995). DSM-IV field trial: Obsessive-compulsive disorder. *American Journal of Psychiatry, 152,* 90-96.

Foa, E. B., & Kozak, M. J. (1996). Psychological treatment for obsessive-compulsiv disorder. In M. R. Mavissakalian & R. F. Prien (Eds.), *Long-term treatments of anxiety disorders* (pp. 285-309). Washington, DC: American Psychiatric Press.

Foa, E. B., & Steketee, G. (1979). Obsessive-compulsives: Conceptual issues and treatment interventions. In M. Hersen, R. M. Eisler, & P. M. Miller (Eds.), *Progress in behavior modification* (Vol. 8, pp. 1-53). New York: Academic Press.

Freeston, M. H., & Ladouceur, R. (1993). Appraisal of cognitive intrusions and response style: Replication and extension. *Behaviour Research and Therapy, 31,* 185-191.

Freeston, M. H., & Ladouceur, R. (1997). *The cognitive behavioral treatment of obsessions: A treatment manual.* Unpublished manuscript, École de Psychologie, Université Laval, Québec, Québec, Canada.

Freeston, M. H., Ladouceur, R., Gagnon, F., Thibodeau, N., Rhéaume, J., Letarte, H. & et al. (1997). Cognitive-behavioral treatment of obsessive thoughts: A controlled study. *Journal of Consulting and Clinical Psychology, 65,* 405-413.

Freeston, M. H., Ladouceur, R., Thibodeau, N., & Gagnon, F. (1991). Cognitive intrusions in a nonclinical population: I. Response style, subjective experience and appraisal. *Behaviour Research and Therapy, 29,* 585-597.

Freeston, M. H., Rhéaume, J., & Ladouceur, R. (1996). Correcting faulty appraisal of obsessional thoughts. *Behaviour Research and Therapy, 34,* 433-446.

Frost, R. O., & Steketee, G. (1998). Hoarding: Clinical aspects and treatment strategies. In M. A. Jenike, L. Baer, & W. E. Minichiello (Eds.), *Obsessive-compulsive disorder: Practical management* (3rd ed., pp. 533-554). St. Louis, MO: Mosby.

Hollon, S. D., & Beck, A. T. (1986). Cognitive and cognitive-behavioral therapies. In S. L. Garfield & A. E. Bergin (Eds.), *Handbook of psychotherapy and behavior change* (3rd ed., pp. 443'82). New York: Wiley.

Jones, M. K., & Menzies, R. G. (1998). Danger ideation reduction therapy (DIRT) for obsessive-compulsive washers: A controlled trial. *Behavior Research and Therapy, 36,* 959-970.

Kozak, M. J., & Foa, E. B. (1997). *Mastery of obsessive-compulsive disorder: A cognitive-behavioral approach: Therapist guide.* Albany, NY: Graywind.

Kozak, M. J., Liebowitz, M. R., & Foa, E. B. (2000). Cognitive behavior therapy and pharmacotherapy for obsessive-compulsive disorder: The NIMHsponsored collaborative study. In W. K. Goodman, M. V. Rudorfor, & J. D. Maser (Eds.) *Obsessive-compulsive disorder: Contemporary issues in treatment* (pp. 501-530). Mahwah, NJ: Erlbaum.

Ladouceur, R., Rhéaume, J., Freeston, M. H., Aublet, F., Jean, K., Lachange, S., et al. (1995). Experimental manipulations of responsibility: An analogue test for models of obsessive-compulsive disorder. *Behaviour Research and Therapy, 33,* 937-946.

Lopatka, C., & Rachman, S. (1995). Perceived responsibility and compulsive checking: An experimental analysis. *Behaviour Research and Therapy, 33,* 673-684.

March, J. S., Frances, A., Carpenter, D., & Kahn, D. A. (1997). Expert consensus guideline for treatment of obsessive-compulsive disorder. *Journal of Clinical Psychiatry, 58* (Suppl. 4), 5-72.

March, J. S., & Mulle, K. (1998). *OCD in children and adolescents: A cognitive-behavioral treatment manual.* New York: Guilford Press.

McFall, M. E., & Wollersheim, J.P. (1979). Obsessive-compulsive neurosis: A cognitive-behavioral formulation and approach to treatment. *Cognitive Therapy and Research, 3,* 333-348.

Mclean, P. D., Whittal, M. L, Sochting, I., Koch, W. J., Paterson, R., Thordarson, D. S., et al. (2001). Cognitive versus behavior therapy in the group treatment of obsessive-compulsive disorder. *Journal of Consulting and Clinical Psychology, 69,* 205-214.

Menzies, R. G., Harris, L. M., Gumming, S. R., & Einstein, D. A. (2000). The relationship between inflated personal responsibility and exaggerated danger expectancies in obsessive-compulsive concerns. *Behaviour Research and Therapy, 38,* 1029-1037.

Meyer, V. (1966). Modifications of expectations in cases with obsessional rituals. *Behaviour Research and Therapy, 4,* 273-280.

Obsessive Compulsive Cognitions Working Group (OCCWG). (1997). Cognitive assessment of obsessive-compulsive disorder. *Behaviour Research and Therapy, 35,* 667-681.

Obsessive Compulsive Cognitions Working Group (OCCWG). (2001). Development and initial validation of the Obsessive Beliefs Questionnaire and the Interpretation of Intrusions Inventory. *Behaviour Research and Therapy, 39,* 987-1006.

Obsessive Compulsive Cognitions Working Group (OCCWG). (2003). Psychometric validation of the Obsessive Beliefs Questionnaire and the Interpretation of Intrusions Inventory: Part I. *Behaviour Research and Therapy, 41,* 863-878.

O'Connor, K., & Robillard, S. (1999). A cognitive approach to the treatment of primary inferences in obsessive-compulsive disorder. *Journal of Cognitive Psychotherapy: An International Quarterly, 13,* 359-375.

O'Connor, K., Todorov, C., Robillard, S., Borgeat, F., & Brault, M. (1999). Cognitive-behaviour therapy and medication in the treatment of obsessive-compulsive disorder: A controlled study. *Canadian Journal of Psychiatry, 44,* 64-71.

Parkinson, L., & Rachman, S. (1981). Part II. The nature of intrusive thoughts. *Advances in Behaviour Research and Therapy, 3,* 101-110.

Purdon, C. (1999). Thought suppression and psychopathology. *Behaviour Research and Therapy, 37,* 1029-1054.

Purdon, C. (2001). Appraisal of obsessional thought recurrences: Impact on anxiety and mood state. *Behavior Therapy, 32,* 47-64.

Purdon, C., & Clark, D. A. (1993). Obsessive intrusive thoughts in nonclinical subjects: Part I. Content and relation with depressive, anxious and obsessional symptoms. *Behaviour Research and Therapy, 31,* 713-720.

Purdon, C., & Clark, D. A. (2002). The need to control thoughts. In R. O. Frost & G. Steketee (Eds.), *Cognitive approaches to obsessions and compulsions: Theory, assessment and treatment* (pp. 29-43). Amsterdam: Elsevier.

Rachman, S. J. (1971). Obsessional ruminations. *Behaviour Research and Therapy, 9,* 229-235.

Rachman, S. J. (1976). The modification of obsessions: A new formulation. *Behaviour Research and Therapy, 14,* 437-443.

Rachman, S. J. (1978). An anatomy of obsessions. *Behaviour Analysis and Modification, 2,* 253-278.

Rachman, S. J. (1983). Obstacles to the successful treatment of obsessions. In E. B. Foa & P. M. G. Emmelkamp (Ed.), *Failures in behavior therapy* (pp. 35-57). New York: Wiley.

Rachman, S. J. (1985). An overview of clinical and research issues in obsessional-compulsive disorders. In M. Mavissakalian, S. M. Turner, & L. Michelson (Eds.), *Obsessive-compulsive disorder: Psychological and pharmacological treatment* (pp. 1-47). New York: Plenum Press.

Rachman, S. J. (1993). Obsessions, responsibility and guilt. *Behaviour Research and Therapy, 31,* 149-154.

Rachman, S. J. (1997). A cognitive theory of obsessions. *Behaviour Research and Therapy, 35,* 793-802.

Rachman, S. J. (1998). A cognitive theory of obsessions: Elaborations. *Behaviour Research and Therapy, 36,* 385-401.

Rachman, S. J. (2003). *The treatment of obsessions.* Oxford: Oxford University Press.

Rachman, S. J., & de Silva, P. (1978). Abnormal and normal obsessions. *Behaviour Research and Therapy, 16,* 233-248.

Rachman, S. J., & Hodgson, R. J. (1980). *Obsessions and compulsions.* Englewood Cliffs, NJ: Prentice-Hall.

Rachman, S. J., Hodgson, R., & Marzillier, J. (1970). Treatment of an obsessional-compulsive disorder by modeling. *Behaviour Research and Therapy, 8,* 385-392.

Rachman, S. J., & Shafran, R. (1998). Cognitive and behavioral features of obsessive-compulsive disorder. In R. P. Swinson, M. M. Antony, S. Rachman, & M. A. Richter (Eds.), *Obsessive-compulsive disorder: Theory, research, and treatment* (pp. 51-78). New York: Guilford Press.

Rachman, S., & Shafran, R. (1999). Cognitive distortions: Thought-action fusion. *Clinical Psychology and Psychotherapy, 6,* 80-85.

Rachman, S., Thordarson, D. S., Shafran, R., & Woody, S. R. (1995). Perceived responsibility: Structure and significance. *Behaviour Research and Therapy, 33,* 779-784.

Rasmussen, S. A., & Eisen, J. L. (1992). The epidemiology and clinical features of obsessive compulsive disorder. *Psychiatric Clinics of North America, 15,* 743-758.

Rasmussen, S. A., & Tsuang, M. T. (1986). Clinical characteristics and family history in DSM-III obsessive-compulsive disorder. *American Journal of Psychiatry, 143,* 317-322.

Reed, G. F. (1985). *Obsessional experience and compulsive behavior: A cognitive-structural approach.* Orlando, FL: Academic Press.

Salkovskis, P. M. (1985). Obsessional-compulsive problems: A cognitive-behavioural analysis. *Behaviour Research and Therapy, 23,* 571-583.

Salkovskis, P. M. (1989a). Cognitive-behavioural factors and the persistence of intrusive thoughts in obsessional problems. *Behaviour Research and Therapy, 27,* 677-682.

Salkovskis, P. M. (1989b). Obsessions and compulsions. In J. Scott, J. Mark, G. Williams & A. T. Beck (Eds.), *Cognitive therapy in clinical practice: An illustrative casebook* (pp. 50-77). New York: Routledge.

Salkovskis, P. M. (1998). Psychological approaches to the understanding of obsessional problems. In R. P. Swinson, M. M. Antony, S. Rachman, & M. A. Richter (Eds.), *Obsessive-compulsive disorder: Theory, research, and treatment* (pp. 33-50). New York: Guilford Press.

Salkovskis, P. M. (1999). Understanding and treating obsessive-compulsive disorder. *Behaviour Research and Therapy, 37,* S29-S52.

Salkovskis, P. M., Richards, H. C., & Forrester, E. (1995). The relationship between obsessional problems and intrusive thoughts. *Behavioural and Cognitive Psychotherapy, 23,* 281-299.

Salkovskis, P. M., & Wahl, K. (2004). Treating obsessional problems using cognitive-behavioural therapy. In M. Reinecke & D. A. Clark (Eds.), *Cognitive therapy across the lifespan: Theory, research and practice* (pp. 138-171). Cambridge, UK: Cambridge University Press.

Salkovskis, P. M., Wroe, A. L., Gledhill, A., Morrison, N., Forrester, E., Richards, C., et al. (2000). Responsibility attitudes and interpretations are characteristic of obsessive compulsive disorder. *Behaviour Research and Therapy, 38,* 347-372.

Shafran, R. (1997). The manipulation of responsibility in obsessive-compulsive disorder. *British Journal of Clinical Psychology, 36,* 397-407.

Stanley, M. A., & Turner, S. M. (1995). Current status of pharmacological and behavioral treatment of obsessive-compulsive disorder. *Behavior Therapy, 26,* 163-186.

Steketee, G. S. (1993). *Treatment of obsessive compulsive disorder.* New York: Guilford Press.

Steketee, G. S., Frost, R. O., & Cohen, I. (1998). Beliefs in obsessive-compulsive disorder. *Journal of Anxiety Disorders, 12,* 525-537.

Steketee, G., Frost, R. O., Rhéaume, J., & Wilhelm, S. (1998). Cognitive theory and treatment of obsessive-compulsive disorder. In M. A. Jenike, L. Baer, & W. E. Minichiello (Eds.), *Obsessive-compulsive disorders: Practical management (3rd ed.,* pp. 368-399). St. Louis, MO: Mosby.

Steketee, G., & Shapiro, L. J. (1995). Predicting behavioral treatment outcome for agoraphobia and obsessive compulsive disorder. *Clinical Psychology, 15,* 317-346.

Thordarson, D. S., & Shafran, R. (2002). Importance of thoughts. In R. O. Frost & G. Steketee (Eds.), *Cognitive approaches to obsessions and compulsions: Theory, assessment and treatment* (pp. 15-28). Amsterdam: Elsevier.

Tolin, D. F., Abramowitz, J. S., Hamlin, C., & Synodi, D. S. (2002). Attributions for thought suppression failure in obsessive-compulsive disorder. *Cognitive Therapy and Research, 26,* 505-517.

van Balkom, A. J. L. M., van Oppen, P., Vermeulen, A. W. A., Nauta, M. C. E., & Vorst, H. C. M. (1994). A meta-analysis on the treatment of obsessive compulsive disorder: A comparison of antidepressants, behavior, and cognitive therapy. *Clinical Psychology Review, 14,* 359-381.

van Oppen, P., de Haan, E., van Balkom, A. J. L. M., Spinhoven, P., Hoogduin, K., & van Dyck, R. (1995). Cognitive therapy and exposure *in vivo* in the treatment of obsessive compulsive disorder. *Behaviour Research and Therapy, 33,* 379-390.

Wilson, K. A., & Chambless, D. L. (1999). Inflated perceptions of responsibility and obsessive-compulsive symptoms. *Behaviour Research and Therapy, 37,* 325-335.

Wegner, D. M. (1994). Ironic processes of mental control. *Psychological Review, 101,* 34-52.

Wenzlaff, R. M., & Wegner, D. M. (2000). Thought suppression. *Annual Review of Psychology, 51,* 59-91.

Whittal, M. L., & McLean, P. D. (1999). CBT for OCD: The rationale, protocol, and challenges. *Cognitive and Behavioral Practice, 6,* 383-396.

Whittal, M. L., & McLean, P. D. (2002). Group cognitive behavioral therapy for obsessive compulsive disorder. In R. O. Frost & G. Steketee (Eds.), *Cognitive approaches to obsessions and compulsions: Theory, assessment, and treatment* (pp. 417-433). Amsterdam: Elsevier.

9

A TERAPIA METACOGNITIVA
Elementos de controle mental na compreensão e no tratamento do transtorno da ansiedade generalizada e do transtorno do estresse pós-traumático

Adrian Wells

O pensamento emocionalmente transtornado tem um estilo particular que é repetitivo, meditativo e aparentemente difícil de controlar. O transtorno da ansiedade generalizada (TAG) é dominado por uma preocupação excessiva e incontrolável. No transtorno do estresse pós-traumático (TEPT), um grupo de sintomas significativos compreende as lembranças intrusivas recorrentes do evento traumático. O transtorno obsessivo compulsivo é marcado por uma preocupação com pensamentos intrusivos de uma qualidade repugnante, e a depressão é dominada por ruminações negativas repetitivas sobre o *self*, o mundo e o futuro.

A teoria e a terapia cognitiva (Beck, 1967/1972, 1976) enfocaram o exame do conteúdo de pensamentos e de crenças negativas, mas analisar as causas e os efeitos do estilo de pensamento repetitivo e fora de controle que é característico da patologia propicia uma plataforma para o avanço da teoria e do tratamento. Neste capítulo, apresento brevemente as características da teoria metacognitiva e da terapia dos transtornos emocionais, com o objetivo de delinear os elementos importantes para a conceitualização da regulação dos processos de pensamento. Os papéis desses elementos no desenvolvimento e na persistência dos dois transtornos, TAG e TEPT, serão descritos detalhadamente. Finalmente, a natureza da terapia metacognitiva para o TAG e para o TEPT é descrita. Este capítulo é dedicado a Aaron T. Beck, em gratidão por seu apoio continuado e em reconhecimento de suas contribuições seminais para a teoria e o tratamento.

ELEMENTOS DE CONTROLE MENTAL

A conceitualização da regulação do pensamento requer uma arquitetura cognitiva que explique os papéis relativos dos processos "de baixo para cima" e "de cima para baixo". O processamento (estratégico) de cima para baixo é aquele guiado pelas crenças do indivíduo e é tipicamente ameno à consciência, ao passo que o processamento de baixo para cima é conduzido reflexivamente pelas redes interconectadas de unidades de processamento e não requer recursos atencionais significativos. As evidências sugerem que muitos processos cognitivos, tais como a atenção enviesada e a execução continuada dos estilos de ruminação ou de preocupação, são controlados naturalmente e influenciados pelas estratégias que estejam sob o comando de baixo para cima (ver Wells e Matthews, 1994; Matthews e Wells, 2000).

Um modelo de controle mental requer fundamentalmente uma distinção entre dois subtipos qualitativamente separáveis de cognição, nos quais a atividade cognitiva em si mesma se distingue da cognição que leva à regulação e à avaliação da atividade cognitiva (isto é, metacognições). O termo "metacognições" se refere ao conhecimento ou às crenças sobre o pensamento, o monitoramento e o controle da cognição e as avaliações e os sentimentos subjetivos que sinalizam o significado e o *status* dos processos cognitivos (Flavell, 1979; Nelson e Narens, 1990; Wells, 2000). Um exemplo clássico de uma metacognição é a experiência metacognitiva do estado "ponta da língua", no qual um indivíduo sabe que um item de informação está armazenado na memória, muito embora não esteja correntemente acessível. Tal estado é associado a esforços persistentes para buscar a memória e para escapar dos sentimentos levemente desagradáveis associados com o efeito "ponta da língua".

As intenções e as metas são outros fatores que têm a capacidade crucial de regular e controlar o pensamento. Há metas que são amenas à consciência pessoal e que formam parte das estratégias volitivas das pessoas. Há também metas que são internas, implícitas e sistêmicas, que propiciam pontos de referência para processos cognitivos mais automáticos e homeostáticos. Pode haver conflito na busca de metas volitivas diferentes e conflito entre as metas volitivas e as respostas sistêmicas internas voltadas às metas. Argumentarei que tal conflito nos processos de autorregulação podem ser uma fonte de persistência da psicopatologia. Um exemplo de conflito pode ser visto no modelo metacognitivo do TAG (Wells, 1994 e 1999), no qual os pacientes têm crenças opostas positivas e negativas sobre as preocupações, levando à vacilação nas tentativas de se envolverem e de evitarem a preocupação.

Em resumo, formular o controle da cognição – e, consequentemente, a disfunção no controle vista como perseverança no transtorno emocional – requer um entendimento sobre diversos elementos, incluindo:

1   metacognições;
2   intenções/metas;
3   conflito na autorregulação.

Após, neste capítulo, veremos como esses fatores contribuem para o TEPT.

O TRANSTORNO EMOCIONAL E O MODELO DE FUNÇÃO EXECUTIVA AUTORREGULADOR

O modelo de "função executiva autorreguladora" (FEA-R) (Wells e Matthews, 1994, 1996; Wells, 2000) do transtorno emocional inclui explicitamente os elementos identificados acima. Esse modelo afirma que a vulnerabilidade ao transtorno e a persistência do transtorno estão ligadas à ativação de um padrão de cognição. O modelo é chamado de "síndrome atencional cognitiva" (SAC) e consiste na preocupação/ruminação, em estratégias atencionais de monitoramento da ameaça e em comportamentos de enfrentamento que não conseguem reestruturar crenças desadaptativas. O SAC é um estilo cognitivo-comportamental que é difícil de manter sob controle e, uma vez ativado, "tranca" o indivíduo em uma perturbação emocional. Uma marca do SAC é frequentemente uma excessiva e aderente atenção autofocada. O SAC é um processo ou um estilo cognitivo que pode ser visto como independente do conteúdo da cognição, e é dirigido pelas metacognições do indivíduo. Muito do conhecimento de que o pensamento depende é metacognitivo por natureza e inclui crenças proposicionais sobre o pensamento (por exemplo, "Certos pensamentos são maus e devem ser controlados"), e também planos que orientam o processamento. Embora os planos possam ser verbalmente expressos como hipóteses ou diretivas (por exemplo, "Devo planejar mentalmente o futuro para poder enfrentá-lo"), muito do conhecimento metacognitivo de onde deriva o processamento não é ameno à consciência. A fim de ter um impacto sobre a autorregulação, os planos contêm diretivas e metas, de maneira que representam um programa para a cognição e para a ação. Por exemplo, um plano adaptativo para lidar com a crítica social pode ser representado da seguinte maneira:

"Se o chefe criticar meu trabalho,
ENTÃO
eu, polidamente, perguntarei a ele como melhorá-lo.
ENTÃO,
se a resposta do chefe for razoável, eu darei ênfase à solução do problema e mudarei meu desempenho até que ele fique satisfeito."

Por outro lado, um plano desadaptativo de um indivíduo inclinado à depressão que dá surgimento à SAC e à depressão persistente pode ser representado da seguinte maneira:

"Se o chefe criticar meu trabalho,
ENTÃO
eu darei ênfase a meus pontos fracos e falhas, e buscarei na minha memória todos os erros cometidos
ENTÃO,
se essa avaliação for razoável, eu darei ênfase à análise do que está errado comigo, até que sinta que compreendi o problema."

A teoria dos esquemas para o transtorno emocional (Beck, 1976; Beck, Rush, Shaw e Emery, 1979), com sua ênfase nas crenças não metacognitivas (por exemplo, "Sou um fracasso"), não remete prontamente à diferença em estilos cognitivo-comportamentais conforme exemplificado acima. No modelo FEA-R, as estratégias atencionais e os estilos de cognição de preocupação ou ruminantes são formas de enfrentar as situações que são representadas diferentemente do conceito do esquema de disfunção tradicional. A propensão a envolver-se em padrões desadaptativos de pensamento é orientada pelo conhecimento metacognitivo. O modelo FEA-R propõe que o transtorno psicológico é mantido por um padrão de cognição que consiste de monitoramento atencional da ameaça, de estilos de pensamento de preocupação/ruminação repetitivos e negativos e de comportamentos de enfrentamento de situações que não reestruturam as crenças desadaptativas. A formulação metacognitiva oferecida pelo modelo FEA-R sugere que a vulnerabilidade psicológica está localizada predominantemente no nível do processamento volitivo (estratégico) conduzido por metacognições e ligado à ativação de configurações de processamento negativas e que se autoperpetuam e que falham ao modificar as autocrenças disfuncionais. Contudo, esses processos (isto é, o SAC) têm um impacto sobre o processamento de nível baixo e podem, em alguns casos, contrariar os processos mais reflexivos e autorreguladores. No restante deste capítulo, elucidarei em detalhe essas dimensões e a consequência do controle metacognitivo de processamento conforme elas se relacionam à persistência e ao tratamento do TAG e do TEPT.

O MODELO METACOGNITIVO DO TAG

O TAG caracteriza-se pelas cadeias de preocupação subjetivamente incontroláveis e causadoras de sofrimento, com uma variedade de sintomas psicomotores e somáticos. Preocupar-se é uma atividade repetitiva, negativa e predominantemente verbal e conceitual (Borkovec, Robinson, Pruzinsky e DePree, 1983) que tem sido diferenciada de outros tipos de pensamentos repetitivos, tais como a ruminação depressiva (Papageorgiou e Wells, 1999) e pensamentos obsessivos (Clark e Claybourn, 1997; Wells e Morrison, 1994). A terapia cognitivo-comportamental para o TAG tem efeitos relativamente modestos, com apenas aproximadamente 50% dos pacientes chegando a uma melhora clínica significativa (Fisher e Durham, 1999) ao final desse tipo de tratamento. Talvez a principal razão para esse resultado decepcionante seja a ausência de um modelo cognitivo que explique a ocorrência, a persistência e a preocupação incontrolável, características do transtorno. O TAG parece ser uma manifestação relativamente "pura" do SAC explicada pela teoria FEA-R. Recentemente, o modelo metacognitivo de TAG (Figura 9.1) fundado nessa teoria tem recebido sustentação empírica.

O modelo metacognitivo de TAG (Wells, 1995, 1997) propõe que os indivíduos que sofrem desse transtorno usam a preocupação como um meio predominante de lidar com os perigos e as ameaças ao *self* e ao mundo pessoal. Os componentes centrais do modelo estão na Figura 9.1. A preocupação consiste de uma série de questões catastróficas do tipo "E se..." e de planejamento conceitual no qual a pessoa tenta gerar uma sé-

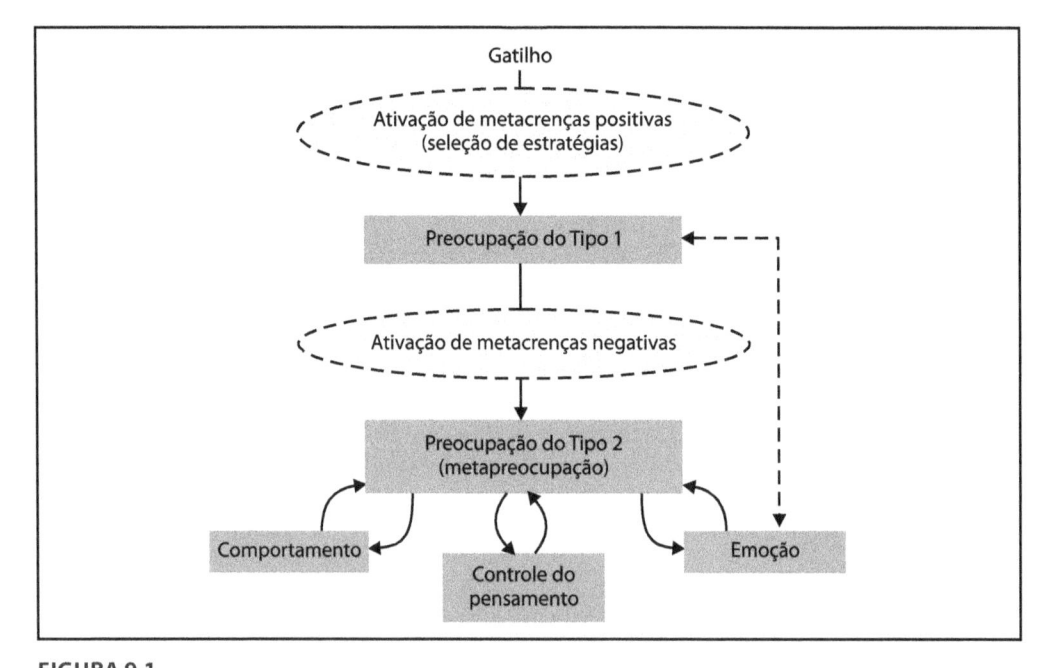

FIGURA 9.1
O modelo metacognitivo do TAG. Adaptado de Wells (1997, p. 204). Copyright, 1997, John Wiley e Sons Limited. Adaptação autorizada.

rie de respostas de enfrentamento. Essa preocupação do "Tipo 1" é acionada por pensamentos intrusivos ou por estresse que ativam crenças positivas sobre a utilidade de adotar tal espécie de preocupação. Tal preocupação continua até que o indivíduo seja distraído por outros interesses concorrentes ou até que algum critério interno de metas sinalize que é seguro parar de se preocupar. O critério interno é frequentemente uma sensação de que todas as possibilidades correntes disponíveis para resultados negativos foram abordadas. As crenças metacognitivas positivas sobre o poder e a utilidade da preocupação e a atividade conceitual negativa confirmam o uso sustentado da preocupação como um meio predominante no enfrentamento. Exemplos de crenças positivas incluem "Preocupar-me é algo que me ajuda a enfrentar as situações"; "Se eu me preocupar, estarei preparado"; "Preocupar-me é algo que me dá controle da situação" e "Preocupar-me faz com que eu me proteja do perigo". A existência de crenças positivas não é em si problemática, embora o processo de preocupação repetida possa estar em algumas situações. Contudo, as pessoas propensas ao TAG tendem a ser menos flexíveis em seu uso da preocupação, escolhendo a estratégia como modo preferido para se prepararem e enfrentarem situações.

Para que o TAG se desenvolva por completo, as avaliações negativas da preocupação têm de ocorrer. Elas se ligam de perto à aquisição de crenças metacognitivas sobre a natureza, o perigo e as consequências da preocupação. As crenças negativas estão centradas em dois temas:

1 a incontrolabilidade da preocupação;
2 e o perigo da preocupação, que inclui interesses sobre suas sequelas emocionais e seus efeitos sobre o bem-estar mental, físico e/ou social.

Exemplos de crenças negativas são os de que "a preocupação é incontrolável", "a preocupação pode causar doença mental", "a preocupação pode levar à perda de controle" e "a preocupação pode prejudicar meu corpo". Uma vez estabelecidas as crenças negativas, há uma tendência para que se interpretem os processos de preocupação negativamente quando este é ativado. A interpretação negativa da preocupação é chamada de "metapreocupação" (isto é, preocupação sobre a preocupação) ou "preocupação do Tipo 2". Uma vez ativadas as avaliações negativas durante um episódio de preocupação, a ansiedade e outras respostas emocionais são intensificadas. Quando os indivíduos avaliam a preocupação como uma catástrofe iminente, intensificações rápidas de ansiedade podem resultar disso, culminando em ataques de pânico. As consequências emocionais da metapreocupação significam que é mais difícil parar de se preocupar. Além disso, os sintomas de ansiedade podem tornar-se gatilhos para novos episódios do Tipo 1, à medida que os indivíduos tentam analisar e lidar com seu estado subjetivo.

Dois processos adicionais contribuem para a manutenção do problema uma vez que a metapreocupação e as crenças negativas são estabelecidas. Esses processos são as estratégias metacognitivas usadas por um indivíduo, que podem ser separadas utilmente em comportamentos e em estratégias de controle de pensamento. As pessoas com TAG têm crenças conflitivas sobre a preocupação, acreditando que ela seja benéfica mas também potencialmente incontrolável e danosa. Uma maneira de lidar com esse conflito é, em primeiro lugar, tentar evitar a necessidade de se preocupar. Isso pode ser conseguido evitando-se aquilo que aciona a preocupação (programas médicos, notícias na televisão, artigos de revista, etc). Um indivíduo pode também transferir responsabilidades pelo controle da preocupação a uma pessoa querida, tais como o cônjuge ou parceiro. Por exemplo, uma paciente evitou a incerteza relativa ao bem-estar de seu parceiro pedindo-lhe para enviar mensagens frequentes enquanto estivesse fora de casa. O problema com essas estratégias é que elas removem a oportunidade de descobrir que a preocupação está sujeita ao autocontrole; assim, crenças negativas relativas à incontrolabilidade não conseguem ser revistas. Pela remoção dos gatilhos da preocupação, os indivíduos podem também não conseguir encontrar situações que desafiem as crenças relativas concernentes aos perigos da preocupação. Por exemplo, se o restabelecimento efetivamente terminar um episódio de preocupação, um indivíduo será capaz de descobrir que o episódio de preocupação não culminará em um colapso mental.

As estratégias separadas para atenção individual no modelo são as estratégias de controle de pensamento de um indivíduo. Elas se distinguem dos outros comportamentos na Figura 9.1 por causa de uma dinâmica importante que perpetua a metapreocupação e as crenças negativas. Pelo fato de o indivíduo ter crenças positivas e negativas conflitantes sobre a preocupação, há uma ambivalência ou uma vacilação nas tentativas de controlar a preocupação. Quando as crenças positivas são ativadas, o indivíduo não faz um esforço pensado para interromper a preocupação; contudo, quando crenças negativas e metapreocupações são ativadas, o indivíduo pode tentar não pensar sobre os pensamentos que o preocupam. Infelizmente, as estratégias de supressão do pensamento desse tipo raramente são eficazes, e sua ineficácia pode ser avaliada como evidência de perda de controle sobre o pensamento. Essa situação priva a pessoa de experiências que desafiariam crenças negativas sobre a incontrolabilidade. Contudo, mesmo que a preocupação fosse interrompida com sucesso, os problemas ainda se manteriam, porque a interrupção bem-sucedida da preocupação não permitiria que a pessoa descobrisse que a preocupação não é perigosa.

O modelo metacognitivo do TAG incorpora os diferentes elementos do controle cognitivo identificados anteriormente, e descreve sua inter-relação ao contribuir para o desenvolvimento e a persistência de preocupação patológica. As crenças metacognitivas são importantes para promover a execução da preocupação como uma estratégia de enfrentamento, e as crenças metacognitivas contribuem para a interpretação negativa da natureza e das consequências da preocupação. As motivações e as metas do indivíduo são múltiplas por natureza. Contudo, a motivação e a meta mais central são a geração de respostas de enfrentamento e de planos para lidar com ameaças futuras e desafios antevistos ao *self*. No TAG, muitas dessas ameaças localizam-se no futuro, e, assim, o indivíduo se depara com o problema de saber no presente que ele será capaz de enfrentar no futuro. Já que não há critérios objetivos para a avaliação eficaz do enfrentamento de ameaças imaginárias, o indivíduo usa critérios internos como um sinal que seja apropriado para barrar a preocupação. Assim, uma meta autorreguladora é a obtenção de um estado interno de sensação ou de saber que sinaliza que o trabalho de se preocupar foi realizado eficazmente. O conflito na autorregulação é evidente nas influências opostas de crenças metacognitivas positivas e negativas sobre os processos de pensamento e as tentativas de controle de pensamento. Além disso, como veremos a seguir neste capítulo, uma preponderância da preocupação poderá prejudicar os processos de nível mais baixo, como aqueles que sustentam o processamento emocional.

SUSTENTAÇÃO EMPÍRICA DO MODELO DO TAG

A pesquisa com não pacientes com altos níveis de preocupação semelhante ao TAG, e com pacientes com TAG, sustenta aspectos centrais desse modelo.

Um colega e eu (Wells e Carter, 1999) usamos a Escala de pensamentos ansiosos para testar as relações entre as preocupações do Tipo 1 (preocupações sociais e de saúde), a preocupação do Tipo 2 (metapreocupação) e a preocupação patológica para não pacientes. A preocupação patológica foi medida pelo Questionário da Penn State (Penn State Worry Questionnaire; Meyer, Miller, Metzger e Borkovec, 1990), que avalia a propensão à preocupação crônica, excessiva e geral como a constatada no TAG. De acordo com o modelo, a preocupação do Tipo 2 deveria prever a preocupação patológica independentemente da preocupação do Tipo 1. Coerente com essa hipótese, a preocupação do Tipo 2 e o traço de ansiedade deram contribuições significativas e independentes para a preocupação patológica. As preocupações sociais e de saúde (Tipo 1) não foram significativas.

Em outro estudo (Wells, no prelo), desenvolvi uma medida específica de metapreocupação – enfocando as avaliações da preocupação relacionadas ao perigo, e omitindo a dimensão de incontrolabilidade para impedir confusão com o TAG, conforme definido na quarta edição do *Manual diagnóstico e estatístico de transtornos mentais* (DSM-IV). O Questionário de metapreocupação consiste de sete itens. Algumas amostras deles são: "Estou enlouquecendo com a preocupação"; "Minha preocupação aumentará e eu vou parar de funcionar" e "Meu corpo não aguenta a preocupação". Os participantes não pacientes foram classificados como pessoas que atendiam aos critérios para o TAG do DSM-IV, ansiedade somática ou não ansiedade com base na pontuação do Questionário do Transtorno da Ansiedade Generalizada (QTAG; Roemer, Borkovec, Posa e Borkovec, 1995). Os indivíduos que atendiam aos critérios para o TAG demonstraram uma frequência mais alta de metapreocupação do que os participantes dos grupos com ansiedade somática ou sem ansiedade. Os grupos com TAG também diferiam significativamente dos grupos não ansiosos no nível de crença na metapreocupação. Mesmo quando as frequências do Tipo 1 (sociais e de saúde) foram tratadas como covariadas, as diferenças na metapreocupação permaneceram. Em um terceiro estudo, nós (Wells e Carter, 2001) demonstramos que as crenças negativas sobre a preocupação e a metapreocupação distinguiam de maneira significativa os pacientes com TAG DSM-III-R dos pacientes com transtorno de pânico ou fobia social e dos controles formados por não pacientes. Além disso, a análise da função discriminante indicou que os pacientes com TAG foram mais bem discriminados daqueles dos outros três grupos por meio dos escores das metacognições negativas.

Tomados em conjunto, os critérios descritos acima sugerem que a preocupação patológica e a presença do TAG estão associadas a metacognições negativas na avaliação e no nível de crença. Tais metacognições parecem ser mais específicas da preocupação patológica e do TAG do que são as frequências das preocupações de Tipo 1 diferentes. Outros estudos feitos por meio de questionários com não pacientes sustentam essas relações (Cartwright-Hatton e Wells, 1997; Wells e Papageorgiou, 1998).

Embora as metacognições negativas sejam um aspecto central do TAG no modelo metacognitivo, o modelo também sustenta que os pacientes têm crenças positivas sobre a preocupação. Em dois estudos que investigam as razões dadas por estudantes acerca da preocupação, Borkovec e Roemer (1995) demonstraram que os sujeitos classificaram a motivação, a preparação e a evitação como as razões mais características para suas preocupações. Os indivíduos que atendiam os critérios para o TAG (com base nos escores do QTAG) classificaram o uso da preocupação para se distraírem de coisas mais perturbadoras mais do que o faziam os sujeitos não ansiosos. Em um segundo estudo, os participantes com TAG atribuíram índices mais altos do que os sujeitos não preocupados, ansiosos ou não ansiosos para o uso da preocupação como distração de assuntos mais emocionais. Os sujeitos com TAG também atribuíram índices altos para razões supersticiosas na preocupação e para o uso da preocupação para a resolução de problemas, se comparados aos sujeitos não ansiosos. Em resumo, os indivíduos que atendem aos critérios para TAG relatam razões positivas para se preocuparem (Borkovec e Roemer, 1995), e tais razões parecem assemelhar-se às atitudes positivas relativas à preocupação ou a crenças sobre a preocupação. Vários estudos correlacionados têm demonstrado que as crenças positivas são associadas à propensão à preocupação patológica (Cartwright-Hatton e Wells, 1997; Wells e Papageorgiou, 1998).

O papel causal das metacognições no desenvolvimento do TAG definido pelo DSM-III-R foi abordado em um estudo de Nassif (1999). Nesse estudo, os participantes não pacientes foram acompanhados durantes um período de 12 a 15 semanas e receberam o QTAG e a medida de metacognição. Em consonância com o modelo, as crenças negativas sobre a preocupação nos domínios da incontrolabilidade e do perigo avaliadas no Momento 1 indicaram positivamente o desenvolvimento de TAG de 12 a 15 semanas mais tarde do que quando o diagnóstico do Momento 1 foi controlado.

O modelo metacognitivo do TAG sugere que, por causa de crenças positivas e negativas conflitantes sobre a preocupação, os pacientes provavelmente vacilem entre as tentativas de controlar e de permitir a preocupação. Um estudo de Purdon (2000) produziu evidências que parecem sustentar a sugestão de que as metacognições positivas e negativas estão ligadas a respostas de controle de pensamento diferenciais e potencialmente conflitantes. A autora examinou os efeitos da avaliação negativa *in vivo* da preocupação de não pacientes. As avaliações negativas da preocupação foram associadas a maiores tentativas de controle do pensamento. Contudo, as crenças positivas sobre a preocupação surgiram como indicadores concorrentes de uma motivação reduzida para se livrar dos pensamentos; assim, crenças positivas e negativas parecem ter efeitos concorrentes e conflitantes sobre as respostas de controle do pensamento e as motivações. Finalmente, numerosos estudos sustentam a ideia de que as tentativas de suprimir pensamentos não são particularmente eficazes (Wegner, Schneider, Carter e White, 1987; Purdon, 1999); deve-se enfatizar, porém, que a maioria desses estudos não investigou o efeito especificamente no TAG. De acordo com o modelo, não apenas a efetividade das estratégias, mas seus efeitos sobre o impedimento da mudança nas crenças negativas, são importantes. Essa área permanece aberta à investigação.

Os estudos examinados sugerem que a preocupação patológica e o TAG estão associados a crenças metacognitivas positivas e negativas. Além disso, as metacognições negativas distinguem os pacientes com TAG dos pacientes com outros transtornos de ansiedade e de não pacientes. Indicações preliminares são as de que as metacognições negativas parecem estar ligadas de maneira causal ao desenvolvimento do TAG, e que a existência de crenças positivas e negativas parece estar associada a motivações conflitantes e a tentativas de se livrar de pensamentos preocupantes. Esses resultados estão coerentes com o modelo metacognitivo do desenvolvimento e com a manutenção do TAG. Mais tarde, neste capítulo, revisarei as evidências de outros estudos segundo os quais a preocupação tem consequências negativas para a autorregulação. Os indivíduos que usam a preocupação como uma estratégia de enfrentamento têm índices de vulnerabilidade emocional elevados em um nível de autorrelato e parecem demonstrar uma propensão maior a desenvolver sintomas de TEPT depois do trauma.

A TERAPIA METACOGNITIVA PARA O TAG

Os efeitos decepcionantes obtidos nas intervenções cognitivo-comportamentais tradicionais para o TAG podem ser explicados pelo fato de esses tratamentos não terem como alvo os fatores metacognitivos (crenças errôneas sobre a preocupação e comportamentos associados) que mantenham a preocupação excessiva ou fora de controle. A nova abordagem sugere que o tratamento deveria deixar de enfocar a modificação do conteúdo das preocupações individuais do Tipo 1 e passar a modificar as crenças e as interpretações sobre a própria preocupação. O modelo também prevê que a recaída que se segue ao tratamento deveria estar positivamente associada à persistência de crenças metacognitivas.

O modelo apresentado na Figura 9.1 é a base da construção de uma formulação de caso individual. As técnicas de tratamento enfocam primeiramente o desafio às crenças negativas que dizem respeito à incontrolabilidade e, depois, o desafio às crenças negativas relacionadas aos perigos da preocupação. As crenças sobre a incontrolabilidade são modificáveis por métodos de reatribuição que envolvem a revisão das evidências e das contraevidências para a ausência de controle. Os moduladores naturais da preocupação são discutidos nesse contexto para demonstrar como as atividades que com ela competem ou dela distraem podem deslocar o ato da preocupação. Tais eventos são usados como exemplos de que se preocupar é algo que está sujeito ao controle e que, portanto, não é completamente incontrolável. Os pacientes são também questionados sobre como a preocupação em geral se interrompe. Por exemplo, "Quando você começa a se preocupar, como a preocupação se encerra? Por que ela não continua de maneira permanente?" Tais questões podem ser usadas para demonstrar como os estados de preocupação não são permanentes e podem ser modulados por outras atividades ou eventos.

Os experimentos comportamentais oferecem um meio poderoso de desafiar crenças sobre a incontrolabilidade. Experimentos em que as preocupações são adiadas são utilizados para esse propósito. Pede-se a um paciente que observe alguma coisa que desencadeie sua preocupação e, então, em vez de ingressar na Preocupação do Tipo 1, escolha não se preocupar e adie a preocupação até um período de tempo estabelecido e posterior. Durante um período destinado à preocupação, os pacientes podem optar por preocupar-se durante um intervalo de 10 minutos, que pode ser usado para demonstrar que a preocupação pode ser controlada. Depois de um ceticismo inicial, os pacientes em geral surpreendem-se ao constatar que podem adiar a preocupação, e muitos deles se esquecem de usar ou de optar por não usar o período de preocupação. Essa técnica é apresentada como uma estratégia específica para desafiar crenças sobre a incontrolabilidade, e níveis dessas crenças são monitorados ao longo dessa fase do tratamento. O próximo estágio em experimentos comportamentais diz respeito ao uso de um episódio definido de preocupação – tempo durante o qual os pacientes são instruídos a tentar deliberadamente perder o controle sobre a preocupação – para demonstrar que isso não é possível.

Uma vez que as crenças de incontrolabilidade tenham sido efetivamente desafiadas, as crenças sobre os perigos da preocupação, tal como a crença de que ela possa levar a um colapso mental ou a um dano corporal, são abordadas. Questionar a evidência e a contraevidência para essas crenças é útil. O reforço da dissonância cognitiva consciente por meio do destaque da coexistência e do conflito de crenças positivas e negativas sobre a preocupação é usado para enfraquecer o sistema de crenças metacognitivas. A reatribuição verbal consiste em questionar o mecanismo pelo qual tais efeitos deletérios podem ocorrer, ligada ao fato de oferecer educação para corrigir um conhecimento deficiente. Por exemplo, alguns pacientes acreditam que se preocupar levará ao colapso mental ou à doença mental. O papel das respostas baseadas na ansiedade e na preocupação na preparação do indivíduo para lidar efetivamente com a ameaça pode ser descrito como um meio de retirar o caráter de catástrofe das consequências da preocupação e da ansiedade. Um ponto que se defende aqui é o de que a preocupação e a ansiedade são parte do mecanismo de enfrentamento do indivíduo – parte da resposta de enfrentar ou não enfrentar. Não é razoável presumir, portanto, que elas causarão paralisia ou colapso mentais. Isso pode ser ampliado para uma discussão dos efeitos do estresse, pois muitos pacientes apresentam-se com medos generalizados sobre as consequências adversas das emoções e das respostas ao estresse. É útil apontar para a literatura que sugere que o estresse e a forte emoção não são, em si, necessariamente problemáticos. Além disso, a preocupação e o estresse não são conceituados precisamente como sinônimos. Os experimentos comportamentais oferecem um meio de testar de modo não ambíguo as previsões concernentes às consequências da preocupação. Aqui, pede-se aos participantes para se preocuparem mais em determinadas situações, a fim de tentar produzir uma catástrofe mental ou fisiológica temida.

Depois de abolir com sucesso as crenças negativas, a terapia enfoca as crenças positivas sobre a preocupação e a tendência de que os pacientes usem a preocupação como um meio inflexível de lidar com a ameaça. As crenças metacognitivas são desafiadas pela revisão da evidência e das contraevidências relativas a elas, e pelo uso de uma variedade de procedimentos específicos. Um procedimento consiste em pedir aos pacientes que se envolvam em atividades normalmente associadas com a preocupação enquanto deliberadamente modulam o nível de preocupação. Por exemplo, quando um indivíduo acredita que a preocupação ajuda seu desempenho e seu enfrentamento, manipulações diárias do nível de preocupação podem ser examinadas no contexto de ela melhorar ou prejudicar os resultados do desempenho e do enfrentamento. Se o paciente estiver correto em acreditar que a preocupação melhora o enfrentamento, o abandono da preocupação para um ou dois dias deve levar à evidência de um enfrentamento melhorado. Para maximizar a efetividade dos experimentos desse tipo, é benéfico operacionalizar em termos observáveis e testáveis o que se quer dizer precisamente com "enfrentamento" e o que seria um sinal de níveis diminuídos ou aumentados.

Finalmente, o terapeuta examina com o paciente estratégias alternativas para lidar com a ameaça e com cognições intrusivas negativas que podem acionar a preocupação. Já que muitos pacientes têm sido pessoas que se preocupam há muito tempo, ajuda explorar estratégias alternativas de pensamento. Por exemplo, pode-se pedir aos pacientes que respondam a uma intrusão negativa de pensamento, imaginando um final positivo relativo a tal intrusão, em vez de se envolverem com a tradicional sequência catastrófica "E se..." da preocupação do Tipo 1. Da mesma forma, pode-se pedir aos pacientes que se envolvam em atividades sem uma preocupação demorada ou análise de consequências potenciais futuras. Isso pode ser descrito como uma estratégia de "fazer sem pensar".

Esta breve seção sobre tratamento tem como intenção apenas oferecer uma impressão geral da terapia metacognitiva para o TAG, e o profissional que se interessar por ela deve consultar orientações de tratamento mais detalhadas (por exemplo, Wellls, 1997, 2000).

O MODELO METACOGNITIVO DO TEPT

O modelo FEA-R tem sido aplicado a falhas de conceitualização no processamento emocional que se segue ao trauma (Wells e Matthews, 1994). Pensa-se que as intrusões que se seguem ao trauma sejam adaptativas em sua forma normal, já que elas interrompem o processamento contínuo de atividades e estimulam a seleção e a modificação de conhecimento de nível mais alto e os planos para lidar com a ameaça. Contudo, tais intrusões podem tornar-se problemáticas e podem paralisar o processamento emocional quando elas são avaliadas negativamente com base em crenças metacognitivas disfuncionais, e quando o SAC de preocupação/ruminação, de monitoramento da ameaça e de enfrentamento desadaptativo é acionado.

Uma questão importante na formulação dos mecanismos de processamento emocional diz respeito à meta precisa do processamento emocional. No modelo FEA-R (Wells, 2000), a meta do processamento emocional que se segue ao estresse ou ao trauma é o desenvolvimento de uma configuração ou plano que possa ser usado quando estresses similares são encontrados no futuro. Isso se atinge normalmente por meio de um processo que tem sido chamado de "processo de adaptação reflexivo" (PAR; Wells e Sembi, no prelo). O PAR envolve interações dinâmicas entre a atividade de processamento de baixo nível e o processamento *on-line*, frequentemente envolvendo simulações mentais para lidar com o que causa o estresse. Tais simulações podem ajudar a pessoa a formar um plano rudimentar para a cognição e a ação no futuro. Contudo, o SAC interfere nesse processo. A atenção excessiva autoenfocada, a preocupação/ruminação, o monitoramento da ameaça e as estratégias de controle de pensamento desadaptativas, tais como a evitação, interferem no PAR. Por exemplo, as estratégias de monitoramento de ameaça são problemáticas porque apresentam repetidamente à consciência informações relacionadas à ameaça ou à excitação, e usam recursos de processamento que podem de outra maneira ser efetivamente usados para o desenvolvimento de um plano alternativo para o enfrentamento. Estratégias como preocupação e monitoramento da ameaça trancam o paciente em uma "configuração de ameaça", que paradoxalmente mantém a ansiedade e fortalece os planos metacognitivos para processamento do perigo. Sob essas circunstâncias, o sistema é incapaz de se (re)afinar pelo ambiente livre de ameaças. Uma série de fatores pode aumentar a preocupação e a ameaça de monitoramento:

1 aspectos de ambiente psicossocial pós-traumático, tais como falta de sustentação ou crítica sociais;
2 estresses de vida subsequentes que contribuem para a preocupação e para o monitoramento da ameaça;
3 avaliações negativas da efetividade com a qual o indivíduo lidou com o fator de estresse;
4 crenças negativas sobre os sintomas e sobre as respostas emocionais;
5 crenças metacognitivas positivas sobre a necessidade de enfocar a ameaça e de começar a se preocupar/ruminar.

Várias categorias diferentes de crenças positivas e negativas estão implicadas neste modelo. Os indivíduos com TEPT possuem crenças metacognitivas positivas:

1 de que é necessário ruminar ou analisar o significado e as consequências do trauma;
2 que o monitoramento da ameaça e a hipervigilância são meios eficazes de enfrentamento;
3 que se preocupar com os perigos futuros é uma estratégia fundamental de enfrentamento/evitação.

Pelo lado da crença negativa, as metacognições dizem respeito às consequências anormais ou perigosas das respostas e intrusões emocionais. As estratégias de controle metacognitivo que são problemáticas incluem tentativas de suprimir pensamentos que dizem respeito ao trauma ou que evitam situações ou lembranças do trauma.

Em contraste com o processamento desadaptativo que interfere no PAR, o processamento adaptativo inclui simulações cognitivas que culminam em um plano para o enfrentamento, o não uso de atividade conceitual negativa (preocupação/ruminação), a aceitação de sintomas, o uso flexível da atenção e o redirecionamento da atenção para longe da ameaça e em direção a aspectos não ameaçadores do ambiente.

O modelo metacognitivo de TEPT incorpora os elementos de controle cognitivo identificados no início deste capítulo. As crenças metacognitivas promovem a preocupação/ruminação e o monitoramento como estratégias de enfrentamento, e contribuem para as interpretações negativas dos sintomas de estresse. As motivações e as metas do indivíduo consistem no desenvolvimento de planos e de estratégias para lidar com a ameaça. Ao passo que algumas metas são volitivas e estão sob o controle de cima para baixo, outras são características de processos homeostáticos de baixo nível. Atingir tais metas é algo sinalizado pelas avaliações conscientes de segurança atual, e por sentimentos internos (tais como o nível de excitação) gerados por processos mais reflexivos. No modelo, o conflito é aparente na tensão que existe entre processos de baixo nível (que repetidamente reintroduzem materiais relacionados à ameaça na consciência sob a forma de intrusões/excitação) e processos de nível superior (que tentam excluir tal material e levar à fixação do processamento do perigo, exemplificado pela preocupação e pelo monitoramento da ameaça). Assim, as reduções de baixo nível de excitação devidas à habituação natural e o retorno do conhecimento ao ambientes livre de ameaças são impedidas.

SUSTENTAÇÃO EMPÍRICA DO MODELO TEPT

O modelo metacognitivo de TEPT sugere que as estratégias de enfrentamento metacognitivo devem ser ligadas aos sintomas de TEPT e aos resultados negativos que se seguem ao estresse. Os estudos de natureza seccional cruzada e longitudinal têm examinado a relação entre as estratégias de controle de pensamento e os sintomas de estresse pós-trauma. As diferenças individuais nas estratégias utilizadas para controlar pensamentos estressantes podem ser medidas com o Questionário de Controle do Pensamento (QCP; Wells e Davies, 1994). Esse instrumento consiste de cinco domínios derivados: distração, controle social, preocupação, punição e reavaliação. O uso da preocupação e da punição (que envolve a autoavaliação negativa e comportamentos negativos) para controlar o pensamento é positivamente associado à vulnerabilidade ao estresse e parece elevado em transtornos clínicos.

A pesquisa com o QCP oferece evidências que dizem respeito aos efeitos de usar a teoria como uma estratégia para lidar com mais pensamentos perturbadores. A preocupação do QCP está apenas modestamente correlacionada ($r = 0,49$) com a preocupação sintomática, sustentando sua conceituação e medida como uma estratégia de enfrentamento mais do que como apenas um sintoma de ansiedade. A aceitação da preocupação como uma estratégia de controle do pensamento está positivamente associada a vários índices de transtorno emocional (Wells e Davies, 1994).

Nós (Reynolds e Wells, 1999) constatamos que determinadas estratégias do QCP faziam a distinção entre pacientes recuperados e não recuperados com depressão maior e TEPT, e que a mudança nas estratégias de QCP estava associada à recuperação. Os pacientes recuperados estavam mais propensos a usar a distração e a reavaliação, e menos propensos a usar a punição e a preocupação. Warda e Bryant (1998) avaliaram as estratégias de controle de pensamento em indivíduos envolvidos em acidentes de trânsito. Os que tinham um transtorno agudo de estresse confirmavam um uso maior da preocupação e da punição do que os que não o tinham.

Em um estudo prospectivo do desenvolvimento do TEPT que se segue aos acidentes de trânsito e à hospitalização, nós (Holeva, Tarrier e Wells, 2001) medimos estratégias de controle de pensamento e examinamos esses fatores como indicadores de TEPT de 4 a 6 meses depois. A presença dos sintomas de estresse (isto é, transtorno de estresse agudo) no Momento 1, uma mudança no apoio social percebido e uma interação do apoio social percebido com o uso das estratégias de controle de pensamento social indicavam de maneira significativa um TEPT subsequente. Nas análises seccionais cruzadas dos sintomas, as estratégias de controle indicavam o transtorno de estresse agudo no Momento 1 e de TEPT no Momento 2. Tanto a distração quanto as subescalas de controle social do QCP foram negativamente correlacionadas com o transtorno agudo do estresse e com os casos de TEPT, sugerindo um benefício possível dessas estratégias de controle metacognitivo. Contudo, a preocupação e a punição surgiram ambos como indicadores positivos do transtorno agudo do estresse e do TEPT. Tomados em conjunto, esses dados sustentam a previsão de que a preocupação está associada com a persistência e o desenvolvimento de sintomas e de transtornos relacionados ao estresse, e que estratégias de controle metacognitivo particular estão associadas aos resultados do estresse. Embora algumas estratégias de controle possam conferir um benefício para o indivíduo, conforme indicado pelo modelo, estratégias perseverantes ou baseadas na preocupação parecem ser prejudiciais. De modo interessante, o controle social e a distração foram negativamente correlacionados com os sintomas agudos de estresse e com sintomas de TEPT nas análises seccionais cruzadas dos dados de Holeva e colaboradores (2001), o que sugere que a distração e o controle social podem estar associados com reduções situacionais de curto prazo nos sintomas.

Outros relatos pessoais e estudos de manipulação apresentaram uma forte sustentação das hipóteses segundo as quais a preocupação e a ruminação podem ser problemáticas para a autorregulação. Esses estudos exploraram os efeitos da preocupação de maneira geral, mais do que os efeitos da preocupação usada como uma estratégia de controle de pensamento. Em dois estudos, Borkovec e colaboradores (1983) e, mais tarde, York, Borkovec, Vasey e Stern (1987) demonstraram que breves períodos de preocupação aumentaram a frequência de intrusões subsequentes de pensamentos negativos. Nós (Butler, Wells e Dewick, 1995) demonstramos que depois de assistirem a um filme estressante, os indivíduos a quem se pediu que se preocupassem por um breve período de tempo relataram significativamente mais imagens intrusivas do que os indivíduos a quem se pediu que imaginassem ou descansassem depois do filme durante um período subsequente de três dias. Em outro estudo, nós (Wells e Papageorgiou, 1995) apresentamos cinco diferentes estratégias de atividade mental depois de um filme estressante. As estratégias pretendiam diferir no que diz respeito a quanto eram problemáticas e foram as seguintes:

1 preocupação sobre o filme;
2 preocupação sobre interesses usuais;
3 distração;
4 imaginação do filme;
5 descansar (condição de controle).

Os indivíduos que se preocupavam com o filme relatavam imagens significativamente mais intrusivas durante os três dias seguintes do que os indivíduos da condição de controle. As outras condições de atividade mental demonstraram uma frequência intermediária de intrusões, que não diferiam significativamente da condição de controle ou da condição de manipulação de preocupação com o filme. Tomados em conjunto, esses resultados sugerem que a preocupação está associada a um aumento nos pensamentos intrusivos. Já vimos como as manipulações experimentais diretas do estilo de pensamento pós-estresse levam a um aumento nas imagens intrusivas sobre o elemento causador de estresse durante um período subsequente de três dias (Butler et al., 1995; Wells e Papageorgiou, 1995). Esses resultados estão coerentes com a ideia de que a preocupação interfere na adaptação nos estudos mais naturalistas de predisposição à ruminação. Em estudos de autorrelato, os indivíduos cuja ruminação é alta relatam uma adaptação mais fraca depois de um estresse de vida tal como a morte de alguém (Nolen-Hoeksema, Parker e Larson, 1994) e desastres naturais como um terremoto (Nolen-Hoeksema e Morrow, 1991).

Para concluir, as evidências empíricas de uma série de estudos oferecem apoio à ideia de que um aspecto do SAC – o do processamento baseado em preocupações – está associado com sintomas de estresse e com o desenvolvimento de estresse agudo e do TEPT que se segue ao trauma. Além disso, há uma evidência preliminar de que as diferenças individuais no controle das estratégias de pensamento metacognitivo podem ser relacionadas diferentemente aos resultados de estresse.

A TERAPIA METACOGNITIVA PARA O TEPT

Uma implicação da abordagem metacognitiva para o TEPT é que reviver de maneira imaginária e prolongada o trauma talvez não seja necessário no tratamento. A meta do tratamento é a de "liberar" a capacidade natural traumatizada do indivíduo para autorregulação e adaptação que se segue ao trauma – isto é, remover o conflito que existe entre o processamento homoestático de baixo nível (que tenta reafinar-se novamente pelo processamento livre de ameaças) e processos de nível superior (que levam à persistência das cognições relacionadas à ameaça). Isso consiste em capacitar os indivíduos a mudar para um modo de processamento metacognitivo no qual eles podem descontinuar as estratégias de preocupação/ruminação, descontinuar o monitoramento de ameaças e estabelecer uma estratégia de "atenção separada" ao lidar com os sintomas. A "atenção separada" (Wells e Matthews, 1994) diz respeito a desvincular a preocupação ou respostas ruminantes dos pensamentos intrusivos. A presença de tais pensamentos é reconhecida, e deixa-se então a cognição percorrer seu próprio caminho – sem tentativas de se envolver com a análise conceitual de eventos representados pelas intrusões, e sem tentativas de controlar os pensamentos ou de analisar seus significados.

O tratamento metacognitivo foi descrito em detalhe em outro texto (Wells, 2000; Wells e Sembi, no prelo), e só é descrito de maneira breve aqui. O tratamento nuclear está dividido em três fases. A primeira fase consiste na conceitualização e na socialização. O terapeuta enfatiza que os sintomas que se seguem ao estresse são normais e fazem parte do mecanismo de adaptação do sistema cognitivo para lidar com o trauma e com o desenvolvimento de novo conhecimento. Contudo, vários fatores podem impedir esse processo adaptativo. Tais fatores incluem a preocupação, o monitoramento da ameaça e a evitação. O terapeuta introduz a ideia de que a preocupação e o tratamento da ameaça são conduzidos por crenças positivas sobre a utilidade dessas estratégias e também por crenças negativas sobre os sintomas. A presença desses componentes é identificada no caso individual e apresentada como uma conceituação de caso específico.

A segunda fase é ajudar os clientes a ver que a preocupação e a ruminação não têm propósito algum. Uma análise de vantagens e de desvantagens da preocupação/ruminação é usada para ilustrar isso, e serve como um meio de explorar crenças positivas e negativas metacognitivas. Uma vez que as desvantagens do pensamento ruminativo que se baseia em preocupações se estabelece, o conceito de atenção separada (Wells e Matthews, 1994) é introduzido. Como se notou anteriormente, isso se refere a ter uma perspectiva sobre os processos de pensamento em que estes são observados de uma maneira separada sem esforços de interpretar, de analisar ou de controlá-los. Instrui-se os pacientes a experimentar os pensamentos intrusivos de uma maneira separada e para desconectar qualquer análise baseada na preocupação ou no processamento ruminativo da intrusão. Várias estratégias foram desenvolvidas para facilitar a aquisição e a prática da atenção separada, incluindo a prescrição de "devaneio mental", exercícios de livre associação e tarefas imaginárias. Deve-se observar que essas tarefas não envolvem a exposição direta a memórias relacionadas ao trauma. A ênfase sobre a atenção separada é ligada ao adiamento da preocupação/ruminação. O terapeuta diz aos pacientes que toda vez que os sintomas intrusivos (pensamentos, *flashbacks*, pesadelos, etc.) ocorrem, os pacientes devem reconhecer que não vão se preocupar ou ruminar sobre o trauma ou sobre os sintomas; eles apenas deixarão os sintomas diminuírem no tempo em que precisarem e pensarão de maneira ativa sobre eles mais tarde. Pede-se aos pacientes que aloquem meia hora cada um para um momento de preocupação/ruminação ou momento de análise. Se os pacientes lembrarem do que os preocupava mais cedo, devem participar de tanta preocupação/ruminação quanto sentirem necessidade durante esse período de 30 minutos. Contudo, esse horário de preocupação controlada e deliberada não é compulsório, e muitos pacientes optam por não usá-lo ou esquecem de fazer uso dele.

A terceira fase do tratamento consiste de modificação atencional. Isso é introduzido quando os pacientes dominam o uso da atenção separada e relatam um sucesso consistente no uso da estratégia em resposta a sintomas intrusivos. Nessa fase do tratamento, o foco está na hipervigilância e nas reações de choque. As manipulações sistemáticas da atenção são importantes, já que elas retiram os pacientes de uma "configuração de ameaça" do processamento. A busca contínua por uma ameaça não é sinônimo de ter um plano para lidar com a ameaça ou permitir que a cognição "se reafine" com o ambiente normal (em que não há ameaça). Aqui, as vantagens e as desvantagens do monitoramento da ameaça e da hipervigilância são revistos. A meta é enfatizar os problemas que existem, escaneando constantemente as situações ou o ambiente interno e o externo em busca de sinais de ameaça. Uma vez entendidos os problemas relativos ao monitoramento das ameaças, o terapeuta pede ao paciente que reconheça conscientemente a direção da atenção na próxima vez que ele se sentir ansioso, e interrompe o monitoramento da ameaça. A fim de aplicar essa técnica, os pacientes são estimulados a:

1 retornar a sua rotina normal na vida cotidiana;
2 redirigir a atenção para um ponto diferente deles próprios e da ameaça, considerando aspectos de não ameaça do ambiente externo.

Em alguns casos, o terapeuta encontra relutância de parte do paciente no que diz respeito a desistir da ameaça ou das estratégias de monitoramento de ameaças. Nessas circunstâncias, a análise cuidadosa das crenças metacognitivas positivas sobre a utilidade dessas estratégias deve ser levada em consideração com estratégias de reatribuição comportamentais e verbais adequadas. Deve-se notar que é preciso que o terapeuta faça uma análise detalhada durante o tratamento para garantir que os pacientes abandonem uma ampla gama de preocupação/ruminação e de estratégias de monitoramento de ameaça, e que o façam de maneira consistente.

RESUMO E CONCLUSÕES

Neste capítulo, consideramos importantes questões que confrontam as tentativas de levar a teoria cognitiva em direção a um modelo mais abrangente de autorregulação. A ênfase no conteúdo cognitivo da teoria dos esquemas retira o foco da formulação da multiplicidade dos elementos cognitivos que contribuem para o estilo cognitivo e para a regulação cognitiva. Contudo, os modelos cognitivos dinâmicos como o FEA-R, que englobam a metacognição, as intenções, as metas e a arquitetura, oferecem uma síntese da teoria dos esquemas e da teoria de processamento de informação. Elas oferecem uma plataforma para a construção de indicativos que dizem respeito às interações dos elementos cognitivos subjacentes à persistência e à mudança no transtorno psicológico. Tais modelos podem especificar como a mudança cognitiva pode ser bem realizada. A teoria dos esquemas nos diz o que devemos fazer na terapia cognitiva: formular e modificar o conteúdo dos pensamentos automáticos negativos e das crenças. Contudo, tem pouco a dizer sobre como isso pode ser atingido. Por outro lado, as teorias autorreguladoras de níveis múltiplos, tais como a FEA-R, e os modelos específicos dos transtornos que dela derivam, oferecem uma variedade de novas estratégias de tratamento que não só enfocam o conteúdo das cognições em geral, mas que enfocam também a modificação do conteúdo das metacognições, dos processos cognitivos e do estilo cognitivo.

Neste capítulo, descrevi o SAC genérico do transtorno psicológico, e demonstrei como ele opera no TAG e no TEPT em particular. As estratégias para conceituação e para tratamento de aspectos do SAC foram desenvolvidas e oferecem a base para a terapia metacognitiva. Está além do escopo deste capítulo descrever uma ampla gama de técnicas de tratamento metacognitivo, mas novas e emergentes estratégias para a avaliação e o tratamento dos mecanismos subjacentes ao SAC são descritas em detalhe em outro texto (ver Wells, 2000).

A abordagem metacognitiva não se limita aos transtornos discutidos neste capítulo. A abordagem é um esforço voltado à exploração de fatores metacognitivos em uma variedade de transtornos diferentes, incluindo a depressão maior (Papageorgiou e Wells, 2001), a esquizofrenia (Morrison, Wells e Nothard, 2000) e o transtorno obsessivo-compulsivo (Wells e Papageorgiou, 1998; Emmelkamp e Aardema, 1999; Purdon e Clark, 1999). Recentemente, Leahy (2002) fez uso de princípios metacognitivos em sua análise das emoções, propondo importantes diferenças individuais no conhecimento sobre as emoções e planos relativos ao enfrentamento ligado à depressão e à ansiedade. Constatações preliminares também sugerem que os efeitos de vulnerabilidades cognitivas diversas, tais como o estilo cognitivo gradual (Riskind, 1997; ver também Riskind, Capítulo 4, neste livro), podem ser influenciados por fatores metacognitivos (Balaban, Joswick, Chrosniak e Riskind, 2001).

A análise metacognitiva oferece uma base para a conceituação do desenvolvimento e da persistência de transtornos específicos. É uma base para gerar novas estratégias de tratamento e para conceituar os processos da terapia cognitiva. Se o progresso nessa nova área continuar, poderemos estar próximos de testemunhar a "era metacognitiva" na terapia cognitiva. Quando esse momento chegar, ficaremos mais interessados pelo *quê* os pacientes pensam e acreditam no domínio metacognitivo e por *como* pensam e acreditam no domínio cognitivo ou do "objeto". Tal abordagem apresenta possibilidades novas e empolgantes para o tratamento de transtornos psicológicos.

REFERÊNCIAS

Balaban, M. S., Joswick, S. M., Chrosniak, L. D., & Riskind, J. M. (2001, July). *The effects of cognitive vulnerability to anxiety and metaworry on memory.* Poster presentation to the World Congress of Behavioral and Cognitive Therapies, Vancouver, British Columbia, Canada.

Beck, A. T. (1972). *Depression: Causes and treatment.* Philadelphia: University of Pennsylvania Press. (Original work published 1967)

Beck, A. T. (1976). *Cognitive therapy and the emotional disorders.* New York: International Universities Press.

Beck, A. T., Rush, A. J., Shaw, B., & Emery, G. (1979). *Cognitive therapy of depression.* New York: Guilford Press.

Borkovec, T. D., Robinson, E., Pruzinsky, T, & DePree, J. A. (1983). Preliminary exploration of worry: Some characteristics and processes. *Behaviour Research and Therapy, 21,* 9-16.

Borkovec, T. D., & Roemer, L. (1995). Perceived functions of worry among generalized anxiety subjects: Distraction from more emotionally distressing topics: *Journal of Behavior Therapy and Experimental Psychiatry, 26,* 25-30.

Butler, G., Wells, A., & Dewick, H. (1995). Differential effects of worry and imagery after exposure to a stressful stimulus: A pilot study. *Behavioural and Cognitive Psychotherapy, 23,* 45-56.

Cartwright-Hatton, S., & Wells, A. (1997). Beliefs about worry and intrusions: The Meta-Cognitions

Questionnaire and its correlates. *Journal of Anxiety Disorders, 11*, 279-296.

Clark, D. A., & Claybourn, M. (1997). Process characteristics of worry and obsessive intrusive thoughts. *Behaviour Research and Therapy, 35*, 1139-1141.

Emmelkamp, P. M. G., & Aardema, A. (1999). Metacognition, specific obsessive compulsive beliefs and obsessive compulsive behaviour. *Clinical Psychology and Psychotherapy, 6*, 139-146.

Fisher, P., & Durham, R. (1999). Recovery rates in generalized anxiety disorder following psychological therapy: An analysis of clinically significant change on the STAI-T across outcome studies since 1990. *Psychological Medicine, 29*, 1425-1434.

Flavell, J. H. (1979). Metacognition and meta-cognitive monitoring; A new area of cognitive-developmental inquiry. *American Psychologist, 34*, 906-911.

Holeva, V., Tamer, N., & Wells, A. (2001). Prevalence and predictors of acute stress disorder and PTSD following road traffic accidents: Thought control strategies and social support. *Behavior Therapy, 32*, 65-84.

Leahy, R. L. (2002). A model of emotional schemas. *Cognitive and Behavioral Practice, 9*, 177-191.

Matthews, G., & Wells, A. (2000). Attention, automaticity and affective disorder. *Behavior Modifications, 24*, 69-93.

Meyer, T. J., Miller, M. L., Metzger, R. L., & Borkovec, T. D. (1990). Development and validation of the Penn State Worry Questionnaire. *Behaviour Research and Therapy, 28*, 487-495.

Morrison, A. P., Wells, A., & Nothard, S. (2000). Cognitive factors in predisposition to auditory and visual hallucinations. *British Journal of Clinical Psychology, 39*, 67-78.

Nassif, Y. (1999). *Predictors of pathological worry*. Unpublished master's thesis, University of Manchester, UK.

Nelson, T. O., & Narens, L. (1990). Metamemory: A theoretical framework and some new findings. In G. H. Bower (Ed.), *The psychology of learning and motivation* (Vol. 26, pp. 125-173). San Diego, CA: Academic Press.

Nolen-Hoeksema, S., & Morrow, J. (1991). A prospective study of depression and posttraumatic stress symptoms after a natural disaster: The 1989 Lorna Pikte earthquake. *Journal of Personality and Social Psychology, 61*, 115-121.

Nolen-Hoeksema, S., Parker, L. E., & Larson, J. (1994). Ruminative coping with depressed mood following loss. *Journal of Personality and Social Psychology, 67*, 92-104.

Papageorgiou, C., & Wells, A. (1999). Process and meta-cognitive dimensions of depressive and anxious thoughts and relationships with emotional intensity. *Clinical Psychology and Psychotherapy, 6*, 156-162.

Papageorgiou, C., & Wells, A. (2001). Metacognitive beliefs about rumination in recurrent major depression. *Cognitive and Behavioral Practice, 8*, 160-164.

Purdon, C. (1999). Thought suppression and psychopathology. *Behaviour Research and Therapy, 37*, 1029-1054.

Purdon, C. (2000, July). *Metacognition and the persistence of worry*. Paper presented at the annual conference of the British Association of Behavioural and Cognitive Psychotherapy, Institute of Education, London.

Purdon, C., & Clark, D. A. (1999). Metacognition and obsessions. *Clinical Psychology and Psychotherapy, 6*, 102-110.

Reynolds, M., & Wells, A. (1999). The Thought Control Questionnaire: Psychometric properties in a clinical sample, and relationships with PTSD and depression. *Psychological Medicine, 29*, 1089-1099.

Riskind, J. M. (1997). Looming vulnerability to threat: A cognitive paradigm for anxiety. *Behaviour Research and Therapy, 35*, 685-702.

Roemer, L., Borkovec, M., Posa, P., & Borkovec, T. D. (1995). A self diagnostic measure of generalized anxiety disorder, *Journal of Behavior Therapy and Experimental Psychiatry, 26*, 345-350.

Warda, G., & Bryant, R. A. (1998). Cognitive bias in acute stress disorder. *Behaviour Research and Therapy, 36*, 1177-1183.

Wegner, D. M., Schneider, D. J., Carter, S. R., & Whire, T. L. (1987). Paradoxical effects of thought suppression. *Journal of Personality and Social Psychology, 53*, 5-13.

Wells, A. (1994). Attention and the control of worry. In G. C. L. Davey & F. Tallis (Eds.), *Worrying: Perspectives on theory, assessment and treatment* (pp. 91-114). Chichester, UK: Wiley.

Wells, A. (1995). Meta-cognition and worry: A cognitive model of generalized anxiety disorder. *Behavioural and Cognitive Psychotherapy, 23*, 301-320.

Wells, A. (1997). *Cognitive therapy of anxiety disorders: A practice manual and conceptual guide*. Chichester, UK: Wiley.

Wells, A. (1999). A metacognitive model and therapy for generalized anxiety disorder. *Clinical Psychology and Psychotherapy, 6*, 86-95.

Wells, A. (2000). *Emotional disorders and metacognition: Innovative cognitive therapy.* Chichester, UK: Wiley.

Wells, A. (in press). The metacognitive model of GAD: Assessment of metaworry and relationship with DSM-IV generalized anxiety disorder. *Cognitive Therapy and Research,*

Wells, A., & Carter, K. (1999). Preliminary tests of a cognitive model of GAD. *Behaviour Research and Therapy, 37,* 585-594.

Wells, A., & Carter, K. (2001). Further tests of a cognitive model of generalized anxiety disorder: Metacognitions and worry in GAD, panic disorder,. social phobia, depression, and nonpatients. *Behavior Therapy, 32,* 85-102.

Wells, A. & Davies, M. (1994). The Thought Control Questionnaire: A measure of individual differences in the control of unwanted thoughts. *Behaviour Research and Therapy, 32,* 871-878.

Wells, A., & Matthews, G. (1994). *Attention and emotion: A clinical perspective.* Hove, UK: Erlbaum.

Wells, A., & Matthews, G. (1996). Modelling cognition in emotional disorder: The S-REF model. *Behaviour Research and Therapy, 32,* 867-870.

Wells A., & Morrison, T. (1994). Qualitative dimensions of normal worry and normal intrusive thoughts: A comparative study. *Behaviour Research and Therapy, 32,* 867-870.

Wells, A., & Papageorgiou, C. (1995). Worry and the incubation of intrusive images following stress. *Behaviour Research and Therapy, 33,* 579-583.

Wells, A. & Papageorgiou, C. (1998). Relationships between worry and obsessive-compulsive symptoms and meta-cognitive beliefs. *Behaviour Research and Therapy, 36,* 899-913.

Wells, A., & Sembi, S. (in press). Metacognitive therapy for PTSD: A core treatment manual. *Cognitive and Behavioral Practice.*

York, D., Borkovec, T. D., Vasey, M., & Stern, R. (1987). Effects of worry and somatic anxiety induction on thoughts, emotion and physiological activity. *Behaviour Research and Therapy, 25,* 523-526.

10

ABUSO DE SUBSTÂNCIAS
Cory F. Newman

O uso da terapia cognitiva no tratamento de abuso de substâncias[1] não pretende substituir os modelos de tratamento existentes. Em vez disso, a terapia cognitiva complementa outras abordagens, tais como aquelas que envolvem a farmacoterapia, a facilitação de 12 passos (F12P)[*] e as aplicações de aprendizagem social relacionadas. Desde os primeiros momentos de seu desenvolvimento como terapia para abuso de substâncias (ver Beck e Emery, 1977), a terapia cognitiva contribuiu para os avanços conceituais e práticos que podem ser compatíveis com esses modelos alternativos.

Com relação às abordagens farmacológicas, a terapia cognitiva introduz métodos melhorados para a compreensão da não adesão dos pacientes a tratamentos químicos, tais como o disulfiram (Antabuse), a metadona e a naltrexona. Mais especificamente, os pacientes podem manter crenças desadaptativas sobre o tratamento farmacológico que os dissuadam de colaborar de maneira ótima com seus programas de tratamento. Por exemplo, os pacientes às vezes consideram suas medicações como uma forma de controle autoritário sobre o comportamento, ressentindo-se dela e a ela resistindo. Os terapeutas cognitivos podem ajudar os pacientes a reavaliar e a modificar tais interpretações. Essa abordagem relativa ao apoio à farmacoterapia tem demonstrado produzir resultados clinicamente significativos com outros transtornos também, mais notavelmente com o transtorno bipolar (por exemplo, Lam et al., 2000).

Na terapia cognitiva, uma cooperação entre o profissional e o paciente se estabelece, de maneira que a farmacoterapia concorrente não seja meramente um exercício em que se toma algum remédio terapêutico para substituir um remédio danoso. Os pacientes que recebem tanto a terapia cognitiva quanto tomam medicação sentem-se mais capacitados, pelo fato de que estão simultaneamente aprendendo habilidades de autoajuda e abordando de maneira ativa uma ampla gama de fatores terapêuticos.

Os pacientes que participam de uma F12P em geral são instruídos a aderir a um modelo uniforme de recuperação. A terapia cognitiva ajuda os pacientes a individualizar sua abordagem à recuperação, ensinando-os os métodos para avaliar evidências e para ponderar os prós e os contras da tomada de decisões. Essa abordagem ensina os pacientes a fazer um exame empírico de suas vidas, em vez de acreditar que devem adotar um *script* que sirva para todas as situações. Por exemplo, alguns pa-

---

[1] Ao longo deste capítulo, a expressão "abuso de substâncias" é usado em seu sentido mais geral de "uso indevido de substâncias", isto é, subsume os diagnósticos formais tanto de "abuso de substâncias" quanto de "dependência de substâncias" conforme definidos pela American Psychiatric Association.

[*] N. de R.T. F12P, em inglês 12SF, significa Facilitação de 12 passos, um tratamento de autoajuda muito citado na literatura e criado pelos AA (Alcoólicos Anônimos).

cientes da terapia cognitiva que também participam de F12P expressaram um alívio ao constatar que não necessariamente têm de ver as regras de seus encontros como se fosse uma questão de tudo ou nada. Por exemplo, eles não têm de pensar que a medicação antidepressiva que tomam é "simplesmente outra dependência química", mas sim uma parte natural de um plano de tratamento adequado para a depressão comórbida. Da mesma forma, eles podem sentir-se mais esperançosos ao saberem que um simples episódio de recaída não necessariamente indica que todos os ganhos anteriores no tratamento estejam perdidos, ou que eles voltaram ao "ponto zero". Em vez disso, eles podem examinar o dano que beber ou usar outras drogas causa novamente em suas vidas, e decidir implementar todos os recursos de suas capacidades de autoajuda e de apoio social, a fim de interromper o processo de recaída. Dá-se grande ênfase a voltar ao modo de resolução de problemas, mais do que a cair presa de sentimentos de catástrofe.

Embora os terapeutas cognitivos sejam rápidos em estimular seus pacientes que abusam de substâncias a respeitar o poder dos anseios de adicção e a darem conta da falta de lógica existente em achar que está tudo bem em beber ou em fazer uso de substâncias, eles não exigem que os pacientes adotem uma declaração de impotência na luta contra a adicção. Dentro de um modelo de terapia cognitiva, é muito importante que os pacientes disponham das habilidades que sustentam a sensação de capacitação e de eficácia. Assim, os pacientes da terapia cognitiva aprendem a ser responsáveis por suas ações, e a dar passos sistemáticos para reduzir a probabilidade do uso contínuo ou da recaída. Ser independente do apoio de um grupo ou de um orientador não é algo considerado como uma armadilha para uma queda, desde que o indivíduo esteja utilizando suas "ferramentas".

A terapia cognitiva traz à baila modelos de aprendizagem social gerais por meio da ênfase aos sistemas de crenças dos pacientes, especialmente no que diz respeito às crenças sobre as substâncias em si, a natureza dos apelos ao uso, sua "relação" com as substâncias e os riscos envolvidos quando se está em várias situações ou estados mentais (Beck, Wright, Newman e Liese, 1993). Assim, os pacientes podem trabalhar suas concepções equivocadas que poderiam de outra forma permitir ou atraí-los a optar por beber ou por usar outras drogas.

A terapia cognitiva também tem força no tratamento dos transtornos do humor, da ansiedade e da personalidade, de maneira que os pacientes com diagnósticos múltiplos podem receber ajuda ao longo de todas as facetas de seus problemas psicológicos simultâneos. Alguns dos maiores resultados sobre a terapia cognitiva para o abuso de substâncias (a serem discutidos abaixo) incluem populações de grupos de nível socioeconômico baixo, levando, assim, aplicações clínicas eficazes para a ajuda a pacientes que não são em geral bem servidos pelo sistema. As demonstrações de eficácia empírica são especialmente válidas para o trabalho "nas trincheiras".

A fim de avaliar as contribuições singulares da terapia cognitiva, alguns estudos de resultado (algo a ser discutido mais adiante, neste capítulo) testaram a terapia cognitiva *contra* tratamentos como F12P e farmacoterapia (por exemplo, Anton et al., 1999, 2001; Maude-Griffin et al., 1998). Contudo, como está implicado acima, a partir de um ponto de vista prático ou teórico, não há razão pela qual a terapia cognitiva não possa ser usada em conjunção com tratamentos suplementares. Embora a exequibilidade e a disponibilidade sejam temas que às vezes atrapalham, os pacientes que estiverem motivados a superar seus problemas com a adicção frequentemente expressam gratidão por serem capazes de receber múltiplas fontes de tratamento. Assim, por exemplo, tem-se a hipótese de que a terapia cognitiva pode ser prontamente encaixada em um programa abrangente no qual os pacientes tomam metadona e também participam de encontros nos grupos dos Narcóticos Anônimos. Nesses casos, é da maior importância que os fornecedores do tratamento de cada modalidade apoiem o trabalho dos colegas – meta que, às vezes, é difícil de atingir. Não obstante, as abordagens colaborativas para um cuidado psiquiátrico abrangente são em grande parte aumentadas quando múltiplos profissionais têm uma opinião positiva de seus colegas (ver Moras e DeMartinis, 1999).

Um amplo benefício que a terapia cognitiva traz para o tratamento do abuso de substâncias é a ênfase na manutenção de longo prazo. Pelo fato de os pacientes que abusam de álcool e de outras drogas estarem frequentemente sujeitos a episódios de recaída, o tratamento precisa ensiná-los um novo conjunto de atitudes e habilidades de que possam depender a longo prazo. Assim, o prognóstico dos tratamentos é em geral medido em termos de "extensão da abstinência" ou "percentual de pacientes que atinge [determinado tempo de abstinência]". Os terapeutas cognitivos ajudam seus pacientes a ter sucesso dessa maneira por meio do enfoque da aquisição de habilidades como automonitoramento, estabelecimento de metas, resolução de problemas, assertividade (e não agressão ou agressão passiva), gerenciamento do tempo e respostas racionais (em vez de atuação reflexiva e impulsiva). Essas habilidades não só aumentam o sentido de autoeficácia para os pacientes, mas também levam a uma redução dos fatores de estresse que poderiam de outra forma aumentar o risco de recaída.

A ABORDAGEM COGNITIVA: PRINCIPAIS PONTOS DE INTERVENÇÃO

A terapia cognitiva não é um modelo etiológico do abuso de substâncias – os pensamentos não causam a adicção em si. A etiologia do abuso de substâncias é complexa, multivariada e não inteiramente compreendida (Woody, Urschel e Alterman, 192). Fatores como hereditariedade, adaptação celular, exemplo dos pais e dos colegas, desvantagem socioeconômica, baixa autoestima, senso ilusório de controle pessoal, facilidade de acesso a substâncias, evitação por meio de automedicação e outros podem explicar (sozinhos ou em conjunção) o início do abuso de substâncias (Newman, 1997b).

Em vez disso, a terapia cognitiva faz suas contribuições mais significativas oferecendo pontos de intervenção que potencialmente gerem frutos e identificando as variáveis cognitivo-comportamentais que podem acionar a recaída. A seguir, sete de tais variáveis são apresentadas, e cada uma delas representa um "elo fraco" que poderia levar ao uso de drogas e uma área potencial para a intervenção terapêutica.

Estímulos de alto risco

Externos

Os estímulos de alto risco externos incluem "as pessoas, os lugares e as coisas" que são comumente discutidas na F12P, mas que são igualmente relevantes para a terapia cognitiva. Exemplos podem incluir um vizinho que frequentemente venha visitar o paciente, sugerindo-lhe que "fiquem altos" juntos; a esquina onde o paciente costumava comprar drogas e o fluido de limpeza que o paciente costumava inalar para "ficar tonto". Muitos desses estímulos externos de alto risco podem ser identificados e evitados. Infelizmente, outros são ubíquos o bastante (por exemplo, comerciais de cerveja) e alguns estão muito próximos de casa (por exemplo, quando um membro da família de um paciente abusa de substâncias). Em tais casos, não é realista esperar que os pacientes evitem todos esses estímulos de alto risco. O melhor que podem fazer é:

1 minimizar a exposição;
2 aprender um repertório de frases para dizer a si mesmo e que sustentem a sobriedade, saber usar frases assertivas de recusa que impeçam reunir-se com outras pessoas para usar substâncias.

Tomando emprestado de cabeça o que diz o "Serenity Prayer", os pacientes precisam ter consciência de evitar os estímulos de alto risco que *conseguem* evitar, as habilidades de enfrentamento para lidar com os estímulos de alto risco que *não conseguem* evitar e a sabedoria de ver a diferença entre eles (Beck et al., 1993)

Internos

Talvez ainda mais desafiador do que as situações de alto risco sejam as emoções problemáticas, os pensamentos e as sensações que compreendem estímulos de alto risco. No vocabulário da F12P, o acrônimo "HALT" tem sido usado para significar estar "com fome, bravo, solitário e cansado". A hipótese é de que esses estados internos sejam áreas de maior vulnerabilidade à recaída. Os terapeutas cognitivos acrescentariam que qualquer estado emocional subjetivamente problemático seria qualificado da mesma maneira. Os pacientes que se sintam deprimidos, ansiosos ou dominadas pela culpa (entre outras emoções) estão também sob o risco de usar álcool e outras drogas a fim de se automedicarem.

Infelizmente, os estímulos internos de alto risco não estão limitados a estados emocionais negativos. Os pacientes relatam "ter sonhos com drogas", nos quais experimentam a sensação de usar drogas enquanto dormem. Podem, então, acordar molhados de suor, em um estado de forte "fissura" pela droga usada. Além disso, alguns pacientes experimentam um aumento em seu desejo de usar substâncias como um resultado de sentir-se bem, como quando comemoram alguma coisa. Conforme um paciente perguntou, retoricamente: "Como é que vou desfrutar da minha *happy hour* sem álcool?". Da mesma forma, alguns pacientes terão desenvolvido o hábito de tentar ampliar o valor hedonista de certas situações (por exemplo, sexo) ficando "altos". Contudo, a conceituação desses casos frequentemente constata que a situação é ainda mais problemática do que isso. Por exemplo, essas pessoas não só estão tentando maximizar sua excitação sexual por meio das drogas, mas estão também escapando do medo da intimidade que experimentariam se tentassem fazer amor sem alteração alguma. Isso requer que se interfira em múltiplas questões.

Não é preciso dizer que os pacientes não conseguem evitar totalmente seus sentimentos, e nem devem. As emoções são parte importante da vida e, em geral, levam as pessoas a ficar mais cientes de questões centrais que precisam de atenção. Assim, mais do que estimular os pacientes a, de alguma forma, livrarem-se de seus estados emocionais de alto risco, é preferível que eles aprendam a reconhecer, a gerenciar e a lidar com essas situações de maneira produtiva. A terapia cognitiva é especialmente forte nessa área, conforme está exemplificado nos estudos nos quais sua aplicação no tratamento de abuso de substâncias foi diferencialmente eficaz para pacientes que estavam também deprimidos (Carroll, Rounsaville, Gordon et al., 1994; Maude-Griffin et al., 1998).

Crenças desadaptativas sobre as substâncias

Os terapeutas cognitivos avaliam e ajudam os pacientes a modificar suas crenças errôneas sobre as substâncias. Algumas dessas crenças problemáticas são sobre as próprias substâncias (por exemplo, "A cerveja não é de fato álcool" ou "A cocaína só vicia se você fumá-la"), e outras dizem respeito a como os pacientes se veem em relação às drogas (por exemplo, "Preciso ficar alto para poder encarar as pessoas nas situações sociais" ou "Não mereço ter uma vida normal, então vou usar drogas e dane-se o que vai acontecer comigo"). As intervenções cobrem toda uma gama de possibilidades, da simples psicoeducação (por exemplo, "você pode recair na cerveja, porque a cerveja tem álcool") e métodos mais complexos que abordam os esquemas nucleares de imperfeições, de incapacidade de sentir-se amado, de exclusão social e outros esquemas (Young, 1999). O que todas essas intervenções desta área têm em comum é o exame de evidências, em uma tentativa de jogar alguma luz nas falácias que estão nas perspectivas dos pacientes sobre álcool e outras drogas.

Os terapeutas podem determinar algumas das crenças desadaptativas de seus pacientes sobre as drogas pelo uso de medidas de autorrelato, tais como o *Beliefs about Substance Use* e o questionário *Cravings Beliefs Questionnaire* (Beck et al., 1993, Apêndice 1, p. 312-314), ouvindo com cuidado os comentários dos pacientes na sessão e por meio do exame dos significados implícitos que estão por trás das ações dos pacientes. Por exemplo, as respostas dos pacientes aos questionários escritos podem revelar que eles acreditam fortemente que a "fissura" pelo uso da droga pode aumentar terrivelmente se eles não o satisfizerem, e que a vida sem o uso de substâncias seria entediante e deprimente. Essas crenças então se tornam alvos das intervenções. Da mesma forma, um paciente pode fazer um comentário espontâneo em uma sessão, tal como "Eu ficaria muito sozinho se parasse de usar álcool e drogas, porque todos os meus amigos bebem e se drogam". Essa espécie de lamentação indicaria ao terapeuta a necessidade de discutir todo o escopo das relações pessoais do paciente – passadas, presentes e (potencialmente) futuras –, com a intenção de encontrar e de criar exceções à regra estabelecida pelo paciente. O terapeuta e o paciente, nesse exemplo, teriam como meta ajudar o paciente a desenvolver uma novo sistema de apoio social, talvez começando pelas pessoas que ele encontrasse nas reuniões da F12P.

Além disso, os terapeutas podem inferir as crenças disfuncionais dos pacientes sobre as substâncias, conceituando seu comportamento em termos de hipóteses, implícitas e subjacentes. Por exemplo, a "Sra. Grey" com frequência parecia planejar seus episódios de uso de substâncias com horas ou dias de antecedência, relatando a seu terapeuta, depois do ocorrido, que *"sabia* que iria usar isso durante o final de semana" ou "eu estava no trabalho, mas minha mente já estava no bar, e nada iria me impedir de ir lá". O terapeuta criou a hipótese de que a paciente manteve uma determinada crença – nomeadamente, a de que uma vez que ela tivesse a suspeita de que iria sair para beber ou usar outras drogas, ela não acreditava que fosse possível, importante ou necessário para ela usar as habilidades de autoajuda cognitivo-comportamentais para reverter o episódio planejado de uso de substâncias. Ela simplesmente acreditava que uma recaída fosse "inevitável" e que "isso era assim e pronto". Não lhe ocorreu que ela mesma poderia mudar sua atitude ou esquivar-se do risco. Essa revelação abriu uma nova área de potenciais intervenções a serem usadas quando a paciente começou a pensar em seu próximo episódio de uso de álcool ou de outras drogas.

Talvez o aspecto mais desafiador dessa área de intervenção tenha a ver com a interação de crenças desadaptativas que são indicativas de diagnoses duais. Por exemplo, é difícil o suficiente para um paciente mudar a crença de que "Eu não consigo ficar feliz, a não ser que use drogas", mas isso acontece ainda mais quando o paciente simultaneamente acredita que "Sou uma pessoa derrotada que nunca vai conseguir nada na vida". Essa crença depressiva e autodepreciativa intensificará a crença do paciente de que o uso de drogas é a única maneira de chegar a um bom humor. Assim, as intervenções devem apontar não só a exaltação problemática dos efeitos das drogas, mas também a baixa autoestima do paciente e seu desamparo.

Por exemplo, um homem chamado Wes argumentou que não conseguia ver sentido em desistir de seu comportamento de adicção, pois acreditava que já havia prejudicado sua vida tanto que não havia nada para salvar. O terapeuta compreendeu o sentido de perda e vergonha do paciente, mas o convidou a examinar o que poderia de fato valer a pena salvar se ele ficasse limpo e sóbrio. Primeiramente, ao mudar sua vida para o melhor, Wes poderia preservar seu legado a seus descendentes. Em vez de ir para o túmulo como alguém que abusava de substâncias, ele poderia viver e demonstrar que a recuperação era possível, independentemente das dificuldades. Em segundo lugar, por ser um fã de esportes, Wes foi estimulado a examinar sua vida até o momento, metaforicamente, como um jogador que tivesse feito um mau primeiro tempo em um jogo de futebol. Agora, fazendo terapia (metaforicamente, o intervalo entre o primeiro e o segundo tempo do jogo), Wes estava sendo ensinado a "voltar ao campo para o segundo tempo e a jogar com vontade, dando aos torcedores motivos para comemorar". Essa intervenção apresentou o reenquadramento cognitivo necessário para que Wes acreditasse que tinha algo que válido a atingir; assim, começou a participar, de maneira mais franca, de um tratamento para abuso de substâncias.

Pensamentos automáticos

Os pensamentos automáticos são as ideias instantâneas e as imagens que os pacientes têm de uma situação na qual tenham a oportunidade de usar álcool e/ou outras drogas. Em geral, trata-se de frases exclamativas, como "Tudo é festa!", "Aproveita!" ou "F***-se!". Da mesma forma, elas podem ser representadas por imagens mentais do ato de beber ou usar drogas, ou por distorções perceptuais que podem ocorrer na sequência. Embora a experiência desses pensamentos automáticos não necessariamente leve diretamente a beber ou a usar drogas, a hipótese é de que leve a uma onda imediata de excitação. Esses desejos e comportamentos que buscam o uso de substâncias se intensificam, e o risco de recaída aumenta significativamente, a menos que uma intervenção (ou a passagem sóbria do tempo) leve o nível de excitação de volta à base novamente.

Os terapeutas cognitivos ensinam seus pacientes a usar a atividade intensa de seu sistema nervoso simpático (por exemplo, suor, respiração pesada) como indicadores, para que perguntem a si mesmos se o que estão pensando no momento poderia estar causando um desejo aumentado de beber ou de usar drogas. Além disso, ensina-se aos pacientes como esses pensamentos automáticos afetam sua tomada de decisões no que diz respeito às situações nas quais eles se colocam, e sua escolha final sobre rejeitarem ou aceitarem a substância que causa adicção. É extremamente importante que os pacientes parem de ver seus pensamentos automáticos como "verdades" e que, em vez disso, questionem sua validade antes de agir.

Considerando-se que os pensamentos automáticos são frequentemente passageiros, ensina-se os pacientes a gerar respostas racionais que sejam comparativamente curtas e que vão direto ao ponto. Algumas das frases que são aprendidas nas reuniões F12P atendem bem a essa necessidade: "Um dia de cada vez", "Calma" e "Um [uso de substância] é demais e mil não serão suficientes". Gerar mais frases como essas torna-se uma tarefa importante, tanto nas sessões de terapia quanto nas tarefas de casa. Alguns exemplos adicionais de respostas racionais são listados abaixo:

1 *Pensamento automático*: "Aproveita! Esta é uma boa oportunidade para usar droga!"
   Resposta racional: "Não abandone o programa. 'Aproveitar' é a mesma coisa que deixar que a droga se aproveite de você."
2 *Pensamento automático*: "Tudo é festa!"
   Resposta racional: "É hora de pensar se tudo é mesmo festa, é hora de ser honesto comigo mesmo. Tenho de encontrar um modo de me divertir sem beber ou usar drogas."
3 *Pensamento automático:* "Quem é que se importa se eu beber?"
   Resposta racional: "Eu me importo, meu irmão se importa, minha mãe se importa, minha namorada se importa, meu terapeuta se importa e as pessoas que vivem comigo se importam."

É ideal que os pacientes compilem uma pilha de *flashcards* com suas respostas racionais favoritas para fácil referência quando eles precisarem enfrentar seus pensamentos automáticos.

"Fissuras" e urgências

As "fissuras" e as urgências são as sensações fisiológicas que criam uma sensação de desconforto que leva à necessidade de saciar o desejo irrefreável ou o "apetite" por alterar o estado de consciência por meio de químicas psicoativas. Muitos pacientes sustentam a crença errônea de que a "fissura" pelo uso de drogas e as urgências sejam lineares, crescentes, de modo que não usar drogas pode levar a uma catástrofe física ou mental (por exemplo, "Se eu não ceder a estes desejos, vou enlouquecer"). De acordo com isso, os pacientes podem acreditar que não conseguem superar tais "fissuras", que são forçados a atender a suas urgências e que nada pode ser feito. Em outras palavras, as "fissuras" trazem consigo uma grande bagagem psicológica, incluindo o desamparo, a falta de esperança e a adesão rígida a alguma resposta disfuncional (ainda que familiar).

Parte da psicoeducação que os pacientes recebem sobre esse problema é unida a uma quantidade apropriada de empatia. É verdade que as "fissuras" podem causar sofrimentos físicos severos, exigindo às vezes supervisão médica; é verdade também que beber ou usar drogas temporariamente afasta o desconforto. Contudo, ao ceder às "fissuras", os pacientes de fato aumentam sua dependência dos produtos químicos, levando, assim, a futuras "fissuras" que são mais intensas e mais frequentes. O resultado é um círculo vicioso, com consequências devastadoras para os pacientes.

Os terapeutas cognitivos ensinam seus pacientes a reconhecer a natureza circular (não linear) das "fissuras" (Newman, 1997b). Eles ajudam seus pacientes a aprender as técnicas de "Retardo e Distração", de maneira que eles possam lidar com as "fissuras" até que eles cheguem a seu pico máximo e desapareçam. Da mesma forma que ensinamos os pacientes que têm dor crônica a não centrarem sua atenção na dor, pensando em tarefas que sejam significativas ou distraindo-se com algo agradável (Turk, Meichenbaum e Genest, 1983), pedimos aos pacientes que tenham anseio por alguma substância para produzir uma lista de coisas construtivas a fazer até que a urgência diminua por conta própria. As metas são construir a autoeficácia quando se precisa suportar a sensação da "fissura" irrefreável e substituir o comportamento de adicção por ações construtivas. Em geral, as "fissuras" que percorrem seu caminho natural (sem que sejam satisfeitas pelo uso da substância) voltam um pouco menos fortes na próxima vez, e menos fortes ainda depois disso (Solomon, 1980). Assim, os pacientes que se tornam especialistas em retardar e distrair suas "fissuras" logo descobrem que tais "fissuras" não são assim tão poderosas. Uma advertência, contudo, é a de que os pacientes devem sempre estar cientes da possibilidade de que certas situações de alto risco (tanto externas quanto internas) produzirão associações fortes o suficiente para fazer com que as "fissuras" surjam de novo, ao menos temporariamente.

Crenças de concessão de permissão

Quando as "fissuras" são fortes, muitos pacientes lutam com o conflito sobre beber ou não beber, usar drogas ou não usar. De um lado, eles querem buscar a sobriedade. De outro, querem livrar-se do desconforto causado pelo abandono do álcool ou das drogas. Esse conflito é às vezes resolvido de modo desadaptativo pela implementação de crenças de "concessão de permissão", também conhecidas como "racionalizações" ou "capacitação". Os pacientes, por exemplo, dirão a si mesmos: "Ninguém vai saber, não vou machucar ninguém e, por isso, posso usar minha droga agora" ou "Faz muito tempo que não faço nada de errado, então agora posso ter o direito de fazer um pouco". Outros exemplos comuns são: "Vou apenas beber uma dose / cheirar uma carreira", "Preciso testar-me e ver se ainda estou viciado" e "Preciso deixar minha sobriedade de lado por um instante". Os pacientes que são bem-sucedidos na identificação da ativação dessas crenças de "concessão de permissão" tendem a relatar que sentem uma espécie de alívio, uma redução na culpa e uma breve intensidade de excitação, pois agora limparam cognitivamente o caminho para que possam aproveitar o uso de substâncias com uma sensação de que "desta vez, tudo bem". Isso reforça suas crenças disfuncionais e torna muito difícil para os pacientes optarem pela continuidade da abstinência em momentos de conflito interno.

Considerando-se que os pacientes serão confrontados com muitos exemplos pelos quais experimentarão uma sensação de ambivalência ao tirar vantagem de uma oportunidade de beber ou de usar drogas, é imperativo que eles aprendam a identificar suas crenças de concessão de permissão e que entendam seu efeito sedutor e perigoso sobre a tomada de decisões do paciente. Os pacientes precisarão desenvolver respostas racionais claras, não ambíguas e bem ensaiadas para contraporem-se às crenças de concessão de permissão. Os pacientes podem gerar tais respostas em uma atividade feita em casa, adotar as respostas dos *slogans* dos 12 passos ou dramatizar a situação com seus terapeutas, de modo que saibam como responder à rápida artilharia das crenças de concessão de permissão. Alguns exemplos de respostas racionais são: "Não existe essa possibilidade de tomar um copo *só*...", "Só posso passar no teste se não testar a mim mesmo em primeiro lugar" e "Mantenha a sobriedade em pé... não desista sem lutar primeiramente".

Como alguns de nossos exemplos ilustram, os pacientes aprendem a ter cuidado com os riscos associados ao uso de palavras como "só", "apenas" e "um pouco". Eles recebem instruções para repetir seus pensamentos automáticos *sem* essas palavras, e a dar ouvidos à diferença qualitativa. Por exemplo, "Eu só quero beber alguma coisa" se torna "Eu quero beber alguma coisa" e "Eu apenas quero usar um pouco de droga" se torna "Eu quero usar droga". Esse exercício coloca no lugar aquilo que eles pretendem fazer, sem a minimização dos problemas, algo que é parte da concessão de permissão.

Rituais comportamentais que cercam o ato de beber e de usar drogas

As pessoas que abusam de substâncias durante um período de tempo frequentemente desenvolvem padrões de comportamento – em essência, rituais – que cercam os episódios de uso de substâncias. Parte da construção de uma conceituação minuciosa com tais pacientes é delinear a sequência de comportamentos que tipicamente leva ao episódio de uso e registrar os indicadores de estímulos que acompanham tais comportamentos. Em nível social, isso pode envolver a esquina a que os usuários vão para comprar drogas e as pessoas com quem iniciam o contato. Em nível individual, os rituais podem envolver o espelho particular que eles usam para cortar as carreiras de cocaína ou o processo de montagem de sua parafernália para o uso de drogas enquanto estão trancados em um banheiro. Independentemente do que os padrões mais comuns dos pacientes acarretem, é útil identificá-los, enfatizando todos os passos, tanto quanto as crenças e os pensamentos automáticos que são ativados ao longo do processo.

As intervenções nessa área têm como objetivo evitar, abortar, interromper ou contra-atacar a progressão de tais rituais. Uma estratégia é fazer com que os pacientes estruturem suas vidas de forma a tornar a aquisição e o uso de substâncias tão inconvenientes quanto possível. Isso envolve tudo, desde retirar de casa álcool, drogas e equipamentos para o consumo de drogas até a estruturação de suas atividades diárias de modo que eles passem a maior parte do tempo com indivíduos sóbrios. Um exemplo comum é o do paciente que costumava cumprir o ritual de ir a um bar quando voltava do trabalho para casa, mas que agora vai a uma reunião de grupo de apoio ou para uma academia de ginástica. Quando possível, alguns pacientes decidem mudar de residência, a fim de reduzir sua exposição a fatores conhecidos no local onde vivem e que levem ao consumo.

Alguns indivíduos hesitam em mudar. Argumentam que eles "têm de" encontrar seus amigos nas situações em que haja álcool disponível ou que "é seguro" guardar droga em suas casas. Quando isso ocorre, os terapeutas sugerem que os pacientes analisem suas próprias frases como frases que refletem crenças de concessão de permissão, e que questionem suas reais intenções. Por exemplo, os pacientes podem perguntar-se: "Por que estou me dando permissão para guardar maconha e barbitúricos em meu armário? O que faz com que seja tão importante e necessário manter essas substâncias à mão? Se eu me comprometer com a sobriedade, o que de fato perderei ao livrar-me das substâncias? Que mensagem estou enviando aos outros e a mim mesmo ao insistir que as drogas devem estar sempre à mão para acesso fácil?" Essas são questões importantes que devem ser abordadas aberta e minuciosamente.

Quando os pacientes podem ter sucesso no rompimento das rotinas de uso de substâncias, eles farão melhor uso de seu tempo para que implementem suas habilidades de autoajuda e de busca de apoio social apropriado. Qualquer atraso causado pela interrupção de um ritual aumenta as chances de o paciente encontrar um jeito de lidar com a situação e de permanecer sóbrio em situações que poderiam, no passado, levar à recaída.

Os lapsos e sua evolução para recaídas fortes

Mesmo que os pacientes tenham desistido de beber ou de usar outra droga, a história ainda não acabou. Apenas chegou a um novo capítulo. Eles ainda têm a oportunidade de limitar o prejuízo, decidindo parar de beber ou de usar drogas antes de o episódio tornar-se excessivo ou de levar a episódios sucessivos. Infelizmente, os pacientes às vezes são vítimas do "efeito de violação da abstinência" (Marlatt e Gordon, 1985), no qual o lapso inicial os leva a pensar de um modo "tudo ou nada" que se traduz em excessos. Por exemplo, pessoas que tenham aprendido em seus grupos de apoio que uma só dose de bebida pode "colocá-las de novo no ponto zero" de sua recuperação poderão raciocinar que, depois do primeiro copo, "posso tomar muitos outros, já que um só já me deixa bêbado". Não é preciso dizer que essa espécie de raciocínio é altamente problemática, pois representa uma perversão do espírito de resistência a ficar bêbado ou a se drogar.

Na terapia cognitiva, os pacientes são ensinados que a meta mais favorável é a sobriedade absoluta. Contudo, as pessoas são humanas, e elas às vezes cometem deslizes. Quando isso acontece, os pacientes não devem automaticamente se desesperar; nem devem ativar a crença de concessão de permissão de que "eu posso agora entrar na farra, já que comecei". Em vez disso, os pacientes são estimulados a ver cada dose de bebida, carreira de cocaína, injeção, ingestão ou tragada como uma *decisão inteiramente nova* sobre a qual eles têm responsabilidade. É claro que esse processo de tomada de decisões pode ficar cada vez mais difícil se as doses forem muitas e em sequência, mas permanece o fato de que é possível para os pacientes parar a qualquer ponto do processo.

Os pacientes da terapia cognitiva aprendem que seus terapeutas não os julgarão ou repreenderão se tiverem uma recaída. Ao contrário, diz-se aos pacientes para monitorar e para registrar seus deslizes, indicando os pensamentos, as emoções e os indicadores emocionais que acompanham cada episódio. Além disso, os terapeutas ajudam seus pacientes a utilizar técnicas que limitam uma recaída logo que ela tenha começado e a tomar medidas corretivas depois dela a fim de voltar aos trilhos novamente. Embora as recaídas representem obstáculos à terapia, os pacientes são estimulados a vê-las como experiências de aprendizagem, e não como razões para abandonar o tratamento ou para sentirem-se desamparados na busca da sobriedade.

Como advertência, é importante observar que não se deve permitir que os pacientes (como a já mencionada sra. Grey) subvertam a filosofia expressa *planejando* beber ou usar drogas "de vez em quando". O paciente que diga (com uma crença de concessão de permissão clássica) que "Eu só uso drogas sábado à noite" não está agindo de acordo com o verdadeiro espírito de minimização do escopo de uma recaída. Uma recaída verdadeira, honesta, é uma espontânea ruptura com a habilidade de enfrentamento na presença de uma oportunidade inesperada de beber ou usar drogas. Ao contrário, fazer planos para usar cocaína no final de semana não é uma recaída em si, mas um ato deliberado contra a meta da sobriedade e da recuperação. Essa distinção deve ser declarada.

Se os pacientes aprendem como fazer o "controle de danos", no sentido de limitar suas recaídas e controlar seus comportamentos e tomada de decisões, isso reduzirá a probabilidade de fazer com que cada recaída seja um obstáculo para os ganhos terapêuticos já alcançados. Eles estarão menos aptos a se sentirem culpados, a se repreenderem e a ficarem sem esperanças, a ponto de criar um novo estímulo de alto risco interno que instaure o abuso de substâncias novamente. Em vez disso, os pacientes aprenderão a não temer seus erros, e a permanecer comprometidos com o espírito e os métodos que fazem com que se mantenham sóbrios.

CONSTATAÇÕES EMPÍRICAS

Os dados sobre os resultados da terapia cognitiva para o abuso de substâncias são promissores, mas ainda equívocos. Alguns estudos demonstram as vantagens da terapia cognitiva sobre outras abordagens (por exemplo, Maude-Griffin et al., 1998); outros mostram que a terapia cognitiva funciona melhor em conjunto com a farmacoterapia, como a nalxetrona (Anton et al., 1999, 2001) e o disulfiram (Carroll et al., 2000; Carroll, Nich, Ball, McCance e Rounsaville, 1998); e alguns enfatizam o surgimento atrasado da eficácia da terapia cognitiva no seguimento (Baker, Boggs e Lewin, 2001; Carroll, Rounsaville, Gordon et al., 1994; Carroll, Rounsaville, Nich, et al., 1994). Estudos adicionais oferecem evidências de que a terapia cognitiva tem benefícios terapêuticos, mas não efeitos significativamente maiores do que outros tratamentos ativos (por exemplo, Wells, Peterson, Gainey, Hawkins e Catalano, 1994), ao passo que um grande estudo realizado em vários lugares apresentou dados ainda menos animadores (por exemplo, Crits-Christoph et al., 1999).

O teste aleatório e controlado de Maude-Griffin e colaboradores (1998) avaliou a eficácia comparativa da terapia cognitiva (usando o manual de Beck et al. [1993]) em contraposição ao F12P. Esse estudo apresentava um período de tratamento de 12 semanas, depois das quais constatou-se que o grupo de terapia cognitiva estava mais propenso a atingir a abstinência do crack do que os participantes do F12P. De maneira significativa, os terapeutas do estudo de Maude-Griffin e colaboradores (1998) haviam pessoalmente usado os grupos F12P para manter suas próprias recuperações e, assim, não apresentaram a potencial confusão de um efeito de sujeição em favor da terapia cognitiva. Além disso, os critérios para a melhoria clínica foram convincentes, no sentido de que aqueles considerados como pacientes que respondiam positivamente tiveram de relatar pelo menos uma abstinência de 30 dias da cocaína e apresentar um exame de urina que não indicasse a presença da droga. A própria amostragem dos exames representava uma população frequentemente considerada ao mesmo tempo ecologicamente válida e de difícil tratamento, já que incluía uma grande proporção de pacientes desempregados, cujas casas deixavam muito a desejar e que pertenciam a minorias. Entre esses pacientes, aqueles que segundo a avaliação possuíam "altas habilidades de raciocínio abstrato" eram significativamente mais propensos a chegar a quatro semanas consecutivas de abstinência de cocaína do que aqueles com índices mais baixos de raciocínio abstrato. Além disso, a condição de terapia cognitiva foi diferencialmente eficaz para os pacientes com uma história de depressão clínica. Em outras palavras, constatou-se que a terapia cognitiva representava o tratamento escolhido pelos pacientes que abusavam de cocaína e tinham depressão, mas o F12P foi comparativamente eficaz para quem não se deprimia.

O estudo de Maude-Griffin e colaboradores (1998) é significativo por possuir muitos pontos metodológicos fortes, incluindo "um tamanho de amostragem comparativamente grande, intervenções clínicas relevantes (...), verificação de uso de cocaína autorrelatado por meio de toxicologia da urina e um índice de seguimento muito alto nessa população desafiadora" (p. 836). O estudo também demonstra a portabilidade da terapia cognitiva, pois os terapeutas haviam sido tratados e treinados na F12P antes de aprenderem a conduzir a terapia cognitiva.

Deas e Thomas (2001) revisaram os estudos de tratamento controlado para adolescentes com abuso de substâncias. Os autores constataram que os resultados mais promissores foram obtidos com intervenções cognitivo-comportamentais e com intervenções de base familiar. Contudo, eles alertaram que os estudos frequentemente não usam medidas de resultado validadas, obscurecendo, assim, a interpretação dos resultados. Como perceberemos abaixo, mais pesquisas serão necessárias para aperfeiçoar as medidas de autorrelato sobre as variáveis pertinentes ao abuso de substâncias.

Em um experimento controlado randomizado, Baker e colaboradores (2001) testaram a eficácia de um modelo muito breve de terapia cognitivo-comportamental para pacientes que abusam de anfetaminas. Os pacientes em todas as condições de tratamento tiveram ganhos e, embora não tenha havido diferenças significativas entre os tratamentos cognitivo-comportamentais (seja no formato de duas ou de quatro sessões) e de um livro de autoajuda no final, os pacientes que receberam a terapia cognitivo-comportamental demonstraram uma manutenção significativamente melhor da abstinência no seguimento, seis meses depois. Esperava-se que os principais efeitos do tratamento, e também sua manutenção, teriam sido mais robustos se a intervenção tivesse ficado mais próxima de uma extensão-padrão.

O estudo multicêntrico de Crits-Christoph e colaboradores (1999) apresentou dados menos favoráveis à terapia cognitiva. O projeto avaliou quatro manuais de tratamento para a adicção à cocaína:

1 aconselhamento individual sobre o uso de drogas mais aconselhamento de grupo sobre o uso de drogas (AG);
2 terapia cognitiva mais AG;
3 terapia de apoio e expressiva mais AG;
4 AG somente.

Contrariamente às hipóteses *a priori*, os pacientes que receberam o aconselhamento individual mais AG demonstraram o maior índice de melhora no Addiction Severity Index – Drug Use Composite (McLellan et al., 1992), bem como no número de dias de uso de cocaína no mês anterior. Essa constatação foi especialmente inesperada à luz do fato de que esses pacientes ausentaram-se de mais sessões do que os pacientes de outros tratamentos. Os autores criam a hipótese de que o aconselhamento individual sobre o uso de drogas pode ter lucrado com seu foco quase singular sobre alcançar o ponto de abstinência da cocaína. Os autores também notam que os terapeutas da condição de aconselhamento tinham mais experiência clínica no tratamento de abuso de substâncias. Além disso, os conselheiros individuais incluíram uma proporção significativamente maior de terapeutas femininos e de minorias. Independentemente do fato de essas diferenças entre os terapeutas desempenharem um papel no resultado, os pacientes dos conselheiros individuais não demonstraram resposta ao tratamento por meio de maior presença nas sessões do que em outras condições – bem ao contrário. O escopo e o rigor do estudo de Crits-Christoph e colaboradores (1999) são de magnitude suficiente para fazer com que prestemos mais atenção a essas constatações problemáticas e para fazermos ajustes em seu conteúdo e processo de apresentação da terapia cognitiva para o abuso de substâncias em experimentos em testes futuros, conforme se descreve abaixo.

DIRECIONAMENTOS FUTUROS

Os resultados misturados dos testes controlados randomizados indicam que embora a terapia cognitiva ofereça grandes esperanças para o tratamento do abuso de substâncias, ainda se trata de um trabalho em andamento. Sendo profissionais voltados ao empírico, a terapia cognitiva sempre recebeu bem os avanços com base em evidências e em melhorias no modelo de tratamento; assim, a terapia cognitiva para o abuso de substâncias oferece, ainda, outra área de interesse para outros desenvolvimentos na área.

Estratégias de ampliação de alianças

Um dos elementos mais importantes de uma terapia cognitiva bem-sucedida é facilitar uma relação terapêutica colaborativa e positiva. De fato, um item da Cognitive Therapy Rating Scale (Young e Beck, 1980), uma medida da adesão e da competência dos terapeutas cognitivos, é dedicado inteiramente a questões pertinentes à aliança terapêutica. Consideradas as dificuldades em fazer com que os pacientes com abuso de substâncias frequentem sessões terapêuticas regularmente (Siqueland et al., 2002), é importante explorar métodos que melhorem a relação terapêutica com essa população.

Depois de terminado o estudo de Crits-Christoph e colaboradores (1999), no qual os pacientes foram tratados entre 1991 e 1996, uma série de artigos do National Institute on Drug Abuse Research Monograph Series (No. 165) abordou a importância de melhorar a relação terapêutica e a frequência dos pacientes no tratamento (por exemplo, Liese e Beck, 1997; Luborsky, Barber, Siqueland, McLellan e Woody, 1997; Newman, 1997a). É importante reconhecer a ambivalência dos pacientes quanto a desistir de um estilo de vida em que ficam bêbados ou usam drogas, especialmente se acreditam que essa é a única maneira de chegar a um alívio temporário de suas dificuldades de vida (Newman, 1997a). De acordo com essa mesma linha de raciocínio, os terapeutas podem demonstrar uma empatia considerável se esclarecerem aos pacientes em recuperação que, no momento, eles podem ter uma sensação de pesar por ter de abandonar o uso de álcool e drogas. Além disso, os terapeutas precisam ter bastante sensibilidade ao lidar com questões como as de os pacientes se atrasarem, não frequentarem as sessões e participarem delas debilitados. Embora devam-se estabelecer limites para que o empreendimento terapêutico seja viável, os terapeutas devem conceituar o comportamento problemático dos pacientes em um espírito de colaboração e de aceitação. Isso exige o mais alto grau de profissionalismo, especialmente quando os terapeutas acreditam que seus pacientes estejam sendo desonestos, fazendo mau uso da terapia ou passando dos limites estabelecidos.

Liese e Beck (1997) observam que os pacientes que abusam de substâncias tendem a ter sérias e frequentes crises de vida que podem fazer com que seja difícil para eles frequentarem as sessões. Se os terapeutas entendem isso e desejam aceitar os pacientes de volta ao tratamento mesmo depois de eles terem faltado às sessões e não terem entrado em contato, a relação terapêutica pode ser salva e ainda se pode ganhar com ela. O capítulo de Liese e Beck (1997) também contém uma lista no apêndice de 50 crenças comuns dos pacientes que levam a perder sessões e a desistir. Os terapeutas podem utilizar essa lista para avaliar, de modo pró-ativo, e para abordar crenças contraterapêuticas, tais como "Eu sou forte o suficiente para fazer isso por conta própria" e "Só vou me incomodar se frequentar uma sessão de terapia".

Luborsky e colaboradores (1997) apontam que incentivos materiais ou apelativos talvez precisem ser usados, a fim de fazer o consultório do terapeuta algo mais atraente para os pacientes, assim retendo-os de maneira mais eficaz. Dar aos pacientes créditos que podem ser resgatados sob a forma de recompensas tangíveis é um desses métodos, assim como também é oferecer sanduíches e café aos pacientes. Uma ilustração clínica: pedi a um paciente (como faço rotineiramente na terapia cognitiva) que me desse sua opinião sobre a sessão que recém-acabara. Em resposta à questão "O que ficou mais presente em sua mente nesta sessão?", o paciente não citou os conteúdos substanciais do diálogo terapêutico. O que ele disse foi: "Lembro-me de que você foi buscar um refrigerante para mim na máquina. Isso foi legal."

Há evidências de que as perspectivas dos pacientes sobre a natureza e a qualidade das relações terapêuticas são melhores indicadores do resultado do tratamento do que as perspectivas correspondentes dos terapeutas (Barber et al., 1999). Assim, será importante determinar como os pacientes que abusam de substâncias veem seus terapeutas cognitivos e que encontrem maneiras de abordar quaisquer problemas particulares destacados por tais perspectivas. Por exemplo, os pacientes têm alguma apreensão no que diz respeito a trabalhar com os terapeutas, como resultado de diferenças culturais ou socioeconômicas? Eles duvidam de que os terapeutas que não tenham dito estarem em recuperação podem de fato entender o que é resistir ao apelo ao uso de substâncias? Da mesma forma, os pacientes acreditam que seus terapeutas esperam muito ou muito pouco deles? Por outro lado, os terapeutas criam hipóteses errôneas sobre seus pacientes e/ou não compreendem a magnitude do desafio de sobriedade que eles encaram?

A exploração de tais questões pode levar a avanços fecundos nos aspectos interpessoais da terapia cognitiva na sessão. Por exemplo, pode ser vantajoso no começo do tratamento que os terapeutas e os pacientes discutam abertamente suas perspectivas sobre o outro, sobre o álcool e outras drogas e sobre como eles podem se entender melhor. Um de meus pacientes que abusava de substâncias reclamou que com frequência pensava sobre o tempo em que se drogava, mas que eu não conseguia entender isso. O paciente disse: "Você só pensa que as drogas são ruins e que eu devo sempre querer me livrar delas, mas às vezes eu acho que as drogas são *boas* e *sinto falta* delas!". Eu disse, então, que acreditava entender o que ele sentia, mas o paciente duvidou. Quando perguntei a ele por que ele duvidava tanto de minha resposta, ele disse: "Somente quem já foi viciado em alguma droga pode saber o quanto se sente falta dela quando se está sóbrio e o quanto é difícil ficar limpo". Independentemente do nível de "verdade" que exista nesse comentário, ele representa uma crença importante que pode interferir na formação de uma aliança terapêutica ótima. Talvez os terapeutas cognitivos passem a prestar mais atenção às crenças de seus pacientes de maneira mais rotineira e como parte das interações iniciais entre terapeutas e pacientes.

Em geral, contudo, há um limite para o que é possível obter somente com a aliança terapêutica. Os pacientes ainda terão de aprender uma gama de habilidades de autoajuda e terão ainda de permanecer em tratamento. A gratificação imediata e poderosa obtida com o uso de drogas será ainda um oponente formidável dos sentimentos positivos derivados de uma relação terapêutica saudável. Assim, as estratégias de ampliação de alianças não são uma panaceia, embora possam aumentar a eficácia do tratamento, o que tem valor em si mesmo.

Incorporação do modelo de estágio de mudanças

A fim de oferecer uma empatia precisa aos pacientes, e para assegurar uma combinação ótima de validação para o *status quo* e para as ações voltadas à mudança, será importante que os terapeutas avaliem o "estágio de mudanças" de cada paciente (Prochaska, DiClemente e Norcross, 1992). Alguns pacientes se comprometem de fato em abandonar seus comportamentos de adicção e, assim, estão em um nível alto de propensão à mudança. Outros são mais ambivalentes e podem oscilar em sua vontade de participar do tratamento. Da mesma forma, os pacientes que não tenham certeza de que querem abandonar a bebida ou o uso de outras drogas podem se apresentar para o tratamento com a meta de "reduzir" o uso de substâncias. Tais pacientes podem se espantar com a noção de que eles precisarão eliminar seu uso de químicos psicoativos e podem decidir abandonar a terapia. É claro que há alguns pacientes que voltam ao tratamento por indicação ou por demanda de alguém. Eles podem negar que tenham um problema com o álcool ou com outras drogas e não se envolverem no processo de terapia. A compreensão dos terapeutas do estágio de mudança de cada paciente será vital para ajudá-los a saber o quanto devem orientar, sem ir longe demais quanto à possibilidade de tolerância de um paciente em um determinado momento do tratamento. Essa espécie de sensibilidade pode permitir que alguns terapeutas obtenham a melhor "quilometragem" de tratamento dos pacientes que sejam mais motivados, ao mesmo tempo em que retém os pacientes menos motivados ao tratamento até o momento em que comecem a sentir uma ambição maior de lidar com seu problema.

Uma das áreas mais delicadas na qual os terapeutas têm de navegar é a negação dos pacientes em face de claras evidências de que eles vêm usando drogas (Newman, 1997a, 1997b). Enfrentar a negação de maneira muito forte é algo que corre o risco de romper com a aliança terapêutica. Por outro lado, *não* abordar o fracasso do paciente em revelar ou em reconhecer o uso que faz das substâncias pode trivializar o processo de terapia, já que o assunto mais importante é deixado de lado. Encontrar um ponto de equilíbrio – em que os pacientes sintam que seus terapeutas os respeitam e não o envergonham ou competem com eles, ainda assim sem deixar de desafiar a veracidade do que dizem sobre sua sobriedade – é uma meta importante ainda que de difícil compreensão. O desenvolvimento futuro tanto das estratégias de ampliação de alianças quanto dos fatores dos estágios de mudança precisará enfocar muito e especificamente as maneiras de gerenciar e de trabalhar a negação.

Aperfeiçoamentos psicométricos posteriores das escalas de crença

Como foi observado anteriormente, três medidas aparecem no apêndice do livro de Beck e colaboradores (1993); elas pretendem avaliar os sistemas de crença que os pacientes têm sobre os vários aspectos do abuso de substâncias. A hipótese é de que muitas dessas crenças desempenhem um papel importante na conceituação plena do problema de abuso de substâncias. Por exemplo, no Craving Belief Questionnaire, os pacientes avaliam 20 itens em uma escala Likert que vai de 1 a 7, indicando o grau de concordância. Esses itens incluem "Quando a necessidade de usar drogas começar, eu não conseguirei me controlar" e "Quando der vontade de usar drogas, não há problema em beber para lidar com a situação". Quando os pacientes completam esse questionário, seus terapeutas podem ver os dados para determinar as crenças dos pacientes que precisam ser modificadas. Se, por exemplo, um paciente tiver um alto índice nos dois itens citados acima, isso indicaria que ele não saberia como lidar com a necessidade premente de usar drogas e que se sente à vontade para usar álcool quando tal necessidade aparece. Tais informações são extremamente valiosas nas sessões, em que a agenda poderia enfocar a melhora da eficácia dos pacientes no gerenciamento das necessidades de uso de droga, abordando suas crenças de concessão de permissão em relação ao álcool.

Um problema dessa medida e dos questionários que a acompanham, o Beliefs about Substance Use Scale e o Relapse Prediction Scale, é que não foram estabelecidas ainda normas psicométricas sobre tais escalas. O aperfeiçoamento dessas escalas é necessário para que se diminua a redundância dos itens, a fim de obter uma variedade mais ampla de dados com o mínimo de sobreposição entre os questionários. Os estudos psicométricos que visam desenvolver essas escalas capacitarão os terapeutas cognitivos e os pesquisadores a melhorar e a expandir seu uso clínico atual. Em última análise, essas escalas podem ser usadas mais efetivamente em pesquisas de resultado como indicativos da retenção de pacientes na terapia, da força da aliança terapêutica, da eficácia do tratamento e de sua manutenção. Além disso, pode-se aprender mais sobre os mecanismos de mudança propostos na terapia cognitiva, já que mudanças nas crenças, sejam elas específicas de um transtorno ou de um tratamento, podem ser avaliadas em vários estágios do tratamento. No momento, a falta de apoio à robustez psicométrica desses três questionários torna difícil determinar o quanto a terapia cognitiva modifica as crenças que ela pretende mudar (ver Morgenstern e Longabaugh, 2000).

Tratamentos combinados

De maneira similar aos avanços recentes no tratamento do transtorno bipolar e da esquizofrenia (ver Scott, Capítulo 11, e Rector, Capítulo 12, neste livro), em que se promete combinar a terapia cognitiva com a farmacoterapia, os aperfeiçoamentos no tratamento do abuso de substâncias provavelmente envolvem mais exemplos de cuidado coordenado (Onken, Blaine e Boren, 1995). Por exemplo, a força dos tratamentos baseados em medicação que diminui o desejo subjetivo do paciente de usar determinada substância pode ser comparada com os pontos fortes da terapia cognitivo-comportamental na modificação de crenças deficientes e na maximização da construção de habilidades. Assim, pode-se criar a hipótese de que os pacientes que recebem o tratamento combinado estarão em menor condição de risco do que aqueles que recebem somente farmacoterapia e depois param (Anton et al., 2001).

Também é plausível que mais terapeutas que oferecem tratamento normal na comunidade (frequentemente envolvendo aconselhamento individual sobre o uso de drogas, utilizando os princípios F12P) sejam treinados para ministrar a terapia cognitivo-comportamental (Morgenstern, Morgan, McCrady, Keller e Carroll, 2001). Tal desenvolvimento potencialmente diminuiria a tensão que às vezes existe entre quem adere ao F12P e as abordagens cognitivo-comportamentais, e pode tornar os benefícios da terapia cognitivo-comportamental mais disponíveis para pessoas em recuperação que poderiam de outro modo buscar apoio apenas em reuniões de grupo. Já há evidência de que os princípios cognitivo-comportamentais podem ser incorporados com sucesso em um programa de base comunitária para dependentes de substâncias e para veteranos sem-teto (Burling, Seidner, Sálvio e Marshall, 1994); isso oferece uma promessa de um uso mais amplo das práticas de tratamento cognitivo-comportamental para populações tradicionalmente mal atendidas.

De modo similar, a área precisa aprender mais sobre como os tratamentos psicossociais, tais como a terapia cognitiva, podem ou não necessitar de variações, dependendo do abuso de droga que esteja sendo avaliado. Embora seja algo intuitivo dizer que as intervenções farmacológicas precisam ser adaptadas aos mecanismos neuroquímicos particulares da substância que gera adicção, é menos óbvio o modo como os tratamentos, tais como a terapia cognitiva, seriam modificados, dependendo se os pacientes fazem uso de estimulantes, de depressores, de alucinógenos, *designer drugs*, de álcool ou de combinações destes. Enquanto isso, os terapeutas cognitivos continuarão fazendo conceituações individualizadas dos casos de seus pacientes que utilizam drogas, de modo que suas crenças idiossincráticas, riscos e rituais possam ser abordados de uma maneira mais eficaz, independentemente da substância em questão.

CONCLUSÃO

O problema do álcool e do abuso de outras substâncias representa um grande problema de saúde para a sociedade. Aqueles que sofrem experimentam, em geral, a deterioração de suas vidas e comumente atendem aos critérios para transtornos psiquiátricos comórbidos. A terapia cognitiva – um tratamento extensivamente pesquisado e altamente eficaz para uma ampla gama de problemas químicos – tem sido aplicada ao tratamento de abuso de substâncias com resultados promissores. O modelo de tratamento elucida muitas áreas potenciais para intervenção e para prevenção da recaída e envolve ensinar aos pacientes numerosas habilidades de autoajuda que reduzem riscos, aumentam a eficácia e mudam as crenças sobre o que poderia contribuir para o estilo de vida em que há abuso de substâncias. Manter os pacientes em um tratamento ativo representa um desafio significativo; portanto, maior atenção está sendo dada agora ao aprimoramento da aliança terapêutica e na oferta de outros incentivos que aumentem a retenção e reduzam o atrito. Mais aperfeiçoamentos das medidas específicas das crenças relacionadas à adicção também nos ajudarão a compreender os mecanismos pelos quais a terapia cognitiva pode ser mais útil.

REFERÊNCIAS

Anton, R. F., Moak, D. H., Latham, P. K., Waid, R., Malcolm, R. J., Dias, J. K., et al. (2001). Post-treatment results of combining naltrexone with cognitive-behavioral therapy for the treatment of alcoholism. *Journal of Clinical Psychopharmacalogy, 21(1),* 72-77.

Anton, R. F., Moak, D. H., Waid, R., Latham, P. K., Malcolm, R. J., & Dias, J. K. (1999). Naltrexone and cognitive behavioral therapy for the treatment of outpatient alcoholics: Results of a placebo-controlled trial. *American Journal of Psychiatry, 156*(11), 1758-1764.

Baker, A., Boggs, T. G., & Lewin, T. J. (2001). Randomized controlled trial of brief cognitive-behavioral interventions among regular users of amphetamine. *Addiction, 96*(9), 1279-1287.

Barber, J. P., Luborsky, L., Crits-Christoph, P., Thase, M. E., Weiss, R., Frank, A., et al. (1999). Therapeutic alliance as a predictor of outcome in treatment of cocaine dependence. *Psychotherapy Research, 9*(1), 54-73.

Beck, A. T., & Emery, G. (1977). *Cognitive therapy of substance abuse.* Unpublished therapy manual, University of Pennsylvania.

Beck, A. T., Wright, F. D., Newman, C. F., & Liese, B. S. (1993). *Cognitive therapy of substance abuse.* New York: Guilford Press.

Burling, T. A., Seidner, A. L., Salvio, M., & Marshall, G. D. (1994). A cognitive-behavioral therapeutic community for substance dependent and homeless veterans: Treatment outcome. *Addictive Behaviors, 19*(6), 621-629.

Carroll, K. M., Nich, C., Ball, S. A., McCance, E., Frankforter, T. L., & Rounsaville, B. J. (2000). One-year follow-up of disulfiram and psychotherapy for cocaine-alcohol users: Sustained effects of treatment. *Addiction, 95*(9), 1335-1349.

Carroll, K. M., Nich, C., Ball, S. A., McCance, E., & Rounsaville, B. J. (1998). Treatment of cocaine and alcohol dependence with psychotherapy and disulfiram. *Addiction, 93*(5), 713-727.

Carroll, K. M., Rounsaville, B. J., Gordon, L. T., Nich, C., Jatlow, P., Bisighini, R. M., et al. (1994). Psychotherapy and pharmacotherapy for ambulatory cocaine abusers. *Archives of General Psychiatry, 51,* 177-187.

Carroll, K. M., Rounsaville, B. J., Nich, C., Gordon, L. T., Wirtz, P. W., & Gawin, F. H. (1994). One-year follow-up of psychotherapy and pharmacotherapy for cocaine dependence: Delayed emergence of psychotherapy effects. *Archives of General Psychiatry, 51,* 989-997.

Crits-Christoph, P., Siqueland, L., Blaine, J., Frank, A., Luborsky, L., Onken, L. S., et al. (1999). Psychosocial treatments for cocaine dependence: National Institute on Drug Abuse Collaborative Cocaine Treatment Study. *Archives of General Psychiatry, 56,* 493-502.

Deas, D., & Thomas, S. E. (2001). An overview of controlled studies of adolescent substance abuse treatment. *American Journal on Addictions, 10*(2), 178-189.

Lam, D. H., Bright, J., Jones, S., Hayward, P., Schuck, N., Chisholm, D., et al. (2000). Cognitive therapy for bipolar disorder: A pilot study of relapse prevention. *Cognitive Therapy and Research, 24,* 503-520.

Liese, B. S., & Beck, A. T. (1997). Back to basics: Fundamental cognitive therapy skills for keeping drug-dependent individuals in treatment. In L. S. Onken, J. D. Blaine, & J. J. Boren (Eds.), *Beyond the therapeutic alliance: Keeping the drug-dependent individual in treatment* (National Institute on Drug Abuse Research Monograph No. 165, pp. 207-232). Washington, DC: U.S. Government Printing Office.

Luborsky, L., Barber, J. P., Siqueland, L., McLellan, A. T., & Woody, G. (1997). Establishing a therapeutic alliance with substance abusers. In L. S. Onken, J. D. Blaine, & J. J. Boren (Eds.), *Beyond the therapeutic alliance: Keeping the drug-dependent individual in treatment* (National Institute on Drug Abuse Research Monograph No. 165, pp. 233-244). Washington, DC: U.S. Government Printing Office.

Marlatt, G. A., & Gordon, J. R. (Eds.). (1985). *Relapse prevention: Maintenance strategies in the treatment of addictive behaviors.* New York: Guilford Press.

Maude-Griffin, P. M., Hohenstein, J. M., Humfleet, G. L., Reilly, P. M., Tusel, D. J., & Hall, S. M. (1998). Superior efficacy of cognitive-behavioral therapy for urban crack cocaine abusers: Main and matching effects. *Journal of Consulting and Clinical Psychology, 66*(5), 832-837.

McLellan, A. T., Kushner, H., Metzger, D., Peters, R., Smith, I., Grissom, G., et al. (1992). The fifth edition of the Addiction Severity Index. *Journal of Substance Abuse Treatment, 9,* 199-213.

Moras, K., & DeMartinis, N. (1999). *Provider's manual: Consultation for combined treatment (CCM-P) with treatment resistant, depressed psychiatric outpatients.* Unpublished manual for National Institute of Mental Health Grant No. R21MH52737, University of Pennsylvania.

Morgenstern, J., & Longabaugh, R. (2000). Cognitive-behavioral treatment for alcohol dependence: A review of evidence for its hypothesized mechanisms of action. *Addiction, 95*(10), 1475-1490.

Morgenstern, J., Morgan, T. J., McCrady, B. S., Keller, D. S., & Carroll, K. M. (2001). Manual-guided cognitive-behavioral therapy training: A promising method for disseminating empirically supported substance abuse treatments to the practice community. *Psychology of Addictive Behaviors, 15(2),* 83-88.

Newman, C. F. (1997a). Establishing and maintaining a therapeutic alliance with substance abuse patients: A cognitive therapy approach. In L. S. Onken, J. D. Blaine, & J. J. Boren (Eds.), *Beyond the therapeutic alliance: Keeping the drug-dependent individual in treatment* (National Institute on Drug Abuse Research Monograph No. 165, pp. 181-206). Washington, DC: U.S. Government Printing Office.

Newman, C. F. (1997b). Substance abuse. In R. L. Leahy (Ed.), *Practicing cognitive therapy: A guide to interventions* (pp. 221-245). Northvale, NJ: Aronson.

Onken, L. S., Blaine, J. D., & Boren, J. J. (1995). Medications and behavioral therapies: The whole may be greater than the sum of the parts. In L. S. Onken, J. D. Blaine, & J. J. Boren (Eds.), *Beyond the therapeutic alliance: Keeping the drug-dependent individual in treatment* (National Institute on Drug Abuse Research Monograph No. 150, pp. 1-4). Washington, DC; U.S. Government Printing Office.

Prochaska, J. O., DiClemente, C. C., & Norcross, J. C. (1992). Jn search of how people change: Applications to addictive behaviors. *American Psychologist, 47,* 1102-1114.

Siqueland, L., Crits-Christoph, P., Gallop, R., Barber, J. P., Griffin, M. L., Thase, M. E., et al. (2002). Retention in psychosocial treatment of cocaine dependence: Predictors and impact on outcome. *American Journal on Addictions, 11(1),* 24-40.

Solomon, R. L. (1980). The opponent-process theory of acquired motivation: The costs of pleasure and the benefits of pain. *American Psychologist, 35(8),* 691-712.

Turk, D. C., Meichenbaum, D., & Genest, M. (1983). *Pain and behavioral medicine: A cognitive-behavioral perspective.* New York: Guilford Press.

Wells, E. A., Peterson, P. L., Gainey, R. R., Hawkins, J. D., & Catalano, R. F. (1994). Outpatient treatment for cocaine abuse: A controlled comparison of relapse prevention and Twelve-Step approaches. *American Journal of Drug and Alcohol Abuse, 20(1),* 1-17.

Woody, G. E., Urschel, H. C., III, & Alterman, A. (1992). The many paths to drug dependence. In M. D. Glantz & R. W. Pickens (Eds.), *Vulnerability to drug abuse* (pp. 491-507). Washington, DC: American Psychological Association.

Young, J. E. (1999). *Cognitive therapy for personality disorders: A schema-focused approach* (rev. ed.). Sarasota, FL: Professional Resource Exchange.

Young, J. E., & Beck, A. T. (1980). *The Cognitive Therapy Rating Scale.* Unpublished questionnaire, University of Pennsylvania.

11

A TERAPIA COGNITIVA DO TRANSTORNO BIPOLAR

Jan Scott

Até bem recentemente, o transtorno bipolar (TB) era amplamente considerado como uma doença biológica, que deveria ser tratada com medicação (Prien e Potter, 1990; Scott, 1995a). Essa perspectiva vem mudando gradualmente por duas razões. Primeiramente, nas três últimas décadas, tem sido dada uma ênfase maior aos modelos de vulnerabilidade ao estresse. Isso levou ao desenvolvimento de novas teorias etiológicas sobre os transtornos mentais severos, as quais enfatizam aspectos psicossociais e, especialmente, aspectos cognitivos de vulnerabilidade e de risco; aumentou também a aceitação da terapia cognitiva (TC) como acessório à medicação utilizada em indivíduos com resistência ao tratamento para esquizofrenia e com transtornos depressivos severos e crônicos (Scott e Wright, 1997). Em segundo lugar, mesmo sendo a medicação o principal recurso de tratamento do TB, há uma considerável lacuna entre eficácia e efetividade (Guscott e Taylor, 1994). A profilaxia que visa estabilizar as variações de humor protege cerca de 60% dos indivíduos contra a recaída, conforme verificado em pesquisas científicas; mas apenas 25 a 40% dos indivíduos fica seguro contra episódios futuros em ambientes clínicos (Dickson e Kendall, 1986). A introdução de medicamentos mais novos não melhorou os resultados clínicos ou sociais em indivíduos com TB. Isso levou ao aumento do interesse por outras abordagens de tratamento.

Este capítulo investiga o motivo pelo qual o tratamento psicológico deve ser indicado, explora as pesquisas sobre modelos cognitivos do TB e, finalmente, fornece uma visão geral sobre a TC no tratamento do TB e os estudos de resultado disponíveis sobre o assunto.

POR QUE FAZER USO DA PSICOTERAPIA?

Estudos recentes sobre populações clínicas com TB identificam tipos significativos de morbidade, que podem prejudicar os índices de resposta à medicação ou que podem, simplesmente, ser refratários à medicação (ver Goodwin e Jamison, 1990; Scott, 2001). Assim como os indivíduos com problemas de saúde crônicos, como diabetes, hipertensão e epilepsia, 30 a 50% dos que apresentam TB não aderem ao tratamento profilático prescrito. É interessante perceber que atitudes e crenças sobre o TB e seu tratamento explicam uma parte maior da variação no comportamento de adesão do que os efeitos colaterais ou os problemas práticos do regime de tratamento (Scott e Pope, 2002). De 30 a 50% dos indivíduos com TB também atendem aos critérios de mau uso de substâncias ou de transtornos de personalidade, o que normalmente revela uma resposta mais fraca ao uso apenas de medicação. Muitos desses problemas precedem o diagnóstico do TB e – possivelmente – seu início. A idade média para o início do TB é por volta dos 25 anos, mas a maior parte dos indivíduos relata que apresenta os sintomas ou problemas até 10 anos antes do diagnóstico. Assim, a evolução precoce do TB pode prejudicar o processo do desenvolvimento normal da personalidade ou significar que a pessoa apresenta comportamentos desadaptativos ou estratégias de enfrentamento disfuncionais desde a adolescência. Os transtornos de ansiedade comórbida (incluindo transtorno de pânico e transtorno do estresse pós-traumático) e outros problemas de saúde mental são comumente acompanhados de TB; além disso, até 40% dos indivíduos com TB podem apresentar depressão subsindrômica interepisódica. Embora muitos indivíduos concluam o ensino superior e tenham uma carreira profissional, eles poderão passar pela perda de *status* e de emprego após sucessivas recaídas. Um ano após um episódio de TB, apenas 30% dos indivíduos retornam aos seus níveis social e profissional anteriores. As relações interpessoais podem ser prejudicadas ou rompidas como consequência de comportamentos durante um episódio maníaco e/ou o indivíduo poderá se empenhar para superar a culpa ou a vergonha relativas a tais atos.

As sequelas psicológicas e sociais descritas acima identificam uma necessidade de apoio psicológico geral ao indivíduo com TB. Entretanto, para um tratamento psicológico específico (como a TC) ser *indicado* como acessório à medicação do TB, é necessário identificar um modelo que:

1 descreva como os fatores cognitivos levam à recaída;

2 forneça uma razão clara para o uso da TC.

MODELOS COGNITIVOS DO TB

As primeiras descrições do TB

A descrição original do transtorno de humor, de Beck (1967), sugere que a mania é uma imagem de espelho da depressão, caracterizada pela tríade cognitiva positiva em relação ao *self*, ao mundo e ao futuro, e por distorções positivo-cognitivas. O *self* é visto como extremamente encantador e forte, com potencial e atratividade ilimitados. O mundo é preenchido por possibilidades maravilhosas, e as experiências são vistas como excessivamente positivas. O futuro é visto como uma das oportunidades e das promessas ilimitadas. O pensamento superpositivo (corrente de consciência) é tipificado por distorções cognitivas, como na depressão, mas em direção oposta. Exemplos de distorções maníaco-cognitivas incluem passar rapidamente a conclusões positivas, como "acerto todas" e "eu posso fazer qualquer coisa"; subestimar riscos, como "não há nenhum perigo"; minimizar problemas, como "nada pode dar errado"; superestimar ganhos, como "vou ganhar rios de dinheiro"; e superavaliar gratificações imediatas, como "vou resolver isso agora". Desse modo, as distorções cognitivas proporcionam confirmações tendenciosas sobre a experiência positivo-cognitiva. Experiências positivas são seletivamente adotadas, e Beck supôs que, desse modo, as crenças subjacentes e os esquemas do *self*, que guiam o comportamento, o pensamento e os sentimentos, são mantidos e reforçados. Exemplos de tais crenças subjacentes e de esquemas do *self* incluem "eu sou especial" e "ser maníaco me ajuda a superar minha timidez".

O modelo original de Beck era baseado na observação cuidadosa de indivíduos em estado maníaco. Há lacunas nesse modelo original, pois, por exemplo, não havia nenhuma discussão sobre quaisquer similaridades ou diferenças nas crenças disfuncionais específicas apresentadas por indivíduos com TB se comparados ao distúrbio unipolar (isto é, transtorno depressivo maior), e o papel dos estilos de personalidade (sociotropia e autonomia) não foi incorporado. Também a natureza dos eventos da vida que poderiam corresponder a certas crenças e precipitar de maneira singular a mania como algo oposto à depressão permaneceu inexplorada. Entretanto, é importante ver esse modelo em seu contexto. Foi um passo importante em direção aos modelos psicanalíticos e, recentemente, proporcionou um ponto de partida importante para a pesquisa que agora está sendo desenvolvida. Ao contrário do modelo de depressão de Beck, apenas recentemente atentou-se para confirmar ou para reprovar os modelos psicológicos de mania por meio da pesquisa. Entretanto, como é típico de Beck, ele publicou, juntamente com seus associados, um manual sobre TC e TB (Newman, Leahy, Beck, Reilly-Harrington e Gyulai, 2002), que apresenta muitos assuntos clínicos importantes e uma agenda de pesquisa experimental aplicável no futuro.

Uma breve retrospectiva dos estudos sobre o estilo cognitivo

A maioria dos estudos sobre modelos cognitivos para TB usa o modelo do transtorno unipolar como padrão. Com exceção de um primeiro estudo (Silverman, Silverman e Eardley, 1984), os dados sobre atitudes disfuncionais, estilos de personalidade e pensamentos automáticos em indivíduos com TB demonstraram um padrão similar àqueles vistos em indivíduos nas fases depressiva e eutímica do transtorno unipolar (Bentall, Kinderman e Manson, no prelo; Scott, Stanton, Garland e Ferrier, 2000). Hollon, Kendall e Lumry (1986) relataram que, comparativamente a sujeitos saudáveis, os indivíduos com transtorno unipolar ou TB ativamente depressivos mostraram níveis significativamente elevados de atitudes disfuncionais e pensamentos negativos automáticos. Entretanto, não houve diferença significativa entre os dois grupos nem em relação à depressão nem à remissão. Também Hammen, Ellicott, Gitlin e Jamison (1989) descobriram que os indivíduos com transtorno unipolar e TB que eram assintomáticos não apresentaram diferenças em relação aos níveis de sociotropia e de autonomia.

Nós (Scott, Stanton et al., 2000) exploramos simultaneamente muitos aspectos do modelo cognitivo, inclusive atitudes disfuncionais, alta e baixa autoestima, memória autobiográfica e habilidade para resolver problemas. Em comparação a modelos saudáveis, os pacientes com TB tinham níveis mais frágeis e instáveis; níveis mais elevados de atitudes disfuncionais (particularmente, relacionados à necessidade de aprovação social e ao perfeccionismo); memória autobiográfica geral e superficial; e menor habilidade para resolver problemas. Essas diferenças estatisticamente significativas persistiram quando foram consideradas as taxas de depressão corrente. No grupo com TB, os indivíduos que tinham episódios de variação de humor múltiplos e/ou início precoce do TB apresentaram o maior nível de disfunção cognitiva. Argumentamos que, mesmo que não tenha sido possível determinar se essas anormalidades do estilo cognitivo eram causas ou consequências da recaída no TB, ficava claro que essas diferenças dos controles saudáveis persistiam em pacientes que aderiam completamente à medicação profilática. Isso sugere que a medicação de longo prazo por si só pode nem extinguir a vulnerabilidade cognitiva e os sintomas afetivos e nem proteger completamente os clientes contra a recaída.

Outro estudo que comparava sujeitos com TB e sujeitos com transtorno unipolar severo sustenta a hipótese de similaridades na vulnerabilidade cognitiva e no TB (Scott e Pope, 2003). Contudo, a autoestima instável, com preservação relativa de um autoconceito positivo mas níveis flutuantes de autoconceito negativo, era mais típica dos sujeitos com TB. Quem tem o transtorno unipolar severo demonstrou níveis fixos relativamente baixos de autoestima positiva e negativa. Tanto a autoestima instável quanto o nível baixo persistente de autoestima conferem níveis similares de risco para episódios de recaída de humor (Karnis, Cornell, Sun, Berry e Harlow, 1993). Além disso, se os indivíduos com TB têm uma autoestima variável, eles podem ser particularmente sensíveis a eventos da vida que alterem suas autoavaliações.

A pesquisa sobre sujeitos que experimentam a mania é limitada, mas as evidências disponíveis indicam que os sujeitos que são maníacos mostram diferenças que dependem de seu estado em relação a sujeitos em outras fases do TB ou do transtorno unipolar, bem como em relação aos controles saudáveis. Contudo, eles frequentemente apresentam mudanças complexas, com aumentos simultâneos das avaliações positivas e negativas. Essas constatações podem sustentar a perspectiva de que a mania disfórica (com afeto aumentado positivo e negativo) é altamente prevalente (Cassidy, Forest, Murry e Carroll, 1998) e que alguns aspectos do funcionamento cognitivo e comportamental na mania de fato representam tentativas (parcialmente bem-sucedidas) de evitar uma queda para a depressão que se segue ao mergulho negativo inicial do humor (ver Lyon, Startup e Bentall, 1999).

Acontecimentos da vida associados à depressão e à mania do TB

De acordo com a teoria cognitiva de Beck, certas crenças nucleares desadaptativas interagem com fatores de estresse que carregam um significado específico para o indivíduo, aumentando a possibilidade de que episódios de humor ocorram. Em seu excelente estudo, Johnson e Miller (1995) confirmam a associação entre eventos adversos da vida e uma exacerbação dos sintomas do humor ou uma recaída em um episódio de humor. Contudo, apenas seis estudos exploraram a interação entre aspectos do estilo cognitivo e dos eventos da vida. Um estudo de Hammen, Ellicott e Gitlin (1992) relatou que os indivíduos com TB que tinham altos níveis de sociotropia experimentaram uma exacerbação dos sintomas do humor em resposta a eventos da vida interpessoais. Hammen e colaboradores não identificaram se as exacerbações maníacas ou depressivas eram as mais frequentes. Em um estudo similar, Swendsen, Hammen, Heller e Gitlin (1995) exploraram a relação entre o estresse da vida e as características da personalidade conhecidas por serem associadas ao estilo cognitivo negativo – nomeadamente, a introversão e a obsessão. Eles demonstraram que esses estilos negativos interagiam com eventos da vida estressantes não específicos, indicando a recaída no TB.

Dois outros estudos exploraram de maneira prospectiva a exacerbação de sintomas em pessoas com TB subindrômico ou em populações não clínicas. Alloy, Reilly-Harrington, Fresco, Whitehouse e Zeichmeister (1999) relataram que um estilo interno, estável, de atribuição global interagiu com o estresse da vida, indicando aumentos nos sintomas afetivos em indivíduos com TB subsindromal e transtorno unipolar. Em outro estudo, Reilly-Harrington, Alloy, Fresco e Whitehouse (1999) examinaram uma amostragem não clínica para identificar indivíduos com características hipomaníacas ou depressivas. Cada estilo atributivo individual, atitude disfuncional e processamento de informações negativas autorreferentes foram avaliadas em uma entrevista de base, e um mês depois reavaliadas. Em indivíduos com características hipomaníacas, o estilo cognitivo na avaliação inicial interagiu significativamente com um alto número de eventos negativos da vida, indicando um aumento nos sintomas maníacos ou depressivos. A interação das atitudes disfuncionais e dos eventos negativos da vida foram responsáveis por uma maior proporção de variação nos sintomas (16%) do que a interação do estilo atributivo com os eventos negativos da vida (10%).

Dois estudos recentes exploram outros tipos de eventos da vida que podem de maneira singular precipitar os sintomas precursores da mania. Malkoff-Schwarz e colaboradores (1998) demonstraram que os eventos que rompem com os ritmos sociais do indivíduo (padrões mais frequentes de interação diária) representam um maior risco de quebra de ritmo circadiano e, no final, de um episódio maníaco. Além disso, tais rompimentos não estavam significativamente associados com o surgimento da depressão do TB. Contudo, o estudo não explorou o significado desses eventos para o indivíduo (até 43% dos eventos puderam também ser classificados como representativos da ameaça de perda ou das experiências efetivas de perda); também não explorou a resposta do indivíduo ao rompimento do sono ou a sintomas prodrômicos anteriores. Healy e Williams (1988) haviam comentado que, se os indivíduos observam que se sentem com mais energia, mais felizes, ou precisam de menos sono do que antes (mudanças prováveis no rompimento do ritmo circadiano), não se pode presumir que eles automaticamente atribuirão tais experiências a uma saúde significativamente ruim. Eles podem fazer atribuições causais relacionadas a sua própria coragem, mais do que pensar que estão começando a experimentar os primeiros sintomas de um episódio de TB. Healy e Williams criaram a hipótese de que um indivíduo que atribui as mudanças no funcionamento a fatores disposicionais e não de doença pode estar sob alto risco de entrar em um círculo vicioso que leva à recaída maníaca. Quem reconhece os sintomas como um aviso precoce de recaída pode instigar as estratégias de enfrentamento que reduzem a exposição à estimulação ou que aumentam ativamente o relaxamento, repelindo, assim, o risco de outro episódio de humor.

Mais recentemente, Johnson e colaboradores (2000) demonstraram que os eventos da vida que estão ligados à realização de uma meta podem preceder a recaída maníaca de maneira específica se comparada à recaída depressiva. Essa constatação parece concorrer com as informações oferecidas pelos clientes em ambientes clínicos e também sustenta a hipótese de que os indivíduos com TB podem ter anormalidades no sistema de ativação comportamental (BAS; ver, por exemplo, Depue e Zeld, 1993). Pensa-se que esse sistema controla a ativação psicomotora, a motivação incentivadora e o humor positivo. O BAS pode demonstrar tanto um nível básico de atividade maior quanto uma variabilidade cotidiana maior em indivíduos que estejam sob o risco do TB. Porém, mesmo os controles saudáveis demonstram aumentos no afeto positivo e na energia depois de os eventos da vida relacionados à realização de metas, o que sugere um aumento da atividade BAS. Os indivíduos com TB demonstram um maior aumento de atividade BAS, retorno mais lento aos níveis básicos normais e, consequentemente, um aumento nos sintomas maníacos nos dois meses seguintes a um evento da vida que envolva realização de metas. A hipótese é de que os sintomas ocorram em indivíduos vulneráveis por causa do fracasso em regular a motivação e o afeto depois do acionamento.

Em resumo, há muitas similaridades no estilo cognitivo entre o transtorno unipolar e o TB. Há evidências limitadas de que os aspectos característicos do estilo cognitivo em indivíduos com TB aumentam a probabilidade de o primeiro episódio ocorrer em época anterior ou de influenciar a frequência da recorrência. Há uma insuficiência de dados sobre a interação da vulnerabilidade cognitiva com os eventos da vida correspondentes do TB. Contudo, há uma tendência consistente que sugere que o estilo cognitivo negativo interage com os eventos negativos da vida ou com altos níveis de estresse, exacerbando os sintomas de humor. As evidências são mais robustas no prognóstico de sintomas depressivos, mas o estilo cognitivo negativo e os eventos podem também interagir, prognosticando aumentos nos sintomas maníacos. Os eventos que precipitam a mania de maneira específica podem relacionar-se a ritmos sociais que são rompidos ou à realização de metas pessoais. Esses eventos oferecem uma importante ligação com os sistemas biológicos – ritmos circadianos e o BAS. Contudo, as atribuições e o estilo de enfrentamento adotados pelo indivíduo em resposta aos sintomas prodrômicos da mania também afetarão o fato de esses sintomas isolados resolverem-se ou desenvolverem-se, chegando a um episódio completo.

BREVE VISÃO GERAL DA TC PARA O TB

Um percurso ótimo da TC começa com uma formulação cognitiva dos problemas singulares do indivíduo relacionados ao TB, enfatizando-se especialmente o papel das crenças nucleares desadaptativas (tais como o perfeccionismo excessivo e as expectativas não realistas sobre aprovação social) subjacentes ao conteúdo dos pensamentos automáticos funcionais e que o ditam, além de dirigir os padrões de comportamento. Essa formulação dita quais intervenções são empregadas por um indivíduo particular e em quais estágios de terapia as intervenções são empregadas. Embora cada indivíduo defina um conjunto específico de problemas, Basco e Rush (1996), Lam, Jones, Hayward e Bright (1999), Newman e colaboradores (2002) e eu (Scott, 2001) identificamos vários temas comuns que surgem na TC para pacientes com TB. Tais temas estão resumidos no Quadro 11.1.

Na primeira sessão de TC, o indivíduo é estimulado a contar sua história para identificar áreas problemáticas por meio do uso de um quadro de sua vida. As dificuldades correntes são então classificadas sob três itens amplos em: problemas intrapessoais (por exemplo, baixa autoestima, tendenciosidade do processamento cognitivo), problemas interpessoais (por exemplo, falta de uma rede social) e problemas básicos (por exemplo, severidade de sintomas, dificuldades em lidar com o trabalho). Essas questões são exploradas em cerca de 20 a 25 sessões da TC, que ocorrem semanalmente até a semana 15 e depois têm sua frequência reduzida gradualmente. As duas últimas sessões são oferecidas por volta da semana 32 e da semana 40. Essas "sessões de ativação" são usadas para rever as habilidades e as técnicas aprendidas. O programa total da TC compreende quatro estágios:

QUADRO 11.1 Temas comuns que surgem na TC para o TB

A TC pode ser usada para:

1. Facilitar o ajuste ao transtorno e a seu tratamento.
2. Ampliar a adesão à medicação.
3. Melhorar a autoestima e a autoimagem.
4. Reduzir comportamentos desadaptativos ou comportamentos de alto risco.
5. Identificar e modificar fatores psicobiossociais que desestabilizam o funcionamento de um indivíduo e seu estado de humor.
6. Ajudar o indivíduo a reconhecer e a lidar com estressores psicossociais e com problemas interpessoais.
7. Ensinar estratégias para lidar com os sintomas da depressão, da hipomania e com qualquer problema cognitivo e comportamental.
8. Ensinar a reconhecer desde cedo os sintomas de recaída e ajudar o indivíduo a desenvolver técnicas eficazes de enfrentamento.
9. Identificar e modificar os pensamentos automáticos (negativos ou positivos) e as crenças desadaptativas subjacentes.
10. Melhorar o autogerenciamento por meio de tarefas realizadas em casa.

1 *A socialização para o modelo de TC e o desenvolvimento de uma formulação individualizada e de metas de tratamento.* A terapia começa com uma exploração da compreensão que o paciente tem do TB e com uma discussão detalhada de episódios prévios de TB, enfocando a identificação de sinais prodrômicos, de eventos ou de estressores associados ao início de episódios prévios; concomitantes cognitivos e comportamentais típicos tanto dos episódios maníacos quanto dos depressivos; e uma exploração do funcionamento interpessoal (por exemplo, interações familiares). Um diagrama que ilustra o ciclo de mudança no TB é usado para permitir que o indivíduo explore como as mudanças em todos os aspectos de desenvolvimento podem surgir (ver Figura 11.1). As primeiras sessões incluem o desenvolvimento de uma compreensão de questões fundamentais identificadas no quadro da vida do paciente, em seu conhecimento do TB, na facilitação do ajuste

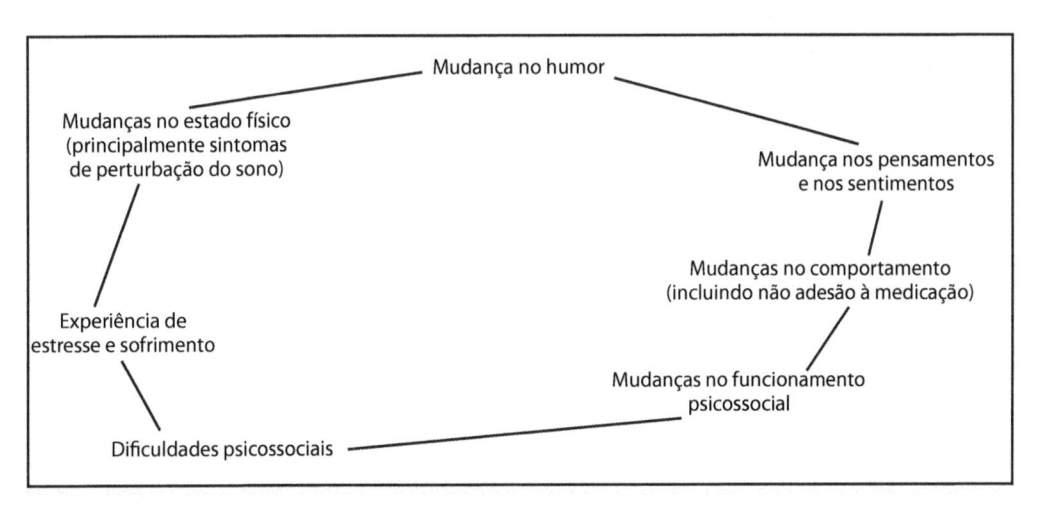

FIGURA 11.1
O ciclo cognitivo-comportamental da mudança no TB.

ao transtorno pela identificação e pelo desafio dos pensamentos automáticos negativos e pelo desenvolvimento de experimentos comportamentais (especialmente os que enfocam as ideias sobre estigmatização e autoestima frágil). Outras sessões incluem o exame de informações precisas; o aumento da compreensão sobre a epidemiologia, abordagens de tratamento e prognóstico de TB e o começo do desenvolvimento de uma formulação individualizada dos problemas do paciente, o que leva em conta as crenças desadaptativas subjacentes.

2 *As abordagens cognitivas e comportamentais para o gerenciamento de sintomas e para os pensamentos automáticos.* Usando as informações obtidas previamente, o terapeuta trabalha durante as sessões para ajudar o paciente a aprender técnicas de automonitoramento e de autorregulação, que ampliam o autogerenciamento de sintomas depressivos e hipomaníacos, e a explorar habilidades para lidar com a depressão e a mania. Essas técnicas e habilidades incluem, por exemplo, o estabelecimento de padrões de atividade regulares, de rotinas diárias e de padrões de sono regulares; desenvolvimento de habilidades de enfrentamento, de gerenciamento do tempo e uso de apoio, de reconhecimento e abordagem de pensamentos automáticos disfuncionais sobre o *self*, o mundo e o futuro, usando diários de pensamento automático.

3 *Lidar com barreiras cognitivas e comportamentais para o tratamento da adesão e modificar crenças desadaptativas.* Problemas com a adesão à medicação e outros aspectos do tratamento são abordados, por exemplo, por meio da exploração de barreiras (pensamentos automáticos sobre drogas, crenças sobre TB, autoconfiança excessiva ou atitudes de autoridade e controle) e do uso de técnicas comportamentais e cognitivas para aumentar a adesão ao tratamento. Os dados coletados dessa forma e de sessões anteriores são usados para ajudar o paciente a identificar hipóteses desadaptativas e crenças nucleares subjacentes e para começar o trabalho sobre a modificação de tais crenças.

4 *Técnicas antirrecaída e modificações de crença.* Mais trabalho é realizado para o reconhecimento de sinais precoces de recaída e para as técnicas de enfrentamento (sessões quinzenais). Exemplos desse trabalho são o desenvolvimento de automonitoramento de sintomas, identificação de possíveis características prodrômicas (a "marca da recaída"); o desenvolvimento de uma lista de situações de risco (por exemplo, exposição a situações que ativam crenças pessoais específicas) e comportamentos de alto risco (por exemplo, aumento no consumo de álcool), combinados com uma hierarquia de estratégias de enfrentamento para cada uma; identificação de estratégias para o gerenciamento de medicação e obtenção de aconselhamento quanto a seu uso e planejamento de como lidar e autogerenciar problemas depois do fim da TC. As sessões também incluem abordagens típicas da TC para a modificação de crenças desadaptativas, que podem de outra forma aumentar a vulnerabilidade à recaída.

ESTUDOS DE RESULTADO DA TC DO TB

Estimulantes relatos anedóticos e de casos únicos sobre o uso da TC em clientes que tenham TB foram publicados durante os últimos 20 anos (Chor, Mercier e Halper, 1988; Scott, 1995b). Esses relatos foram seguidos de nove relatórios sobre o uso de TC individual e grupal em estudos de pequena escala ou em estudos abertos ou experimentos controlados aleatórios (Cochran, 1984; Palmer, Williams e Adams, 1995; Bauer, McBride, Chase, Sachs e Shea, 1998; Perry, Tarrier, Morriss, McCarthy e Limb, 1999; Zaretsky, Segal e Gemar, 1999; Lam et al., 2000; Weiss et al., 2000; Scott, Garland e Moorhead, 2001; Scott e Tacchi, 2002). Este subcapítulo oferece uma visão geral desses estudos, e o capítulo conclui com a consideração do papel da TC em indivíduos com TB.

Estudos de terapia cognitiva em grupo

A meta do estudo de Cochran (1984) foi acrescentar a TC ao cuidado clínico-padrão, a fim de ampliar a adesão ao tratamento profilático com lítio. O estudo comparou 28 clientes, que foram aleatoriamente encaminhados a seis sessões de TC de grupo mais tratamento clínico-padrão ou somente ao cuidado clínico. Depois do tratamento, a adesão ao aumento do lítio foi relatada no grupo de intervenção, com apenas três pacientes (21%) descontinuando a medicação, em comparação com oito pacientes (57%) do grupo que receberam tratamento clínico-padrão. Houve também menos hospitalizações no grupo que recebia TC. Infelizmente, nenhuma informação ficou disponível sobre a natureza de qualquer episódio de recaída de humor.

No estudo exploratório inicial de Palmer e colaboradores (1995), foi oferecida a TC em grupo para seis clientes com TB. O enfoque do programa estava em oferecer psicoeducação, descrevendo o processo de mudança, ampliando as estratégias de enfrentamento e lidando com os problemas interpessoais. As constatações gerais indicaram que a terapia de grupo, combinada com as medicações de estabilização de humor, foi eficaz para alguns participantes, mas não para todos. Todos os participantes melhoraram em uma ou mais medidas de sintomas ou de ajustamento social, mas o padrão de mudança variou grandemente entre os indivíduos.

O programa *Life Goals* desenvolvido por Bauer e colaboradores (1998) é uma intervenção estrutural baseada em manual que visa a melhorar as habilidades dos pacientes, bem como seu funcionamento social e ocupacional. O programa utiliza uma série de técnicas cognitivas e comportamentais. Embora os dados dos resultados não estejam disponíveis, um estudo recente com 29 clientes sugeriu que o programa era aceitável (70% dos clientes permaneceram em tratamento) e resultou em um aumento significativo no conhecimento sobre o TB.

Weiss e colaboradores (2000) usaram um formato de grupo para ministrar a terapia de indivíduos com TB comórbido e dependência de substâncias. A terapia foi descrita como "terapia integrada de grupo", mas incorporou uma série de elementos cognitivos e comportamentais. Vinte e um indivíduos que receberam terapia de grupo foram comparados com 24 clientes que receberam o tratamento usual e avaliações regulares. As principais medidas de resultado foram a severidade da adicção e o número de meses de abstinência. Os sujeitos que receberam a terapia de grupo demonstraram que uma melhora significativamente maior em termos estatísticos em ambas as medições, em um seguimento de seis meses.

Estudos de TC individual

Zaretsky e colaboradores (1999) usaram um *design* de controle de caso para comparar os benefícios de 20 sessões de TC mais medicação estabilizadora de humor para indivíduos com depressão do TB ($n = 11$). Ambos os grupos atingiram reduções similares em nível de sintomas depressivos, mas Zaretsky e colaboradores relataram que apenas os sujeitos com depressão unipolar demonstraram uma redução considerável nos níveis de atitudes disfuncionais.

Um colega e eu (Scott e Tacchi, 2002) aplicamos as ideias propostas por Cochran (1984) para realizar um estudo piloto de uma breve intervenção de TC (sete sessões de 30 minutos cada) para indivíduos com TB que não aderiam bem ao tratamento com lítio. Relatamos melhorias significativas no modo como os indivíduos viam o transtorno, melhorias na adesão à medicação e aumentos nos níveis de soro de lítio. Essas mudanças foram todas mantidas 6 meses depois da terapia. Perry e colaboradores (1999) realizaram o maior estudo até agora ($n = 69$), usando as técnicas cognitivas e comportamentais para ajudar as pessoas a identificar e a gerenciar os primeiros sinais de recaída. Os participantes eram clientes de alto risco de recaída futura de TB que tinham contato regular com serviços de saúde mental. Os resultados demonstraram que, em comparação ao controle de grupo, o grupo de intervenção tinha um número significativamente menor de recaídas (27 contra 57%), um número significativamente menor de dias no hospital, um tempo significativamente maior para ter a primeira recaída maníaca, níveis mais altos de funcionamento social e melhor desempenho no trabalho. Contudo, a constatação mais fascinante foi a de que a intervenção não tinha um impacto significativo sobre a depressão. As possíveis razões para isso e as implicações desse estudo são discutidas mais abaixo.

Lam e colaboradores (2000) realizaram um pequeno estudo controlado randomizado de 12 a 20 sessões de TC com pacientes externos para TB. O modelo usa particularmente as técnicas da TC para lidar com os sintomas prodrômicos de um episódio de humor. Há algumas similaridades com o modelo de Perry e colaboradores (1999), mas Lam e colaboradores também objetivaram vulnerabilidades de longo prazo e as dificuldades que surgiram da consequência da desordem. Vinte e cinco sujeitos foram alocados ou para TC como auxiliar de medicação de estabilização do humor ou para o tratamento usual somente (estabilizadores de humor mais apoio ao paciente). As avaliações independentes demonstraram que, depois que o gênero e a história da doença foram controlados, o grupo de intervenção tinha bem menos recaídas de humor do que o grupo de controle, com uma significativa redução dos episódios de hipomania, mas reduções não significativas no número de episódios de mania e de depressão. O grupo de intervenção também demonstrou melhorias significativamente maiores em ajuste social e melhores estratégias de enfrentamento para o gerenciamento de sintomas prodrômicos.

Nós (Scott et al., 2001) examinamos o efeito de 20 sessões de TC em 42 clientes com TB. Os sujeitos poderiam entrar no estudo durante qualquer fase do TB. Eles foram inicialmente alocados randomicamente para o grupo de intervenção ou para um grupo de controle de lista de espera (que depois recebeu TC com um atraso de seis meses). A fase randomizada (6 meses) permitiu a avaliação dos efeitos da TC mais o tratamento usual conforme comparado com o tratamento usual somente. Os indivíduos de ambos os grupos que receberam TC foram então monitorados para mais 12 meses depois do final da terapia. Na avaliação inicial, 30% dos participantes atendiam aos critérios para um episódio de humor: 11 sujeitos atenderam aos critérios do diagnóstico para um episódio depressivo, três para o TB de ciclo rápido, dois para hipomania e um para um estado misto. Como é típico dessa população de clientes, 12 sujeitos também atenderam a critérios diagnósticos para problemas de drogas e/ou álcool ou dependência, dois atenderam a critérios para os transtornos do Eixo I e cerca de 60% da amostragem atendeu a critérios para um transtorno de personalidade. Os resultados da fase controlada randomizada demonstraram que, comparados com os sujeitos que recebiam o tratamento usual, os que recebiam a TC experimentavam melhorias estatisticamente significativas nos níveis de sintomas, funcionamento global e ajuste do trabalho e social. Os dados estavam disponíveis a partir de 29 sujeitos que receberam TC e foram acompanhados por mais 12 meses. Esses sujeitos demonstraram uma redução em 60% nos índices de recaída nos 18 meses depois do começo da TC quando comparados com os 18 meses anteriores à TC. Os índices de hospitalização demonstraram reduções paralelas. Concluímos que a TC mais o tratamento comum podem oferecer algum benefício e constituem-se em uma intervenção de tratamento aceitável para cerca de 70% dos clientes com TB. Contudo, também achamos importante ter certa cautela, pois constatamos que a TC para os indivíduos com TB é frequentemente mais complexa do que a TC para o transtorno unipolar, requerendo mais flexibilidade e mais conhecimento de parte dos terapeutas.

CONCLUSÕES

Os estudos examinados neste capítulo indicam que a pesquisa sobre a teoria e a terapia cognitiva para o TB está em seu estágio inicial. Há evidências preliminares de que os fatores cognitivos podem influenciar a vulnerabilidade para a recaída no TB. Os eventos associados com o surgimento da depressão do TB têm muitas similaridades para com aqueles ligados à depressão unipolar. A mania pode surgir em associação com eventos negativos da vida, tais como as perdas causadas pela morte, mas também podem se desenvolver depois de eventos que rompem com os ritmos sociais cotidianos de um indivíduo, da interrupção repentina de uma medicação estabilizadora do humor ou de eventos da vida que envolvem a realização de metas. Uma série de pesquisas sugere que uma ligação subjacente entre esses eventos é a de que eles todos podem significativamente romper com os ritmos circadianos ou induzir a variação no BAS. Por sua vez, a disritmia circadiana ou a má regulação do BAS pode levar à perturbação do sono, a mudanças na motivação e a mudanças de humor. Esse modelo sugere que as mudanças nos níveis de crenças disfuncionais, o estilo atributivo e os processos de pensamento vistos nos episódios de TB são secundários para os processos biologicamente guiados. Contudo, deve-se lembrar que o estilo cognitivo influenciará o porquê de os indivíduos escolherem parar com a medicação, o quanto uma determinada perda é importante para eles, quais atribuições causais singulares eles elaboram sobre quaisquer sintomas prodrômicos que experimentam e como reagem e enfrentam os primeiros sinais de alerta de recaída iminente. Assim, mesmo que não haja no momento nenhum modelo cognitivo e singular do TB, o uso da TC e a medicação podem ser uma abordagem mais útil do que qualquer tratamento sozinho.

Um exame dos estudos terapêuticos sugere que intervenções breves da TC utilizam principalmente um conjunto fixo de estratégias cognitivas e comportamentais que podem facilitar mudanças nas atitudes dos indivíduos e em suas crenças relativas ao transtorno e a seu tratamento, ou podem ampliar sua capacidade de autogerenciamento, permitindo uma intervenção precoce nos primeiros sinais de sintomas prodrômicos. Contudo, seu papel está limitado àqueles indivíduos que precisam de uma "sintonia fina" de suas habilidades para poderem lidar com o TB. Conforme demonstrado por Lam, por meus próprios grupos e por Zaretsky e colaboradores, há também um papel para a TC no TB, que é o de utilizar uma abordagem de conceitualização cognitiva individualizada que ofereça uma compreensão coerente e integrada de cada paciente, de seu estilo cognitivo e de comportamentos gerais de enfrentamento, do ajuste do paciente ao TB e dos fatores de risco para a recaída. Meus colegas e eu miramos particularmente as crenças sobre desejo social, perfeccionismo e autonomia. A evidência até agora sugere que essa tríade pode ser importante em sujeitos com TB. Lam e colaboradores tiveram como objetivo constructos similares – as crenças disfuncionais que são caracterizadas por um sentido "excessivamente positivo" do *self* e um por desejo excessivo para a obtenção pessoal de metas. Dados os estilos de pensamento extremos que caracterizam a depressão e a mania, é notável que Teasdale e colaboradores (2001) tenham demonstrado que alguns dos benefícios da TC em transtornos do humor mais complexos poderiam ser mediados pelas mudanças no estilo mais do que somente pelo conteúdo do pensamento. Eles demonstraram que um estilo de pensamento dicotômico e persistentemente absolutista indicava uma recaída mais precoce na depressão crônica. Dado que esse estilo de pensamento é típico dos sujeitos com TB, esses dados apontam para importantes áreas da pesquisa futura e dos desenvolvimentos do processo da TC no TB.

Nos próximos três anos, quatro experimentos controlados randomizados de grande escala serão publicados, identificando os benefícios e as limitações da TC para o TB. As primeiras indicações são as de que a intervenção pode reduzir recaídas depressivas e maníacas e melhorar o ajuste social. Contudo, ela pode funcionar melhor para quem inicia o tratamento quando está eutímico e para quem tem menos transtornos ou menos (ou ainda ausência de) transtornos comórbidos. Precisaremos rever se os grandes tamanhos de efeito relatados nos estudos-piloto da TC no TB são mantidos quando medicações prescritas e o gerenciamento clínico são oferecidos em nível ótimo; todos os experimentos do tratamento até agora relatam déficits no padrão dos tratamentos oferecidos para os indivíduos com TB. Finalmente, vale a pena observar que, apesar das poucas diferenças no estilo cognitivo entre a depressão unipolar e bipolar, os indivíduos com TB sempre foram excluídos dos estudos de tratamento da depressão. Embora a modificação do protocolo de TC possa ser necessária para a depressão do TB, é possível que a TC se torne uma alternativa crucial para a medicação antidepressiva para essa condição clínica de difícil tratamento. Experimentos de grande escala do TC para o TB são justificados. Tal pesquisa também permite que haja uma oportunidade de explorar ainda mais os modelos cognitivos da depressão e das similaridades e das diferenças entre os indivíduos com transtorno unipolar e com TB.

REFERÊNCIAS

Alloy, L., Reilly-Harrington, N., Fresco, D., Whitehouse, W., & Zeichmeister, J. (1999). Cognitive styles and life events in subsyndromal unipolar and bipolar mood disorders: Stability and prospective prediction of depressive and hypomanic mood swings. *Journal of Cognitive Psychotherapy*, 13, 21-40.

Basco, M. R., & Rush, A. J. (1995). Cognitive-behavioural therapy for bipolar disorder. New York: Guilford Press.

Bauer, M. S., McBride, L., Chase, C., Sachs, G., & Shea, N. (1998). Manual-based group psychotherapy for bipolar disorder: A feasibility study, *Journal of Clinical Psychiatry, 59,* 449-445.

Beck, A. T. (1967). *Depression: Clinical, experimental, and theoretical aspects.* New York: Harper & Row.

Bentall, R. P., Kinderman, P., & Manson, K. (in press). Self-discrepancies in bipolar disorder. *Cognitive Therapy and Research.*

Cassidy, F., Forest, K., Murry, E., & Carroll, B. J. (1998). A factor analysis of the signs and symptoms of mania. *Archives of General Psychiatry, 55,* 27-32.

Chor, P. N., Mercier, M. A., & Halper, I. S. (1988). Use of cognitive therapy for the treatment of a patient suffering from a bipolar affective disorder. *Journal of Cognitive Psychotherapy, 2,* 51-58.

Cochran, S. (1984). Preventing medical non-adherence in the outpatient treatment of bipolar affective disorder. *Journal of Consulting and Clinical Psychology, 52,* 873-878.

Depue, R., & Zeld, D. (1993). Biological and environmental processes in non-psychotic psychopathology: A neurobehavioral perspective. In C. G. Costello (Ed.), *Basic issues in psychopathology* (pp. 127-237). New York: Guilford Press.

Dickson, W., & Kendall, R. (1986). Does maintenance lithium therapy prevent recurrence of mania under ordinary clinical conditions. *Psychological Medicine, 16,* 521-530.

Goodwin, R., & Jamison, K. (1990). *Manic-depressive illness.* Oxford: Oxford University Press.

Guscott, R., & Taylor, L. (1994). Lithium prophylaxis in recurrent affective illness: Efficacy, effectiveness and efficiency. *British Journal of Psychiatry, 164,* 741-746.

Hammen, C., Ellicott, A., & Gitlin, M. (1992). Stressors and sociotropy/autonomy: A longitudinal study of their relationship to the course of bipolar disorder. *Cognitive Therapy and Research, 16,* 409-418.

Hammen, C., Ellicott, A., Gitlin, M., & Jamison, K. R. (1989). Sociotropy/autonomy and vulnerability to specific life events in patients with unipolar depression and bipolar disorders. *Journal of Abnormal Psychology, 98,* 154-160.

Healy, D., & Williams, J. (1988). Moods misattributions and mania. *Psychiatric Developments, 1,* 49-70.

Hollon, S., Kendall, P., & Lumry, A. (1986). Specificity of depressive cognitions in clinical depression. *Journal of Abnormal Psychology, 95,* 52-59.

Johnson, S., & Miller, I. (1995). Negative life events and time to recovery from episodes of bipolar disorder. *Journal of Abnormal Psychology, 106,* 449-457.

Johnson, S. L., Sandrow, D., Meyer, B., Winters, R., Miller, I., Solomon, D., & Keitner, G. (2000). Increases in manic symptoms after life events involving goal attainment. *Journal of Abnormal Psychology, 109*(4), 721-727.

Kernis, M. H., Cornell, D. P., Sun, C. R., Berry, A., & Harlow, T. (1993). There's more to self-esteem than whether it is high or low: The importance of stability of self-esteem. *Journal of Personality and Social Psychology, 61,* 80-84.

Lam, D. H., Bright, J., Jones, S., Hayward, P., Schuck, N., Chisolm, D., et al. (2000). Cognitive therapy for bipolar illness: A pilot study of relapse prevention. *Cognitive Therapy and Research, 24*(5), 503-520.

Lam, D. H., Jones, S., Hayward, P., & Bright, J. (1999). *Cognitive therapy for bipolar disorder.* New York: Wiley.

Lyon, H. M., Startup, M., & Bentall, R. P. (1999). Social cognition and the manic defense: Attributions, selective attention, and self-schema in bipolar affective disorder. *Journal of Abnormal Psychology, 108,* 273-282.

Malkoff-Schwartz, S., Frank, E., Anderson, B., Sherrill, J. T., Siegel, L., Patterson, D., et al. (1998). Stressful life events and social rhythm disruption in the onset of manic and depressive bipolar episodes: A preliminary investigation. *Archives of General Psychiatry, 55,* 702-707.

Newman, C., Leahy, R., Beck, A. T., Reilly-Harrington, N., & Gyulai, L. (2002). *Bipolar disorders: A cognitive therapy approach.* Washington, DC: American Psychological Association.

Palmer, A., Williams, H., & Adams, M. (1995). Cognitive behaviour therapy in a group format for bipolar affective disorder. *Behavioural and Cognitive Psychotherapy, 23,* 153-168.

Perry, A., Tarrier, N., Morriss, R., McCarthy, E., & Limb, K. (1999). Randomized controlled trial of efficacy of teaching patients with bipolar disorder to identify early symptoms of relapse and obtain treatment. *British Medical Journal, 318,* 149-153.

Prien, R., & Potter, W. (1990). NIMH workshop report on the treatment of bipolar disorders. *Psychopharmacology Bulletin, 26,* 409-427.

Reilly-Harrington, N., Alloy, L., Fresco, D., & Whitehouse, W. (1999). Cognitive style and life events interact to predict unipolar and bipolar symptomatology. *Journal of Abnormal Psychology, 108,* 567-578.

Scott, J. (1995a). Psychotherapy for bipolar disorder: An unmet need? *British Journal of Psychiatry, 167,* 581-588.

Scott, J. (1995b). Cognitive therapy for clients with bipolar disorder: A case example. *Cognitive and Behavioural Practice, 3,* 1-23.

Scott, J. (2001). *Overcoming mood swings.* New York: New York University Press.

Scott, J., Garland, A., & Moorhead, S. (2001). A pilot study of cognitive therapy in bipolar disorder. *Psychological Medicine, 31,* 459-467.

Scott, J., & Pope, M. (2002). Nonadherence with mood stabilizers: Prevalence and predictors. *Journal of Clinical Psychiatry, 63,* 384-390.

Scott, J., & Pope, M. (2003). Cognitive style in bipolar disorders. *Psychological Medicine, 33,*1081-1088.

Scott, J., Stanton, B., Garland, A., & Ferrier, I. (2000). Cognitive vulnerability in bipolar disorders. *Psychological Medicine, 30,* 467-472.

Scott, J., & Tacchi, M. (2002). A pilot study of concordance therapy for individuals with bipolar disorders who are non-adherent with lithium prophylaxis. *Journal of Bipolar Disorders, 4,* 386-392.

Scott, J., & Wright J. (1997). Cognitive therapy with severe and chronic mental disorders. In A. Frances & R. Hales (Eds.), *Review of psychiatry* (Vol. 16, pp. 249-267). Washington, DC: American Psychiatric Press.

Silverman, J. S., Silverman, J. A., & Eardley, D. A. (1984). Do maladaptive attitudes cause depression? *Archives of General Psychiatry, 41,* 28-30.

Swendsen, J., Hammen, C., Heller, T., & Giltin, M. (1995). Correlates of stress reactivity in patients with bipolar disorder. *American Journal of Psychiatry, 152,* 795-797.

Teasdale, J., Scott, J., Moore, R., Hayhurst, H., Pope, M., & Paykel, E. (2001). How does cognitive therapy prevent relapse in residual depression? *Journal of Consulting and Clinical Psychology, 69,* 347-357.

Weiss, R. D., Griffin, M. L., Greenfield, S. F., Najavits, L. M., Wyner, D., Soto, J. A., et al. (2000). Group therapy for patients with bipolar disorder and substance dependence: Results of a pilot study. *Journal of Clinical Psychiatry, 61,* 361-367.

Zaretsky, A. E., Segal, Z. V., & Gemar, M. (1999). Cognitive therapy for bipolar disorder: A pilot study. *Canadian Journal of Psychiatry, 44,* 491-494.

12

A TEORIA COGNITIVA E A TERAPIA DA ESQUIZOFRENIA

Neil A. Rector

A esquizofrenia é uma doença devastadora caracterizada por severos danos para a cognição, para o afeto e para o comportamento. Embora a farmacoterapia seja altamente eficaz no tratamento da psicose aguda e na prevenção de recaídas frequentes, de 25 a 50% dos pacientes continuam a experimentar problemas substanciais mesmo quando aderem a intervenções médicas otimizadas. Há uma clara necessidade de desenvolver intervenções psicológicas eficazes e que tenham como meta os delírios, as alucinações, os sintomas negativos e as condições comórbidas que ocorrem com frequência (tais como a depressão e a ansiedade). É interessante notar que estudos de caso sobre o uso da terapia cognitiva para o tratamento de delírios e de alucinações têm sido relatados há mais de 50 anos, mas uma revolução silenciosa na terapia cognitiva da esquizofrenia ocorreu principalmente na última década, com o desenvolvimento de intervenções abrangentes da terapia cognitiva (Beck e Rector, 2000; Chadwick, Birchwood e Trower, 1996; Fowler, Garety e Kuipers, 1995; Kingdon e Turkington, 1994; Rector e Beck, 2002; Tarrier, 1992) e seu exame empírico (Drury, Birchwood, Cochrane e MacMillan, 1996a, 1996b; Kuipers et al., 1997, 1998; Tarrier et al., 1998, 2000; Sensky et al., 2000; Pinto, La Pia, Mannella, Domenico e De Simone, 1999; Rector, Seeman e Segal, 2003). Em uma recente revisão quantitativa de estudos controlados, foi determinado por meio de procedimentos metanalíticos que a terapia cognitiva em conjunto com tratamentos farmacológicos leva a reduções estatística e clinicamente significativas em alucinações, delírios e sintomas negativos (Recto e Beck, 2001). Como se vê na Figura 12.1, os pacientes que recebem a terapia cognitiva e o tratamento-padrão demonstraram uma melhora consideravelmente maior do que os pacientes que receberam terapia de apoio mais tratamento-padrão; essa constatação sugere que a abordagem cognitiva única é o que conta para os efeitos superiores dos sintomas positivos e negativos.

Nada mais justo que um livro em homenagem ao professor Aaron T. Beck inclua um capítulo sobre terapia cognitiva para a esquizofrenia, já que a primeira descrição da terapia cognitiva ocorreu no contexto do tratamento dos delírios paranoicos (Beck, 1952). O livro também se justifica porque muitos avanços recentes da terapia ocorreram na terapia cognitiva da esquizofrenia (e muitas dessas publicações são de autoria do próprio Dr. Beck). A revisão atual visa oferecer um delineamento seletivo da conceituação cognitiva dos delírios, das alucinações e dos sintomas negativos, e as abordagens específicas da terapia cognitiva visavam a sua redução. Nos subcapítulos seguintes, as abordagens cognitivas desses grupos de sintomas são consideradas separadamen-

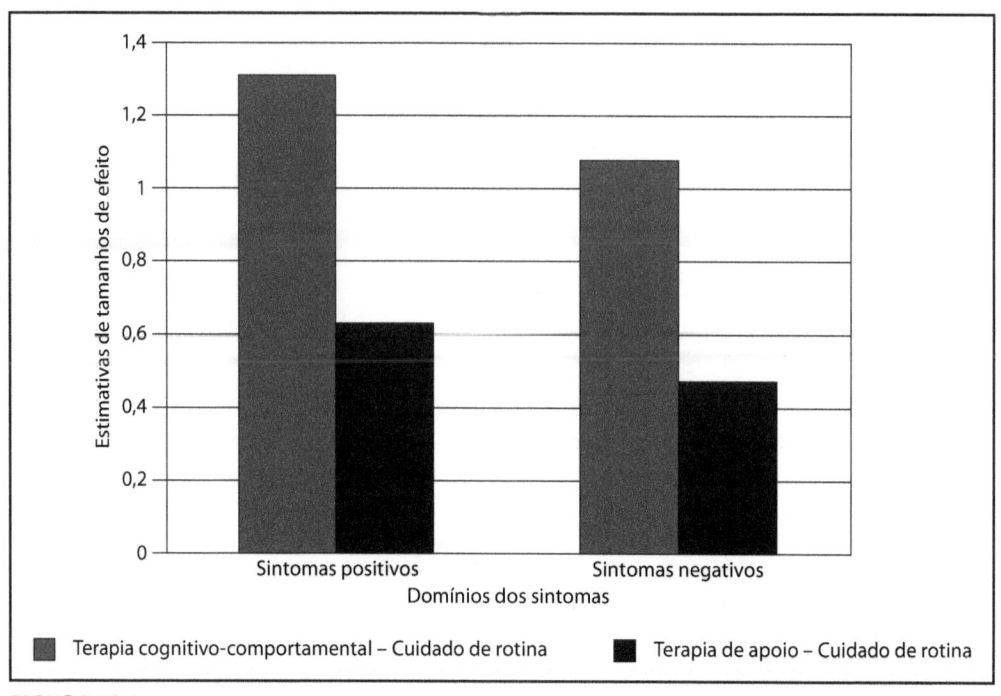

FIGURA 12.1
Efeitos sobre os sintomas positivos e negativos que se seguem à terapia cognitivo-comportamental em contraposição à terapia de apoio. Adaptado de Rector e Beck (2001). Copyright 2001 de Lippincott Williams e Wilkins. Uso autorizado.

te, embora estejam tipicamente sincronizadas na prática real.

A TEORIA COGNITIVA DOS DELÍRIOS

De acordo com o Diagnostic and Statistical Manual of Mental Disorders (4ª ed. – revisado) (American Psychiatric Association, 2000), define-se "delírio" da seguinte forma: "uma falsa crença baseada em inferência incorreta acerca da realidade externa, firmemente mantida, apesar daquilo no qual quase todas as outras pessoas acreditam e apesar de provas ou de evidências incontestes em contrário. A crença não é habitualmente aceita por outros membros da cultura ou da subcultura da pessoa (por exemplo, não é parte da fé religiosa)" (p. 821 [p. 767 da edição brasileira]). Essa definição continua a refletir a conceituação histórica dos delírios como algo que representa crenças *anormais* que são qualitativamente diferentes das crenças *normais*. Contudo, o exame da natureza dos delírios no contexto do que conhecemos sobre o papel das crenças específicas em condições não psicóticas demonstra que os delírios têm muitas das mesmas dimensões das outras crenças. Entre elas estão as dimensões da "abrangência" (o quanto da consciência do paciente é controlada pela crença), "convicção" (o quanto o paciente defende a crença), "significação" (o quanto a crença é importante em seu sistema de significados total), "intensidade" (até que ponto ela impede/desloca crenças mais realistas) e "inflexibilidade" (o quanto a crença é impermeável a evidências, à lógica ou a razões contrárias) (Beck e Rector, 2002). Essas dimensões variam ao longo do tempo (Chadwick e Lowe, 1994) e mudam independentemente em resposta à terapia cognitiva (Hole, Rush e Beck, 1979).

Diz-se que os delírios são "atos de fala vazios, cujo conteúdo informacional não se refere nem ao mundo nem ao *self*. Eles não são a expressão simbólica de nada" (Berrios, 1991). Ainda assim, é possível encontrar algum sentido no conteúdo bizarro dos delírios e das alucinações quando entendidos no âmbito do contexto interpessoal da vida de quem os tenha. Sentir-se rejeitado ou manipulado cotidianamente é algo que pode amplificar-se em delírios paranoicos, ao passo que a hipervigilância e a preocupação somáticas podem criar o contexto para o desenvolvimento de delírios somáticos. O conteúdo dos delírios em geral reflete as crenças do pré-delírio do paciente. Fortes crenças religiosas são o fundamento de delírios sobre Jesus, ao passo que uma rede de crenças sobre a paranormalidade pode levar a delírios sobre controle alienígena. A compreensão do sistema de crenças pré-delírio do paciente oferece crenças diretas para a formação e o conteúdo dos delírios. Por exemplo, delírios de grandeza podem desenvolver-se como uma compensação para uma sensação de solidão, desmerecimento ou impotência, ao passo que os antecedentes próximos de um delírio paranoico talvez incluam o medo de retaliação por ter feito algo que ofendeu outra pessoa ou grupo (Beck e Rector, 2002). Consistente com a hipótese de que os delírios paranoicos estão associados com esquemas que refletem a vulnerabilidade interpessoal, um estudo seccional-cruzado recente demonstrou que a necessidade excessiva da aceitação e da aprovação dos outros (isto é, a sociotropia), conforme medida pela Escala de Atitude Disfuncional, indicava de maneira significativa a presença e a severidade de delírios persecutórios (Rector, no prelo). Outras pesquisas têm demonstrado que os indivíduos com delírios paranoicos preferencialmente reagem a estímulos relacionados à ameaça social (Bental e Kaney, 1989; Fear, Sharp e Healy, 1996) especialmente quando os estímulos de ameaça são emocionalmente salientes (Kinderman, 1994). A pessoa que se considera inaceitável socialmente mais provavelmente será hipervigilante à rejeição potencial e, como consequência, mais propensa a interpretar as informações sociais ambíguas como uma indicação de hostilidade e/ou rejeição sociais.

Em contraste ao enquadramento mecânico dos delírios como representantes de déficits neuropsicológicos *fixos*, a abordagem cognitiva visa entender o modo como as tendenciosidades cognitivas comuns podem distorcer as percepções das experiências da vida. Embora os delírios possam surgir por meio de uma série de mecanismos diferentes, eles se formam em geral em resposta a eventos interpessoais da vida. Por exemplo, dois pacientes tiveram experiências (traumáticas) muito similares que resultaram em crenças delirantes muito distintas. As diferenças de conteúdo e de forma das crenças delirantes podem ser prontamente entendidas em relação a suas diferentes crenças preexistentes e a sua resposta inicial ao gatilho situacional. Em ambos os casos, os pacientes relataram ter sido atacados por uma pequena gangue de meninos quando estavam no início da adolescência. Para o primeiro paciente, que tinha um medo preexistente de ser criticado, julgado e rejeitado pelos outros, a experiência consolidou a crença de que ele era socialmente inadequado, amplamente detestado e, consequentemente, vulnerável ao ataque de todos. O segundo paciente cresceu em uma família religiosa e tinha fortes crenças religiosas. Enquanto era soqueado e chutado pela gangue que o atacara, ele viu um *flash* de luz (ao olhar para o sol), que interpretou como a presença de um anjo da guarda que lá estava para protegê-lo. Ambos os pacientes buscaram tratamento aproximadamente 10 anos depois – o primeiro com um delírio paranoico altamente elaborado que incluía o medo de ser atacado por grupos de pessoas, e o segundo com intensos delírios religiosos que incorporavam uma rede de crenças sobre anjos da guarda.

Uma vez ativadas, as crenças delirantes são mantidas por uma combinação de fatores que incluem as distorções e as tendenciosidades cognitivas, danos no processamento cognitivo e nas respostas de enfrentamento (incluindo comportamentos de segurança). Tendenciosidades cognitivas comuns, tais como a abstração seletiva, o pensamento do tipo tudo ou nada e a catastrofização, desempenham um papel na manutenção da crença delirante que é similar ao papel que desempenhavam na manutenção de crenças depressogênicas e ansiogênicas. Uma série de tendenciosidades cognitivas parecem especialmente proeminentes no pensamento de pacientes delirantes. Por exemplo, a análise seccional-cruzada do pensamento delirante demonstra várias características cognitivas comuns – inclusive uma tendenciosidade *egocêntrica*, pela qual os pacientes se trancam em uma perspectiva egocêntrica e transformam acontecimentos irrelevantes em algo relevante para eles próprios; uma tendenciosidade *externalizadora*, pela qual as sensações ou sintomas internos são atribuídos a agentes externos; e uma tendenciosidade *intencionalizadora*, que leva os pacientes a atribuir intenções malévolas e hostis ao comportamento de outras pessoas (Beck e Rector, 2002). Apoiando a importância da tendenciosidade externalizadora, por exemplo, a pesquisa tem demonstrado que, quando alguns pacientes com delírios persecutórios tentam encontrar sentido nas experiências relevantes da vida, têm uma tendência exagerada a culpar fatores extrínsecos (especialmente outras pessoas) quando as coisas não dão certo (Bentall, Kindermann e Kaney, 1994). Essa tendenciosidade exagerada e *autossatisfatória* é especialmente proeminente quando o acontecimento negativo é significativo para a pessoa (Kaney e Bentall, 1989; Bental, Kaney e Dewey, 1991), destacando sua potencial função protetora.

Outra característica notável dos pacientes delirantes é sua tendência a saltar a conclusões (Garety, Hemsley e Wessely, 1991; Fear e Healy, 1997; Peters, Day e Garety, 1997). Uma série de estudos experimentais demonstrou que os pacientes com esquizofrenia fazem julgamentos extremamente rápidos e confiantes baseados em evidências equivocadas (ver Garety e Freeman, 1999, para uma revisão). Esses pacientes parecem prontos a fazer julgamentos impulsivos sem buscar dados para chegar a uma decisão fundamentada; se uma interpretação "cair bem", eles provavelmente a aceitarão como está. Uma série de estudos tem também demonstrado que, quando se apresenta aos pacientes delirantes uma hipótese alternativa, eles são igualmente impulsivos e abandonam suas hipóteses iniciais, criando novas hipóteses com base em poucas evidências. Essa espécie de dano é mais pronunciada sob uma carga cognitiva alta e em meio a situações "quentes" em que o paciente experimenta ameaças pessoais.

Finalmente, as várias estratégias que os pacientes empregam para lidar com o medo, o constrangimento, a raiva e a tristeza gerados pelas crenças delirantes frequentemente servem para impedir um *feedback* corretivo. Da mesma forma que os pacientes com ansiedade evitam situações que acionam o medo, os pacientes com delírios evitam situações "quentes" que podem provocar seus medos. Quem tem medos persecutórios, com frequência, evita situações em que esperam ser rebaixados ou atacados, ao passo que pacientes com delírios religiosos podem escapar de situações que são percebidas como sacrílegas (por exemplo, podem abandonar um diálogo que faça referências a temas de ordem sexual). Os pacientes com delírios também se envolvem em estratégias sutis de evitação que são similares aos comportamentos detalhistas de segurança, comuns nos vários transtornos de ansiedade. Por exemplo, um paciente recusou-se a tirar uma fita da cabeça porque atribuía a ela o poder de manter sua mente no lugar. Outro paciente com delírios sobre irradiação de pensamento elaborou uma estratégia neutralizadora pela qual repetia a frase "Adoro música e filmes" como um modo de impedir que quem passasse por ele roubasse seu amor pela música e pelos filmes. Em um exemplo mais dramático, um casal que compartilhava uma crença delirante sobre perseguição de parte do FBI alternava-se durante a noite para impedir um ataque surpresa. O casal considerava a ausência da perseguição real do FBI durante os "turnos do dia" ou dos "turnos da noite" como resultado do sistema de monitoramento perfeito que haviam implementado.

Os papéis de interação desses fatores diferentes na produção e na manutenção de um delírio paranoico, por exemplo, pode ser vista na Figura 12.2 e enumerados em um caso. James apresentava uma história de cinco anos de esquizofrenia paranoica. Ele cresceu em uma família na qual a honestidade, a abertura e a responsabilidade eram valores nucleares. Ele acreditava que havia sido fiel a esses princípios até os 18, 19 anos, quando, tendo de enfrentar um estresse muito grande na faculdade, plagiou um ensaio. O ensaio não só foi muito bem avaliado, como recebeu a recomendação para um prêmio. James conclui seu bacharelado e depois o mestrado, mas o incidente teve um efeito transformador: ele passou a ver-se como uma "fraude desonesta vivendo de uma mentira". Como acontecia com outros que tinham delírios persecutórios, a sequência começou com o medo de retaliação: as autoridades da escola em que James trabalhava anunciaram que iriam tomar ações sérias contra o plágio dos alunos. O pensamento automático de James em resposta a essa medida foi "Eu também já plagiei". E em seguida pensou: "E se eles soubessem que eu havia feito isso?". Nos dias seguintes, ele dormiu pouco e preocupou-se com o fato "de ser uma fraude assim como eram os alunos de hoje que trapaceavam". As sementes de uma elaborada teoria da conspiração tomaram forma: os colegas faziam reuniões para decidir contra alunos "suspeitos" e a discussão evoluiu para a "repugnância" causada pela desonestidade acadêmica. James pensou: "Devo aprender minha lição também", e passou a experimentar uma combinação ampliada de medo e culpa. Coincidentemente, um livro havia desaparecido da escola e o diretor perguntou a James se ele o havia visto. O primeiro pensamento de James foi: "Será que eles pensam que eu roubei o livro" e, depois, "Eles acham que eu roubei o livro". O pensamento anterior "Devo aprender minha lição também" passou a "Estou aprendendo minha lição". Essas experiências cristalizaram a crença de que "Eu rompi com as regras; agora os outros vão me ensinar as consequências". Subsequentemente, mesmo os acontecimentos mais remotos foram considerados como relevantes para ele. Por exemplo, James leu uma manchete no jornal que dizia "Nadador europeu apanhado em fraude" – e considerou que a mensagem disse respeito a ele à luz de sua ancestralidade europeia e de seu amor pela água (isto é, tendenciosidade egocêntrica). Ele também notou que as conversas com os colegas na lanchonete da escola passaram a girar em torno do plágio apenas quando ele estava presente,

```
                    Experiências de vida
                           ↓
                    Hipóteses/crenças
                           ↓
                    Incidente crítico
                           ↓
                    Ameaça percebida ─────── Medo de retaliação
                           ↕
                        Emoções
                           ↕
  Não específica ── Tendenciosidade cognitiva ── Específica
                           ↑                         │
                           │              ┌──────────┴──────────┐
                           │         Tendenciosidade      Tendenciosidade
                           │          egocêntrica          confirmatória
                           │                    │
                           │              Tendenciosidade
                           │              externalizadora
                           ↓
  Capitalização sobre ↔ Consolidação de crença ↔ Aumento de similaridade
   a coincidência         persecutória              da perseguição
                           ↕
                  Respostas comportamentais
```

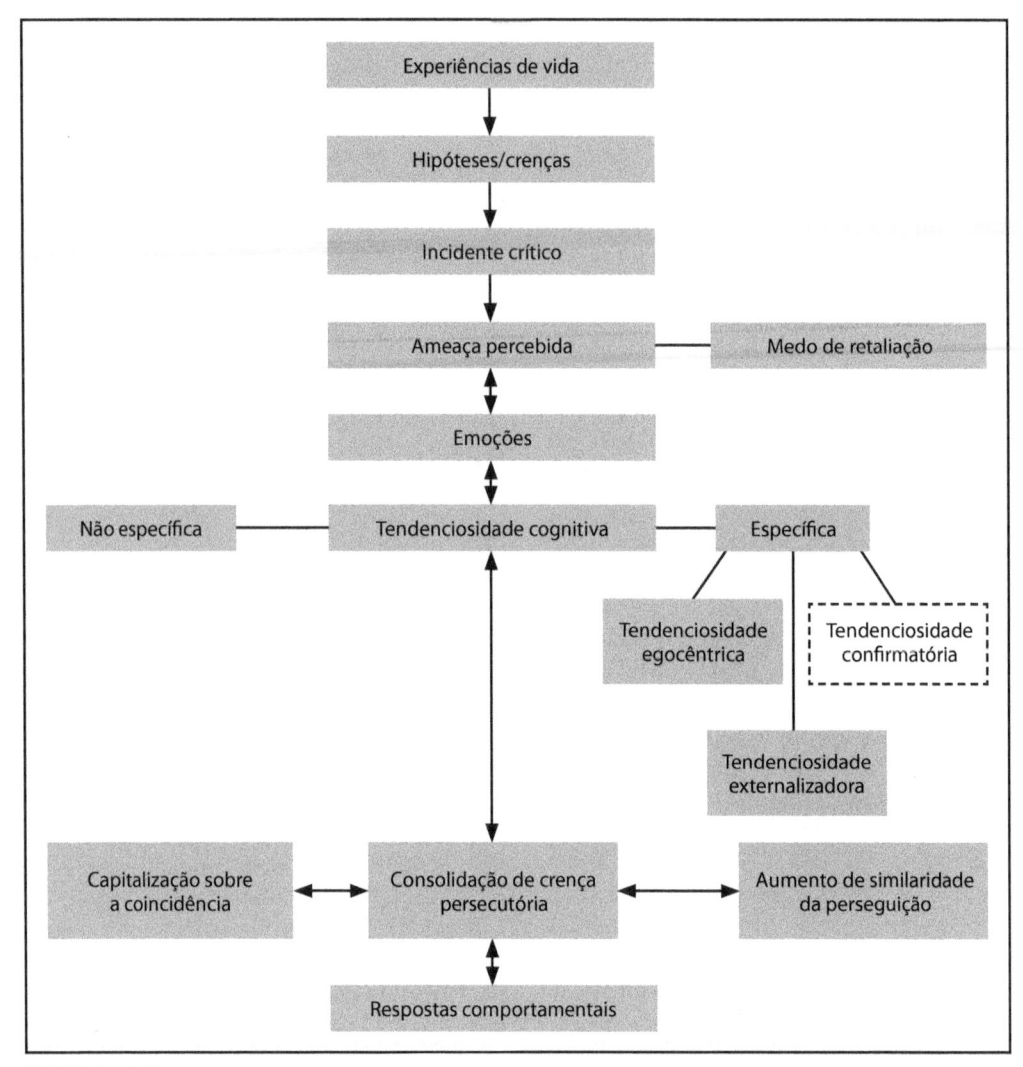

FIGURA 12.2
Desenvolvimento dos delírios persecutórios. Baseado em Beck e Rector (2002).

e pensou: "Eles estão me mandando uma mensagem – não estão?". James minimizava evidências contrárias (isto é, as pessoas conversavam sobre outros assuntos e conversar sobre o plágio era algo que também ocorria em sua ausência). A percepção tendenciosa de eventos coincidentes serviu para consolidar a crença persecutória. O diretor enviou-lhe novas orientações sobre plágio e James as interpretou (mal) como confirmação de que o diretor sabia sobre seu erro no passado. Houve um aumento de similaridade entre os perseguidores: o medo de James de que seu passado agora conhecido do diretor passasse aos colegas e aos pais dos alunos. Como reação a isso, ele passou a evitar a lanchonete, os colegas e, finalmente, as aulas, pois esperava ser expulso da escola e passar por uma vergonha pública.

A conceituação dos delírios em termos de crenças pré-delírios, a ativação das distorções e das tendenciosidades cognitivas e as respostas comportamentais oferecem um mapa para a avaliação clínica e para o tratamento com estratégias cognitivas e comportamentais.

A TERAPIA COGNITIVA DOS DELÍRIOS

A abordagem terapêutica para os delírios envolve uma série de estratégias cognitivas e comportamentais voltadas ao solapamento da convicção rígida, da abrangência e da intensidade dos delírios em um esforço de reduzir o sofrimento e a interferência que eles causam à vida da pessoa. A terapia começa com um foco no envolvimento e na avaliação. As sessões iniciais são relativamente não estruturadas e voltadas a ouvir empaticamente e a questionar gentilmente, comunicando aceitação e suporte ao paciente. Uma forte aliança terapêutica demonstrou ter impacto sobre o processo e o resultado da terapia cognitiva para a esquizofrenia (Rector, Seeman e Segal, 2002). A seguir, o terapeuta completa uma avaliação estruturada minuciosa e uma listagem de problemas, antes de tentar passar o paciente a um modo de questionamento. Durante a avaliação cognitiva o terapeuta tenta identificar os eventos próximos que sejam críticos para a formação de delírios (isto é, incidentes críticos: "Como eram as coisas em sua vida quando você começou a ter essa ideia?"), e também acontecimentos atuais que podem acionar os delírios. Os gatilhos específicos dos delírios podem ser tanto externos (por exemplo, um carro que passa) quanto internos (por exemplo, uma dor de cabeça). As consequências emocionais específicas (por exemplo, medo) e as consequências comportamentais (por exemplo, evitação, comportamentos de segurança) criados pela ativação do delírio também são avaliadas. Na fase de avaliação, as crenças pré-delírios do paciente são também abordadas pelas perguntas sobre o *self*, os outros e o mundo, bem como sobre quaisquer outras fantasias ou divagações que a pessoa tivesse antes do desenvolvimento do delírio. O terapeuta visa identificar a variação e a severidade das distorções cognitivas em resposta às experiências de vida cotidianas e em relação a quanto essas experiências foram malconstruídas como algo que oferecesse evidências de apoio às crenças delirantes.

A próxima fase da terapia volta-se a socializar o paciente para o modelo cognitivo. Por meio da descoberta orientada, o terapeuta começa a ajudar o paciente a identificar a tendenciosidade e as distorções cognitivas. Uma vez que o terapeuta disponha de uma conceituação cognitiva das crenças delirantes do paciente, uma compreensão dos acontecimentos do passado e dos eventos mais recentes que interpreta como acontecimentos que sustentam a crença, realiza-se o questionamento acerca das evidências para as crenças delirantes. A abordagem é colaborativa e socrática, e *nunca* desafiadora.

Inicialmente, o terapeuta lida com as interpretações e as explicações que são periféricas em relação a crenças mais centrais e altamente carregadas. Tome-se, por exemplo, uma paciente com um sistema delirante e paranoico elaborado que inclua os funcionários do governo, os membros de sua família e (de maneira mais periférica) a companhia telefônica local por causa de um desacordo acerca de uma conta não paga. Embora haja uma variedade de evidências que sustentem as crenças da paciente, o terapeuta determina que seu medo de perseguição por parte da companhia telefônica está menos carregado do que seus medos de perseguição por parte dos membros da família e dos funcionários do governo. Assim, o terapeuta começa pela discussão das crenças sobre a companhia telefônica. A paciente descreve os acontecimentos da semana passada que são vistos como acontecimentos que sustentam a perseguição da companhia telefônica: o telefone tocou e depois parou antes de que ela pudesse atendê-lo; ela ouviu alguma interferência na linha durante várias ligações; havia um caminhão da empresa telefônica em frente da casa dois dias antes e, finalmente, alguém "fingira" ligar para o número errado. O terapeuta avalia a variação dos pensamentos automáticos (inferências delirantes) em resposta a cada um desses acontecimentos, juntamente com a avaliação da convicção das crenças. A paciente está pouco convencida sobre a importância do incidente do caminhão. O terapeuta faz uma série de perguntas: "O que fez com que você pensasse que o caminhão estava lá por sua causa?", "Alguma outra coisa aconteceu naquele dia que levou você a ter dúvidas?" e "Há alguma outra explicação possível para o caminhão estar em sua rua naquele dia?". Por meio desse questionamento das inferências, a paciente considera uma variedade de evidências: "O motorista do caminhão entrava e saía da casa do vizinho... e carregava muitos equipamentos... parecia muito ocupado"; "Os vizinhos mudaram-se há pouco para cá... talvez precisem de uma linha telefônica nova" e "Ele não notou quando saí de casa... acho que se ele estivesse me perseguindo, teria tentado esconder-se". O terapeuta ajuda a trazer à tona uma explicação alternativa/equilibrada conforme a paciente diz: "Talvez ele estivesse apenas instalando um novo cabo". Com a prática repetida na geração de explicações alternativas para as evidências apresentadas – primeiro na sessão e, depois, cada vez mais como parte de trabalho de casa –, o paciente começa a ver suas interpretações e inferências como hipóteses a serem testadas mais do que como declarações de verdade.

Outras abordagens cognitivas rotineiramente empregadas para instilar uma perspectiva de questionamento incluem o método de sondagem ou pesquisa (por exemplo, "Você pode perguntar a seus três bons amigos se eles enfrentam problemas com suas linhas telefônicas [número errado, ligação que cai, etc.]?) e gráficos do tipo "pizza" (por exemplo, vamos resumir todas as razões diferentes possíveis para o telefone tocar e parar de tocar antes de você atender"). Por meio da técnica da seta descendente, o terapeuta também visa descobrir as crenças nucleares subjacentes (por exemplo, "Sou um inútil" e "Sou vulnerável") e hipóteses (por exemplo, "Se não tomar cuidado 100% do tempo, todos poderão aproveitar-se de mim") que dão surgimento a interpretações equivocadas das intenções e dos comportamentos dos outros.

Além disso, o terapeuta cognitivo visa mudar o pensamento delirante (e, mais tarde, crenças nucleares negativas), estabelecendo experimentos comportamentais para testar diretamente a precisão de interpretações diferentes. Com a paciente descrita acima, um dos experimentos realizados incluiu fazer com que ele gravasse o nível de interferência durante as chamadas que ela fazia fora de casa (por exemplo, nas casas dos amigos, no hospital) e dentro de casa durante um período de duas semanas. A constatação de que há uma variação considerável na qualidade da linha tanto fora quanto dentro de casa provou que estava errada a crença de que a interferência somente ocorria em sua linha e que esta estivesse grampeada. Finalmente, os experimentos comportamentais e outras estratégias de modificação de crenças (por exemplo, registro de acontecimentos positivos e de crenças nucleares) são apresentados para reduzir as crenças e as hipóteses disfuncionais.

TEORIA COGNITIVA DAS ALUCINAÇÕES

Similar aos mecanismos descritos para o desenvolvimento e a manutenção dos delírios, os mecanismos envolvidos na formação e na persistência das alucinações requerem consideração de como os vários subcomponentes se conectam a uma organização cognitiva mais ampla da pessoa – esquemas que pertencem ao *self*, aos outros e ao mundo (Beck e Rector, 2003). A importância dos subsistemas e sua inter-relação na produção e na persistência das alucinações estão delineados na Figura 12.3.

As alucinações são em geral definidas como experiências perceptuais na ausência de estimulação externa e podem envolver qualquer um dos sentidos, embora sejam mais comuns na esfera auditiva. Embora as alucinações auditivas sejam os sintomas mais frequentemente relatados na esquizofrenia (Organização Mundial da Saúde, 1973), elas também estão presentes em uma ampla variedade de transtornos, incluindo a depressão psicótica, o transtorno bipolar e o transtorno do estresse pós-traumático. As alucinações auditivas são também comumente relatadas durante períodos de luto, como consequência de privação do sono e em

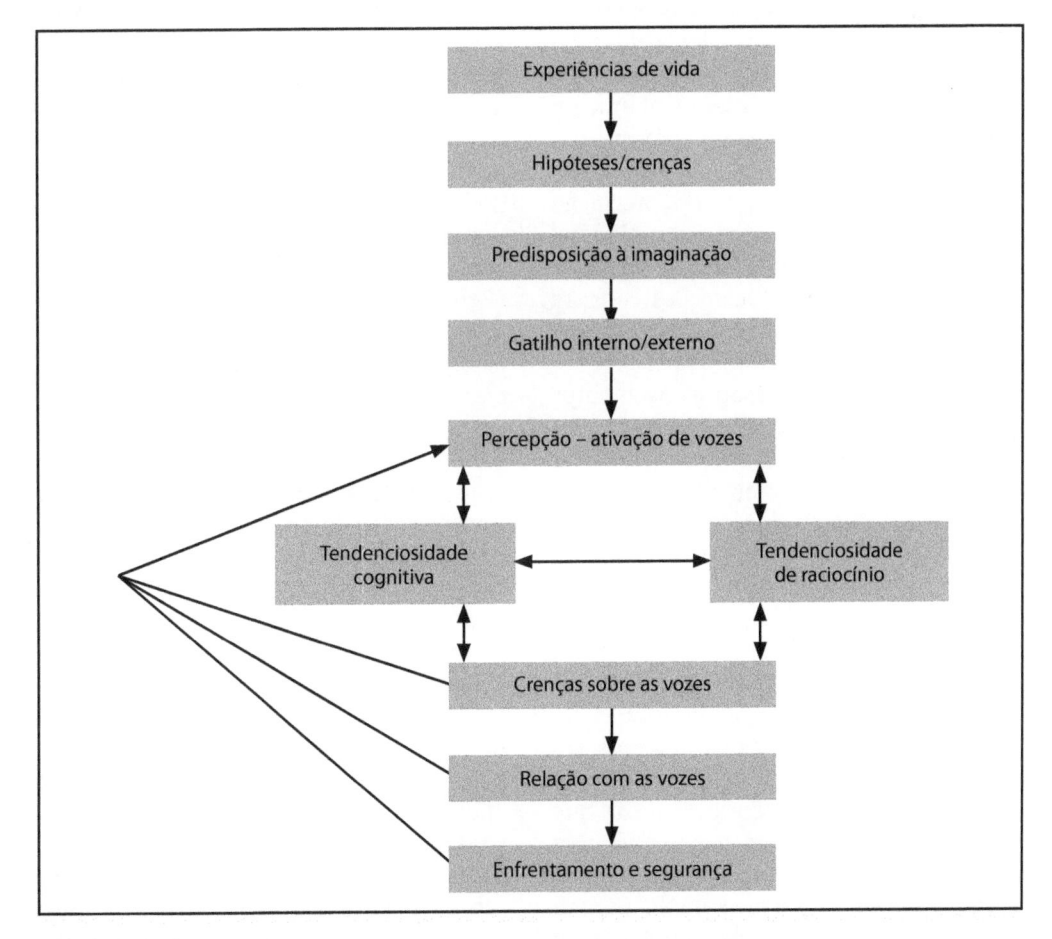

FIGURA 12.3
O modelo cognitivo das alucinações auditivas. Baseado em Beck e Rector (2003).

situações adversas, como o confinamento solitário e a tomada de reféns. Os estudos baseados na comunidade indicam que um número entre 5 e 25% da população relata ter ouvido vozes em algum momento da vida (Slade e Bentall, 1988; Tien, 1992), ao passo que pesquisas feitas com alunos de faculdade demonstram um índice maior (Posey e Losch, 1983; Barrett, 1992). Uma comparação dos não pacientes que ouvem vozes com os pacientes psiquiátricos indica uma grande similaridade nas características físicas das vozes, sugerindo que as alucinações estejam em um *continuum* em que também estão as experiências normais.

Da mesma forma que ocorre nas outras formas de psicopatologia, quando certos esquemas idiossincráticos são ativados, as alucinações desempenham um papel no processamento de informações e levam as cognições que são típicas do transtorno (tais como a autodepreciação na depressão ou o perigo percebido na ansiedade). O conteúdo de voz relatado pelos pacientes com alucinações consiste em uma ampla variedade de comentários, críticas, comandos, ruminações e preocupações que são similares aos pensamentos automáticos observados em outras condições psiquiátricas. Uma característica diferenciadora das cognições em que há alucinação é que o *self* é percebido como o objeto e não como o iniciador ou sujeito. Por exemplo, o pensamento automático "Eu sou um inútil", que ocorre depois de um fracasso qualquer, converte-se em uma voz externalizada na segunda pessoa "Você é um inútil". Surge então uma questão: por que alguns pensamentos são percebidos como vozes?

Uma série de estudos demonstra que os pacientes que ouvem vozes têm uma propensão incomum para a imaginação na modalidade auditiva. Por exemplo, Bentall e Slade (1985) testaram os pacientes com e sem alucinações em um paradigma de detecção de sinais em que a tarefa consistia em ouvir um ruído branco e determinar se havia ou não uma voz presente (a voz estava presente em 50% dos casos). Os pacientes com alucinações demonstraram a tendenciosidade esperada de presumir que uma voz estava presente mesmo quando, na verdade, não estava. Em uma extensão de seu trabalho, Young, Bentall, Slade e Dewey (1987) constataram que, quando se dava a sugestão "Feche os olhos e ouça a gravação de 'Jingle Bells'" (sem, contudo, tocar a música) a pacientes que tinham alucinações e a pacientes que não tinham, aqueles tendiam mais do que estes a relatar ter ouvido a música.

Uma série de outros estudos destacou a tendência de os pacientes que tinham alucinações a atribuir equivocadamente acontecimentos cognitivos internos a uma fonte externa (Johns et al., 2001; Brebion, Smith e Gorman, 1996; Franck et al., 2000). Essa tendenciosidade externalizadora é similar à tendenciosidade externalizadora encontrada nos delírios paranoicos (Bentall, 1990; Young et al., 1987; Beck e Rector, 2002). Por exemplo, Morrison e Haddock (1997) demonstraram que os pacientes com alucinações, em comparação com pacientes delirantes sem alucinações e em comparações aos controles normais, tendiam mais a atribuir ao investigador seus próprios pensamentos em uma tarefa de associação de palavras. O uso de ressonância magnética funcional (Shergill, Cameron e Brammer, 2001) demonstrou que o padrão de ativação durante as alucinações auditivas é notavelmente similar àquele observado quando voluntários saudáveis imaginam outra pessoa falando com eles. Essa constatação oferece um apoio extra à hipótese de que as alucinações auditivas sejam uma expressão do "discurso interno" que é atribuído equivocadamente a uma fonte externa.

Uma questão, todavia, surge: como podem fenômenos gerados internamente ser experimentados como fenômenos idênticos a fenômenos que derivam do exterior? A inconsistência na experiência de alucinações sugere um *limiar* para a percepção. Esse limiar pode variar consideravelmente, dependendo de fatores endógenos e externos (por exemplo, fadiga, estresse e isolamento, tanto quanto fatores emocionais – ansiedade, tristeza, etc.). A probabilidade de um pensamento "atravessar a barreira do som" (Beck e Rector, 2003) para tornar-se uma voz é dependente da saliência emocional do pensamento – o quanto ele representa uma cognição "quente". Hoffman (2002) relatou que as áreas de Broca e de Wernicke estão excessivamente ligadas em pacientes que ouvem vozes, de modo que a produção da linguagem que ocorre na área de Broca "descarrega" representações da linguagem na área de Wernicke como uma área de percepção da fala, criando, portanto, percepções alucinatórias do que se fala.

Dado o fato de que as funções de teste de realidade tendem a estar comprometidas no paciente que alucina, a capacidade de considerar explanações alternativas, suspender o julgamento até que mais informações suficientes sejam coletadas e criar uma distância das crenças delirantes não está ativa. A escassez dessas funções pode ser instrumental tanto na geração de vozes quanto em sua manutenção. Outros fatores envolvidos na persistência das alucinações incluem a formação de crenças sobre as vozes, a natureza da relação com as vozes e as respostas comportamentais a elas. Chadwick e Birchwood (1994, 1995) sugerem que a perturbação associada com ouvir vozes é, em parte, dependente das crenças idiossincráticas que a pessoa tem sobre a identidade das vozes. Por exemplo, o quanto o agente das vozes é percebido como poderoso, controlador e sabe-tudo foi algo considerado mais indicador das consequências emocionais e comportamentais das vozes do que a frequência, a duração e a forma das vozes. Além disso, os pacientes que ouvem vozes tendem a considerar suas vozes da mesma forma que os pacientes obsessivos consideram os pensamentos intrusivos: como sinais de perigo e de dano futuro (Baker e Morrison, 1998; Morrison e Baker, 2000). Esse processo de avaliação contribui para as reações emocionais e comportamentais às vozes, e para a manutenção subsequente da atividade de voz – da mesma forma que avaliações similares demonstraram manter o sofrimento associado a pensamentos intrusivos nos pacientes obsessivos.

As primeiras crenças nucleares e hipóteses sobre o *self* influenciam tanto o conteúdo quanto a avaliação das vozes. Uma crença subjacente pela qual alguém se considera inútil, por exemplo, pode levar a pensamentos automáticos de ser um "fracasso" e diminuir as alucinações que se seguem a algum fracasso na escola ou no trabalho. Muitos pacientes que ouvem comentários críticos, degradantes e insultuosos relatam ter pensamentos automáticos similares que pertencem ao campo da "inutilidade". Por exemplo, o conteúdo dos pensamentos automáticos de uma paciente que se considerava incompetente ("Eu não faço nada certo") comparava-se à sua voz crítica ("Você não faz nada certo"). Finalmente, os pacientes podem construir relações com suas vozes da mesma forma que constroem relações com outras pessoas: a relação pode ser positiva, ambivalente ou negativa (ver Benjamin, 1989).

Os pacientes que ouvem vozes relatam que não vão a lugares públicos, que assistem à televisão e que se ocupam fazendo tarefas domésticas como forma de minimizar suas vozes (Romme e Escher, 1989). Infelizmente, o esforço despendido para evitar ou para neutralizar as vozes leva a uma redução do escopo das atividades, criando isolamento e um aumento paradoxal na atividade da voz. Significativa é a constatação de que o envolvimento nesses comportamentos de enfrentamento impede os pacientes de não mais confirmarem as avaliações negativas sobre as consequências de ouvir vozes (por exemplo, "Se eu não tivesse obedecido ao comando, Deus teria me matado"). Além disso, as estratégias de segurança retiram dos pacientes a possibilidade de determinar se suas crenças sobre a fonte das vozes são verdadeiras. Por meio do fechamento do teste de realidade, os comportamentos de enfrentamento podem tornar pior a experiência de ouvir vozes.

Essas constatações fornecem o ímpeto para o desenvolvimento de uma intervenção terapêutica cognitiva que ajuda os pacientes a:

1 identificar, testar e corrigir as distorções cognitivas no conteúdo das vozes, com a premissa de que esse conteúdo é similar ao próprio pensamento (negativo e atribuído à fonte externa) do paciente;
2 identificar, questionar e construir crenças alternativas sobre a natureza, o propósito e o significado das vozes.

A TERAPIA COGNITIVA DAS VOZES

Antes de implementar estratégias cognitivas e terapêuticas que ajudem o paciente a construir uma visão alternativa de suas vozes, uma avaliação minuciosa é realizada, questionando cuidadosamente a frequência, a duração, a intensidade e a variabilidade das vozes. Que situações ou circunstâncias provavelmente acionam as vozes? Há circunstâncias em que os pacientes não ouvem vozes ou em que elas se atenuam? As situações de estresse são mais propensas a acionar vozes. Por exemplo, pacientes relatam ouvir vozes mais frequentemente no contexto das dificuldades interpessoais, dos incômodos cotidianos e dos acontecimentos negativos da vida (por exemplo, dificuldade financeira, crises de moradia). Sinais internos, especialmente perturbações emocionais, podem também acionar vozes. Como parte da primeira fase de avaliação, os pacientes podem monitorar a relação entre ativadores situacionais, estados de humor e a ativação de vozes, usando um registro modificado de pensamento.

O terapeuta cognitivo tenta obter relatos literais do que as vozes dizem. Tipicamente, os pacientes relatam ouvir elocuções de uma só palavra (por exemplo, "bastardo", "idiota") ou curtas (por exemplo, "Você é inútil", "Você é feio"). As vozes podem oferecer um comentário corrente sobre as atividades de um paciente ou dar comandos que instruem o paciente a executar certas atividades que vão do comum (por exemplo, "Leve o lixo para fora") ao ameaçador. Os pacientes são ensinados a registrar o conteúdo específico das vozes entre as sessões, usando o registro de pensamento modificado.

O terapeuta também visa a trazer à tona todas as crenças que um paciente têm sobre suas vozes. O que os agentes (Deus, o diabo, parentes mortos, etc.) querem dizer aos pacientes? As crenças sobre as origens das vozes podem variar do bizarro ao ordinário e podem variar de pessoas conhecidas, desconhecidas e enterradas a entidades sobrenaturais e até mesmo máquinas. Um número significativo de pacientes interpreta suas vozes positivamente e experimenta emoções positivas quando elas ocorrem. Por exemplo, receber comunicações diretas de Deus, de Jesus ou de um Cavaleiro da Távola Redonda afasta a pessoa dos outros e é algo que vem acompanhado de sentimentos de empolgação e de poder. Os terapeutas perguntam como o paciente se sentiria se as vozes não estivessem presentes, como uma maneira de desmascarar os sentimentos subjacentes de solidão e de inadequação a partir dos quais essas vozes podem estar oferecendo proteção compensadora. O terapeuta tenta identificar as circunstâncias da vida tanto distantes quanto próximas do surgimento inicial das vozes para determinar como o conteúdo específico da voz e as crenças secundárias delirantes sobre as vozes refletem os medos, os interesses e as fantasias pré-alucinatórios.

Finalmente, o terapeuta avalia as reações dos pacientes às vozes. As respostas comportamentais dos pacientes incluem responder em voz alta às vozes e/ou escapar de situações específicas, a fim de extingui-las. Conforme se descreveu, os pacientes respondem primeiro a suas vozes com surpresa e perplexidade, mas, com o tempo, tendem a estabelecer uma relação pessoal com elas. Por exemplo, se as vozes são consideradas benevolentes, elas são frequentemente seguidas de emoções positivas e os pacientes interagem com elas, ao passo que, se forem consideradas malevolentes, os pacientes provavelmente experimentem uma variedade de emoções negativas e resistam a elas (Birchwood e Chadwick, 1997). Todas as respostas de enfrentamento e comportamentos de segurança são identificados.

Depois da fase de avaliação e do estabelecimento de uma forte aliança terapêutica, o terapeuta começa a fazer uso de um questionamento suave para trazer à tona perspectivas alternativas tanto sobre o conteúdo da voz quanto em relação às crenças sobre elas. Com alguns pacientes, é melhor começar a enfocar as crenças sobre as vozes, ao passo que, com outros, é melhor ter acesso ao conteúdo da voz em primeiro lugar. A abordagem para solapar as crenças de um paciente sobre as vozes é similar à abordagem cognitiva no tratamento dos delírios. O terapeuta começa por questionar delicadamente a evidência que o paciente utiliza como sustentáculo de sua interpretação. Por exemplo, um paciente acreditava que os vizinhos estavam conspirando para que ele saísse de seu apartamento, e que os ouvia falar com ele todos os dias (Rector e Beck, 2002). Conforme os vizinhos chegavam do trabalho e subiam as escadas do prédio, o barulho dos degraus ativava as vozes. Quando perguntado na sessão como sabia que se tratava das vozes de seus vizinhos, ele respondeu: "As vozes são iguais às dos meus vizinhos e falam comigo todas as vezes que passam pela minha porta". Para gerar explicações alternativas para a evidência de que "falam comigo todas as vezes que passam pela minha porta", o terapeuta poderia fazer as seguintes perguntas:

1 Há alguma outra explicação possível?
2 Já aconteceu de você ouvir apenas o barulho nas escadas e não as vozes?
3 Já aconteceu de você ouvir o barulho das escadas e depois as vozes – e verificar que não eram seus vizinhos que estavam passando pela porta de seu apartamento?
4 Se isso acontecesse, você mudaria sua opinião sobre o assunto?

O terapeuta também poderia perguntar: "Você sempre espera ouvir vozes quando as pessoas sobem as escadas?" e ensinar o paciente sobre o papel das expectativas e de ouvir vozes. É importante que as inconsistências na rede de crenças seja abordada de uma maneira gentil e colaborativa e não como um desafio direto. Os experimentos comportamentais podem também ser incorporados para testar se a voz ouvida quando alguém passa pela porta de fato corresponde à pessoa que por ali passa.

Além de trabalhar com a evidência, pergunta-se diretamente aos pacientes (como na primeira pergunta acima) se eles já consideraram outras explicações para suas vozes. Por meio da colaboração, o terapeuta e o paciente tentam gerar tantas explicações alternativas quanto possível. O terapeuta também destaca quaisquer inconsistências nas crenças. Com frequência, as consequências das vozes são tomadas como prova da interpretação das vozes (isto é, tendenciosidade de raciocínio circular). Por exemplo, um paciente ouviu as vozes de dois homens com quem havia brigado em um bar. Ele acreditava que as vozes eram uma forma de punição pela briga. A ativação das vozes levou a pensamentos de frustração e de raiva que, por sua vez, foram tomados como evidências de que estava sendo punido. Outras explicações para esses sentimentos (por exemplo, não ser capaz de controlar as vozes) ajudaram a reduzir o que, de outra maneira, seria tomado como evidências confirmadoras.

Conforme sugerido, as crenças que remetem à onipotência, à onisciência e à incontrolabilidade das vozes são especialmente importantes e podem ser aliviadas por uma série de estratégias. As crenças de incontrolabilidade podem ser abordadas pela demonstração aos pacientes de que eles podem iniciar, diminuir ou dar fim às vozes (Chadwick et al., 1996). Com base no conhecimento da fase de avaliação, pode-se apresentar a um paciente os sinais que ativam as vozes (por exemplo, discutir uma importante relação do passado) e depois dirigi-lo a uma atividade que se sabe terminar com as vozes (por exemplo, falar com o terapeuta). Esse experimento pode reduzir a crença de que as vozes são incontroláveis. As crenças de onipotência e onisciência podem ser abordadas pelo estabelecimento de experimentos que demonstram que o paciente pode ignorar comandos, sem sofrer consequências.

Outras perspectivas para o conteúdo das vozes são geradas por meio da exploração de evidências para o que as vozes de fato dizem. Por exemplo, uma paciente ouviu várias vozes dizendo-lhe que ela era "inútil". Perguntou-se primeiramente à paciente: "Que evidência você tem que sustente a verdade do que as vozes dizem?". Com a repetição dessa prática, a paciente foi capaz de identificar as distorções cognitivas nos comentários das vozes (por exemplo, pensamento tudo ou nada, criação de catástrofes, rotulação) e de gerar uma perspectiva alternativa quando elas ocorriam. Fazer com que os pacientes mantenham registros separados de seus pensamentos – um para os pensamentos automáticos e outro para registrar o que as vozes dizem – pode demonstrar de maneira convincente a sobreposição.

A TEORIA COGNITIVA E A TERAPIA DOS SINTOMAS NEGATIVOS

Da mesma forma que os delírios e as alucinações não são especificidades da esquizofrenia e podem ser vistos em um *continuum* de que faz parte a normalidade, os aspectos da síndrome negativa – tais como apatia, anergia, avolição, embotamento afetivo e anedonia – não são específicos da esquizofrenia (Rector, Beck e Stolar, 2004). Constatou-se que são mais prevalentes nos pacientes internos do que em pacientes hospitalizados com esquizofrenia (Siris et al., 1988). A distinção entre sintomas negativos e depressão na esquizofrenia é complicada, porque compartilham muitas características.

Ao descrever a vulnerabilidade pessoal à psicopatologia, Beck (1983) caracterizou a pessoa altamente autônoma como sendo aquela que é pouco suscetível ao *feedback* externo, que tem pouca abertura para influências corretivas, uma aversão a diretivas, a demandas e a pressões impostas de fora e uma aversão a pedir ajuda. Todos esses aspectos são comumente observados em quem tem sintomas negativos proeminentes. Além disso, constatou-se que a autonomia excessiva em indivíduos não psicóticos estava associada a sintomas que enfocam o tema da frustração, incluindo a falta de esperança, a ação de culpar a si mesmo, a anedonia, a sensação de ser um fracassado e a falta de interesse pelos outros (Robins, Bagby, Rector, Lynch e Kennedy, 1997). Em um estudo seccional cruzado que examina as relações entre vulnerabilidades autônomas e sociotrópicas e sintomas seletivos em pacientes diagnosticados com esquizofrenia crônica, constatou-se que os pacientes que tinham um escore mais alto em interesses relacionados à autonomia relatavam maior amplitude e severidade de sintomas negativos, mesmo quando a presença dos níveis de depressão concorrente era considerada (Rector, no prelo). Os pacientes que mantinham padrões não realistas para seu desempenho podem correr o risco particular de tornarem-se pacientes que evitam e se retiram quando percebem que persistentemente não atingem suas próprias expectativas e as dos outros. Evitar e retirar-se, por sua vez, pode contribuir para um fracasso e para a falta de esperança, criando uma espiral descendente de não integração. Por exemplo, um paciente com uma história de 15 anos de sintomas negativos proeminentes sem sintomas positivos responderia a oportunidades de diversão (tais como assistir à televisão, jogar, participar de um grupo) com pensamentos automáticos como este: "Não tem sentido fazer isso, pois não vou obter resultado melhor do que aqueles já obtidos", "Para que fazer isso se, ao final, vou continuar tendo esquizofrenia?" e "Já não tem mais tanta graça como antes, então por que fazer isso?".

É verdade que muitos pacientes com sintomas negativos proeminentes sentem os outros (isto é, família, amigos e profissionais da saúde) como pessoas que demandam deles mais do que podem dar em termos de atividade e de envolvimento. Isso pode ser especialmente pernicioso para alguns pacientes que, antes de se tornarem doentes, também tinham crenças de desempenho (excessivamente) disfuncionais, de modo que eles agora se veem como pessoas que não conseguem atender a suas próprias expectativas e às dos outros. Demandas repetidamente não atendidas podem ter um impacto sobre a autoeficácia percebida e alimentar o ciclo da falta de esperança. O primeiro passo para o terapeuta é reduzir a pressão.

Os sintomas negativos podem também ser simples consequências de outro problema, incluindo o humor depressivo, sintomas positivos perturbadores, condições de ansiedade (incluindo o transtorno de pânico com ou sem agorafobia, fobia social, transtorno do estresse pós-traumático e o transtorno obsessivo-compulsivo, mas não se limitando a esses transtornos) e/ou efeitos colaterais da medicação (APA, 2000). A conceituação dos sintomas negativos em termos da interação de fatores cognitivos, emocionais e comportamentais, mais do que déficits irremediáveis, oferece uma plataforma para a avaliação e o tratamento cognitivos desses sintomas com estratégias similares àquelas que provaram ser eficazes em proteger a motivação dos pacientes deprimidos e a reintegração social e emocional (Beck, Rush, Shaw e Emery, 1979). Antes de implementar a mudança, os terapeutas cognitivos visam completar uma análise funcional minuciosa do comportamento dos pacientes. Como os pacientes passam seu tempo? Com o que eles sentem prazer? O que ajuda a criar a sensação de domínio da situação? O que eles gostariam de fazer com mais frequência daquilo que acham difícil de fazer? O que eles não gostam de fazer? O que as pessoas que participam de suas vidas querem que eles façam com mais frequência?

A abordagem cognitiva para o tratamento de sintomas negativos advém das estratégias cognitivas e comportamentais previamente descritas no tratamento da depressão (Beck et al., 1979). Essas estratégias incluem o automonitoramento, o agendamento de atividades, os índices de domínio da situação e de prazer, as tarefas avaliadas e os métodos de treinamento assertivos. As estratégias cognitivas também incluem trazer à tona as razões do paciente para a inatividade e o teste dessas crenças diretamente nos experimentos comportamentais; as tentativas diretas de estimular os interesses (sejam eles novos ou uma reativação de interesses anteriores); e identificar, testar e mudar baixas expectativas em relação ao prazer e à eficácia na realização de tarefas.

RESUMO E CONCLUSÕES

Este capítulo realizou uma revisão seletiva dos avanços na teoria e na terapia cognitivas da esquizofrenia. A atenção à fenomenologia dos delírios, das alucinações e dos aspectos relativos ao não envolvimento emocional revela a importância dos esquemas pessoais e interpessoais e das tendenciosidades de processamento de informações em sua produção e manutenção. As crenças dos pacientes sobre si próprios, os outros e o mundo moldam a forma e o conteúdo idiossincráticos dos delírios e das alucinações. Também influenciam as tendências de ação que podem ajudar a explicar a persistência dos sintomas negativos. A conceituação dos sintomas da esquizofrenia em termos cognitivos, e não em termos neurobiológicos, oferece uma moldura para as intervenções terapêuticas e há cada vez mais evidências da eficácia da terapia cognitiva como elemento auxiliar nos tratamentos padronizados. A. T. Beck foi o primeiro a descrever a terapia cognitiva para os sintomas psicóticos e, cerca de meio século depois, ele continua a ser um pioneiro nos avanços da área.

AGRADECIMENTOS

O autor agradece à Dra. Eilenna Denisoff por seus comentários sobre este capítulo e a Magdalena Turlejski e Kate Szacun-Schimizu pelo auxílio editorial. Finalmente, agradece a Aaron T. Beck por seu estímulo, sua orientação e sua amizade.

REFERÊNCIAS

American Psychiatric Association (APA). (2000). *Diagnostic and statistical manual of mental disorders* (4th ed., text rev.). Washington, DC: Author.

Baker, C., & Morrison, A. (1998). Metacognition, intrusive thoughts and auditory hallucinations. *Psychological Medicine, 28,* 1199-1208.

Barrett, T. R. (1992). Verbal hallucinations in normals: I. People who hear "voices." *Applied Cognitive Psychology,* 6(5), 379-387.

Beck, A. T. (1952). Successful outpatient psychotherapy of a chronic schizophrenic with a delusion based on borrowed guilt. *Psychiatry, 15,* 305-312.

Beck, A. T. (1983). Cognitive therapy of depression: New perspectives. In P. J. Clayton & J. E. Barrett (Eds.), *Treatment of depression: Old controversies and new approaches* (pp. 265-290). New York: Raven Press.

Beck, A. T., & Rector, N. A. (2000). Cognitive therapy of schizophrenia: A new therapy for the new millennium. *American Journal of Psychotherapy, 54,* 291-300.

Beck, A. T., & Rector, N. A. (2002). Delusions: A cognitive perspective. *Journal of Cognitive Psychotherapy: An International Quarterly, 16,* 455-468.

Beck, A. T., & Rector, N. A. (2003). A cognitive model of hallucinations. *Cognitive Therapy and Research, 27,* 19-52.

Beck, A. T., Rush, A. J., Shaw, B. F., & Emery, G. (1979). *Cognitive therapy of depression.* New York: Guilford Press.

Benjamin, L. S. (1989). Is chronicity a function of the relationship between the person and the auditory hallucination? *Schizophrenia Bulletin,* 15(2), 291-310.

Bentall, R. P. (1990). The illusion of reality: A review and integration of psychological research on hallucinations. *Psychological Bulletin, 107(1),* 82-95.

Bentall, R. P., & Kaney, S. (1989). Content specific information processing and persecutory delusions: An investigation using the emotional Stroop test. *British Journal of Medical Psychology, 62*(4), 355-364.

Bentall, R. P., Kaney, S., & Dewey, M. E. (1991). Paranoia and social reasoning: An attribution theory analysis. *British Journal of Clinical Psychology, 30*, 13-23.

Bentall, R. P., Kinderman, P., & Kaney, S. (1994). Self, attributional processes and abnormal beliefs: Towards a model of persecutory delusions. *Behaviour Research and Therapy, 32*, 331-341.

Bentall, R. P., & Slade, P. D. (1985). Reality testing and auditory hallucinations: A signal-detection analysis. British Journal of Clinical Psychology, 24,159-169.

Berrios, G. (1991). Delusions as 'wrong beliefs': A conceptual history. *British Journal of Psychiatry, 159*(Suppl.), 6-13.

Birchwood, M., & Chadwick, P. D. J. (1997). The omnipotence of voices: Testing the validity of a cognitive model. *Psychological Medicine, 27,* 1345-1353.

Brebion, G., Smith, M. J., & Gorman, J. M. (1996). Reality monitoring failure in schizophrenia: The role of selective attention. *Schizophrenia Research,* 22(2) 173-180.

Chadwick, P. D. J., & Birchwood, M. J. (1994). Challenging the omnipotence of voices: A cognitive approach to auditory hallucinations. *British Journal of Psychiatry, 164,* 190-201.

Chadwick, P. D. J., & Birchwood, M. (1995). The omnipotence of voices: II. The Beliefs About Voices Questionnaire (BAVQ). *British Journal of Psychiatry, 166*(6), 773-776.

Chadwick, P. D. J., Birchwood, M., & Trower, P. (1996). *Cognitive therapy for delusions, voices, and paranoia.* New York: Wiley.

Chadwick, P. D. J., & Lowe, C. F. (1994). A cognitive approach to measuring and modifying delusions. *Behaviour Research and Therapy, 32,* 355-367.

Drury, V., Birchwood, M., Cochrane, R., & MacMillan, F. (1996a). Cognitive therapy and recovery from acute psychosis: A controlled trial. I. Impact on psychotic symptoms. *British Journal of Psychiatry, 169,* 593-601.

Drury, V., Birchwood, M., Cochrane, R., & MacMillan, F. (1996b). Cognitive therapy and recovery from acute psychosis: A controlled trial. II. Impact on recovery time. *British Journal of Psychiatry, 169,* 602-607.

Fear, C. F., & Healy, D. (1997). Probabilistic reasoning in obsessive-compulsive and delusional disorders. *Psychological Medicine, 27,* 199-208.

Fear, C., Sharp, H., & Healy, D. (1996). Cognitive processes in delusional disorders. British Journal of Psychiatry, 168, 1-8.

Fowler, D., Garety, P., & Kuipers, E. (1995). *Cognitive behavior therapy for psychosis: Theory and practice.* New York: Wiley.

Franck, N., Rouby, P., Daprati, B., Dalery, J., Marie-Cardine, M., & Georgieff, N. (2000). Confusion between silent and overt reading in schizophrenia. *Schizophrenia Research, 41,* 357-368.

Garety, P. A., & Freeman, D. (1999). Cognitive approaches to delusions: A critical review of theories and evidence. *British Journal of Clinical Psychology, 38,* 113-154.

Garety, P. A., Hemsley, D. R., & Wessely, S. (1991). Reasoning in deluded schizophrenic and paranoid patients: Biases in performance on a probabilistic inference task. *Journal of Nervous and Mental Disease, 179,* 194-202.

Hoffman, R. E. (2002). Slow transcranial magnetic stimulation, long-term depotentiation, and brain hyperexcitability disorders. *American Journal of Psychiatry, 159*(7), 1093-1102.

Hole, R. W., Rush, A. J., & Beck, A. T. (1979). A cognitive investigation of schizophrenic delusions. *Psychiatry, 42,* 312-319.

Johns, L. C., Rossell, S., Frith, C., Ahmad, F., Hemsley, D., Kuipers E., et al. (2001). Verbal self-monitoring and auditory hallucinations in people with schizophrenia. *Psychological Medicine, 31,* 705-715.

Kaney, S., & Bentall, R. P. (1989). Persecutory delusions and attributional style. *British Journal of Medical Psychology, 62,* 191-198.

Kinderman, P. (1994). Attentional bias, persecutory delusions and the self-concept. *British Journal of Medical Psychology, 67,* 33-39.

Kingdon, D., & Turkington, D. (1994). *Cognitive-behavioral therapy of schizophrenia.* New York: Guilford Press.

Kuipers, E., Fowler, D., Garety, P., Chisholm, D., Freeman, D., Dunn, G., et al. (1998). London-East Anglia randomized controlled trial of cognitive-behaviour therapy for psychosis: III. Follow-up and economic evaluation at 18 months. *British Journal of Psychiatry, 173,* 61-68.

Kuipers, E., Garety, P., Fowler, D., Dunn, G., Beggington, P., Freeman, D., et al. (1997). London-East Anglia randomized controlled trial of cognitive-behaviour therapy for psychosis: I. Effects of the treatment phase. *British Journal of Psychiatry, 171,* 319-327.

Morrison, A. P. (Ed.). (2002). *A casebook of cognitive therapy for psychosis.* Hove, UK: Brunner-Routledge.

Morrison, A. P., & Baker, C. A. (2000). Intrusive thoughts and auditory hallucinations: a comparative study of intrusions in psychosis. Behaviour Research and Therapy, 38(11), 1097-1107.

Morrison, A. P., & Haddock, G. (1997). Cognitive factors in source monitoring and auditory hallucinations. Psychological Medicine, 27, 669-679.

Peters, E., Day, S., & Garety, P. (1997). From preconscious to conscious processing: Where does the abnormality lie in delusions? *Schizophrenia Research, 24,* 120.

Pinto, A., La Pia, S., Mannella, R., Domenico, G., & De Simone, L. (1999). Cognitive-behavioral therapy and clozapine for clients with treatment-refractory schizophrenia. *Psychiatric Services, 50,* 901-904.

Posey, T., & Losch, M. (1983). Auditory hallucinations of hearing voices in 375 normal subjects. *Imagination, Cognition and Personality, 2,* 99-113.

Rector, N. A. (in press). Dysfunctional attitudes and symptom expression in schizophrenia: Predictors of paranoid delusions and negative symptoms. *Journal of Cognitive Psychotherapy: An International Quarterly.*

Rector, N. A., & Beck, A. T. (2001). Cognitive behavioral therapy for schizophrenia: An empirical review. Journal of Nervous and Mental Disease, 189(5), 278-287.

Rector, N. A., & Beck, A. T. (2002). Cognitive therapy for schizophrenia: From conceptualization to intervention. *Canadian Journal of Psychiatry,* 47(1), 39-48.

Rector, N. A., Beck, A. T., & Stolar, N. (2004). *The negative symptoms of schizophrenia: A cognitive perspective.* Manuscript under review.

Rector, N. A., Seeman, M. V., & Segal, Z. V. (2002, November). *The role of the therapeutic alliance in cognitive therapy for schizophrenia.* Paper presented at the annual meeting of the Association for the Advancement of Behavior Therapy, Reno, NV.

Rector, N. A., Seeman, M. V., & Segal, Z. V. (2003). Cognitive therapy of schizophrenia: A preliminary randomized controlled trial. *Schizophrenia Research, 63,* 1-11.

Robins, C. J., Bagby, R. M., Rector, N. A., Lynch, T. R., & Kennedy, S. H. (1997). Sociotropy, autonomy, and patterns of symptoms in patients with major depression: A comparison of dimensional and categorical approaches. *Cognitive Therapy and Research, 21(3),* 285-300.

Romme, M., & Escher, D. (1989). Hearing voices. *Schizophrenia Bulletin, 15,* 209-216.

Sensky, T., Turkington, D., Kingdon, D., Scott, J. L., Scott, J., Siddle, R., et al. (2000). A randomized controlled trial of cognitive-behavioral therapy for persistent symptoms in schizophrenia resistant to medication. *Archives of General Psychiatry, 57(2),* 165-172.

Shergill, S. S., Cameron, L. A., & Brammer, M. J.(2001). Modality specific neural correlates of auditory and somatic hallucinations. *Journal of Neurology, Neurosurgergy and Psychiatry,* 71(5), 688-690.

Siris, S. G., Adan, F., Cohen, M., Mandeli, J., Aronson, A., & Kasey E. (1988). Post-psychotic depression and negative symptoms: An investigation of syndromal overlap. *American Journal of Psychiatry, 145,* 1532-1537.

Slade, P., & Bentall, R. (1988). *Sensory deception: A scientific analysis of hallucination.* Baltimore: Johns Hopkins University Press.

Tarrier, N. (1992). Psychological treatment of positive schizophrenic symptoms. In D. Kavanagh (Ed.), *Schizophrenia: An overview and practical handbook* (pp. 356-373). London: Chapman & Hall.

Tarrier, N., Wittkowski, A., Kinney, C., McCarthy, E., Morris, J., & Humphreys, L. (2000). Durability of the effects of cognitive-behavioural therapy in the treatment of chronic schizophrenia. *British Journal of Psychiatry, 174,* 500-504.

Tarrier, N., Yusupoff, L., Kinney, C., McCarthy, E., Gledhill, A., Haddock, G., et al. (1998). Randomized controlled trial of intensive cognitive behaviour therapy for patients with chronic schizophrenia. *British Medical Journal, 317,* 303-307.

Tien, A. Y. (1992). Distribution of hallucinations in the population. *Social Psychiatry and Psychiatric Epidemiology, 26,* 287-292.

World Health Organization. (1973). *International pilot study of schizophrenia.* Geneva: Author.

Young, H. F., Bentall, R. P., Slade, P. D., & Dewey, M. E. (1987). The role of brief instructions and suggestibility in the elicitation of hallucinations in normal and psychiatric subjects. *Journal of Nervous and Mental Disease, 175,* 41-48.

PARTE IV
TRANSTORNOS DA PERSONALIDADE

13

A TERAPIA COGNITIVA DO TRANSTORNO DA PERSONALIDADE *BORDERLINE*

Janet Klosko
Jeffrey Young

Ao desenvolver a terapia cognitiva, Aaron Beck fez uma grande contribuição para a compreensão e o tratamento dos transtornos psiquiátricos. A terapia cognitiva foi revolucionária, no sentido de que mudou o foco da terapia para a vida do paciente fora das sessões (mais do que a transferência), para o presente (mais do que para a vida anterior do paciente) e para os conteúdos da consciência (mais do que para o inconsciente).

Beck originalmente criou a terapia cognitiva para trabalhar com a depressão. Contudo, seu plano sempre foi o de que o modelo cognitivo fosse adaptado para outros transtornos. Os profissionais da terapia cognitiva construíram tratamentos psicológicos efetivos para muitos transtornos do Eixo I, incluindo os transtornos do humor, da ansiedade, os sexuais, de alimentação, somatoforme e de abuso de substâncias. Esses tratamentos têm tradicionalmente sido de curto prazo e enfocado a redução de sintomas, a construção de habilidades e a resolução de problemas na vida atual do paciente. Os estudos de resultado em geral relatam índices de sucesso maiores do que 60% (Barlow, 2001).

Com frequência, contudo, os pacientes com transtornos de personalidade subjacentes não respondem inteiramente à terapia cognitiva (Beck, Freeman et al., 1990; Beck, Freeman, Davis et al., 2004). Alguns pacientes apresentam-se para tratamento dos sintomas do Eixo I, ou falham em progredir ou recaem. Outros chegam para a terapia cognitiva dos sintomas do Eixo I e, mais tarde, seus problemas caracterológicos tornam-se o foco do tratamento, uma vez que seus problemas do Eixo I estejam resolvidos. Outros pacientes carecem de sintomas específicos que sirvam como alvos de terapia. Seus problemas são vagos ou difusos e carecem de algo que os precipitem com clareza. Por não terem sintomas significativos do Eixo I, ou por ter muitos deles, a terapia cognitiva é de difícil aplicação.

Um dos desafios com que nos deparamos hoje é o desenvolvimento de tratamento eficaz para os pacientes com esses transtornos crônicos e de difícil tratamento. Jeffrey Young, um *protégé* de Beck, aplicou o modelo de Beck aos transtornos da personalidade. Young ampliou o modelo original de Beck de várias maneiras, para que este funcionasse com os transtornos da personalidade, antes de desenvolver sua adaptação para o transtorno da personalidade *borderline* (TPB). Conceitualmente, ele incorporou o conceito de necessidades nucleares, expandiu a ênfase dos esquemas anteriores e apresentou a ideia de estilos de enfrentamento para a terapia cognitiva. Em termos de tratamento, Young deu maior ênfase à compreensão da história anterior do paciente e a seus padrões de vida, desenvolveu várias escalas, apresentou as técnicas do tipo Gestalt e deu uma maior importância à relação terapêutica. Finalmente, Young nomeou sua expansão da terapia cognitiva para problemas caracterológicos como "terapia de esquemas", para acentuar a importância dos temas e dos padrões da vida anterior do paciente. À medida que Young e colaboradores ganhavam mais experiência com os pacientes que tinham TPB, eles reconheciam que o modelo original dos esquemas precisava ser modificado. Esses pacientes tinham quase todos esquemas e mudanças de humor frequentes e drásticas. Para abordar esses problemas, Young apresentou um constructo adicional, o "modo esquemático". Young também sentiu que a relação terapêutica precisava ser reformulada pelos pacientes com TPB, introduzindo, assim, o conceito de "repaternidade limitada".

AS HIPÓTESES DA TERAPIA COGNITIVA TRADICIONAL VIOLADAS PELOS PACIENTES COM PROBLEMAS CARACTEROLÓGICOS

A terapia cognitiva cria várias hipóteses sobre os pacientes que frequentemente não se aplicam àqueles com problemas caracterológicos. Uma hipótese é a de que os pacientes concordarão com o protocolo do tratamento. Os pacientes são motivados a reduzir os sintomas e a construir habilidades; portanto, com algum estímulo e reforço positivo, eles realizarão os procedimentos necessários ao tratamento. Entretanto, para muitos pacientes com problemas caracterológicos, sua motivação e seu acesso à terapia são complicados, e eles com frequência não querem ou não conseguem se sujeitas aos procedimentos cognitivos.

Outra hipótese da terapia cognitiva é que, com um breve treinamento, os pacientes podem ter acesso a suas cognições e emoções e podem relatá-las a seus terapeutas. Contudo, os pacientes com problemas caracterológicos com frequência não conseguem fazê-lo. Eles parecem estar fora de contato com suas cognições ou emoções. Muitos desses pacientes envolvem-se com a evitação cognitiva e afetiva. Assim, evitam muitos dos comportamentos e situações que são essenciais para seu progresso.

A terapia cognitiva também presume que os pacientes podem mudar suas cognições e comportamentos problemáticos por meio de práticas como análise empírica, discurso lógico, experimentação, passos graduais e repetição. Contudo, para os pacientes com problemas caracterológicos, esse não é o caso. Em nossa experiência, seus pensamentos distorcidos e comportamentos autoderrotistas são extremamente resistentes à modificação somente por meio de técnicas cognitivas. Mesmo depois de meses de terapia, não há, frequentemente, nenhuma melhora sustentada.

Pelo fato de os pacientes geralmente carecerem de flexibilidade psicológica, eles respondem muito menos às técnicas cognitivas e frequentemente não fazem mudanças significativas em um período curto de tempo. Em vez disso, são psicologicamente rígidos. De acordo com o *DSM-IV*, a rigidez é uma marca dos transtornos de personalidade (American Psychiatric Association, 1994, p. 663). Quando desafiados, esses pacientes apegam-se rígida, reflexiva e, às vezes, agressivamente ao que já acreditavam ser verdadeiro a seu respeito e sobre o mundo.

A terapia cognitiva também presume que os pacientes possam se envolver na relação colaborativa com seus terapeutas em poucas sessões. Dificuldades na relação terapêutica são tipicamente vistas como obstáculos a ser suplantados a fim de atingir a concordância do paciente para com os procedimentos de tratamento. A relação terapeuta-paciente não é em geral considerada como um "ingrediente ativo" do tratamento. Contudo, os pacientes com transtornos caracterológicos geralmente têm dificuldades para formar uma aliança terapêutica. Perturbações duradouras na relação com o parceiro são outras marcas dos transtornos da personalidade (Millon, 1981). Tais pacientes com frequência consideram difícil formar relações terapêuticas seguras.

Finalmente, na terapia cognitiva, presume-se que o paciente tenha problemas que são prontamente discerníveis como alvos do tratamento. No caso do paciente com problemas caracterológicos, essa conjectura não costuma se confirmar. Os pacientes comumente têm problemas que são vagos, crônicos e difusos. Eles em geral não estão satisfeitos com o amor, o trabalho ou com a diversão. Esses temas de difícil definição geralmente não constituem alvos de fácil abordagem para o tratamento cognitivo-padrão.

EXPANSÕES POSTERIORES DA TERAPIA COGNITIVA DE BECK

Até agora, discutimos a terapia cognitiva *original* de Beck. Agora vamos discutir as expansões posteriores do modelo cognitivo de Beck e colaboradores.

O modelo "reformulado" de Beck

No modelo revisado da terapia cognitiva para transtornos da personalidade proposto por Beck e colaboradores, a personalidade é definida como "padrões específicos de processos sociais, motivacionais e cognitivo-afetivos" (Alford e Beck, 1997). A personalidade inclui comportamentos, processos de pensamento, respostas emocionais e necessidades motivacionais. A personalidade é determinada pelas "estruturas idiossincráticas", ou esquemas, que constituem os elementos básicos da personalidade. Alford e Beck (1997) propõem que o conceito de esquema "pode oferecer uma linguagem comum que facilite a integração de certas abordagens psicoterapêuticas". De acordo com o modelo de Beck, uma "crença nuclear" representa o significado ou o conteúdo cognitivo de um esquema.

Modos

Beck também elaborou seu conceito de "modo". Um modo é uma rede integrada de componentes cognitivos, afetivos, motivacionais e comportamentais. O modo pode consistir de muitos esquemas cognitivos. Eles mobilizam os indivíduos em reações psicológicas intensas, e são orientados para a obtenção de determinadas metas. Como os esquemas, os modos são principalmente automáticos e também requerem ativação. Os indivíduos com uma vulnerabilidade cognitiva que são expostos a estressores relevantes podem desenvolver sintomas relacionados ao modo.

De acordo com a perspectiva de Beck, os modos se consistem em esquemas, que contêm memória, estratégias de resolução de problemas, imagens e linguagem. Os modos ativam "estratégias programadas para realizar categorias básicas de habilidades de sobrevivência, tais como a defesa de predadores" (Alford e Beck, 1997). A ativação de um modo específico deriva da configuração genética de um indivíduo e de suas crenças culturais/sociais.

Beck explica também que, quando um esquema é acionado, um modo correspondente não é necessariamente ativado. Em outras palavras, mesmo quando um esquema é acionado, a ativação de um modo pode não ocorrer; nesse caso, embora o componente cognitivo do esquema tenha sido acionado, não veríamos qualquer componente afetivo, motivacional ou comportamental correspondente.

No tratamento, um paciente aprende a utilizar o sistema de controle consciente para desativar os modos. Quando os acontecimentos que acionam os modos são reinterpretados de uma maneira inconsistente com o modo, este pode ser desativado. Além disso, os modos podem ser modificados.

Transtorno da personalidade *borderline*

Beck aplica seu modelo cognitivo ao TPB (Beck et al., 1990, 2004). Seu modelo é coerente com um modelo de estresse-diátese. Os pacientes com TPB experimentam os acontecimentos comuns da vida como ameaçadores por causa de sua sensibilidade. Reagem com afeto negativo, e depois enfrentam a situação por meio de comportamentos de autoderrota. A vulnerabilidade desses pacientes se baseia em pensamento extremo, especialmente por causa de representações dicotômicas de si mesmos e dos outros. As crenças específicas incluem "O mundo é mau e perigoso", "Não tenho poder algum" e "Sou alguém inaceitável". Os pacientes com TPB comportam-se de uma maneira que sustenta essas crenças. O tratamento está centrado na correção do pensamento dicotômico, do tipo "preto ou branco", do paciente. O terapeuta demonstra que o paciente se envolve no pensamento dicotômico e que é do interesse do paciente modificar esse pensamento. Os pacientes realizam experimentos comportamentais para testar a validade de suas crenças, além de receber treinamento de assertividade.

Beck reconhece que é necessário que os terapeutas invistam um esforço considerável em estabelecer uma relação colaborativa e de confiança com os pacientes que têm TPB. Os terapeutas ajudam os pacientes a identificar suas características positivas e oferecem um *feedback* positivo quando eles demonstram um enfrentamento eficaz. Beck aconselha os terapeutas a prestarem atenção a seus pensamentos automáticos quando tratarem esses pacientes, já que os terapeutas provavelmente experimentam fortes reações emocionais. Se os terapeutas permitirem aos pacientes uma parte no desenvolvimento das agendas e no estabelecimento de tarefas, haverá menos probabilidade de lutas pelo poder. Quando os pacientes não se sujeitam ao tratamento, os terapeutas podem explorar os prós e os contras de tal sujeição.

A TERAPIA COMPORTAMENTAL DIALÉTICA DE LINEHAN

Linehan estabelece uma abordagem para o tratamento de pacientes com TPB em seu livro *Cognitive-Behavioral Treatment of Borderline Personality Disorder* (1993). Ela considera o TPB como algo que reflete um padrão de instabilidade e não regulação comportamental, emocional e cognitiva. Seu tratamento, chamado "terapia comportamental dialética" (TCD), integra conceitos do budismo com uma ampla gama de estratégias cognitivas e comportamentais para abordar os problemas dos pacientes com TPB. Os procedimentos nucleares de tratamento são meditação de consciência plena, resolução de problemas, técnicas de exposição, treinamento de habilidades, gerenciamento de contingências e modificação cognitiva.

Linehan e colaboradores têm apresentado sustentação empírica para a efetividade da abordagem da autora (Linehan, Armstrong, Suarez, Allmon e Heard, 1991). Eles compararam a TCD com o "tratamento usual" em um grupo de pacientes com TPB severo e constataram que o grupo que recebia TCD tinha uma taxa significativamente menor de desistência e produzia um comportamento significativamente menos danoso do que o grupo de controle.

Linehan define a característica dominante da TCD como uma ênfase sobre a "dialética" – a reconciliação de opostos em um processo contínuo de síntese. A dialética mais fundamental é aceitar os pacientes como eles são, ao mesmo tempo estimulando-os a mudar. O tratamento requer "mudanças de momento a momento no uso da aceitação apoiada em contraposição às estratégias de confronto e de mudança. Essa ênfase sobre a aceitação como equilíbrio para a mudança flui diretamente da integração de uma perspectiva retirada de uma perspectiva da prática oriental (zen) com a prática psicológica ocidental" (Linehan, 1993, p. 19). Linehan sustenta que o investimento de nossa cultura ocidental na autonomia individual promove uma tendenciosidade contra muitos pacientes do sexo feminino com TPB (e as mulheres constituem a grande maioria dessa população de pacientes). A autora afirma que esse investimento vai contra a natureza da propensão feminina para a conexão e a interdependência.

Na TCD, o terapeuta ensina ativamente ao paciente a regulação de emoções, a efetividade interpessoal, a tolerância ao sofrimento e as técnicas de consciência plena. Linehan (1993, p. 97) escreve:

> Em poucas palavras, pode-se dizer que a TCD é muito simples. O terapeuta cria um contexto de validação, mais do que de culpa, para o paciente, e, nesse contexto, o terapeuta bloqueia ou extingue os maus comportamentos, busca os bons comportamentos do paciente e descobre como fazer com que os bons sejam tão reforçadores que o paciente dê continuidade a eles e interrompa os maus comportamentos.

A terapia dos esquemas tem muito em comum com a abordagem integradora, ativa e prática da TCD em relação aos pacientes com TPB. O conceito de "dialética" de Linehan tem uma similaridade com o conceito de "confrontação empática" da terapia de esquemas; em ambas, o terapeuta busca o equilíbrio ótimo entre apoio e sustentação de um lado, e teste da realidade e da confrontação, de outro. A terapia de esquemas também compartilha da resposta empática de Linehan ao intenso afeto e comportamento dos pacientes com TPB. Diferentemente dos clínicos que consideram esses comportamentos autodestrutivos e impulsivos dos pacientes como estando enraizados na agressão ou como esforços para manipular seu terapeuta, tanto a TCD quanto a terapia de esquemas consideram esses comportamentos como tentativas de lidar com a dor emocional extremada.

Contudo, embora Linehan enfatize a necessidade de os terapeutas validarem os pacientes com TPB, seu modelo não é um modelo de repaternidade. A terapia de esquemas enfoca mais diretamente o cumprimento das necessidades emocionais não atendidas dos pacientes. Linehan (1993) declara que os terapeutas não devem "tomar conta dos pacientes", pois as tentativas dos terapeutas de acalmar e de confortar os pacientes irá contra sua própria aprendizagem de se acalmarem e se confortarem a si próprios. Constatamos que "tomar conta dos pacientes", no sentido de atender parcialmente suas necessidades de calma e de conforto, leva a melhorias estáveis na maioria dos pacientes com TPB. A paternidade limitada oferece aos pacientes um nivelamento na luta contra seus esquemas e, com o tempo, amplia suas capacidades de se acalmarem e se confortarem a si próprios. Os terapeutas oferecem um modelo que os pacientes internalizam gradualmente como seu próprio modo de "adulto saudável".

Outra diferença entre a TCD e a terapia de esquemas no tratamento do TPB é o enfoque maior que este dá ao desvelamento e à expressão do afeto. Na terapia de esquemas, o terapeuta primeiro enfoca a formação de uma ligação com o modo mais jovem e vulnerável do paciente – a "Criança Abandonada". O terapeuta estimula o paciente a ficar no modo criança abandonada e a expressar seus sentimentos integralmente – sobre os eventos presentes e passados, sobre membros da família, sobre o terapeuta. O terapeuta enfoca o oferecimento e a validação e apenas apresenta elementos cognitivos e comportamentais mais tarde, depois de o paciente experimentar a relação terapêutica como algo estável. Na terapia de esquemas de um paciente com TPB, a maioria das estratégias cognitivas e comportamentais se volta à construção do "Modo Adulto" do paciente, cujo modelo é o terapeuta. O "Adulto Saudável" atua como pai para a "Criança Abandonada", derrota o "Pai Punitivo" e substitui o "Protetor Distanciado" com estratégias de enfrentamento mais adaptativas.

A TCD usa o gerenciamento de contingências para abordar comportamentos suicidas e outras atuações. A terapia de esquemas realiza essa meta com uma repaternidade aumentada, estabelecimento de limites, trabalho com os modos e confrontação empática. Os terapeutas de esquemas estabelecem limites mais de acordo com as circunstâncias, como um pai o faria, e não formalmente, sob a forma de contratos no começo do tratamento. Também acreditamos que o modelo conceitual da terapia de esquemas delineia mais claramente a estrutura psicológica de um paciente com TPB – em termos dos quatro modos primários (os quatro primeiros modos a serem descritos a seguir) – dando ao terapeuta mais facilidade e profundidade na compreensão das mudanças rápidas e aparentemente caóticas nos estados afetivos dos pacientes.

A TERAPIA DE ESQUEMAS DE YOUNG PARA O TPB

Como observamos, um problema que tivemos ao aplicar o modelo de esquemas para pacientes com TPB foi o de que eles pareciam ter um excesso de esquemas. Por exemplo, quando damos a tais pacientes o *Young Schema Questionnaire* (Young e Brown, 1990, 2001), não é incomum para eles obter um alto escore em quase todos os esquemas. Precisamos de uma unidade diferente de análise, uma unidade que agruparia os esquemas e os faria mais administráveis ao tratamento. Os pacientes com TPB também foram problemáticos para o modelo de esquemas original, porque eles continuamente mudam de um estado afetivo extremo para outro: em um determinado momento, estão bravos, no momento seguinte, tristes, isolados, aterrorizados ou repletos de aversão a si mesmos. Os esquemas, que são essencialmente características ou traços, não explicam essa mudança rápida de um estado a outro. Desenvolvemos o conceito de modos para captar os estados afetivos mutantes dos pacientes com TPB. Definimos um "modo" como *aqueles esquemas ou respostas de enfrentamento – adaptativas ou desadaptativas – que estão atualmente ativas para um indivíduo*.

Os pacientes com TPB mudam continuamente de um modo a outro como resposta aos acontecimentos da vida. Enquanto os pacientes mais saudáveis geralmente dispõem de menos modos, passam mais tempo em cada modo e modos menos extremos, os pacientes com TPB dispõem de mais modos, passam de um modo a outro a toda hora e, além disso, apresentam maior presença de modos extremos. Além disso, quando um paciente com TPB troca de modo, os outros parecem desaparecer. Diferentemente dos pacientes mais saudáveis, que podem experimentar dois ou mais modos simultaneamente de maneira que um modula o outro, nos pacientes com TPB, os modos estão dissociados.

Os modos nos pacientes com TPB

Identificamos cinco modos principais para o paciente com TPB:

1 Criança abandonada
2 Criança brava e impulsiva
3 Pai punitivo
4 Protetor distanciado
5 Adulto saudável

Agora descreveremos brevemente cada um deles:

- O modo Criança Abandonada é a criança interior que sofre. É a parte do paciente que sente a dor e o terror associados com a maior parte dos esquemas, incluindo o abandono, o abuso, a provação, a imperfeição e a subjugação. Nesse modo, os pacientes parecem frágeis e infantis. Parecem infelizes, frenéticos, assustados, não amados e perdidos. Ficam obcecados em encontrar uma figura paterna que tomará cuidado deles e se envolvem em esforços desesperados para evitar que os cuidadores os abandonem. Eles idealizam pessoas que tomem conta deles e têm fantasias em que são resgatados por essas pessoas.
- O modo Criança Brava e Impulsiva é predominante quando o paciente está com raiva ou se comporta impulsivamente, por suas necessidades emocionais básicas não serem atendidas. Quando os pacientes estão no modo Criança Brava e Impulsiva, eles comunicam sua raiva de maneira inapropriada. Eles podem parecer intensamente raivosos, exigentes, controladores, abusivos ou negligentes; podem também apresentar tendências suicidas.
- O modo Pai Punitivo é a raiva ou os ódios internalizados do pai ou da mãe ou de ambos (normalmente). Sua função é punir o paciente por fazer algo "errado", tal como expressar necessidades ou sentimentos. Os sinais e os sintomas incluem o ódio a si mesmo, a autocrítica, a autonegação, a automutilação, fantasias sexuais e comportamento autodestrutivo. Os pacientes que se encontram nesse modo tornam-se seus próprios pais punitivos e se rejeitam, ficando bravos consigo mesmos por terem necessidades normais que seus pais não permitiram que expressassem. Eles se punem a si próprios – por exemplo, cortando-se ou passando fome – e falam sobre si mesmos em tom cruel e severo, dizendo-se "maus", "sujos", "malvados".
- No modo Protetor Distanciado, o paciente fecha a porta a todas as emoções, desliga-se dos outros e se comporta de maneira submissa. Os sinais e os sintomas incluem a despersonalização, o vazio, o tédio, o abuso de substâncias, as bebedeiras, a automutilação, reclamações psicossomáticas, os "brancos" e a aceitação de tudo de maneira mecânica, como um robô. Os pacientes passam para o modo de Protetor Distanciado quando seus sentimentos estão misturados, a fim de cortá-los. Os pacientes com TPB nesse modo em geral parecem normais; são "bons pacientes". Na verdade, muitos terapeutas erroneamente reforçam esse modo. O problema é que, quando os pacientes estão nesse modo,

cortam qualquer relação com suas necessidades e seus sentimentos. Eles baseiam sua identidade em ganhar a aprovação de seus terapeutas, mas não estão realmente conectados com o terapeuta. Às vezes, um terapeuta passa um tratamento inteiro com um paciente que tem TPB não percebendo que ele está no modo Protetor Distanciado quase o tempo inteiro. O paciente nunca progride de maneira significativa.

Um modo disfuncional pode ativar outro. Por exemplo, um paciente pode expressar uma necessidade no modo Criança Abandonada, e depois mudar para o modo Pai Punitivo para punir-se por expressar a necessidade e depois mudar para o modo Protetor Distanciado para escapar da dor da punição. Os pacientes com TPB frequentemente caem na armadilha desses círculos viciosos, com um modo acionando outro em um *loop* que se autoperpetua.

- O modo Adulto Saudável é extremamente fraco e pouco desenvolvido nos pacientes com TPB, especialmente no começo do tratamento. De certa forma, esse é o problema principal: esses pacientes não encontram um modo paterno tranquilizador que cuide deles e os acalme. Isso contribui significativamente para sua incapacidade de tolerar a separação. O terapeuta é o modelo de um adulto saudável para um paciente, até que ele finalmente internalize as atitudes, as emoções, as reações e os comportamentos do terapeuta como seus próprios.

Critérios diagnósticos do DSM-IV para o TPB e para os modos esquemáticos

O que apresentamos a seguir é uma paráfrase dos critérios diagnósticos do DSM-IV, relacionados aos modos esquemáticos relevantes.

CRITÉRIOS DIAGNÓSTICOS DO DSM-IV	MODOS ESQUEMÁTICOS RELEVANTES
1. Tentativas desesperadas de evitar o abandono (real ou imaginado).	Modo Criança Abandonada.
2. Uma história de relações erráticas e intensas com os outros, marcadas pelas mudanças entre extremos idealizadores e não valorizadores.	Qualquer um desses quatro primeiros modos (é a rápida mudança de um modo para outro que cria a instabilidade e a intensidade. Por exemplo, a Criança Abandonada idealiza cuidadores, ao passo que a Criança Brava e Impulsiva desvaloriza e os reprova).
3. Identidade perturbada – uma imagem ou um sentido de si notável e cronicamente instável.	a) Modo Protetor Distanciado (porque esses pacientes devem agradar os outros e não podem ser eles próprios, eles não desenvolvem uma identidade segura). b) Mudança constante de um modo integrado a outro, cada um com sua própria visão de si, também leva a uma autoimagem instável.
4. Comportamento impulsivo (por exemplo, gastar dinheiro, promiscuidade sexual, abuso de substâncias, comer exageradamente, direção irresponsável).	a) Modo Criança Brava e Impulsiva (para expressar raiva ou fazer com que as necessidades sejam atendidas). b) Modo Protetor Distanciado (para autoacalmar-se ou romper com o torpor).

(Continua)

CRITÉRIOS DIAGNÓSTICOS DO DSM-IV	MODOS ESQUEMÁTICOS RELEVANTES
(Continuação)	
5. Ameaças, gestos ou comportamento recorrentes de suicídio ou automutilação.	Qualquer um dos primeiros quatro modos (cada um por uma razão diferente – ver abaixo).
6. Instabilidade afetiva causada por uma reação de humor notável (por exemplo, episódios severos de irritabilidade, disforia ou ansiedade)	a) Temperamento biológico lábil, hipoteticamente intenso. b) Rápida mudança entre os modos, cada um com seus próprios afetos distintivos.
7. Sentimentos contínuos de vazio.	Modo Protetor Distanciado (o corte das emoções e a não conexão com os outros leva a sentimentos de vazio).
8. Raiva fora do lugar ou intensa ou problemas em controlar a raiva.	Modo Criança Brava e Impulsiva.
9. Ideias paranoicas ocasionais ou sintomas dissociativos intensos.	Qualquer um dos quatro primeiros modos (quando o afeto se torna insuportável ou opressivo).

Quando um paciente com TPB está em condição suicida ou parassuicida, é importante que o terapeuta reconheça qual modo está experimentando a urgência. É a urgência que vem do modo Pai Punitivo e visa a punir o paciente? Ou a urgência vem do modo Criança Abandonada, como um desejo de terminar a dor da solidão insuportável? Vem do modo Protetor Independente, em um esforço de se distrair da dor emocional por meio da dor física, ou de se distrair por meio da perfuração do torpor e para sentir alguma coisa? Ou vem do modo Criança Brava e Impulsiva, em um desejo de vingar-se ou de machucar outra pessoa? O paciente tem uma razão diferente para querer tentar o suicídio em cada um desses quatro modos, e o terapeuta aborda a urgência suicida de acordo com o modo particular que a esteja gerando.

TRATAMENTO DE PACIENTES COM TPB

De acordo com nossa perspectiva, a maneira mais construtiva de ver os pacientes com TPB é como crianças vulneráveis. Eles podem até parecer adultos, mas psicologicamente são crianças abandonadas em busca de seus pais. Comportam-se inadequadamente porque estão desesperados. Fazem o que todas as crianças pequenas fazem quando não dispõem de alguém que cuide delas e faça com que se sintam seguras. A maior parte dos pacientes com TPB foi solitária e maltratada quando criança. Não havia ninguém que os confortasse ou protegesse. Com frequência, eles não tinham ninguém a quem se voltar, exceto as próprias pessoas que os estavam machucando. A falta de um adulto saudável que eles pudessem internalizar faz com que, como adultos, careçam dos recursos internos para se sustentarem quando estão sozinhos.

Os pacientes com TPB quase sempre precisam mais do que seus terapeutas podem oferecer. Isso não quer dizer que os terapeutas devam dar a esses pacientes tudo o que precisam. Pelo contrário, os terapeutas também têm direitos. Têm o direito de manter suas vidas privadas, de ser tratados com respeito e de estabelecer limites quando os pacientes infringem esses direitos. Um paciente com TPB tem as necessidades de uma criança muito pequena. O paciente precisa de um pai. Já que o terapeuta só pode oferecer ao paciente uma "repaternidade limitada", é inevitável que haja uma grande distância entre o que o paciente precisa e o que o terapeuta pode dar. Ninguém deve ser culpado por isso: não é que o paciente com TPB queira demais, e não é que o terapeuta dos esquemas dê muito pouco. É que simplesmente a terapia não é uma maneira ideal para a repaternidade. Assim, é certo que haverá conflito na relação terapeuta-paciente. Os pacientes com TPB são aptos a ver os limites do profissional como frios, descuidados, injustos, egoístas ou até mesmo cruéis.

Psicologicamente, o paciente cresce na terapia. O paciente começa como uma criança ou como uma criança muito pequena e – sob a influência da repaternidade do terapeuta – gradualmente amadurece, até tornar-se um adulto saudável. É por isso que o tratamento eficaz do TPB não pode ser breve. Tratar esse transtorno integralmente requer um tratamento relativamente longo (pelo menos dois anos e, com frequência, mais).

Metas do tratamento

Posta em termos de modos, a meta geral do tratamento é a de ajudar o paciente a incorporar o modo Adulto Saudável, modelado pelo terapeuta, a fim de fazer o seguinte:

1 Ter empatia e proteger a Criança Abandonada.
2 Ajudar a Criança Abandonada a dar e receber amor.
3 Lutar contra e eliminar o Pai Punitivo.
4 Estabelecer limites para o comportamento da Criança Brava e Impulsiva, e ajudar o paciente que estiver nesse modo a expressar emoções e necessidades de maneira adequada.
5 Garantir e substituir de maneira gradual o Protetor Distanciado pelo Adulto Saudável.

Os modos de rastreamento caracterizam o núcleo do tratamento: o terapeuta rastreia os modos do paciente a todo momento da sessão, usando seletivamente as estratégias que se encaixam em cada um dos modos. O paciente gradualmente identifica e internaliza a repaternidade do terapeuta como sendo seu próprio modo Adulto Saudável.

O tratamento tem três estágios principais:

1 o estágio de criação de vínculos e de regulação emocional;
2 o estágio de mudança nos modos esquemáticos;
3 o estágio de autonomia.

Estágio I: O estágio de criação de vínculos e de regulação emocional

Facilitando o vínculo de repaternidade

O terapeuta começa pela repaternidade da Criança Abandonada, oferecendo segurança e sustentação emocional (Winnicott, 1965). A meta é a de que o terapeuta crie um ambiente que seja um antídoto parcial para o ambiente que o paciente conheceu como criança – um ambiente que seja seguro, cultivador, protetor, generoso e estimulante em relação à autoexpressividade. O terapeuta pergunta sobre os problemas correntes e atuais. Identificamos quatro fatores de pré-disposição nos ambientes familiares com TPB:

1 abuso e falta de segurança;
2 abandono e privação emocional;

3 subjugação de necessidades e sentimentos;
4 punição ou rejeição.

O terapeuta avalia se esses fatores estavam presentes na história infantil do paciente.

O terapeuta estimula o paciente a ficar no modo Criança Abandonada durante esse estágio. Manter o paciente no modo Criança Abandonada ajuda o terapeuta a desenvolver sentimentos de simpatia e de ternura pelo paciente. A vulnerabilidade do paciente estimula o terapeuta a vincular-se com o paciente e a sentir e ter empatia com ele. Mais tarde, quando outros modos começarem a surgir e o paciente ficar bravo ou punitivo, o terapeuta terá o cuidado e a paciência para resistir. Manter o paciente no modo Criança Abandonada também ajuda o paciente a vincular-se com o terapeuta. Esse vínculo impede o paciente de abandonar a terapia prematuramente e dá ao terapeuta a força para confrontar os outros modos, mais problemáticos, do paciente.

O paciente espontaneamente esconderá suas necessidades e seus sentimentos, pensando que o terapeuta só quer que ele seja "legal" e educado. Contudo, não é isso o que o terapeuta quer. O terapeuta quer que o paciente seja o que de fato é – que diga o que sente e peça o que precisa – e o terapeuta tenta convencer o paciente disso. Essa é uma mensagem que o paciente com TPB provavelmente nunca recebe de um pai. Dessa forma, a terapia esquemática tenta romper com o ciclo de subjugação e isolamento em que o paciente está preso.

Quando o terapeuta estimula o paciente a expressar emoções e necessidades, estas em geral vêm do modo Criança Abandonada. Manter o paciente no modo Criança Abandonada e cuidar dele são elementos de estabilização para a vida do paciente. O paciente muda menos frequentemente de um modo para o outro. Se é capaz de expressar suas emoções e suas necessidades no modo Criança Abandonada, ele não terá de passar para o modo Criança Brava e Impulsiva para expressá-los. Não terá de passar para o modo Protetor Distanciado para barrar seus sentimentos. E não terá de passar para o modo Pai Punitivo porque, ao aceitar o paciente, o terapeuta substitui o Pai Punitivo pela figura do pai que permite a autoexpressividade. Assim, à medida que o terapeuta atua no âmbito da repaternidade em relação ao paciente, seus modos disfuncionais gradualmente desaparecem.

Negociando limites

O estabelecimento de limites é uma parte importante da fase inicial do tratamento. Estabelecemos estas três orientações básicas:

1 *Os limites são baseados na segurança do paciente e nos direitos pessoais do terapeuta.* A segurança do paciente é a primeira coisa a ser considerada. O terapeuta tem de estabelecer alguns limites que ofereçam segurança, ressentindo-se ou não disso. Porém, se o paciente estiver seguro e pedir ao terapeuta que faça algo de que este se ressinta, a regra é que o terapeuta não deve concordar com o que lhe é pedido.
2 *Os terapeutas não devem começar a fazer nada que não possam continuar a fazer pelos pacientes, a menos que eles expressem que a ação ocorrerá por um determinado período apenas.* Por exemplo, o terapeuta não deve ler e-mails longos de um paciente todos os dias e durante várias semanas e, depois, anunciar abruptamente que não mais lerá e-mails. Contudo, se o paciente

estiver passando por uma crise, o terapeuta poderá concordar em comunicar-se com o paciente todos os dias até que a crise passe. É importante que o terapeuta determine seus limites com antecedência e que se mantenha firme.

3 *O terapeuta estabelece limites de maneira pessoal.* Em vez de usar explicações impessoais de limites (por exemplo, "Minha política é impedir o comportamento suicida"), o terapeuta comunica-se de maneira pessoal com o paciente (por exemplo, "Para que eu fique em paz comigo mesmo, preciso saber que você está se sentindo seguro"). O terapeuta usa a abertura de intenções e sentimentos sempre que for possível e evita causar a impressão de ser punitivo ou rígido. Os pacientes com TPB em geral têm empatia com o terapeuta e podem entender seu ponto de vista.

4 *O terapeuta apresenta uma regra toda vez que o paciente a viola.* A não ser que os pacientes tenham um funcionamento extremamente baixo, os terapeutas não expressam seus limites antes do tempo ao paciente, e nem estabelecem um contrato explícito. Tal lista ou contrato parece exageradamente clínica. Em vez disso, o terapeuta estabelece um limite toda vez que o paciente o ultrapassar, e não impõe quaisquer consequências até que o paciente o ultrapasse novamente. O terapeuta explica a razão pela qual impôs o limite e demonstra empatia pela dificuldade que o paciente tem de respeitá-lo.

5 *O terapeuta estabelece consequências naturais para a violação de limites.* O terapeuta estabelece as consequências para a violação dos limites, que decorrem do que o paciente fez, sempre que possível. Por exemplo, se o paciente ligar para o terapeuta mais vezes do que foi estabelecido, o terapeuta criará um período em que o paciente não poderá lhe telefonar.

Tendemos a reforçar os limites de maneira mais rígida à medida que a terapia progride e que o paciente acaba por desenvolver uma forte ligação com o terapeuta. Em geral, quanto mais forte a ligação com o terapeuta, maior a motivação do paciente para aderir aos limites que o terapeuta estabeleceu.

Limitar o contato externo entre terapeuta e paciente

Acreditamos que os terapeutas que trabalham com pacientes que têm TPB devem ser preparados para dar aos pacientes um tempo extra, fora das sessões. Mas quanto tempo? Os terapeutas devem dar aos pacientes tanto contato externo quanto possível sem que se zanguem. É aí que se deve estabelecer um limite. Além de estabelecer um limite e de modelar asserções adequadas, o terapeuta está dando ao paciente uma lição sobre a natureza da raiva. Isso ajuda o paciente a entender seu próprio padrão (isto é, sua própria raiva não expressa se acumula até que ela passe para o modo Criança Brava e Impulsiva) e mostra ao paciente que ele pode superar tal padrão.

Limitar crises suicidas

O terapeuta é o recurso principal para o paciente com TPB que esteja em crise. A maior parte das crises ocorre porque o paciente se sente desprezível, mau, odiado, abusado ou abandonado. A capacidade do terapeuta de reconhecer esses sentimentos e de responder a eles de maneira apaixonada é o que permite ao paciente resolver a crise. Em última análise, é uma convicção do paciente que o terapeuta de fato se importa com ele e o respeita e que impede o comportamento autodestrutivo, em contraste com o Pai Punitivo. Enquanto o paciente estiver confuso sobre o fato de o terapeuta realmente importar-se com ele, continuará a ter comportamentos autodestrutivos.

Os terapeutas pedem aos pacientes com TPB que concordem que não farão uma tentativa de suicídio sem contatar primeiro os terapeutas. A concordância é uma condição da terapia. Os terapeutas estabelecem o limite na primeira vez que os pacientes dizem que têm ou que tiveram inclinação ao suicídio. Os pacientes com TPB tendem a ver essas exigências como uma forma de cuidado e concordam com ela prontamente. Além disso, os pacientes concordam em seguir a hierarquia das regras que os terapeutas estabelecem para lidar com as crises suicidas.

Limitar os comportamentos impulsivos autodestrutivos

Os pacientes com TPB podem ficar tão imersos em um afeto insuportável, que comportamentos impulsivos – tais como cortar a si mesmo ou abusar de drogas – parecem as únicas formas viáveis de escape. Ensinar aos pacientes habilidades para lidar com as situações (tais como as descritas abaixo) pode ajudá-los a aprender a tolerar o sofrimento, mas, às vezes, eles se sentem por demais oprimidos para retirar algum benefício de tais habilidades. Quando os pacientes estão conectados aos terapeutas de maneira estável, e quando são capazes de expressar sua raiva em relação ao terapeuta e aos outros, os comportamentos impulsivos e autodestrutivos tendem a se reduzir de maneira significativa.

O comportamento autodestrutivo pode derivar de qualquer um dos primeiros quatro modos esquemáticos. Muitos desses comportamentos ocorrem porque um paciente está bravo com alguém e não pode expressar tal sentimento diretamente. A raiva do paciente cresce, aparecendo finalmente sob a forma de comportamento impulsivo. Além do modo Criança Brava e Impulsiva, o paciente pode estar no modo Criança Abandonada e tentar usar o comportamento como uma distração da dor emocional; ou pode estar no modo Pai Punitivo e usar o comportamento como uma punição; ou no modo Protetor Distanciado e tentar romper com o torpor para sentir que existe. O terapeuta estabelece limites de acordo com o modo que gera o comportamento.

Quando os pacientes com TPB se recusam a concordar com os limites da terapia, sua não concordância não é geralmente parte do modo Criança Abandonada. A exceção é contatar o terapeuta muito frequentemente porque o paciente sente a ansiedade da separação. A Criança Abandonada depende do terapeuta e, portanto, provavelmente concordará com ele. A não concordância em geral vem de outro modo – o Protetor Distanciado, o Pai Punitivo ou a Criança Brava e Impulsiva. A fim de superar a não concordância do paciente, o terapeuta trabalha com esses modos até que o paciente aceite os limites. Por exemplo, o terapeuta pode pedir ao paciente que conduza um diálogo entre o modo não concordante (tal como o Protetor Distanciado) e o Adulto Saudável.

Técnicas cognitivo-comportamentais para a regulação do afeto

O mais cedo possível na terapia, o terapeuta ensina ao paciente as técnicas cognitivo-comportamentais para conter e regular o afeto. Quanto mais severos os sintomas do paciente (especialmente os comportamentos suicidas e parassuicidas), mais rapidamente o terapeuta introduz essas técnicas. Contudo, constatamos que a maioria dos pacientes com TPB não aceita e nem se beneficia das técnicas cognitivo-comportamentais até que confiem na estabilidade do vínculo de repaternidade. Se o terapeuta introduzir essas técnicas muito cedo, elas tenderão a não ser eficazes. Cedo no tratamento, o foco principal do paciente está em certificar-se de que o vínculo terapeuta-paciente esteja presente, e o paciente carece da atenção livre necessária para enfocar as técnicas cognitivo-comportamentais. Muitos pacientes as rejeitam como sendo frias demais ou mecânicas. À medida que os pacientes cada vez mais confiam na estabilidade da relação terapêutica, eles se tornam mais capazes de utilizar essas técnicas.

Quando o paciente parece aberto às técnicas cognitivo-comportamentais, geralmente começamos com as que são projetadas para ampliar o autocontrole do paciente sobre seus humores e a capacidade de acalmar a si mesmo. Essas técnicas podem incluir a imaginação de um lugar seguro, a auto-hipnose, o relaxamento, o automonitoramento dos pensamentos automáticos, o uso de *flashcards* – o que for mais útil para o paciente. O terapeuta também educa o paciente sobre seus esquemas e começa a desafiar os esquemas deste por meio do uso de técnicas cognitivas. O paciente lê *Reinventing Your Life* (Young e Klosko, 1993) como parte desse processo educacional. Por meio dessas técnicas de enfrentamento, o terapeuta visa reduzir as reações exageradas dirigidas pelos esquemas e construir a autoestima do paciente. Algumas técnicas cognitivo-comportamentais para a regulação do afeto são apresentadas abaixo.

Meditação de consciência plena

A meditação de consciência plena é um tipo particular de técnica de relaxamento que ajuda o paciente a se acalmar e a regular suas emoções (Linehan, 1993). Mais do que se sentir oprimido ou fechado pelas emoções, o paciente observa as emoções, mas não age sobre elas. Sentir-se incomodado é o sinal que alerta o paciente para que faça o exercício de meditação. Os pacientes são instruídos a manterem-se focados na meditação de consciência plena até que estejam calmos e que possam pensar sobre a situação de maneira racional. Dessa forma, quando agirem, será de maneira pensada, e não impulsivamente.

Atividades prazerosas para o cultivo de si mesmo

O terapeuta estimula o paciente a cultivar sua criança abandonada participando de atividades prazerosas. Essas atividades variam de paciente a paciente, dependendo do que uma pessoa considerar mais prazeroso. Alguns exemplos incluem tomar um banho, comprar-se um pequeno presente, receber uma mensagem ou acariciar quem se ama. Essas atividades vão contra os sentimentos de privação e de inutilidade do paciente.

Flashcards

Os *flashcards* são a estratégia de enfrentamento mais simples para muitos pacientes com TPB. Trata-se de pequenos cartões de papel que os pacientes carregam consigo e que leem quando se sentem incomodados. O terapeuta elabora o *flashcard* com a ajuda de um paciente. O terapeuta geralmente elabora diferentes *flashcards* para diferentes situações – como para a situação em que o paciente está bravo, para quando um amigo o desaponta, para quando o chefe estiver bravo com ele ou para quando seu parceiro precisar de mais privacidade.

Aqui está um exemplo de *flashcard*, escrito para um paciente com TPB, e que deve ser lido quando o terapeuta estiver em férias (Young, Wattenmaker e Wattenmaker, 1996):

> Agora eu me sinto assustado e irritado porque meu terapeuta está longe. Tenho vontade de me cortar. Contudo, sei que esses sentimentos representam meu modo Criança Abandonada, que desenvolvi porque meus pais, que eram alcoólatras, deixavam-me muito tempo sozinho. Quando estou nesse modo, exagero minhas impressões de que as pessoas jamais voltarão e que nunca vão cuidar de mim.
>
> Muito embora eu acredite que meu terapeuta não volte ou que não vá querer me ver novamente, a realidade é que ele voltará e vai querer me ver de novo. A prova dessa perspectiva saudável é o fato de que toda vez que ele saiu em férias antes voltou e demonstrou se importar comigo.
>
> Portanto, muito embora eu tenha vontade de me machucar, vou fazer algo de que goste (caminhar, ligar para um amigo, ouvir música, jogar). Também vou ouvir minha fita de relaxamento.

Além de escrever o *flashcard*, o terapeuta pode gravá-lo em uma fita para que o paciente o escute em casa. Pode ser útil para o paciente ouvir a voz do terapeuta. Contudo, também é importante disponibilizar o *flashcard* na forma escrita, que é mais fácil de carregar. Dessa forma, o paciente pode carregar o *flashcard* com ele e lê-lo toda vez que sentir necessidade.

O diário de esquemas

O diário de esquemas (Young, 1993) é uma técnica mais avançada porque, diferentemente de um *flashcard*, requer que os pacientes gerem suas próprias respostas de enfrentamento quando estiverem incomodados. A deixa para usar o diário de esquemas é a de que o paciente se sinta incomodado e não saiba como lidar com determinada situação. De certa forma, o diário é similar ao *Daily Record of Dysfunctional Thoughts* (Registro diário de pensamentos disfuncionais) da terapia cognitiva (Young, Weinberger e Beck, 2001). Preencher o formulário ajuda o paciente a pensar sobre um problema e a gerar uma resposta saudável. O paciente em geral faz uso do diário de esquemas em um momento mais tardio da terapia.

Treinamento de assertividade

É importante oferecer aos pacientes que tenham TPB um treinamento de assertividade ao longo da terapia, de forma que aprendam maneiras mais aceitáveis de expressar suas emoções e de fazer com que suas necessidades sejam atendidas. Eles precisam especialmente aprimorar suas habilidades de expressar a raiva, já que a maior parte deles tende a passar da passividade extrema à agressão extrema. Ao mesmo tempo que aprendem a gerenciar a raiva, os pacientes recebem o treinamento de assertividade: o gerenciamento da raiva ensina aos pacientes o autocontrole necessário para que lidem com suas explosões de raiva; o treinamento de assertividade ensina-lhes modos corretos de expressar sua raiva. O terapeuta e o paciente dramatizam várias situações da vida do paciente que pedem a presença de habilidades de assertividade. Uma vez que o paciente tenha desenvolvido uma resposta saudável, o terapeuta e o paciente ensaiam-na até que o paciente se sinta confiante o suficiente para executá-la na vida real.

Antes de voltar a atenção do paciente para as técnicas de assertividade, o terapeuta dá a ele a oportunidade de falar sobre todas as suas emoções relativas à situação que lhe incomoda, bem como sobre todas as situações relacionadas da infância. Os pacientes com TPB precisam fazê-lo antes de que saibam como aplicar as estratégias comportamentais. Só depois de falar sobre o assunto é que eles serão capazes de enfocar a assertividade adequadamente.

Estágio II: Mudança nos modos esquemáticos

Para reiterar, a abordagem geral do terapeuta ao tratamento é a de acompanhar os modos do paciente de momento a momento e utilizar as estratégias apropriadas para o modo atual. As metas são construídas para utilizar as estratégias para o modo corrente. As metas são as de construir o modo Adulto Saudável (tendo o terapeuta como modelo), cuidar da Criança Abandonada, tranquilizar e substituir o Protetor Distanciado, derrubar e expungir o Pai Punitivo e ensinar à Criança Brava e Impulsiva maneiras de expressar emoções e necessidades.

Educando o paciente acerca dos modos

O terapeuta explica os modos ao paciente. Se os terapeutas apresentam os modos de uma maneira pessoal, a maior parte dos pacientes com TPB relaciona-se com eles rapidamente e bem. Contudo, alguns pacientes rejeitam a ideia de modos. Quando isso acontecer, o terapeuta não deve insistir. Em vez disso, deixa de lado os rótulos e usa outras expressões, tais como "o seu lado triste", "o seu lado bravo", "o seu lado autocrítico" e "o seu lado apático". É importante que o terapeuta rotule essas partes diferentes do *self* de alguma maneira, mas não precisa ser necessariamente com nossos rótulos.

O terapeuta também pede ao paciente que leia os capítulos relevantes de *Reinventing Your Life* (Young e Klosko, 1993). Embora o livro não mencione os modos diretamente, ele descreve a experiência dos esquemas e os três estilos de enfrentamento, que são a rendição, a fuga e o contra-ataque. É importante que os terapeutas recomendem a leitura de um capítulo por vez e de maneira ritmada, pois quando os pacientes com TPB leem *Reinventing your life*, eles tendem a ver-se em todos os lugares, e ficam sobrecarregados.

O modo Criança Abandonada: tratamento

O modo Criança Abandonada é a parte infantil do paciente que foi abusado, abandonado, privado, subjugado e punido severamente. O terapeuta tenta fornecer o oposto: uma relação que seja tranquila, segura e cultivante, que estimule a expressividade genuína e que seja generosa.

A relação terapeuta-paciente

A relação terapêutica é central para o tratamento do modo Criança Abandonada. Por meio da repaternidade, o paciente busca oferecer um antídoto parcial para a infância tóxica do paciente. O terapeuta atua no âmbito da repaternidade, nos limites apropriado da relação terapêutica; isso é o que queremos dizer com "repaternidade limitada". Dentro desses limites, o terapeuta tenta satisfazer muitas das necessidades não atendidas do paciente.

Trabalho experencial

O terapeuta ajuda o paciente a trabalhar as imagens de acontecimentos incômodos da infância, introduzindo as imagens e atuando no âmbito da repaternidade. Mais tarde na terapia, quando o vínculo terapêutico está seguro e o paciente está forte o suficiente para não descompensar, o terapeuta orienta-o por entre as imagens traumáticas de abuso ou de negligência. O terapeuta apresenta as imagens e faz tudo o que um bom pai faria: remove a criança da cena, confronta o perpetrador, fica entre este e a criança ou confere poder a ela para lidar com a situação. Gradualmente, o paciente assume o papel do Adulto Saudável.

Trabalho cognitivo

O terapeuta educa o paciente acerca das necessidades humanas normais, começando com as necessidades de desenvolvimento das crianças. Muitos pacientes com TPB jamais aprenderam o que são necessidades normais, já que seus pais os ensinaram que mesmo essas necessidades normais eram "más". Esses pacientes não sabem que todas as crianças precisam de segurança, de amor, de autonomia, de elogio e de aceitação. Os primeiros capítulos de *Reinventing Your Life* são úteis nesta fase do tratamento.

As técnicas cognitivas, especialmente os *flashcards*, podem ajudar os pacientes com TPB a se sentirem conectados a seus terapeutas em situações incômodas.

Trabalho comportamental

O terapeuta ajuda o paciente a praticar as técnicas de assertividade. As metas são as de que o paciente aprenda a gerenciar o afeto de maneira produtiva e que desenvolva relações íntimas com seus parceiros amorosos, de modo que ele possa se sentir vulnerável sem sobrecarregar a outra pessoa.

Os perigos presentes no trabalho com o modo Criança Abandonada

O primeiro perigo é o de que o paciente pode deixar a sessão enquanto estiver neste modo e tornar-se deprimido ou contrariado. Os pacientes com TPB cobrem um amplo espectro de funcionalidade; o que um paciente consegue fazer, outro não consegue. O terapeuta tem o cuidado de não sobrecarregar o paciente neste modo, abordando apenas gradualmente questões mais emocionalmente carregadas.

O terapeuta pode inadvertidamente agir de um modo que faz com que o paciente encerre o modo Criança Abandonada. Se o terapeuta responder ao paciente tentando resolver ou ignorar seu lado infantil, este pode pensar que o terapeuta quer que ele seja objetivo e racional, passando, então, ao modo Protetor Distanciado. Durante toda a vida, a maior parte dos pacientes não é bem-vinda nas interações interpessoais.

O terapeuta pode ficar irritado com o comportamento "infantil" do paciente e com sua fraca capacidade de resolver problemas enquanto estiver neste modo. Qualquer demonstração de raiva de parte do terapeuta imediatamente encerrará o modo Criança Abandonada. O paciente passará ao modo Pai Punitivo, para punir a si mesmo por ter deixado o terapeuta zangado.

O modo Protetor Distanciado: tratamento

O modo Protetor Distanciado serve para cortar as emoções do paciente e suas necessidades, a fim de proteger o paciente. Neste modo, é como se o paciente fosse uma casca, sem conteúdo, que age para agradar automática e mecanicamente.

A relação terapeuta-paciente

O terapeuta tranquiliza o Protetor Distanciado sobre o fato de ser seguro deixar que o paciente fique vulnerável diante do terapeuta. O terapeuta protege o paciente de maneira consistente, de modo que o Protetor Distanciado não precise fazê-lo. O terapeuta ajuda o paciente a conter o afeto que o sobrecarrega, acalmando-o, de modo que seja seguro para o Protetor Distanciado experimentar seus sentimentos. O terapeuta permite que o paciente expresse todos os seus sentimentos (dentro de limites adequados), incluindo a raiva que sinta do terapeuta, sem punição.

Trabalho experimental

O terapeuta deve passar pelo Protetor Distanciado a fim de chegar aos outros modos, pois não haverá possibilidade de progresso enquanto o paciente estiver em tal modo. Assim como no Adulto Saudável, o terapeuta desafia e negocia com o Protetor Distanciado. O terapeuta conduz diálogos de imagens nos quais o Protetor Distanciado se torna um personagem. A meta do terapeuta é convencer o Protetor Distanciado a dar um passo para trás e permitir que o terapeuta interaja com a Criança Abandonada e outros modos infantis. Uma vez que tenha passado pelo Protetor Distanciado, o terapeuta pode começar com outro trabalho de imagens.

O trabalho cognitivo

Conhecer o modo Protetor Distanciado é útil. O terapeuta destaca as vantagens de experimentar emoções e de se conectar com outras pessoas. Viver no modo Protetor Distanciado é viver como alguém que está emocionalmente morto. A satisfação emocional só está disponível para quem está aberto a sentir e a querer. Para além da educação do paciente, há algo inerentemente paradoxal sobre realizar o trabalho cognitivo com o Protetor Distanciado. Pela ênfase da racionalidade e da objetividade, o processo de fazer trabalho cognitivo em si mesmo reforça o modo. Por essa razão, não recomendamos o enfoque no trabalho cognitivo no modo Protetor Distanciado. Quando o paciente reconhece intelectualmente que há importantes vantagens em superar o Protetor Distanciado com melhores formas de enfrentamento, o terapeuta passa ao trabalho experimental.

Trabalho comportamental

Distanciar-se das pessoas é um aspecto importante deste modo. O Protetor Distanciado é extremamente relutante no que diz respeito a se abrir emocionalmente às pessoas. É importante que o terapeuta confronte consistentemente o Protetor Distanciado. No trabalho comportamental, o paciente tenta se abrir – gradualmente – apesar de sua relutância. O paciente pratica sair do modo Protetor Distanciado e entrar nos modos Criança Abandonada e Adulto Saudável com seus parceiros amorosos. O paciente pode ensaiar imaginariamente ou dramatizar durante as sessões, e depois realizar os trabalhos de casa.

Os perigos presentes no tratamento do modo Protetor Distanciado

O primeiro perigo é que o terapeuta pode pensar que o Protetor Distanciado é o Adulto Saudável. O terapeuta acredita que o paciente está bem, mas o paciente está apenas fechado e condescendente. O fator determinante fundamental é se o paciente está ou não passando por quaisquer emoções. Ele pode experimentar a emoção em outros modos, mas não no modo Protetor Distanciado.

Outro perigo é que o terapeuta pode ser envolvido pelo Protetor Distanciado e se perder na resolução de problemas sem abordar o modo subjacente. Muitos terapeutas caem na armadilha de tentar resolver os problemas de seus pacientes que tenham o TPB. Com frequência, o paciente não quer soluções: quer que o terapeuta tenha empatia com o modo subjacente ao Protetor Distanciado – com os modos Criança Abandonada e Criança Brava, que estão escondidos.

Um terceiro perigo é que o Protetor Distanciado pode cortar a raiva que o paciente sente pelo terapeuta, de modo que este não consegue reconhecê-la. Se o terapeuta não rompe com o Protetor Distanciado e não ajuda o paciente a expressar sua raiva, ela se acumulará e o paciente, um dia, agirá ou deixará o tratamento.

O modo Pai Punitivo: tratamento

O Pai Punitivo é a identificação do paciente com o pai (e com outras pessoas) e sua internalização – pai que rejeitava e desvalorizava o paciente na infância. Ao fazer da parte autopunitiva do paciente um modo, o terapeuta ajuda o paciente a desfazer os processos de identificação e de internalização que o criaram. A parte autopunitiva torna-se ego-distônica e externa. O terapeuta então se alia ao paciente contra o Pai Punitivo. A meta do tratamento é derrotar e expulsar o Pai Punitivo. O terapeuta luta contra o Pai Punitivo, e o paciente gradualmente aprende a lutar contra o Pai Punitivo por conta própria.

A relação terapeuta-paciente

Ao modelar o oposto da punição – uma atitude de aceitação e perdão – o terapeuta prova que o Pai Punitivo é algo falso. Em vez de criticar e culpar o paciente, o terapeuta perdoa o paciente quando este faz algo "errado". O paciente pode cometer erros.

Trabalho experimental

O terapeuta ajuda o paciente a enfrentar o Pai Punitivo imaginariamente. O terapeuta começa por ajudar o paciente a identificar se o modo é representado pelo pai ou pela mãe (ou por outra pessoa). A partir disso, o terapeuta chama o modo pelo nome (por exemplo, "sua mãe punitiva" ou "seu pai punitivo"). Rotular o modo ajuda o paciente a externar a voz do Pai Punitivo, e não a sua própria voz. O paciente se torna mais capaz de se distanciar da voz punitiva e lutar contra ela. A identificação da voz punitiva resolve o problema de como lutar contra o Pai Punitivo sem parecer estar lutando contra o paciente. Quando a voz é rotulada como algo que pertence a um dos pais, não se tem mais um debate entre o terapeuta e o paciente, mas um debate entre o terapeuta e o pai. Nesse debate, o terapeuta verbaliza o que a Criança Brava tem sentido durante todo o tempo. O terapeuta finalmente diz o que o paciente de fato sente, mas que tem sido incapaz de expressar pelo fato de o Pai Punitivo ser tão tirânico.

A maior parte dos pacientes com TPB precisa do terapeuta para que possa entrar na luta contra o Pai Punitivo. No início do tratamento, eles sentem medo demasiado do Pai Punitivo, e não lutam contra ele nem de maneira imaginária. Neste momento, o paciente é essencialmente um observador da batalha entre o Pai Punitivo e o terapeuta.

Trabalho cognitivo

O terapeuta educa o paciente acerca de suas necessidades e sentimentos normais. A maior parte dos pacientes com TPB acredita que "não é bom" expressar suas necessidades e seus sentimentos, e que merecem ser punidos quando o fazem. O terapeuta ensina o paciente que a punição não é uma estratégia eficaz para sua melhora e não apoia a ideia de punição como valor. Quando o paciente comete um erro, o terapeuta substitui a punição por uma resposta mais construtiva que envolve o perdão, a compreensão e o crescimento. A meta é que o paciente olhe de maneira honesta para o que fez de errado, experimente um remorso adequado, faça a restituição a quem possa ter sido afetado negativamente, explore maneiras mais produtivas de se comportar no futuro e (mais importante) perdoe a si próprio. Dessa forma, o paciente pode se sentir responsável por seus erros sem se punir.

O terapeuta trabalha para reatribuir a condenação do paciente aos interesses do próprio pai e pelo próprio pai. Com o tempo, os terapeutas convencem os pacientes com TPB que o tratamento equivocado dispensado pelos pais ocorreu não porque os pacientes fossem más pessoas, mas porque os pais tinham problemas próprios ou porque o sistema familiar era disfuncional. Os pacientes com TPB não conseguem superar seus sentimentos de impotência antes de fazerem essa reatribuição. Eles foram bons filhos e não mereciam tratamento inadequado; na verdade, nenhuma criança o merece. Muito embora seus pais as tenham tratado mal, mereciam amor e respeito.

Um paciente que esteja lutando por fazer a reatribuição encara um dilema. A fim de culpar o pai e de ficar bravo com ele, o paciente corre o risco de perdê-lo, psicologicamente ou na realidade. Esse dilema destaca mais uma vez a importância da relação de re-paternidade. À medida que o terapeuta se torna o pai substituto (limitado), o paciente não mais depende do pai real.

A repetição é um aspecto vital do trabalho cognitivo. Os pacientes precisam ouvir o argumento contra o Pai Punitivo várias vezes. O modo Pai Punitivo desenvolve-se ao longo do tempo por meio de infinitas repetições. Toda vez que os pacientes lutam contra o Pai Punitivo, com amor próprio, eles enfraquecem o modo um pouco mais. A repetição aos poucos acaba com o Pai Punitivo.

Finalmente, é importante que o terapeuta e o paciente reconheça as boas qualidades dos pais. É comum que os pais deem alguma demonstração de amor ou de reconhecimento ao paciente, algo que, para o filho de pais punitivos, é raro e, por isso, mais precioso. Contudo, o terapeuta insiste que os atributos positivos do pai não justificam ou desculpam seu comportamento prejudicial ao filho.

Trabalho comportamental

Os pacientes com TPB esperam que as outras pessoas os tratem da mesma forma que os pais. Sua hipótese implícita é que todos são Pais Punitivos. O terapeuta cria experimentos para testar essa hipótese. O propósito é demonstrar ao paciente que expressar necessidades e emoções de maneira adequada não levará usualmente à rejeição ou à retaliação por parte das pessoas saudáveis. Por exemplo, um paciente pode receber a tarefa de pedir a seu melhor amigo que o ouça quando estiver angustiado por causa do trabalho. O terapeuta e o paciente dramatizam a interação até que o paciente se sinta à vontade para tentar executar a tarefa. Se o terapeuta e o paciente tiverem escolhido a pessoa certa para a realização do exercício, o paciente será recompensado com uma resposta positiva por seu esforço.

Os perigos existentes no tratamento do modo Pai Punitivo

O Pai Punitivo pode reagir, punindo o paciente depois da sessão. É importante que o terapeuta continue a monitorar o paciente para essa possibilidade e que aja para impedir sua ocorrência. O terapeuta instrui o paciente a não punir a si mesmo, e oferece atividades alternativas para quando o paciente tiver o ímpeto de fazê-lo, tais como ler os *flashcards* e praticar a meditação de consciência plena.

O terapeuta pode subestimar o quanto o paciente está assustado com o Pai Punitivo e não conseguir lhe oferecer a proteção suficiente durante os exercícios experimentais. Com frequência, um Pai Punitivo é também abusivo. O paciente geralmente precisa de muita proteção. Da mesma forma, o terapeuta pode não assumir um papel ativo o suficiente na luta contra o Pai Punitivo. O terapeuta pode ser passivo demais ou por demais racional e calmo. O terapeuta tem de lutar agressivamente contra o Pai Punitivo. Lidar com o Pai Punitivo é como lidar com uma pessoa que não tenha nem boa vontade nem empatia. Não se deve argumentar com essa pessoa; não se deve apelar a sua empatia. Essas abordagens não funcionam. O método que funciona com mais frequência é lutar contra ela.

O fato de o terapeuta agir e lutar contra o Pai Punitivo é uma medida transicional. O terapeuta gradualmente se retira dessa função, permitindo ao paciente que assuma um nível maior de responsabilidade na luta contra o Pai Punitivo.

O modo Criança Brava e Impulsiva: tratamento

O modo Criança Brava e Impulsiva expressa a ira sobre o tratamento inadequado e as necessidades não atendidas da criança que, na origem, formaram os esquemas do paciente. Embora este modo se justifique em relação à infância, na vida adulta, esse modo de expressão é contraproducente. A raiva do paciente sobrecarrega e aliena outras pessoas e, assim, faz com que seja ainda mais improvável que suas necessidades emocionais sejam atendidas. O terapeuta estabelece limites sobre o comportamento irado, valida as necessidades do paciente e ensina-o a se comunicar de maneira mais eficaz.

A relação terapeuta-paciente

A raiva em relação ao terapeuta é comum entre os pacientes com TPB e, para muitos terapeutas, é o aspecto mais frustrante do tratamento. O terapeuta frequentemente se exaure ao tentar atender às necessidades do paciente. Assim, quando este fica bravo com ele, há, da parte do terapeuta, um sentimento de desconsideração. Quando os terapeutas sentem raiva de seus pacientes com TPB, a prioridade é a de atender a seus próprios esquemas. Quais esquemas estão sendo acionados no terapeuta por causa do comportamento do paciente? Como o terapeuta pode responder a esses esquemas de modo a manter uma posição terapêutica em relação ao paciente? Discutiremos essa questão dos próprios esquemas do terapeuta mais tarde.

O terapeuta estabelece limites se a raiva do paciente for abusiva. Há uma diferença entre simplesmente comunicar que sente raiva, o que é saudável, e abusar do terapeuta. O paciente estará passando dos limites se usar palavras ofensivas para se referir ao terapeuta, se atacá-lo pessoalmente, se disser palavrões a ele, gritar ao ponto de perturbar os outros, tentar dominar fisicamente o terapeuta, ou ameaçar a ele ou a suas posses. O terapeuta dá duas mensagens ao paciente: a primeira é a de que não se opõe a ouvir o paciente falar sobre sua raiva; a segunda é a de que, para expressar a raiva, há limites a serem respeitados.

Quando o paciente estiver no modo Criança Brava e Impulsiva e não se comportar de maneira abusiva, o terapeuta responderá de acordo com os seguintes passos:

1 *Comunicação*. Primeiramente, o terapeuta permite que o paciente expresse a raiva completamente. Isso ajudará o paciente a se acalmar o suficiente para que seja receptivo aos próximos passos. O terapeuta permite que o paciente expresse sua raiva amplamente, mesmo que a intensidade pareça injustificada ou exagerada.
2 *Empatia*. A seguir, o terapeuta cria a empatia com os esquemas subjacentes do paciente. Sob a raiva, em geral há uma sensação de abandono, de privação ou de abuso. A Criança Brava e Impulsiva é uma resposta às necessidades não atendidas da Criança Abandonada. A meta da empatia é fazer o paciente passar do modo Criança Brava e Impulsiva para o modo Criança Abandonada, de modo que o terapeuta possa atuar no âmbito da repaternidade e curar a raiva na origem.
3 *Teste de realidade*. Depois, o terapeuta ajuda o paciente a fazer o teste de realidade relativo à raiva e à sua intensidade. O terapeuta não é defensivo nem punitivo, e reconhece quaisquer componentes realistas acusados pelo paciente.
4 *Ensaio de assertividade adequada*. Depois de o terapeuta e o paciente terem passado pelos três primeiros passos, eles praticam a asserção adequada.

Trabalho experimental

No trabalho experimental, os pacientes comunicam sua raiva em relação às pessoas de quem gostavam em sua infância, adolescência ou vida adulta e que os maltrataram. Comunicar a raiva ajuda os pacientes a liberar o afeto estrangulado e a colocar a situação atual em perspectiva.

Trabalho cognitivo

Conhecer o valor da raiva é parte importante do tratamento. Os pacientes com TPB tendem a pensar na raiva como algo "ruim". Os terapeutas os ensinam que sentir raiva e expressá-la de maneira adequada são atitudes normais e saudáveis. Não é que a raiva do paciente seja "ruim"; sua maneira de expressar a raiva é que é problemática. Eles precisam aprender a expressar a raiva de maneira mais construtiva. Em vez de passar da passividade à agressão, os pacientes podem encontrar um meio termo, utilizando habilidades assertivas.

Os terapeutas ensinam aos pacientes técnicas de teste de realidade, para que possam formular expectativas mais acuradas sobre as outras pessoas. Os pacientes passam a reconhecer seu pensamento do tipo "ou preto ou branco" e a parar de reagir excessiva e impulsivamente a pequenos acontecimentos de ordem emocional. Os pacientes usam os *flashcards* para manterem o autocontrole. Quando se sentem com raiva, tiram um tempo para descansar e leem um *flashcard* antes de responder, e repensam como expressar sua raiva. Por exemplo, uma paciente que frequentemente enviava mensagens a seu namorado ficava furiosa quando ele não respondia imediatamente. Usando o modelo que criamos (Young et al., 1996), o terapeuta e a paciente compuseram o seguinte *flashcard*:

> Agora estou brava porque acabei de mandar uma mensagem (*beep*) ao Alan e ele não está me ligando de volta. Fico incomodada, pois preciso dele e ele não está disponível. Se isso acontece, penso que ele não se importa mais comigo. Fico assustada com o fato de ele romper comigo. Quero continuar a mandar mensagens para ele repetidamente até que ele responda. Minha intenção é repreendê-lo.
>
> Contudo, sei que isso é meu esquema de abandono, que me faz pensar que Alan vai me deixar. A prova de que esse esquema está errado é que eu já pensei que ele me abandonaria um milhão de vezes, e sempre estive enganada. Em vez de mandar outra mensagem ou xingá-lo, vou dar a ele o benefício da dúvida e confiar que ele tem uma boa razão para não me ligar imediatamente, e que vai me ligar quando puder. Quando ele me ligar, vou atender calmamente e com carinho.

Pedir ao paciente que produza explicações alternativas para o comportamento dos outros também pode ajudar. Por exemplo, a paciente descrita acima poderia ter produzido uma lista de explicações alternativas para o fato de seu namorado não ligar de volta imediatamente, incluindo itens como "Ele está ocupado no trabalho" ou "Ele está em uma situação em que não dispõe da privacidade necessária para ligar".

Trabalho comportamental

Usando o gerenciamento da raiva e as técnicas de assertividade, os pacientes praticam maneiras mais saudáveis de expressar a raiva em suas vidas. Eles utilizam a imaginação ou as dramatizações com seus terapeutas para elaborar maneiras construtivas de se comportarem, realizam negociações entre a Criança Brava e Impulsiva e o Adulto Saudável para chegar a acordos. Geralmente, o acordo é o de que o paciente pode expressar a raiva ou afirmar suas necessidades, mas deve fazê-lo de maneira adequada.

Os perigos existentes no tratamento do modo Criança Brava e Impulsiva

Quando os pacientes estão no modo Criança Brava e Impulsiva, há um alto risco de que os terapeutas comportem-se contraterapeuticamente. O terapeuta pode contra-atacar, isto é, retaliar, atacando o paciente. Isso acionará o modo Pai Punitivo do paciente, e este se unirá ao terapeuta no ataque. Outra possibilidade é o terapeuta retirar-se psicologicamente, retraindo-se a seu modo Protetor Distanciado. Isso dará ao paciente a mensagem de que seu terapeuta não consegue conter a raiva do paciente e, provavelmente, acionará o esquema de abandono do paciente. Os terapeutas precisam continuar a trabalhar seus próprios esquemas, de modo que sejam preparados para responder terapeuticamente quando seus esquemas forem acionados pela Criança Brava e Impulsiva.

Outro perigo é o de o terapeuta permitir ao paciente tornar-se emocionalmente abusivo. Tal comportamento da parte do terapeuta reforça a Criança Brava e Impulsiva do paciente de maneira não saudável. O terapeuta dá ao paciente a permissão de levar sua raiva a extremos abusivos e não consegue estabelecer limites apropriados.

Outro risco é o de que o paciente possa passar ao modo Pai Punitivo depois da sessão para se punir por ficar bravo com o terapeuta. Uma vez que o paciente tenha ficado bravo com o terapeuta, é importante ouvir que não é ruim ter ficado bravo, que o terapeuta não quer que ele puna a si mesmo depois do ocorrido e que está pronto para ajudá-lo se começar a fazer isso.

Um último perigo é o de o paciente interromper a terapia porque está com raiva do terapeuta. Contudo, constatamos que, na maior parte dos casos, se o terapeuta permitir ao paciente comunicar sua raiva completamente e dentro de limites adequados, expressando empatia, o paciente não deixará a terapia.

Estágio III: autonomia

Conforme passam ao terceiro estágio, o terapeuta e o paciente enfocam intensivamente as relações do paciente fora da terapia. O terapeuta estimula a generalização da relação da terapia para as pessoas significativas para o paciente fora da terapia. O terapeuta ajuda o paciente a selecionar parceiros e amigos estáveis e a desenvolver uma intimidade genuína com eles. Quando o paciente resiste ao envolvimento nesse processo, o terapeuta responde com uma confrontação empática: o terapeuta expressa a compreensão do quanto é difícil para o paciente tentar aproximar-se das pessoas, mas, ao mesmo tempo, lhe diz que somente correndo riscos é que passará por relações significativas e próximas com os outros. O terapeuta também conduz o trabalho de modos com a parte evitativa do paciente, isto é, o terapeuta faz da parte "resistente" um personagem da imaginação do paciente e depois realiza os diálogos com esse modo.

O terapeuta empaticamente confronta os comportamentos autoderrotistas, tais como dependência, abandono e raiva excessiva. O paciente aprende a se comportar de maneira mais construtiva. Aprende a expressar afeto de modo apropriado e modulado e a pedir de maneira adequada, a fim de que suas necessidades sejam atendidas.

O terapeuta ajuda o paciente a se individualizar, descobrindo suas "inclinações naturais". Conforme o paciente se estabiliza e passa menos tempo nos modos Protetor Distanciado, Criança Brava e Impulsiva e Pai Punitivo, ele gradativamente se torna mais capaz de enfocar sua autorrealização. Ele aprende a agir sobre a base de suas necessidades e emoções genuínas, mais do que tenta agradar os outros. O terapeuta ajuda o paciente a identificar suas metas de vida e suas fontes de satisfação. O paciente aprende a seguir suas inclinações naturais em áreas tais como carreira, aparência, cultura e atividades de lazer.

O passo final é o terapeuta estimular a independência gradual da terapia, reduzindo aos poucos a frequência das sessões. Caso a caso, o terapeuta e o paciente abordam as questões relativas ao encerramento da terapia. O terapeuta permite ao paciente estabelecer o ritmo para o término. O terapeuta permite tanta independência quanto possível ao paciente, mas estará presente como base segura quando o paciente precisar de apoio.

Armadilhas para o terapeuta

Pelo fato de o paciente com TPB passar com facilidade de um modo a outro, ele não tem uma imagem estável do terapeuta. A imagem do paciente muda com os modos. No modo Criança Abandonada, o terapeuta é uma espécie de cultivador idealizado que pode repentinamente desaparecer. No modo Criança Brava e Impulsiva, o terapeuta é alguém que destitui o paciente do que este quer, sendo, por isso, desvalorizado. No modo Pai Punitivo, o terapeuta é um crítico hostil. No modo Protetor Distanciado, o terapeuta é uma figura remota e distante. Essas mudanças podem ser altamente desconcertantes para o terapeuta. Os terapeutas estão sujeitos a uma série de intensas reações de "contratransferência", incluindo pensamentos de culpa, fantasias de resgate, desejos ardorosos de retaliação, transgressões de limites e profundos sentimentos de desamparo. Discutiremos agora algumas armadilhas que os terapeutas enfrentam ao tratar pacientes com TPB, ligadas aos próprios esquemas e estilos de enfrentamento dos terapeutas.

Os terapeutas que têm esquemas de subjugação e que, em seus estilos de enfrentamento, se rendem ou evitam, deparam-se com o perigo de se tornarem passivos demais com os pacientes que têm TPB. Eles podem evitar o confronto e não conseguir estabelecer limites apropriados. As consequências podem ser negativas tanto para o terapeuta quanto para o paciente: o terapeuta se torna cada vez mais irritado com o tempo, e o paciente se sente cada vez mais ansioso sobre a falta de limites e pode passar a ter um comportamento impulsivo ou autodestrutivo. Os terapeutas que tenham esquemas de subjugação devem fazer esforços conscientes e determinados para confrontar os pacientes com TPB quando indicado, e reforçar os limites adequados.

Um perigo para os terapeutas com esquemas de autossacrifício (e quase todos os terapeutas têm esse esquema, segundo constatamos em nossa experiência) é que eles permitem um contato externo exagerado com os pacientes e então ficam ressentidos. Subjacente ao autossacrifício da maior parte dos terapeutas está um sentido de privação emocional: muitos terapeutas dão aos pacientes o que eles desejariam ter dado a si próprios quando crianças. O terapeuta vai longe demais nesse processo, o ressentimento aumenta e, finalmente, o terapeuta se afasta ou pune o paciente. A melhor maneira de os terapeutas que tenham esse esquema lidarem com a situação é conhecer seus próprios limites com antecipação e aderir a eles com firmeza.

Os terapeutas com esquemas de imperfeição, de padrões de inflexibilidade e de fracasso correm o risco de se sentirem inadequados quando os pacientes com TPB não conseguem progredir, recaem ou os criticam. É importante que esses terapeutas lembrem-se de que o curso do tratamento com essa população se caracteriza por períodos de falta de estímulo, de recaídas e de conflitos – mesmo sob a melhor das circunstâncias, com o melhor dos terapeutas. Dispor de um coterapeuta e de supervisão pode ajudar o terapeuta a manter uma visão clara do que pode alcançar de maneira realista.

A supercompensação dos terapeutas é uma armadilha séria, que pode destruir a terapia. Se o terapeuta tende a contra-atacar, pode de maneira raivosa culpar ou punir o paciente. Os terapeutas que tendem a compensar em demasia os esquemas correm o risco de prejudicar e não de ajudar os pacientes com TPB, devendo ser supervisionados de perto quando os tratarem.

Os terapeutas que evitam os esquemas podem inadvertidamente desestimular seus pacientes com TPB de expressar necessidades e emoções intensas. Quando o paciente expressa um afeto forte, esses terapeutas se sentem desconfortáveis e retiram-se ou expressam desânimo. Os pacientes em geral detectam essas reações e as interpretam equivocadamente como rejeições ou críticas. Os terapeutas às vezes incentivam o término do tratamento prematuramente para evitar o afeto intenso desses pacientes. A fim de serem terapeutas eficazes para os pacientes com TPB, os terapeutas que evitam os esquemas devem aprender a tolerar suas próprias emoções e as dos pacientes.

Os terapeutas que têm o esquema de inibição emocional frequentemente passam aos pacientes com TPB por terapeutas indiferentes, rígidos ou impessoais. Os terapeutas que são extremamente inibidos emocionalmente podem causar danos a tais pacientes e, provavelmente, não devem trabalhar com eles. O paciente com TPB precisa da repaternidade. Um terapeuta frio e fora de alcance provavelmente não será capaz de dar ao paciente o cuidado de que precisa. Se o terapeuta optar por tentar curar o esquema, há a possibilidade de superar a inibição emocional por meio de terapia.

CONCLUSÃO

A terapia com um paciente que tenha TPB é um processo de longo prazo. Chegar à individuação e à intimidade com os outros é algo que requer muitos anos de tratamento para o paciente, mas, em geral, há demonstração de melhora ao longo do caminho. Sentimo-nos otimistas e esperamos ajudar tais pacientes. Embora o tratamento seja frequentemente lento e difícil, as recompensas são muitas. Temos constatado que a maioria dos pacientes com TPB progridem significativamente. Em nossa opinião, os elementos curativos da terapia de esquemas para esses pacientes são as "repaternidades limitadas" oferecidas pelos terapeutas, assim como o trabalho com os modos e o progresso terapêutico de acordo com os estágios que descrevemos.

A terapia cognitiva de Beck foi a inspiração e o ponto de partida para sua própria abordagem, a de Linehan e a de Young para o tratamento dos pacientes com TPB. Há a necessidade de pesquisa de resultados que comparem essas três abordagens do TPB. No futuro, uma maior integração desses três modelos pode levar a um modelo de tratamento para o TPB mais eficaz e conceitual.

REFERÊNCIAS

Alford, B. A., & Beck, A. T. (1997). *The integrative power of cognitive therapy*. New York: Guilford Press.

American Psychiatric Association. (1994). *Diagnostic and statistical manual of mental disorders* (4th ed.). Washington, DC: Author.

Barlow, D. H. (Ed.). (2001). *Clinical handbook of psychological disorders* (3rd ed.). New York: Guilford Press.

Beck, A. T, Freeman, A., & Associates. (1990). *Cognitive therapy of personality disorders*. New York: Guilford Press.

Beck, A. T., Freeman, A., Davis, D, D., & Associates. (2004). *Cognitive therapy of personality disorders* (2nd ed.). New York: Guilford Press.

Linehan, M. M. (1993). *Cognitive-behavioral treatment of borderline personality disorder*. New York: Guilford.

Linehan, M. M., Armstrong, H. E., Suarez, A., Allmon, D., & Heard, H. L. (1991). Cognitive-behavioral treatment of chronically parasuicidal borderline patients. *Archives of General Psychiatry, 48,* 1060-1064.

Millon, T. (1981). *Disorders of personality*. New York: Wiley.

Winnicott, D. W. (1965). *The maturational processes and the facilitating environment: Studies in the theory of emotional development*. London: Hogarth Press.

Young, J. E. (1993). *The schema diary*. New York: Cognitive Therapy Center of New York.

Young, J. E., & Brown, G. (1990). *Young Schema Questionnaire*. New York: Cognitive Therapy Center of New York.

Young, J. E., Brown, G. (2001). *Young Schema Questionnaire: Special Edition*. New York: Schema Therapy Institute.

Young, J. E., & Klosko, J. S. (1993). *Reinventing your life*. New York: Dutton.

Young, J. E., Wattenmaker, D., & Wattenmaker, R. (1996). *Schema therapy flashcard*. New York: Cognitive Therapy Center of New York.

Young, J. E., Weinberger, A. D., & Beck, A. T. (2001). Cognitive therapy for depression. In D. Barlow (Ed.), *Clinical handbook of psychological disorders* (3rd ed., pp.264-308). New York: Guilford Press.

14

A TERAPIA COGNITIVA DOS TRANSTORNOS DA PERSONALIDADE
Vinte anos de progresso

James Pretzer
Judith S. Beck

Há 20 anos, os transtornos da personalidade mal eram mencionados pelos terapeutas comportamentais ou cognitivo-comportamentais. A expressão "transtornos da personalidade" parecia implicar que o indivíduo com tal transtorno tivesse uma personalidade arruinada e que essa fosse a raiz de seus problemas. Essa ideia não era compatível com as conceituações comportamentais ou cognitivo-comportamentais e muitos behavioristas inclinavam-se a pensar que os "transtornos da personalidade" fossem um constructo psicanalítico que não existia ou que tinha pouca relevância.

Contudo, mudanças significativas na conceituação e no tratamento dos transtornos da personalidade ocorreram desde então. Primeiramente, o transtorno da personalidade foi mais clara e comportamentalmente definido com um "padrão duradouro de experiência interna e comportamento que (...) está difundido e é inflexível (...) levando ao sofrimento ou ao dano" (American Psychiatric Association, 2000, p. 685). Assim, não é mais necessário entender os transtornos da personalidade como resultantes de uma personalidade arruinada. Em segundo lugar, constatou-se que cerca de 50% dos clientes em muitos ambientes de tratamento externo (ambulatorial) atendem os critérios diagnósticos para, pelo menos, uma diagnose de transtorno da personalidade (Turkat e Maisto, 1985). Em terceiro lugar, alguns resultados constataram que a terapia cognitiva ou terapia cognitivo-comportamental (TCC) era muito menos eficaz com clientes diagnosticados com transtornos da personalidade do que os clientes em geral. Essas constatações provocaram um pensamento mais profundo de parte dos terapeutas cognitivo-comportamentais. Alguns deles sugeriram que a terapia cognitiva ou TCC não poderia ser usada com os transtornos da personalidade (Rush e Shaw, 1983). Outros começaram a desenvolver abordagens da terapia cognitiva ou TCC adequadas aos clientes diagnosticados com transtornos da personalidade (ver, por exemplo, Fleming, 1983; Pretzer, 1983; Simon, 1983; Young, 1983).

A EVOLUÇÃO DAS CONCEITUAÇÕES COGNITIVAS DO TRANSTORNO DA PERSONALIDADE

Os terapeutas com frequência constatam que alguns de seus clientes não respondem ao tratamento padrão. Eles podem idealizar seus terapeutas, demonstrar franca hostilidade, sobrecarregar os terapeutas com crises recorrentes, exigir tratamento especial ou fazer esforços extraordinários para agradar. Constatou-se que uma alta proporção desses indivíduos tem um ou mais transtornos do Eixo II, além dos problemas do Eixo I para os quais eles originalmente buscavam tratamento.

Como os terapeutas entendem os transtornos da personalidade em termos cognitivos ou cognitivo-comportamentais? As primeiras tentativas eram bastante diretas. Os teóricos sugeriam que os transtornos da personalidade são complexos e difíceis de tratar simplesmente porque os indivíduos com esses transtornos têm muitos problemas concorrentes (Stephen e Parks, 1981). Talvez tudo o que um clínico precise fazer é relacionar os tratamentos aos sintomas. Por exemplo, o Quadro 14.1 lista os sintomas do transtorno da personalidade dependente e algumas intervenções que poderiam ser usadas se simplesmente relacionássemos os tratamentos aos sintomas. Essa abordagem tinha a virtude de ser simples e direta, e não requeria quaisquer mudanças na teoria ou na terapia. Infelizmente, o tratamento sintomático para os indivíduos com transtornos do Eixo II não é, com frequência, muito eficaz (ver, por exemplo, Giles, Young e Young, 1985).

O segundo estágio da evolução das abordagens cognitivas ou cognitivo-comportamentais para os transtornos da personalidade chegou com a percepção de que não só os indivíduos com esses transtornos têm muitos problemas, mas também que a maior parte desses problemas ocorrem em um contexto interpessoal. Pensar nos transtornos da personalidade como transtornos de comportamento social é algo que ofereceu um princípio organizador que permitiu uma abordagem mais estratégica para a intervenção (ver Turkat e Maisto, 1985). Em vez de abordar os muitos problemas encontrados por um indivíduo com transtorno da personalidade dependente de maneira casual, pode-se pensar estrategicamente: "O que está deteriorando as interações interpessoais do indivíduo e o que podemos fazer sobre elas?". O Quadro 14.2 ilustra a abordagem de intervenção que se segue dessa visão dos transtornos da personalidade.

Até este momento, os investigadores cognitivo-comportamentais haviam abordado os transtornos da personalidade a partir de uma perspectiva bastante ampla. Contudo, as perspectivas comportamentais apresentavam algumas dificuldades relativas a consistências persistentes e de situação cruzada no comportamento, já que a maior parte dos conceitos teóricos

QUADRO 14.1 Abordagem de intervenção sugerida pela consideração dos transtornos de personalidade como conjuntos de sintomas

SINTOMA	INTERVENÇÃO
Dificuldade de tomar decisões	Melhora das habilidades de tomada de decisão
Evitação de responsabilidade	Dessensiblização a responsabilidade
Dificuldade em discordar dos outros	Treinamento de asserção
Dificuldade em iniciar projetos	Dessensibilização, melhora das habilidades
Busca de reafirmação excessiva	"Desmame"
Desconforto em estar sozinho	Dessensibilização
Procura urgente de novos relacionamentos	Dessensibilização a estar sozinho
Medo de autoconfiança	Dessensbilização, melhora das habilidades

QUADRO 14.2 Abordagem de intervenção sugerida pela consideração dos transtornos de personalidade como transtornos de comportamento interpessoal

CONCEITUAÇÃO	INTERVENÇÃO
Falta de confiança em sua própria capacidade produz dependência excessiva dos outros, baixo uso das próprias habilidades e medo de abandono.	Primeiramente aumentar o sentido de autoeficácia e melhorar habilidades; depois, aumentar gradualmente a dependência das próprias habilidades e diminuir a dependência dos outros.
O medo do abandono inibe a asserção e produz uma concordância excessiva.	Como a confiança em suas próprias capacidades aumenta, aumenta também a asserção; usar o treinamento de asserção se necessário.

era específica da situação. Abordagens mais orientadas à cognição (tais como a descrita por Beck, Rush, Shaw e Emery, 1979) tinham uma vantagem maior na explicação das consistências de situação cruzada no comportamento, já que elas enfatizam o papel central das crenças e das hipóteses nucleares do indivíduo. Alguns conceitos cognitivos, tais como os pensamentos automáticos, eram vistos como específicos da situação; outros, tais como as crenças nucleares ou esquemas[1], não.

Criou-se a hipótese de que as crenças e os pressupostos nucleares do indivíduo, juntamente com pensamentos e imagens automáticas, eram conteúdos cognitivos das estruturas mentais chamadas de "esquemas", que moldam o processamento de informações e, portanto, têm uma influência importante na emoção e no comportamento. Em teoria, uma vez que um esquema é adquirido, ele persiste. Fica inativo quando não é relevante para uma situação imediata, e automaticamente se torna ativo quando uma situação relevante acontece. Como um esquema disfuncional terá um impacto maior em qualquer situação relevante, acreditava-se que isso ajudasse a explicar os problemas persistentes e difundidos que ocorreriam em uma ampla gama de situações para os indivíduos com transtornos de personalidade. Essa visão teve claras implicações para o tratamento (ver Quadro 14.3). Se os sintomas dos transtornos de personalidade são os resultados de esquemas disfuncionais, então o tratamento deveria enfocar especificamente a modificação de cognições disfuncionais contidas nos esquemas.

O conceito de transtornos da personalidade como produtos de esquemas disfuncionais tiveram um apelo considerável. Contudo, essa visão pouco fez para explicar por que os transtornos da personalidade são muito mais difíceis de tratar do que os transtornos do Eixo I. Afinal de contas, os clientes com problemas de Eixo I têm problemas disfuncionais que desem-

---

[1] Em obras sobre terapia cognitiva, os termos "esquema", "crença nuclear", "hipótese subjacente", "crença disfuncional", etc., têm às vezes sido usados de maneira intercambiável e, outras vezes, fizeram-se distinções entre esses termos intimamente relacionados. No uso contemporâneo, "esquemas" são estruturas cognitivas que servem como base para classificar, categorizar e interpretar as experiências. As "crenças nucleares" são crenças incondicionais, tais como "Não sou bom", "Não dá para confiar nos outros" e "Não vale a pena se esforçar". Essas crenças com frequência operam fora da consciência de um indivíduo e não são, em geral, claramente verbalizadas. As "hipóteses subjacentes" ou "crenças disfuncionais" são crenças condicionais que moldam a resposta às experiências e às situações – por exemplo, "Se alguém ficar muito próximo de mim, descobrirá meu 'verdadeiro eu' e me rejeitará". Essas hipóteses podem operar fora da consciência individual e não podem ser claramente verbalizadas, ou o indivíduo pode estar ciente dessas crenças.

QUADRO 14.3 Abordagem de intervenção sugerida pela concepção dos transtornos da personalidade como produtos dos esquemas disfuncionais

CONCEITUAÇÃO	INTERVENÇÃO
Sintomas se devem a esquemas disfuncionais	Tratamento deve enfocar a identificação e modificação de esquemas disfuncionais.

penham um papel em seus problemas, e a terapia cognitiva rotineiramente inclui o tempo que se gasta identificando-os e modificando-os (J. S. Beck, 1995). O que colabora para a diferença nas dificuldades de tratamento?

Young (1990; Young e Lindemann, 1992) criou a hipótese de que, mais do que ter esquemas comuns desadaptativos, os indivíduos com transtornos de personalidade têm o que ele chama de "esquemas desadaptativos precoces" (EDP), que diferem de modo importante dos esquemas desadaptativos dos clientes com transtornos do Eixo I. Ele criou a hipótese de que os clientes com transtornos do Eixo II evitam veementemente a ativação dos EDPs e usam "mecanismos de enfrentamento esquemáticos" (MEEs), que tornam difícil para o terapeuta modificar os EDPs. Ver Young, Klosko e Weishaar (2003) para uma discussão dos EDPs, MEEs e de uma série de abordagens de intervenção projetadas para abordar esses conceitos.

Embora essa modificação da terapia cognitiva fosse uma abordagem plausível para a compreensão e o tratamento dos transtornos da personalidade, tinha a desvantagem de trazer a ela uma complexidade considerável. Outra abordagem para a conceituação e o tratamento dos transtornos da personalidade combinava a ideia de que os transtornos da personalidade são transtornos de comportamento interpessoal com a ideia de que os transtornos da personalidade resultam de esquemas disfuncionais (ver Safran e McMain, 1992). Isso nos deu a base para a compreensão e o tratamento dos transtornos da personalidade sem acrescentar nada à complexidade da terapia cognitiva.

Nessa visão, como nas abordagens focadas em esquemas, os esquemas disfuncionais são considerados como portadores de um impacto amplo sobre a cognição, a emoção e o comportamento. Contudo, ela também sugere que as respostas dos outros ao comportamento interpessoal do indivíduo podem resultar em experiência que ou reforçam ou desafiam as crenças disfuncionais e suas hipóteses. Se o comportamento interpessoal de um indivíduo provoca, de maneira consistente, respostas dos outros que reforçam as crenças e as hipóteses disfuncionais, isso pode resultar na autoperpetuação dos ciclos cognitivo-interpessoais que são bastante resistentes à mudança. Pretzer e Beck (1996) teorizam que, quando esse tipo de ciclo de autoperpetuação produz problemas persuasivos, isso resulta nas consistências situacionais cruzadas em um comportamento que é rotulado como "transtornos da personalidade".

A visão dos transtornos da personalidade como o produto de autoperpetuação dos ciclos cognitivo-comportamentais tem implicações importantes para a intervenção (ver Quadro 14.4). Se os esquemas disfuncionais desempenham um papel central nos transtornos da personalidade, uma meta da intervenção será a de modificar as crenças disfuncionais em algum momento. Contudo, se os ciclos de autoperpetuação continuam a reforçar as crenças disfuncionais, o terapeuta pode precisar moderar os ciclos de autoperpe-

QUADRO 14.4 Abordagem de intervenção sugerida pela concepção dos transtornos de personalidade como produtos dos ciclos cognitivo-interpessoais

CONCEITUAÇÃO	INTERVENÇÃO
Os esquemas disfuncionais influenciam a cognição, a emoção e o comportamento de uma maneira que reforça as crenças disfuncionais.	Baseie a intervenção em uma compreensão individualizada dos ciclos cognitivo-interpessoais.
O comportamento interpessoal do cliente provoca respostas dos outros que reforçam as crenças disfuncionais.	Trabalhe inicialmente para moderar a intensidade dos ciclos de autoperpetuação; depois, trabalhe para mudar o comportamento interpessoal. Trabalhe para modificar as crenças disfuncionais depois de os ciclos de autoperpetuação serem atenuados.

tuação e tentar fazer o indivíduo passar a um comportamento interpessoal mais adaptativo antes de abordar as crenças disfuncionais, ou o terapeuta pode precisar abordar as crenças disfuncionais e o comportamento interpessoal disfuncional simultaneamente.

MODIFICANDO A TERAPIA COGNITIVA "PADRÃO" PARA OS TRANSTORNOS DA PERSONALIDADE

Uma série de autores questionou se a terapia cognitiva é uma abordagem adequada para o tratamento de indivíduos com transtornos de personalidade (Rothstein e Vallis, 1991; Young, 1990). Vallis, Howes e Standage (2000) examinaram essa questão empiricamente por meio da análise da relação entre uma medida composta de disfunção da personalidade e escores sobre as medidas projetadas para avaliar o quanto os que respondem estão adequados à terapia cognitiva de curto prazo. Eles constataram que os altos índices sobre a média da disfunção da personalidade estavam associados a baixos escores sobre a medida de adequação à terapia de curto prazo. Embora essa constatação possa parecer sustentar a ideia de que a terapia cognitiva não é adequada para os indivíduos com transtornos da personalidade, é importante observar que os resultados eram mais fortes para uma subescala que avalia a adequação à terapia de curto prazo em geral. Vallis e colaboradores (2000) concluíram que a abordagem da terapia cognitiva básica precisa ser modificada para levar em consideração as características dos indivíduos com transtornos da personalidade, e não que a terapia cognitiva é inadequada como tratamento para os indivíduos com transtornos da personalidade.

Vários autores propuseram maneiras de modificar a terapia cognitiva para o uso com indivíduos com transtornos da personalidade (ver, por exemplo, Beck, Freeman et al., 1990; Beck, Freeman, Davis et al., 2004; J. S. Beck, 1998; Freeman, Pretzer, Fleming e Simon, 1990; Pretzer e Beck, 1996). A terapia cognitiva para os transtornos da personalidade tem muito em comum com a terapia cognitiva para a depressão (Beck et al., 1979). Ambas enfatizam o desenvolvimento de uma conceituação cognitiva, uma relação terapêutica colaborativa, uma sessão de terapia relativamente estruturada, uma abordagem de resolução de problemas, a avaliação ativa das cognições dos clientes, a psicoeducação e a ajuda ativa a clientes para que aprendam novas habilidades e as apliquem em situações problemáticas (J. S. Beck, 1997). Contudo, os clientes com transtornos de personalidade tipicamente têm enraizados padrões de interação e de cognições disfuncionais que complicam muitos aspectos da terapia (ver Quadro 14.5). Os terapeutas devem fazer alguns ajustes, a fim de aplicar os princípios da terapia cognitiva com tais clientes (J. S. Beck, 1997), conforme se descreve abaixo:

- *Princípio 1: A terapia cognitiva baseia-se em uma formulação cognitiva.* Os terapeutas que trabalham com os clientes do Eixo I ou do Eixo II enfocam situações especiais nas quais os problemas dos clientes são manifestados, fazendo uma análise seccional cruzada dos pensamentos dos clientes, de seus pensamentos, sentimentos e ações nas situações problemáticas. Essa informação oferece uma base para o desenvolvimento da compreensão dos modos pelos quais as cognições dos clientes, suas emoções e seus comportamentos interagem e contribuem para os problemas dos clientes. Essa conceituação (ver Figura 14.1 para um exemplo) oferece uma base para o planejamento do tratamento tão eficaz quanto eficiente. O processo de coleta de dados com os clientes que tenham transtornos de personalidade pode ser problemático. Esses indivíduos com frequência têm crenças que interferem na abertura livre e franca de seus pensamentos, sentimentos e ações (ver Quadro 14.5). A conceituação que surge quando um terapeuta e um cliente desenvolvem uma compreensão dos problemas deste é, com frequência, muito mais complexa do que o caso da maior parte dos problemas do Eixo I.
- *Princípio 2: A terapia cognitiva enfatiza uma forte aliança terapêutica.* A terapia cognitiva é baseada em uma relação colaborativa, na qual o terapeuta e o cliente trabalham juntos em busca de metas que o cliente valoriza. Eles decidem em conjunto quais questões abordar e como fazê-lo. O terapeuta fala explicitamente com o cliente sobre as metas da terapia e trabalha com o cliente para ajudá-lo a obter um alívio dos sintomas e para adquirir habilidades úteis. Com os clientes que tenham transtornos diretos do Eixo I, uma relação colaborativa forte é geralmente mais fácil de estabelecer. Contudo, para os clientes com problemas do Eixo II, a própria relação terapêutica com frequência se torna o foco da terapia. Essas crenças disfuncionais dos clientes sobre si próprios, sobre os terapeutas e sobre as relações geralmente são ativadas durante as sessões.

Durante as sessões de terapia, é importante para o terapeuta estar alerta para as indicações verbais e não verbais de uma mudança no humor do cliente, e depois avaliar os pensamentos e os sentimentos do cliente imediatamente. Embora a complexidade presente em estabelecer e manter uma forte aliança terapêutica complique a terapia com os clientes que tenham transtornos da personalidade, o tempo gasto o fazendo é necessário como fundamento da intervenção eficaz; ele oferece um *insight* sobre as crenças disfuncionais e sobre as estratégias interpessoais que afetam as outras relações desses clientes da mesma forma que afetam a terapia.

- *Princípio 3: O estabelecimento de metas e a resolução de problemas são partes integrantes da terapia cognitiva.* Desde o começo da terapia cognitiva, o terapeuta ajuda o cliente a identificar as metas gerais da terapia e os passos que levam a essas metas. Os clientes com transtornos do Eixo I geralmente não enfrentam muitos problemas nessa questão, mas muitos com transtornos do Eixo II têm dificuldade de especificar as metas e de trabalhar

QUADRO 14.5 Cognições que podem complicar o tratamento de clientes com transtornos da personalidade

ESTÁGIO DO TRATAMENTO	EXEMPLOS DE COGNIÇÕES PROBLEMÁTICAS
Conduzir a avaliação inicial e desenvolver a conceituação	"Se eu me revelar, serei rejeitado." "Se as pessoas souberem quem eu sou, poderão me machucar."
Desenvolver e manter uma aliança terapêutica	"Se confiar nos outros, serei machucado." "Tenho de depender dos outros para resolver meus problemas."
Estruturar a sessão de terapia	"As pessoas devem conhecer todos os detalhes, ou não me ajudarão da maneira 'correta'." "Se os outros me interromperem, é porque não se importam." "Se eu deixar que os outros me dirijam, logo estarão me controlando."
Estabelecer metas	"Se eu tentar trabalhar para atingir uma meta, não terei sucesso." "Se não conseguir fazer algo integralmente, não vale a pena nem começar." "Se eu atingir minhas metas, as coisas vão piorar."
Solução de problemas	"Meus problemas não podem ser resolvidos." "Os outros devem resolver meu problema para mim." "É injusto ter de lidar com esses problemas."
Provocar e responder aos pensamentos automáticos	"Se eu pensar em coisas que me incomodam, não serei capaz de tolerar esses sentimentos." "Se alguém questionar a validade de meus pensamentos, está questionando a mim."
Treinar habilidades	"Se for assertivo com os outros, eles ficarão bravos e me rejeitarão." "Se eu testar minhas novas habilidades, vou fracassar." "Se eu me tornar mais competente, serei abandonado."
Realizar tarefas de casa	"Se eu fizer o que os outros me dizem para fazer, demonstrarei ser fraco." "Se eu cumprir este passo, os outros esperarão cada vez mais de mim." "Se não me sentir motivado, não vou conseguir fazer."
Modificar as crenças disfuncionais	"Se minha crença não for verdadeira, não sei quem eu sou." "Se eu admitir que minha crença não é verdadeira, demonstrarei ser fraco."
Encerramento e prevenção da recaída	"Se meu terapeuta quiser que eu encerre o tratamento, é porque ele não se importa comigo." "Se eu terminar a terapia, vou ter um colapso." "Se tentar resolver problemas sozinho, vou fracassar."

para atingi-las. Elas podem expressar metas vagas ou irreais, podem especificar metas específicas em termos do que eles querem que os outros façam, mais do que identificar mudanças que queiram fazer; ou suas metas podem mudar de semana a semana. Além disso, enquanto muitos clientes dos transtornos do Eixo I têm habilidades razoavelmente boas de solução de problemas, os clientes com transtornos de personalidade com frequência não sabem como resolver os problemas efetivamente ou podem envolver-se em estratégias disfuncionais de resolução de problemas. Com um cliente que tenha um transtorno do Eixo II, o terapeuta pode precisar passar mais tempo identificando metas consistentes e atingíveis e ajudando o cliente a aprender estratégias eficazes de solução de problemas.

- *Princípio 4: A terapia cognitiva enfatiza as sessões estruturadas.* A terapia procede de maneira mais eficaz quando o terapeuta estrutura ativamente a sessão de forma que o tempo seja usado produtivamente (ver Quadro 14.6). Contudo, muitos clientes com transtornos do Eixo II sustentam crenças que tornam difícil para eles tolerar uma abordagem estruturada para a terapia (ver Quadro 14.5). Os terapeutas não devem impor unilateralmente uma abordagem estruturada para os clientes que resistem a ela. Em cada caso, o terapeuta deve julgar se os esforços para identificar e para abordar essas crenças quando elas emergem serão produtivos ou se deverão variar a estrutura da sessão inicialmente e esperar que a aliança terapêutica fique mais forte antes de abordar essas cognições. Alguns clientes com transtornos do Eixo II, especialmente os que estão bastante isolados, podem se beneficiar do fato de falar sem interrupção na parte inicial da sessão. Pode ser útil dar algum tempo para isso no começo da sessão e então implementar a estrutura mais padronizada para o restante do encontro.

- *Princípio 5: A terapia cognitiva enfatiza a reestruturação.* Uma parte importante da terapia envolve a identificação, a avaliação e a resposta aos pensamentos e às crenças disfuncionais do paciente. O terapeuta ajuda o cliente a aprender que não é a situação em si que modela a reação de alguém, mas as *interpretações* que este alguém faz da situação. Os clientes com os transtornos do Eixo II podem considerar esse conceito como de difícil compreensão, podem evitar enfrentar pensamentos e sentimentos que incomodam ou podem se sentir invalidados pelas tentativas dos terapeutas em ajudá-los a observar as experiências a partir de um ponto de vista diferente. Isso complica o processo de reestruturação cognitiva.
- *Princípio 6: A terapia cognitiva aborda as histórias de desenvolvimento dos clientes e usa as técnicas especializadas para alterar as crenças nucleares conforme o necessário.* A maior parte dos clientes que têm problemas do Eixo I é capaz de modificar seus pensamentos disfuncionais e crenças nucleares sem exame dos eventos da infância, e fazê-

QUADRO 14.6 Estrutura de uma sessão típica de terapia cognitiva

ELEMENTO	DESCRIÇÃO
Avaliação de humor	O terapeuta brevemente avalia o humor do cliente.
Estabelecimento da agenda	O terapeuta descobre quais são os problemas que o cliente quer abordar, e também propõe qualquer questão adicional que queira abordar.
Ponte com a sessão anterior	O terapeuta informa-se sobre os acontecimentos mais importantes desde a última sessão, avalia o nível de funcionamento geral do cliente, revisa o que o cliente aprendeu e sua tarefa de casa.
O corpo da sessão	O terapeuta e o cliente abordam os itens da agenda em ordem de prioridade – coletando informações detalhadas, utilizando uma abordagem de resolução de problemas e ensinando novas habilidades.
Desenvolvimento da tarefa de casa	O terapeuta e o cliente identificam conjuntamente as maneiras pelas quais o cliente aplica o que aprendeu à vida cotidiana.
Fechamento	O terapeuta resume os principais pontos da sessão (ou pede para o cliente fazê-lo) e pede um *feedback* sobre a sessão.

-lo pode roubar tempo da resolução dos problemas do aqui e agora. Portanto, a terapia cognitiva com tais clientes frequentemente implica dedicar-se muito pouco tempo às experiências da infância. Os clientes com transtornos da personalidade, em contraposição a isso, têm crenças extremamente rígidas que derivam das experiências da infância. Pode ser bastante útil para o terapeuta ajudar esses clientes a entender como sua crença se desenvolveu naturalmente a partir das primeiras experiências e foram reforçadas por outras experiências ao longo do tempo. As mesmas técnicas são usadas na modificação das crenças disfuncionais com todos os tipos de clientes (ver J. S. Beck, 1995), mas os clientes com os transtornos do Eixo II podem precisar de ajuda adicional no desenvolvimento de crenças mais positivas e baseadas na realidade para substituir suas crenças disfuncionais.

- *Princípio 7: A terapia cognitiva incorpora técnicas de prevenção de recaídas.* Os terapeutas cognitivos estão preocupados não apenas em ajudar os clientes a superar seus problemas, mas também em ensiná-los a lidar com os problemas por conta própria. Na terapia, os clientes aprendem a resolver problemas, a reestruturar seu pensamento e a mudar seu comportamento a fim de superar os problemas conforme estes surjam. Essa aprendizagem melhora a probabilidade de que os ganhos obtidos ao longo da terapia persistirão depois da conclusão do tratamento.

A prevenção da recaída também envolve normalmente a resposta aos medos do cliente sobre o fim da terapia, a introdução da ideia de que passos ativos são necessários para manter os ganhos obtidos na terapia, a antecipação de situações de alto risco que os clientes podem encontrar, o planejamento sobre como lidar com elas, a identificação dos primeiros sinais de alerta de que um problema esteja retornando e o desenvolvimento de estratégias de desenvolvimento para a prevenção de recaídas. Embora essas coisas sejam importantes para todos os clientes, elas são crucialmente importantes para os clientes com transtornos do Eixo II. Com frequência, as crenças negativas nucleares são modificadas, mas não completamente eliminadas. Há o risco de que acontecimentos futuros possam reativar crenças disfuncionais e comportamentos desadaptativos. É importante para esses clientes reconhecerem isso e estarem preparados para lidar efetivamente com isso quando ocorrer.

Alguns clientes com transtornos do Eixo II expressam o desejo de encerrar a terapia prematuramente – talvez porque a relação terapêutica tenha se rompido, porque seus sintomas do Eixo I tenham passado pela remissão, e não querem envolver-se no trabalho árduo de modificar suas crenças nucleares e estratégias compensadoras; ou porque estão agora testando como seus terapeutas responderão. Outros clientes com transtornos do Eixo II apegam-se à terapia, muito embora tenham chegado a uma melhora significativa e pareçam equipados para enfrentar a vida sem a terapia contínua. Quando o número de sessões não é restringido pelas forças que estão além do controle do cliente (por exemplo, seguro), é importante que o fim da terapia seja uma decisão a que o terapeuta e o cliente cheguem de maneira colaborativa. É importante que o terapeuta tenha um papel ativo na avaliação do quanto as metas do cliente na terapia foram atendidas e o quanto o cliente domina as habilidades necessárias a manter seus ganhos. Em qualquer caso, pode ser importante para o terapeuta ajudar os clientes a explorar os prós e os contras do término da terapia ou da continuidade dela, e abordar esperanças e medos irreais. Quando o cliente parecer pronto para encerrar a terapia, mas estiver relutante em fazê-lo, pode ser útil agendar as consultas em intervalos mais longos, de maneira que o cliente tenha uma maior oportunidade de descobrir se pode lidar com os problemas à medida que estes surjam.

APLICANDO UMA PERSPECTIVA COGNITIVO-INTERPESSOAL À COMPREENSÃO E AO TRATAMENTO DOS TRANSTORNOS DA PERSONALIDADE

Um exemplo de como essa abordagem pode ser aplicada à compreensão de um determinado transtorno de personalidade (nesse caso, o transtorno da personalidade *borderline*) é mostrado graficamente na Figura 14.1. Três crenças que são centrais para o transtorno da personalidade *borderline* estão no lado esquerdo da figura: "O mundo é perigoso e malévolo", "Eu sou fraco e vulnerável" e "Meus sentimentos são inaceitáveis e perigosos". Essas crenças têm efeitos importantes sobre a cognição e o comportamento.

Os indivíduos que veem o mundo como um local perigoso e a si mesmos como vulneráveis têm determinados medos em muitas situações diferentes. Eles frequentemente se tornam hipervigilantes em situações de perigo e não atribuem muito valor aos sinais de segurança. Essa tendenciosidade no processamento da informação em geral ocorre fora da consciência do indivíduo (até a terapia), e fortalece sua convicção de que o mundo seja um local perigoso.

Uma estratégia para permanecer seguro em um mundo perigoso é manter-se continuamente vigilante, em guarda,

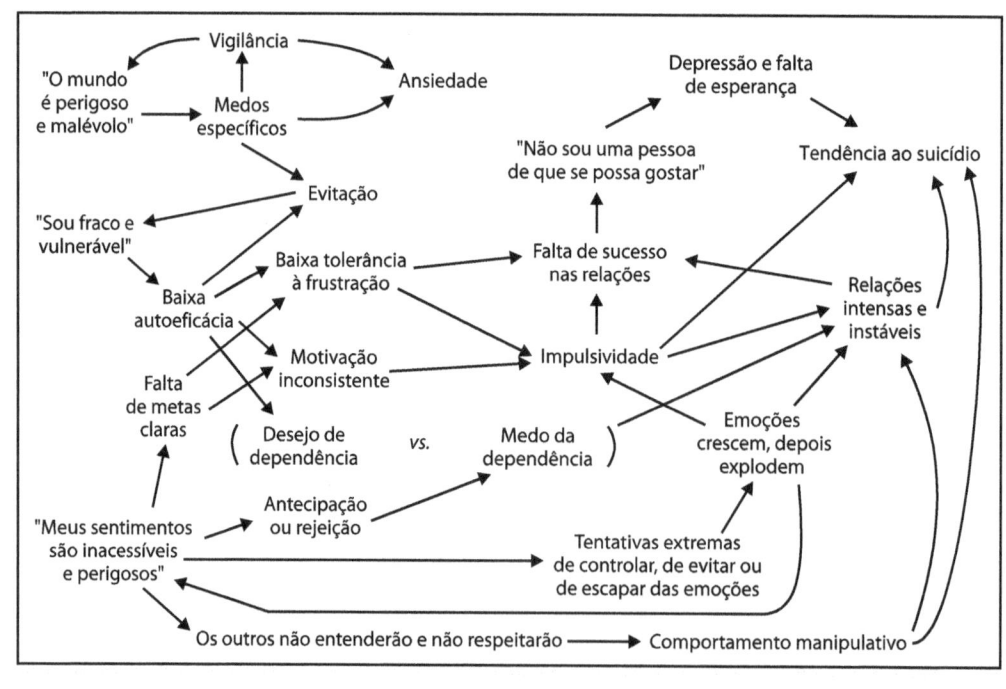

FIGURA 14.1
Uma conceituação cognitivo-interpessoal do transtorno da personalidade *borderline*.

e pronto para se defender. Os indivíduos que são hipervigilantes para os sinais de perigo e que dependem dessa estratégia interpessoal podem desenvolver um transtorno de personalidade paranoide. Contudo, os indivíduos com esse transtorno têm uma segunda crença nuclear: normalmente se veem como fracos e vulneráveis – como não sendo competentes para lidar com os perigos que veem a seu redor. Essa crença os impede de depender de suas próprias capacidades.

Os indivíduos que se veem como fracos, vulneráveis e incompetentes têm um sentido inferior de autoeficácia e são propensos a evitar situações que temem. Essa evitação, por sua vez, reforça a crença de que eles não sabem lidar com a situação temida. Quando os indivíduos veem a si mesmos como pessoas fracas e vulneráveis em um mundo perigoso, uma solução é buscar alguém em que possam confiar. Os indivíduos que dependem dos outros de maneira consistente e se subjugam para se certificar de que os outros não retirarão sua ajuda podem desenvolver o transtorno da personalidade dependente.

Mas os indivíduos com o transtorno da personalidade *borderline* possuem uma terceira crença: "Meus sentimentos são inaceitáveis e perigosos", o que bloqueia essa solução. Pelo fato de verem a si mesmos como pessoas inadequadas e fracas, a ideia de encontrar alguém forte e capaz de tomar conta deles é convidativa. Contudo, pelo fato de se verem como pessoas inerentemente inaceitáveis, depender de um protetor parece ser inaceitavelmente arriscado. Eles presumem que serão rejeitados e abandonados tão logo o protetor começar a conhecê-los. Como resultado, eles têm fortes sentimentos de conflito sobre depender de outra pessoa.

Além disso, já que os indivíduos com o transtorno da personalidade *borderline* veem suas emoções como perigosas e inaceitáveis aos outros, eles em geral se envolvem em tentativas extremadas de evitar, de controlar ou de escapar de emoções fortes. Eles suprimem, evitam ou negam emoções, mas depois repentinamente as manifestam com total intensidade. Isso resulta em problemas recorrentes nas relações, que reforçam a crença de que essas emoções são inaceitáveis e perigosas, e que estimulam outras tentativas de evitar, de controlar ou de escapar das emoções.

Pelo fato de os clientes com o transtorno da personalidade *borderline* terem uma propensão para as reações emocionais intensas, para os sentimentos conflituosos sobre a dependência dos outros e para a baixa tolerância à frustração, suas relações tendem a ser intensas e instáveis. Eles preveem que os outros não entenderão e nem respeitarão seus sentimentos se falarem o que pensam diretamente. Portanto, eles provavelmente se envolvam em comportamento manipulativo mais do que na expressão de si próprios direta e assertivamente. Todos esses fatores contribuem para problemas persistentes nas relações e contribuem para sentimentos de depressão, para a falta de esperança e para a tendência ao suicídio.

Além disso, os indivíduos com o transtorno da personalidade *borderline* tendem a pensar de maneira dicotômica. Esse pensamento dicotômico contribui para a intensidade das reações emocionais, das interações interpessoais e das conclusões que tiram das situações descritas acima.

Essa conceituação da personalidade *borderline* tem claras implicações para a intervenção (ver Quadro 14.7). Os clientes com esse transtorno geralmente entram na terapia em um momento de crise, e a terapia geralmente precisa começar pelo trabalho com essas crises. À medida que o terapeuta o faz, os problemas que Linehan (1993) chama de "comportamentos de interferência na terapia" provavel-

QUADRO 14.7 Estratégia de intervenção proposta para o transtorno da personalidade *borderline*

> Estabelecer uma relação colaborativa.
> Melhorar o enfrentamento cotidiano do cliente e aumentar sua autoeficácia.
> Diminuir os "comportamentos de interferência na terapia".
> Aumentar a capacidade do cliente de tolerar e de modular a emoção (isso inclui a identificação e o teste dos pensamentos automáticos).
> Ajudar o cliente a mudar para um comportamento interpessoal mais adaptativo.
> Modificar as hipóteses subjacentes.
> Trabalhar a prevenção da recaída e preparar o encerramento.

mente passem a surgir. Os clientes com o transtorno da personalidade *borderline* são tipicamente ambivalentes no que diz respeito à dependência dos outros; preveem a rejeição e tendem a relações intensas e instáveis. Os comportamentos, que variam da não participação a reações emocionais intensas durante a sessão, à tendência ao suicídio e à automutilação, devem ser abordados diretamente de modo que não rompam com a terapia. Uma vez vencidas essas barreiras, o terapeuta pode trabalhar para aumentar a capacidade do cliente de lidar com a emoção intensa, para ajudá-lo a mudar para um comportamento interpessoal mais adaptativo e, depois, para modificar suas crenças disfuncionais. Finalmente, a terapia acabará por meio do trabalho explícito com a prevenção da recaída.

Essa abordagem de tratamento faz uso de muitas das intervenções comumente usadas na terapia cognitiva, tais como usar os registros do pensamento para identificar pensamentos disfuncionais e para trabalhar para modificar crenças nucleares (ver J. S. Beck, 1995). Contudo, também é importante abordar questões que possam não ser o foco da terapia para o cliente comum com um transtorno do Eixo I, tal como aumentar a tolerância ao afeto e trabalhar as habilidades de lidar com emoções intensas (Farrell e Shaw, 1994). Os terapeutas também precisam prestar mais atenção do que o normal à relação terapêutica e a suas próprias respostas emocionais. Eles podem precisar usar habilidades da própria terapia cognitiva para manter a empatia e o compromisso enquanto trabalham com clientes cujos comportamentos disfuncionais e de emocionalidade extrema possam ser bastante desafiadores.

Observe que a discussão se aplica especificamente ao transtorno da personalidade *borderline*. Cada um dos transtornos da personalidade é conceituado diferentemente, e as estratégias de intervenção variam muito entre os transtornos de personalidade. Uma discussão de cada um desses transtornos de personalidade está além do escopo deste capítulo. Os leitores interessados poderão encontrar discussões sobre cada transtorno do Eixo II em Freeman e colaboradores (1990) e em Beck e colaboradores (2004).

O *STATUS* EMPÍRICO DA TERAPIA COGNITIVA COMO UM TRATAMENTO PARA OS TRANSTORNOS DA PERSONALIDADE

Um dos pontos fortes da terapia cognitiva é o extensivo corpo de pesquisas que sustenta tanto a teoria quanto a terapia. A base da pesquisa para a terapia cognitiva com transtornos da personalidade é muito menor do que o que ocorre com muitos transtornos do Eixo I e, no passado, alguns comentaristas expressaram sua preocupação sobre o fato de a rápida expansão de teoria e da prática estar sobrepujando a pesquisa empírica (Dobson e Pusch, 1993). Felizmente, um número cada vez maior de pesquisas sustenta a terapia cognitiva como uma abordagem para a compreensão e o tratamento dos transtornos da personalidade. Uma revisão detalhada das constatações empíricas concernentes à terapia cognitiva dos transtornos da personalidade está além do escopo deste capítulo. Os leitores que desejarem uma revisão mais compreensiva devem ver Pretzer (1998) ou Beck e colaboradores (2004).

A pesquisa produziu uma série de constatações relevantes para a compreensão cognitiva dos transtornos da personalidade. Por exemplo, os indivíduos diagnosticados com transtornos da personalidade demonstram níveis elevados de atitudes disfuncionais (O'Leary et al., 1991; Illardi e Craighead, 1999); a sustentação das crenças que são relevantes aos transtornos da personalidade prediz o nível das características dos transtornos da personalidade (Arntz, Dietzel e Dreessen, 1999; Ball e Cecero, 2001); e os indivíduos com transtornos da personalidade específicos sustentam as crenças particulares que se supõe desempenhar um papel em tais transtornos (Arntz et al., 1999; Beck et al., 2001). Analisando de maneira específica o transtorno da personalidade *borderline*, Arntz e colaboradores constataram um nível elevado de pensamento dicotômico (Veen e Arntz, 2000), conforme previsto; eles também constataram que as crenças disfuncionais medeiam a relação entre as experiências traumáticas e a sintomatologia *borderline* (Arntz et al., 1999).

A Tabela 14.1 apresenta uma visão geral da pesquisa disponível sobre a efetividade da terapia cognitiva ou cognitivo-comportamental para os indivíduos com transtornos da personalidade. Muitos relatos clínicos afirmam que a terapia cognitiva ou a terapia cognitiva comportamental podem oferecer um tratamento eficaz para esses indivíduos, mas há menos estu-

TABELA 14.1 A efetividade da terapia cognitiva ou da TCC para os transtornos da personalidade

Transtorno da personalidade	Relatos clínicos não controlados	Estudos de casos únicos	Estudos dos efeitos dos transtornos da personalidade sobre o resultado do tratamento	Estudos de resultado controlado
Antissocial	+	–	+	[a]
Esquiva	+	+	±	+
Borderline	±	–	+	±
Dependente	+	+	+	
Histriônico	+		–	
Narcisista	+	+		
Obsessivo-compulsivo	+	–		
Paranoide	+	+		
Passivo-agressivo	+		+	
Esquizofrênico	+			
Esquizotípico				

Nota: Ver Pretzer (1991) e Beck e colaboradores (2004) para revisões da pesquisa. +: as intervenções cognitivo-comportamentais foram consideradas eficazes; –: as intervenções cognitivo-comportamentais foram consideradas não eficazes; ±: resultados mesclados; [a]: as intervenções cognitivo-comportamentais foram eficazes com os sujeitos de transtorno de personalidade antissocial apenas quando o indivíduo estava deprimido no pré-teste.

dos de resultado bem controlados. Felizmente, os estudos que estão disponíveis oferecem constatações que são bastante estimulantes. Os estudos com delineamento sujeito único têm demonstrado que a TCC foi eficaz para alguns clientes com transtornos da personalidade, mas apenas parcialmente eficaz ou ineficaz para outros (Turkat e Maisto, 1985; Nelson-Gray, Johnson, Foyle, Daniel e Harmon, 1996). Os estudos dos efeitos dos transtornos comórbidos do Eixo II sobre o resultado da TCC para os transtornos do Eixo I produziram um padrão complexo de resultados: às vezes, a presença de um transtorno do Eixo II diminui a efetividade do tratamento; às vezes não tem impacto negativo algum e às vezes o tratamento para um transtorno do Eixo I produz a melhora do transtorno do Eixo II também (ver Pretzer, 1998 ou Beck et al., 2004).

Os estudos controlados de resultado das abordagens da TCC foram apenas conduzidos para três transtornos da personalidade: antissocial (Woody, McLellanm Luborsky e O'Brien, 1985), esquiva (Stravynski, Marks e Yule, 1982; Greenberg e Stravynski, 1985) e transtornos da personalidade *borderline*. Woody e colaboradores (1985) constataram que os sujeitos com o transtorno da personalidade antissocial e da depressão comórbida maior respondiam bem tanto à terapia cognitiva quanto à terapia de apoio-expressiva. Esses sujeitos demonstram uma melhora significativa em 11 das 22 variáveis do resultado, incluindo diminuições em medidas objetivas do comportamento antissocial (tal como uso de drogas e outra atividade ilegal). Contudo, sujeitos com o transtorno da personalidade antissocial que não estavam deprimidos não responderam a nenhum tratamento, aparentemente por causa de uma falta de motivação para a mudança.

Constatou-se que os sujeitos com transtorno da personalidade esquiva tinham de responder ao treinamento de habilidades sociais e ao treinamento de habilidades sociais combinado com intervenções cognitivas (Stravynski et al., 1982); demonstraram diminuições significativas na ansiedade social e na evitação, bem como melhora nas relações interpessoais. Essa constatação foi inicialmente interpretada como demonstração de que as intervenções cognitivas acrescentavam pouco ao tratamento, muito embora as duas abordagens ao tratamento fossem igualmente eficazes. Contudo, em um estudo subsequente, Greenberg e Stravynski (1985) observaram que o medo do ridículo dos clientes contribuía para o fim prematuro em muitos casos, e sugeriram que as intervenções voltadas a modificar as cognições dos clientes poderiam melhorar substancialmente a efetividade do tratamento.

A pesquisa no uso da terapia de comportamento dialético (TCD) para o tratamento do transtorno da personalidade *borderline* (Linehan, Armstrong, Suarez, Allmon e Heard, 1991; Linehan, Tutek e Heard, 1992; Linehan, Heard e Armstrong, 1993) demonstrou que a intervenção cognitivo-comportamental pode ser eficaz com os clientes que tenham um transtorno da personalidade severo. Um ano de intervenção com TCD produziu melhoria significativa em clientes que atendiam a critérios diagnósticos para o transtorno da personalidade *borderline* e também tinham histórias de múltiplas hospitalizações psiquiátricas, eram cronicamente parassuicidas e incapazes de manter seu emprego. Os sujeitos que recebiam a TCD demonstraram diminuição significativa nas tentativas de suicídio, de automutilação e de re-hospitalização, mas continuavam a demonstrar níveis elevados de depressão, de ansiedade e problemas interpessoais. Os investigadores concluíram que mais do que um ano de tratamento era necessário para obter benefícios máximos com a TCD.

A pesquisa controlada de resultado é às vezes criticada por não refletir as realidades da prática clínica. As evidências relativas à efetividade da terapia cognitiva como tratamento para os transtornos da personalidade na prática clínica são fornecidas por um estudo da efetividade da terapia cognitiva para a depressão na prática privada da vida real conduzida por Persons, Burns e Perloff (1988). Quando os investigadores examinaram o impacto dos transtornos da personalidade no resultado do tratamento, constataram que os clientes com transtornos da personalidade estavam em risco de desistir do tratamento prematuramente. Contudo, quando foram capazes de reter tais clientes na terapia, a melhora eventual nos índices de depressão era similar para os clientes com ou sem um diagnóstico do transtorno da personalidade.

Certamente, é necessário realizar muitas pesquisas mais para testar as conceituações cognitivas ou cognitivo-comportamentais para a terapia cognitiva em cada transtorno da personalidade. A qualidade dessas pesquisas pode ser melhorada de várias maneiras. Primeiramente, uma série de estudos tem usado os três grupos de transtornos da personalidade da American Psychiatric Association como unidade de análise, em vez de se voltar aos transtornos da personalidade individualmente. Contudo, as abordagens cognitivas conceituam cada transtorno da personalidade diferentemente e propõem abordagens de tratamento de algum modo diferentes para cada um deles. Embora possa ser difícil obter um tamanho de amostra adequado com algum dos tipos menos comuns de transtornos da personalidade, combinar transtornos incompatíveis em grupos, com o objetivo de pesquisa, não é útil, a não ser que haja um raciocínio claramente teórico para fazê-lo. Em segundo lugar, muitas das pesquisas cognitivo-comportamentais existentes dependem de medidas autorrelatadas de crenças disfuncionais. O uso dessa metodologia presume que os indivíduos podem avaliar com confiança a força de suas crenças disfuncionais ou esquemas. Ainda assim, de acordo com a teoria cognitiva, os esquemas disfuncionais em geral operam fora dessa consciência e, na prática clínica, em geral é necessário muito tempo e esforço para a identificação das crenças disfuncionais do cliente. São necessárias claras evidências de que essas medidas de fato avaliam as crenças disfuncionais, e não atitudes superficiais. Métodos alternativos para a avaliação das crenças disfuncionais e outras cognições relevantes estão disponíveis e deveriam ser mais amplamente usados. Tais métodos incluem a amostragem do pensamento ou a metodologia de amostragem da experiência (Hulburt, Leach e Saltman, 1984), tarefas de laboratório que ofereçam um método mais direto para a avaliação dos esquemas (por exemplo, McNally, Reimann e Kim, 1990) e análise de conteúdo das respostas aos estímulos relevantes aos esquemas.

As duas últimas décadas testemunharam rápidos avanços na teoria, na prática e na pesquisa empírica para a aplicação da terapia cognitiva ao tratamento dos transtornos da personalidade. Embora haja subsídios para uma preocupação legítima de que a inovação clínica possa sobrepujar a pesquisa empírica (Dobson e Pusch, 1993), um número cada vez maior de pesquisas sustenta a terapia cognitiva como uma abordagem para a compreensão e o tratamento dos transtornos da personalidade. Dada a complexidade dos clientes com transtornos da personalidade e as dificuldades encontradas na terapia por esses indivíduos, é estimulante que as duas últimas décadas tenham presenciado a evolução de abordagens mais eficazes para a compreensão e o tratamento dos transtornos da personalidade. À medida que a pesquisa e a inovação continuam, deveremos ver novos avanços na teoria e na prática.

REFERÊNCIAS

American Psychiatric Association. (2000). *Diagnostic and statistical manual of mental disorders* (4th ed., text rev.). Washington, DC: Author.

Arntz, A., Dietzel, R., & Dreessen, L. (1999). Assumptions in borderline personality disorder: Specificity, stability and relationship with etiological factors. *Behaviour Research and Therapy, 37,* 545-557.

Ball, S. A., & Cecero, J. (2001). Addicted patients with personality disorders: Traits, schemas, and presenting problems. *Journal of Personality Disorders, 15,* 72-83.

Beck, A. T., Freeman, A., et al. (1990). *Cognitive therapy of personality disorders.* New York: Guilford Press.

Beck, A. T., Freeman, A., Davis, D., et al. (2004). *Cognitive therapy of personality disorders* (2nd ed.). New York: Guilford Press.

Beck, A. T., Rush, A. J., Shaw, B. F., & Emery, G. (1979). Cognitive therapy of depression. New York: Guilford Press.

Beck, A. T., Butler, A. C., Brown, G. K., Dahlsgaard, K. K., Newman, C. F., & Beck, J. S. (2001). Dysfunctional beliefs discriminate personality disorders. *Behaviour Research and Therapy, 39,* 1213-1225.

Beck, J.S.(1995). *Cognitive therapy: Basics and beyond.* New York: Guilford Press.

Beck, J. S. (1997). Personality disorders: Cognitive approaches. In L. J. Dickstein, M. B. Riba, & J. M. Oldham (Eds.), *American Psychiatric Press review of psychiatry* (Vol. 16). Washington, DC: American Psychiatric Press.

Beck, J. S. (1998). Complex cognitive therapy treatment for personality disorder patients. *Bulletin of the Menninger Clinic, 62,* 170-194.

Dobson, K.S., & Pasch, D. (1993). Toward a definition of the conceptual and empirical boundaries of cognitive therapy. *Australian Psychologist, 28,* 137-144.

Farrell, J. M., & Shaw, I. A. (1994). Emotion awareness training: A prerequisite to effective cognitive-behavioral treatment of borderline personality disorder. Cognitive and Behavioral Practice, 1, 71-91.

Fleming, B. (1983, August). *Cognitive therapy with histrionic patients: Resolving a conflict in styles.* Paper presented at the annual meeting of the American Psychological Association, Anaheim, CA.

Freeman, A., Pretzer, J. L., Fleming, B., & Simon, K. M. (1990). *Clinical applications of cognitive therapy.* New York: Plenum Press.

Giles, T. R., Young, R. R., & Young, D. E. (1985). Behavioral treatment of severe bulimia. *Behavior Therapy, 16,* 393-05.

Greenberg, D., & Stravynski, A. (1985). Patients who complain of social dysfunction: I. Clinical and demographic features. *Canadian Journal of Psychiatry, 30,* 206-211.

Hardy, G. E., Barkham, M., Shapiro, D. A., Stiles, W. B., Rees, A., & Reynolds, S. (1995). Impact of Cluster C personality disorders on outcomes of contrasting brief therapies for depression. *Journal of Consulting and Clinical Psychology,* 63, 997-1004.

Hurlburt, R. T., Leach, B.C., & Saltman, S. (1984). Random sampling of thought and mood. *Cognitive Therapy and Research, 8,* 263-276.

Illardi, S. S., & Craighead, W. E. (1999), The relationship between personality pathology and dsyfunctional cognitions in previously depressed adults. *Journal of Abnormal Psychology, 108,* 51-57.

Linehan, M. M. (1993). *Cognitive-behavioral treatment of borderline personality disorder.* New York: Guilford Press.

Linehan, M. M., Armstrong, H. E., Suarez, A., Allmon, D. J., & Heard, H. L. (1991). Cognitive-behavioral treatment of chronically suicidal borderline patients. *Archives of General Psychiatry,* 48, 1060-1064.

Linehan, M. M., Heard, H. L., & Armstrong, H. E. (1993). Naturalistic follow-up of a behavioral treatment for chronically parasuicidal borderline patients. *Archives of General Psychiatry, 50,* 971-974.

Linehan, M. M., Tutek, D. A., & Heard, H. L. (1992, November). *Interpersonal and social treatment outcomes in borderline personality disorder.* Paper presented at the 26th Annual Conference of the Association for Advancement of Behavior Therapy, Boston.

McNally, R. J., Reimann, B. C., & Kim, E. (1990). Selective processing of threat cues in panic disorder. *Behaviour Research and Therapy, 28,* 407-412.

Nelson-Gray, R. O., Johnson, D., Foyle, L. W., Daniel, S. S., & Harmon, R. (1996). The effectiveness of cognitive therapy tailored to depressives with personality disorders. *Journal of Personality Disorders, 10,* 132-152.

O'Leary, K. M., Cowdry, R. W., Gardner, D. L., Leibenluft, E., Lucas, P. B., & deJong-Meyer, R. (1991). Dysfunctional attitudes in borderline personality disorder. *Journal of Personality Disorders,* 5, 233-242.

Persons, J. B., Burns, B. D., & Perloff, J. M. (1988). Predictors of drop-out and outcome in cognitive therapy for depression in a private practice setting. *Cognitive Therapy and Research, 12,* 557-575.

Pretzer, J. (1998). Cognitive-behavioral approaches to the treatment of personality disorders. In C. Perris & P. D. McGorry (Eds.), *Cognitive psychotherapy of psychotic and personality disorders: Handbook of theory and practice.* New York: Wiley.

Pretzer, J., & Beck, A. T. (1996). A cognitive theory of personality disorders. In J. F. Clarkin & M. F. Lenzenweger (Eds.), *Major theories of personality disorder.* New York: Guilford Press.

Pretzer, J. L. (1983, August). *Borderline personality disorder: Too complex for cognitive behavioral approaches?* Paper presented at the annual meeting of the American Psychological Association, Anaheim, CA. (ERIC Document Reproduction Service No. ED 243 007)

Rothstein, M. M., & Vallis, T. M. (1991). The application of cognitive therapy to patients with personality disorders. In T. M. Vallis, J. L. Howes, & P. C. Miller (Eds.), The challenge of cognitive therapy: Applications to nontradittonal populations. New York: Plenum Press.

Rush, A, J., & Shaw, B. F. (1983). Failures in treating depression by cognitive therapy. In E. B. Foa & P. G. M. Emmelkamp (Eds.), *Failures in behavior therapy.* New York: Wiley.

Safran, J. D., & McMain, S. (1992). A cognitive-interpersonal approach to the treatment of personality disorders. *Journal of Cognitive Psychotherapy: An International Quarterly, 6,* 59-68.

Simon, K. M. (1983, August). *Cognitive therapy with compulsive patients: Replacing rigidity with structure.* Paper presented at the annual meeting of the American Psychological Association, Anaheim, CA.

Stravynski, A., Marks, I., & Yule, W. (1982). Social skills problems in neurotic outpatients: Social skills training with and without cognitive modification. *Archives of General Psychiatry, 39,* 1378-1385.

Stephens, J. H., & Parks, S. L. (1981). Behavior therapy of personality disorders. In J. R. Lion (Ed.), Personality disorders: Diagnosis and management (2nd ed.). Baltimore: Williams & Wilkins.

Turkat, I. D., & Maisto, S. A. (1985). Personality disorders: Application of the experimental method to the formulation and modification of personality disorders. In D. H. Barlow (Ed.), *Clinical handbook of psychological disorders: A step by step treatment manual.* New York: Guilford Press.

Vallis, T. M., Howes, J. L., & Standage, K. (2000). Is cognitive therapy suitable for treating individuals with personality dysfunction? *Cognitive Therapy and Research, 24,* 595-606.

Veen, G., & Arntz, A. (2000). Multidimensional dichotomous thinking characterizes borderline personality disorder. *Cognitive Therapy and Research, 24,* 23-45.

Woody, G. E., McLellan, A. T., Luborsky, L., & O'Brien, C. P. (1985). Sociopathy and psychotherapy outcome. *Archives of General Psychiatry, 42,* 1081-1086.

Young, J. (1990). *Cognitive therapy for personality disorders: A schema-focused approach.* Sarasota, FL: Professional Resource Exchange.

Young, J., Klosko, J., & Weishaar, M. (2003). *Schema therapy: A practitioner's guide.* New York: Guilford Press.

Young, J., & Lindemann, M. D. (1992). An integrative schema-focused model for personality disorders. *Journal of Cognitive Psychotherapy: An International Quarterly, 6,* 11-24.

Young, J. E. (1983, August). *Borderline personality: Cognitive theory and treatment.* Paper presented at the annual meeting of the American Psychological Association, Anaheim, CA.

15

O TRATAMENTO COGNITIVO-
-COMPORTAMENTAL DOS
TRANSTORNOS DA PERSONALIDADE
NA INFÂNCIA E NA ADOLESCÊNCIA

Arthur Freeman

O próprio título deste capítulo provoca desconforto e desacordo entre os clínicos. A criança ou o adolescente podem ter um transtorno da personalidade? O que qualifica uma criança para o diagnóstico de um transtorno da personalidade? Os clínicos ficam, na maioria das vezes, em uma situação confusa. Os psicólogos infantis, os psiquiatras infantis, os professores, os pediatras, os trabalhadores da área do cuidado infantil e os clínicos que trabalham com o tratamento agudo e em ambientes residenciais regularmente veem crianças e adolescentes que atendem aos critérios dos transtornos da personalidade (Beren, 1998; Bleiberg, 2001; Kernberg, Weiner e Bardenstein, 2001; Shapiro, 1997; Vela, Gottlieb e Gottlieb, 1997; Freeman e Rigby, 2003). Mas podem os clínicos aplicar esses diagnósticos "adultos" a esse pequeno, mas visível, grupo de crianças? Quais são as vantagens e as desvantagens de usar esses diagnósticos para as crianças e os adolescentes? Quais são as ramificações (em termos de colocação, de tratamento e de política) de usar os diagnósticos de transtornos da personalidade para as crianças e os adolescentes? E, finalmente, usar esses diagnósticos "adultos" tem o efeito de criar uma categoria "lixeira" que será usada para as crianças e os adolescentes mais problemáticos, isto é, que mais causam problemas ou que mais sofrem por causa deles?

Tendo essas questões em mente, defenderei neste capítulo o fato de os transtornos da personalidade poderem manifestar-se e serem identificados entre os jovens antes dos 18 anos. Esses transtornos podem ser diagnosticados com os mesmos critérios usados para os adultos. Em vez de tentar encontrar termos, títulos ou diagnósticos eufemísticos, ou de ver os padrões identificados como precursores clínicos para os transtornos adultos, acredito que a realidade clínica dos transtornos da personalidade na infância deve ser apropriadamente avaliada, diagnosticada e tratada. Embora muitas pessoas concordem que alguns jovens tenham certas características que podem ser precursoras de transtornos da personalidade posteriores, a maior parte dos clínicos detesta diagnosticar uma criança como portadora de um desses transtornos (Paris, 2003). Algumas razões para essa hesitação são teóricas, algumas conceituais e algumas "legais".

A meta deste capítulo é ampliar o trabalho pioneiro de Aaron T. Beck na aplicação da terapia cognitiva ao tratamento dos transtornos da personalidade

(Beck, Freeman e Associates, 1990; Beck, Freeman, Davis e Associates, 2004) e examinar a premissa e o diagnóstico dos transtornos da personalidade das crianças e dos adolescentes. Espero fazer isso levantando e discutindo as questões conceituais, teóricas e legais. Essa discussão será seguida pela discussão sobre a conceituação cognitivo-comportamental e pela orientação a estudos futuros.

Várias questões surgem. Em que ponto os comportamentos das crianças ou dos adolescentes são vistos e diagnosticados como transtornos da personalidade? Em que ponto eles passam de "precursor" ou comportamento antecedente (Paris, 2003) para serem diagnosticáveis como comportamentos que atendem plenamente aos critérios para os transtornos da personalidade? Quando as características e os estilos de resposta são diagnosticados como patologia? Em que ponto a comunidade de saúde mental deve entrar em ação e tentar desafiar ou modificar os comportamentos observados? Há questões presentes que requeiram a inclusão do sistema de justiça criminal ou dos sistemas de proteção da criança no plano de tratamento? Em que ponto as crianças problemáticas podem ser diagnosticadas como tendo transtornos da personalidade?

A resposta mais frequente para essas questões é a de que as crianças não podem ser legalmente diagnosticadas como tendo um transtorno de personalidade, de acordo com a quarta edição (revisada) do *Diagnostic and Statistical Manual of Mental Disorders* (DSM-IV; American Psychiatric Association, 2000). A justificativa para essa posição vem de uma interpretação da introdução prototípica do DSM para todos os critérios dos transtornos da personalidade. A introdução a cada transtorno da personalidade diz que há "um padrão global de [afirmações descritivas], que começa até o início da idade adulta e está presente em uma série de contextos, indicado por [um número] ou mais critérios [lista de critérios]". Sem qualquer outra leitura, essa frase que se repete dá a impressão de que os transtornos da personalidade são manifestações de comportamento, afeto e cognição que surgem e só podem ser diagnosticadas no início da idade adulta (o que em geral quer dizer dos 18 anos em diante).

Claramente, contudo, a introdução declara que os transtornos ocorrem "*até o início da idade adulta*" [*by* early adulthood], e não somente "*no início da idade adulta*" [*in* early adulthood], bastando para isso que entendamos corretamente o uso da preposição inglesa "by". O leitor pode inclinar-se a considerar o que estou dizendo uma peça de hermenêutica talmúdica. Não obstante, a expressão "transtornos da personalidade" implica um padrão duradouro cujo início pode, no mínimo, ser encontrado na adolescência e, frequentemente, na infância. A única exceção anotada no DSM-IV (edição revisada) é a diagnose do transtorno da personalidade antissocial, em que um histórico do transtorno de conduta na infância e na adolescência é exigido (APA, 2000, p. 706). O DSM-IV (edição revisada) afirma que "as características de um transtorno da personalidade tornam-se reconhecíveis durante a *adolescência* ou no início da idade adulta" (APA, 2000, p. 688, grifo meu).

O DSM-IV (edição revisada) (APA, 2000, p. 686 [p. 642 da edição brasileira]) também oferece seis amplos critérios para a definição de um transtorno da personalidade. Essas seis características essenciais de um transtorno da personalidade são as seguintes:

> A característica essencial do Transtorno da Personalidade é um padrão persistente de vivência íntima e de comportamento que se desvia acentuadamente das expectativas da cultura do indivíduo e se manifesta em pelo menos duas das

seguintes áreas: cognição, afetividade, funcionamento interpessoal ou controle dos impulsos (Critério A). Este padrão persistente é inflexível e abrange uma ampla faixa de situações pessoais e sociais (Critério B) e provoca sofrimento clinicamente significativo ou prejuízo no funcionamento social ou ocupacional ou em outras áreas importantes da vida do indivíduo (Critério C). O padrão é estável e de longa duração, podendo seu início remontar à adolescência ou ao começo da idade adulta (Critério D). O padrão não é mais bem explicado como uma manifestação ou consequência de outro transtorno mental (Critério E), nem é decorrente dos efeitos fisiológicos diretos de uma substância (p. ex., droga de abuso, medicamento, exposição a uma toxina) ou de uma condição médica geral (p. ex., traumatismo craniano) (Critério F).

De acordo com esses critérios, as crianças podem facilmente ser diagnosticadas como crianças que têm transtornos da personalidade. Os padrões de transtornos comportamentais descritos nas crianças são exibidos em uma ampla gama de contextos sociais, escolares e interpessoais. Eles não respondem melhor por qualquer outro transtorno do Eixo I, III ou IV ou por qualquer estágio de desenvolvimento. Um ponto discutível é que o padrão de personalidade deve ser estável e de longa duração. Se o padrão estiver ocorrendo há 2 ou 3 anos, pode-se considerá-lo como de "duração significativa"? Se pensarmos em uma criança de 10 anos, dois anos representarão 20% de sua vida e, portanto, podem ser bastante significativos em termos de seu impacto crônico sobre a vida da criança. Finalmente, os padrões não são o resultado de alguma reação química ou tóxica.

Além disso, o DSM-IV (edição revisada) (APA, 2000, p. 687 [p. 643 da edição brasileira]) afirma:

> As categorias de Transtorno da Personalidade podem ser aplicadas a crianças ou a adolescentes nos casos relativamente raros em que os traços particularmente desadaptativos do indivíduo parecem ser generalizados, persistentes e não restritos a um determinado estágio evolutivo ou a um episódio de um transtorno do Eixo I. Cabe reconhecer que os traços de um Transtorno da Personalidade que aparecem na infância frequentemente não persistem inalterados até a vida adulta. Para o diagnóstico de Transtorno da Personalidade em um indivíduo com menos de 18 anos, as características devem ter estado presentes por no mínimo um ano. A única exceção é representada pelo Transtorno da Personalidade Antissocial, que não pode ser diagnosticado em indivíduos com menos de 18 anos.

Provavelmente os indicadores mais óbvios da compreensão e da identificação dos transtornos da personalidade são os de que os comportamentos são inflexíveis (isto é, o indivíduo parece ter poucas opções em seu estilo de resposta), compulsivos (isto é, o indivíduo quase sempre responderá da mesma maneira idiossincrática, mesmo quando ele vê e compreende que a escolha comportamental pode ter consequências negativas) e desadaptativos (isto é, os comportamentos podem servir para colocar o indivíduo em algum problema), além de causarem prejuízos funcionais significativos (isto é, a função adaptativa do indivíduo fica limitada ou prejudicada) e sofrimento subjetivo (isto é, o indivíduo experimenta um desconforto marcado e frequente).

Idealmente, esteja pronto para ampliar ao máximo o valor da terapia, abordando os comportamentos antes de eles se tornarem mais poderosa e frequentemente reforçados pelo hábito. Por exemplo, eu penso que seria muito melhor abordar um caso claramente identificado de transtorno da personalidade *borderline* em uma criança de 12 anos do que quando o mesmo indivíduo tiver 25 anos. Os 13 anos em que o problema não for tratado,

tratado tangencialmente ou tratado como alguma espécie de precursor eufemístico do transtorno da personalidade *borderline*, não serão úteis para a criança. O estilo comportamental, cognitivo e afetivo se tornará, no período de 13 anos, mais firmemente enraizado. Teria muito mais sentido tratar o transtorno como transtorno. Metaforicamente, se o que analisamos se parece com um pato, caminha como um pato e grasna como um pato, tem sentido chamar o animal de pato.

As características comportamentais que são usadas para definir os transtornos da personalidade devem também ser distinguidas das características que são parte dos padrões normais e previsíveis de desenvolvimento das crianças. Ou os padrões comportamentais podem surgir em resposta a fatores específicos situacionais ou de desenvolvimento. Por exemplo, o comportamento de dependência visto em uma criança de 3 e 4 anos pode estar adequado ao desenvolvimento e não deve então ser usado como sinal diagnóstico de uma personalidade dependente. Não estou sugerindo que todo padrão comportamental visto na infância seja completa ou parcialmente um transtorno da personalidade. Nem estou dizendo que todo padrão da infância persistirá na idade adulta, tornando-se um transtorno da personalidade.

VISIBILIDADE DESADAPTATIVA

Os comportamentos podem ser vistos por um observador objetivo como algo estranho ou incomum quando são julgados pelos padrões da comunidade como um todo ou de um grupo maior. É claro que as características que atendem aos critérios de um transtorno de personalidade podem não ser considerados problemáticos pela criança ou pela sua família, apesar de esses comportamentos que se apresentam ao observador objetivo serem autoderrotistas, autoprejudiciais ou autopunitivos, além de punir também aos outros. O indivíduo observado, ou os membros do grupo familiar desse indivíduo ou subgrupo cultural podem não perturbar-se, afetar-se ou sequer observar tais comportamentos. Para a família ou subgrupo cultural, os comportamentos identificados podem ser vistos como aceitáveis e até mesmo elogiáveis. Obviamente, os julgamentos sobre o funcionamento da personalidade devem levar em consideração o histórico cultural e psicossocial do indivíduo. Quando os clínicos estiverem avaliando as crianças que tenham histórico ou origem diferentes da origem deles próprios, seria essencial obter informações adicionais com pessoas que estejam familiarizadas com a história sociocultural, com a origem e com a experiência das crianças.

Tornar o processo de diagnóstico cada vez mais complexo é algo que se deve ao fato de que, sob certas circunstâncias, os comportamentos que são diagnosticados como transtornos da personalidade em um adulto podem ter sido bastante funcionais e fortemente reforçados durante a infância ou adolescência desse mesmo adulto. Os padrões que são utilizados para estabelecer um diagnóstico de transtorno da personalidade podem, durante a infância, ter possuído um valor e um propósito que começaram a diminuir na idade adulta. Um estilo de personalidade pode passar a um estado de desarranjo ou de perturbação ou ser exacerbado depois da perda de pessoas significativas (por exemplo, a morte de um dos pais) ou da perda de situações antes socialmente estáveis (por exemplo, mudança de escola, mudança de casa). Não é sempre que as crianças com comportamentos incomuns passam despercebidas pela escola. Olin e colaboradores (1997) constataram que as avaliações, feitas pelos professores, de adolescentes subsequentemente diagnosticados como tendo o transtorno da personalidade esquizotípica indicavam análogos observáveis do transtorno adulto já no final da infância ou início da adolescência. Wolff, Townshend, McGuire e Weeks (1991) constaram que, de 32 crianças descritas como tendo personalidade esquizoide na infância, 24 mais tarde preenchiam os critérios para o transtorno da personalidade esquizotípica. Na verdade, alguns desses padrões podem estar claros ao final da pré-escola, entre as idades de 4 e 6 anos (National Advisory Mental Health Council, 1995).

Por exemplo, a criança diagnosticada pelos professores como tendo algum problema de conduta e que resiste à autoridade e aterroriza seus colegas pode ser vista pelos pais e por outros integrantes de sua cultura como "um garoto e tanto" ou como "uma criança que não leva desaforo para casa". A questão é se a agressão é isolada, ocasional e episódica ou se atende aos critérios do DSM-IV (edição revisada) e é parte de um padrão já mais arraigado. Se não for, o código do DSM V71.02 ("Comportamento antissocial em criança ou adolescente") poderá ser usado.

ARGUMENTOS CONTRA O DIAGNÓSTICO DOS TRANSTORNOS DA PERSONALIDADE NA INFÂNCIA

Pode-se argumentar que as crianças com menos de 18 anos não podem, por definição, ter um transtorno da personalidade. Esse argumento defende a tese de que na infância a personalidade ainda está em formação e que rotulá-la como "transtornada" dá a impressão de que a personalidade da criança já está completamente formada, fixa e gravada na pedra. Eu responderia a esse argumento apontando que a idade de 18 anos como o ponto de entrada para a idade adulta não é típico de todas as culturas. Em certas culturas, a idade em que as crianças atingem sua maioridade pode ser de 13 anos. É nesse ponto que a criança pode casar-se, começar a ter filhos e responsabilidade adultas.

Um segundo argumento contra o diagnóstico dos transtornos da personalidade na infância é que a personalidade está em constante e rápido estado de desenvolvimento em um indivíduo que esteja justamente nos anos de desenvolvimento. Tirar um "retrato" do comportamento do indivíduo em qualquer momento desses anos e usá-lo para tirar conclusões dará uma visão imprecisa do indivíduo. Os padrões podem (e provavelmente vão) mudar. Minha resposta para essa crítica é que *todos* os diagnósticos são condicionais e podem e devem ser revisados à medida que os clínicos obtêm dados adicionais.

Um terceiro argumento contra o uso do diagnóstico dos transtornos da personalidade para crianças e adolescentes tem a ver com o diagnóstico ou rótulo de "transtorno da personalidade".

Em palavras simples, o diagnóstico de transtorno da personalidade para uma criança pode ter o efeito de os terapeutas e os professores rapidamente desistirem da criança sem tentar ajudá-la. Uma extensão desse ponto é que o diagnóstico perseguirá a criança ao longo de sua vida escolar e poderá ser usado como uma desculpa para limitar ou até mesmo impedir o tratamento. Eu não concordaria com esse argumento, na medida que os diagnósticos presentes nos registros de uma criança serão vistos, para o bem ou para o mal, ao longo da carreira dela e possivelmente para além dela. Na verdade, estou muito preocupado com a aceitação da tese de que os transtornos da personalidade na infância resultarão em prática equivocada entre terapeutas, professores e instituições.

Uma quarta preocupação, e uma extensão do ponto observado acima, é que o diagnóstico do transtorno da personalidade seja aplicado inadequadamente para grupos social ou culturalmente diferentes. Tornar-se-ia então um modo fácil de os terapeutas ou de sistemas e instituições inteiras não tratarem crianças que pertençam a grupos minoritários. Novamente, estou muito preocupado com o fato de o diagnóstico ser aplicado de maneira demasiadamente rápida e inadequada. Se os adultos escolherem "desistir" de uma criança porque ela foi diagnosticada com um transtorno de personalidade, todos teremos um problema muito sério. Na verdade, contudo, as crianças que são assim diagnosticadas são as que precisam ser identificadas, de modo que possam receber o melhor e mais adequado cuidado. Se isso for motivo para mais uma "desistência" de parte dos terapeutas, é porque se trata mais de um problema do sistema de saúde mental do que de um problema da necessidade, ou validade, do diagnóstico. O sistema é verdadeiramente falho se evita tratar aqueles que claramente mais precisam do tratamento.

ARGUMENTOS FAVORÁVEIS AO DIAGNÓSTICO DOS TRANSTORNOS DA PERSONALIDADE NA INFÂNCIA E NA ADOLESCÊNCIA

Em geral, concorda-se que a patologia da personalidade se origina na infância e na adolescência. Acredito que faz sentido diagnosticar os problemas na oportunidade mais precoce, não apenas por causa dos indivíduos afetados, mas também por suas famílias. A detecção e a intervenção precoces podem limitar o enraizamento e a cronicidade. A identificação e a prevenção tornam-se ingredientes essenciais do tratamento (Harrington, 2001).

Já que a maior parte dos adultos com transtornos da personalidade pode identificar manifestações de seus transtornos na infância e na adolescência, a terapia para crianças pode incluir um envolvimento extensivo dos pais. Isso pode servir para limitar alguns dos prejuízos que decorrem de uma paternidade deficiente. Por exemplo, os jovens que sofreram abuso no início da infância tem quatro vezes mais chances de serem diagnosticados com um transtorno da personalidade no início da idade adulta (Johnson, Cohen, Brown, Smailes e Bernstein, 1999; Johnson et al., 2001; Johnson, Smailes, Cohen, Brown e Bernstein, 2000). Se os padrões de comportamento e o abuso forem identificados precocemente, pode-se implementar a intervenção. Se necessário, os serviços de proteção à criança podem participar do processo juntamente com serviços intensivos de base doméstica, se necessário. A escola pode se envolver como agente que identifica as crianças e poderia então participar do tratamento. Pode haver a necessidade de intervenção e de oportunidades para pós-intervenção [*postvention*] ao longo dos anos.

PERSPECTIVAS BIOLÓGICAS, FISIOLÓGICAS E NEUROQUÍMICAS

Vários teóricos apontaram perturbações neurológicas que podem estar implicadas no surgimento dos transtornos da personalidade. A ocorrência de abuso infantil (verbal, físico e/ou sexual) experimentado por muitos pacientes com transtornos da personalidade pode precipitar mudanças neurológicas. Teicher, Ito, Glod, Schiffer e Gelbard (1994) sugeriram que o abuso infantil agita o sistema límbico de uma maneira que produz impulsividade, agressão, instabilidade afetiva e estados dissociativos. Goleman (1995) diz que o sofrimento emocional contínuo pode criar déficits na capacidade mental de uma criança e prejudicar sua capacidade de aprender, de um modo que, à medida que a criança se desenvolve, sua capacidade racional de tomada de decisões subsequente seja prejudicada.

PERSPECTIVAS DE DESENVOLVIMENTO

Uma explicação para o surgimento de transtornos da personalidade na infância está centrada na relação mãe-filho conforme descrita pelos teóricos das relações objetivas (Kernberg, Weiner e Bardenstein, 2000). De acordo com essa perspectiva, a estrutura intrapsíquica da criança se desenvolve por meio da diferenciação entre o *self* e o objeto, com maturação inter-relacionada das defesas do ego (Masterson, 2000). Mahler (conforme discutido em Kramer e Akhtar, 1994) descreveu quatro estágios de desenvolvimento: autista, simbiótico, separação-individuação e constância do objeto. Os problemas encontrados pela criança na fase de separação-individuação estão implicados na etiologia do transtorno da personalidade *borderline*, por exemplo. Kohut (conforme discutido em Kramer e Akhtar, 1994) examinou as distorções do "*self*-objeto" que ele acreditava surgirem dos prejuízos narcisísticos à criança em um momento particularmente vulnerável ou no estágio de desenvolvimento. Pensou-se que esse prejuízo leva à formação dos transtornos da personalidade.

Beck e colaboradores (1990, 2004) apontaram que determinados comportamentos observados nas crianças, tais como dependência, vergonha ou rebeldia, tendem a persistir ao longo de vários períodos de desenvolvimento até a idade adulta – momento em que recebem rótulos de transtornos da personalidade, tais como dependente, esquiva e antissocial. Há evidência de que certos temperamentos relativamente estáveis e padrões de comportamento estejam presentes no nascimento. Essas tendências inatas podem ser reforçadas pelas pessoas queridas durante a infância ou tidas como comportamentos adequados e idealizados durante a infância. Por exemplo, a criança pequena que dependa em demasia dos pais e chore terá mais chances de receber mais atenção dos cuidadores, o que, por sua vez, reforça o comportamento que provoca tal atenção. A dificuldade surge quando esses padrões persistem por muito tempo depois do período de desenvolvimento no qual eles podem ser adaptativos.

Kernberg e colaboradores (2000) comentam que os padrões duradouros de personalidade estão cada vez mais sendo descritos nos alunos da pré-escola. Esses padrões incluem o comportamento agressivo, estratégias inflexíveis de enfrentamento e apego inseguro. As manifestações adultas desses padrões podem incluir a depressão, o uso de drogas e o comportamento criminal. A progressão do transtorno de conduta na infância para o transtorno da personalidade antissocial sugere que os transtornos da personalidade têm sua origem em estágios de desenvolvimento mais precoces (Kasen et al., 1999). A impulsividade e a empatia são ambos visíveis mesmo nas crianças de 2 anos, e os desvios tanto da impulsividade quanto da empatia são componentes de certos transtornos da personalidade. A presença de um pensamento concreto e operacional no meio da infância torna possível discernir os transtornos do pensamento e os prejuízos no teste de realidade nas crianças em idade escolar.

PERSPECTIVAS DO SISTEMA FAMILIAR

Os problemas do ambiente familiar são fatores importantes que contribuem para o desenvolvimento de transtornos da personalidade na infância. A ruptura do apego da criança aos cuidadores principais por meio da morte, do divórcio, da patologia severa de um dos pais ou de outros ambientes familiares caóticos pode fazer surgir padrões de personalidade desadaptativa na criança.

Os fatores familiares e sistêmicos contribuem para o desenvolvimento dos transtornos da personalidade nas crianças por oferecerem experiências de aprendizagem que levam à formação de esquemas desadaptativos, os quais persistem ao longo das fases de desenvolvimento. Esses fatores incluem o seguinte:

1 *Fracasso dos pais em ensinar a tolerância da frustração*. Mesmo os pais bem intencionados podem fracassar em oferecer um bom treinamento à criança para que esta lide com experiências frustrantes. Esse treinamento incluiria o estabelecimento e a manutenção de limites claros e consistentes.
2 *Educação inadequada da criança e desconhecimento das habilidades de gerenciamento infantil*. A paternidade excessivamente punitiva ou permissiva pode dar início a distúrbios no sentido que a criança tem de seus limites e da autorregulação.
3 *Sistemas de valores paternais distorcidos*. Por exemplo, uma criança que tenha ótimos resultados e seja perfeccionista pode ser levada pelos pais a ter um resultado excelente, algo reforçado pelo desejo dos próprios pais de serem bem-sucedidos. As crenças dos pais estão refletidas em sua opção por estratégias de socialização das crianças, o que, por sua vez, determina se ela exibe um comportamento socialmente adequado ou socialmente desviante (Rubin, Hymel, Mills e Rose-Krasner, 1989). Os fatores culturais também entrarão em jogo (Harkness e Super, 2000).
4 *Psicopatologia paterna*. A relação entre a psicopatologia dos pais e o transtorno desafiador de oposição infantil é bastante forte. Hanish e Tolan (2001) e Hanish, Tolan e Guerra (1996) sugeriram que um pai com transtorno da personalidade antissocial, por meio do uso de modelos e de reforços, pode transmitir à criança a ideia de que é aceitável desafiar a autoridade. Conforme a criança internaliza essa crença, ela começa a opor-se ao pai e, depois, a outras figuras que representem autoridade.
5 *Estressores psicossociais severos e persistentes na vida da criança*. Tais estressores podem incluir problemas financeiros, destituição da casa, discordância com os pais ou com figuras paternas, ou estressores com a comunidade. Hanish e colaboradores (1996) constataram que a discordância entre os cônjuges é um indicador de problemas de comportamento na infância – especificamente de comportamento de não concordância e de ruptura.
6 *Negligência e rejeição dos pais*. A negligência e a rejeição dos pais pode levar ao desenvolvimento de esquemas que sugerem à criança que ela está desconectada das figuras de apego principais e, assim, levar a um sentido mais arraigado de isolamento.
7 *Temperamento infantil difícil*. As crianças difíceis podem provocar respostas dos cuidadores que contribuem para a formação de esquemas desadaptativos. Uma criança que chore e se queixe pode experimentar punição rígida e mais rejeição, bem como atenção excessiva das frequentes tentativas de parte dos pais de acalmar a criança em vez de incentivá-la a acalmar a si mesma.
8 *Violações frequentes e severas de limites*. Essas violações podem ocorrer tanto de parte da criança quanto de parte de um dos pais. Por exemplo, se a criança é forçada a adotar um papel depen-

dente às custas de um desenvolvimento normal da autonomia por causa da própria necessidade de dependência de um dos pais, então a criança terá dificuldades com a individuação. A criança que se inclinar à introversão poderá atrasar ou inibir os passos naturais que levam à autonomia, e um estilo paterno excessivamente punitivo pode frustrar os primeiros passos da criança rumo a um *self* claramente definido. Os exemplos de abuso físico e sexual são violações claras e severas que se ligam ao desenvolvimento de vários transtornos da personalidade.

PERSPECTIVAS DE AVALIAÇÃO E DE DIAGNÓSTICO

O clínico que suspeita que o comportamento de uma criança ou adolescente pode se encaixar em um diagnóstico de transtorno da personalidade do Eixo II deve avaliar minuciosamente os comportamentos, o afeto e a cognição da criança em uma série de situações, bem como obter um histórico familiar e de desenvolvimento minucioso. A avaliação deve incluir contatos com ou relatos do pediatra da criança e de seus professores das primeiras séries. Isso é necessário para avaliar a cronicidade e o alcance do problema. Os dados podem ser coletados por meio de entrevistas clínicas estruturadas com a criança e com seus pais; de relatos dos professores e de outros funcionários da escola (administradores e conselheiros); de testes psicológicos; de observações comportamentais em casa e na escola; de medidas repetidas de autorrelatos quando possível; de listas de verificação de sintomas comportamentais; de boletins de comportamento escolar; de histórico familiar e de impressões da entrevista realizada pelo clínico.

Essenciais ao diagnóstico são a fundamentação minuciosa das normas de desenvolvimento e uma compreensão do que é normativo para aquela criança, naquele ambiente e naquele momento. Por exemplo, quando vemos um adolescente que adote um comportamento de contrariedade, de contra-argumentação, de impulsividade, de antiautoridade e de risco, podemos facilmente rotulá-lo como normal. As questões de avaliação incluem as seguintes:

- O comportamento relatado ou observado tem uma explicação normal de desenvolvimento?
- O comportamento muda com o tempo ou com o ambiente? É cíclico, variável e imprevisível ou é constante, firme e previsível?
- O comportamento observado/relatado pode ser o resultado de discrepâncias entre a idade cronológica da criança e as idades cognitiva, emocional, social e/ou comportamental?
- A criança funciona da mesma forma em ambientes diferentes (por exemplo, o comportamento se relaciona à colocação da criança em casa ou na escola)?
- O comportamento observado/relatado pela criança tem relação com sua cultura?
- Quem fez a indicação médica e por que foi feita em tal momento?
- Há concordância de parte dos pais ou entre os pais e os professores sobre a causa, a necessidade e o propósito da indicação?
- Quais são as expectativas que se tem em relação ao clínico em resposta à indicação?
- Como o comportamento da criança se compara ou se contrasta com o comportamento de outras crianças da família, do ambiente socioeconômico e

do ambiente sociocultural ou do grupo etário?
- Qual é a história do comportamento da criança em termos de extensão temporal, de duração quando estimulado e de capacidade de controle, de contenção ou de afastamento de tal comportamento?
- A criança percebe os indicativos comportamentais que acionam o comportamento ou suas consequências?
- A criança considera o comportamento como algo que ela teria interesse em modificar?
- Quais são as visões diferentes do comportamento da criança? As fontes de dados do clínico são confiáveis?
- O relatório feito pelos pais é importante em termos do comportamento da criança em casa. Como a criança se relaciona com os irmãos, amigos do bairro, clubes, esportes, organizações, atividades na igreja, parentes adultos, bichos de estimação e autocuidado (atividades da vida cotidiana)?
- Houve abusos recorrentes de ordem física, emocional, sexual ou verbal? A visão dos pais sobre o que constitui disciplina e o que constitui abuso é um elemento fundamental a ser considerado.
- No âmbito das normas sociais, o comportamento dos pais é inapropriadamente sexual ou sedutor? Suspeita-se de incesto?
- Qual é a visão dos pais sobre a privacidade de criança?
- Os pais interferem de maneira inapropriada, não razoável ou injustificada nas relações da criança com outras crianças?
- No âmbito das normas sociais, os pais estão inadequadamente envolvidos com a higiene pessoal da criança para além da necessidade dela?

Kenberg e colaboradores (2000) sugerem que uma série de fatores específicos pode ser considerada na avaliação. Esses fatores incluem uma avaliação do temperamento da criança. Isso se baseia provavelmente em fatores biogenéticos que constituem uma "disposição" que influenciará as interações da criança com seu mundo. Esse filtro temperamental influenciará a natureza, o estilo, a frequência, o "volume" e o conteúdo da abordagem da criança em relação ao mundo. Outros fatores a serem considerados são:

- A construção mental interna, persistente e de desenvolvimento interno do *self* (identidade) precisará ser avaliada.
- O gênero desempenha um papel, na medida que carrega consigo tanto expectativas próprias quanto dos outros que são baseadas na cultura. Embora certamente um componente da identidade, o gênero também carrega consigo normas e demandas sociais.
- É fundamental ser capaz de identificar quaisquer déficits neuropsicológicos relacionados ao funcionamento cognitivo. É especialmente importante identificar quaisquer problemas na maneira pela qual a criança organiza, processa e lembra as informações.
- O nível, o conteúdo, o alcance e o repertório de afeto da criança precisa ser avaliado.
- Qual é o modo característico pelo qual a criança lida com estressores internos e externos em sua vida? Como a criança responde inicialmente e como as tentativas de enfrentamento aumentam ou diminuem com a persistência dos estressores?
- O clínico deve avaliar o ambiente, o que inclui o sistema familiar da criança, sua experiência escolar, seu ambiente religioso e a estabilidade de

todos esses itens. Será importante avaliar a reatividade e o comportamento recíproco dos outros no âmbito dos sistemas.
- A motivação da criança e suas tentativas de atender às necessidades intrínsecas e extrínsecas são importantes. Isso ficará refletido no porquê das ações da criança. Qual é a meta das ações e das inclinações da criança?
- O ambiente social da criança e seu repertório de habilidades de interação social ajudarão a criança a se relacionar e a lidar em seu ambiente com as pessoas queridas.
- É à luz do nível de desenvolvimento cognitivo da criança e de sua integração que suas ações podem ser entendidas. Não se pode esperar que uma criança em nível pré-operacional processe informações da mesma maneira que uma criança em nível de operações formais e concretas.
- Quais são os esquemas mais ativos e fortes que a criança usa para entender e para organizar seu mundo?
- Frequentemente, os eufemismos utilizados para descrever a criança sugerem um determinado transtorno da personalidade e podem ser acrescentados ao diagnóstico. Para dar alguns exemplos, uma criança descrita como "isolada e reservada" pode ter transtorno da personalidade esquizoide; uma criança chamada de "cronicamente desconfiada" pode ter o transtorno da personalidade paranoide; uma criança chamada de "excessivamente autocentrada" pode ter o transtorno da personalidade narcisista; uma criança dita "muito carente" pode ter o transtorno da personalidade dependente; uma criança descrita como "sempre conscienciosa e cuidadosa" pode ter o transtorno da personalidade obsessivo-compulsiva.

Finalmente, há uma série de fatores que podem complicar (e que com frequência complicam) os diagnósticos diferenciais dos transtornos da personalidade dos adolescentes:

- Em primeiro lugar e, antes de mais nada, está a típica "neurose" adolescente. Os adolescentes estão experimentando novos papéis, repelindo antigos papéis e confrontando novos desafios – tudo isso ao mesmo tempo que mantêm uma aparência de segurança e de estabilidade. Isso descreve boa parte do comportamento adolescente. Suas ações são frequentemente respondidas pelos pais e por outras autoridades como "você deveria saber o que fazer".
- Há significativos picos hormonais que servirão para influenciar o comportamento do adolescente, bem como seu processamento cognitivo e seu afeto. As significativas mudanças de humor típicas da adolescência estão enraizadas em sua fisiologia. Essas mudanças de humor podem ser similares àquelas vistas nos indivíduos com doença bipolar, ou com outros transtornos que envolvem uma rápida alternância e mudança de humor.
- A adolescência apresenta a todos uma experiência kafkiana de metamorfose. Há mudanças rápidas (e com frequência significativas) de tamanho, peso e altura, bem como no desenvolvimento de características sexuais secundárias e, portanto, no formato do corpo. Essas mudanças são em geral esperadas e frequentemente aceitas sem dificuldade, com uma equanimidade muito maior do que se fossem experimentadas por um adulto no mesmo e curto espaço de tempo. Contudo, isso nem sempre é assim.
- Há rápidas alterações de identidade, nas quais o adolescente passa de crian-

ça a adulto. O falecido Hank Ketcham, cartunista responsável por *Dennis the Menace* (Pimentinha), certa vez fez com que Dennis dissesse: "Por que, quando vou ao médico, tenho de dizer que dizer que sou grande e, quando vou dormir, ainda sou chamado de garotinho?" O adolescente testa várias identidades em termos de vestuário, atitude, círculo social e relacionamento com os membros da família. Essa mudança de identidade pode ser mal compreendida como se estivesse a atender aos critérios de transtorno da personalidade.

– Os adolescentes acabam entrando em conflitos com seus pais, com a autoridade escolar ou com o sistema judiciário. A adolescência está repleta de rebeldia que se alterna com dependência. A relação empurra-e-puxa com os pais é encapsulada pelo fato de o adolescente querer maior liberdade ao mesmo tempo que pede apoio financeiro ou social. A dicotomização é também indicativa de certos transtornos da personalidade.

– O adolescente pode se rebelar, ingressando em um grupo aparentemente neurótico ou antissocial. Os pais podem ficar preocupados com o fato de o adolescente estar saindo com "más companhias". Na verdade, o adolescente pode saber como fazer um ajuste normal e apropriado com o grupo pelo modo como ele age, se veste, fala, responde às autoridades e aos pais. O problema será se a criança ou o adolescente mais incomodar do que se sentir incomodado.

– O surgimento do comportamento sexual atua como outra variável que cria confusão. O surgimento desse novo comportamento tem implicações para a ação interpessoal dos adolescentes, para a responsabilidade por sua segurança e para a adesão às demandas e às expectativas dos pais. A linha divisória entre a sexualidade socialmente aprovada e a não aprovada, conforme demonstrada pelo vestuário e pelas ações, parece estar cada vez mais difícil de definir. Os ícones dos adolescentes vistos na MTV ou em anúncios de roupas, música, alimentos ou diversão têm apelo manifestamente sexual.

– Finalmente, há uma dismorfia corporal durante a adolescência que se relaciona a como o corpo aparece para si mesmo ou para os outros. Uma erupção de pele no dia de um encontro ou de alguma atividade escolar pode ser considerada como algo maior do que uma simples espinha e ser a causa de se enclausurar e de não aparecer em público.

CONCEITUAÇÃO DO TRATAMENTO COGNITIVO-COMPORTAMENTAL

O clínico deve trabalhar para identificar os esquemas que conduzem as cognições, o afeto e o comportamento da criança (Freeman, 1983; Freeman e Leaf, 1989; Freeman, Pretzer, Fleming e Simon, 2004; Beck et al., 1990, 2004). Pelo fato de esses esquemas evoluírem por meio da assimilação e da acomodação, o clínico deve avaliar os esquemas que estão sendo usados para abordar os problemas da vida. O alcance dos esquemas pode englobar esquemas pessoais, familiares, de gênero, culturais, etários e religiosos, com vários graus de poder e de credibilidade para a criança. Por exemplo, os esquemas religiosos podem ter maior credibilidade e poder para a criança em uma família devotadamente religiosa do que para uma criança cuja família não tenha afiliação religiosa. Quanto mais poderosos os reforçadores são para os esquemas e quanto mais frequentemente eles são reforçados, mais provavelmente haja vínculos fortes para tais esquemas. É importante determinar em que momento da vida os esquemas são adquiridos, pois os adquiridos mais cedo são os mais poderosos. O clínico precisa estar ciente de que os esquemas podem ser adquiridos por meio de aprendizagem multifacetada e multissensorial – por meio de modos cognitivos, comportamentais, motores/cinestésico, visuais, olfativos e gustativos, por exemplo. Isso quer dizer que mesmo as crianças podem adquirir esquemas; portanto, há como resultado a dificuldade de tentar modificar os esquemas desadaptativos que se estabelecem cedo.

Os comportamentos e as crenças podem também ser o resultado de um modelo disponível. A criança observa os outros e aprende que determinados padrões de comportamento são reforçados. A natureza do comportamento pode ser adaptativa ou desadaptativa, dependendo do nível de patologia presente nos pais. A criança também ganha o reforço para algum padrão particular de comportamento. O ambiente familiar e a predisposição genética podem interagir de maneira singular, resultando no desenvolvimento de uma criança que manifesta um padrão de comportamento.

CUSTOS DO TRATAMENTO

Há a possibilidade ou mesmo a probabilidade de que o padrão de comportamento identificado seja espontaneamente mitigado se as recomendações do tratamento forem recusadas e o tratamento não for iniciado? Se houver uma mínima mudança ambiental, todos os comportamentos apresentarão remissão? Basicamente, o clínico deve avaliar os "custos do tratamento" (financeiros e outros) para a criança e para a família. Por exemplo, se a criança e a família forem encaminhadas para a terapia, é possível que as coisas possam piorar para a criança, para a família ou para ambos? Quem na família pode ser chamado e em quem se pode confiar para tomar parte da terapia? Quais apoios podem ser oferecidos para a criança e para a família? Quem dará sustentação financeira a eles? Durante quanto tempo? Em que contexto?

SELECIONANDO O MELHOR ENFOQUE PARA O TRATAMENTO

A decisão de envolver a criança em alguma espécie de tratamento psicológico é uma decisão idealmente feita em conjunto com uma série de fontes, e com o *input* delas. Neste momento, pode ser tentador considerar a criança como o único foco de tratamento. Contudo, essa ênfase singular sobre a criança nega a realidade que outras forças tenham impacto sobre ela e que estejam influenciando o problema observado da indicação de tratamento. Se tal problema for o resultado da falta de conhecimento dos pais em relação ao desenvolvimento normal e às normas de comportamento das crianças e dos adolescentes, então um aspecto do tratamento deve incluir informações e ensino aos pais. O comportamento da criança pode estar relacionado ao comportamento e às expectativas ou às habilidades dos pais no que diz respeito à paternidade.

Considerando-se que uma criança passa a metade do tempo em que está acordada na escola, será essencial envolver não só os pais ou outros cuidadores no plano do tratamento, mas também a escola. A criança, da mesma forma, deve ser incluída no planejamento do tratamento. O "problema" precisará ser explicado à criança, juntamente com as razões para intervenção e as metas do tratamento. Tentar tratar uma criança que sequer tenha ideia do motivo pelo qual o tratamento é indicado pode se transformar em um causa perdida. A criança pode ter pouca ou nenhuma motivação para mudar, e pode estar assustada ou opor-se violentamente às mudanças em seu comportamento ou em seu mundo.

Dependendo da idade da criança e de seu nível de desenvolvimento cognitivo, o tratamento pode ter de ser modificado. Por exemplo, o estágio de desenvolvimento da criança pode não ser adequado para a terapia verbal/abstrata, ou uma criança mais velha pode ter habilidades verbais e capacidade de generalização limitadas (um fator importante da terapia). A maior parte das crianças terá grande dificuldade em ser capaz de sentar-se quieta, de ouvir, de concentrar-se, de enfocar o que se pede e em juntar os diversos pedaços que surgem na psicoterapia. Até mesmo o fato de passar uma grande quantidade de tempo com um adulto pode ser considerado pela criança como algo estranho ou assustador. A extensão da sessão pode ter de ser limitada, com base na capacidade que a criança tem de dar conta de um determinado período de tempo em terapia.

O PROCESSO TERAPÊUTICO

Uma vez que se tenha chegado ao consenso sobre a necessidade da terapia, a sessão terapêutica propriamente dita deve ser considerada como uma pequena parte de um todo. Regularmente, o terapeuta precisa revisar a ocorrência dos comportamentos-alvo desde a última sessão (com base no relatório dos pais ou dos professores). As metas da terapia incluem a expansão do "vocabulário emocional" da criança para descrever sentimentos positivos e negativos, ajudando a criança a identificar e a discutir ideias disfuncionais, ensinando técnicas de autoaprendizagem, ensinando habilidades de resolução de problemas (incluindo o pensamento consequente e a descoberta de alternativas) e habilidades específicas para a dramatização. Quando possível, as pessoas queridas podem atuar como assistentes na terapia, reforçando as habilidades aprendidas na casa da criança ou no ambiente escolar. O monitoramento continuado dos pais e dos funcionários da escola é incentivado pela coleta de dados e também pelo sentido de envolvimento e de eficácia de parte das pessoas mais próximas da criança.

Presume-se que o terapeuta toma uma decisão relativa ao uso da terapia para tratar a criança, um dos pais ou ambos, a família ou o sistema familiar. O uso judicioso do tempo é fundamental. O terapeuta precisará estabelecer uma agenda que permita à criança e a seus pais estarem alertas às metas da sessão. Quando possível, tanto a criança quanto os pais podem sugerir itens da agenda para a discussão. Os pais e os professores podem estar envolvidos no auxílio à criança no que diz respeito às tarefas dadas na sessão, ou em oferecer um reforço adicional das habilidades aprendidas na sessão. A quantidade de tempo dedicada ao trabalho realizado pela criança, pelos pais ou pela família dependerá da avaliação feita pelo terapeuta sobre qual deva ser o enfoque em um determinado ponto do tratamento.

O terapeuta garantirá a capacidade de a criança "descobrir" ou "processar" experiências, com base no nível cognitivo da criança e em sua resposta à terapia. Por exemplo, uma criança que esteja no nível operacional de pensamento pode responder melhor às intervenções terapêuticas que ofereçam uma limitada variedade de opções de comportamento. O enfoque da terapia deve estar no próprio processo de mudança. O terapeuta deve desenvolver a aliança de trabalho com a criança por meio da avaliação da capacidade e da vontade da criança de conectar-se tanto cognitiva quanto emocionalmente. O terapeuta será ajudado por uma compreensão dos elementos básicos da neuropsicologia, dos efeitos da ansiedade sobre o desempenho e do impacto sobre o funcionamento adaptativo tanto dos problemas de aprendizagem quanto da psicologia do desenvolvimento.

DISCUSSÃO E CONCLUSÕES

"A terapia cognitiva com crianças, assim como acontece no trabalho com adultos, funda-se no pressuposto de que o comportamento é adaptativo, e que há uma interação de pensamentos, sentimentos e comportamentos do indivíduo" (Reinecke, Dattilio e Freeman, 2003, p. 2). Os tratamentos cognitivo-comportamentais são benéficos para a criança porque podem ser modificados e ajustados a suas necessidades específicas. As intervenções terapêuticas enfocam conceitos concretos como a interpretação equivocada de informações, o teste de realidade, as respostas adaptativas ao longo de um *continuum* e habilidades básicas de resolução de problemas, em vez de enfatizar o *insight*. Problemas cotidianos da escola ou em casa são abordados com a meta de desenvolver um repertório mais amplo e melhor para as habilidades de enfrentamento. No âmbito desse quadro básico, várias intervenções cognitivo-comportamentais podem ser utilizadas: treinamento das habilidades de gerenciamento do tempo, treinamento de assertividade, treinamento de solução de problemas, treinamento de relaxamento, treinamento de habilidades sociais, treinamento de autogerenciamento, treinamento de habilidade de análise de comportamento, agendamento de atividades, automonitoramento e desenvolvimento de comunicação intrapessoal adaptativa.

A terapia cognitivo-comportamental para crianças enfatiza o efeito das crenças e das atitudes desadaptativas e disfuncionais sobre o comportamento atual. Presume-se que a reação de uma criança a um evento seja influenciada pelos significados que ela atribui a um acontecimento (Reinecke et al., 2003). Quando as respostas comportamentais e emocionais de uma criança a um acontecimento são desadaptativas, isso pode ocorrer porque a criança carece de habilidades comportamentais mais apropriadas ou porque suas crenças ou capacidades de solução de problemas estão de alguma forma perturbadas (os elementos cognitivos). Com esse modelo em mente, os terapeutas cognitivo-comportamentais tentam capacitar a criança a adquirir novas habilidades comportamentais e oferecer às crianças experiências que incentivam a mudança cognitiva.

Há grande necessidade de protocolos e de pesquisas sobre cada um dos transtornos da personalidade das crianças e dos adolescentes. Devemos desenvolver novas ferramentas de diagnóstico mais eficazes e aguçar nossa experiência com as ferramentas existentes. Também temos de avaliar as "melhores práticas" de tratamento. O que funciona melhor e com quem, em qual espaço de tempo e sob que circunstâncias? Precisaremos avaliar quais são as metas de tratamento idealizadas, e quais são as metas efetivamente reais. Finalmente, teremos de estar prontos para pagar o preço em termos de tempo da equipe, de esforço clínico e de custo econômico para tratar essas crianças.

Optar por ignorar a realidade dos transtornos da personalidade entre as crianças e os adolescentes, desprezar o problema ou buscar termos eufemísticos equivale a desconsiderar a severidade e o impacto desses transtornos. Quanto mais cedo aceitarmos a realidade, mais rapidamente nosso trabalho enfocará o tratamento e mais rapidamente poderemos aliviar o sofrimento dessas crianças.

REFERÊNCIAS

American Psychiatric Association (APA). (2000). *Diagnostic and statistical manual of mental disorders* (4th ed., text rev.). Washington, DC: Author.

Beck, A. T., Freeman, A., & Associates (1990). *Cognitive therapy of personality disorders.* New York: Guilford Press.

Beck, A. T., Freeman, A., Davis, D. D., & Associates. (2004). *Cognitive therapy of personality disorders* (2nd ed.). New York: Guilford Press.

Beren, P. (1998). *Narcissistic disorders in children and adolescents.* Northvale, NJ: Aronson.

Bleiberg, E. (2001). *Treating personality disorders in children and adolescents: A relational approach.* New York: Guilford Press.

Freeman, A. (1983). Cognitive therapy: An overview. In A. Freeman (Ed.), *Cognitive therapy with couples and groups* (pp. 1-10). New York: Plenum Press.

Freeman, A., & Leaf, R. (1989). Cognitive therapy of personality disorders. In A. Freeman, K. M. Simon, L. Beutler, & H. Arkowitz (Eds.), *Comprehensive handbook of cognitive therapy* (pp. 403-434). New York: Plenum Press.

Freeman, A., Pretzer, J., Fleming, B., & Simon, K. M. (2004). Clinical applications of cognitive therapy (2nd ed.). New York: Kluwer Academic.

Freeman, A., Rigby, A. (2003). Personality disorders among children and adolescents: Is it an unlikely diagnosis? In M. A. Reinecke, F. M. Dattilio, & A. Freeman (Eds.), *Cognitive therapy with children and adolescents* (2nd ed.). New York: Guilford Press.

Goleman, D. (1995). *Emotional intelligence.* New York: Bantam Books.

Hanish, L. D., Tolan, P. H., & Guerra, N. G. (1996). Treatment of oppositional defiant disorder. In M. A. Reinecke, F. M. Dattilio, & A. Freeman (Eds.), *Cognitive therapy with children and adolescents* (pp. 62-78). New York: Guilford Press.

Hanish, L. D., & Tolan, P. H. (2001). Antisocial behaviors in children and adolescents: Expanding the cognitive model. In W. J. Lyddon & J. V. Jones, Jr. (Eds.), *Empirically supported cognitive therapies: Current and future applications* (pp. 182-199). New York: Springer.

Harkness, S., & Super, C. M. (2000). Culture and psychopathology. In A. J. Sameroff, M. Lewis, & S. M. Miller (Eds.), *Handbook of developmental psychopathology* (pp. 197-214). New York: Kluwer Academic/Plenum.

Harrington, R. C. (2001). Childhood depression and conduct disorder: Different routes to the same outcome? *Archives of General Psychiatry, 58*(3), 237-238.

Johnson, J. G., Cohen, P., Brown, J., Smailes, E. M., & Bernstein, D. P. (1999). Childhood maltreatment increases risk for personality disorders during early adulthood. *Archives of General Psychiatry, 56*(7), 600-606.

Johnson, J. G., Cohen, P., Smailes, E. M., Skodol, A. E., Brown, J., & Oldham, J. M. (2001). Childhood verbal abuse and risk for personality disorders during adolescence and early adulthood. *Comprehensive Psychiatry, 42*(1), 16-23.

Johnson, J. G., Smailes, E. M., Cohen, P., Brown, J., & Bernstein, D. P. (2000). Associations between four types of childhood neglect and personality disorder symptoms during adolescence and early adulthood. Findings of a community-based study. *Journal of Personality Disorders, 14*(2), 171-187.

Kasen, S., Cohen, P., Skodol, A. E., Johnson, J. G., Smailes, E. M., & Brook, J. S., (2001). Childhood depression and adult personality disorder: Alternate pathways of continuity. *Archives of General Psychiatry, 58*(3), 231-236.

Kernberg, P. F., Weiner, A. S., & Bardenstein, K. K. (2000). *Personality disorders in children and adolescents.* New York: Basic Books.

Kramer, S., & Akhtar, S. (Eds.). (1994). *Mahler and Kohut: Perspectives on development, psychopathology, and technique.* Northvale, NJ: Aronson.

Masterson, J. (2000). *The personality disorders: A new look at the developmental self and object relations approach.* Phoenix, AZ: Zeig, Tucker.

National Advisory Mental Health Council. (1995). Basic behavioral science research for mental health, a national investment: Emotion and motivation. *American Psychologist, 50*(10), 838-845.

Olin, S. S., Raine, A., Cannon, T. D., Parnas, J., Schulsinger, F., & Mednick, S. A. (1997). Childhood precursors of schizotypal personality disorder. *Schizophrenia Bulletin, 23*(1), 93-103.

Paris, J. (2003). *Personality disorders over time: Precursors, course, and outcome.* Washington, DC: American Psychiatric Press.

Reinecke, M. A., Dattilio, F. M., & Freeman, A. (Eds.). (2003). *Cognitive therapy with children and adolescents* (2nd ed.). New York: Guilford Press.

Reinecke, M. A., Dattilio, F. M., & Freeman, A. (Eds.). (2003). *Cognitive therapy with children and adolescents* (2nd ed.). New York: Guilford Press.

Rubin, K. H., Hymel, S., Mills, R. S., & Rose-Krasner, L. (1989). Sociability and social withdrawal in childhood: Stability and outcomes. *Journal of Personality, 57*, 238-255.

Shapiro, T. (1997). The borderline syndrome in children. In K. S. Robson (Ed.). *The borderline child.* Northvale, NJ: Aronson.

Teicher, M. H., Ito, Y., Glod, C. A., Schiffer, F. & Gelbard, H, (1994). Early abuse, limbic system dysfunction, and borderline personality disorder. In K. R. Silk (Ed.), *Progress in psychiatry: No. 45. Biological and neurobehavioral studies of borderline personality disorder* (pp. 177-207). Washington, DC: American Psychiatric Association.

Vela, R., Gottlieb, H., & Gottlieb, E. (1997). Borderline syndromes in children: A critical review. In K. S. Robson (Ed.), *The borderline child.* Northvale, NJ: Aronson.

Wolff, S., Townshend, R., McGuire, R. J., & Weeks, D. J. (1991). Schizoid personality in childhood and adult life: II. Adult adjustment and the continuity with schizotypal personality disorder. *British Journal of Psychiatry, 159*, 620-629.

PARTE V
APLICAÇÕES ESPECÍFICAS

16

INTEGRANDO A TERAPIA COGNITIVO-COMPORTAMENTAL E A FARMACOTERAPIA

Jesse H. Wright

A farmacoterapia e a terapia cognitivo-comportamental (TCC) são as duas formas de tratamento mais largamente pesquisadas no que diz respeito aos transtornos do Eixo I. Ambos os tratamentos estabeleceram-se bem como terapias eficazes para a depressão, para transtornos da ansiedade, para transtornos alimentares e para outras doenças não psicóticas (Marangell, Silver, Goff e Yudsofsky, 2002; Dobson, 1989; Robinson, Berman e Neimeyer, 1990; Wright, Beck e Thase, 2002). Embora a psicofarmacologia seja geralmente aceita como o tratamento-padrão para as psicoses, a TCC recentemente demonstrou ter efeitos significativos na redução dos sintomas da esquizofrenia (Drury, Birchwood, Cochrane e Macmillan, 1996; Kuipers et al., 1997; Tarrier et al., 1998; Pinto, La Pia, Mannella, Domenico e De Simone, 1999; Sensky et al., 2000; Rector e Beck, 2001).

Pelo fato de tanto a TCC quanto a psicofarmacologia serem intervenções eficazes para uma ampla gama de transtornos, pode haver vantagens em combinar essas abordagens empiricamente testadas em um pacote de tratamento integrado. Maneiras potenciais pelas quais a TCC pode interagir com a farmacoterapia são detalhadas aqui. Depois, estudos de tratamento combinado para quatro grupos de transtornos – depressão, transtornos da ansiedade, bulimia nervosa e psicoses – são revisados em busca de evidências de efeitos da interação. O capítulo conclui-se com a discussão dos métodos que facilitam a combinação de TCC e de medicação na prática clínica.

INTERAÇÕES POTENCIAIS DA TCC COM A FARMACOTERAPIA

A possibilidade de que a medicação e a psicoterapia possam influenciar-se mutuamente e de maneira significativa tem intrigado os investigadores e clínicos desde a época em que as medicações eficazes começaram a ser usadas (Group for the Advancement of Psychiatry, 1975). Quando os antidepressivos tricíclicos apareceram, nos anos de 1950, os clínicos de orientação psicodinâmica temiam que o tratamento psicofarmacológico reduzisse prematuramente os sintomas e assim solapasse a motivação dos pacientes para a terapia. Registraram-se muitas preocupações relativas às possíveis falhas do uso da medicação quando os pacientes estavam envolvidos na psicoterapia (Group for the Advancement of Psychiatry, 1975). Mas outros pesquisadores tinham a expectativa de que o advento de uma nova era da psicofarmacologia teria uma influência positiva sobre a prática psicoterápica e que a psicoterapia pudesse ter um papel na facilitação da resposta à medicação (Unlenhuth, Lipman e Covil, 1969; Group for the Advancement of Psychiatry, 1975).

Uhlenhuth e colaboradores (1969) propuseram vários cenários diferentes para as interações entre psicoterapia e farmacologia, incluindo:

1 *adição* – tratamentos ministrados juntos produzem resultados que são maiores do que a ação de um dos componentes sozinhos;
2 *potenciação* (ou "sinergismo") – uma interação positiva que é mais ampla que a soma dos efeitos dos tratamentos individuais;
3 *inibição* (ou "subtração") – resultados de tratamento são prejudicados pelas terapias combinadas.

A maior parte das pesquisas sobre a interação do tratamento nas três décadas subsequentes foi projetada para medir os efeitos de combinar medicação e psicoterapia sobre as medidas dos sintomas ao final do tratamento e, assim, para determinar se os dois tratamentos juntos eram superiores, iguais ou inferiores às terapias ministradas sozinhas.

O modelo cognitivo-biológico (Wright e Thase, 1992; Wright, Thase e Sensky, 1993) oferece uma posição vantajosa a partir da qual podemos contemplar possíveis interações entre as terapias. Esse modelo especifica que pode haver influências de múltiplos sistemas (por exemplo, biológicos, cognitivos, comportamentais, interpessoais e sociais) sobre o desenvolvimento e a expressão dos transtornos mentais. Numerosos estudos (revisados mais adiante, neste capítulo) confirmaram relações significativas entre os elementos desse modelo. A aplicação do modelo cognitivo-biológico para o estudo da terapia combinada sugere que o resultado poderia ser melhorado dirigindo-se o tratamento a mais do que um sistema simultaneamente ou pela promoção de interações com influências possivelmente favoráveis (Wright e Schrodt, 1989; Gabbard e Kay, 2001).

O Quadro 16.1 contém uma lista de possíveis interações da TCC com a farmacoterapia no processo de tratamento (Group for the Advancement of Psychiatry, 1975; Wright e Schrodt, 1989). A maior parte dos estudos tem enfocado a comparação de resultados do tratamento com medicação em relação à psicoterapia ou à terapia combinada, em vez de avaliar possíveis mecanismos de interação (ver "Pesquisa de resultados", abaixo, para uma revisão desses estudos). Assim, apenas algumas poucas interações do Quadro 16.1 foram investigadas de maneira sistemática.

Os efeitos dos diferentes tipos de medicação sobre a aprendizagem e o funcionamento da memória foram avaliados em um grande número de estudos farmacológicos. Por exemplo, constatou-se que os antidepressivos tricíclicos com fortes propriedades anticolinérgicas (Curran, Sakulsriprong e Lader, 1988; Knegtering, Eijck e Huijsman, 1994; Richardson et al., 1994) e os benzodiazepínicos (Hommer, 1991; Wagemans, Notebaert e Boucart, 1998; Verster, Volkerts e Verbaten, 2002) tipicamente prejudicam a capacidade de aprendizagem. Em contraste, os inibidores seletivos de recaptação de serotonina (ISRS; Hasbroucq, Rihet, Blin e Possamai, 1997; Levkovitz, Caftori, Avital e Richter-Levin, 2002; Harmer, Bhagwagar, Cowen e Goodwin, 2002) e os antipsicóticos mais novos (Harvey et al., 2000; Stevens et al., 2002; Weiss, Bilder e Fleischhacker, 2002) geralmente melhoram o funcionamento cognitivo. Esses estudos têm demonstrado o tipo de medicação, de dosagem, de medidas psicológicas utilizadas e de outros fatores. A aprendizagem e o funcionamento da memória raramente foram

TABELA 16.1 TCC e farmacoterapia combinadas: possíveis mecanismos de interação

Interações positivas
- As medicações melhoram a concentração e, assim, facilitam a TCC.
- As medicações reduzem o afeto doloroso e/ou a excitação fisiológica, aumentando, assim, a acessibilidade à TCC.
- As medicações podem diminuir o pensamento distorcido ou irracional, assim contribuindo para o efeito da TCC.
- A TCC melhora a adesão à medicação.
- A TCC ajuda os pacientes a entender melhor e a administrar suas doenças.
- A TCC pode facilitar o abandono da medicação quando desejado.
- A TCC tem efeitos biológicos e, assim, pode trabalhar em conjunto com a medicação para influenciar anormalidades bioquímicas.

Interações negativas
- As medicações interferem na aprendizagem e na memória, e essa interferência influencia negativamente a TCC.
- As medicações causam dependência, o que prejudica a efetividade da TCC.
- As medicações levam a um alívio prematuro dos sintomas e, assim, solapam a motivação do paciente no que diz respeito a continuar a terapia.
- A TCC enfatiza os pacientes com doenças biológicas e, assim, acrescenta um fardo a quem deve ser tratado com medicação.

examinados como possíveis mecanismos de interação entre a TCC e a farmacoterapia. Um grupo de investigadores determinou que a benzodiazepina alprazolam interferia no desempenho de uma tarefa de lembrança de palavra, mas não na memória implícita ou no desempenho de memória para números, em pacientes que estão sendo tratados com terapia de exposição (Curran, 1994). Contudo, as ações possíveis das outras medicações sobre o funcionamento cognitivo dos pacientes que recebem TCC permanecem em grande parte inexploradas.

Várias investigações documentaram os efeitos positivos da TCC na melhora da adesão à medicação (Cochran, 1984; Perris e Skagerlind, 1994; Lecompte, 1995; Basco e Rush, 1995; Kemp, Hayward, Applewhaite, Everitt e David, 1996). Cochran (1984) constatou que os pacientes que recebiam lítio e uma intervenção de adesão à TCC ficavam mais propensos a aderir à medicação do que os que recebiam o tratamento-padrão. As pessoas que recebiam TCC também tiveram índices mais baixos na interrupção do lítio contrariamente ao conselho médico, na re-hospitalização ou nos episódios da doença precipitados pela não adesão. Perris e Skagerlind (1994) constataram que a TCC ampliava a adesão à medicação nos pacientes com esquizofrenia tratados em grupo. Lecompte (1995) também descreveu os métodos da TCC para a melhora da adesão à medicação para pacientes com esquizofrenia, e observou que essa intervenção levava a um declínio na frequência da re-hospitalização.

Uma determinada intervenção de adesão à TCC para a esquizofrenia foi desenvolvida e testada por Kemp e colaboradores (1996). Em um ensaio controlado randomizado, esses investigadores demonstraram que uma breve intervenção de TCC (4 a 6 sessões que duravam de 10 a 60 minutos cada) melhorou significativamente as atitudes relativas à terapia com drogas e à adesão ao regime de medicação. Um estudo de seguimento de Kemp, Kirov, Everitt, Hayward e David (1998) com 74 pacientes internos tratados com intervenção de adesão constatou efeitos positivos duradouros, incluindo vantagens na adesão ao tratamento, funcionamento social global e prevenção de re-hospitalização.

A TCC pode também interagir favoravelmente com a farmacoterapia por meio da assistência no gerenciamento de problemas associados à administração de drogas, tais como a dependência e os efeitos colaterais. Pode-se observar a dependência com os benzodiazepínicos, com os estabilizadores do humor ou com as drogas antipsicóticas. Dois grupos de investigadores descreveram as intervenções de TCC que melhoraram o desempenho da retirada da benzodiazepina. Spiegel, Bruce, Gregg e Nuzzarello (1994) usaram um protocolo de TCC comparado a um tratamento normal (uma medicação de diminuição lenta e gradual) para as pessoas que haviam se tornado "livres de pânico" com o uso do alprazolam. Ao final do tratamento, ambos os grupos tiveram índices muito altos de descontinuidade do alprazolam. Embora não houvesse diferenças entre as terapias ao final do tratamento, os pacientes que recebiam a TCC eram muito menos propensos a usar o alprazolam. Otto e colaboradores (1993) também constataram um efeito positivo da TCC sobre a descontinuidade da benzodiazepina. Esses investigadores observaram que o grupo de TCC era superior a uma condição de diminuição gradual e lenta por si só no auxílio a pacientes que visavam a abandonar o alprazolam ou o clonazepam. Ao final do tratamento, 76% dos pacientes que recebiam TCC foram capazes de descontinuar a medicação, contra 25% dos pacientes do grupo controle. Além disso, a TCC foi eficaz na redução da taxa de recaída.

O papel potencial da TCC em ajudar os pacientes a lidar com os efeitos colaterais tem recebido pouca atenção. Contudo, estudos recentes têm demonstrado que a TCC pode ser muito eficaz no tratamento da insônia (Edinger et al., 2002; Backhaus, Hohagen, Voderholzer e Riemann, 2001; Rybarczyk et al., 2002). Os resultados dessas investigações sugeriram que a TCC pode ser um tratamento eficaz para a insônia induzida por ISRS. Outros efeitos colaterais que podem ser responsáveis para uma abordagem de TCC incluem o ganho de peso, a ansiedade, a agitação e o sofrimento associado com reações extrapiramidais à medicação antipsicótica. O trabalho de Vasterling, Jenkins, Tope e Burish (1993) relativo à redução dos efeitos colaterais da quimioterapia do câncer também sugere que os métodos cognitivos e comportamental podem ajudar os pacientes a lidar melhor com as reações a drogas psicotrópicas.

A possibilidade de que a psicoterapia tenha efeitos biológicos que poderiam agir independentemente da medicação ou aumentar as ações da farmacoterapia tem atraído considerável interesse (Wright e Thase, 1992; Gabbard e Kay, 2001). Contudo, apenas alguns estudos foram realizados sobre a atividade biológica da TCC. Baxter e colaboradores (1992) e Schwartz e colaboradores (1996) relataram que as intervenções comportamentais para o transtorno obsessivo-compulsivo têm os mesmos efeitos sobre a tomografia de emissão de pósitrons (PET) que a fluoxetina. Em um estudo, o tratamento de sucesso com a terapia comportamental ou com a fluoxetina foi associado com uma reversão das anormalidades da PET no núcleo caudal (Baxter et al., 1992). Uma investigação posterior desse grupo (Brody et al., 1998) revelou que o grau de normalização do metabolismo do córtex órbito-frontal nas leituras da PET indicava uma resposta ao tratamento de terapia comportamental e fluoxetina.

Os efeitos da TCC sobre as funções cerebrais também foram estudados no tratamento da fobia social. Furmark e colaboradores (2002) constataram que os indivíduos que respondiam à TCC e ao citalopram compartilhavam mudanças comuns na leitura feita pela PET: diminuição do fluxo sanguíneo cerebral na amígdala, no hipocampo e em áreas cerebrais circundantes que estão envolvidas com reações de defesa à ameaça.

Uma investigação neuroendócrina foi relatada por Joffe, Segal e Singer (1996) que investigaram a influência da TCC sobre os níveis de hormônio da tireoide. Neste estudo, os níveis de tiroxina (soro) diminuíram nos respondentes à TCC, ao passo que os níveis de tiroxina aumentaram nos não respondentes. Embora a pesquisa sobre o sistema nervoso central (SNC) e as ações neuroendócrinas da TCC ainda esteja em estágio inicial, parece haver várias linhas de evidência de que a TCC tem efeitos biológicos significativos que podem ser usados em favor das combinações com a farmacoterapia.

Os possíveis mecanismos das interações negativas entre a TCC e a medicação listados no Quadro 16.1 receberam pouca atenção na pesquisa controlada. Preocupações com as influências negativas da medicação sobre a TCC (por exemplo, interferência na aprendizagem e na memória, dependência) foram principalmente direcionadas para o tratamento com benzodiazepinas (Curran, 1994). Uma série de estudos de resultados utilizou medidas dos sintomas para buscar possíveis resultados subtrativos da terapia combinada, mas há informações limitadas disponíveis sobre os processos pelos quais as ações negativas podem ocorrer.

Os clínicos fortemente favoráveis à TCC em detrimento da farmacoterapia presumem que a medicação tem o efeito de acobertar, solapando a motivação para a terapia ou produzindo outros resultados negativos. Ao contrário, psiquiatras mais radicais podem acreditar que a TCC apresenta um fardo desnecessário às pessoas, que deveriam ser tratadas somente com farmacoterapia. Contudo, os estudos de resultados abaixo revelaram que poucas evidências sugerem que a maior parte dos tipos de medicação prejudicam a participação na TCC, ou que a TCC tenha qualquer efeito adverso aos tratamentos biológicos. Em vez disso, o peso das evidências sustenta o conceito de que a TCC e a farmacoterapia com frequência se complementam mutuamente no aumento da resposta à terapia.

PESQUISA DE RESULTADOS

Depressão

Blackburn e colaboradores (1981) executaram o primeiro teste controlado que comparava a TCC sozinha à farmacoterapia (antidepressivos tricíclicos) e com o tratamento combinado para a depressão. Os resultados diferiram, dependendo do ajuste do tratamento. O tratamento combinado foi superior à medicação tanto no hospital como na prática geral e à TCC sozinha para os pacientes externos do hospital (ambulatório). Os resultados gerais desse estudo sustentam o efeito adicional da TCC e da terapia antidepressiva.

Outro teste, que comparou a TCC com um antidepressivo tricíclico (Murphy, Simons, Wetzel e Lustman, 1984) não constatou uma vantagem significativa para o tratamento combinado. Ao final do tratamento, constatou-se que todas as terapias eram igualmente eficazes. Contudo, o percentual de pacientes com o melhor resultado (escores menores ou iguais a 9 na Escala de Depressão de Beck [EDB]) foi maior para a terapia combinada (78%) do que para outros tratamentos (TCC mais placebo = 65%; TCC =53%; farmacoterapia = 56%). Um estudo posterior de Hollon e colaboradores (192) testou a eficácia da TCC, da imipramina ou da terapia combinada no tratamento de 107 pacientes externos deprimidos não psicóticos. O índice de atrito nesse estudo foi alto (40%), mas não houve diferenças nas taxas de desistência nos três grupos de tratamento. Essa constatação vai contra a hipótese de que a medicação diminui a motivação para o tratamento e que leva prematuramente ao encerramento da terapia (Quadro 16.1). A resposta geral ao tratamento no estudo de Hollon e colaboradores (1992) foi excelente em todas as condições. Embora não tenha havido vantagem adicional significativa para o tratamento combinado, houve uma tendência para resultado superior para quem recebeu tanto TCC quanto farmacoterapia. Por exemplo, os escores médios da escala para o índice da depressão de Hamilton foram mais baixos para o tratamento combinado (4,2) do que na TCC (8,8) e na farmacoterapia (8,4; significância estatística = 0,17). Os escores médios do *Minnesota Multiphasic Personality Inventory Depression* foram significativamente mais baixos para os pacientes tratados com a terapia combinada (61,4) do que com TCC (71,8) ou farmacoterapia (72,5; significância estatística = 0,04).

Um estudo mais recente de terapia combinada na depressão enfoca o tratamento de "depressão dupla" (depressão maior mais distimia). Miller, Norman e Keitner (1999) conduziram 27 pacientes internos com depressão dupla a um tratamento de 20 semanas com farmacoterapia ou com combinação de antidepressivos e terapia cognitivo-comportamental. Ao final do tratamento, os pacientes que receberam terapia combinada tiveram uma melhora significativamente maior nos sintomas depressivos e maior funcionamento social. As diferenças entre a farmacoterapia e o tratamento combinado foram bastante grandes nesse estudo. Os escores médios da Escala de Hamilton foram 25,8 para a farmacoterapia e 13,1 para o tratamento combinado.

A última investigação de terapia combinada na depressão foi relatada por um grande grupo de vários centros liderados por Keller e Mccullough (Keller et al., 2000). Esse influente estudo tinha um tamanho de amostra especialmente grande ($n = 662$). Os pacientes com depressão maior crônica foram aleatoriamente conduzidos à farmacoterapia com nefazodona (um antidepressivo com propriedades agonistas da serotonina e da norepinefrina), ao tratamento com o sistema de análise de psicoterapia cognitivo-comportamental (CBASP) ou à terapia combinada. A CBASP é uma forma de TCC com modificações para a depressão crônica (McCullough, 2000). Os índices de resposta ao tratamento para quem completou o estudo foram de 55% para a nefazodona, 52% para a CBASP e 85% para o tratamento combinado.

Transtornos da ansiedade

Os estudos que comparam a TCC para os transtornos da ansiedade com a farmacoterapia sozinha e com uma combinação de TCC com medicamentos de vários tipos foi o tema de três grandes revisões (Spiegel e Bruce, 1997; Westra e Stewart, 1998; Bakker, van Balkom e van Dyck, 2000) e uma metanálise (van Balkom et al., 1997). Boa parte dos estudos revisados por esses autores examinou a eficácia de uma benzodiazepina comparada a uma intervenção de TCC, tal como terapia de exposição ou uma abordagem de tratamento combinado. Spiegel e Bruce (1997) concluíram que as benzodiazepinas podem sozinhas ser altamente eficazes para o transtorno de pânico, mas índices de recaída de 50% foram encontrados mesmo se a medicação fosse retirada gradual e lentamente. Além disso, as benzodiazepinas podem ser associadas à tolerância e à dependência. A revisão desses autores não constatou nenhuma evidência consistente para uma vantagem do tratamento combinado com benzodiazepinas e nenhuma interação negativa durante o tratamento agudo, mas uma sugestão de prejuízo da eficácia da terapia de exposição de longo prazo depois da retirada da benzodiazepina alprazolam de baixa potência. Westra e Stewart (1998) chegaram às mesmas conclusões no que diz respeito ao tratamento combinado com benzodiazepinas. Eles observaram que as benzodiazepinas de alta potência com meias-vidas mais longas, tais como o diazepam, não pareciam ter os efeitos negativos observados no alprazolam.

O maior estudo que constatou uma influência negativa de longo prazo do alprazolam sobre a TCC foi o de Marks e colaboradores (1993), que comparou a alta dosagem de alprazolam (5mg por dia) mais a exposição a alprazolam e relaxamento, placebo mais exposição e placebo mais relaxamento para transtorno de pânico com agorafobia. O tratamento continuou por oito semanas, após as quais o alprazolam foi diminuído e interrompido até a semana 16. Os efeitos agudos do tratamento favoreceram a exposição em relação ao alprazolam, mas ambos os tratamentos foram eficazes. Os índices do seguimento apontaram para o fato de que as pessoas tratadas com exposição combinada e medicação não foram tão bem quanto aquelas que se submeteram apenas à exposição. De uma perspectiva farmacológica, os resultados deste estudo podem ser questionados por causa da alta dosagem de alprazolam e de uma curta duração do tratamento. Tipicamente, os pacientes não seriam tratados com alta dosagem de alprazolam por apenas oito semanas na prática clínica. Contudo, este estudo sugere que o alprazolam (se for descontinuado) pode prejudicar a efetividade da terapia de exposição para o transtorno de pânico com agorafobia.

Westra e Stewart (1998) também revisaram estudos sobre antidepressivos para transtornos da ansiedade e observaram que a terapia combinada juntamente com antidepressivos tricíclicos foi mais eficaz para o tratamento agudo do que a monoterapia com medicação ou TCC sozinha. Contudo, as taxas de seguimento até dois anos depois do tratamento não mostraram, em geral, vantagem alguma. As avaliações naturalistas de seguimento dos estudos de eficácia para a terapia combinada são muito difíceis de serem interpretadas porque os pacientes frequentemente interrompem a medicação quando não se recomendava tal atitude ou porque buscavam outras formas de terapia. Herceg-Brown e colaboradores (1979), por exemplo, observaram que os pacientes que desistiram de seu estudo de psicoterapia x farmacoterapia para a depressão, e que depois começavam outro tratamento, buscavam mais comumente clínicos que oferecessem ambas as terapias.

Tem havido poucos estudos de ISRS combinados com TCC para os transtornos da ansiedade (de Beurs et al., 1995; Sharp et al, 1997; Westra e Stewart, 1998). É cedo demais para determinar se os resultados dos estudos feitos com os ISRS para os transtornos da ansiedade terão algum resultado diferente daqueles realizados com antidepressivos tricíclicos. Não obstante, uma revisão dos estudos dos ISRS combinados com a TCC constataram que a terapia combinada levou aos maiores ganhos de tratamento (Bakker et al., 2000). Os efeitos positivos do ISRS na ampliação da aprendizagem e da memória (Levkovitz et al., 2002), comparados às ações negativas dos antidepressivos tricíclicos sobre o funcionamento cognitivo (Curran et al., 1988), sugerem que o ISRS pode ter um perfil de interação mais favorável com o TCC do que as medicações antidepressivas.

O ensaio maior e mais recente de terapia combinada com antidepressivo e TCC para o transtorno de pânico foi conduzido em vários centros por Barlow, Gorman, Shear e Woods (2000). Os pacientes com transtorno de pânico com ou sem agorafobia leve foram conduzidos aleatoriamente ao tratamento de somente TCC, imipramina, placebo, TCC mais imipramina ou TCC mais placebo. A fase de tratamento agudo durou três meses. Os pacientes que responderam ao tratamento foram acompanhados mensalmente durante seis meses depois da terapia de manutenção e, então, acompanhados por mais seis meses depois que a terapia de manutenção foi interrompida. Ao final do tratamento agudo, todos os tratamentos ativos foram eficazes e superiores ao placebo. Depois de 6 meses de terapia de manutenção, a TCC mais imipramina foi claramente superior a outros tratamentos ativos (57,1% de índice de resposta para o tratamento combinado, comparados a 39,5% para a TCC e 37,8% para a imipramina). Contudo, esta vantagem desapareceu ao final do intervalo dos seis meses de seguimento.

Uma metanálise dos estudos de farmacoterapia, de TCC e de tratamento combinado para transtorno de pânico, incluindo um total de 5.011 pacientes, foi conduzido por van Balkom e colaboradores (1997). Os resultados dessa metanálise são consistentes com a conclusão de Westra e Stewart (1998). Constatou-se que a combinação de antidepressivos mais terapia de exposição foi o tratamento mais eficaz para o transtorno de pânico. O tamanho de efeito médio para o tratamento combinado de agorafobia foi de 2,47, em comparação com 1,00 para os benzodiazepínicos, 1,02 para os antidepressivos, 1,38 para a exposição por si só e 0,32 para as condições de controle.

Bulimia nervosa

Boa parte da pesquisa sobre terapia combinada para bulimia nervosa constatou vantagens para o uso da TCC em conjunto com um antidepressivo (Bacaltchuk et al., 2000). Agras e colaboradores (1992), por exemplo, constataram que a desipramina e a TCC ministradas durante 24 semanas apresentaram o melhor benefício terapêutico. Os pacientes com bulimia nervosa foram conduzidos aleatoriamente à TCC, à desipramina ou a ambos os tratamentos. Em 16 semanas, a TCC e a terapia combinada foram superiores à farmacoterapia, mas, em 32 semanas, apenas a abordagem combinada foi mais eficaz do que a medicação por si só. Os índices de abstinência do ato de comer compulsivamente foram significativamente mais altos nos pacientes tratados durante 24 semanas com terapia combinada (70%) do que com TCC (55%) ou desipramina (42%). Na avaliação de seguimento realizada de um ano, 78% dos pacientes que receberam tratamento combinado estavam livres do ato compulsivo de comer e de vomitar, comparados a apenas 18% dos pacientes que recebiam desipramina (Agras et al., 1994).

Goldbloom e colaboradores (1997) encontraram respostas similares às de Agras e colaboradores (1992) em um estudo sobre a bulimia nervosa tratada com TCC, fluoxetina e terapia combinada. Contudo, em contraste com a investigação de Agras e colaboradores, o tratamento não continuava além das 16 semanas. Goldbloom e colaboradores observaram que a terapia combinada era superior à fluoxetina em algumas medidas. Porém, depois de 16 semanas de tratamento, não havia vantagens claras para o tratamento combinado em relação à TCC. O tipo de estudo não permitia comparações para além das 16 semanas, tais como aquelas reportadas por Agras e colaboradores (1992) que demonstravam superioridade para o tratamento combinado em relação a outras abordagens.

O estudo mais amplo de terapia combinada para bulimia nervosa foi realizado por Walsh e colaboradores (1997), que encaminhou randomicamente 120 mulheres ao tratamento com TCC mais medicação, TCC mais placebo ou somente medicação. O regime de farmacoterapia incluía um teste inicial com desipramina, e uma mudança para a fluoxetina oito semanas depois se a resposta não fosse satisfatória ou se houvesse efeitos colaterais significativos. Assim, o projeto da pesquisa foi elaborado com o objetivo de oferecer uma farmacoterapia ótima. Uma vantagem significativa foi constatada para a terapia combinada em relação à psicoterapia mais placebo. Também, a TCC mais medicação foi superior à medicação por si só.

Os resultados de sete estudos de tratamentos psicológicos dados em combinação com farmacoterapia para a bulimia nervosa foram examinados em uma metanálise de Bacaltchuk e colaboradores (2000). Cinco dos sete testes desta análise incluíam uma condição de tratamento com TCC. Embora essa metanálise seja confundida pela inclusão de formas diferentes de psicoterapia, os resultados gerais favoreceram o tratamento combinado sobre a medicação ou sobre a psicoterapia por si só. Bacaltchuk e colaboradores (2000) observaram que a taxa de remissão (100% de redução dos episódios de alimentação compulsiva) nesses estudos foi de 42% para o tratamento combinado e de 23% para o uso da medicação somente. A remissão também foi mais provável no tratamento combinado do que na psicoterapia somente.

Psicose

Vários estudos inovadores foram realizados sobre o impacto do acréscimo da TCC à medicação para as doenças psicóticas. A maior parte dos pacientes desses estudos sofria de esquizofrenia ou de transtornos relacionados. Por causa da severidade da doença e de fortes evidências para a efetividade da medicação antipsicótica, não tem havido testes que examinem a eficácia do tratamento combinado em comparação com a TCC por si só. Em vez disso, os investigadores têm enfocado o fato de determinar se a TCC contribui para o efeito da medicação mais tratamento comum. Todos os estudos realizados até hoje demonstraram o benefício da terapia combinada.

O primeiro ensaio controlado randomizado foi realizado por Drury e colaboradores (1996), que incluíram a TCC individual e de grupo ao tratamento comum para pacientes hospitalizados com psicoses não afetivas. O grupo de controle recebeu um número de horas proporcional de apoio terapêutico. Ambos os grupos continuaram a usar medicação antipsicótica. Depois de encerrado o tratamento, as taxas de sintomas positivos da escala de avaliação psiquiátrica favoreceram fortemente a terapia combinada. Diferenças altamente significativas foram observadas por volta da sétima semana de tratamento, e a vantagem do tratamento combinado manteve-se durante todos os nove meses de observação. No exame de seguimento dos nove meses, 95% do grupo combinado não relatou alucinações e delírios ou relatou apenas alucinações e delírios menores. Apenas 44% do grupo de controle atingiu esse nível de melhora.

Outros ensaios controlados randomizados que encontraram efeitos positivos para o tratamento combinado de psicose foram relatados por Kuipers e colaboradores (1997), Tarrier e colaboradores (1998), Pinto e colaboradores (1999) e Sensky e colaboradores (2000). O estudo de Sensky e colaboradores (2000) é especialmente notável por causa do número relativamente alto de pacientes ($n = 90$), do uso de manuais de tratamento, da supervisão cuidadosa dos terapeutas, da inclusão de uma psicoterapia acreditada para a condição de controle, da equivalência geral da medicação antipsicótica nos grupos de tratamento e da inclusão de medidas para sintomas positivos e negativos. Os pacientes com esquizofrenia foram tratados por até nove meses com medicação antipsicótica mais TCC ou medicação mais "ajuda amigável" (contato empático e não diretivo com o terapeuta). Ao final do período de tratamento de nove meses, ambos os grupos demonstraram uma melhora substancial dos sintomas positivos e negativos. Embora não tenha havido diferenças significativas entre os grupos ao final da terapia, uma vantagem acentuada para o tratamento combinado foi observada na avaliação do seguimento. Os pacientes tratados com "ajuda amigável" perderam alguns de seus ganhos anteriores, ao passo que os que foram tratados com TCC continuaram a melhorar.

Uma metanálise da pesquisa controlada sobre a combinação de TCC e medicação para psicose (Rector e Beck, 2001) constatou que houve vantagens significativas para o uso da TCC e da medicação em conjunto. Os tamanhos de efeito médios para os sintomas positivos foram de 1,31 para TCC mais medicação e cuidado de rotina, 0,04 para medicação e cuidado de rotina e 0,63 para terapia de suporte mais medicação e cuidado de rotina. Constatações similares foram observadas para os sintomas negativos. Tomados em conjunto, os resultados de estudos para TCC revisados aqui indicaram que o TCC e a medicação para psicose têm efeitos adicionais significativos. Essas constatações de pesquisa levaram a orientações de tratamento para a inclusão da TCC no gerenciamento clínico da esquizofrenia no Reino Unido.

INTERPRETANDO RESULTADOS DE PESQUISAS DE RESULTADOS NA TERAPIA COMBINADA

Depois de mais de duas décadas de pesquisa sobre terapia combinada para a depressão, ainda permanecem questões sobre os méritos relativos do uso da TCC e da medicação em conjunto em comparação ao uso de tratamento por si só. Embora a terapia combinada tenha demonstrado ser superior à monoterapia para a depressão crônica e severa, os resultados de investigação referentes à depressão leve à moderada foram confusos. Hollon, Shelton e Loosen (1991) observaram que os problemas com o projeto do estudo e o poder inadequado das estatísticas prejudicaram boa parte dessa pesquisa. Pequenos tamanhos de amostra são uma dificuldade particular. Pelo fato de os antidepressivos e a TCC em geral funcionarem muito bem, pode haver um "efeito de teto". Se a resposta média é excelente em todas as condições, há pouco espaço no topo para demonstrar resultados superiores para qualquer terapia (ver, por exemplo, Hollon et al., 1992). Grandes tamanhos de amostra deveriam ter poder estatístico para demonstrar uma verdadeira diferença. Alternativamente, uma população com resistência ao tratamento ou com uma doença grave (como na investigação de Keller et al., [2000]), em que haja mais espaço para observar diferenças entre tratamentos, precisaria ser estudada.

Entsuah, Huang e Thase (2001) reconheceram esse problema em pesquisas de resultado e recomendaram uma técnica de "mega-análise", em que os dados de estudos de modelo comparável ou do mesmo centro de tratamento são reunidos para testar hipóteses. Utilizando essa ténica, Entsuah, Huang e Thase (2001) descobriram uma vantagem significativa da venlafaxina sobre outro antidepressivos para alcançar a remissão da depressão.

Essa superioridade não foi detectada nos estudos individuais utilizados na mega-análise.

A maioria dos estudos sobre terapia combinada para depressão foi iniciada antes da introdução de antidepressivos mais novos, como ISRS, venlafaxina, nefazodona, etc. Investigações anteriores utilizaram antidepressivos tricíclicos, que são raramente prescritos na prática atual da farmacoterapia. Como os antidepressivos tricíclicos têm índices mais elevados de efeitos colateráveis desagradáveis e podem prejudicar o aprendizado e o funcionamento da memória (Curran et al., 1988; Knegtering et al., 1994; Richardson et al., 1994), esses medicamentos pareceriam ser menos adequados dos que os ISRS ou outros antidepressivos não tricíclicos para a terapia de combinação com a TCC – um tratamento baseado no aprendizado de novas maneiras de se pensar e de se comportar. Estudos mais recentes com antidepressivos mais novos demonstram uma vantagem distinta para a terapia combinada (Miller et al., 1999; Keller et al., 2000).

Existem diversas razões pelas quais é necessário ter cautela ao interpretar resultados de investigações sobre terapia combinada de depressão e das outras condições (transtornos da ansiedade, bulimia nervosa e psicose) revistas neste capítulo (Wright e Schrodt, 1989). O formato de tratamento combinado utilizado nas pesquisas geralmente não apresenta a terapia como um modelo ou um método integrado. As terapias são desenvolvidas separadamente por dois terapeutas diferentes, que não podem se comunicar regularmente ou desenvolver uma abordagem de equipe ao tratamento. Por esse motivo, a terapia combinada pode não ter tido um desempenho em nível ótimo nos estudos de resultado tradicionais. Os requisitos dos modelo de estudos de eficácia também podem levar a condições que não se assemelham àquelas encontradas na prática clínica. Além dos limites estreitos de um teste de controle aleatório, os clínicos são livres para desenvolver uma abordagem flexível que une criativamente as contribuições de tratamento biológicos e da TCC.

Um dos grupos de pesquisa que conduziu um estado de eficácia inicial realizou uma investigação posterior que levantou uma importante questão sobre o tratamento com farmacoterapia "somente" (Murphy, Carney, Knesevitch, Wetzel e Whitworth, 1995). Geralmente asssume-se em estudos de terapia combinada que a TCC mais a farmacoterapia está sendo comparada com a medicação sem psicoterapia. Contudo, muitos psiquiatras podem utilizar métodos psicoterápicos, incluindo as intervenções cognitivas e comportamentais, em sessões de "gerenciamento de medicação". Em um estudo singular, Murphy e colaboradores (1995) deram instruções específicas ao psiquiatra que faz gerenciamento de medicação para que este *não* fizesse a psicoterapia. Embora a condição de tratamento combinado não tenha sido usada na investigação, a farmacoterapia foi significativamente prejudicada pela remoção do componente psicoterápico do tratamento de gerenciamento da medicação. Os sujeitos que receberam TCC estiveram significativamente mais propensos a melhorar os critérios predeterminados (EDB [Escala de Depressão de Beck] < 9) do que os pacientes que receberam farmacoterapia somente (TCC = 82% de resposta, antidepressivo = 29% de resposta).

Outro problema relativo à interpretação dos resultados dos estudos de eficácia é o uso dos critérios de inclusão e de exclusão que produzem grupos homogêneos de sujeitos. Muitos dos pacientes desafiadores vistos na prática clínica que podem ser particularmente adequados à terapia combinada podem ser encontrados nesses estudos. Por exemplo, um paciente severamente deprimido com intenções suicidas não se qualificaria para a maior parte dos estudos revisados. Mas o tratamento combinado de medicação e de psicoterapia não seria escolhido por muitos clínicos como abordagem preferencial de tratamento para essa condição.

Os estudos de eficácia podem também obscurecer ou não conter efeitos de interação porque eles não examinam os processos ou os mecanismos de interação (Quadro 16.1). A falta de diferenças significativas entre o tratamento combinado e a monoterapia não prova de maneira conclusiva que não tenha havido interação. É possível que haja interações positivas em alguns sujeitos, e negativas, em outros (ou mesmo interações positiva e negativas no mesmo sujeito), que sejam detectadas quando se colhem os dados e os escores médios para os resultados do final da terapia. No caso dos estudos de depressão, um paciente pode ter efeitos colaterais oriundos de um antidepressivo (por exemplo, insônia, agitação ou sedação) que podem interferir na concentração, mas outro pode ter melhora na aprendizagem e na memória depois de ter começado a farmacoterapia.

Apesar das limitações dos estudos de eficácia tradicionais e controlados, as investigações revisadas aqui representaram grande contribuição para a compreensão da utilidade relativa das diferentes terapias da depressão. Os resultados da pesquisa controlada sobre a terapia combinada para a depressão, para transtornos da ansiedade, para bulimia nervosa e para psicose são resumidos na Tabela 16.1.

COMBINANDO A TCC E A FARMACOTERAPIA NA PRÁTICA CLÍNICA

Embora os resultados gerais dos estudos de resultados tenham sustentado os efeitos adicionais entre as terapias, a terapia combinada pode de alguma forma ter sido prejudicada em tais investigações. Boa parte dos estudos foram projetados para opor uma terapia contra a outra, criando, assim, um ambiente competitivo e não cooperativo. A terapia combinada pode ter a maior chance de ser eficaz no mundo real, nos ambientes de prática clínica se for oferecida em um pacote unificado por clínicos que entendem e apoiam uma abordagem integral para o tratamento.

Um modelo cognitivo-biológico abrangente para a terapia combinada foi detalhado em outro trabalho (Wright e Thase, 1992). Esse modelo (diagramado na Figura 16.1) assume o seguinte:

1 Os processos cognitivos modulam os efeitos do ambiente externo (por exemplo, acontecimentos estressantes

QUADRO 16.1 TCC e farmacoterapia combinadas: resumo de resultados das pesquisas de resultados

Condição	Efeitos adicionais	Efeitos subtrativos
Depressão maior	+	0
Depressão maior ou crônica	+++	0
Transtornos da ansiedade (terapia com alprazolam)	0	++
Transtornos da ansiedade (outras benzodiazepinas)	+/0	0
Transtornos da ansiedade (terapia com antidepressivos)	++	0
Bulimia nervosa	++	0
Psicose	+++	0

Nota: 0: nenhuma evidência consistente para interação; +: efeitos de interação leves; ++: efeitos de interação moderados; +++: efeitos de interação amplos.

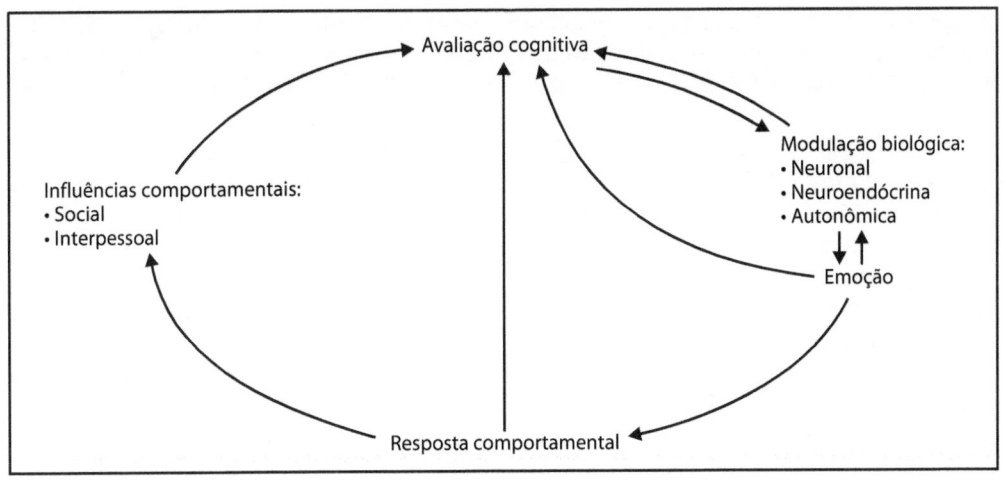

FIGURA 16.1
O modelo cognitivo-biológico para a combinação entre farmacoterapia e psicoterapia.

da vida, relações interpessoais, forças sociais) sobre o substrato do SNC (por exemplo, função neurotransmissora, ativação dos caminhos do SNC, respostas autonômicas e neuroendrócrinas) relativos à emoção e ao comportamento.

2 Cognições disfuncionais podem ser produzidas tanto pelas influências biológicas quanto psicológicas.
3 Os tratamentos biológicos podem alterar as cognições.
4 As intervenções cognitivas e comportamentais podem mudar os processos biológicos.
5 Os processos ambientais, cognitivos, biológicos, emocionais e comportamentais devem ser conceituados como parte do mesmo sistema.
6 É bom buscar maneiras de integrar ou de combinar intervenções cognitivas e biológicas para ampliar o resultado do tratamento.

A primeira hipótese é um componente do modelo cognitivo básico (Wright, Beck e Thase, 2002). As hipóteses 2 a 5 são sustentadas pela pesquisa revisada anteriormente neste capítulo sobre os efeitos da TCC sobre a função do SNC (ver, por exemplo, Baxter et al., 1992; Furmark et al., 2002); pelos estudos da influência da farmacoterapia sobre as cognições desadaptativas (Blackburn e Bishop, 1983; Simons, Garfield e Murphy, 1984); e pelas formulações de Akiskal e McKinney (1975), Kandel (2001) e outros. A hipótese 6 é sustentada pelos resultados geralmente favoráveis dos estudos de resultado sobre estratégias de tratamento combinado.

O modelo cognitivo-biológico pode ser implementado na prática clínica de duas grandes maneiras:

1 por um psiquiatra que esteja treinado tanto em TCC quanto em farmacoterapia;
2 por equipes de terapeutas médicos e não pertencentes à área médica.

A abordagem mais comum é uma abordagem de equipe para a terapia integrada. Mas um número crescente de psiquiatras está também habilitado como terapeuta cognitivo e pode ministrar todo o tratamento (medicação e TCC) em um ambiente abrangente e/ou trabalhar com terapeutas cognitivos não pertencentes à área médica para ministrar o cuidado necessário de maneira integral. O dispositivo legal que nos Estados Unidos determina que os residentes em psiquiatria sejam competentes em TCC pode aumentar a probabilidade de que os psiquiatras ofereçam uma combinação de TCC e terapia biológica por conta própria e também sejam membros eficazes das equipes de tratamento cognitivo-biológico.

Quando a TCC e a medicação são ministradas por clínicos diferentes, vários passos podem ser dados para promover a colaboração e para fortalecer o impacto dos tratamentos combinados (Wright, 1987; Wright e Thase, 1992). Primeiramente, os clínicos devem trabalhar juntos e regularmente, se possível. O arranjo ideal é que o terapeuta que esteja oferecendo a terapia cognitiva e o farmacoterapeuta sejam parte do mesmo grupo de prática ou de clínica. Os clínicos devem concordar sobre uma formulação geral para o tratamento combinado, tal como o modelo cognitivo-biológico descrito. Eles devem também discutir o que será dito ao paciente sobre o uso de dois tratamentos conjuntos, e devem apresentar uma opinião balizada e favorável em termos gerais sobre a terapia integrada. Tudo isso pode ajudar muito se um terapeuta não médico estiver familiarizado com os mecanismos de ação, com as indicações e com os efeitos colaterais da medicação. Assim, o terapeuta que oferece a TCC pode ajudar a educar o paciente sobre a farmacoterapia, responder a perguntas gerais e promover a concordância com o tratamento. De modo similar, o farmacoterapeuta que conhece os fundamentos da TCC pode sustentar o trabalho do terapeuta não médico, reforçar a adesão ao trabalho de casa e estimular o uso da TCC para administrar os sintomas.

Os métodos específicos de integração da TCC e da farmacoterapia foram descritos anteriormente (Wright e Schrodt, 1989; Wright e Thase, 1992; Wright et al., 1993). A estrutura da terapia oferece uma excelente oportunidade para unir as diferentes abordagens de tratamento. As técnicas estruturantes, tais como o estabelecimento de agendas, de *feedback* e de trabalhos de casa, são elementos fundamentais da TCC. De maneira similar, a farmacoterapia se organiza em torno de avaliações de sintomas, do monitoramento dos efeitos colaterais, de direções para o uso das medicações e da escrita das prescrições. Se um terapeuta estiver oferecendo tanto farmacoterapia quanto TCC, a agenda para a sessão deve conter um ou mais itens de cada abordagem (por exemplo, efeitos colaterais, interações de drogas, trabalhos de casa, aumento da autoestima, manejo com um problema ambiental). Os dois tratamentos devem ser valorizados igualmente, mas o tempo dedicado a cada um variará de sessão para sessão. De acordo com minha própria experiência com a terapia combinada, as sessões geralmente têm mais peso para as intervenções de TCC do que para as discussões sobre farmacoterapia.

Se houver dois terapeutas, uma agenda poderá ligar as terapias. Por exemplo, o farmacoterapeuta pode colocar itens como "progresso no uso da TCC" e "como está indo o trabalho de casa?" na agenda; o terapeuta que oferece a TCC pode ajudar o paciente a abordar tópicos como "atitudes sobre tomar medicação". Dessa forma, os dois terapeutas podem demonstrar a importância de uma abordagem combinada para o paciente e usar um método similar no que diz respeito à agenda, a fim de ajudar a reunir os diferentes elementos da terapia.

A psicoeducação, outra característica importante da TCC e da farmacoterapia, pode ser usada para forjar um método de tratamento integrado. A TCC é bem-conhecida por usar procedimentos psicoeducacionais para assistir os pacientes com a aprendizagem de novos padrões de pensamento e de comportamento. Os métodos educacionais típicos incluem explicações de sessões, trabalhos de leitura, áudio e videoteipes e ensaio cognitivo e comportamental (Wright, Thase e Beck, 2002).

Os farmacoterapeutas empregam métodos psicoeducacionais para ajudar os pacientes a adquirir o conhecimento sobre os transtornos psiquiátricos, o modelo biológico, as medicações e os efeitos colaterais. Técnicas comumente usadas incluem apresentações minididáticas de sessões de tratamento, vídeos e leituras de livros ou folhetos. Para combinar as terapias de maneira eficaz, os clínicos devem cuidadosamente rever os materiais educativos oferecidos aos pacientes a fim de minimizar a apresentação de informações fortemente tendenciosas (por exemplo, os folhetos das empresas farmacêuticas que louvam o valor de seus produtos em vez de dar uma visão balanceada e abrangente do tratamento).

Há vários livros para o público em geral que discutem tanto a TCC quanto a farmacoterapia de maneira favorável e que podem ajudar os leitores a entender como ambos os tratamentos podem ser usados efetivamente no tratamento psiquiátrico. *Getting Your Life Back: The Complete Guide to Recovery from Depression* (Wright e Basco, 2002) apresenta um método de tratamento cognitivo-biológico completamente integrado. *Feeling Good* (Burns, 1999) inclui uma seção sobre medicamentos. Uma tecnologia desenvolvida há pouco, a TCC assistida por computador, está agora disponível para ensinar aos pacientes habilidades da TCC. Programas empiricamente testados, tais como *Good Days Ahead: The Multimedia Program for Cognitive Therapy* (Wright, Wright, Salmon, et al., 2002; Wright, Wright e Beck, 2002) e *Fear Fighter* (Kenwright, Liness e Marks, 2001) podem auxiliar os clínicos a ajudar os pacientes a entender e a usar os métodos de TCC.

A adesão às recomendações do tratamento são um elemento fundamental para a implementação tanto da TCC quanto da farmacoterapia. Na TCC, a presença nas sessões de terapia e o trabalho de casa são importantes para o sucesso. Na farmacoterapia, a concordância com o uso da medicação, o relato preciso dos efeitos colaterais e a manutenção rígida do regime terapêutico são componentes fundamentais do tratamento eficaz. As intervenções de TCC para melhorar a concordância com o tratamento encaixam-se particularmente bem na integração de terapias e na promoção da adesão a todos os componentes do plano de tratamento (Cochran, 1984; Wright e Thase, 1992; Basco e Rush, 1995; Kemp et al., 1996).

As intervenções comportamentais simples – tais como o uso de sistemas de lembrança, a conjugação da medicação com as atividades de rotina (por exemplo, escovar os dentes, fazer as refeições) e o desenvolvimento de contratos comportamentais – podem ser integradas nas sessões de farmacoterapia de uma maneira que seja eficiente em termos de tempo, e podem ser utilizadas por terapeutas não médicos para melhorar a aceitação da medicação. Intervenções mais detalhadas, tais como programas de reforço e análises comportamentais das barreiras à adesão à farmacoterapia, podem também ser empregadas conforme necessário.

As cognições desadaptativas sobre a medicação ou o tratamento médico são outros alvos potenciais para a TCC e para a farmacoterapia. A aceitação do tratamento pode ser solapada por cognições disfuncionais relacionadas a temas esquemáticos, tais como:

1 sentir-se um fraco (por exemplo, "Tomar remédio indica que eu sou fraco",

"Eu deveria lidar com o problema sozinho");
2 desconfiar da relação terapêutica (por exemplo, "Os médicos só nos empurram remédios e não tentam nos entender", "Não dá para confiar nos médicos");
3 ter medo da dependência (por exemplo, "Vou ficar dependente da medicação", "Não vou estar no controle da situação");
4 ter medo dos efeitos da medicação (por exemplo, "Sempre sou eu que tenho efeitos colaterais", "Estas drogas são perigosas") (Wright e Schrodt, 1989; Wright e Thase, 1992).

Os pensamentos automáticos negativos e as crenças nucleares tais como essas podem não ser reconhecidas se o clínico não questiona as reações dos pacientes à prescrição de medicação. Quando as respostas desadaptativas à farmacoterapia são desveladas, os terapeutas podem usar os métodos da TCC, tais como registro de pensamentos e exames de evidências, para desenvolver cognições realistas que sustentarão a adesão à medicação.

Uma abordagem flexível e personalizada relativa à "dosagem" e ao tempo das intervenções para os pacientes individuais pode oferecer uma oportunidade adicional para a ampliação dos efeitos da terapia combinada. Na maior parte dos estudos de resultados, todos os pacientes recebem essencialmente a mesma dose de medicação e de psicoterapia ao longo de um curso de tempo controlado. Contudo, na prática clínica, os terapeutas podem capitalizar os atributos específicos de várias medicações e das intervenções para arranjar um regime de sequência de dosagem que ajude a atender as metas do tratamento. Por exemplo, em meu próprio trabalho com pacientes internos altamente suicidas, enfoquei a falta de esperança e a ideação suicida com intervenções de TCC no dia de admissão, para reduzir rapidamente o risco suicida e a disforia. Embora os antidepressivos também comecem imediatamente, essas medicações provavelmente não exerçam os efeitos positivos antes de terem passado vários dias. Uma situação clínica diferente pode ser encontrada nos pacientes que estejam em meio a episódios maníacos ou psicóticos severos e que possam exigir estabilização da medicação antes de que a psicoterapia comece.

A resposta, ou a falta de resposta, ao tratamento pode também exigir ajustes na abordagem de terapia combinada. As considerações psicofarmacológicas podem incluir a dosagem de medicação se houver um alívio inadequado dos sintomas, utilizando-se estratégias de aumento na resistência ao tratamento ou adicionando uma medicação antipsicótica se as características psicóticas forem detectadas. De maneira paralela, as intervenções de TCC podem ser intensificadas, reformuladas ou modificadas de outras maneiras, a fim de atender aos problemas específicos e às necessidades de cada paciente. Quando se adota uma abordagem de terapia totalmente integrada, esses ajustes são parte de um plano de tratamento abrangente, que visa a tirar o melhor tanto da TCC quanto da farmacoterapia, para maximizar as chances de resposta.

RESUMO

Os estudos de resultado para a combinação de TCC com medicação têm enfocado o teste de superioridade das terapias ao final do tratamento e, assim, não têm ajudado a elucidar os possíveis mecanismos de interação e não têm estimulado o desenvolvimento de modelos de tratamento integrados. Não obstante, os resultados gerais dos estudos de resultado sustentam os efeitos adicionais entre os tratamentos da maioria dos transtornos e as combinações de intervenções de tratamento. Fortes evidências foram coletadas para ampliar a resposta ao tratamento com combinações de antidepressivos e TCC para depressão severa ou crônica, para transtornos da ansiedade e para bulimia nervosa. A área mais nova de pesquisa, o tratamento combinado para a psicose, tem documentado de maneira consistente as vantagens do acréscimo da TCC ao tratamento com medicação antipsicótica. A única forma de tratamento combinado que pode demonstrar interações negativas é o uso de curto prazo do alprazolam com pacientes que recebem a TCC.

Os possíveis direcionamentos futuros da pesquisa para a combinação de TCC e farmacoterapia podem incluir projetos com tamanhos de amostra maiores e/ou "mega-análises" (Entsuah et al., 2001), para detectar os efeitos que podem ser obscurecidos em estudos menores; investigações de terapia combinada para sintomas severos e resistentes ao tratamento; e exames de atitudes que tornem a terapia combinada mais eficiente ou eficaz. Além disso, a pesquisa direcionada aos processos de interação pode ajudar o desenvolvimento de métodos de tratamento mais refinados e mais específicos para a utilização de uma abordagem de terapia combinada. Exemplos de tal refinamento podem incluir a titulação da dosagem de medicação para níveis ideais que ampliariam a aprendizagem e a função da memória ou que reduziriam outras barreiras à psicoterapia eficaz ou o desenvolvimento de métodos de TCC voltados diretamente a facilitar os efeitos da farmacoterapia sobre o SNC. A pesquisa sobre as ações biológicas do TCC oferece uma oportunidade significativa para compreender como as intervenções cognitivas e comportamentais podem funcionar em conjunto com a medicação, aumentando a resposta ao tratamento.

A implementação da abordagem de terapia combinada pode variar muito, dependendo da orientação teórica dos clínicos e do grau de comunicação entre os terapeutas. Recomenda-se que os clínicos adotem um modelo cognitivo-biológico integrado, desenvolvam um plano de terapia unificado e abrangente para cada paciente e façam uso das vantagens tanto da TCC quanto da farmacoterapia para a seleção de intervenções.

Embora a TCC e a psiquiatria biológica tenham se originado a partir de bases teóricas e científicas diferentes, essas duas abordagens importantes de tratamento têm muitas coisas em comum. Elas compartilham de uma forte base empírica, de uma ênfase sobre a estrutura e a psicoeducação, de uma perspectiva pragmática da terapia e do objetivo comum de reduzir sintomas psiquiátricos ao maior grau possível. Ambos os tratamentos influenciam pensamentos, emoções e o substrato biológico do comportamento humano. Uma parceria entre a TCC e a farmacoterapia tem o potencial de levar adiante o tratamento dos transtornos mentais.

OBSERVAÇÃO DO AUTOR

É possível que eu receba uma porção do lucro obtido com as vendas de *Good Days Ahead*, programa de computador citado neste capítulo. Parte dos lucros obtidos com as vendas do programa *Good Days Ahead* é doada para a Foundation for Cognitive Therapy and Research e para a Norton Foundation.

REFERÊNCIAS

Agras, W. S., Rossiter, E. M., Arnow, B., Schneider, J. A., Teich, C. F., Raeburn, S. D., et al. (1992). Pharmacologic and cognitive-behavioral treatment for bulimia nervosa: A controlled comparison. *American Journal of Psychiatry, 149,* 82-87.

Agras, W. S., Rossiter, E. M., Arnow, B., Telch, C. F., Raeburn, S. D., Bruce, B., et al. (1994). One-year follow-up of psychosocial and pharmacologic treatments for bulimia nervosa, *Journal of Clinical Psychiatry, 55,* 179-183.

Akiskal, H. A., & McKinney, W. T. (1975). Overview of recent research in depression: Integration of ten conceptual models into a comprehensive clinical frame. *Archives of General Psychiatry, 32,* 285-305.

Bacaltchuk, J., Trefiglio, R. P., Oliveira, I. R., Hay, P., Lima, M. S., & Mari, J. J., et al. (2000). Combination of antidepressants and psychological treatments for bulimia nervosa: A systematic review. *Acta Psychiatrica Scandinavica, 101,* 256-264.

Backhaus, J., Hohagen, F., Voderholzer, U., & Riemann, D. (2001). Long-term effectiveness of a short-term cognitive-behavioral group treatment for primary insomnia. *European Archives of Psychiatry and Clinical Neuroscience, 251,* 35-41.

Bakker, A., van Balkom, A. J., & van Dyck, R. (2000). Selective serotonin reuptake inhibitors in the treatment of panic disorder and agoraphobia. *International Clinical Psychopharmacology, 15*(Suppl, 2), 25-30.

Barlow, D. H., Gorman, J. M., Shear, M. K., & Woods, S. W. (2000). Cognitive-behavioral therapy, Imipramine, or their combination for panic disorder: A randomized controlled trial. *Journal of the American Medical Association, 283,* 2529-2536.

Basco, M. R., & Rush, A. J. (1995). Compliance with pharmacotherapy in mood disorders. *Psychiatric Annals, 25,* 269-279.

Baxter, L. R., Jr., Schwartz, J. M., Bergman, K. S., Szuba, M. P., Guze, B. H., Mazziotta, J. C., et al. (1992). Caudate glucose metabolic rate changes with both drug and behavior therapy for obsessive-compulsive disorder. *Archives of General Psychiatry, 49,* 681-689.

Blackburn, I. M., & Bishop, S. (1983). Changes in cognition with pharmacotherapy and cognitive therapy. *British Journal of Psychiatry, 143,* 609-617.

Blackburn, I. M., Bishop, S., Glen, A. I. M., Whalley, L. J., & Christie, J. E. (1981). The efficiency of cognitive therapy in depression: A treatment using cognitive therapy and pharmacotherapy, each alone and in combination. *British Journal of Psychiatry, 139,* 181-189.

Brody, A. L., Saxena, S., Schwartz, J. M., Stoessel, P. W., Maidment, K., Phelps, M. E., et al. (1998). FDG-PET predictors of response to behavioral therapy and pharmacotherapy in obsessive compulsive disorder. *Psychiatric Research, 84,*1-6.

Burns, D. D. (1999). *Feeling good: The new mood therapy* (rev. ed.). New York: Avon Books.

Cochran, S. D. (1984). Preventing medical non-compliance in the outpatient treatment of bipolar affective disorders. *Journal of Consulting and Clinical Psychology, 52,* 873-878.

Curran, H. V. (1994). Memory functions, alprazolam and exposure therapy: A controlled longitudinal study of agoraphobia with panic disorder. *Psychological Medicine, 24,* 969-976.

Curran, H. V., Sakulsriprong, M., & Lader, M. (1988). Antidepressants and human memory: An investigation of four drugs with different sedative and anticholingergic profiles. *Psychopharmacology, 95,* 520-527.

de Beurs, E., van Balkom, A. J. L. M., Lange, A., Koele, P., & van Dyck, R. (1995). Treatment of panic disorder with agoraphobia: Comparison of fluvoxamine, placebo, and psychological panic management combined with exposure and of exposure *in vivo* alone. *American Journal of Psychiatry, 152,* 683-691.

Dobson, K. S. (1989). A meta-analysis of the efficacy of cognitive therapy for depression. *Journal of Consulting and Clinical Psychology, 57,* 414-419.

Drury, V., Birchwood, M., Cochrane, R., & Macmillan, F. (1996). Cognitive therapy and recovery from acute psychosis: A controlled trial. I. Impact on psychotic symptoms. *British Journal of Psychiatry, 169,* 593-601.

Edinger, J. D., Wohlgemuth, W. K., Radtke, R. A., Marsh, G. R., & Quillian, R. E., et al. (2001). Cognitive behavioral therapy for treatment of chronic primary insomnia: A randomized controlled study. *Journal of the American Medical Association, 285,*1856-1864.

Entsuah, R. A., Huang, H., & Thase, M. E. (2001). Response and remission rates in different subpopulations with major depressive disorder administered venlafaxine, selective serotonin reuptake inhibitors, or placebo. *Journal of Clinical Psychiatry, 62,* 869-877.

Furmark, T., Tillfors, M., Marteinsdottir, I., Fischer, H., Pissiota, A., Langstrom, B., et al. (2002). Common changes in cerebral blood flow in patients with social phobia treated with citalopram or cognitive-behavioral therapy. *Archives of General Psychiatry, 59,* 425-433.

Gabbard, G. O., & Kay, J. (2001). The fate of integrated treatment: Whatever happened to the biopsychosocial psychiatrist? *American Journal of Psychiatry, 158(12),* 1956-1963.

Goldbloom, D. S., Olmsted, M., Davis, R., Clewes, J., Heinmaa, M., Rockert, W., et al. (1997). A randomized controlled trial of fluoxetine and cognitive behavioral therapy for bulimia nervosa: Short-term outcome. *Behaviour Research and Therapy, 35,* 803-811.

Group for the Advancement of Psychiatry. (1975). *Pharmacotherapy and psychotherapy: Paradoxes, problems, and progress* (Vol. 9, Report No. 93). New York: Mental Health Materials Center.

Harmer, C. J., Bhagwagar, Z., Cowen, P. J., & Goodwin, G. M. (2002). Acute administration of citalopram facilitates memory consolidation in healthy volunteers. *Psychopharmacology, 163,* 106-110.

Harvey, P. D., Moriarty, P. J., Serper, M. R., Schnur, E., & Lieber, D. (2000). Practice-related improvement in information processing with novel antipsychotic treatment. *Schizophrenia Research, 46,* 139-148.

Hasbroucq, T., Rihet, P., Blin., O., & Possamai, C. A. (1997). Serotonin and human information processing: Fluvoxamine can improve reaction time performance. *Neuroscience Letters, 229,* 204-208.

Herceg-Baron, R. L., Prusoff, B. A., Weissman, M. M., DiMascio, A., Neu, C., & Klerman, G. L. (1979). Pharmacotherapy and psychotherapy in acutely depressed patients: A study of attrition patterns in a clinical trial. *Comprehensive Psychiatry, 20*(4), 315-325.

Hollon, S. D., DeRubeis, R. J., Evans, M. D., Wiemer, M. J., Garvey, M. J., Grove, W. M., et al. (1992). Cognitive therapy and pharmacotherapy for depression: Singly and in combination. *Archives of General Psychiatry, 49,* 774-781.

Hollon, S. D., Shelton, R. C., & Loosen, P. T. (1991). Cognitive therapy and pharmacotherapy for depression. *Journal of Consulting and Clinical Psychology, 59,* 88-99.

Hommer, D. W. (1991). Benzodiazepines: Cognitive and psychomotor effects. In P. P. Roy-Byrne & D. S. Cowley (Eds.), *Benzodiazepines in clinical practice: Risks and benefits* (pp. 111-130). Washington, DC: American Psychiatric Press.

Joffe, R., Sega, Z., & Singer, W. (1996). Change in thyroid hormone levels following response to cognitive therapy for major depression. *American Journal of Psychiatry, 153*(3), 411-413.

Kandel, E. R. (2001). Psychotherapy and the single synapse: The impact of psychiatric thought on neurobiological research. *New England Journal of Medicine, 301,* 1028-1037.

Keller, M. B., McCullough, J. P., Klein, D. N., Arnow, B., Dunner, D. L., Gelenberg, A. J., et al. (2000). A comparison of nefazodone, the cognitive behavioral-analysis system of psychotherapy, and their combination for the treatment of chronic depression. *New England Journal of Medicine, 342,* 1462-1470.

Kemp, R., Hayward, P., Applewhaite, G., Everitt, B., & David, A. (1996). Compliance therapy in psychotic patients: randomized controlled trial. *British Medical Journal, 312,* 345-349.

Kemp, R., Kirov, G., Everitt, B., Hayward, P., & David, A. (1998). Randomized controlled trial of compliance therapy: 18-month follow-up. *British Journal of Psychiatry, 172,* 413-419.

Kenwright, M., Liness, S., & Marks, I. (2001). Reducing demands on clinicians by offering computer-aided self-help for phobia-panic: Feasibility study. *British Journal of Psychiatry, 181,* 456-459.

Knegtering, H., Eijck, M., & Huijsman, A. (1994). Effects of antidepressants on cognitive functioning of elderly patients. A review. *Drugs and Aging, 5,* 192-199.

Kuipers, E., Garety, P., Fowler, D., Dunn, G., Beggington, P., Freeman, D., et al. (1997). London-East Anglia randomized controlled trial of cognitive-behavioural therapy for psychosis: I. Effects of the treatment phase. *The British Journal of Psychiatry, 171,* 319-327.

Lecompte, D. (1995). Drug compliance and cognitive-behavioral therapy in schizophrenia. *Acta Psychiatrica Belgica, 95,* 91-100.

Levkovitz, Y., Caftori, R., Avital, A., & Richter-Levin, G. (2002). The SSRIs drug fluoxetine, but not the noradrenergic tricyclic drug desipramine, improves memory performance during acute major depression. *Brain Research Bulletin, 58,* 345-350.

Marrangell, L. B., Silver, J. M., Goff, D. C., & Yudofsky, S. C. (2002). Psychopharmacology and electroconvulsive therapy. In R. E. Hales, S. C. Yudofsky, & J. A. Talbott (Eds.), *Textbook of clinical psychiatry* (4th ed., pp. 1245-1284). Washington, DC: American Psychiatric Press.

Marks, I. M., Swinson, R. P., Basoglu, M., Kuch, K., Noshirvsni, H., O'Sullivan, G., et al. (1993). Alprazolam and exposure alone and combined in panic disorder with agoraphobia: A controlled study in London and Toronto. *British Journal of Psychiatry, 162,* 776-787.

McCullough, J. P., Jr. (2000). *Treatment for chronic depression: Cognitive behavioral analysis system of psychotherapy.* New York: Guilford Press.

Miller, I. W., Norman, W. H., & Keitner, G. I. (1999). Combined treatment for patients with double depression. *Psychotherapy and Psychosomatics, 68,* 180-185.

Murphy, G. E., Carney, R. M., Knesevich, M. A., Wetzel, R. D., & Whitworth, P. (1995). Cognitive behavior therapy, relaxation training, and tricyclic antidepressant medication in the treatment of depression. *Psychological Reports, 77,* 403-420.

Murphy, G. E., Simons, A. D., Wetzel, R. D., & Lustman, P. J. (1984). Cognitive therapy and pharmacotherapy: Singly and together in the treatment of depression. *Archives of General Psychiatry, 41,* 33-41.

Otto, M. W., Pollack, M. H., Sachs, G. S., Reiter, S. R., Meltzer-Brody, S., & Rosenbaum, J. F. (1993). Discontinuation of benzodiazepine treatment: Efficacy of cognitive-behavioral therapy for patients with panic disorder. *American Journal of Psychiatry, 150,* 1485-1490.

Perris, C., & Skagerlind, L. (1994). Cognitive therapy with schizophrenic patients. *Acta Psychiatrica Scandinavica, 89*(Suppl. 382), 65-70.

Pinto, A., La Pia, S., Mennella, R., Domenico, G., & De Simone, L. (1999). Cognitive-behavioral therapy and clozapine for clients with treatment-refractory schizophrenia. *Psychiatric Services, 50,* 901-904.

Rector, N. A., & Beck, A. T. (2001). Cognitive behavioral therapy for schizophrenia: An empirical review. *Journal of Nervous and Mental Disease, 189,* 278-287.

Richardson, J. S., Keegan, D. L., Bowen, R. C., Blackshaw, S. L., Cebrian-Perez, S., Dayal, N., Saleh, S., et al. (1994). Verbal learning by major depressive disorder patients during treatment with fluoxetine or amitriptyline. *International Clinical Psychopharmacology, 9,* 35-40.

Robinson, L. A., Berman, J. S., & Neimeyer, R. A. (1990). Psychotherapy for the treatment of depression: A comprehensive review of controlled outcome research. *Psychological Bulletin, 108,* 30-49.

Rybarczyk, B., Lopez, M., Benson, R., et al. (2002). Efficacy of two behavioral treatment programs for comorbid geriatric insomnia. *Psychology and Aging, 17,* 288-298.

Schwartz, J. M., Stoessel, P. W., Baxter, L. R. Jr., Martin, K. M., & Phelps, M. E. (1996). Systematic changes in cerebral glucose metabolic rate after successful behavior modification treatment of obsessive-compulsive disorder. *Archives of General Psychiatry, 53,* 109-113.

Sensky, T., Turkington, D., Kingdon, D., Scott, J. L., Scott, J., Siddle, R., et al. (2000). A randomized controlled trial of cognitive-behavioral therapy for persistent symptoms in schizophrenia resistant to medication. *Archives of General Psychiatry, 57,* 165-172.

Sharp, D. M., Power, K. G., Simpson, R. J., Swanson, V., & Anstee, J. A. (1997). Global measures of outcome in a controlled comparison of pharmacological and psychological treatment of panic disorder and agoraphobia in primary care. *British Journal of General Practice, 47,* 150-155.

Simons, A. D., Garfield, S. L., & Murphy, G. E. (1984). The process of change in cognitive therapy and pharmacotherapy for depression. *Archives of General Psychiatry, 41,* 45-51.

Spiegel, D. A., & Bruce, T. J. (1997). Benzodiazepines and exposure-based cognitive behavior therapies for panic disorder: Conclusions from combined treatment trials. *American Journal of Psychiatry, 154,* 773-781.

Spiegel, D. A., Bruce, T. J., Gregg, S. F., & Nuzzarello, A. (1994). Does cognitive behavior therapy assist slow-taper alprazolam discontinuation in panic disorder? *American Journal of Psychiatry, 151,* 876-881.

Stevens, A., Schwarz, J., Schwarz, B., Ruf, I., Kolter, T., & Czekalla, J. (2002). Implicit and explicit learning in schizophrenics treated with olanzapine and with classic neuroleptics. *Psychopharmacology, 160,* 299-306.

Tarrier, N., Yusupoff, L., Kinney, C., McCarthy, E., Gledhill, A., Haddock, G., et al. (1998). Randomized controlled trial of intensive cognitive behaviour therapy for patients with chronic schizophrenia. *British Medical Journal, 317,* 303-307.

Ulenhuth, E. H., Lipman, R. S., & Covil, L. (1969). Combined pharmacotherapy and psychotherapy. *Journal of Nervous and Mental Disease, 148,* 52-64.

van Balkom, A. J. L. M., Bakker, A., Spinhoven, P., Blaauw, B. M., Smeenk, S., & Ruesink, B. (1997). A meta-analysis of the treatment of panic disorder with or without agoraphobia: A comparison of psychopharmacological, cognitive-behavioral, and combination treatments. *Journal of Nervous and Mental Disease, 185,* 510-516.

Vasterling, J., Jenkins, R. A., Tope, D. M., & Burish, T. G. (1993). Cognitive distraction and relaxation training for the control of side effects due to cancer chemotherapy. *Journal of Behavioral Medicine, 16,* 65-80.

Verster, J. C., Volkerts, E. R., & Verbaten, M. N. (2002). Effects of alprazolam on driving ability, memory functioning and psychomotor performance: A randomized, placebo-controlled study. *Neuropsychopharmacology, 27*(2), 260-269.

Wagemans, J., Notebaert, W., & Boucart, M. (1998). Lorazepam but not diazepam impairs identification of pictures on the basis of specific contour fragments. *Psychopharmacology, 138,* 326-333.

Walsh, B. T., Wilson, G. T., Loeb, K. L., Delvin, M. J., Pike, K. M., Roose, S. P., et al. (1997). Medication and psychotherapy in the treatment of bulimia nervosa. *American Journal of Psychiatry, 154,* 523-531.

Weiss, E. M., Bilder, R. M., & Fleischhacker, W. W. (2002). The effects of second-generation antipsychotics on cognitive functioning and psychosocial outcome in schizophrenia. *Psychopharmacology, 162,* 11-17.

Westra, H. A., & Stewart, S. H. (1998). Cognitive behavioural therapy and pharmacotherapy: Complementary or contradictory approaches to the treatment of anxiety? *Clinical Psychology Review, 18,* 307-340.

Wright, J. H. (1987). Cognitive therapy and medication as combined treatment. In A. Freeman & V. Greenwood (Eds.), *Cognitive therapy: Applications in psychiatric and medical settings* (pp. 36-50). New York: Human Sciences Press.

Wright, J. H., & Basco, M. R. (2002). *Getting your life back: The complete guide to recovery from depression.* New York: Touchstone.

Wright, J. H., Beck, A. T., & Thase, M. E. (2002). Cognitive therapy. In R. E. Hales, S. C. Yudofsky, & J. A. Talbott (Eds.), *Textbook of clinical psychiatry* (4th ed., pp. 1245-1284). Washington, DC: American Psychiatric Press.

Wright, J. H., & Schrodt, G. R., Jr. (1989). Combined cognitive therapy and pharmacotherapy. In A. Freeman, K. M. Simon, L. E. Beutler, & H. Arkowitz (Eds.), *Comprehensive handbook of cognitive therapy* (pp. 267-282). New York: Plenum Press.

Wright, J. H., & Thase, M. E. (1992). Cognitive and biological therapies: A synthesis. *Psychiatric Annals, 22(9),* 451-58.

Wright, J. H., Thase, M. E., & Sensky, T. (1993). Cognitive and biological therapies: A combined approach. In J. H. Wright, M. E. Thase, A. T. Beck, & J. W. Ludgate (Eds.), *Cognitive therapy with inpatients: Developing a cognitive milieu* (pp. 193-218). New York: Guilford Press.

Wright, J. H., Wright, A. S., & Beck, A. T. (2002). *Good days ahead: The multimedia program for cognitive therapy.* Louisville, KY: Mindstreet.

Wright, J. H., Wright, A. S., Salmon, P., Beck, A. T., Kuykendall, J., Goldsmith, L. J., et al. (2002). Development and initial testing of a multimedia program for computer-assisted cognitive therapy. *American Journal of Psychotherapy, 56,*76-86.

17

TERAPIA COGNITIVO--COMPORTAMENTAL DE CASAIS
Status teórico e empírico

Norman B. Epstein

Embora os princípios e os procedimentos da terapia cognitiva tenham sido inicialmente desenvolvidos para o tratamento individual da psicopatologia, durante as duas últimas décadas houve um rápido crescimento das abordagens cognitivo-comportamentais para a avaliação e a intervenção relativas aos casais e às famílias que estejam em situação de sofrimento. O artigo "Cognitive Therapy with Couples" (Epstein, 1982) que apareceu no *American Journal of Family Therapy*, foi uma das primeiras publicações a identificar como os terapeutas poderiam usar abordagens de reestruturação durante sessões conjuntas com casais em sofrimento. De um lado, durante anos os terapeutas cognitivos usaram a terapia individual para ajudar as pessoas a modificar suas próprias cognições, suas respostas emocionais e seu comportamento relativos às pessoas queridas, da mesma forma que abordaram as respostas disfuncionais dos clientes a outros tipos de acontecimentos da vida. Como é comum para a terapia individual, os acontecimentos relevantes da vida para os quais as respostas de uma pessoa tinham de ser mudadas não ocorreram durante as sessões de tratamento. Por exemplo, o terapeuta não foi capaz de observar diretamente uma tendência individual para fazer inferências arbitrárias negativas sobre as ações de um cônjuge. Também não conseguiu observar o comportamento do cônjuge *in vivo* para julgar o quanto esse comportamento e não a interpretação do outro acerca de tal comportamento era o problema. Por outro lado, os terapeutas de casal e de família que usaram as orientações comportamentais e teóricas para intervir diretamente no processo de interações que se dão de momento a momento tinham feito uso limitado das intervenções de reestruturação cognitiva estabelecidas. Os terapeutas estruturais e estratégicos reconheceram a importância das interpretações subjetivas no uso da "re-rotulação", nas quais propuseram explicações alternativas mais benéficas do que aquelas que os membros da família haviam formulado sobre as ações inconvenientes dos outros membros da própria família (Todd, 1986). Aqueles que usaram uma abordagem comportamental para a terapia de casais (por exemplo, Jacobson e Margolin, 1979; Stuart, 1980) observaram o impacto que as cognições negativas, tais como as atribuições e as expectativas irreais, poderiam ter sobre o sofrimento dos cônjuges; contudo, seus escritos clínicos apresentavam poucas orientações sistemáticas para a avaliação e a intervenção das/nas cognições inapropriadas ou distorcidas durante as sessões conjuntas. Assim, a terapia cognitivo-comportamental e a terapia de casal e de família eram duas grandes abordagens para o tratamento dos problemas humanos que até o início dos anos de 1980 pouco haviam se relacionado.

Até os anos de 1980, a capacidade dos pesquisadores e dos clínicos de avaliar e de intervir nas cognições e nas emoções subjetivas dos indivíduos durante as interações de casal estava também limitada pela ausência de medidas para avaliar as cognições e as respostas emocionais concernentes às relações íntimas. Um colega e eu (Eidelson e Epstein, 1982; Epstein e Eidelson, 1981) iniciamos o desenvolvimento de mensurações das cognições de relacionamento por meio da construção do *Relationship Belief Inventory* (RBI) ["Inventário das Crenças dos Relacionamentos" [ICR]). O ICR avalia cinco tipos de crenças que a literatura clínica e experimentados terapeutas de casal identificaram como potencialmente irreais e que, portanto, constituem-se em fatores de risco para o sofrimento e o conflito dos cônjuges:

1 o desacordo entre os cônjuges é destrutivo;
2 o cônjuge deve ser capaz de ler mentalmente os pensamentos e as emoções do outro;
3 os cônjuges não podem mudar sua relação;
4 as diferenças inatas entre mulheres e homens são uma causa dos problemas de relação;
5 o cônjuge deve ser o parceiro sexual perfeito.

A publicação do ICR propiciou uma medida autorrelatada das cognições dos relacionamentos para uso na pesquisa (incluindo os estudos de resultados de tratamento que avaliam as intervenções cognitivas para casais) e na prática clínica. Apesar da limitada gama de crenças avaliadas pelo ICR, e de algumas limitações da validade de algumas subescalas (Bradbury e Fincham, 1993), a medida foi, em geral, bem executada nos estudos empíricos e têm chamado a atenção para as formas de cognição que influenciam os relacionamentos dos casais.

Quando ingressei na equipe do *Center for Cognitive Therapy* da Filadélfia, em 1981, meu trabalho lá realizado com indivíduos que experimentavam a depressão clínica, a ansiedade e outros problemas ampliou minha compreensão do modelo cognitivo e de uma gama de técnicas disponíveis para a intervenção relativa a indivíduos em situação de sofrimento. Durante esse período, desenvolvi também uma integração do modelo cognitivo e dos conceitos e dos métodos da terapia comportamental de casal. Durante esse período, Aaron Beck estava desenvolvendo um enfoque dos processos cognitivos envolvidos no conflito íntimo, e o interesse de Beck por meu trabalho com os casais propiciou um ambiente que apoiava ainda mais o desenvolvimento de métodos clínicos e de iniciativas de pesquisa. Alguns de nós (Epstein, Pretzer e Fleming, 1982) realizamos um teste-piloto no *Center for Cognitive Therapy*, comparando os impactos das intervenções cognitivo-comportamentais e do treinamento de comunicação com casais que sofriam. Também começamos a desenvolver o Questionário da atitude marital (Pretzer, Epstein e Fleming, 1991), que avalia as atribuições e as expectativas dos cônjuges que dizem respeito aos problemas de relacionamento. O interesse crescente de Beck pela aplicação da terapia cognitiva a relacionamentos em que havia sofrimento resultou na publicação de seu livro *Love is Never Enough* (Beck, 1988), que aumentou a consciência do público sobre essa importante abordagem voltada a minorar o conflito em relacionamentos íntimos.

Os precursores dos tratamentos cognitivo-comportamentais para casais foram os modelos comportamentais do sofrimento presente nos relacionamentos (por exemplo, Jacobson e Margolin, 1979; Stuart, 1980) que consideravam as interações dos cônjuges como sendo resultantes de experiências de aprendizagem normais. De acordo com essa perspectiva, os cônjuges comportam-se de maneira desadaptativa em relação ao companheiro porque aprenderam a fazê-lo em relacionamentos anteriores, porque carecem das habilidades que levam ao comportamento apropriado ou porque recebem reforço (por exemplo, atenção do paciente) para agir dessa maneira no relacionamento atual. Embora não haja muitos obstáculos no caminho das evidências empíricas que apontam para o fato de esses processos de aprendizagem levarem às interações negativas e atuais dos casais, há evidências substanciais de que os cônjuges que sejam integrantes de um casal infeliz exibam mais atos negativos e menos atos positivos em relação ao outro do que o fazem os integrantes de um casal feliz (Weiss e Heymann, 1990, 1997). Além de, em termos gerais, comportarem-se de maneira mais negativa que os casais felizes, os integrantes dos casais que sofrem são mais propensos a *incrementar* sua crítica recíproca e ameaças durante os conflitos. Acrescente-se a isso o fato de as pesquisas terem identificado *sequências* particulares de comportamento negativo (demanda de um dos cônjuges → retraimento do outro; crítica de um dos cônjuges → atitude defensiva do outro) que indicam a deterioração dos relacionamentos dos casais ao longo do tempo (Christensen e Shenk, 1991; Gottman, 1994). A codificação microanalítica (isto é, ato por ato) das discussões dos casais acerca de questões de seus relacionamentos tem indicado que, comparados a casais que não estejam em situação de sofrimento, os casais que sofrem tendem a ter déficits de habilidades comunicativas (Notarius e Markman, 1993; Weiss e Heyman, 1997). Consequentemente, os terapeutas comportamentais de casal enfocam as intervenções voltadas a ensinar habilidades comunicativas, habilidades de resolução de problemas e uso de contratos comportamentais ou de acordos para mudanças positivas mútuas aos casais que estejam sofrendo.

No geral, os resultados dos estudos de tratamento indicaram que a terapia comportamental de casal, que inclua a combinação de contrato comportamental, treinamento comunicacional e treinamento de solução de problemas, tem produzido melhoras nos níveis de sofrimento dos relacionamentos, se comparados aos casais que estavam nas condições de controle de lista de espera (Baucom, Shoham, Mueser, Daiuto e Stickle, 1998). Contudo, os dados finais dos estudos de resultado têm demonstrado que, em muitas situações, o aumento da capacidade de comunicação e de solução de problemas têm tido um impacto limitado sobre o sofrimento subjetivo dos casais (Halford, Sanders e Behrens, 1993; Iverson e Baucom, 1990). Em outras palavras, a mudança do comportamento dos parceiros não necessariamente melhora o que sentem sobre o cônjuge. Além disso, quando a terapia comportamental de casal é comparada a outras abordagens que não envolvem o ensino de habilidades comportamentais, as várias intervenções têm sido geral e igualmente eficazes na redução do sofrimento presente nos relacionamentos (Baucom et al., 1998). Por exemplo, constatou-se que a terapia de casal orientada ao *insight* e que enfoca a utilização que os parceiros fazem de pensamentos, emoções e necessidades pessoais (conscientes ou não) que contribuem para o sofrimento presente no relacionamento, é tão eficaz quanto a terapia de casal para o aumento do ajuste autorrelatado pelos casais em uma avaliação pós-tratamento (Snyder e Wills, 1989). Outro fator é o de que o tratamento voltado ao *insight* produziu um maior ajuste do casal e um índice mais baixo de divórcio do que a abordagem comportamental em um seguimento de quatro anos (Snyder, Wills e Grady-Fletcher, 1991). Constatou-se que a terapia de casal de enfoque emocional (Greenberg e Johnson, 1988; Johnson e Denton, 2002), que se baseia nas necessidades de apego dos indivíduos e no papel das respostas emocionais associadas ao apego inseguro, é superior à terapia comportamental de casal e à condição de controle da lista de espera no aumento do ajuste do casal (Johnson e Greenberg, 1985). Assim, as intervenções comportamentais não parecem ser suficientes para todos os casais em sofrimento, e alguns casais beneficiam-se das intervenções que enfatizam o *insight* mais do que o treinamento das habilidades comportamentais.

Como resultado dessas constatações e da "revolução cognitiva" do campo da terapia cognitiva nos anos de 1980, os teóricos, os pesquisadores e os clínicos que enfocaram as relações de casais buscaram ampliar os modelos comportamentais da terapia de casal, tendo como alvo as cognições e as respostas emocionais dos cônjuges que contribuem para os problemas de relacionamento. Os tipos de cognição que podem contribuir para os problemas de relacionamento dos casais foram "tomados emprestados" pelos especialistas de casais da psicologia cognitiva básica e da pesquisa da psicologia social, bem como da literatura sobre as variáveis cognitivas da psicopatologia individual. Por exemplo, Doherty (1981a, 1981b) fez uso de pesquisas relacionadas às atribuições e às expectativas dos indivíduos associadas à depressão (isto é, atribuindo acontecimentos negativos da vida a causas globais, estáveis e internas; as baixas expectativas de eficácia associadas a respostas de desamparo já aprendidas) na identificação de tipos de atribuições e de expectativas negativas que podem ser associadas com

o sofrimento dos relacionamentos de casal e com esforços inadequados na solução de problemas. Eu (Epstein, 1982) descrevi o uso das intervenções tradicionais da terapia cognitiva na modificação das atribuições, das expectativas e das crenças irreais inapropriadas dos cônjuges em relação a seus relacionamentos.

No início dos anos de 1980, Donald Baucom e eu descobrimos, nas convenções da *Association for the Advancement of Behavior Therapy*, um o trabalho do outro sobre fatores comportamentais e cognitivos nas relações de casal, e desenvolvemos um programa colaborativo de pesquisa e de publicações que enfocavam a compreensão das variáveis cognitivas, afetivas e comportamentais que influenciam a qualidade das relações dos casais. Essa colaboração continuou por cerca de 20 anos e enfocou o desenvolvimento da avaliação cognitivo-comportamental e dos métodos de tratamento para os casais em sofrimento (por exemplo, Baucom e Epstein, 1990; Baucom, Epstein, Rankin e Burnett, 1996; Epstein e Baucom, 1993, 2002). Desenvolvemos, por exemplo, o *Inventory of Specific Relationship Standards* (ISRS; Baucom et al., 1996) para avaliar os padrões dos cônjuges relativos às características que eles acham que o relacionamento com seu/sua parceiro/a deveria conter. O ISRS avalia padrões juntamente com as dimensões de:

1 "fronteiras" (o quanto os cônjuges devem funcionar de maneira autônoma ou, então, compartilhar vários aspectos de suas vidas);
2 "poder/controle" (o quanto os cônjuges devem compartilhar a tomada de decisões em contraposição a uma das pessoas ter maior influência); e
3 "investimento" (quanto tempo e energia os cônjuges devem investir em atos instrumentais e expressivos para o benefício do relacionamento).

Os itens do ISRS avaliam essas dimensões maiores em 12 áreas do relacionamento, tais como finanças, tarefas domésticas, relações com os amigos e comunicação de pontos negativos. A pesquisa do ISRS indica que a satisfação dos cônjuges com as maneiras pelas quais seus padrões são atendidos em seus relacionamentos está associada com o nível de satisfação do relacionamento e da qualidade de sua comunicação (Baucom et al., 1996).

O livro de Baucom e Epstein (1990), *Cognitive-Behavioral Marital Therapy*, foi a primeira descrição clínica abrangente da avaliação e dos métodos de intervenção cognitivo-comportamentais na área relativa aos fatores cognitivos, afetivos e comportamentais que influenciam a qualidade do relacionamento. Um número cada vez maior de clínicos (por exemplo, Dattilio e Padesky, 1990; Ellis, Sichel, Yeager, DiMattia e DiGiuseppe, 1989; Jacobson, 1984; Rathus e Sanderson, 1999) tem trabalhado para integrar as estratégias de reestruturação cognitiva com as intervenções da terapia comportamental de casal para modificar os padrões de interação negativos nos relacionamentos em que haja sofrimento. Além disso, os programas preventivos pré-casamento, tais como o de Markman, Stanley e Blumberg (Prevention and Relationship Enhancement Program, 1994), combinam componentes de treinamento de habilidades comunicativas e de modificação de cognições problemáticas, tais como as expectativas irreais sobre o casamento (Halford e Moore, 2002). Essas abordagens cognitivo-comportamentais enfocam a identificação e a modificação de aspectos problemáticos dos processos que ocorrem a todo momento, à medida que o casal interage. Nosso recente livro (Epstein e Baucom, 2002), *Enhanced Cognitive-Behavioral Therapy for Couples: A Contextual Approach*, aproveita os conceitos tradicionais e os métodos, mas amplia o escopo do modelo cognitivo-comportamental para que envolva as mudanças comportamentais nos relacionamentos à medica que os cônjuges tentam se adaptar às demandas das características individuais dos parceiros, das díades representadas pelos padrões do casal e de seu ambiente físico e interpessoal. Esse modelo e suas implicações para a avaliação e o tratamento clínico são descritos, adiante, neste capítulo.

A avaliação cognitivo-comportamental e os métodos de tratamento foram influenciados pelo rápido crescimento da pesquisa sobre tipos de tratamento, de cognições e de afetos que podem influenciar os níveis de conflito dos casais e seu sofrimento subjetivo. Uma descrição extensiva das constatações de pesquisa está além do escopo deste capítulo, mas há uma série de revisões publicadas disponíveis (Baucom e Epstein, 1990; Epstein e Baucom, 1993, 2002; Fincham, Bradbury e Scott, 1990; Weiss e Heymann, 1990, 1997). As respostas comportamentais que têm sido tradicionalmente o foco da terapia de casal comportamental e continuam a ser fundamentais para uma abordagem cognitivo-comportamental incluem:

1 déficits em atos positivos, tais como validação, afeição, expressão clara de pensamentos e emoções, respostas que refletem o ato de ouvir empaticamente e a solução positiva de problemas;
2 excessos de atos negativos, tais como culpa, crítica, desprezo, atitude defensiva e afastamento (Epstein e Baucom, 2002; Gottman, 1994; Weiss e Heyman, 1990, 1997).

No que diz respeito aos fatores cognitivos, nós (Baucom, Epstein, Sayers e Sher, 1989) identificamos cinco grandes passos de cognição que estão implicados na qualidade dos relacionamentos:

1 "percepções seletivas" (nas quais o indivíduo atenta apenas a um subconjunto das informações disponíveis nas interações dos casais);
2 "atribuições" (inferências sobre as causas do que acontece na relação);
3 "expectativas" (previsões sobre os acontecimentos futuros nas interações do casal);
4 "hipóteses" (crenças sobre qual é a natureza de um relacionamento e dos dois parceiros);
5 "padrões" (crenças sobre as características que as relações "deveriam" ter).

Finalmente, os aspectos da emoção que têm o potencial de influenciar a qualidade dos relacionamentos dos casais incluem:

1 consciência dos estados emocionais e de sua relação com os acontecimentos da vida;
2 capacidade de expressar os sentimentos ao parceiro de maneira eficaz;
3 capacidade de regular a expressão e a experiência de fortes emoções (Epstein e Baucom, 2002).

Esses tipos de comportamento, de cognição e de afeto tornaram-se os focos da terapia de casal cognitivo-comportamental (Epstein e Baucom, 2002; Rathus e Sanderson, 1999).

O restante deste capítulo descreve os componentes fundamentais da terapia de casal cognitivo-comportamental, resume seu *status* empírico e descreve os recentes avanços teóricos e clínicos. Para maiores detalhes, indica-se ao leitor as publicações que oferecem descrições clínicas mais extensas e evidências empíricas relativas à avaliação cognitivo-comportamental, bem como à terapia cognitivo-comportamental, do casal (Baucom e Epstein, 1990; Baucom, Epstein e Lataillade, 2002; Baucom et al., 1998; Epstein e Baucom, 1998, 2002).

OS TRATAMENTOS COGNITIVO--COMPORTAMENTAIS TRADICIONAIS

Uma premissa central de um modelo cognitivo-comportamental de disfunção nos relacionamentos é que a satisfação dos cônjuges depende comumente dos comportamentos positivo e negativo que ambos têm mutuamente, de suas cognições sobre o outro e sobre a relação e das respostas emocionais em relação ao outro. A teoria e a pesquisa sobre os casais identificou tipos particulares de conhecimento, de cognição e de afeto que podem contribuir para o desenvolvimento do sofrimento e para a dissolução das relações íntimas. Com base nesses fundamentos teóricos e de pesquisa, a terapia de casal cognitivo-comportamental inclui intervenções cuja intenção é modificar comportamentos, cognições e emoções que estejam contribuindo para os problemas do casal. A seguir, breves resumos das espécies de intervenção mais típicas.

Intervenções para a modificação do comportamento

Nós (Epstein e Baucom, 2002) dividimos os tipos-padrão de intervenções usadas para a modificação das interações dos cônjuges em duas grandes categorias:

1 "mudança orientada de comportamento";
2 "intervenções baseadas em habilidades".

A mudança orientada de comportamento envolve o terapeuta ajudar o casal a identificar e a implementar as mudanças nos excessos de comportamento negativo e nos déficits de comportamento positivo em suas interações por meio de esforços estruturados durante a vida cotidiana. Com base na teoria do intercâmbio social (Thibaut e Kelley, 1959) e na pesquisa que a sustenta (Weiss e Heyman 1990, 1997), a satisfação das relações é uma função da razão existente entre os atos agradáveis e desagradáveis que ocorrem entre os cônjuges. Uma série de intervenções desenvolvidas pelos terapeutas comportamentais de casal (por exemplo, Jacobson e Margolin, 1979; Liberman, Levine, Wheeler, Sanders e Wallace, 1976; Stuart, 1980) pode ser usada para aumentar a proporção de atos positivos e negativos que os parceiros dirigem um ao outro.

O contrato comportamental depende de os dois parceiros fazerem acordos específicos, em geral por escrito, para intercambiarem atos positivos desejados pela outra parte. Ao passo que versões anteriores dos contratos comportamentais implicavam um argumento em que as mudanças positivas feitas por uma das partes dependia das mudanças positivas compensatórias da outra, os terapeutas passaram a usar contratos nos quais cada cônjuge tinha um compromisso de mudança independentemente do que a outra pessoa fizesse (Jacobson e Margolin, 1979). O procedimento de "dias de amor" (Weiss, Hops e Patterson, 1973) ou "dias de cuidado" (Stuart, 1980) envolve o fato de uma pessoa concordar em ser responsável por comportar-se durante determinado dia de acordo com maneiras que visem agradar seu cônjuge, sem qualquer especificação anterior sobre quais serão tais atos positivos ou sobre quando exatamente ocorrerão. Nós (Baucom e Epstein, 1990) também descrevemos procedimentos para ensinar os casais que realizam atividades conjuntas mutuamente agradáveis a se envolverem ainda mais com tais atividades. Em alguns casos, ao longo do tempo, alguns casais param de realizar atividades que satisfaziam a ambos por causa de demandas concorrentes oriundas de seus trabalhos ou do cuidado dos filhos. Em outros casos, as atividades conjuntas que contribuíram para a intimidade no passado perdem sua qualidade de reforço, havendo uma necessidade de o casal encontrar novas atividades. Em ambos os casos, se um casal tiver dificuldade em gerar uma nova experiência que crie um vínculo, o terapeuta poderá oferecer uma lista de várias atividades que os cônjuges podem realizar (por exemplo, sair para caminhar juntos, assistir a um filme) e ensiná-los a selecionar algo para fazer. Finalmente, os cônjuges que estejam em relação de sofrimento não conseguem oferecer um ao outro as formas de apoio social, e os terapeutas podem ajudá-los a identificar os tipos de apoio que poderão ser úteis quando do surgimento de problemas pessoais e na comunicação de tais necessidades ao outro (Epstein e Baucom, 2002). Assim, os cônjuges podem enfocar a atividade de dar ao(à) companheiro(a) os tipos de apoio desejados, tais como ouvir com atenção, dispor de bem-estar físico e afetivo ou de assistência direta na resolução de um problema. Conforme acontece com as outras formas de mudança comportamental orientada, essas ações de apoio planejado não envolvem o treinamento em quaisquer habilidades específicas, mas elas abordam déficits no comportamento agradável intercambiado pelos integrantes do casal.

As formas mais importantes de intervenções baseadas em habilidades são o treinamento em habilidades de comunicação e nas habilidades de solução de problemas. Com bastante frequência, os terapeutas ensinam aos cônjuges habilidades específicas para a expressão de seus pensamentos e de suas emoções, bem como habilidades para ouvir empaticamente (Baucom e Epstein, 1990; Epstein e Baucom, 1989, 2002; Jacobson e Margolin,

1979; Stuart, 1980). Os passos maiores que um terapeuta usa para o treinamento de habilidades são:

1 educar o casal acerca do comportamento problemático e construtivo envolvido na habilidade específica;
2 modelar as habilidades específicas para os parceiros;
3 orientar os parceiros e dar-se um retorno corretivo à medida que praticam as habilidades durante as sessões de terapia;
4 fazer com que o casal pratique as habilidades durante a vida cotidiana.

Embora os terapeutas comportamentais de casal às vezes tomem como certo o fato de os casais em sofrimento terem déficits de habilidades nas áreas que requerem medicação, reconhece-se que alguns indivíduos possuem as habilidades e as exibem na relação com outras pessoas, que não seus cônjuges. Às vezes, os cônjuges não conseguem apresentar habilidades comunicativas e de solução de problemas eficazes por causa de outras circunstâncias, tais como uma decisão consciente de comportar-se de maneira aversiva a fim de punir o parceiro. O livro de Epstein e Baucom (2002) traz estratégias que os terapeutas podem usar para abordar os fatores cognitivos e afetivos que interferem no uso que os casais fazem da comunicação construtiva e das habilidades de resolução de problemas.

Intervenções para a modificação de cognições

Na maior parte, as intervenções que são usadas para modificar cognições inapropriadas ou distorcidas na terapia de casais são similares àquelas usadas na terapia cognitiva individual (Beck, Rush, Shaw e Emery, 1979; J. S. Beck, 1995; Leahy, 1996). Algumas envolvem o questionamento socrático, no qual o terapeuta dirige os parceiros ao exame da lógica ou da evidência presentes na validade de seus pensamentos concernentes ao outro e ao relacionamento; outras envolvem a "descoberta orientada", na qual o terapeuta estabelece experiências para os cônjuges, oferecendo-lhes novos dados para consideração, que podem sustentar ou não as perspectivas anteriores. Uma diferença fundamental entre os esforços cognitivos reestruturantes de um casal e os de indivíduo é o efeito que a presença do parceiro tem sobre a abertura da pessoa no que diz respeito à consideração de alternativas a suas cognições existentes. Conforme nós (Epstein e Baucom, 2002) descrevemos, os integrantes de um casal em sofrimento comumente acusam-se mutuamente de sustentarem visões distorcidas, de forma que ambos adotam uma posição defensiva se o terapeuta põe em causa o que pensam durante uma sessão conjunta. Consequentemente, os terapeutas de casal devem ter muito cuidado em orientar cada pessoa no exame da validade ou da adequação de seus pensamentos e em oferecer, ao mesmo tempo e com o mesmo cuidado, apoio e validação para ambos os indivíduos.

Várias intervenções são usadas pelos terapeutas de casal para modificar as cognições problemáticas dos parceiros. Para descrições detalhadas dessas e de outras intervenções, consulte o texto de Epstein e Baucom (2002). Tanto quanto acontece na terapia cognitiva individual, o terapeuta pode ensinar cada parceiro a avaliar as experiências pessoais e a entender a lógica que pode sustentar ou contradizer uma condição particular de estresse. Um exemplo de avaliação das experiências pessoais se dá quando um indivíduo declara que seu parceiro "nunca demonstra apreciar as coisas que eu faço", e o parceiro protesta dizendo que isso não é verdade, o terapeuta pode apontar que o termo "nunca" quer dizer "em nenhuma situação e em nenhuma hipótese" e pedir ao indivíduo para pensar sobre quaisquer possíveis exceções à certeza absoluta expressa na frase em questão. O parceiro da pessoa que a proferiu em geral apresentará exemplos de tais exceções, e o terapeuta pode referir-se a isso como "um *input* útil" na avaliação do uso adequado da palavra "nunca".

Uma intervenção que enfoca a utilidade de pensar de determinada maneira envolve pesar as vantagens e as desvantagens de uma cognição. Essa abordagem é frequentemente usada para aumentar a consciência dos parceiros sobre as consequências de tentar viver de acordo com os padrões que são irreais ou inapropriados para as circunstâncias da vida real do casal. Por exemplo, um terapeuta pode ensinar o indivíduo a listar as vantagens e as desvantagens que, de acordo com sua crença, os dois parceiros deveriam compartilhar para que ambos os integrantes do casal tenham intimidade.

Quando os parceiros exibem respostas emocionais e comportamentais negativas que parecem estar baseadas em expectativas negativas em relação a acontecimentos que eles presumem que virão a acontecer em seu relacionamento, o terapeuta pode ensiná-los a considerar os piores e os melhores resultados possíveis em tais situações. Assim, se um indivíduo prever que seu parceiro rejeitará quaisquer tentativas que faça de apoiá-lo emocionalmente (por exemplo, palavras de carinho ou de incentivo, um abraço, ou ouvir com atenção), o terapeuta poderá incentivar o indivíduo a pensar nas piores consequências possíveis que ocorreriam se ele (o indivíduo) de fato oferecesse apoio ao parceiro. O terapeuta pode então desafiar esse pensamento catastrófico com questões como "É possível que seu parceiro aceite o apoio?", "Qual é a pior coisa que poderia acontecer a você se seu parceiro de fato rejeitasse sua oferta de apoio?" ou "De que forma pode ser útil aprender que você pode tolerar o fato de seu parceiro rejeitar sua oferta de apoio?" (Leahy, 1996). Além disso, o terapeuta pode ensinar o casal a estabelecer um experimento comportamental para testar a expectativa negativa do indivíduo; por exemplo, o casal pode concordar em observar como o parceiro responde quando o indivíduo oferece alguma forma de apoio emocional na próxima vez que o parceiro revelar um problema pessoal (J. S. Beck, 1995).

Nós (Epstein e Baucom, 2002) também descrevemos como um terapeuta pode modificar as cognições dos parceiros por meio de formas de psicoeducação, incluindo "minipalestras", leituras e vídeos. Por exemplo, quando trabalhar com um casal que tenha formado uma família com filhos de casamentos anteriores e esteja vivenciando conflitos sobre o papel que cada parceiro deve desempenhar em disciplinar os filhos do outro, o terapeuta poderá pedir aos parceiros para ler livros populares sobre os estressores comuns e sobre como lidar com esse modelo de família (por exemplo, Berman, 1986; Visher e Visher, 1982). O terapeuta também pode apresentar uma breve "minipalestra" sobre o que a pesquisa revela acerca dos ajustes especiais que os casais enfrentam nas famílias compostas por filhos de casamentos anteriores e sobre as estratégias que os casais usam para resolver tais questões.

A técnica da seta descendente (Burns, 1980) pode ser usada para identificar os significados básicos que os parceiros atrelam a acontecimentos que consideram incômodos nas interações. Assim, quando um indivíduo fica irritado pelo fato de o parceiro esquecer de pagar algumas das contas do casal, o terapeuta pode fazer perguntas com o tema "E se isso ocorresse, o que significaria para você?". A pessoa poderia responder: "Significaria que ela é irresponsável e que eu não posso confiar nela quando temos de fazer qualquer coisa importante". O terapeuta pode então ensinar o indivíduo a considerar explicações alternativas (atribuições) para as ações problemáticas do parceiro.

Entre os principais pontos da reestruturação cognitiva na terapia de casal estão as intervenções projetadas para aumentar o "pensamento relacional" do casal – a tendência de notar e de construir um processo circular de influência mútua entre os cônjuges (Epstein e Baucom, 2002). Por exemplo, a fim de contrapor-se à tendência geral que os parceiros em situação de sofrimento têm de culpar ao outro pelos problemas da relação, o terapeuta ensina a pensar sobre atribuições alternativas, incluindo maneiras pelas quais as ações de cada parceiro influenciam o outro. O terapeuta pode também apontar sequências nas interações do casal em que cada pessoa tanto respondia às ações da outra quanto fazia com que tais ações surgissem. O uso de gravações em vídeo das interações do casal pode demonstrar vividamente os padrões diádicos ao casal.

Finalmente, o terapeuta pode ajudar o casal a identificar padrões de nível macro (tais como questões de limites) que sejam fontes de conflito e de sofrimento porque os parceiros atrelam significados importantes a eles. O casal pode conscientizar-se dos padrões de nível macro no relacionamento à medida que o terapeuta os ensina a observar padrões situacionais cruzados. Assim, uma revisão das circunstâncias associadas a discussões variadas pode revelar que os cônjuges desejam graus diferentes de compartilhamento/união em contraposição à independência, e a consciência desse tema fundamental pode ajudar o casal a solucionar problemas, atingindo um equilíbrio mutuamente aceitável nesta área.

Intervenções para a modificação de déficits e de excessos na experiência e na expressão de emoções

A emoção é um aspecto fundamental dos relacionamentos, e os terapeutas cognitivo-comportamentais de casal visam tanto os déficits quanto os excessos nas tendências dos parceiros para experimentar e expressar afeto. A seguir, apresento intervenções representativas, e o leitor pode encontrar descrições mais extensivas no texto de Epstein e Baucom (2002).

Quando um indivíduo tem dificuldade em notar e em expressar emoções positivas e negativas no âmbito do relacionamento, o terapeuta pode usar uma variedade de intervenções para acessar e para destacar a experiência emocional. Essas intervenções incluem a normalização da experiência emocional quando um indivíduo sustenta uma crença de que as emoções são anormais, sinais de fraqueza ou algo semelhante. Para os indivíduos que estão cientes de seus pensamentos, mas não de suas emoções, o terapeuta pode ensinar a esclarecer os pensamentos em situações particulares (especialmente à medida que elas ocorrem nas sessões) e depois relacionar os pensamentos automáticos às emoções que ocorrem no momento. O terapeuta pode também usar questões, reflexões e interpretações para trazer à tona emoções "primárias" não expressas que subjazem às expressões de fato expressadas – por exemplo, sentimentos de dor que costumam ser mascarados pela expressão de raiva. O terapeuta pode rastrear e desestimular as tentativas de um indivíduo de não experimentar emoções durante uma sessão de casal. Além disso, o terapeuta pode incentivar a aceitação de uma experiência inibida de um indivíduo pelo parceiro.

Em contraste, quando os parceiros têm dificuldade em conter sua experiência e sua expressão de emoções negativas intensas, o terapeuta pode treinar o casal em horários determinados a discutir suas emoções, usando "horários de folga" ou períodos de descanso e afastamento do outro comumente acordados conforme a necessidade, envolvendo-se em atividades calmantes (por exemplo, exercícios, um banho, ouvir música), autoinstruções que visem à calma e à prática de exposição à tolerância de sentimentos relacionados ao sofrimento. Além disso, o terapeuta pode ensinar o casal a elaborar meios para a comunicação de emoções.

AVANÇOS TEÓRICOS E CLÍNICOS

O texto de Epstein e Baucom (2002) que descreve uma terapia de casal cognitivo-comportamental ampliada e que expande os focos tradicionais sobre a avaliação e a modificação de formas de comportamento, de cognição e de afeto que contribuem para os problemas de relacionamento. Primeiramente, a terapia cognitivo-comportamental tradicional tem enfocado os padrões de interação diádicos dos casais, mas o modelo ampliado dá um peso igual às características dos dois indivíduos e do ambiente físico e interpessoal que influencia o funcionamento do casal. As características dos indivíduos incluem suas histórias únicas de aprendizagem e questões não resolvidas em relações anteriores, suas necessidades comumente e individualmente orientadas, seus estilos de interação e sua psicopatologia. As características diádicas do casal incluem a comunicação e outros padrões comportamentais (por exemplo, ataque mútuo, demanda-afastamento, afastamento mútuo) que afetam a capacidade no que diz respeito a resolver seus problemas. O ambiente físico (por exemplo, crianças, família em geral, amigos, comunidade, instituições sociais como as escolas) podem apresentar demandas para o casal, mas também lhe oferecer recursos que podem ajudar o casal a lidar com estressores da vida.

O modelo cognitivo-comportamental ampliado de Epstein e Baucom (2002) para a terapia de casais também inclui uma perspectiva de desenvolvimento, na qual se presume que os dois indivíduos e seu relacionamento mudam com o tempo, exigindo que eles se adaptem. Essa adaptação exige do indivíduo flexibilidade cognitiva e comportamental, que alguns casais possuem em maior grau, mas que a terapia pode ampliar. Por exemplo, nos estágios iniciais de seu relacionamento, os cônjuges de um jovem casal podem ter poucas dificuldades em preencher o padrão pessoal segundo o qual os parceiros devem demonstrar cuidado e compromisso para com o outro passando com ele boa quantidade de momentos de lazer. Contudo, quando surge o primeiro filho e o casal tem de enfrentar demandas maiores em suas carreiras, o que resulta em um número muito menor de experiências íntimas de casal, ambos os cônjuges podem sentir-se distantes um do outro e insatisfeitos com o relacionamento. Quanto mais eles se apegam a seus padrões originais no que diz respeito às qualidades de um relacionamento íntimo, mais sofrimento há. A terapia de casal não só pode incentivar mudanças de comportamento que podem restaurar a interação íntima, mas também contemplar a reestruturação cognitiva para modificar os padrões que tenham se tornado irreais para a vida atual do casal e para modificar as atribuições negativas dos parceiros segundo as quais o maior envolvimento com o trabalho e com outras atividades se deve a uma falta de amor pelo outro.

A terapia cognitivo-compostamental de casal ampliada também faz a distinção entre as respostas de nível micro nos parceiros em contraposição aos padrões e aos temas de nível macro. As respostas do nível micro são atos menores de sofrimento e de prazer, ao passo que os padrões de nível macro são repetitivos e cruzados em diversas situações, tendo significados e significação nucleares para os parceiros. Como se descreveu antes, os padrões de nível macro, tais como os limites ou as fronteiras, o investimento no relacionamento e a distribuição de poder, estão tipicamente refletidos nos atos de nível micro em várias situações. Nós (Epstein e Baucom, 2002) propusemos que as intervenções para a modificação do comportamento e das cognições de nível micro dos parceiros têm maior impacto sobre a satisfação do casal quando abordam as preocupações de nível macro dos parceiros. Por exemplo, um indivíduo cujo/a parceiro/a ouça de maneira empática sua explanação sobre um problema pessoal provavelmente experimente essa reação como algo prazeroso e significativo, se interpretá-la como reflexo do cuidado e do investimento que o parceiro dedica ao relacionamento.

Nós (Epstein e Baucom, 2002) também fazemos a distinção entre "sofrimento primário" em uma relação, devido a questões nucleares não resolvidas, tais como uma diferença nas necessidades de autonomia e de união dos parceiros, e "sofrimento secundário", que resulta de padrões diádicos (por exemplo, ataque mútuo) desenvolvidos pelo casal em tentativas de resolver questões nucleares. É importante modificar as interações negativas associadas ao sofrimento secundário no início da terapia, a fim de criar as condições que os parceiros precisam para encontrar melhores soluções para suas questões nucleares não resolvidas.

Finalmente, o modelo cognitivo-comportamental ampliado equilibra o enfoque tradicional sobre os problemas de relacionamento com um foco aumentado sobre os pontos fortes e as experiências positivas do relacionamento do casal. Diminuir as fontes do sofrimento dos parceiros é crucial, mas os casais em geral querem experimentar mais do que a ausência dos negativos em seu relacionamento. O terapeuta pode avaliar e construir os pontos fortes e os recursos existentes de um casal, e pode ajudar o casal a enriquecer o relacionamento. As intervenções que tradicionalmente foram consideradas como pertencentes ao domínio da educação e do enriquecimento do relacionamento (Halford e Moore, 2002; van Widenfelt, Markman, Guerney, Behrens e Hosman, 1997) podem ser usadas pelos terapeutas, em conjunção com as intervenções para problemas, para ampliar os relacionamentos dos casais em sofrimento.

EVIDÊNCIAS DA EFETIVIDADE DA TERAPIA DE CASAL COGNITIVO-COMPORTAMENTAL

Até o momento, boa parte dos estudos de resultado sobre a terapia cognitivo-comportamental testou os efeitos dos componentes comportamentais: treinamento das habilidades de comunicação para o ouvir e o expressar-se, para resolver problemas e formas de contratos comportamentais. As revisões desses estudos indicaram que essas intervenções comportamentais são mais eficazes do que as condições de controle da lista de espera ou de tratamentos não específicos ou com placebo no aumento do relato pessoal sobre a satisfação com o relacionamento (por exemplo, Baucom et al., 1998; Dunn e Schwebel, 1995; Hahlweg e Markman, 1988; Shadish et al., 1993). Depois do tratamento, entre um terço e dois terços obtêm um escore que se localiza entre os índices de não sofrimento, nas medidas de satisfação com o relacionamento relatadas pelos próprios cônjuges. Infelizmente, apenas um número limitado de estudos inclui avaliações de seguimento, que indicaram que aproximadamente um terço dos casais tratados apresentam recaídas em seus níveis de estresse.

Apenas uns poucos estudos – nenhum deles recente e nenhum que investigue os avanços teóricos e clínicos recentes descritos em Epstein e Baucom (2002) – testaram os efeitos das intervenções sobre a modificação das cognições negativas dos casais, e apenas dois dos estudos publicados (Emmelkamp et al., 1988; Huber e Milstein, 1985) testaram as intervenções de reestruturação cognitiva que não foram combinadas com quaisquer intervenções comportamentais. No estudo de Huber e Milstein (1985), 17 casais em sofrimento foram encaminhados randomicamente a seis sessões semanais de reestruturação cognitiva que enfocava a modificação de crenças irreais sobre o funcionamento individual e de relacionamento, ou para uma condição de lista de controle. A reestruturação cognitiva envolveu apresentações didáticas sobre os impactos negativos das crenças irreais, tanto quanto exercícios nos quais os parceiros identificavam e colocavam em questão as suas próprias crenças irreais. Os resultados indicaram que os casais no grupo de reestruturação cognitiva obtinham um aumento significativamente maior no que diz respeito à normalização do casamento e um decréscimo significativamente maior na adesão a crenças irreais relativas ao relacionamento, se comparados aos casais do grupo de controle. Os investigadores não conduziram uma avaliação de seguimento. No estudo de Emmelkamp e colaboradores (1988), a terapia comportamental de casal foi comparada à reestruturação cognitiva que enfocava a modificação de crenças de relacionamento irreais. Não se encontrou diferença entre os efeitos dos dois tratamentos sobre os níveis de normalização do casamento relatados pelos próprios cônjuges.

Três outros estudos examinaram os tratamentos cognitivo-comportamentais que envolviam combinações de reestruturação cognitiva e intervenções comportamentais. Todos esses estudos constataram que as intervenções combinadas eram equivalentes às intervenções exclusivamente comportamentais na diminuição do sofrimento dos casais. Contudo, pelo fato dos tamanhos de amostra serem bastante pequenos, eles tinham um poder estatístico limitado para detectar diferenças entre as condições de tratamento. A seguir, apresento breves descrições dos estudos.

Baucom e Lester (1986) conduziram randomicamente 24 casais em situação de sofrimento a:

1 12 semanas de intervenções comportamentais (treinamento em resolução de problemas, treinamento comunicativo e contrato comportamental);
2 seis semanas de reestruturação cognitiva seguidas por seis semanas de intervenções comportamentais; ou
3 uma condição de controle de lista de espera.

Durante as sessões de reestruturação cognitiva, os terapeutas fizeram apresentações didáticas sobre os problemas que ocorrem quando os parceiros se culpam mutuamente pelos problemas do relacionamento e atribuem o comportamento negativo a causas globais e estáveis. Os terapeutas também descreveram os efeitos negativos de aplicar crenças irreais ao relacionamento. Tanto durante quanto entre as sessões, os casais exploraram suas próprias atribuições problemáticas e crenças potencialmente irreais relativas a problemas presentes em seus próprios relacionamentos. No estudo de Baucom, Sayers e Sher (1990), 60 casais em situação de sofrimento foram conduzidos randomicamente a:

1 seis sessões de treinamento de habilidades de resolução de problemas mais seis sessões de contrato comportamental;
2 seis sessões de reestruturação cognitiva relativa a atribuições e a padrões de relacionamento irreal, três sessões de treinamento de resolução de problemas e três sessões de contratação;
3 três sessões de reestruturação cognitiva, três sessões de contrato comportamental e seis sessões de treinamento em habilidades relativas a se expressar e a ouvir; ou
4 três sessões de reestruturação cognitiva, três de treinamento de resolução de problemas, três de contratação e três de treinamento em se expressar e ouvir.

As constatações gerais de ambos os estudos de Baucom e colaboradores foi a de que os casais tendiam a melhorar mais nos fatores (por exemplo, crenças irreais, comportamento de comunicação negativa) que eram visados nas intervenções. Embora todos os grupos tratados tenham melhorado, nenhuma intervenção combinada foi superior às outras na melhora dos níveis de normalização do casamento relatados pelos próprios cônjuges e no comportamento de comunicação codificada. Além de conduzir os testes de significância estatística entre as médias dos grupos nas medidas de resultado, Baucom e colaboradores (1990) usaram critérios para a melhora clínica na Dyadic Adjustment Scale [Escala de Ajuste Diádico] (DAS; Spanier, 1976) para cada indivíduo de:

1 pelo menos uma melhora de erro padronizado de 1,96 e
2 movimento para a faixa aceitável de não sofrimento, conforme os escores da DAS.

Nas quatro combinações de tratamento (sem diferenças entre os tratamentos), 69% das mulheres e 56% dos homens exibiram pelo menos uma melhora de 1,96 no erro-padrão e 54% das mulheres e 46% dos homens também não estavam em situação de sofrimento na DAS ao final da terapia.

Tomadas em conjunto, as constatações desses dois estudos às vezes foram interpretadas como indicadoras de que acrescentar a reestruturação cognitiva às intervenções comportamentais cognitivas não melhora a efetividade da terapia de casal. Contudo, tal conclusão não leva em conta o fato de que, a fim de manter o número total de sessões constante entre os grupos dos estudos, os pesquisadores tiveram de reduzir os números de sessões dedicados a um tipo de intervenção no intuito de acrescentar um tipo de intervenção diferente. Por exemplo, acrescentar seis sessões de reestruturação cognitiva exigiu uma redução no número de sessões de intervenções comportamentais. Consequentemente, é questionável o fato de os casais em condição cognitivo-comportamental combinada terem recebido quantidades suficientes de alguma das intervenções cognitivas e comportamentais. Assim, é improvável que três sessões de intervenção possam ter uma influência substancial sobre as crenças duradouras dos relacionamentos. Outra limitação potencial da reestruturação cognitiva usada nos estudos é que ela envolveu módulos padronizados de construção de habilidades ministrados a todos os casais no mesmo momento, sem consideração de sua relevância para a necessidade de cada casal.

As constatações desses estudos são evidências encorajadoras de que as intervenções de reestruturação cognitiva fornecem efeitos que são comparáveis àqueles das intervenções comportamentais. Entretanto, os tratamentos que foram comparados diferem substancialmente em quantidade e em conteúdo das intervenções cognitivo-comportamentais que os clínicos tipicamente adaptam às necessidades de cada casal.

As constatações desse estudos são evidências encorajadoras de que as intervenções de reestruturação cognitiva fornecem efeitos que são comparáveis àqueles das intervenções comportamentais. Entretanto, os tratamentos que foram comparados diferem substancialmente em quantidade e em conteúdo das intervenções cognitivo-comportamentais que os clínicos tipicamente adaptam às necessidades de cada casal.

No único outro estudo de resultados publicado em que se compara uma intervenção cognitivo-comportamental combinada com tratamento unicamente comportamental, Halford e colaboradores (1993) conduziram 26 casais em sofrimento a um período de 12 a 15 semanas ou de terapia de casal comportamental ou a um tratamento combinado que envolve intervenções comportamentais, reestruturação cognitiva, exploração de afeto e treinamento de generalização. A reestruturação cognitiva foi aplicada de uma maneira mais flexível, mais típica da prática clínica, do que nos estudos de Baucom e colaboradores. O terapeuta identificou as crenças e as atribuições do relacionamento problemático de cada casal, e usou o questionamento socrático, técnicas de desafio à lógica das cognições negativas dos parceiros e o treinamento autoinstrucional para modificar essas cognições. No tratamento combinado, o terapeuta também variou a sequência e a quantidade de tempo dedicado a cada tipo de intervenção para cada casal, de acordo com a avaliação clínica das necessidades do casal. Ambas as formas de tratamento resultaram em melhoras significativas nos relatos dos pacientes sobre a satisfação com a vida conjugal, crenças irreais sobre o relacionamento e pensamentos negativos sobre seus parceiros, bem como sobre os índices codificados a respeito do comportamento negativo dos casais durante discussões acerca de questões conflituosas de seus relacionamentos. No geral, os dois tratamentos produziram mínimas diferenças sobre as medidas de resultado, e não demonstraram diferença nos percentuais de indivíduos que exibiam mudança clinicamente significativa na DAS, conforme definido anteriormente. Ao longo dos tratamentos, 73% dos homens e 65% das mulheres melhoraram em pelo menos 1,96 nos erros-padrão da DAS, e 54% dos homens e 42% das mulheres ficaram na faixa de não sofrimento da DAS ao final da terapia. Contudo, o tratamento puramente comportamental resultou em um decréscimo significativamente maior em interações comportamentais negativas entre os parceiros quando comparado com a intervenção que incluía reestruturação cognitiva, exploração do afeto e treinamento de generalização. Como acontece nos estudos de Baucom e colaboradores, parece que a introdução de múltiplos tipos de sessões relativamente constantes pode diluir a efetividade de cada tipo de intervenção.

De acordo com os critérios atuais desenvolvidos por Chambless e Hollon (1998) para o julgamento da eficácia das intervenções terapêuticas, o tratamento é rotulado como "possivelmente eficaz" quando se constata que ele foi superior à condição de controle da lista de espera em um estudo ou em mais do que um estudo realizado pela mesma equipe de pesquisa, mas não superior a outro tratamento ativo. Pelo fato de apenas uma equipe de pesquisa (Baucom e colaboradores) ter incluído uma condição de lista de espera no estudo, os resultados atuais da pesquisa sugerem que a terapia de casal cognitivo-comportamental é mais adequadamente considerada como "possivelmente eficaz". Infelizmente, essa conclusão se baseia em um número muito pequeno de resultados existentes e, no momento, não há evidências de que esteja aumentando o número de pesquisas dessa área.

No que diz respeito aos efeitos de longo prazo da terapia de casal cognitivo-comportamental, poucos do pequeno número de estudos existentes incluíram avaliações de seguimento, e os resultados desses seguimentos têm sido confusos. Os casais do estudo de Baucom e colaboradores (1990) não exibiram mudanças significativas na normalização autorrelatada do casal, da pós-terapia ao seguimento de seis meses (isto é, mudanças tendiam à estabilização). Os ganhos da pós-terapia no estudo de Halford e colaboradores (1993) foram mantidos ou ampliados em algumas medidas de resultado, mas não em outras, em um seguimento de três meses. Especificamente, constataram-se os ganhos estáveis ou ampliados na satisfação conjugal, nos pensamentos positivos em relação ao parceiro e menores exigências de mudanças no comportamento do parceiro, para os homens, mas não para as mulheres. Além disso, as reduções nas crenças irreais continuaram para ambos os sexos. Não houve diferenças entre o tratamento comportamental puro e o tratamento ampliado no seguimento. Halford e colaboradores constaram alguma recaída na mudança clinicamente significativa, com 42% dos homens e 39% das mulheres ainda relatando melhoria significativa sobre o DAS, e 31% dos homens e 27% das mulheres ainda na faixa de não sofrimento. Até que se realizem mais estudos sobre a terapia cognitivo-comportamental de casal, nenhuma conclusão pode ser fixada sobre efeitos duradouros de tratamento.

ORIENTAÇÕES PARA PESQUISAS FUTURAS

Dada a popularidade cada vez maior das intervenções cognitivo-comportamentais com os casais, a falta relativa de estudos de resultado é problemática. Além da necessidade geral de estudos de resultados básicos que testem o impacto da terapia sobre os aspectos cognitivos, afetivos e comportamentais do funcionamento dos casais, há a necessidade que os estudos examinem um número de questões mais específicas.

Embora os estudos futuros devam examinar se há benefícios na correspondência entre tratamentos e tipos de déficits (por exemplo, dificuldades nas habilidades comunicativas) que os casais apresentam, Whisman e Snyder (1997) argumentam que as intervenções podem também corresponder às áreas mais fortes do casal. Assim, os casais que já rastreiam e põem em questão seu próprio pensamento podem fazer um uso melhor das intervenções de reestruturação cognitiva do que os menos introspectivos.

Whisman e Snyder (1997) observaram que os estudos de resultados são em geral limitados por sua dependência de medidas que definem o sucesso somente em termos de os parceiros ficarem juntos e de se sentirem satisfeitos em estar juntos. Há evidências de que os parceiros que começam a terapia em situação mais severa de sofrimento ou mais emocionalmente desconectados tenham mais resultados negativos na terapia, em termos dos escores de pós-terapia na DAS e nas decisões que dissolvem seus relacionamentos (Snyder, Mangrum e Wills, 1993). Assim, para alguns parceiros, um resultado mais favorável pode ser o de terminar o relacionamento e ficar satisfeito com a direção que a vida individual de cada um tomou, mais do que diminuir a insatisfação com o relacionamento. Consequentemente, Whisman e Snyder recomendam a escala de obtenção de metas (Kiresuk, Smith e Cardillo, 1994) para se avaliar o quanto as metas individuais de cada parceiro para a terapia foram atingidas.

Há também a necessidade de pesquisas sobre as características que possam afetar a efetividade da terapia cognitivo-comportamental de casal. Os estudos que testaram os efeitos de gênero constaram diferenças mínimas, e os que examinaram outras características demográficas como indicadores do resultado da terapia de casal produziram resultados confusos para a idade, a educação, o *status* ocupacional, o *status* socioeconômico, a duração do casamento, o número de casamentos anteriores e o número de filhos (Snyder et al., 1993). Em contraste, pouco se sabe sobre características como padrões de relacionamento pessoal, estilos atributivos e formas de psicopatologia (por exemplo, depressão) como moderadores do impacto da terapia de casal.

Finalmente, os estudos que indicam que os tratamentos comportamentais e cognitivo-comportamentais são igualmente eficazes foram realizados apenas nas culturas ocidentais (Baucom et al., 1998). No presente, nada se sabe sobre o impacto que a terapia de casal cognitivo-comportamental pode ter sobre os casais de culturas diferentes, tais como aquelas que enfatizam valores coletivos, em contraste com os valores individualistas das culturas ocidentais no âmbito das quais o modelo de tratamento foi desenvolvido. A pesquisa de resultados que contemple o cruzamento entre diferentes culturas é muito necessária.

A prática da terapia de casal cognitivo-comportamental tem superado as investigações empíricas de sua eficácia. Maiores aperfeiçoamentos das intervenções e da tomada de decisões clínicas exigem evidências adicionais de pesquisa sobre o que funciona, e para quem funciona.

REFERÊNCIAS

Baucom, D. H., & Epstein, N. (1990). *Cognitive-behavioral marital therapy*. New York: Brunner/Mazel.

Baucom, D. H., Epstein, N., & LaTaillade, J. J. (2002). Cognitive-behavioral couple therapy. In A. S. Gurman & N. S. Jacobson (Eds.), *Clinical handbook of couple therapy* (3rd ed., pp. 26-58). New York: Guilford Press.

Baucom, D. H., Epstein, N., Rankin, L. A., & Burnett, C. K. (1996). Assessing relationship standards: The Inventory of Specific Relationship Standards. *Journal of Family Psychology, 10,* 72-88.

Baucom, D. H., Epstein, N., Sayers, S., & Sher, T. G. (1989). The role of cognitions in marital relationships: Definitional, methodological, and conceptual issues. *Journal of Consulting and Clinical Psychology, 57,* 31-38.

Baucom, D. H., & Lester, G. W. (1986). The usefulness of cognitive restructuring as an adjunct to behavioral marital therapy. Behavior Therapy, 17, 385-403.

Baucom, D. H., Sayers, S. L., & Sher, T. G. (1990). Supplementing behavioral marital therapy with cognitive restructuring and emotional expressiveness training: An outcome investigation. *Journal of Consulting and Clinical Psychology, 58,* 636-645.

Baucom, D. H., Shoham, V., Mueser, K. T., Daiuto, A. D., & Stickle, T. R. (1998). Empirically supported couple and family interventions for marital distress and adult mental health problems. Journal of Consulting and Clinical Psychology, 66, 53-88.

Beck, A. T. (1988). *Love is never enough.* New York: Harper & Row.

Beck, A. T., Rush, A. J., Shaw, B. F., & Emery, G. (1979). *Cognitive therapy of depression*. New York: Guilford Press.

Beck, J. S. (1995). *Cognitive therapy: Basics and beyond.* New York: Guilford Press.

Berman, C. (1986). *Making it as a stepparent: New roles/new rules.* New York: Harper & Row.

Bradbury, T. N., & Fincham, F. D. (1993). Assessing dysfunctional cognition in marriage: A reconsideration of the Relationship Belief Inventory. *Psychological Assessment, 5,* 92-101.

Burns, D. D. (1980). *Feeling good: The new mood therapy.* New York: Morrow.

Chambless, D. L., & Hollon, S. D. (1998). Defining empirically supported therapies. *Journal of Consulting and Clinical Psychology, 66,* 7-18.

Christensen, A., & Shenk, J. L. (1991). Communication, conflict, and psychological distance in nondistressed, clinic, and divorcing couples.

Journal of Consulting and Clinical Psychology, 59, 458-463.

Dattilio, F. M., & Padesky, C. A. (1990). *Cognitive therapy with couples.* Sarasota, FL: Professional Resource Exchange.

Doherty, W. J. (1981a). Cognitive processes in intimate conflict: I. Extending attribution theory. *American Journal of Family Therapy, 9*(1), 5-13.

Doherty, W. J. (1981b). Cognitive processes in intimate conflict: II. Efficacy and learned helplessness. *American Journal of Family Therapy, 9*(2), 35-44.

Dunn, R. L., & Schwebel, A. L (1995). Meta-analytic review of marital therapy outcome research. *Journal of Family Psychology, 9,* 58-68.

Eidelson, R. J., & Epstein, N. (1982). Cognition and relationship maladjustment: Development of a measure of dysfunctional relationship beliefs. *Journal of Consulting and Clinical Psychology, 50,* 715-720.

Ellis, A., Sichel, J. L., Yeager, R. J., DiMattia, D. J., & DiGiuseppe, R. (1989). *Rational-emotive couples therapy.* New York: Pergamon Press.

Emmelkamp, P. M. G., van Linden van den Heuvell, C., Ruphan, M., Sanderman, R., Scholing, A., & Stroink, F. (1988). Cognitive and behavioral interventions: A comparative evaluation with clinically distressed couples. *Journal of Family Psychology, 1,* 365-377.

Epstein, N. (1982). Cognitive therapy with couples. *American Journal of Family Therapy, 10*(1), 5-16.

Epstein, N., & Baucom, D. H. (1989). Cognitive-behavioral marital therapy. In A. Freeman, K. M. Simon, H. Arkowitz, & L. Beutler (Eds.), *Comprehensive handbook of cognitive therapy* (pp. 491-513). New York: Plenum Press.

Epstein, N., & Baucom, D. H. (1993). Cognitive factors in marital disturbance. In K. S. Dobson & P. C. Kendal (Eds.), *Psychopathology and cognition* (pp. 351-385). San Diego, CA: Academic Press.

Epstein, N., & Baucom, D. H. (1998). Cognitive-behavioral couple therapy. In F. M. Dattilio (Ed.), *Case studies in couple and family therapy: Systemic and cognitive perspectives* (pp. 37-61). New York: Guilford Press.

Epstein, N., & Eidelson, R. J. (1981). Unrealistic beliefs of clinical couples: Their relationship to expectations, goals and satisfaction. *American Journal of Family Therapy, 9*(4), 13-22.

Epstein, N., Pretzer, J. L., & Fleming, B. (1982, November). *Cognitive therapy and communication training: Comparison of effects with distressed couples.* Paper presented at the annual meeting of the Association for Advancement of Behavior Therapy, Los Angeles.

Epstein, N. B., & Baucom, D. H. (2002). *Enhanced cognitive-behavioral therapy for couples: A contextual approach.* Washington, DC: American Psychological Association.

Fincham, F. D., Bradbury, T. N., & Scott, C. K. (1990). Cognition in marriage. In F. D. Fincham & T. N. Bradbury (Eds.), *The psychology of marriage: Basic issues and applications* (pp. 118-149). New York: Guilford Press.

Gottman, J. M. (1994). *What predicts divorce?: The relationship between marital processes and marital outcomes.* Hillsdale, NJ: Erlbaum.

Greenberg, L. S., & Johnson, S. M. (1988). *Emotionally focused therapy for couples.* New York: Guiiford Press.

Hahlweg, K., & Markman, H. J. (1988). Effectiveness of behavioral marital therapy: Empirical status of behavioral techniques in preventing and alleviating marital distress. *Journal of Consulting and Clinical Psychology, 56,* 440-447.

Halford, W. K., & Moore, E. N. (2002). Relationship education and the prevention of couple relationship problems. In A. S. Gurman & N. S. Jacobson (Eds.), *Clinical handbook of couple therapy* (3rd ed., pp. 400-419). New York: Guilford Press.

Halford, W. K., Sanders, M. R., & Behrens, B. C. (1993). A comparison of the generalization of behavioral marital therapy and enhanced behavioral marital therapy. *Journal of Consulting and Clinical Psychology, 61,* 51-60.

Huber, C. H., & Milstein, B. (1985). Cognitive restructuring and a collaborative set in couples' work. *American Journal of Family Therapy, 13*(2), 17-27.

Iverson, A., & Baucom, D. H. (1990). Behavioral marital therapy outcomes: Alternate interpretations of the data. *Behavior Therapy, 21,* 129-138.

Jacobson, N. S. (1984). The modification of cognitive processes in behavioral marital therapy: Integrating cognitive and behavioral intervention strategies. In K. Hahlweg & N. S. Jacobson (Eds.), *Marital interaction: Analysis and modification* (pp. 285-308). New York: Guilford Press.

Jacobson, N. S., & Margolin, G. (1979). *Marital therapy: Strategies based on social learning and behavior exchange principles.* New York: Brunner/Mazel.

Johnson, S. M., & Denton, W. (2002). Emotionally focused couple therapy: Creating secure connections. In A. S. Gurman & N. S. Jacobson (Eds.), *Clinical handbook of couple therapy* (3rd ed., pp. 221-250). New York: Guilford Press.

Johnson, S. M., & Greenberg, L. S. (1985). Differential effects of experiential and problem-solving interventions in resolving marital conflict. *Journal of Consulting and Clinical Psychology, 53*, 175-184.

Kiresuk, T. J., Smith, A., & Cardillo, J. E. (1994). Goal attainment scaling: Applications, theory, and measurement. Hillsdale, NJ: Erlbaum.

Leahy, R. (1996). *Cognitive therapy: Basic principles and applications*. Northvale, NJ: Aronson.

Liberman, R., Levine, J., Wheeler, E., Sanders, N., & Wallace, C. J. (1976). Marital therapy in groups: A comparative evaluation of behavioral and interaction formats. *Acta Psychiatrica Scandinavica, 266*(Suppl.), 1-34.

Markman, H., Stanley, S., & Blumberg, S. L. (1994). *Fighting for your marriage*. San Francisco: Jossey-Bass.

Notarius, C. L, & Markman, H. J. (1993). *We can work it out: Making sense of marital conflict*. New York: Putnam.

Pretzer, J., Epstein, N., & Fleming, B. (1991). Marital Attitude Survey: A measure of dysfunctional attributions and expectancies. *Journal of Cognitive Psychotherapy: An International Quarterly, 5*, 131-148.

Rathus, J. H., & Sanderson, W. C. (1999). *Marital distress: Cognitive behavioral interventions for couples*. Northvale, NJ: Aronson.

Shadish, W. R., Montgomery, L. M., Wilson, P., Wilson, M. R., Bright, I., & Okwumabua, T. (1993). Effects of family and marital psychotherapies: A meta-analysis. *Journal of Consulting and Clinical Psychology, 61*, 992-1002.

Snyder, D. K., Mangrum, L. F., & Wills, R. M. (1993). Predicting couples' response to marital therapy: A comparison of short- and long-term predictors. *Journal of Consulting and Clinical Psychology, 61*, 61-69.

Snyder, D. K., & Wills, R. M. (1989). Behavioral versus insight-oriented marital therapy: Effects on individual and interspousal functioning. *Journal of Consulting and Clinical Psychology, 57*, 39-46.

Snyder, D. K., Wills, R. M., & Grady-Fletcher, A. (1991). Long-term effectiveness of behavioral versus insight-oriented marital therapy: A 4-year follow-up study. *Journal of Consulting and Clinical Psychology, 59*, 138-141.

Spanier, G. B. (1976). Measuring dyadic adjustment: New scales for assessing the quality of marriage and similar dyads. *Journal of Marriage and the Family, 38*, 15-28.

Stuart, R. B. (1980). *Helping couples change: A social learning approach to marital therapy*. New York: Guilford Press.

Thibaut, J. W, & Kelley, H. H. (1959). *The social psychology of groups*. New York: Wiley.

Todd, T. C. (1986). Structural-strategic marital therapy. In N. S. Jacobson & A. S. Gurman (Eds.), *Clinical handbook of marital therapy* (pp. 71-105). New York: Guilford Press.

van Widenfelt, B., Markman, H. J., Guerney, B., Behrens, B. C., & Hosman, C. (1997). Prevention of relationship problems. In W. K. Halford & H. J. Markman (Eds.), *Clinical handbook of marriage and couples interventions* (pp. 651-675). Chichester, UK: Wiley.

Visher, E. B., & Visher, J. S. (1982). *How to win as a stepfamily*. New York: Dembner Books.

Weiss, R. L., & Heyman, R. E. (1990). Observation of marital interaction. In F. D. Fincham & T. N. Bradbury (Eds.), *The psychology of marriage: Basic issues and applications* (pp. 87-117). New York: Guilford Press.

Weiss, R. L., & Heyman, R. E. (1997). A clinical-research overview of couples interactions. In W. K. Halford & H. J. Markman (Eds.), *Clinical handbook of marriage and couples interventions* (pp. 13-41). Chichester, UK: Wiley.

Weiss, R. L., Hops, H., & Patterson, G. R. (1973). A framework for conceptualizing marital conflict, a technology for altering it, some data for evaluating it. In L. A. Harnerlynck, L. C. Handy, & E. J. Mash (Eds.), *Behavior change: Methodology, concepts and practice* (pp. 309-342). Champaign, IL: Research Press.

Whisman, M. A., & Snyder, D. K. (1997). Evaluating and improving the efficacy of conjoint couple therapy. In W. K. Halford & H. J. Markman (Eds.), *Clinical handbook of marriage and couples interventions* (pp. 679-693). New York: Wiley.

18

TERAPIA COGNITIVO--COMPORTAMENTAL DE FAMÍLIA
Uma história que envelhece

Frank M. Dattilio

O uso da terapia cognitivo-comportamental (TCC) com famílias deparou-se com duras críticas no passado, particularmente no campo da terapia de família. No início dos anos 1980, tive uma experiência que realmente mostrou a rejeição à abordagem. Eu havia submetido minha inscrição para uma credencial especial na American Association for Marriage and Family Therapy (AAMFT), a principal associação nos Estados Unidos para a qualificação de terapeutas conjugais (ou, mais recentemente, de casais) e de família antes das leis de licenciamento que hoje existem em todos os estados norte-americanos, com exceção de seis e do District of Columbia (Northey, 2002). Ao ser aceito, inscrevi-me para uma credencial adicional conhecida como *status* de "Supervisor Aprovado", que exigiu uma amostragem de meu trabalho (um estudo de caso). Cada candidato teve de declarar uma modalidade e apresentar uma discussão de sua experiência como supervisor em tal modalidade. A amostra de meu trabalho foi rejeitada pelo comitê por ser considerada "teoria inadequada". Quando escrevi para o presidente da organização, apelando da decisão, recebi uma ligação telefônica de um dos integrantes da diretoria, que me informou que meu trabalho havia sido rejeitado porque o comitê não considerava que a TCC, em si mesma e por si mesma, fosse muito eficaz com as famílias. A decisão do comitê foi a de que eu deveria reescrever meu estudo, integrando a TCC a um dos modelos de terapia familiar mais "aceitáveis", tais como a teoria de sistemas. Ao analisar esse fato em retrospectiva, percebo que a decisão e o pedido subsequente de um ajuste ao estudo apresentado refletiam uma tendenciosidade de parte do comitê; não obstante, eu, de má vontade, concordei e reescrevi meu trabalho, que foi, então, aprovado. Conforme o destino mostraria, a integração dessas duas modalidades tornar-se-ia um fundamento para meu trabalho na terapia familiar, apesar do fato de eu firmemente acreditar que a TCC pode atuar como modalidade independente quando aplicada a certas famílias.

Minha experiência não foi incomum. No início do movimento da terapia familiar, as terapias comportamentais e cognitivas receberam pouco crédito de parte dos teóricos sistemáticos, que as consideravam como carentes da profundidade necessária para lidar com a dinâmica subjacente e com a disfunção familiar (Dattilio, 1998a; 2001). Desde aquela época, a AAMFT e a comunidade de terapia de casal e de família passaram a ter mais importância para as teorias cognitivo-comportamentais. Na verdade, em uma pesquisa recente realizada pela AAMFT (Northey, 2002), fez-se a seguinte pergunta aos participantes: "Em poucas palavras, qual é sua principal modalidade de tratamento nas intervenções?". Das 27 diferentes modalidades que foram mencionadas, a TCC, a multissistêmica, a eclética e a voltada a soluções foram as mais frequentemente citadas. A TCC estava no topo da lista, o que é uma mudança bastante surpreendente em comparação ao que eu passei 20 anos antes.

No princípio, porém, a terapia comportamental de família foi considerada útil somente nos casos que envolviam crianças com transtornos ou problemas familiares, em que questões de paternidade eram o foco. A adição subsequente do componente cognitivo à abordagem comportamental para casais e famílias não teve muita aceitação na comunidade da terapia de casais e familiar. Na verdade, alguns terapeutas de família rejeitaram esse componente de maneira imediata e ainda hoje o fazem, porque eles o consideram como obstáculos para as intervenções comportamentais (Forgatch e Patterson, 1998).

Ironicamente, apesar dos sentimentos de ambos os lados, a terapia estrutural de família e os sistemas Bowenianos (que dominavam o cenário) de fato englobaram muitas das técnicas cognitivo-comportamentais e intervenções no âmbito de suas abordagens, embora tenham empregado vocabulários diferentes para se referirem a elas (Dattilio, 1998a). Foi somente na última década que o campo da terapia de casal e de família começou a reconhecer diretamente o poder e a efetividade da TCC – seja como modo de integração a várias formas de terapia de família (Dattilio, 1998a; Dattilio e Epstein, 2003), seja como uma modalidade independente (Epstein e Baucom, 2002).

PANORAMA HISTÓRICO

No início dos anos de 1980, a terapia cognitivo-comportamental de família (TCCF) desenvolveu-se como uma extensão de sua aplicação aos casais em conflito (Epstein, 1982). Embora Albert Ellis (1977) tenha escrito que adaptou seu modelo de terapia racional-emotiva (TRE) para que funcionasse com casais ainda no final dos anos de 1950, pouco foi escrito sobre o assunto em revistas científicas voltadas às terapias de casal e de família antes de 1980 (Ellis, 1977, 1978, 1986). Não está claro por que Ellis (ou qualquer outra pessoa) nunca publicou mais sobre o tema. Contudo, é bem provável que o foco estava mais centrado nas questões individuais. Além disso, as várias formas de TCC não foram bem recebidas no âmbito da terapia familiar durante essa década. Os estudos posteriores desenvolveram-se como ramificações da abordagem comportamental, que primeiro descrevia as intervenções em casais e em famílias no final dos anos de 1960 e no início dos de 1970.

Os princípios de modificação do comportamento foram aplicados aos padrões interacionais dos membros da família apenas depois de sua aplicação exitosa aos casais em sofrimento (Bandura, 1977; Patterson e Hops, 1972; Stuart, 1969, 1976). Este trabalho com casais foi seguido de vários estudos de caso que envolviam o uso das intervenções familiares para tratar o comportamento das crianças. Pela primeira vez, os behavioristas consideraram os membros da família como pessoas que têm impacto sobre o ambiente natural das crianças, e foram integrados no processo de tratamento (Falloon, 1991).

Mais ou menos no mesmo período, Patterson, McNeal, Hawkins e Phelps (1967) e Patterson (1971) descreveram um estilo mais refinado e abrangente de intervenção na unidade familiar. Desde então, a literatura profissional tem abordado a aplicação da terapia comportamental aos sistemas familiares, com uma forte ênfase sobre o contrato contingencial e as estratégias de negociação (Gordon e Davidson, 1981; Jacobson e Margolin, 1979; Liberman, 1970; Patterson, 1982, 1985) bem como sobre a reprogramação ambiental (Patterson et al., 1967). As aplicações relatadas permanecem orientadas para as famílias com crianças que sejam diagnosticadas com problemas comportamentais específicos (Sanders e Dadds, 1993).

Desde sua introdução, há quase 30 anos, a terapia familiar comportamental foi recebida com menos atenção pelos profissionais da terapia de casal e familiar do que algumas das outras modalidades. A recepção morna pela comunidade da terapia familiar a uma modalidade tão eficaz pode ser atribuída a uma combinação de fatores. Por exemplo, as abordagens estratégicas, estruturais e (mais recentemente) pós-modernas para a terapia familiar foram incentivadas por teóricos conhecidos, como Minuchin (1974), Bowen (1978), Satir (1967), Madanes (1981) e White e Epston (1990), e muitos profissionais foram atraídos. Além disso, a abordagem comportamental pode ser considerada por muitos como uma abordagem demasiadamente científica para ser aplicada às famílias – isto é, como muito "rígida" ou "estéril" para que se incorpore à arte do tratamento. Foi também criticada por não captar algumas das dinâmicas que normalmente ocorrem em uma interação familiar, por causa de seu enfoque firme sobre os pensamentos e comportamentos (Dattilio, 1998c). Finalmente, as abordagens comportamentais tradicionalmente foram consideradas demasiadamente lineares em perspectiva e são consideradas por muitos como incongruentes em relação aos construtos sistêmicos (Nichols e Schwartz, 1998).

Na verdade, a força da abordagem comportamental pura está mais nas mudanças de problemas comportamentais específicos, tais como comunicação deficiente ou comportamentos em que há interpretação, do que na compreensão do abrangente sistema de dinâmica familiar (Sanders e Dadds, 1993; Goldenberg e Goldenberg, 1991). Claramente, as terapias comportamentais enfocam um comportamento observável (sintomas) mais do que os esforços para estabelecer uma causalidade intrapsíquica ou interpessoal. Determinados comportamentos visados são diretamente manipulados através de meios externos de reforço que indubitavelmente refletem o rigor da terapia comportamental (Dattilio, 2002). As famílias são também treinadas para monitorar esses reforços e para fazer modificações onde for necessário (Jacobson e Addis, 1993).

No que diz respeito ao enfoque sobre o pensamento na terapia familiar (Margolin, Christensen e Weiss, 1975). Além da obra de Ellis (1977), um estudo importante de Margolin e Weiss (1978), que sugeriram a efetividade de um componente cognitivo para a terapia comportamental de casal, provocou mais investigações sobre o uso de técnicas cognitivas com casais disfuncionais (Baucom e Epstein, 1990; Baucom e Lester, 1986; Beck, 1988; Dattilio, 1989, 1990a, 1990b, 1992, 1993a, 1993b; Dattilio e Padesky, 1990; Doherty, 1981; Ellis, Sichel, Yeager, DiMattia e DiGiuseppe, 1989; Epstein, 1992; Fincham, Bradbury e Beach, 1990; Schindler e Vollmer, 1984; Weiss, 1984). Apenas uns poucos estudos têm de fato examinado o impacto de acrescentar intervenções de reestruturação cognitiva aos protocolos comportamentais (por exemplo, Baucom,

Sayers e Sher, 1990), tipicamente substituindo algumas sessões orientadas comportamentalmente por algumas sessões de intervenções cognitivas, a fim de manter a igualdade entre os tratamentos que foram comparados (Dattilio e Epstein, 2003). Os resultados sugerem que a combinação de intervenções cognitivas e comportamentais é tão eficaz quanto as condições comportamentais, embora as intervenções de foco cognitivo tendam a produzir mais mudanças comportamentais, ao passo que as intervenções comportamentais modificam as interações comportamentais (Baucom, Shoham, Mueser, Daiuto e Stickle, 1998).

Esse interesse em abordagens cognitivo-comportamentais para casais também levou os terapeutas comportamentais de família a reconhecer que a cognição desempenha um papel significativo nos eventos que mediam também as interações familiares (Alexander e Parsons, 1982; Bedrosian, 1983). O papel importante dos fatores cognitivos – não apenas na determinação do sofrimento no relacionamento, mas também em mediar a mudança comportamental – tornou-se um tópico popular entre os profissionais (Epstein, Schlesinger e Dryden, 1988; Alexander, 1988; Dattilio, 1993a).

Embora os terapeutas familiares e de casal tenham começado a perceber há décadas que os fatores cognitivos desempenhavam um papel importante no alívio da disfunção do relacionamento (Dicks, 1953), foi preciso algum tempo para que a cognição fosse formalmente incluída como um componente importante do tratamento (Munson, 1993). Também parece que os terapeutas tradicionais de família estavam protegidos contra a possibilidade de se tornarem "orientados racionalmente" em demasia em seu trabalho com as famílias, preferindo ser mais um "instrumento reflexivo de mudança" (Minuchin, 1998). Mesmo assim, parece que a reestruturação cognitiva e a inclusão de mecanismos de mudança comportamental estão em uma posição de destaque na lista do que os terapeutas de família tentam fazer, independentemente da modalidade que adotam (Bedrosian, 1993; Baucom e Lester, 1986; Dattilio, 1993a, 1994, 1998b; Dattilio e Bevilacqua, 2000). Isso fez com que houvesse alguns debates interessantes entre os teóricos de uma gama variada de modalidades terapêuticas (Dattilio, 1998a).

UM MODELO COGNITIVO-COMPORTAMENTAL DE TERAPIA FAMILIAR

A abordagem TRE para a terapia familiar, conforme proposta por Ellis (1978), dá ênfase à percepção e à interpretação de cada indivíduo sobre os acontecimentos que ocorrem no ambiente familiar. A teoria presume que "os membros da família em grande medida criam seu próprio mundo pela visão fenomenológica que assumem do que acontece a eles" (p. 310). A terapia enfoca o modo pelo qual os problemas particulares dos membros familiares afeta seu bem-estar como uma unidade. Durante o processo de tratamento, os membros da família são tratados como indivíduos, cada um deles subscrevendo seu conjunto particular de crenças e de expectativas (Huber e Baruth, 1989; Russel e Morrill, 1989). O papel do terapeuta familiar é ajudar os membros a fazer a conexão de que as crenças e as distorções ilógicas servem como fundamento para seu sofrimento emocional.

A teoria A-B-C de Ellis sustenta que os membros familiares culpam determinados acontecimentos do ambiente familiar (A) por seus problemas. Os membros são ensinados a sondar as crenças irracionais (B), que são então logicamente postas em questão por todo membro da família e, finalmente, debatidas e discutidas (C). A meta é modificar as crenças e as expectativas para que se encaixem em uma base mais racional (Ellis, 1978). O papel do terapeuta, então, é ensinar a unidade familiar, de uma maneira ativa e diretiva, que as causas dos problemas emocionais derivam das crenças irracionais. Mudando essas ideias autoderrotistas, os membros familiares podem melhorar a qualidade geral do relacionamento familiar (Ellis, 1978, 1982). Infelizmente, a abordagem TRE não dá muita ênfase à combinação de seus princípios com uma abordagem de sistemas, operando de um modo mais linear.

A TCCF, embora similar de alguma maneira à abordagem TRE, assume uma postura diferente por enfocar em grande profundidade os padrões familiares de interação e as dinâmicas subjacentes. Isso não quer dizer que os teóricos da TRE ignorem as dinâmicas subjacentes; contudo, a TCCF parece manter-se mais congruente com os elementos derivados de uma perspectiva de sistemas, embora, ao mesmo tempo, dê ênfase à reestruturação cognitiva e à mudança comportamental (Epstein et al., 1988; Leslie, 1988; Watts, 2001). Na verdade, a TCCF na maior parte dos casos é realizada contra o pano de fundo de uma abordagem de sistemas. Neste quadro, os relacionamentos familiares, as cognições, as emoções e o comportamento são vistos como fatores que exercem uma influência mútua, de forma que uma inferência cognitiva pode evocar emoções e comportamentos, e as emoções e os comportamentos da mesma forma podem influenciar a cognição. Uma vez iniciado esse ciclo entre os membros familiares, um "sistema" de interações ocorre, dando lugar a cognições disfuncionais, a comportamentos ou a emoções que podem resultar em conflito. Teichman (1992) descreve em detalhes o modelo recíproco de interação familiar, propondo que as cognições, os sentimentos, os comportamentos e o *feedback* ambiental estão em constante contato recíproco e, às vezes, servem para manter a disfunção da unidade familiar. A TCCF é fundada na mediação cognitiva do funcionamento individual, o que tem o sentido de que as reações emocionais e comportamentais de um indivíduo aos acontecimentos da vida são moldadas por interpretações particulares que o indivíduo faz dos próprios acontecimentos (Beck, 1976; Ellis, 1978). Os comportamentos dos membros da família são então vistos como acontecimentos constantes da vida que são interpretados e avaliados por outros membros da família (Epstein e Schlesinger, 1996) (Para uma explicação mais detalhada desse conceito, ver Dattilio, 1998b, 1998c).

Congruente e compatível com a teoria de sistemas, o modelo TCCF inclui a premissa de que os membros de uma família influenciam-se simultaneamente. Consequentemente, um comportamento de um membro da família leva a valores, a cognições e a emoções dos outros membros, o que, por sua vez, provoca cognições, comportamentos e emoções em resposta (Dattilio, Epstein e Baucom, 1998). Conforme o ciclo continua, a volatilidade da dinâmica familiar amplia-se, tornando partes da unidade familiar vulneráveis a uma espiral negativa de conflito. Conforme aumenta o número de membros familiares envolvidos, aumenta também a complexidade da dinâmica, colocando mais combustível no processo de aumento.

A terapia cognitiva, conforme descrita por Beck (1976), dá forte ênfase aos esquemas, ou ao que também tem sido chamado de crenças nucleares (Beck, Rush, Shaw e Emery, 1979; DeRubeis e Beck, 1988). Não foi antes de um momento bem posterior de sua carreira que Beck aplicou suas teorias de esquemas aos casais. Seu livro *Love Is Never Enough*

(1988) despertou meu próprio interesse em aplicar esses conceitos ao meu trabalho com famílias. Nesse contexto, a intervenção terapêutica faz uso das hipóteses dos membros familiares enquanto estes se interpretam e se avaliam, e das emoções e dos comportamentos que são gerados em resposta a essas cognições. Embora a teoria cognitivo-comportamental não sustente que os processos cognitivos causem todo o comportamento familiar, ela de fato sugere que a perspectiva cognitiva desempenha um papel significativo nas inter-relações entre acontecimentos, cognições, emoções e comportamentos (Epstein et al., 1988; Wright e Beck, 1993). Com o componente cognitivo da TCCF, a reestruturação das crenças distorcidas tem um impacto central sobre a mudança dos comportamentos disfuncionais, e vice-versa. Na verdade, o uso da TCC com as famílias – em oposição à terapia cognitiva ou à terapia comportamental por si só – tem uma série de vantagens. Passei a considerar as terapias como inseparáveis, como dois lados de uma moeda, diferentes, mas mais fortes juntos.

O papel crucial dos esquemas

Os esquemas são em geral a espinha dorsal da TCCF. Da mesma forma que as pessoas mantêm esquemas básicos sobre si mesmas, seu mundo e o futuro, também mantêm esquemas sobre suas famílias imediatas e sobre suas famílias de origem. Como já afirmei em textos anteriores, deveríamos dar uma ênfase maior ao exame das cognições dos membros individuais da família, e também ao que pode ser chamado de "esquemas familiares" (Dattilio, 1993b). Estes esquemas são crenças sustentadas conjuntamente pela família e que se formaram durante anos de interações integradas entre os membros da unidade familiar. Sugere-se que os indivíduos basicamente mantêm dois conjuntos separados de esquemas sobre as famílias, que são os esquemas familiares relacionados às famílias de origem dos pais e os esquemas relacionados às famílias em geral, ou o que Schwebel e Fine chamam de teoria pessoal da vida familiar. As experiências e as percepções das famílias de origem são o que moldam os esquemas sobre tanto a família imediata quanto as famílias em geral. Esses esquemas têm um grande impacto sobre como cada indivíduo pensa, sente e se comporta no ambiente familiar. Um exemplo clássico envolve a paternidade, especialmente as questões disciplinares. Os pais que tenham vindo de famílias que mantêm valores diametralmente opostos no que tange à disciplina frequentemente experimentam o conflito apenas depois de seus filhos nascerem. Assim, se um dos pais foi criado em um ambiente bastante rígido, poderá querer manter a mesma rigidez com seus filhos. Contudo, se o cônjuge tiver sido criado em uma ambiente diferente, em que a disciplina era mais branda, poderá haver conflito, especialmente se o casal não chegar a um meio-termo. O impacto que isso tem sobre as crianças pode variar, e elas podem ressentir-se mais do pai que adota uma disciplina mais rígida e aliar-se com aquele que for mais permissivo. Essa dinâmica pode gerar certos esquemas sobre lealdade e sobre equilíbrio de poder na família, o que, por sua vez, afetará os filhos em seus próprios relacionamentos.

Schwebel e Fine (1992) trabalharam a expressão "esquemas familiares" conforme usada no modelo familiar, descrevendo esses esquemas como as cognições que os indivíduos sustentam sobre sua vida familiar imediata e sobre a vida familiar em geral. Os autores contemplam atribuições e crenças sobre o porquê de determinados acontecimentos na família e crenças sobre o que deveria existir no âmbito da unidade familiar (Baucom e Epstein, 1990).

Os esquemas familiares também incluem ideias sobre como os relacionamentos dos cônjuges devem funcionar, sobre quais tipos de problemas diferentes devem ser esperados em uma relação de casal e sobre como elas devem ser manuseadas, sobre o que está envolvido na construção e na manutenção de uma família saudável, sobre quais responsabilidades cada membro da família deve ter, sobre quais consequências devem ser associadas com o fracasso em não atender as responsabilidades ou em não cumprir papéis e sobre quais custos e benefícios cada adulto deve esperar ter como consequência de estar em um relacionamento. A já falecida pioneira em terapia familiar Virginia Satir escreveu: "A relação conjugal é o eixo ao redor do qual todos os relacionamentos familiares são formados. Os cônjuges são os arquitetos da família" (Satir, 1967, p. 1). Isso sugere que as crenças nucleares dos cônjuges sobre a vida e a família têm um impacto profundo sobre a dinâmica imediata da família, inclusive sobre os pensamentos e os comportamentos.

Em outro texto (Dattilio, 1993a, 1998b), sugeriu-se que a família de origem de cada cônjuge desempenha um papel crucial na formação dos esquemas familiares imediatos. As crenças advindas da família de origem podem ser tanto conscientes quanto inconscientes, e podem contribuir para os esquemas conjuntos ou mistos que levam ao desenvolvimento dos esquemas familiares atuais.

Esses esquemas familiares são subsequentemente disseminados e aplicados na criação dos filhos; quando misturados a seus pensamentos individuais e percepções do ambiente e das experiências de vida, eles contribuem para o desenvolvimento dos esquemas familiares gerais. Os esquemas familiares são sujeitos a mudanças, conforme grandes acontecimentos ocorram na vida familiar (por exemplo, morte, divórcio), e também continuam a evoluir ao longo da experiência cotidiana.

Consequentemente, enfocar os esquemas familiares é o aspecto mais essencial do tratamento. Descobrir e identificar os esquemas familiares implica uma série de procedimentos de avaliação cognitiva e comportamental. A partir daí, as estratégias usadas para reestruturar as crenças básicas ou nucleares da família começam a tomar forma, e se torna possível alterar ou modificar padrões comportamentais disfuncionais. A abordagem pode englobar o uso dos inventários ou questionários, tais como o Family Belief Inventory (Vincent-Roehling e Robin, 1986) ou o Family Inventory of Life Events and Changes (McCubbin, Patterson e Wilson, 1985); ou pode envolver entrevistas extensivas com os membros da família. O componente comportamental da TCCF enfoca vários aspectos das ações dos membros da família, inclusive:

1 o excesso de interações negativas e os déficits presentes nos comportamentos prazerosos intercambiados pelos membros familiares;
2 as habilidades de se expressar e ouvir usadas na comunicação;
3 as habilidades de solução de problemas;
4 as habilidades de negociação e de mudanças de comportamento.

Os modelos teóricos subjacentes às abordagens comportamentais para a terapia familiar são as teorias da aprendizagem social (por exemplo, Bandura, 1977) e a teoria do intercâmbio social (por exemplo, Thibaut e Kelly, 1959).

O papel das tarefas de casa no processo de reestruturação

Entre as muitas técnicas da TCCF que são usadas para promover a mudança, o uso de tarefas de casa é provavelmente o que recebe menos atenção, muito embora seja citado como parte integrante de uma série de orientações teóricas. As tarefas de casa, ou "tarefas realizadas fora da sessão", são geralmente utilizadas para ajudar a sustentar os efeitos do processo terapêutico. Os terapeutas cognitivo-comportamentais são reconhecidos pela ênfase que dão às tarefas de casa como componentes fundamentais de um amplo espectro de transtornos.

Há uma série de benefícios em usar as tarefas realizadas fora da sessão no tratamento das famílias. Primeiro, poucas situações são mais voláteis do que a da família em crise, e o uso sistemático de tais tarefas ajuda a expandir o processo terapêutico para além da sala do terapeuta. Em outras palavras, os pacientes passam a maior parte do tempo fora da sessão, no ambiente original de onde frequentemente emana a disfunção, e as tarefas de casa mantêm vivo o processo terapêutico porque acompanham o movimento de suas vidas cotidianas. Esse é especialmente o caso da TCCF, que se baseia em exercícios estruturais e específicos. A tarefa de casa também ajuda a fazer com que os membros da família passem a se envolver ativamente, significando que eles já reconheceram a noção de que a mudança é benéfica (e possível), tanto pessoal quanto interpessoalmente (Dattilio, 2002b). Um bom exemplo disso é uma família cujos membros experimentam uma interação disfuncional significativa durante os acontecimentos rotineiros e cotidianos. Os membros da família podem desenvolver esquemas negativos sobre sua capacidade de se dar bem com os demais membros. Como resultado, conduzir os membros da família à interação em uma atividade prazerosa que seja projetada para o sucesso pode ser um passo inicial para ajudá-los a reestruturar seu pensamento e promover o otimismo no que diz respeito ao relacionamento futuro.

Outro benefício das tarefas de casa é que elas oferecem a oportunidade para os pacientes integrarem *insights* e comportamentos de enfrentamento que foram discutidos durante o processo de tratamento. O trabalho realizado fora da sessão serve para aumentar a consciência sobre várias questões que foram descobertas durante a sessão e para expandir essa consciência em casa. A própria ideia de tarefas de casa amplia o clima de expectativa positiva a ser seguido na *construção* da mudança, em vez de simplesmente considerar o potencial para a mudança no contexto das sessões de terapia. Assim, para continuar com o exemplo acima, depois de a família ter embarcado na tarefa de interagir em uma atividade agradável, a sessão de terapia subsequente pode envolver o enfoque sobre sentimentos mais positivos e fazer com que cada membro da família veja os demais sob uma luz diferente.

Vários tipos de tarefa de casa podem ser conduzidos em diferentes estágios do tratamento. A biblioterapia, por exemplo, juntamente com o automonitoramento ou outros exercícios que são projetados para dar aos clínicos informações valiosas sobre a interação familiar fora da sessão, pode ser mais eficaz no início do tratamento. Outros tipos de tarefas de casa incluem tarefas comportamentais que ampliam as habilidades de comunicação ou de solução de problemas. O autodiálogo reestruturado e as tarefas que envolvem encontrar pontos de contato entre os membros da família, assim como outras estratégias, são frequentemente muito importantes para o estabelecimento da mudança.

As tarefas de casa são geralmente esforços colaborativos que envolvem tanto os membros da família quanto o terapeuta em seu projeto e planos de implementação. São decisões colaborativas decidir o momento adequado para uma tarefa, quem estará envolvido, com que frequência será realizada e sua duração. O advento do tratamento eficaz e de agendas de tarefas de casa (Dattilio, 2000; Bevilacqua e Dattilio, 2001) fez das tarefas realizadas fora da sessão uma opção atraente e conveniente. Novas pesquisas ajudarão a identificar a utilidade de longo prazo de tais intervenções.

A PESQUISA NA TCCF: $N = 0$?

Faulkner, Klock e Gale (2002) recentemente conduziram uma análise de conteúdo dos artigos publicados na terapia de casal e familiar de 1980 a 1999. Os periódicos *American Journal of Family Therapy, Contemporary Family Therapy, Family Process* e *Journal of Marital and Family Therapy* estavam entre as mais importantes publicações de onde se retiraram os 131 artigos examinados e que usavam metodologia de pesquisa quantitativa. Desses 131 artigos, pouco mais da metade envolvia estudos de resultado. Nenhum dos estudos revisados abordou a TCCF, o que é interessante, especialmente porque os anos de 1990 testemunharam um aumento substancial na incidência de estudos publicados que usavam a metodologia quantitativa. Houve algumas pesquisas conduzidas na área de terapia comportamental com famílias. Patterson (1971), por exemplo, examinou os efeitos do treinamento dos pais durante o curso da terapia familiar. Falloon, Boyd e McGill (1984) conduziram um dos primeiros estudos que abordaram o tratamento da esquizofrenia durante o processo de uso da terapia comportamental familiar. Em um excelente artigo de Baucom e colaboradores (1998), as intervenções de casal e de família sustentadas empiricamente foram avaliadas; contudo, boa parte do enfoque está na terapia de casal mais do que nas intervenções de fato familiares. Apresentam-se poucos estudos que avaliam os programas de intervenção familiar que mantêm uma forte orientação comportamental. Os modelos comportamentais são destacados por sua incorporação de elementos tradicionais da TCC, tais como avaliação funcional, habilidades de ensino, tarefas de casa e tratamento com tempo limitado (Baucom et al., 1998, p. 79). Os modelos tipicamente combinam educação com treinamento em comunicação e em habilidades de solução de problemas. A atenção também se volta à combinação de educação e gerenciamento do estresse, à prevenção de recaídas e à obtenção de metas (Barrowclough e Tarrier, 1992). A curiosa escassez de materiais sobre a TCCF na literatura pode ser atribuída a vários fatores infelizes.

Primeiramente, poucos terapeutas familiares de fato limitam sua prática à TCCF (embora muitos deles empreguem métodos psicoeducacionais que incluem oferecer informações que mudam a visão dos problemas por parte dos membros da família, mais o treinamento em habilidades comunicativas). Como resultado, os terapeutas familiares em geral não se inclinam a comparar empiricamente a TCCF com alguma das modalidades mais populares. E daqueles que de fato usam a TCCF exclusivamente, a maior parte é formada por profissionais clínicos do que por pesquisadores. Em segundo lugar, conduzir a pesquisa empírica com as famílias é uma perspectiva amedrontadora, especialmente quando se pensa sobre recrutar famílias inteiras para estudos de resultado de longo prazo. Em terceiro lugar, a tendência na pesquisa da terapia familiar tem-se inclinado mais para os aspectos do processo terapêutico (por exemplo, divórcio e relações familiares) do que para os resultados do tratamento (Faulkner et al., 2002).

Ainda uma jovem no campo da terapia familiar, apesar de já estar na meia-idade no espectro de desenvolvimento da psicoterapia, a TCCF talvez não tenha recebido o respeito que merece dos pesquisadores da terapia familiar, apesar de sua popularidade em outros domínios. Acrescentem-se a esses fatores os poucos recursos para tais pesquisas e o fato de que as organizações voltadas ao cuidado dão menos valor à terapia familiar em geral, e a falta de pesquisas centradas especificamente na TCCF deixará de ser um mistério.

Houve um número bem maior de estudos quantitativos na terapia cognitivo-comportamental de casal do que na terapia familiar (Baucom, Epstein, Sayers e Sher, 1989; Baucom et al., 1998; Epstein, 2001), mas seria um exagero aplicar integralmente os resultados desses estudos à dinâmica familiar. A dinâmica subjacente aos processos familiares envolve dinâmicas interacionais diferentes e mais complexas entre todos os membros da família do que somente entre os casais ou nas relações diádicas. Não obstante, há lugar para estudos que examinam a aplicação cruzada de intervenções cognitivo-comportamentais para famílias serem também realizados para indivíduos e casais. Também seria interessante examinar as várias características dos membros familiares para determinar o que poderia constituir as diferentes respostas ao tratamento, além das sequências ótimas de comportamento e de reestruturação de esquemas. Por exemplo, ao determinar pela primeira vez o nível de dependência interfamiliar existente, podemos observar o potencial para que tal dependência seja equacionada com as tendências dos membros familiares a ser mais ou menos influenciados por suas interações.

O FUTURO DA TCCF

A tendência na psicoterapia volta-se aos tratamentos efetivos de curto prazo, com muitas das abordagens pós-modernas para a terapia de casal e familiar promulgadas pela forte influência do cuidado gerenciado da saúde no setor clínico. A TCCF é provavelmente mais bem aceita pela comunidade de terapia familiar quando é integrada com outras modalidades que trabalham a partir de uma perspectiva de sistemas. Como outras modalidades, a TCCF é eficaz em si mesma, mas seu poder é ampliado quando ela é combinada com outros paradigmas. Nesse sentido, o todo é maior do que as partes – quando as partes se unem em uma combinação correta. A TCCF está especialmente bem posicionada para unir forças com outras modalidades, criando um tratamento inovador, novo, vivo e eficaz.

Então, para onde vamos? A cada ano vemos novos textos, ou versões revisadas de textos anteriores, sobre a teoria e o processo da terapia familiar. E, com toda nova publicação, mais atenção se dedica a TCC com casais e famílias (Nichols e Schwartz, 2001; Goldenberg e Goldenberg, 2003). A segunda edição do *Handbook of Family Therapy*, editada por Sexton, Weeks e Robbins (2003), inclui um capítulo de Dattilio e Epstein (2000) sobre a TCC com casais e famílias. A primeira edição deste texto, publicada em dois volumes separados por 10 anos (1981 e 1991) e editada por Gurman e Kniskern, incluía um capítulo sobre terapia comportamental de casal, escrito pelo falecido Neil Jacobson (1991) e um capítulo sobre treinamento parental comportamental, de Gordon e Davidson (1981). Pouquíssima foi a menção nesses capítulos aos componentes cognitivos da terapia de casal, e não havia nada sobre os processos cognitivos da terapia familiar. Em bem pouco tempo, portanto, percorremos um longo caminho.

REFERÊNCIAS

Alexander, P. (1988). The therapeutic implications of family cognitions and constructs. *Journal of Cognitive Psychotherapy*, 2(4), 219-236.

Alexander, J., e Parsons, B. V. (1982). *Functional family therapy*. Monterey, CA: Brooks/Cole.

Bandura, A. (1977). *Social learning theory*. Englewood Cliffs, NJ: Prentice-Hall.

Barrowclough, C., & Tarrier, N. (1992). Families of schizophrenic patients: Cognitive-behavioral interventions. London: Chapman & Hall.

Baucom, D. H., & Epstein, N. (1990). *Cognitive-behavioral marital therapy*. New York: Brunner/Mazel.

Baucom, D. H., Epstein, N., Sayers, S., & Sher, T. (1989). The role of cognition in marital relationships: Definitional, methodological, and conceptual issues. *Journal of Consulting and Clinical Psychology, 57,* 31-38.

Baucom, D. H., & Lester, G. W. (1986). The usefulness of cognitive restructuring as an adjunct to behavioral marital therapy. *Behavior Therapy, 17,* 385-403.

Baucom, D. H., Sayers, S. L., & Sher, T. G. (1990). Supplementing behavioral marital therapy with cognitive restructuring and emotional expressiveness training: An outcome investigation. *Journal of Consulting and Clinical Psychology, 58,* 636-645.

Baucom, D. H., Shoham, V., Mueser, K. T., Daiuto, A. D., & Stickle, T. R. (1998). Empirically supported couples and family therapy for adult problems. *Journal of Consulting and Clinical Psychology, 66,* 53-88.

Beck, A. T. (1967). *Depression: Clinical, experimental, and theoretical aspects*. New York: Harper & Row.

Beck, A. T. (1976). *Cognitive therapy and the emotional disorders*. New York: International Universities Press.

Beck, A. T. (1988). *Love is never enough*. New York: Harper & Row.

Beck, A. T., Rush, J. A., Shaw, B. F., & Emery, G. (1979). *Cognitive therapy of depression,* New York: Guilford Press.

Bedrosian, R. C. (1983). Cognitive therapy in the family system. In A. Freeman (Ed.), *Cognitive therapy with couples and groups* (pp. 95-106). New York: Plenum Press.

Bevilacqua, L. J., & Dattilio, F. M. (2001). *Brief family therapy homework planner*. New York: Wiley.

Bowen, M. (1978). *Family therapy in clinical practice*. New York: Aronson.

Dattilio, F. M. (1989). A guide to cognitive marital therapy. In P. A. Keller & S. R. Heyman (Eds.), *Innovations in clinical practice: A source book* (Vol. 8, pp. 27-42). Sarasota, FL: Professional Resource Exchange.

Dattilio, F. M. (1990a). Cognitive marital therapy: A case study. *Journal of Family Psychotherapy, 1*(1), 15-31.

Dattilio, F. M. (1990b). Una guida alla terapia di coppia ad orientasmente cognitivista. *Terapia Familiare, 33,* 17-34.

Dattilio, F. M. (1992). Les therapies cognitives de couple. *Journal de Therapie Comportmentale et Cognitive, 2*(2), 17-29.

Dattilio, F. M. (1993a). Cognitive techniques with couples and families. *The Family Journal, 1*(1), 51-65.

Dattilio, F. M. (1993b). Un abordaje cognitivo en la terapia de parejas. *Revista Argentina de Clinica Psicologica, 2*(1), 45-57.

Dattilio, F. M. (1994). Videotape. *Cognitive therapy with couples: The initial phase of treatment,* Sarasota, FL: Professional Resource Press.

Dattilio, F. M. (1998a). (Ed.). *Case studies in couple and family therapy: Systemic and cognitive perspectives*. New York: Guilford Press.

Dattilio, F. M. (1998b). Cognitive-behavioral family therapy. In F. M. Dattilio (Ed.), *Case studies in couple and family therapy: Systemic and cognitive perspectives* (pp. 62-84). New York: Guilford Press.

Dattilio, F. M. (1998c). Finding the fit between cognitive-behavioral and family therapy. *The Family Therapy Networker, 22*(4), 63-73.

Dattilio, F. M. (2000). Families in crisis. In F. M. Dattilio & A. Freeman (Eds.), *Cognitive-behavioral strategies in crisis intervention* (2nd ed., pp. 316-338). New York: Guilford Press.

Dattilio, F. M. (2001). Cognitive-behavioral family therapy: Contemporary myths and misconceptions. *Contemporary Family Therapy, 23*(1), 3-18.

Dattilio, F. M. (2002a). Cognitive-behavior therapy comes of age: Grounding symptomatic treatment in an existential approach. *The Psychotherapy Networker, 26*(1), 75-78.

Dattilio, F. M. (2002b). Homework assignments in couple and family therapy. *Journal of Clinical Psychology, 58(5),* 535-547.

Dattilio, F. M., & Bevilacqua, L. B. (Eds.). (2000). *Comparative treatment of couples relationships*. New York: Springer.

Dattilio, F. M., & Epstein, N. B. (2003). Cognitive-behavioral couple and family therapy. In T. Sexton, G. Weeks, & M. Robbins (Eds.), *Handbook of family therapy: The science and practice of working with families and couples* (pp. 147-173). New York: Brunner-Routledge.

Dattilio, F. M., Epstein, N. B., & Baucom, D. H. (1998). An introduction to cognitive-behavioral therapy with couples and families. In F. M. Dattilio (Ed.), *Case studies in couple and family therapy: Systemic and cognitive perspectives* (pp. 1-36). New York: Guilford Press.

Dattilio, F. M., & Padesky, C. A. (1990). *Cognitive therapy with couples.* Sarasota, FL: Professional Resource Exchange.

DeRubeis, R. J., & Beck, A. T. (1988). Cognitive therapy. In K. S. Dobson (Ed.) *Handbook of cognitive-behavioral therapies* (pp. 273-306). New York: Guilford Press.

Dicks, H. (1953). Experiences with marital tensions seen in the psychological clinic. *British Journal of Medical Psychology, 26*, 181-196.

Doherty, W. J. (1981). Cognitive processes in intimate conflict: 1. Extending attribution theory. *American Journal of Family Therapy, 9*, 5-13.

Ellis, A. (1977). The nature of disturbed marital interactions. In A. Ellis & R. Greiger (Eds.), *Handbook of rational-emotive therapy* (pp. 77-92). New York: Springer.

Ellis, A. (1978). Family therapy: A phenomenological and active-directive approach, *Journal of Marriage and Family Counseling, 4*(2), 43-50.

Ellis, A. (1982). Rational-emotive family therapy. In A. M. Horne & M. M. Ohlsen (Eds.), *Family counseling and therapy* (pp. 302-328). Itasca, IL: Peacock.

Ellis, A. (1986). Rational-emotive therapy applied to relationship therapy. *Journal of Rational-Emotive Therapy,* 4-21.

Ellis, A., Sichel, J. L., Yeager, R. J., DiMattia, D. J., & DiGiuseppe, R. (1989). *Rational-emotive couples therapy.* Needham Heights, MA: Allyn & Bacon.

Epstein, N. (1982). Cognitive therapy with couples. *American Journal of Family Therapy, 10*(1), 5-16.

Epstein, N. (1992). Marital therapy. In A. Freeman & F. M. Dattilio (Eds.), *Comprehensive casebook of cognitive therapy* (pp. 267-275), New York: Plenum Press.

Epstein, N. (2001). Cognitive-behavioral therapy with couples: Empirical status. *Journal of Cognitive Psychotherapy, 15*(2), 299-310.

Epstein, N., & Baucom, D. H. (2002). *Enhanced cognitive-behavioral therapy for couples: A contextual approach.* Washington, DC: American Psychological Association.

Epstein, N., & Schlesinger, S. E. (1996). Treatment of family problems. In M. Reinecke, F. M. Dattilio, & A. Freeman (Eds.), *Cognitive therapy with children and adolescents: A casebook for clinical practice* (pp. 299-326). New York: Guilford Press.

Epstein, N., Schlesinger, S., & Dryden, W. (1988). Concepts and methods of cognitive-behavioral family treatment. In N. Epstein, S. Schlesinger, & W. Dryden (Eds.), *Cognitive-behavioral therapy with families* (pp. 5-48). New York: Brunner/Mazel.

Falloon, I. R. H. (1991). Behavioral family therapy. In A. S. Gurman & D. P. Kniskern (Eds.), *Handbook of family therapy* (Vol. 2, pp. 65-95), New York: Brunner/ Mazel.

Falloon, I. R. H., Boyd, J. L., & McGill, C. W. (1984). *Family care of schizophrenia.* New York: Guilford Press.

Faulkner, R. A., Klock, K., & Gale, J. E. (2002). Qualitative research in family therapy: Publication trends from 1980 to 1999. *Journal of Marital and family Therapy, 28*(1), 69-74.

Fincham, F. D., Bradbury, T. N., & Beach, S. R. H. (1990). To arrive where we began: A reappraisal of cognition in marriage and in marital therapy. *Journal of Family Psychology, 4*(2), 167-184.

Forgatch, M. S., & Patterson, G. R. (1998). Behavioral family therapy. In F. M. Dattilio (Ed.), *Case studies in couple and family therapy: Systemic and cognitive perspectives* (pp. 85-107). New York: Guilford Press.

Goldenberg, I., & Goldenberg, H. (1991). *Family therapy: An overview* (3rd eel.). Pacific Grove, CA: Brooks/Cole.

Goldenberg, I., & Goldenberg, H. (2003). *Family therapy: An overview* (6th ed.). Pacific Grove, CA: Brooks/Cole.

Gordon, S. B., & Davidson, N. (1981). Behavioral parenting training. In A. S. Gurman & D. P. Kniskern (Eds.), Handbook of family therapy (pp. 517-577). New York: Brunner/Mazel.

Huber, C. H., & Baruth, L. G. (1989). *Rational-emotive family therapy: A systems perspective.* New York: Springer.

Jacobson, N. S. (1991). Behavioral marital therapy. In A. S. Gurman & D. P. Kniskern (Eds.), *Handbook of family therapy* (pp. 556-591). New York: Brunner/Mazel.

Jacobson, N. S., & Addis, M. E. (1993). Research on couples and couples therapy: What do we know? Where are we going? *Journal of Consulting and Clinical Psychology, 61*(1), 85-93.

Jacobson, N. S., & Margolin, G. (1979). *Marital therapy: Strategies based on social learning and behavior exchange principles.* New York: Brunner/Mazel.

Leslie, L. A. (1988). Cognitive-behavioral and systems models of family therapy: How compatible are they? In N. Epstein, S. E. Schlesinger, & W. Dryden (Eds.), *Cognitive-behavioral therapy with families* (pp. 49-83). New York: Brunner/Mazel.

Liberman, R. P. (1970). Behavioral approaches to couple and family therapy. *American Journal of Orthopsychiatry, 40,* 106-118.

Madanes, C. (1981). *Strategic family therapy,* San Francisco: Jossey-Bass.

Margolin, G., Christensen, A., & Weiss, R. L. (1975). Contracts, cognition and change: A behavioral approach to marriage therapy. *Counseling Psychologist, 5,* 15-25.

Margolin, G., & Weiss, R. L. (1978). Comparative evaluation of therapeutic components associated with behavioral marital treatments. *Journal of Consulting and Clinical Psychology, 46,* 1476-1486.

McCubbin, H. I., Patterson, J. M., & Wilson, L. R. (1985). FILE: Family Inventory of Life Events and Changes. In D. H. Olson, H. I. McCubbin, H. Barnes, A. Larsen, M. Muxen, & M. Wilson (Eds.), *Family inventories* (rev. ed., pp. 272-275). St. Paul: Family Social Science, University of Minnesota.

Minuchin, S. (1974). *Families and family therapy,* Cambridge, MA: Harvard University Press.

Minuchin, S. (1998). *Workshop: Family therapy for the new millennium.* New York: Minuchin Center for Family Therapy.

Munson, C. E. (1993). Cognitive family therapy. In D. K. Granvold (Ed.), *Cognitive and behavioral treatment: Methods and applications* (pp. 202-221). Pacific Grove, CA: Brooks/Cole.

Nichols, M., & Schwartz, R. (1998). *Family therapy: Concepts and methods* (4th ed.). Boston: Allyn & Bacon.

Nichols, M., & Schwartz, R. (2001). *Family therapy: Concepts and methods* (5th ed.). Boston: Allyn & Bacon.

Northey, W. M., Jr. (2002). Characteristics and clinical practices of marriage and family therapists: A national survey, *Journal of Marital and Family Therapy, 28*(4), 487-494.

Patterson, G. R. (1971). *Families: Applications of social learning to life.* Champaign, IL: Research Press.

Patterson, G. R. (1982). *Coercive family processes: A social learning approach* (Vol. 3). Eugene, OR: Castalia.

Patterson, G. R. (1985). Beyond technology: The next stage in developing an empirical base for parent training. In L. L'Abate (Ed.), *Handbook of family psychology and therapy* (Vol. 2, pp. 26-39). Homewood, IL: Dorsey Press.

Patterson, G. R., & Hops, H. (1972). Coercion, a game for two: Intervention techniques for marital conflict. In R. E. Ulrich & P. Mountjoy (Eds.), *The experimental analysis of social behavior* (pp. 424-440). New York: Appleton-Century-Crofts.

Patterson, G. R., McNeal, S., Hawkins, N., & Phelps, R. (1967). Reprogramming the social environment, *Journal of Child Psychology and Psychiatry, 8,* 181-195.

Russell, T., & Morrill, C. M. (1989). Adding a systematic touch to rational-emotive therapy for families. *Journal of Mental Health Counseling, 11*(2), 184-192.

Sanders, M. R., & Dadds, M. R. (1993), *Behavioral family intervention,* Needham Heights, MA: Allyn & Bacon.

Satir, V. M. (1967). *Conjoint family therapy,* Palo Alto, CA: Science & Behavior Books.

Schindler, L., & Vollmer, M. (1984). Cognitive perspectives in behavioral marital therapy: Some proposals for bridging theory, research and practice. In K. Hahlweg & N. S. Jacobson (Eds.), *Marital interaction: Analysis and modification* (pp. 146-162). New York: Guilford Press.

Schwebel, A. I., St Fine, M. A. (1992). Cognitive-behavioral family therapy. *Journal of Family Psychotherapy, 3,* 73-91.

Schwebel, A. I., & Fine, M. A. (1994). *Understanding and helping families: A cognitive-behavioral approach.* Hillsdale, NJ: Erlbaum.

Sexton, T., Weeks, G., & Robbins, M. (Eds.). (2003). *Handbook of family therapy: The science and practice of working with families and couples.* New York: Brunner-Routledge.

Stuart, R. B. (1969). Operant-interpersonal treatment of marital discord. *Journal of Consulting and Clinical Psychology, 33,* 675-682.

Stuart, R. B. (1976). Operant interpersonal treatment for marital discord. In D. H. L. Olsen (Ed.), *Treating relationships* (pp. 675-682). Lake Mills, IA: Graphic Press.

Teichman, Y. (1992). Family treatment with an acting-out adolescent. In A. Freeman & F. M. Dattilio (Eds.), *Comprehensive casebook of cognitive therapy* (pp. 331-346), New York: Plenum Press.

Thibaut, J. W., & Kelly, H. H. (1959). *The social psychology of groups.* New York: Wiley.

Vincent-Roehling, P. V., & Robin, A. L. (1986). Development and validation of the Family Beliefs

Inventory: A measure of unrealistic beliefs among parents and adolescents. *Journal of Clinical and Consulting Psychology, 54,* 693-697.

Watts, R. E. (2001). Integrating cognitive and systemic perspectives: An interview with Frank M. Dattilio. *The Family Journal, 9*(4), 422-476.

Weiss, R. L. (1984). Cognitive and strategic interventions in behavioral marital therapy. In K. Hahlweg & N. S. Jacobson (Eds.), *Marital interaction: Analysis and modification* (pp. 337-355). New York: Guilford Press.

White, M., & Epston, D. (1990). *Narrative means to therapeutic ends.* New York: Norton.

Wright, J. H., & Beck, A. T. (1993). Family cognitive therapy with inpatients: Part II. In J. H. Wright, M. E. Thase, A.T. Beck, & J. W. Ludgate (Eds.), *Cognitive therapy with inpatients: Developing a cognitive milieu* (pp. 176-190). New York: Guilford Press.

ÍNDICE

A

Abordagem educacional
    gerenciamento da raiva, 264-265
    medicação, 319
    terapia de casal, 334
    transtorno da personalidade *borderline*, 258-259, 261, 264-265
    transtorno obsessivo-compulsivo, 161-162
Abuso de álcool, 190, 208
    crenças desadaptativas, 193-198
    estímulos da alto risco, 192-193
    importância da aliança terapêutica, 202-204
    lapsos, 199-200
    modelo estágios de mudança, 203-205
    rituais comportamentais, 198-199
    tomada de decisão míope, 124-126
    tratamentos combinados, 205-206
Abuso de drogas (*ver* Abuso de substâncias)
    DSM-IV/DSM-IV-TR
    transtorno da personalidade *borderline*, 250-251
    transtorno da personalidade infantil/adolescente, 286-288
    transtorno de ansiedade generalizado, 72
Abuso de substâncias, 190-208
    crenças desadaptativas, 193-195, 197-198
    estímulos de alto risco, 192-193
    importância da aliança terapêutica, 202-204
    lapsos, 199-200
    modelo estágios de mudança, 203-205
    pensamentos automáticos, 195-196
    rituais comportamentais, 198-199
    terapia cognitiva, constatações empíricas, 200-202
    tomada de decisões míopes, 124-126
    tratamentos combinados, 205, 206
    urgências e necessidades prementes, 196-197
Aceitação (*ver* aceitação do paciente)
Aceitação do paciente
    e estabelecimento de limites, 255, 256
    hipóteses da terapia cognitiva, 243-244
    medicações, 210, 216-218, 307-308, 319-320
    transtorno bipolar, 216, 217-218
Acidentes de trânsito, TEPT, 139-147, 183
Adicção, 190-208
    ânsias e urgências, 196, 197
    constatações empíricas da terapia cognitiva, 200-202
    contribuição de Beck, 25, 28
    crenças desadaptativas, 193-198
    estímulos de alto risco, 192-193
    importância da aliança terapêutica, 202-204
    lapsos, 199-200
    modelo estágios de mudança, 203-205
    pensamentos automáticos, 195, 196
    rituais comportamentais, 198, 199
    tomada de decisão míope, 124-126
    tratamentos combinados, 205, 206
Adicção à cocaína, 200-202
Afetividade negativa, 79, 80
"Afeto sem lembrança" 137-138
Agorafobia, 98, 107-108
Aliança terapêutica/relação
    abuso de substâncias, 202-204
    como indicador de resposta, 55, 64
    e raiva, 263-264
    e repaternidade limitada, 259
    esquizofrenia, 229
    nos transtornos da personalidade, 244-245, 274-275
    resultado da depressão, 55, 64
    transtorno da personalidade *borderline*, 256, 259-264, 266-268
Alprazolam
    efeitos sobre a memória, 307-308
    interrupção, 308-309
    uso do tratamento combinado, 311, 316
Alucinações, 231-236
    medicação e TCC, 313-314
    prevalência, 231
    teoria cognitiva, 231-233-234
    terapia cognitiva, 234-236
Alucinações auditivas
    apreciação das, 233-234
    avaliação, 234-235
    e propensão ao imaginário, 231-233
    pensamentos automáticos, 233-234
    prevalência, 231
    teoria cognitiva, 231-234
    terapia cognitiva, 234-236
Ambiente da comunidade, estudo de efetividade, pânico, 107-109
Ambientes de prática (*ver* pesquisa de efetividade)

Análise de custo benefício
  e custo perdido, 127-128
  na tomada de decisões, 116-118
Ansiedade
  definição, 74
  e percepção do risco, 119
  especificidade do estilo de vulnerabilidade
    gradual, 78-79
  o modelo de Beck, 24, 28
Antidepressivos
  e terapia cognitiva, 54-55, 309-310
  efeito diferencial da reatividade cognitiva, 45-46
  índices de resposta, 56-57, 60-61
  interpretação da pesquisa de resultados,
    314-316
  na bulimia nervosa, 312, 313
  nos transtornos da ansiedade, 311-312, 316
  primeiros estudos, 55-58
Antidepressivos tricíclicos
  depressão, 55-58, 309-310
  facilitação de 27-passos, 200-201, 205
  transtorno da ansiedade, 311-312
Apreciações de ameaça
  estilo de vulnerabilidade gradual, 75-77
  fundamentos cognitivos, 72
  transtorno da ansiedade, 69-71
  transtorno do estresse pós-traumático, 135-138
  transtorno obsessivo-compulsivo, 155-165
Apreciações negativas
  e memória traumática, 135-136, 140-141
  modificação das, 145-146
Aprovação perceptual, memória traumática, 136,
  140-142
Atitudes/crenças disfuncionais
  abuso de substâncias, 193-195, 197-198,
    204-205
  definição, 271
  depressão, 44-46
  e estilo de vulnerabilidade gradual, 79-80
  e relações de apego, 48
  transtorno bipolar, 217-218
  transtorno da personalidade infantil, 300-301
  transtornos da personalidade, 271-275, 280-281
Atividades de autocultivação, 256-257
Atribuições
  efeito custo perdido, 127-128
  nas relações de casais, 330-331
Autoesquemas negativos
  ativação de, 42-46
  conexão com os relacionamentos de apoio, 48-50
  teoria de Beck, 40-43
Autoestima, transtorno bipolar, 108-109
Avaliações de responsabilidade, TOC, 158-159
Avaliações/estratégias de controle
  teoria metacognitiva, 172-173, 181-184
  transtorno da ansiedade generalizada, 179-181
  transtorno do estresse pós-traumático, 181-183
  transtorno obsessivo-compulsivo, 160-161
Avalições da responsabilidade pessoal, TOC, 158-159

B

Beck, Aaron, 19-36
  como mentor, 32-35
  contribuições originais, 20-28
  e transtorno da personalidade *borderline*, 245-246
  e transtorno obsessivo-compulsivo, 155,-156
  e transtornos da personalidade, 243-246
  esquizofrenia, 223-224
  modelo das manias, 210-211
  modelo de ansiedade, 68-72
  qualidades pessoais, 27-33
  teoria da depressão, 22-23, 25, 28, 40-43
Benzodiazepinas
  efeito negativo sobre a TCC, 309
  interrupção, 307-309
  prejuízo de aprendizagem, 306-308
  transtornos da ansiedade, 311, 316
Biblioterapia
  casais, 334
  transtorno de pânico, 108, 109
Bulimia nervosa, 312-313, 316

C

Comorbidade
  e pesquisa de eficácia, 91-93
  transtorno da ansiedade generalizada, 91-94
  transtorno de pânico, 105
Comportamento de evitação
  função de preocupação patológica, 72
  no transtorno do estresse pós-traumático, 142
Comportamento suicida/ameaças
  estabelecimento de limites, 255
  modos de esquemas, 250-251
Compulsões, 152-170
Condução aleatória ao tratamento, efeitos da
  recusa, 108
Confrontação empática
  e raiva, 264
  na terapia de esquemas, 247, 264
"Consciência autonoética", 135-137
Contexto interpessoal
  delírios, 224-226
  e relações de apego, 47-50
  e vulnerabilidade, 47-51
  transtornos da personalidade, 271-272, 278-281
Contratos comportamentais, casais, 328-329,
  331-332, 339
Contratransferência, transtorno da personalidade
  borderline, 266-267
Controle mental, modelo, 172-173
Craving Beliefs Questionnaire, 193-194, 204-205
Crenças capacitadoras, abuso de substâncias,
  197-198
Crenças de desejos sociais, transtorno bipolar, 220
Crenças de incontrolabilidade
  alucinações auditivas, 236
  transtorno da ansiedade generalizada, 179-181

Crenças sobre uso de substâncias, 193-194, 205
Criança abusada, transtorno da personalidade, 291

D

Decisões de risco
    análise custo-benefício, 116-118
    teoria do portfólio, 119-124
Delírios
    contribuição de Beck, 223-224
    desenvolvimento dos, 228
    farmacoterapia e TCC, 313-314
    tendenciosidades cognitivas, 226-227
    teoria cognitiva, 224-228
    terapia cognitiva, 229-231
Delírios paranoides
    contexto pré-delírio, 224-226
    contribuição de Beck, 223-224
    terapia cognitiva, 229-231
Delírios persecutórios
    desenvolvimento dos, 227-228
    e sociotropia, 226
Depressão, 39, 67
    ativação de esquemas, 42-47
    decisões de risco, teoria do portfólio, 120-124
    e relacionamento de apego, 47-50
    estudo da vulnerabilidade gradual, 78-82
    indicador de recaída, 45-46
    interpretação da pesquisa de resultados, 314-316
    medicação e TCC, 54-55, 309-310
    papel da aliança terapêutica, 55, 64
    perspectiva diátese-estresse, 43-50
    remissão, 62, 55
    teoria da raiva voltada para dentro, 21-23
    teoria de Beck, 22-23, 25, 28, 39-51
    versus transtorno da ansiedade generalizada, 78-79
    vulnerabilidade, 39-40, 53
Depressão recorrente, 39-40, 61-62
Descoberta orientada
    casais, 333-334
    delírios, 229
    transtorno obsessivo-compulsivo, 163
Desipramina, na bulimia nervosa, 312-313
Diagnóstico Dual e crenças desadaptativas, 193-195
Diazepam, 311
Dissociação
    e manutenção do PTSD, 143-144
    na memória traumática, 141-142
Dissonância cognitiva, efeitos dos custos perdidos, 127-128
Dosagem, de medicamentos, 319-321
Drogas antipsicóticas
    aceitação, 307-308
    e funcionamento cognitivo, 307-308
    efeitos colaterais, enfrentamento, 308-309
    uso de tratamento combinado, 313-314

E

Efeitos aditivos, medicação, 305-306, 316
Efeitos de custos perdidos, 126-129
    conexão para esquemas pessoais, 129
    modificação de, 128-129
    na tomada de decisões, 118-119, 126-129
Efeitos de expectativa, transtornos da ansiedades, 94
Efeitos recentes, na tomada de decisões, 118-119
Escala de ajuste diádico, 339-340, 342
Escala de Ansiedade de Beck, 24
Escala de Desesperança de Beck, 23
Escala de Ideação Suicida, 23
Escala de Intenção de Suicídio de Beck, 23
Escala de obtenção de resultados, casais, 342
Esquemas
    ativação de, 42-47
    conexão com as relações de apego, 48-50
    conexão com os efeitos de custos perdidos, 129
    crianças e adolescentes, 297-298
    distinção de metacognição, 173-174
    estudo longitudinal de alto risco, 45-46
    estudos de aprovação, 44-46
    na depressão, 40-47
    nos transtornos da personalidade, 271-273
    perspectiva diátese-estresse, 43-46
    teoria de Beck, 21-23, 40-43, 245-246
    transtorno obsessivo-compulsivo, 163-164
Esquemas autorreferentes, TOC, 163-164
"Esquemas de perigo"
    e o modelo de vulnerabilidade gradual, 75-76
    funções, 70-71
Esquemas depressivos latentes, 44-46
Esquemas familiares, 350-351
    foco central da terapia, 350-351
    influência sobre a família de origem, 350
Esquemas metacognitivos, TOC, 163-164
Esquizofrenia, 223-240
    aceitação da medicação, 307-308
    alucinações auditivas, 231-236
    delírios, 224-228
    importância da aliança terapêutica, 229
    medicação e TCC, 313-314
    sintomas negativos, 236-238
    teoria de Beck, 26, 28
Estabelecimento de limites
    e raiva, 263-264
    transtorno da personalidade *borderline*, 253-256, 263-264
Estabelecimento de metas, transtornos da personalidade, 274, 275
Estilo cognitivo, transtorno bipolar, 211-214
Estilo de vulnerabilidade gradual, 73-85
    ansiedade *versus* depressão, 78-79
    e transtorno da ansiedade generalizada, 76-85
    ilustração com estudo de caso, 83-84
    implicações de intervenção, 83-84
    indicador da preocupação/ansiedade, 80, 81
    origens de desenvolvimento, 82

validade da medida, 76, 78-79
validade discriminada, 79-82
Estratégia da "atenção separada" 184, 185
Estratégia de metanálise, 89, 90
Estratégias de regulação da emoção
   e o estilo de vulnerabilidade gradual, 82
   estágios da terapia de esquemas, 252-258
   transtorno da personalidade *borderline*, 256, 279-280
Estudo sobre a depressão do National Institute of Mental Health, 57-62, 64
Estudos da depressão de Vanderbilt, 60-55
Estudos de ativação, esquemas depressivos, 44-46
Estudos de depressão da Pennsylvania University, 60-55
Estudos de depressão do Rush Medical Center, 62, 55
Eventos estressantes da vida
   transtorno bipolar, 232, 214
   e vulnerabilidade à depressão, 40-41
   efeito do estilo explanatório, 65
   e estilo de vulnerabilidade gradual, 81
   ativação negativa de autoesquema, 42-46
Experimentos comportamentais
   e delírios, 230, 231
   nos casais, 334
   transtorno da ansiedade generalizada, 180
   transtorno obsessivo-compulsivo, 163-164
Exposição e prevenção da resposta
   e benzodiazepinas, 311
   transtorno de pânico, 97, 102-103
   transtorno obsessivo-compulsivo, 153-154, 163-164
   versus terapia cognitiva, 164
Exposição *in vivo*, transtorno de pânico, 97, 102-103
Exposição interoceptiva, transtorno de pânico, 97, 102-103

F

Família de origem, influência dos esquemas, 350-351
Family Beliefs Inventory, 350-351
Family Inventory of Life Events and Changes, 350-351
Farmacoterapia (*ver* Medicações)
Fator de ansiedade latente, 83-84
"Fator de vulnerabilidade cognitiva," 80, 83-84
Fatores do processo, terapia cognitiva, 55-65
Fluoxetina
   bulimia nervosa, 313
   tomografia de emissão pósitrons, 308-309
Fobia Social, 308-309
Fusão de ação dos pensamentos, 159-160

G

Gerenciamento da raiva, 258, 264-265
Gratificação imediata, tomada de decisões, 124-126

H

Heurística da "aversão à perda", 118-119
Heurística do "efeito de doação", 118-119
Hipervigilância
   terapia metacognitiva, 186
   transtorno da personalidade *borderline*, 278-281

I

Idosos
   eficácia da terapia cognitiva, 91-95
   problema do abandono, 96-97
Imagens
   e estilo de vulnerabilidade gradual, 73-76
   na terapia de esquema, 261-262
Imagens mentais
   na terapia de esquemas, 261-262
   no estilo de vulnerabilidade gradual, 73-76
Imipramina
   depressão, 55-58
   primeiros estudos, 55-58, 310
   transtorno de pânico, 310, 312
Impulsividade
   e delírios, 227
   e esquema de modos, 250-251, 263-266
   transtorno da personalidade *borderline*, 250-251, 255, 263-266
Índice de previsão de recaída, 205
Índices de abandono
   abuso de substâncias, 202-204
   idosos, 96-97
   medicação e TCC, 310
   transtorno da ansiedade generalizada, 91-97
   transtorno de pânico, 104-105
Índices de resposta, antidepressivos, 56-57, 60-61
Inibidores seletivos de recaptação de serotonina (ISRS)
   e insônia, enfrentamento, 308-309
   transtornos da ansiedade, 312, 316
Interpretações equivocadas catastróficas e TOC 159, 160
Interrupção do clonazepam, 308-309
Interrupção do sono, transtorno bipolar, 213, 220
Intervenções baseadas em habilidades, casais, 332-333
Inventário de Depressão de Beck, 21-22
Inventário de Depressão de Beck-II, 21-22
Inventory of Specific Relationship Standards, 329-330

L

Lembrança intencional, eventos traumáticos, 140-141
Life Goals program, transtorno bipolar, 217
Livros de autoajuda, transtorno de pânico, 108-109
"Looming Maladaptive Style Questionnaire", 76, 78-79

M

Mania *(ver também* transtorno bipolar)
Medicação, 305-325
   abuso de substâncias, 205, 206
   adesão, 210, 216-218
   adesão, 307-308, 319-320
   bulimia nervosa, 312-313, 316
   depressão, 54-65, 309-310
   dosagem, 319-321
   "efeito teto", 314
   efeitos, 305-306, 316
   efeitos colaterais, enfrentamento, 308-309
   esquizofrenia, 307-308, 313-314
   estratégia de aumento, 60-61
   estudos de eficácia, 314-316
   integração da terapia cognitivo-comportamental, 305-325
   interações negativas, benzodiazepinas, 309
   interações, 305-309
   interpretação das pesquisas de resultados, 314-316
   marcadores biológicos dos efeitos, 308-309
   modelo cognitivo-biológico, 317-318
   na prática clínica, 316-321
   sem psicoterapia, 315
   transtorno bipolar, 209-210
   transtorno da ansiedade generalizada, 96-97
   transtornos da ansiedade, 96-97, 105-106, 310-312
   transtornos psicóticos, 313-314
Medo
   definição, 74
   modelo cognitivo, 69-71
Memória, efeitos da medicação, 306-308
Memória traumática, 140-142
   características, 140-142
   diferenças da memória autobiográfica, 135-136
   dissociação, 141-142
   recuperação induzida por sugestão, 136-137
   terapia cognitiva derivada da teoria, 144-146
Memórias intrusivas
   aprovação perceptual, 140-142
   efeito da preocupação sobre as, 183-184
   interpretação negativa, 139
   modificação, 145-146
   terapia metacognitiva, TEPT, 184-186
Metapreocupação, 72, 175-179
Meta-Worry Questionnaire, 177
Modelo biológico-cognitivo, 305-307, 317-318
Modelo cognitivo-biológico, 305-307, 317-318
Modelo de armadilha contingencial, 125
   e tomada de decisões míope, 124-125
Modelo de Beck, 210-211
   decisões de risco, teoria do portfólio, 120-121
   e efeito dos acontecimentos estressantes, 232-214
   variabilidade da autoestima, 211-212, 232
Modelo de função executiva autoreguladora

e transtorno emocional, 172-174
   transtorno da ansiedade generalizada, 173-176
   transtorno do estresse pós-traumático, 181-184
   distinção dos esquemas, 173-174
Modelo de TOC de Rachman, 159, 160
Modelo de TOC de Salkovskis, 158, 159
"Modelo normativo", tomada de decisão, 115-118
Modo "Adulto Saudável", 248, 250, 252
   terapia cognitivo-comportamental, 281
   tomada de decisão, teoria do portfólio, 124
   transtorno da personalidade histriônica
Modo Criança Abandonada
   critérios, 250-251
   definição, 249
   e a abordagem de repaternidade, 252-253
   e o DSM-IV
   imagem do terapeuta no, 266-267
   no transtorno da personalidade *borderline*, 249-251
   perigos, 260
   tratamento do, 259, 260
Modo Criança Brava e Impulsiva
   definição, 249
   imagem do terapeuta no, 266-267
   perigos, 266
   transtorno da personalidade *borderline*, 249-251, 263-266
   tratamento, 263-266
Modo do Protetor Distanciado
   definição, 250
   na terapia de esquemas, 250-251, 260-261
   perigos, 261
   transtorno da personalidade *borderline*, 250-251, 260-261
Modo Pai Punitivo
   definição, 250
   imagem do terapeuta na, 266-267
   na terapia de esquemas, 250, 253, 261-263
   perigos, 263
   transtorno da personalidade *borderline*, 250, 253, 261-263
"Modos"
   contribuição de Beck, 25, 245-246
   desativação na terapia, 245-246, 258-266
   educação do paciente, 258-259
   no transtorno da personalidade *borderline*, 249-266
   rastreamento, 252
Monitoramento da ameaça
   análise de vantagens e desvantagens, 185
   efeito paradoxal, 181-182
   transtorno do estresse pós-traumático, 181-186

N

Narrativas, sobreviventes TEPT, 140-141
Nefazodona, 310

O

Obsessões, 152-170
  definição, 152
  teoria comportamental e tratamento, 152-155
  teorias de apreciação avaliação, 157-161
  terapia cognitivo-comportamental, 161-166

P

Pânico, definição, 74
Paroxetina, 60-62
Paternidade
  desenvolvimento dos transtornos da personalidade, 292-294
  e desenvolvimento de esquemas, 48-49
  influências da família de origem, 350-351
  papel dos esquemas de família, 350-351
"Pensamento relacional", casais, 334, 335
Pensamentos automáticos
  abuso de substâncias, 195-196
  contribuição de Beck, 21-22
  e alucinações auditivas, 233-234
Perspectiva de desenvolvimento
  terapia de casais, 336
  transtornos da personalidade, 291-293
Perspectiva diátese-estresse, 43-46
Pesquisa de efetividade
  antidepressivos e TCC, 55-55, 317-321
  definição, 89, 105-106
  transtorno da ansiedade generalizada, 106-107
  transtorno de pânico, 107-108
  transtorno do estresse pós-traumático, 148
  transtornos da personalidade, 282, 283
Pesquisa de eficácia
  definição, 89
  depressão, 55, 65-66
  medicação e TCC, 314-316
  problema de comorbidade, 91-93, 94
Preocupação (ver também Preocupação patológica)
  definição, 74
  função da, 72
  no transtorno do estresse pós-traumático, 181-186
  teoria metacognitiva, 175-179
Preocupação patológica
  função, 72
  modelo metacognitivo, 173-179
    apoio empírico, 177-179
  teoria da evitação, 72
  terapia metacognitiva, 179-181
Prevenção da recaída
  mudanças no estilo explanatório, 65
  terapia cognitiva versus antidepressivos, 61-62
  transtorno bipolar, 216
  transtorno obsessivo-compulsivo, 163-164
  transtornos da personalidade, 274-277
"Processo de adaptação reflexiva", 181-182
Processo de avaliação (ver também avaliações de ameaça)
  bases cognitivas, 72
  transtorno do estresse pós-traumático, 135-141, 145,146
  transtorno obsessivo-compulsivo, 155-165
  tratamento, 161-165
Psicoeducação
  casais, 334
  gerenciamento da raiva, 319
  medicação, 319
  terapia de esquemas, 258-259, 261, 264-265
  transtorno obsessivo-compulsivo, 161-162
Psicose, 313-314
Psicoterapia interpessoal, 57-62
Psicoterapia psicodinâmica, 94, 95

Q

Qualidade de vida
  transtorno da ansiedade generalizada, 97
  transtorno de pânico, 105-106
Questionamento socrático
  contribuição de Beck, 22-23
  delírios, 229
  modelo dos estágios de mudança, adicção, 203-205
  terapia de casal, 333-334, 340
  transtorno do estresse pós-traumático, 146
Questionário de controle de pensamentos, 182-184
Questionário de preocupações da Penn State, 177

R

Raiva
  e a relação terapeuta-paciente, 263-264
  e os modos esquemáticos, 250-251
  estabelecimento de limites, 263-264
  modelo de Beck, 24, 26
Recaída
  abuso de substâncias, 199, 200
  indicador de reatividade cognitiva, 45-46
  terapia cognitiva versus antidepressivos, 55-55
  terapia de casal, 338
Recuperação conduzida por dicas, memória traumática, 136, 137, 144-145
Reestruturação cognitiva nos casais, 333-335
  efetividade, 338-341
  em famílias, 347
  transtorno obsessivo-compulsivo, 162-163
  transtornos da personalidade, 274-275
Registro diário de pensamentos disfuncionais, 257
Regulação do afeto
  e o estilo de vulnerabilidade gradual, 82
  estágios da terapia, 252-258
  transtorno da personalidade borderline, 256
Relacionamento de apego
  e o estilo de vulnerabilidade gradual, 82-83

fator de vulnerabilidade, 47-51
indicador de depressão, 47-50
Relacionamento entre pares, adolescentes deprimidos, 50
Relationship Belief Inventory, 327
Remissão da depressão
  ativação do esquema depressivo, 43-46
  terapia cognitiva *versus* antidepressivos, 62, 55
Repaternidade (*ver* "repaternidade limitada")
"Repaternidade limitada"
  e relação terapeuta-paciente, 259
  função da, 248
  na terapia de esquemas, 243-244, 247-248, 251-253, 259, 262
  transtorno da personalidade *borderline*, 251-253, 259, 262
  versus terapia do comportamento dialético, 247-248
Resolução de problemas
  treinamento de casais, 328-329, 332-333
    efetividade, 338-339
  transtorno da personalidade, 274, 275
Ritmos circadianos, transtorno bipolar, 232-214, 220
Ruminação
  indicador de estresse pós-traumático, 143
  teoria metacognitiva, TEPT, 181-186
  e terapia, 184-186

S

Sensibilidade à rejeição, 278-280
"Síndrome atencional cognitiva", 172-174
  e metacognição, 172-174
  indicador da, 172-173
  transtorno da ansiedade generalizada, 174
  transtorno do estresse pós-traumático, 181-184
Sintomas negativos (esquizofrenia)
  e autonomia excessiva, 237
  farmacoterapia e TCC, 313-314
  teoria cognitiva, 236-238
  terapia cognitiva, 238
  terapia de apoio *versus* TCC, 223-224
Sintomas prodrômicos, transtorno bipolar, 217-220
Sistema de análise cognitivo-comportamental da psicoterapia, 310
Sistema de ativação comportamental, 213214, 220
Sistemas de crença
  abuso de substância, 193-195, 204-205
  conexão com as relações de apego, 48
  definição, 271
  depressão, 44-46
  e alucinações auditivas, 233-234
  e delírios, 224-225
  famílias, 348
  relacionamentos esquemáticos, 245-246, 271
  transtorno bipolar, 217-218
  transtornos da personalidade, 271-275, 280-281

"Sociotropia/dependência"
  e delírios persecutórios, 226
  esquemas, 46, 47
Supressão do pensamento
  e estilo de vulnerabilidade gradual, 82
  efeito paradoxal, 160-161
  indicador de severidade da TEPT, 143
  modelo metacognitivo, 176

T

Tarefa da seta descendente
  casais, 334
  delírios, 230
Tarefas de casa
  e terapia familiar, 351-353
  e tratamento de modalidade combinada, 318-319
  transtornos da personalidade, 275
Temperamento, e transtorno da personalidade, 294-296
Tendência à depressão
  ativação de esquemas negativos, 42, 43
  conexão a relações de apego, 48-49
Tendenciosidade atencional
  e esquemas depressivos, 44-45
  teoria metacognitiva, 172-174
  transtorno do estresse pós-traumático, 143, 144
Tendenciosidade de externalização
  alucinações, 233
  delírios, 227
Tendenciosidade egocêntrica, delírios, 226-228
Tendenciosidade intencional, delírios, 227
Tendenciosidade interpretativa, e esquemas depressivos, 44-45
Tendenciosidade na memória, na depressão, 44-45
Teoria da especificidade cognitiva, 23, 24
Teoria da relação entre os objetos, transtornos da personalidade, 291-292
Teoria de controle cognitivo, TOC, 160-161
Teoria do comprometimento, efeitos dos custos perdidos, , 127-128
Teoria metacognitiva, 171-187
  apoio empírico, 177-179
  estresse do transtorno pós-traumático, 181-184
  terapia metacognitiva
  transtorno da ansiedade generalizada, 173-179
  transtorno da ansiedade generalizada, 179-181
  transtorno de estresse pós-traumatico, 171-172, 184-186
Teoria prospectiva, 127-128
Teoria psicanalítica
  ansiedade, 68-69
  rejeição de Beck à, 21-23
Terapia cognitiva baseada na atenção plena
  e os antidepressivos, 55
  estudos de depressão em Minnesota, 55-58, 64-65

na terapia do comportamento dialético, 247
transtorno da personalidade *borderline*, 256
Terapia cognitiva de grupo, transtorno bipolar, 217-218
Terapia cognitivo-comportamental de família, 345-358
  abordagem de sistemas, 348-349
  componente comportamental, 350-351
  modelo, 348-353
  papel das tarefas de casa, 351-353
  papel dos esquemas de família, 350-351
  pesquisa na, 353-354
  retrospectiva histórica, 345-348
  tendências futuras, 354-355
Terapia Comportamental
  e terapia familiar, histórico, 346-347
  nos casais, limitações, 329
  transtorno da ansiedade generalizada, 94-97
  transtorno obsessivo-compulsivo, 152-155, 164, 165
Terapia conjugal orientada ao *insight*, 329
Terapia conjunta (*ver* Terapia cognitivo-comportamental de casal)
Terapia de apoio
  transtorno da ansiedade generalizada, 94
  transtorno de pânico, 100-101
Terapia de casal cognitivo-comportamental, 326-344
  abordagem baseada em pontos fortes, 337-341
  efeitos de longo prazo, 341
  escala de alcance de metas, 342
  estudos de resultados, 337-341
  evidência da efetividade, 337-341
  expressão das emoções na, 335
  influências dos esquema familiares, 350-351
  intervenções baseadas em habilidades, 332-333, 338-339
  intervenções cognitivas, 330-335
  intervenções comportamentais, 330-333, 337-338
  mudança comportamental orientada, 331-333
  padrões de nível micro x padrões de nível macro, 336-337
  perspectiva de desenvolvimento, 336
  recaída, 338
Terapia de casal com enfoque emocional, 329
Terapia de comportamento orientada, casais, 331-333
Terapia de esquemas
  e terapia do comportamento dialético, 247-248
  estágios, 252-267
  falhas do terapeuta, 266-268
  transtorno da personalidade *borderline*, 248-268
Terapia de grupo, 94
Terapia do bem-estar, 55
Terapia do comportamento dialético, 246-248
  apoio empírico, 246, 282
  comparação com a terapia de esquemas, 247-248
Terapia estruturada, transtornos da personalidade, 274-275

Terapia experiencial
  gerenciamento da raiva, 264
  transtorno da personalidade *borderline*, 259-262
Terapia familiar (*ver* Terapia familiar cognitivo-comportamental)
Terapia racional emotiva, famílias, 348
Terminação
  transtorno da personalidade *borderline*, 266-267
  transtornos da personalidade, 274-278
Teste de realidade e raiva, 264-265
Tolerância ao lítio, 217-218, 307-308
Tomada de decisão racional, 115-118
Tomada de decisões, 114-132
  análise custo-benefício, 116-118
  aspectos "olhar para trás", 126-129
  heurística, 117-119
  manifestações clínicas miópicas, 124-126
  modelo normativo, 115-118
  pessimista *versus* otimista, 120-124
  teoria do portfólio, 119-124
Transtorno bipolar, 209, 221-222
  adesão à medicação, 216-218
  decisões de risco, teoria do portfólio, 120, 121
  efeitos sobre acontecimentos estressantes da vida, 232-214
  estudos de resultados, 216-218
  modelos cognitivos, 210-214
  sintomas prodrômicos, 217-220
  terapia cognitiva, 214-221
Transtorno da ansiedade generalizada, 68-113
  análise custo-benefício, 117
  distinção da depressão, 72
  efetividade da terapia, 106-108
  eficácia da terapia, 90-97
  medicação e TCC, 96-97
  modelo de Beck, 68-72
  modelo de vulnerabilidade gradual, 76-85
    especificidade da ansiedade, 78-79
  prevalence, 68
  teoria cognitiva, 68-87
  teoria metacognitiva, 173-179
    apoio empírico, 177-179
  terapia metacognitiva, 179-181
Transtorno da ansiedade infantil, 110
Transtorno da personalidade adolescente, 286-302
  argumentos contrários e favoráveis, 290-291
  avaliação e diagnóstico, 294-298
  conceituação do tratamento, 297-298
  critérios, 286-288
  custos do tratamento, 298
  e o DSM-IV
  processo de terapia, 299-301
Transtorno da personalidade antissocial
  efetividade da terapia cognitiva, 281-282
  na adolescência, critérios do DSM-IV-TR, 287-288
  perspectiva de desenvolvimento, 291-292
Transtorno da personalidade *borderline*, 243-268
  "modos" no, 249-251
  contexto interpessoal, 278-281

efetividade, 281, 282
estabelecimento de limites, 253-256
estágios terapêuticos, 258-266
falhas do terapeuta, 266-267, 268
hipervigilância, 278-280
modelo de "repaternidade limitada", 251-252
perspectiva de desenvolvimento, 291-292
teoria ampliada de Beck, 245-246
terapia cognitiva, 243-268
terapia de esquemas, 248, 268
terapia de longo prazo, 252, 268
tomada de decisões, teoria do portfólio, 123-124
Transtorno da personalidade dependente
efetividade da terapia cognitiva, 281
implicações da teoria cognitiva, 269-272
Transtorno da personalidade esquiva, 281, 282
Transtorno da personalidade esquizoide, 281
Transtorno da personalidade esquizotípica, 289
Transtorno da personalidade narcisista
efetividade da terapia cognitiva, 285
tomada de decisões, teoria do portfólio, 124
Transtorno da personalidade paranoide, 281
Transtorno da personalidade passivo-aggressiva, 281
Transtorno de pânico, 74
medicação e TCC, 105-106, 311-312
terapia cognitiva-comportamental, 89, 90, 97-113
efetividade, 107-109
eficácia, 97-106
Transtorno do estresse pós-traumático, 135-151
efetividade, 147, 148
modelo cognitivo, 135-138
status empírico, 138-144
modelo metacognitivo, 181-184
teoria cognitiva derivada da terapia, 144-148
terapia metacognitiva, 171-172, 184-186
Transtorno obsessivo-compulsivo, 152-170
análise de custo-benefício, 117-118
contribuições teóricas de Beck, 155-156
epidemiologia, 152-153
marcadores biológicos, 308-309
status empírico, 163-164
teoria comportamental e tratamento, 152-155, 164-165
teorias de apreciação, 157-161
tomada de decisões, teoria do portfólio, 124
tratamento cognitivo-comportamental, 161-166
efetividade, 281
Transtornos da ansiedade *(ver também* Transtorno da ansiedade generalizada)
interpretação da pesquisa de resultados, 314-316
medicação e TCC, 96-97, 105-106, 226-228
teoria metacognitiva, 173-179
terapia metacognitiva, 179-181

Transtornos da personalidade, 269, 301-302
(*ver também* transtornos específicos da personalidade)
conceituações cognitivas, 269-273
contexto interpessoal, 271-273, 278-281
e tomada de decisões, teoria do portfólio, 123-124
encerramento, 275-278
ênfase na aliança terapêutica, 274
nas crianças e adolescentes, 286, 301-302
argumentos a favor e contra, 290-291
avaliação, 294-298
perspectiva de desenvolvimento, 291-293
prevenção da recaída, 274-277
teoria de Beck, 25-28, 244-246
terapia cognitiva-padrão "modificada", 273-278
terapia cognitivo-comportamental, 280-283
pressupostos, 243-245
Transtornos da personalidade infantil, 286-302
argumentos favoráveis e contrários, 290-291
avaliação e diagnóstico, 294-298
conceitualização do tratamento, 297-298
custos do tratamento, 298
e os critérios do DSM-IV-TR, 286-288
perspectiva biológica, 291-292
processo da terapia, 299-301
Tratamento combinado, antidepressivos, 54-55, 309-310
Treinamento de assertividade
e a raiva, 258, 264
na terapia de esquemas, 258, 264
Treinamento de habilidades comunicativas, casais, 328-329, 332-333, 338

U

Urgências, abuso de substâncias, 196-197

V

Venlafaxina, 55, 314
Vítimas de abuso infantil, transtornos da personalidade, 291
Vozes, 234-236 (*ver também* alucinações auditivas)
Vulnerabilidade (*ver também* Estilo de vulnerabilidade gradual)
definição, 39-41
diátese-estresse, modelo, 43-46
efeito das relações de apego, 47-51
modelo de congruência do esquema do estresse, 46-47

Y

Young Schema Questionnaire, 248